Das Tierreich

Eine Zusammenstellung und Kennzeichnung der rezenten Tierformen

Gegründet von der Deutschen Zoologischen Gesellschaft

Im Auftrage der

Preußischen Akademie der Wissenschaften zu Berlin

herausgegeben von

F. E. Schulze (†), W. Kükenthal (†), K. Heider (†)

fortgesetzt von **R. Hesse**

Schriftleiter: **C. Apstein**

„Πάντα ῥεῖ“ *„Sine systemate chaos“*

---

66. Lieferung

Arthropoda

T a r d i g r a d a

bearbeitet von

E. Marcus
Berlin

Mit 306 Abbildungen

Berlin und Leipzig 1936
Walter de Gruyter & Co.
vormals G. J. Göschen'sche Verlagshandlung — J. Guttentag, Verlagsbuchhandlung
Georg Reimer — Karl J. Trübner — Veit & Comp.

Ausgegeben April 1936

Das Tierreich

Im Auftrage der

Preußischen Akademie der Wissenschaften zu Berlin

herausgegeben von

F. E. Schulze (†), W. Kükenthal (†), K. Heider (†)

fortgesetzt von **R. Hesse**

Schriftleiter: **C. Apstein**

---

66. Lieferung

Arthropoda

Tardigrada

bearbeitet von

E. Marcus
Berlin

Mit 306 Abbildungen

Berlin und Leipzig 1936

Walter de Gruyter & Co.

vormals G. J. Göschen'sche Verlagshandlung — J. Guttentag, Verlagsbuchhandlung
Georg Reimer — Karl J. Trübner — Veit & Comp.

Ausgegeben April 1936

Archiv-Nr. 52 48 35

Inhalt

Die Literatur wurde bis Ende des Jahres 1935 berücksichtigt.

Printed in Germany
Druck: August Hopfer, Burg b. M.

Literatur-Kürzungen

Abh. Ak. Berlin — Abhandlungen der Königlichen Akademie der Wissenschaften zu Berlin. Berlin. 4.

Abh. Senckenb. Ges. — Abhandlungen, herausgegeben von der Senckenbergischen naturforschenden Gesellschaft. Frankfurt a. M. 4.

Acta Soc. Fauna Fenn. — Acta Societatis pro Fauna et Flora Fennica. Helsingforsiae. 8.

Amer. Natural. — The American Naturalist. Salem (Philadelphia) (Boston). 8.

Ann. Biol. lacustre — Annales de Biologie lacustre publiées sous la Direction de Ernest Rousseau. Bruxelles. 8.

Ann. Mus. Paris — Annales du Muséum [national] d'Histoire naturelle. Paris. 4.

Ann. Sci. nat. — Annales des Sciences naturelles. — [Sér. 2—4:] Zoologie ([Sér. 5 & sequ.:] Zoologie et Paléontologie). Paris. 8.

Ann. Scott. nat. Hist. — The Annals of Scottish natural History. A quarterly Magazine with which is incorporated the Scottish Naturalist. Edinburgh & London. 8.

Annuario Mus. Napoli — Annuario del Museo zoologico della Reale Università di Napoli. Napoli. 8.

Arch. Anat. micr. — Archives d'Anatomie microscopique. Publ. par. E.-G. Balbiani et L. Ranvier. Paris. 8.

Arch. Hydrobiol. — Archiv für Hydrobiologie und Planktonkunde. (Neue Folge der Forschungsberichte aus der Biologischen Station zu Plön.) Stuttgart. 8.

Arch. Ins.-Gesch. — Archiv der Insectengeschichte. Zürich, Winterthur. 4.

Arch. mikr. Anat. — Archiv für mikroskopische Anatomie ([*v.* 44 & sequ.:] Archiv für mikroskopische Anatomie und Entwicklungsgeschichte). Bonn. 8.

Arch. Naturg. — Archiv für Naturgeschichte. Berlin. 8.

Ark. Zool. — Arkiv för Zoologi utgifvet af K. Svenska Vetenskaps-Akademien. Stockholm. 8.

Berlin. ent. Z. — Berliner entomologische Zeitschrift. Berlin. 8.

Ber. Senckenb. Ges. — Bericht über die Senckenbergische naturforschende Gesellschaft [in Frankfurt am Main]. Frankfurt a. M. 4, 8.

Bijdr. Dierk. — Bijdragen tot de Dierkunde. Uitgegeven door het [Koninklijk zoologisch Genootschap Natura Artis Magistra], te Amsterdam]. Amsterdam. 4.

Biol. Centralbl. — Biologisches Centralblatt. Erlangen (Leipzig). 8.

Biol. Tiere Deutschl. — Biologie der Tiere Deutschlands unter Mitwirkung zahlreicher Fachleute bearbeitet und herausgegeben von Paul Schulze. Berlin. 8.

Boll. Pesca — Bolletino di Pesca, di Piscicoltura e di Idrobiologia. Roma.

Bonnet, Abh. Ins. — Karl Bonnet, Abhandlungen aus der Insectologie. Aus dem Franz. übersetzt und mit einigen Zusätzen herausgegeben von Joh. Aug. Ephr. Goeze. Halle. 1773. 8.

Brants, Diss. Tardigradis — A. Brants, Dissertatio Zoologica inauguralis de Tardigradis. Lugduni Batavorum. 1828. 4.

Brauer, Süßw.-Fauna — Die Süßwasserfauna Deutschlands. Eine Excursionsfauna bearbeitet von . . . . und herausgegeben von A. Brauer. 1909—12. Jena. 8.

Brehm, Thierleben — A. E. Brehm, Illustrirtes Thierleben [[ed. 2 & 3:] Brehms Tierleben]. Eine allgemeine Kunde des Thierreichs [[ed. 2 & 3:] Allgemeine Kunde des Tierreichs]. *v.* 1—6. Hildburghausen. 1864[63]—69. 8. — ed. 2: *v.* 1—10. Leipzig. 1876—79[80]. 8. — ed. 3: E. Pechuel-Loesche,

Brehms Tierleben, *v.* 1—10: 1890—93. — ed. 4: O. zur Strassen, ... *v.* 1—13: 1911—18. Leipzig. 8.

Brit. antarct. Exp. — British antarctic Expedition 1907—1909. Report on the Scientific Investigations. Edited by John Murray. London. 4.

Brohmer, Fauna Deutschl. — Fauna von Deutschland. Ein Bestimmungsbuch unserer heimischen Tierwelt. Unter Mitarbeit von Börner u. a. herausgegeben von Paul Brohmer. 1914. 2. Aufl. 1920. 3. Aufl. 1925. 4. Aufl. 1932. Leipzig. 8.

Bronn, Kl. Ordn. — H. G. Bronn's Klassen und Ordnungen des [Thier [Tier [-Reichs, wissenschaftlich dargestellt in Wort und Bild. Leipzig, Heidelberg. 8.

Bull. biol. France — Bulletin biologique de la France et de la Belgique. Paris. 8.

Bull. Soc. Fribourg. — Bulletin de la Société Fribourgeoise des Sciences naturelles. Fribourg. 8.

Bull. Soc. zool. France — Bulletin de la Société zoologique de France. Paris. 8.

Burmeister, Handb. Naturg. — Handbuch der Naturgeschichte. Zum Gebrauch bei Vorlesungen entworfen von Hermann Burmeister. Berlin. 1837 (1836, 37). 8.

Cambridge nat. Hist. — The Cambridge natural History, edited by Sidney Frederic Harmer ... and Arthur Everett Shipley ... *v.* 1—10. London. 1895—1909. 8.

Camp. arct. Orléans — Duc d'Orléans Campagne arctique de 1907. Bruxelles. 4.

Carus & Gerstaecker, Handb. Zool. — Handbuch der Zoologie von Jul. Victor Carus und C. E. A. Gerstaecker. Band 1, 2. Leipzig. 1868—75 (1868, 75), 63. 8.

Časopis České Spol. ent. — Časopis České Společnosti entomologické. Acta Societatis entomologicae Bohemiae. Praze. 8.

Centralbl. Bakter. — Centralblatt für Bakteriologie und Parasitenkunde ([*v.* 19 & sequ.:] Centralblatt für Bakteriologie, Parasitenkunde und Infektionskrankheiten). — [*v.* 17 & sequ.:] 1. Abteilung: Medizinisch-hygienische Bakteriologie und tierische Parasitenkunde. 1I. Originalaufsätze, 1II. Referate. 2. Abteilung: Allgemeines, landwirtschaftlich-technologische Bacteriologie, Gährungsphysiologie, Pflanzenpathologie und Pflanzenschutz. — Herausgegeben von O. Uhlworm. Jena. 8.

Congr. int. Zool. — Congrès international de Zoologie. (Compte-rendu des Séances, Verhandlungen, Proceedings.) Paris, Moscou, Leyde, ... 8.

Corti, Osserv. micr. Tremella — Bonaventura Corti, Osservazioni microscopiche sulla Tremella e sulla Circolazione del Fluido in una Pianta acquajuola. Lucca. 1774. 8.

CR. Ac. Sci. — Comptes rendus hebdomadaires des Séances de l'Académie des Sciences. Paris. 4.

Cuvier, Règne an. — Le Règne animal distribué d'après son Organisation, pour servir de Base à l'Histoire naturelle des Animaux et d'Introduction à l'Anatomie comparée. Par [Georges] Cuvier. Tom. 1—4. Paris. 1817. 8.

Dict. Sci. nat. — Dictionnaire des Sciences naturelles, ... Par plusieurs Professeurs du Jardin du Roi, et des principales Écoles de Paris. [Réd. par F. Cuvier.] *v.* 1—60; Planches. Strasbourg et Paris (Paris). 1816—30. 8.

Drygalski, Grönl.-Exp. — Grönland-Expedition der Gesellschaft für Erdkunde zu Berlin 1891—93. Unter Leitung von Erich Drygalski. *v.* 1, 2 I, II. Berlin. 1897. 8.

D. Südp.-Exp. — Deutsche Südpolar-Expedition 1901—1903. Im Auftrage des Reichsamtes des Innern herausgegeben von Erich von Drygalski. Zoologie. Berlin. 4.

Dujardin, Zooph. — Histoire naturelle des Zoophytes. Infusoires, comprenant la Physiologie et la Classification de ces Animaux, ... Par Félix Dujardin. Cum Atlas. Paris. 1841. 8.

C. Duméril, Zool. anal. — Zoologie analytique, ou Méthode naturelle de Classification des Animaux, rendue plus facile à l'Aide de Tableaux synoptiques par A. M. Constant Duméril. Paris. 1806. 8.

Dutrochet, Mém. Hist. anat. physiol. — R. H. Joach. Dutrochet, Mémoires pour servir à l'Histoire anatomique et physiologique des Végétaux et des Animaux. *v.* 1, 2. Bruxelles. 1837. 8.

Edinb. Enc. — The Edinburgh Encyclopaedia; conducted by David Brewster. With the Assistance of Gentlemen eminent in Science and Literature. Vol. 1—18. Edinburgh. 1830 [1809—31]. 4.

Ehrenberg, Mikrogeol. — Chr. G. Ehrenberg, Mikrogeologie. Das Erden und Felsen schaffende Wirken des unsichtbaren kleinen selbstständigen Lebens auf der Erde. Leipzig. 1854. Mit Atlas. 2.

Eichhorn, Beitr. Naturg. Wasser-Thiere — J. C. Eichhorn, Beiträge zur Naturgeschichte der kleinsten Wasserthiere, die mit keinem bloßem Auge gesehen werden können. Danzig. 1775. 4.

Ergeb. Schwed. Südp.-Exp. — Wissenschaftliche Ergebnisse der Schwedischen Südpolar-Expedition 1901—1903 unter Leitung von Otto Nordenskjöld. Stockholm. 4.

Ersch & Gruber, Enc. — Allgemeine Encyclopädie der Wissenschaften und Künste, herausgegeben von J. S. Ersch und J. G. Gruber. Theil 1 —. Leipzig. 1818—89. 4.

Fauna arct. — Fauna arctica. Eine Zusammenstellung der arktischen Tierformen mit besonderer Berücksichtigung des Spitzbergen-Gebietes auf Grund der Ergebnisse der Deutschen Expedition in das Nördliche Eismeer im Jahre 1898. Unter Mitwirkung zahlreicher Fachgenossen herausgegeben von Fritz Römer und Fritz Schaudinn. Nach ihrem Tode fortgesetzt von August Brauer. Jena. 4.

Fauna S. W.-Austral. — Die Fauna Südwest-Australiens. Ergebnisse der Hamburger Südwestaustralischen Forschungsreise 1905, herausgegeben von W. Michaelsen und R. Hartmeyer. Jena. 8.

Faune France — Faune de France, éditée par l'Office central de Faunistique de la Fédération Française des Sociétés de Sciences Naturelles. Paris. 8.

Festschr. Zschokke — Festschrift zur Feier des 60. Geburtstages (27. Mai 1920) von Fr. Zschokke. Basel. 1921. 8.

Forel, Le Léman — F.-A. Forel, Le Léman. Monographie limnologique. *v.* 3. Lausanne. 1901. 8.

Gistel, Naturg. Thierr. — Naturgeschichte des Thierreichs. Für höhere Schulen bearbeitet durch Johannes Gistel. Mit einem Atlas von 32 Tafeln . . . Stuttgart. 1848. 2.

Gistel & Bromme, Handb. Naturg. — Handbuch der Naturgeschichte aller drei Reiche, für Lehrer und Lernende, für Schule und Haus. — Von Joh. Gistel und Tr. Bromme. (Thierreich von Joh. Gistel, Pflanzenreich und Steinreich von Tr. Bromme). Mit 48 colorirten Tafeln und 42 Holzschnitten. Stuttgart. 1850. 8.

Gmelin-Linné, Syst. Nat., ed. 13 — Caroli a Linné Systema Naturae per Regna tria Naturae, secundum Classes, Ordines, Genera, Species, cum Characteribus, Differentiis, Synonymis, Locis. Editio XIII, aucta, reformata. Cura Jo. Frid. Gmelin. — Tomus I. Pars 1—7. Lipsiae. 1788 [Pars 6 & 7: 1791, 92]. 8.

Haeckel, Gen. Morphol. — Generelle Morphologie der Organismen. Allgemeine Grundzüge der organischen Formen-Wissenschaft, mechanisch begründet durch die von Charles Darwin reformierte Descendenz-Theorie, von Ernst Haeckel. *v.* 1, 2. Berlin. 1866. 8.

Haeckel, Schöpfungsgesch. — Natürliche Schöpfungsgeschichte. Gemeinverständliche wissenschaftliche Vorträge über die Entwicklungslehre im Allgemeinen und diejenige von Darwin, Goethe und Lamarck im Besonderen . . . und über die Anwendung derselben auf den Ursprung des Menschen und andere damit zusammenhängende Grundfragen der Naturwissenschaft. Von Ernst Haeckel. Berlin. 8

Haeckel, Syst. Phyl. — Systematische Phylogenie. Entwurf eines natürlichen Systems der Organismen auf Grund ihrer Stammesgeschichte von Ernst Haeckel. *v.* 1—3. Berlin. 1894, 96, 95. 8.

Handw. Naturw. — Handwörterbuch der Naturwissenschaften. Herausgegeben von R. Dittler, G. Joos, E. Korschelt, G. Linck, F. Oltmanns, K. Schaum, H. T. Simon, M. Verworn und E. Teichmann. *v.* 1—10. Jena. 1912—15. Ed. 2 *v.* 1—10. 1931—35. 8.

Hereditas — Hereditas. Genetiskt Arkiv. Utgivet av Mendelska Sällskapet i Lund. Lund. 8.

Hoeven, Handb. Zool. — Handbuch der Zoologie. Von J. van der Hoeven. Nach der 2. Holländischen Ausgabe. *v.* 1, 2. Leipzig. 1850, 52—56. 8.

Huxley, Grundz. Anat. wirbell. Thiere — Grundzüge der Anatomie der wirbellosen Thiere von Thomas H. Huxley. Autorisirte Deutsche Ausgabe von J. W. Spengel. Leipzig. 1878. 8.

Huxley, Intr. Classif. An. — An Introduction to the Classification of Animals. By Thomas Henry Huxley. London. 1869. 8.

Illiger, Prodr. Mam. Av. — Caroli Illigeri Prodromus Systematis Mammalium et Avium additis Terminis zoographicis utriusque Classis, eorumque Versione Germanica. Berolini. 1811. 8.

Int. Rev. Hydrobiol. — Internationale Revue der gesamten Hydrobiologie und Hydrographie von R. Woltereck. Leipzig. 8.

Isis — Isis [Encyklopädische Zeitschrift, vorzüglich für Naturgeschichte, vergleichende Anatomie und Physiologie] von [Lorenz von] Oken. Leipzig. 4.

J. Quekett Club — The Journal of the Quekett microscopical Club. London. 8.

J. R. micr. Soc. — Journal of the Royal microscopical Society. London. 8.

Koenig, Avifauna Spitzberg. — A. Koenig, Avifauna Spitzbergensis. Forschungsreisen nach der Bären-Insel und dem Spitzbergen-Archipel, mit ihren faunistischen und floristischen Ergebnissen. Bonn. 1911. 4.

Kükenthal & Krumbach, Handb. Zool. — Handbuch der Zoologie. Eine Naturgeschichte der Stämme des Tierreichs. Gegründet von Willy Kükenthal, unter Mitarbeit zahlreicher Fachgelehrten herausgegeben von Thilo Krumbach. Berlin, Leipzig. 1923—. 8.

Lameere, Man. Faune Belgique — Manuel de la Faune de Belgique par Aug. Lameere. *v.* 1. Bruxelles. 1895. 12.

Lampert & Lauterborn, Leben Binnengew. — K. Lampert & R. Lauterborn, Das Leben der Binnengewässer. Ed. 3. Leipzig. 1920—24. 8.

Lance, Contr. Tardigrades — Denis Lance, Contribution a l'Étude anatomique et biologique des Tardigrades (Genre *Macrobiotus* Schultze). Diss. Paris. 1896. 4.

Linné, Syst. Nat., ed. 10 — Caroli Linnaei Systema Naturae per Regna tria Naturae, secundum Classes, Ordines, Genera, Species, cum Characteribus, Differentiis, Synonymis, Locis. Editio X, reformata. — Tomus I. Holmiae. 1758. 8.

Mém. prés. Ac. France — Mémoires présentés par divers Savans (Savants) à l'Académie [Royale] des Sciences de l'Institut [Impérial] de France, et imprimés par son Ordre. 2. Série ([*v.* 1—24:] Sciences mathématiques et physiques). Paris. 4.

Mém. Soc. Helvét. — Mémoires de la Société Helvétique des Sciences naturelles. Lausanne. 8.

Mém. Soc. Neuchâtel — Mémoires de la Société des Sciences naturelles de Neuchâtel. Tome 1—4. Neuchâtel. 1835—74. 4. Mémoires de la Société neuchâteloise des Sciences naturelles. Tome 5 II. 1914 (? Sep. 1912). Neuchâtel. 4.

Mém. Soc. zool. France — Mémoires de la Société zoologique de France. Paris. 8.

Mikr. Naturfr. — Mikroskopie für Naturfreunde. Schriften der freien Vereinigung von Freunden der Mikroskopie. Berlin. 8.

Mikrokosmos — Mikrokosmos. Zeitschrift für angewandte Mikroskopie, Mikrobiologie, Mikrochemie und mikroskopische Technik. Stuttgart. 8.

Milne-Edwards, Leç. Physiol. Anat. comp. — Leçons sur la Physiologie et l'Anatomie comparée de l'Homme et des Animaux par Henri Milne-Edwards. *v.* 1—14. Paris. 1857—81. 4.

Miss. Cap Horn — Mission scientifique du Cap Horn 1882—83. *v.* 1—8. Paris. 1885—91. 4.

Miss. sci. Omo — Mission scientifique de l'Omo. Publié sous la Direction de R. Jeannel. Paris. 1935. 8.

Monber. Ak. Berlin — Monatsberichte der Königlich Preußischen Akademie der Wissenschaften zu Berlin. Berlin. 8.

Morphol. Jahrb. — Morphologisches Jahrbuch. Eine Zeitschrift für Anatomie und Entwicklungsgeschichte. Leipzig. 8.

Mt. Ges. Bern — Mittheilungen der naturforschenden Gesellschaft in Bern. Bern. 8.

Murray, Not. nat. Hist. Bolivia Peru — John Murray, Notes on the natural History of Bolivia and Peru. Edinburgh. 1913.

Naturw. Wochenschr. — Naturwissenschaftliche Wochenschrift. Jena. *v.* 1—16: 1887—1901. Neue Folge, *v.* 1—21: 1901—1922. 4.

N. Denk. Schweiz. Ges. — Neue Denkschriften der allgemeinen Schweizerischen Gesellschaft für die gesammten Naturwissenschaften. Nouveaux Mémoires de la Société Helvétique des Sciences naturelles. Neuchâtel (Zürich). 4.

Not. Nat.-Heilk. — Notizen aus dem Gebiete der Natur- und Heilkunde, gesammelt ... Jena. 4.

Nouv. Dict., n. ed. — Nouveau Dictionnaire d'Histoire naturelle, appliquée aux Arts, à l'Agriculture, à l'Économie rurale et domestique, à la Médecine, etc. Par une Société de Naturalistes et d'Agriculteurs. Nouvelle Édition. Tom. 1—6, 7—18, 19—27, 28—36. Paris. 1816, 17, 18, 19. 8.

Öfv. Ak. Förh. — Öfversigt af Kongliga Vetenskaps-Akademiens Förhandlingar. Stockholm. 8.

Oken, Lehrb. Naturg. — [Lorenz von] Okens Lehrbuch der Naturgeschichte. — 3. Theil. Zoologie. Abtheilung 1, 2. Mit 1 Atlas. Leipzig und Jena (Leipzig). 1815, 16. 8 & 4.

P. biol. Soc. Washington — Proceedings of the biological Society of Washington. Washington. 8.

P. Irish Ac. — Proceedings of the Royal Irish Academy — [Ser. 2:] Science. Dublin. 8.

Příroda Ostrava — Příroda Mor. Ostrava.

Pritchard, Nat. Hist. An. — Andrew Pritchard, The Natural History of Animalcules, containing Descriptions of all the known Species of Infusoria. London. 1834. 8.

Prometheus — Prometheus. Illustrierte Wochenschrift über die Fortschritte in Gewerbe, Industrie und Wissenschaft. Berlin.

P. U. S. Mus. — Proceedings of the United States national Museum. Washington. 8.

P. zool. Soc. London — Proceedings of the zoological Society of London. London. 8.

Rev. biol. Nord France — Revue biologique du Nord de la France. Lille. 8.

Revista Chilena — Revista Chilena de Historia natural. Valparaiso. 8.

Rev. Suisse Zool. — Revue Suisse de Zoologie et Annales du Musée d'Histoire naturelle de Genève. Genève. 8.

SB. Ges. Dorpat — Sitzungsberichte der Naturforscher-Gesellschaft bei der Universität Dorpat (Jurjeff). Dorpat (Jurjeff). 8.

SB. Ges. Fr. Berlin — Sitzungsberichte der Gesellschaft naturforschender Freunde zu Berlin. Berlin. 4, 8.

Schrank, Fauna Boica — Fauna Boica. Durchgedachte Geschichte der in Baiern einheimischen und zahmen Thiere von Franz von Paula Schrank. Band 1, 2I, 2II, 3I, 3II. Nürnberg (Ingolstadt) (Landshut). 1798, 1801, 02, 03, 03. 8.

Schr. Ges. Königsb. — Schriften der [Königlichen] physikalisch-ökonomischen Gesellschaft zu Königsberg. Königsberg. 4.

Schultze, Echiniscus Bellermanni — Carol. Aug. Sigism. Schultze, Echiniscus Bellermanni animal crustaceum, Macrobioto Hufelandii affine. Berolini. 1840. 4.

Schultze, Echiniscus Creplini — Carol. Aug. Sigism. Schultze, Echiniscus Creplini animalculum e familia Arctiscoidum. Gryphiae. [1861]. 4.

Schultze, Macrobiotus Hufelandii — Carol. Aug. Sigism. Schultze, Macrobiotus Hufelandii, animal e crustaceorum classe novum. Berolini. 1834. 4.

Seba, Thesaurus — Locupletissimi Rerum naturalium Thesauri accurata Descriptio, et Iconibus artificiosissimis Expressio, per universam Physices Historiam. Opus, cui in hoc Rerum Genere, nullum par exstitit. Ex toto Terrarum Orbe collegit, digessit, descripsit, et depingendum curavit Albertus Seba. Tom. 1—4. Amstelaedami. 1734, 35, 61, 65. 2.

Senebier, Mikr. Entdeck. — Joh. Senebier, Ueber die vornehmsten mikroskopischen Entdeckungen in den 3 Naturreichen. Aus dem Französischen mit Zusätzen von J. A. Donndorf. Leipzig. 1795. 8.

Seurat, Expl. Algérie — L. G. Seurat, Exploration zoologique de l'Algérie in: Collect. Centenaire Algérie 1830—1930. Etudes scientifiques. 1930. Paris. 4.

Siebold & Stannius, Lehrb. vergl. Anat. — Lehrbuch der vergleichenden Anatomie von C. Th. Siebold und H. Stannius. *v.* 1, 2. Berlin. 1848, 46. 8.

Spallanzani, Opusc. Fis. an. — Lazaro Spallanzani, Opuscoli di Fisica animale e vegetabile. *v.* 1, 2. Modena. 1776. 8.

Tab. biol. — Tabulae biologicae. Berlin. 4.

Tätigkeitsber. Ges. Baselland — Tätigkeitsberichte der naturforschenden Gesellschaft Baselland. Liestal. 8.

Tierreich — Das Tierreich. Gegründet von der Deutschen Zoologischen Gesellschaft. Herausgegeben von der Preußischen Akademie der Wissenschaften zu Berlin. Berlin. 8.

Tierw. Deutschl. — Die Tierwelt Deutschlands und der angrenzenden Meeresteile nach ihren Merkmalen und nach ihrer Lebensweise. Begründet von Friedrich Dahl. Herausgegeben von Maria Dahl und Hans Bischoff. Jena. 8.

Tierw. Mitteleur. — Die Tierwelt Mitteleuropas. Herausgegeben von P. Brohmer, P. Ehrmann, G. Ulmer. Leipzig. 8.

Tierw. Nord- und Ostsee — Die Tierwelt der Nord- und Ostsee ... In Verbindung mit zahlreichen in- und ausländischen Fachgelehrten herausgegeben von G. Grimpe und E. Wagler in Leipzig. Leipzig. 8.

Tijdschr. Nederl. dierk. Ver. — Tijdschrift der Nederlandsche dierkundige Vereeniging. s'Gravenhage (Rotterdam) (Leiden). 8.

Treubia — Treubia. Recueil de Travaux zoologiques, hydrobiologiques et océanographiques rédigé par W. M. Doctors van Leeuwen, K. W. Dammerman et A. L. J. Sunier. Department van Landbouw, Nijverheid en Handel. „S Lands Plantentuin." |Instituts scientifiques de Buitenzorg|. Weltenvreden —. Batavia. 8.

Tr. R. Soc. Edinb. — Transactions of the Royal Society of Edinburgh. Edinburgh. 4.

Ulmer, Seen Bächen — Aus Seen und Bächen. Die niedere Tierwelt unserer Gewässer. Von Georg Ulmer. Naturwissenschaftliche Bibliothek für Jugend und Volk. Leipzig. 1914. 8.

Verh. D. zool. Ges. — Verhandlungen der Deutschen zoologischen Gesellschaft. Leipzig. 8.

Verh. Ges. Basel — Verhandlungen der naturforschenden Gesellschaft in Basel. Basel. 8.

Verh. Ges. D. Naturf. — Verhandlungen der Gesellschaft Deutscher Naturforscher und Aerzte. Leipzig. 8.

Verh. Int. Ver. Limnol. — Verhandlungen der Internationalen Vereinigung für theoretische und angewandte Limnologie im Auftrage der Vereinigung herausgegeben von Fr. Lenz. Stuttgart. 8.

Z. allg. Physiol. — Zeitschrift für allgemeine Physiologie. Jena. 8.

Z. Morphol. Ökol. — Zeitschrift für Morphologie und Ökologie der Tiere. Berlin. 8.

Zool. — Zoologica. Originalabhandlungen aus dem Gesamtgebiete der Zoologie. Stuttgart. 8.

Zool. Anz. — Zoologischer Anzeiger. Leipzig. 8.

Zool. Jahrb., Anat. — Zoologische Jahrbücher. — Abtheilung für Anatomie und Ontogenie der Thiere. Jena. 8.

Zool. Jahrb., Physiol. — Zoologische Jahrbücher. — Abteilung für allgemeine Zoologie und Physiologie der Tiere. Jena. 8.

Zool. Jahrb., Syst. — Zoologische Jahrbücher. — Abtheilung für Systematik, Geographie und Biologie der Thiere. Jena. 8.

Zoologist — The Zoologist: a monthly Journal of natural History. London. 8.

Z. wiss. Zool. — Zeitschrift für wissenschaftliche Zoologie. Leipzig. 8.

Systematischer Index

Erklärung der in den Figuren 1—36 verwendeten Abkürzungen

a After
ac alte Cuticula
ak alte Kralle
ao alte Oesophagusauskleidung
ap Apophyse
ä äußere Kralle
b Speicherzelle; in Fig. 6 = Krallenbasis
be basale Ecke der Krallenleiste
c Clava
cc Cystencuticula
cd Caudalcirrus
coe Coecum
cu Cuticula
d Ductus deferens
db Dorn auf dem Bein
dd dorsale Drüse
de Lateraldorn bei *Batillipes*
dm dorsaler Längsmuskel
dorn Dorsaldorn von *Echiniscus*
e Epithelzelle der Epidermis; in Fig. 16 = Exkretkristall
ei Ei
f Falte am Schlundkopfeingang
ft Fetttropfen
g vorletzter Lateraldorn bei *Batillipes*
go Gonoporus
h Hauptast der Kralle
hü Hülle (Außencuticula bei *Tetrakentron*)
i innere Kralle
k Kralle
kc Kopfcoelomsack
kd Krallendrüse
kh Krallenhaut
ko Komma oder Microplacoid
l Cirrus lateralis
le Lobus externus des Gehirns
li Lobus internus des Gehirns
m Muskel
mc Cirrus medianus
md Mitteldarm
me Cirrus medialis externus
mi Cirrus medialis internus
mk Muskelzellkern
mr Mundröhre
mw Mundhöhlenwand
n Nebenast der Kralle
na grüner Nahrungseinschluß
nc neue Cuticula
ng Nebenganglion
nk neue Kralle
ns Nebenspitzen des Krallenhauptastes
o Mund
oa Ovaraufhängeband
oc Auge
od Ovidukt
oe Oesophagus
ov Ovar
oz Ovarendothelzelle
p Papilla cephalica
pa Papille auf dem 4. Bein
pd Proctodaeum
po Porus der Zehen von *Batillipes*
r Rectum
rc_1—rc_4 1. bis 4. Rumpfcoelomsack
rm Rectalmuskel
rs Receptaculum seminis
s Stilett
sch Schlundröhre von *Diphascon*
sd_1 Munddrüsenanlage
sd_2 Schlundkopfanlage
se Schlundkopfepithelzelle
sh Scheidenhalter
sk Schlundkopf
sl Schlundkopfleiste der Hetero-, Schlundkopfeinlagerung der Eutardigraden
sm Stilettmuskel
so Sinnesorgan von *Tetrakentron*
sp Munddrüse
sr Schlundring
ss Stilettscheide
st Stilettträger
t Hoden
ta Hodenaufhängeband
v Vakuole der Krallendrüse; in Fig. 16 = Verdauungsendstadium
vl ventraler Längsmuskel
vm Vasa malpighii (laterale Darmanhangsdrüsen)
vs Vesicula seminalis
z Mundzipfel von *Milnesium*
I Unterschlundganglion
II—V 1. bis 4. Bauchganglion

Classis Tardigrada[1)]

non 1734 *Tardigradus; Tardigradi*, Seba, Thesaurus, *v.* 1 p. 53—55 | 1773 *Kleiner Wasserbär*, Goeze in: Bonnet, Abh. Ins., p. 367—375 t. 4 f. 7 | 1774 *Brucolino* [id est: kleine Raupe], B. Corti, Osserv. micr. Tremella, p. 97, 100 | 1775 *Wasser-Bär*, J. C. Eichhorn, Beitr. Naturg. Wasser-Thiere, p. 74 t. 7 f. E | 1776 *Il tardigrado*, Spallanzani, Opusc. Fis. an., *v.* 2 p. 222 ff. t. 4 f. 7, 8; t. 5 f. 9 | 1785 *Acarus ursellus*, O. F. Müller in: Arch. Ins.-Gesch., fasc. 6 p. 25—31 t. 36 | 1790 *A. u.*, J. F. Gmelin-Linné, Syst. Nat., ed. 13 *v.* 1 pars 5 p. 2924 | 1795 *Das Faulthierchen* (*le Tardigrade*), Senebier, Mikr. Entdeck., p. 41 | 1803 *Arctiscon tardigradum*, Schrank, Fauna Boica, *v.* 31 p. 178, 195—196 | non 1806 *Tardigraden*, C. Duméril [— L. F. Froriep], Zool. anal., p. 22 | non 1811 *Tardigrada*, Illiger, Prodr. Mam. Av., p. XV, 107, 108 | 1812 *Tardigrades*, Du Trochel [err. pro Dutrochet] in: Ann. Mus. Paris, *v.* 19 p. 381 | 1815 *Arctiscon*, Oken, Lehrb. Naturg., Zool. *v.* 3 Abt. 1 Regist. p. II | non 1817 *Les Tardigrades*, G. Cuvier, Règne an., *v.* 1 p. 215 | 1819 *Tardigrade*, Bosc in: Nouv. Dict., n. ed. *v.* 32 p. 467 | 1820 *Arctiscon tardigradum*, Nitzsch in: Ersch & Gruber, Enc., pars 5 p. 166 | 1826 *Le Tardigrade*, Blainville in: Ann. Sci. nat., *v.* 9 p. 105—107 | non 1828 *De Tardigradis*, A. Brants, Diss. Tardigradis, p. 1 ff. | 1828 *Tardigrade*, *Tardigradus* (Entomoz.), Blainville in: Dict. Sci. nat., *v.* 52 p. 256 | 1830 *Sloth, Urslet*, Dalyell in: Edinb. Enc., *v.* 2 (sub Animalcula) p. 140, 143 t. 24 f. 1—3, 15—17 | 1834 *Trionychicum* [nec *Trionychium* Doyère 1840 p. 174, 288, neque *Trionychichum* Della Valle 1915 (1914), p. 3] *ursinum*, Ehrenberg in: Isis, fasc. 6—7 p. 711 | 1834 *Urslet*, *Sloth*, Pritchard, Nat. Hist. An., p. 182, 183 | 1835 *Xenomorphidae*, Perty in: Isis, fasc. 12 p. 1241 | non 1837 *Tardigrada*, Burmeister, Handb. Naturg., p. 806 | 1837 *Les tardigrades*, Dutrochet, Mém. Hist. anat. physiol., *v.* 2 p. 483—484 | 1840 *Tardigrades*, *Systolides Suceurs*, Doyère in: Ann. Sci. nat., ser. 2 *v.* 14 p. 269, 279 | 1841 *Systolides marcheurs* (Non ciliés), Dujardin, Zooph., p. 661 | 1848 *Xenomorphida*, *Blaracken*, Gistel, Naturg. Thierr., p. 161 | 1848 *Tardigrada*, Siebold & Stannius, Lehrb. vergl. Anat., *v.* 1 p. 506 | 1850 *Colopoda*, Hoeven, Handb. Zool., *v.* 1 p. 554 | 1850 *Xenomorphida*, *Blaracken*, Gistel & Bromme, Handb. Naturg., *v.* 2 p. 530 | 1851 *Tardigrades*, Dujardin in: Ann. Sci. nat., ser. 3 *v.* 15 p. 161 | 1851 *Tardigraden*, J. Kaufmann in: Z. wiss. Zool., *v.* 3 p. 228 | non 1852—1856 *Tardigrada*, Hoeven, Handb. Zool., *v.* 2 p. 704 | 1861 *Arctiscoida*, C. A. S. Schultze, Echiniscus Creplini, p. 7 | 1862 *Tardigrades*, H. Milne-Edwards, Leç. Physiol. Anat. comp., *v.* 7 p. 528—529 | 1863 *Tardigrada*, Gerstaecker in: Carus & Gerstaecker, Handb. Zool., *v.* 2 p. 345 | 1865 *Arctiscoidea*, *Arctiscoida*, R. Greeff in:

[1)] In der Synonymieliste sind außer den Gruppenbezeichnungen auch diejenigen Namen aus der älteren Literatur aufgenommen worden, die für die Geschichte der Tardigradenforschung wichtig sind, aber nicht mit bestimmten Gattungen und Arten sicher identifiziert werden können. Artnamen, die weder historisch bedeutsam noch auf irgendeine Species mit Sicherheit zu beziehen sind, habe ich fortgelassen. P. Della Valle (in: Ann. Mus. Napoli, n. ser. suppl. fasc. 1 nr. 7 p. 7, 12, 17, 22, 1915) führt solche Namen auf, in dem Bestreben, die ersten Benennungen aufrechtzuhalten. Es wäre lediglich durch Übereinkunft der Spezialisten möglich, dieses Verfahren zu befolgen. Empfehlenswert wäre eine solche willkürliche Neuregelung nicht, zumal nach Della Valle mehrere allgemein bekannte Arten wie *Macrobiotus macronyx*, *Hypsibius* (*H.*) *dujardini*, *H.* (*H.*) *oberhaeuseri* und *Milnesium tardigradum* umbenannt werden müßten. Der Tardigradenforschung warten auch in systematischer Hinsicht wichtigere Aufgaben als die Erörterung der alten Synonymie, die doch nicht endgültig zu klären ist.

Arch. mikr. Anat., *v.* 1 p. 101 | 1865 *Arctiscoiden*, M. Schultze, ibid., *v.* 1 p. 428 | 1866 *Arctiscoidea, Arctiscoida*, R. Greeff, ibid., *v.* 2 p. 102 | 1866 *Arctisca (Tardigrada) Bärthierchen*, Haeckel, Gen. Morphol., *v.* 2 p. XCIV | 1869 *Arctisca or Tardigrada (Water-bears), Water-sloths*, Huxley, Intr. Classif. An., p. 123, 145 | 1870 *Tardigrades*, H. Milne-Edwards, Leç. Physiol. Anat. comp., *v.* 9 p. 248—249 | 1873 *T.*, A. S. Packard jr. in: Amer. Natural., *v.* 7 p. 740 | 1874 *T.*, H. Milne-Edwards, Leç. Physiol. Anat. comp., *v.* 11 p. 195 | 1878 *Tardigraden* oder *Arctisken*, Huxley, Grundz. Anat. wirbell. Thiere, p. 342 | 1888 *Tardigrada*, Plate in: Zool. Jahrb., Anat. *v.* 3 p. 491 | 1889 *Arktisken* oder *Bärwürmer*, Haeckel, Schöpfungsgesch., ed. 8 p. 583 | non 1895 *Tardigrada*, Haeckel, Syst. Phyl., *v.* 3 p. 516, 522 | 1896 *Tardigrades*, Lance, Contr. Tardigrades, p. 199 | 1896 *Arctisconia*, Haeckel, Syst. Phyl., *v.* 2 p. 634, 641, 642 | 1901 *Tardigradae*, F. Richters in: Ber. Senckenb. Ges., p. 101 | 1901 *Tardigraden*, Schaudinn in: Fauna arct., *v.* 2 p. 185 | 1906 *Xenomorphida*, W. P. Hay in: P. biol. Soc. Washington, *v.* 19 p. 47 | 1907 *Water-Bears* or *Tardigrada*, John Murray in: J. Quekett Club, ser. 2 *v.* 10 p. 55 | 1907 *T.*, F. Richters in: D. Südp.-Exp., *v.* 9 p. 292 | 1909 *Tardigrada*, Shipley in: Cambridge nat. Hist., *v.* 4 p. 477—487 f. 249—255 | 1910 *T.*, F. Heinis in: Arch. Hydrobiol., *v.* 5 p. 116, 128 | 1910 *T.*, John Murray in: Brit. antarct. Exp., *v.* 1 p. 81, 83 | 1911 *Water-Bears* or *Tardigrada*, John Murray in: J. Quekett Club, ser. 2 *v.* 11 p. 181 | 1911 *Tardigraden*, G. Thulin in: Ark. Zool., *v.* 7 nr. 16 p. 1 | 1911 *Arctiscoida*, John Murray in: P. Irish. Ac., *v.* 31 nr. 37 p. 1 | 1913 *Tardigrada*, F. Richters in: Handw. Naturw., *v.* 9 p. 1015 | 1919 *Tardigraden, Bärtierchen*, P. Nederström in: Acta Soc. Fauna Fenn., *v.* 46 nr. 8 p. 1, 3 | 1922 *Bärtierchen (Tardigrada)*, Heymons in: Brehm, Tierleben, ed. 4, Nachtrag zu *v.* 2 p. 5 | 1926 *Tardigrada*, F. Richters in: Kükenthal & Krumbach, Handb. Zool., *v.* 3 p. 1 | 1928 *Bärtierchen, Tardigrada*, G. Rahm in: Tierw. Mitteleur., *v.* 3 p. II 1 | 1928 *Tardigrada*, E. Marcus in: Tierw. Deutschl., pars 12 p. 34 | 1928 *T.*, G. Thulin in: Hereditas, *v.* 11 p. 207 | 1929 *T.*, E. Marcus in: Bronn, Kl. Ordn., *v.* 5 Abt. 4 Buch 3 p. 291 | 1930 *T.*, Krumbach in: Tab. Biol., *v.* 6 p. 416 | 1932 *Tardigrades*, Cuénot in: Faune France, pars 24 p. 1, 29 | 1934 *Tardigrada*, E. Marcus in: Handw. Naturw., ed. 2 *v.* 9 p. 859.

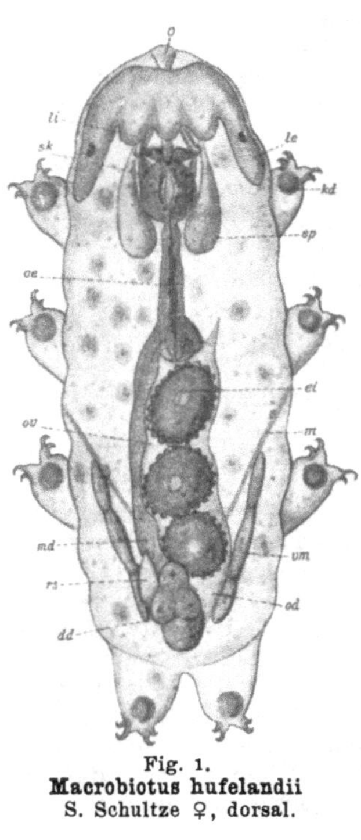

Fig. 1.
Macrobiotus hufelandii
S. Schultze ♀, dorsal.

Kleine, meist nicht über 1 mm messende, bilateralsymmetrische Tiere, aus 1 Kopf- und 4 Rumpfsegmenten bestehend, mit stark cuticularisierter, nicht chitiniger Körperbedeckung, mit 4 Paar latero-ventral gelegenen, vom Rumpf deutlich abgesetzten, bekrallten oder mit Haftlappen versehenen, durch Eigenmuskulatur bewegten Extremitäten, mit glatter, in Spezialgruppen zerfallender Stammesmuskulatur und splanchnischer Längsmuskulatur des Mitteldarmes. Mund ventro-terminal, Stomodaeum mit großen, paarigen, sekretorisch und exkretorisch tätigen Drüsen, mit 2 vorstoßbaren Kalkzähnen, den Stiletten, und dem als Saugvorrichtung wirksamen Schlundkopf versehen; After, bei den Eutardigraden Kloake, ventral. Nervensystem aus Supra- und Suboesophagealganglion und strickleiterförmiger Bauchkette mit 4 Ganglien bestehend. Gonaden als unpaare Säcke ausgebildet, mit paarigen (♂) oder im Grundplan paarigen (♀) Ausführungsgängen, die mit ventralem Gonoporus, bei den Eutardigraden in das Rectum, münden. Frei in der Leibeshöhle flottierende Speicherzellen, Zirkulations- und Respirationsorgane fehlen. Geschlechter getrennt; Eier legend; Entwicklung direkt.

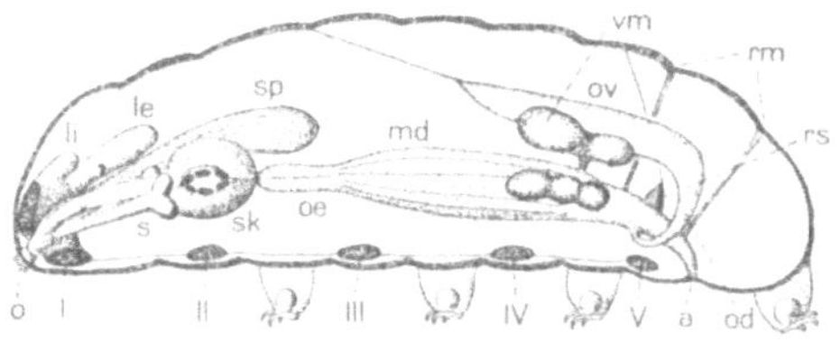

Fig. 2.
Schema der Organisation von **Macrobiotus hufelandii** S. Schultze.

Der im Grundtypus walzenförmige Tardigradenkörper zeigt eine mehr gerundete Dorsal- und eine mehr abgeflachte Ventralseite. Meist ist der Körper 2- bis 3 mal (Echiniscoidea) oder 4- bis 5 mal (Eutardigrada) so lang wie breit; bei dem epoekisch lebenden, auf Adhäsion gebauten *Tetrakentron* (vgl. S. 25) 2 mal so lang wie breit. Der Habitus der verschiedenen Genera wird namentlich durch die im Profilbild deutliche Verschiedenheit der Kopfformen gekennzeichnet. Die Arthrotardigraden *Batillipes, Bathyechiniscus* und *Tetrakentron* besitzen eine senkrechte oder sogar von der Mundöffnung aus deutlich nach vorn vorspringende „Stirn“. *Parechiniscus* zeigt eine von der Mundöffnung senkrecht aufsteigende Profilkontur, während bei *Echiniscoides* und noch mehr bei *Echiniscus* und *Pseudechiniscus* an die Stelle eines gewölbten Vorderkopfes ein fast kegelförmiger, ferkelartig (*„suillus“*, *„Bryodelphax“*, *„Bryochoerus“*) spitzschnauziger Kopf tritt. Für die Kopfform der Macrobiotidae vgl. S. 143. *Milnesium* ist flachköpfig und sieht durch die Rostralpapillen Sternmull *(Condylura)*-ähnlich aus.

Die Körperlänge liegt zwischen 51 μ (eben geschlüpfte *Bryodelphax parvulus*) und 1200 μ bei *Macrobiotus hufelandii* und *Milnesium tardigradum*. Die Scutechiniscidae sind meist bis 300 μ, die Macrobiotidae meist bis 500 μ lang. Von Wachstumsverschiedenheiten abgesehen, tritt die individuelle Variabilität der Körpergröße zurück gegenüber der Variabilität der Durchschnittsgröße bei verschiedenen Populationen derselben Species. Als Durchschnittsgrößen erwachsener *Macrobiotus hufelandii* wurden gefunden: 300 μ (Helgoland), 600 μ (Flores), 900 μ (Vorarlberg); oder bei *Milnesium tardigradum:* 200 μ (Sumatra), 500 μ (Potsdam), 800 μ (Kiel). Solche Funde schränken die Bedeutung der Größenangaben für die Artbestimmung ein. Außerdem haben manche Untersucher lebende, andere fixierte, durch Deckglasdruck gestreckte Tiere gemessen, bald wird das letzte Beinpaar in die Messung einbezogen, bald nicht.

Die Cuticula des Körperstammes, die Extremitätenendigungen und die Auskleidung von Vorder- und Enddarm bestehen aus einem Albuminoid, nicht aus Chitin. Unabhängig von der Segmentierung, die durch Beine und Ganglien gekennzeichnet ist, besteht eine namentlich bei den Eutardigraden, aber auch bei *Echiniscoides* deutliche Gliederung der Cuticula in 9 Wülste. Über jedem der 3 vorderen Beinpaare findet sich je ein Wulst, je ein Wulst liegt zwischen 2 Beinpaaren, 2 Wülste treten vor dem ersten, 2 hinter dem 3. Beinpaar auf. Die 9 Wülste sind durch seichte Querfalten getrennt. Von systematischem Wert ist die Glätte oder verschiedenartige Skulpturierung der Cuticula und besonders der Typ ihrer dorsalen bis dorso-lateralen Verstärkungen (Platten des Panzers) bei den Scutechiniscidae. Es gibt freilich auch Artengruppen, wie den Verwandtschaftskreis des *Calohypsibius ornatus* mit einer sehr erheblichen Variationsbreite der Skulpturcharaktere. Cuticulare Kopfanhänge, die vom Oberschlundganglion innerviert sind, finden sich namentlich bei den Heterotardigraden (Fig. 8). Unter den Eutardigraden, bei denen die cephalen Anhänge, nicht die entsprechenden Nerven, zurücktreten, besitzt *Milnesium* 6 Rostralpapillen (Fig. 302). Von cuticularen Körperanhängen seien genannt:

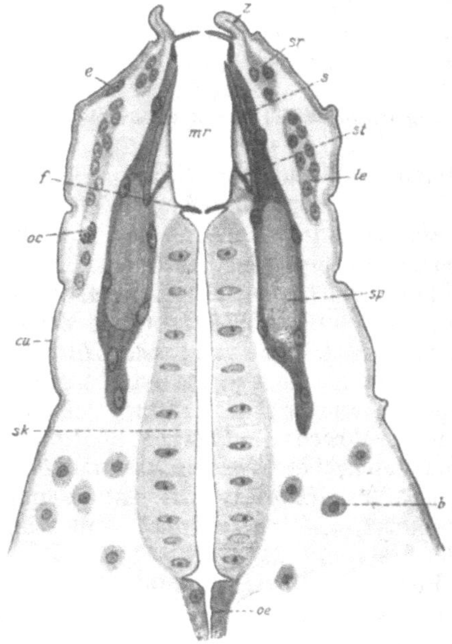

Fig. 3.
Rostralende von **Milnesium tardigradum** Doy. Frontalschnitt.

1. Dornen und Höcker bei den Eutardigraden; 2. taxonomisch sehr wichtige, wenn auch nach Alter und Population variable dorsale bis laterale, dorn- oder fadenförmige Bildungen bei den Scutechiniscidae; 3. Cirren oder Zapfen auf der Basis der Extremitäten, namentlich der 4., und in der caudalen Körperregion bei Scutechinisciden und anderen Heterotardigraden.

Die Zahl der Epidermiszellen stimmt, soweit geprüft, bei alten und jungen Tieren aller Arten der gleichen Gattung überein; zwischen den Gattungen bestehen kleine Unterschiede. Funktionen der Epidermis sind die Neubildung der Cuticula bei der Häutung und die Speicherung von Stoffwechselabbauprodukten. Die Pigmentierung der Epidermis nimmt, zumal bei den Eutardigraden, mit fortschreitendem Alter zu. Das setzt ihren taxonomischen Wert für die meisten Arten herab. Bedeutungslos als Speciescharakter ist die mit den Stadien der Resorption und Digestion korrelierte Färbung des Darmes. In seltenen Fällen, z. B. bei *Macrobiotus coronifer,* ist eine bestimmte Farbe der Speicherzellen, die in der Leibeshöhlenflüssigkeit flottieren, für die Species charakteristisch. Bei vielen Scutechiniscidae sind freie Nahrungskugeln in der Leibeshöhle ziegelrot bis gelb. Alle nicht pigmentierten Tardigraden, die in der Literatur als hyalin oder grau bezeichnet werden, sind in auffallendem

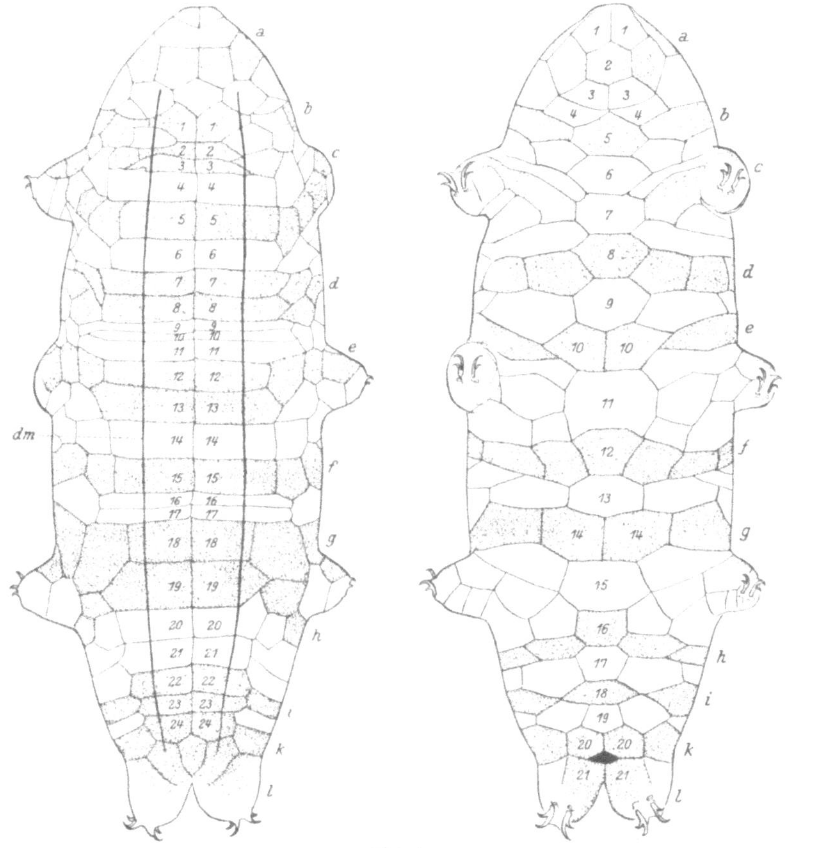

Fig. 4.
Dorsal- *(A)* und Ventralansicht *(B)* der Epidermiszellgrenzen von **Macrobiotus hufelandii** S. Schultze, *1—24* die medianen Zellen; *a—l* Pigmentbänder.

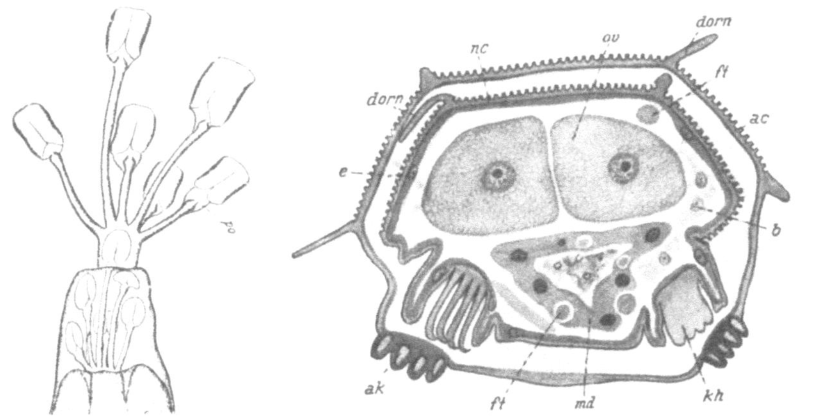

Fig. 5.
Podiale Terminalorgane der Heterotardigraden. *A* Arthrotardigrada, Discopodidae: **Batillipes mirus** Richters; *B* Echiniscoidea, Scutechiniscidae: **Echiniscus blumi** Richters, Querschnitt. Beides Häutungsstadien.

Licht weiß. Wo Augenpigment vorkommt, ist es bei den Scutechiniscidae meist ziegelrot, bei den Eutardigraden stets schwarz.

Die Extremitäten bestehen aus der rein cuticularen Endigung, dem podialen Terminalorgan und dem Stamm, der von Cuticula bedeckt und von

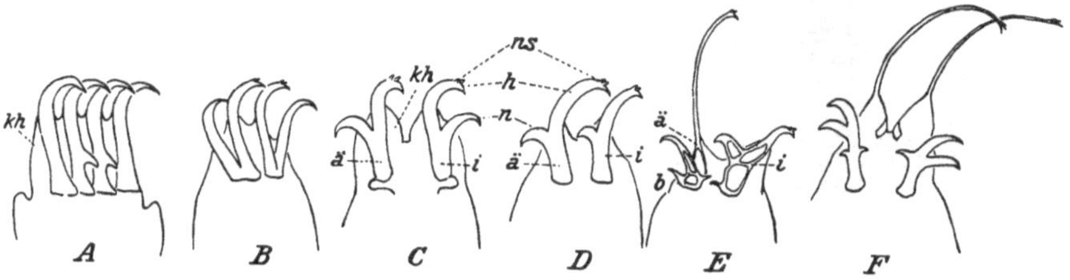

Fig. 6.
Krallen des rechten 4. Beines: *A* von **Echiniscus blumi** Richters; *B* von **Macrobiotus hufelandii** S. Schultze jung; *C* erwachsen; *D* **Calohypsibius ornatus** (Richters); *E* **Hypsibius** (**H. convergens** (Urbanowicz); *F* **Milnesium tardigradum** Doy.

Epidermis umkleidet ist und Muskeln und Extremitätendrüse enthält. Das podiale Terminalorgan ist ein distal am Bein überstehender cuticularer Saum. Die Differenzierungen dieses Saumes liefern die wichtigsten Charaktere für die Tardigradensystematik. Entweder ist der Saum sehr breit und in einzelne Zehen aufgelöst (Arthrotardigrada) — die Zehen sind cuticulare Röhren, die mit Haftlappen (Discopodidae) oder Krallen (Onychopodidae) enden — oder der Saum ist schmal und in Zehenpapillen aufgelöst. Das sind kleine, den Zehen homologe, cuticulare Aussackungen, deren Gesamtheit Zwischenkrallenhaut heißt. An den Zehenpapillen sitzen die Krallen (Echiniscoidea, Eutardigrada). Wie die Zehen eines Beines untereinander von gleichem Bau sind, so auch die Krallen der Echiniscoidea; die Heterotardigrada sind demnach homodactyl und homonych. Die Eutardigrada sind heteronych. Von ihren 4 Krallen sind je 2 Krallen vereinigt zu einem größeren Haken, dem Hauptast (Macrobiotidae, Arctiscidae) und einem kleineren, dem Nebenast (Macrobiotidae) oder Steighaken (Arctiscidae). Außerdem sind die beiden Vereinigungsprodukte Innen- oder Vorderkralle und Außen- oder Hinterkralle oft verschiedenartig ausgebildet. Richters hat angenommen, daß von den 4 Krallen der Scutechiniscidae je 2 zu je einer Eutardigradenkralle vereinigt sind. Thulin nimmt an, daß jede Eutardigradenkralle einer der beiden Innenkrallen der Scutechiniscidae entspricht (vgl. S. 41). Diese Innenkrallen tragen meist einen Nebenhaken, und ihm würde der Nebenast der Macrobiotiden entsprechen. Bei Jungtieren der Scutechiniscidae („Larven" der Literatur) finden sich nur die beiden Innenkrallen. Auch junge *Echiniscoides* haben noch nicht die Krallenzahl der Erwachsenen. Bei jungen Eutardigraden sind oft Haupt- und Nebenast noch nicht so weitgehend verwachsen wie bei adulten Stücken.

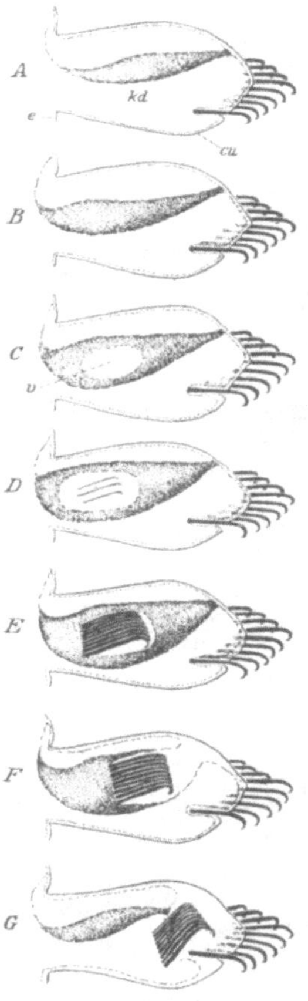

Fig. 7. Neubildung der Krallen bei **Echiniscoides sigismundi** (M. Schultze).

Der Extremitätenstamm zeigt bei den Arthrotardigraden eine deutliche, bei den übrigen eine höchstens angedeutete Gliederung durch quere Faltung der Cuticula. Muskelkontraktion bewirkt, daß der mittlere Extremitätenabschnitt in den proximalen teleskopartig eingezogen wird. Der distale Teil, die Extremitätenendigung, bleibt dabei uneingefaltet und sieht aus dem proximalen heraus (Arthrotardigrada), bzw. schließen die Krallen die verkürzte Extremität nach außen ab (Echiniscoidea, Eutardigrada). Die Dornfalte vieler

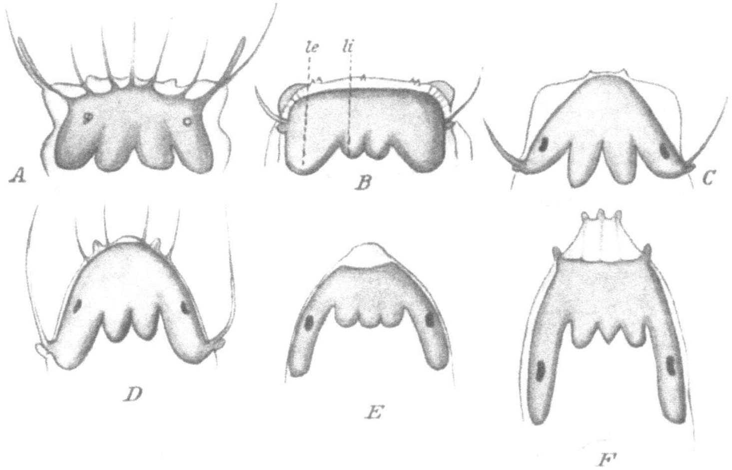

Fig. 8.
Oberschlundganglion *A* von **Batillipes mirus** Richters; *B* **Tetrakentron synaptae** Cuénot; *C* **Echiniscoides sigismundi** (M. Schultze); *D* **Echiniscus (Bryodelphax) parvulus** (Thulin); *E* **Macrobiotus**; *F* **Milnesium tardigradum** Doy.

Scutechiniscidae (vgl. S. 41) entspricht nach ihrer Lage der Falte der Arthrotardigraden zwischen proximalem und mittlerem Teil der Extremität. Epidermoidale Einstülpungen im äußeren Abschnitt des Extremitätenstammes sind die Krallendrüsen. Sie liefern bei der Häutung die neuen Extremitätenendigungen, Zehen bzw. Zehenpapillen samt Haftlappen bzw. Krallen.

Das Nervensystem zeigt vorwiegend gangliöse Zentren. Es ist ein Strickleiter-Nervensystem und liegt durchweg in deutlichem Abstand von der Epi-

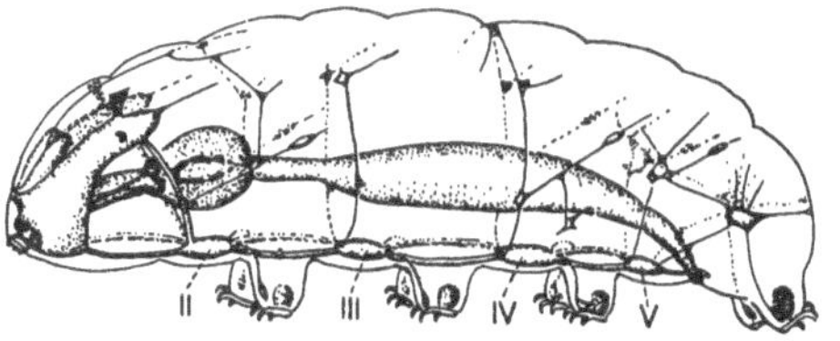

Fig. 9.
Nervensystem von **Macrobiotus hufelandii** S. Schultze.

dermis. Das Gehirn oder Oberschlundganglion hat 4 caudalwärts vorspringende Lappen, zu denen bei den Eutardigraden noch eine von den beiden Innenlappen flankierte mediane Vorwölbung tritt. Den Außenlappen liegen invertierte Pigmentbecherocellen mit je einer Sehzelle dicht an (Farbe des Pigments, vgl. S. 6). Manche Arten haben stets Augenpigment, andere nicht, wieder andere variieren hierin, wobei sogar die rechte und linke Körperhälfte sich verschieden verhalten können. Variabel sind auch die Fettansammlungen an den Außenlappen des Gehirns von *Batillipes.* Die peripheren Nerven, die von den Bauchganglien ausgehen, sind nur für die Eutardigraden und auch für diese nicht vollständig in ihrem weiteren Verlauf bekannt.

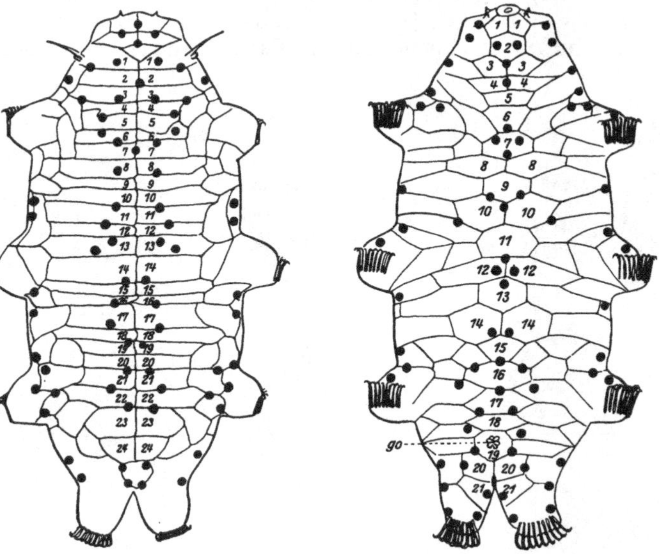

Fig. 10.
Dorsal- *(A)* und Ventralansicht *(B)* der Epidermiszellgrenzen von **Echiniscoides sigismundi** (M. Schultze). 1—24 die medianen Zellen. Schwarz die Speicherzellen des jungen Tieres.

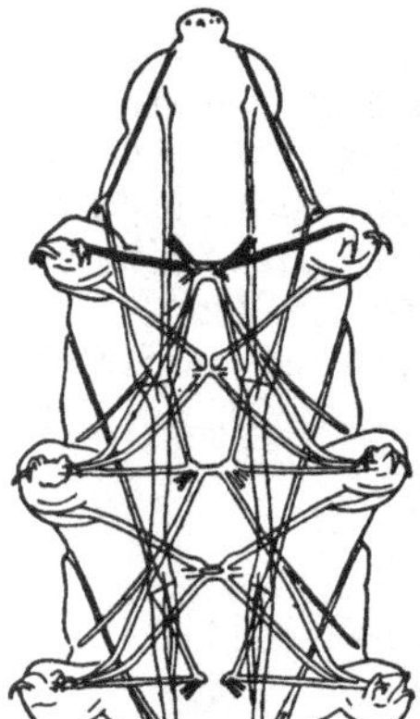

Fig. 11. Ventralansicht der Muskulatur eines **Macrobiotus hufelandii** S. Schultze.

Die Leibeshöhle erwachsener Tiere hat weder Somato- noch Splanchnopleura. Bei jungen *Echiniscoides* liegen der Epidermis in konstanter Zahl und Lage Zellen an, deren Zahlenkonstanz erlischt, nachdem sie sich losgelöst haben und als Speicherzellen in der Leibeshöhlenflüssigkeit flottieren. Die Speicherzellen sind Reservestoffträger. Der Binnendruck des Körpers funktioniert als Antagonist der Muskulatur, die nur Einziehungen und Krümmungen bewirkt. Die Muskelanordnung zeigt Metamerie (Fig. 11). Jeder der glatten Muskeln besteht aus einer Zelle bzw. Zellkette. Jede Zelle ist eine einkernige fibrilläre Faser.

Der Vorderdarm (Stomodaeum) beginnt mit der Mundöffnung, deren Lage bei den größeren Gruppen, aber auch Species (vgl. S. 143), von fast terminal (z. B. *Macrobiotus,* Arctiscidae) über subterminal (Echiniscoidea) zu ausgesprochen ventral *(Batillipes, Bathyechiniscus)* wechselt. Die Mundhöhle ist oft von cuticularen Verstärkungen, Ringen, Falten (Mundrosette) oder Lamellen umgeben, die fest an die Nahrungspflanze gepreßt werden und so ein Einsaugen des von den Stiletten erbohrten Pflanzenzellinhaltes ermöglichen. Die Stilette bestehen zum Teil aus Cuticularsubstanz, ein mittleres Stück ist verkalkt. Die Stilettbasis ist verdickt und meist gegabelt (Furca). Zarte und kräftige, gerade, schwach oder stark gekrümmte Stilette, auf ganzer Länge, im distalen Drittel oder nahe der Furca gekrümmte oder plötzlich geknickte Stilette liefern taxonomisch brauchbare Merkmale. In die Mundhöhle treten die Stilette durch Stilettscheiden ein. Die Stilettbasis sitzt auf federnden Stilettträgern (alle Eutardigrada) oder

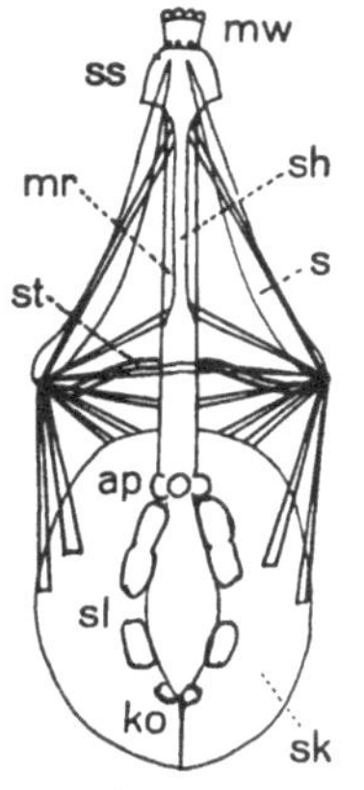

Fig. 12.
Buccalapparat von **Macrobiotus hufelandii** S. Schultze.

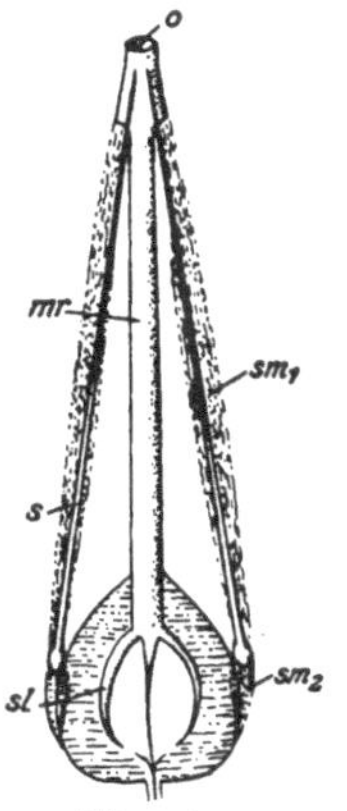

Fig. 13.
Buccalapparat von **Echiniscus blumi** Richters.

ist durch ein muskulöses Band mit dem Schlundkopf verbunden (viele Heterotardigrada). Die cuticularen Fortsetzungen der Mundhöhlenwand sind Mund- und Schlundröhre, deren Länge, Weite, Biegung und Muskelansatzvorsprünge für die Systematik wichtig sind. Als Sehne verfestigt der Scheidenhalter, namentlich bei *Macrobiotus* (vgl. S. 144), den von der Mundröhre gebildeten Bogen und stützt die Stilettscheiden. Die Mundröhre ragt in den Schlundkopf (Pharynx) ein Stück weit hinein und endet hier oft mit einer flanschenförmigen Erweiterung. Ihr Auftreten wie auch die Dicke besonderer cuticularer Verstärkungen, Apophysen der Macrobiotidae,

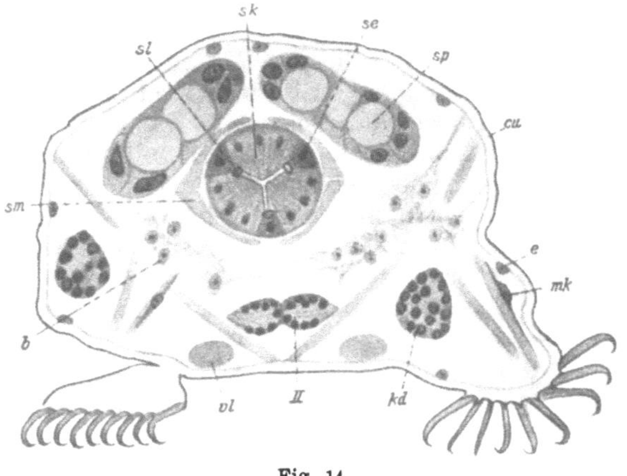

Fig. 14.
Querschnitt von **Echiniscoides sigismundi** (M. Schultze) mit Schlundkopf (*sk*).

und die entsprechenden Falten der Arctiscidae sind systematisch wichtig. Am Schlundkopfausgang sitzen bei manchen *Diphascon*-Arten 3 Scheibchen (Septula), die in ihrer Lage den Apophysen entsprechen. Apophysen und Falten sind mit den Taschen des Schlundkopfes alternierend angeordnet und wirken als Ventile. Sie verhindern bei Kontraktion des Schlundkopfes ein Aufsteigen des Nahrungsbreies in die Mundröhre. Der Schlundkopf wirkt als Saugmagen. Er besteht bei den Arctiscidae aus 24 Epithel- und 39 Muskelzellen, bei allen anderen aus 27 Epithel- und 24 Muskelzellen. Die Epithelzellen bilden die cuticulare Auskleidung des Schlundkopfes bei der Häutung; die Muskelzellen saugen den Inhalt von Pflanzen-

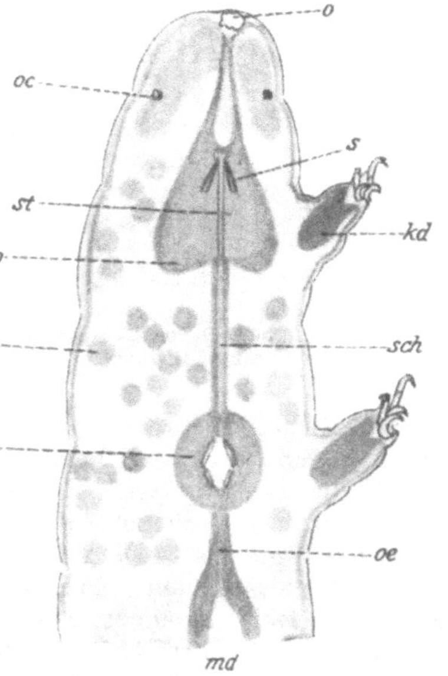

Fig. 15.
Neubildung der Hartteile des Buccalapparates bei **Hypsibius (Diphascon) oculatus** (John Murr.).

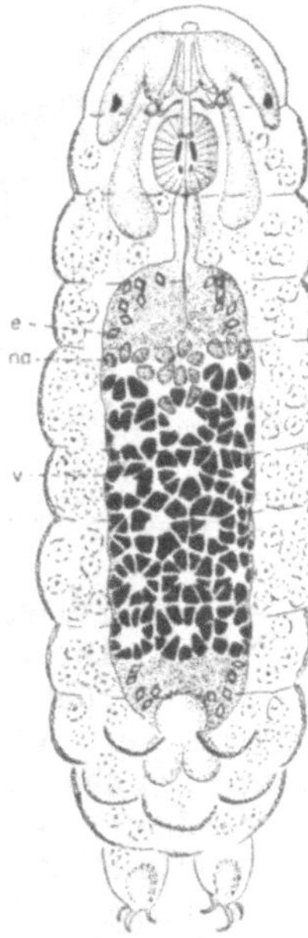

Fig. 16.
Hypsibius (Isohypsibius) tuberculatus (Plate) mit intrazellularer Verdauung.

zellen ein und pressen den Brei in den Mitteldarm. Die 3 Strahlen des Schlundkopflumens sind cuticular ausgesteift und zwar bei den Heterotardigraden durch einheitliche Randleisten, bei den Macrobiotidae durch Cuticularverdickungen (Placoiden), die den Schlundkopftaschen seitlich anliegen und 1- bis 3 mal auf der Schlundkopflänge unterbrochen sind. Bei *Milnesium* umzieht eine zarte, nirgends verstärkte Cuticula das Schlundkopflumen. Taxonomisch sehr wichtig sind die 3 Doppelreihen von Placoiden bei den Macrobiotidae. Ihre Unterbrechungen (2 oder 3 Placoiden), ihre Größe, Form (Korn, Stab) oder Einschnürungen sind innerhalb einer gewissen Variationsbreite artspezifisch und leicht zu erkennen. Ein besonders kleines Korn liegt, wenn es vorhanden ist, am weitesten caudal, das Komma oder Microplacoid. Die Variabilität seines Auftretens und die oft schwere Erkennbarkeit des Kommas beeinträchtigen seinen taxonomischen Wert. An den Schlundkopf schließt der gleichfalls cuticular ausgekleidete Oesophagus an. Vor der Häutung der Körpercuticula werden die cuticularen Teile des Buccalapparates ausgestoßen (Simplex-Stadium). Dann rücken die Munddrüsen rostralwärts und bilden Mundhöhlenwand, Stilette und Stiletträger neu. Die Stilettmuskulatur bleibt erhalten. Bei der Neubildung der Mundröhre sind Fortsätze des Schlundkopfepithels beteiligt. Die Schlundröhre von *Diphascon* wird von dem Gewebe, das sie umgibt, regeneriert.

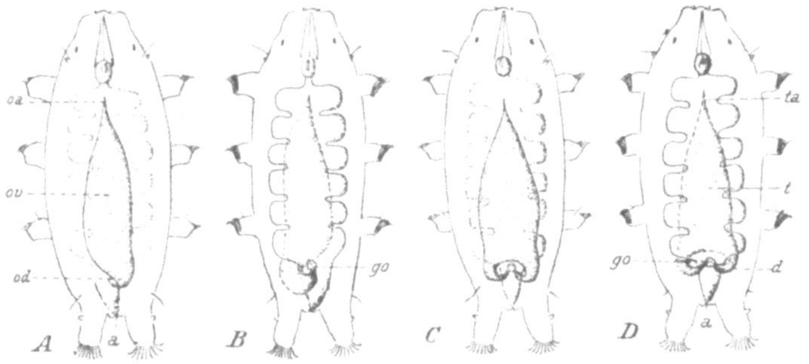

Fig. 17.
♀ *(A, B)* und ♂ *(C, D)* von **Echiniscoides sigismundi** (M. Schultze); Dorsal- *(A, C)* und Ventral- *(B, D)* Ansichten der Gonade.

Im Mitteldarm (Mesodaeum, Mesenteron), der bei den Heterotardigraden 5—6 laterale Divertikel aufweist, wird die Nahrung intrazellular verdaut. Den Mitteldarm der Eutardigraden umgeben 8 Längsmuskelzüge, von denen jeder aus einer Zelle besteht. Außer der Resorption findet in den Mitteldarmzellen auch die Bildung kristalloider (Eutardigrada) oder bräunlich-gelber

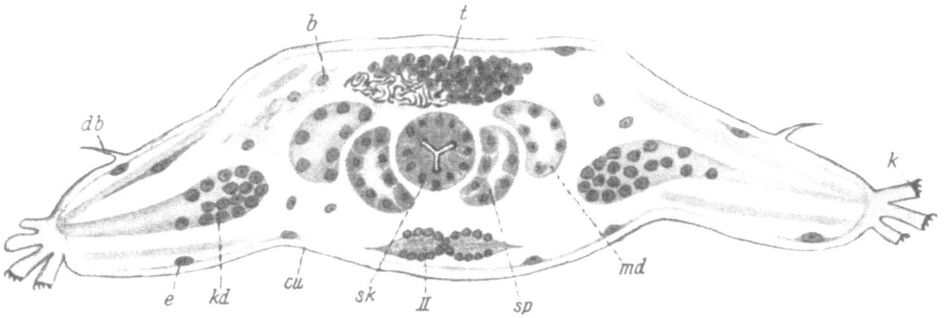

Fig. 18.
Querschnitt von **Tetrakentron synaptae** Cuénot mit Schlundkopf *(sk)* und Hoden *(t)*.

(Echiniscoidea) Stoffwechselabbauprodukte statt. Die Exkrete werden mit den Resten der Verdauung zusammen defaeciert. Exkretorisch wirksam sind wahrscheinlich auch 3 Darmanhangsdrüsen, eine dorsale („dorsale Drüse") und 2 laterale (Vasa malpighii). Sie kommen nur bei den Eutardigraden vor und münden am Beginn des cuticular ausgekleideten Enddarms (Proctodaeum, Rectum). Jede der Drüsen besteht aus 3 Zellen; Länge und Form der lateralen Drüsen ist bei verschiedenen Species, aber auch nach dem Ernährungszustand und anderen Faktoren verschieden.

Dorsal vom Darm liegt als unpaarer Sack der Hoden oder das Ovar, deren Form und Ausdehnung von Alter und Geschlechtstätigkeit abhängig sind. Besonders weit rostralwärts, bis zum Schlundkopf, reicht der Hoden von *Tetrakentron.* Bei *Milnesium* ist auch der reife Hoden sehr klein und quergestellt, bohnenförmig. Die Gonodukte münden in einem ventralen praeanalen Gonoporus (Heterotardigrada) oder in der Mitte der Ventralfläche des Proctodaeum (Eutardigrada). Die Ductus deferentes sind paarig. Der unpaare Ovidukt verläßt bei verschiedenen Weibchen derselben Art bald rechts, bald links das Ovar. Dem fehlenden linken oder rechten Ovidukt entspricht ein Recep-

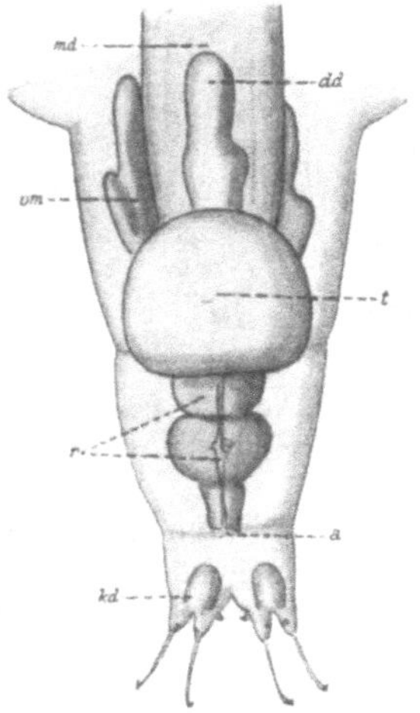

Fig. 19.
Hinterende eines **Milnesium tardigradum** Doy. ♂, Dorsalansicht mit Hoden *(t)*.

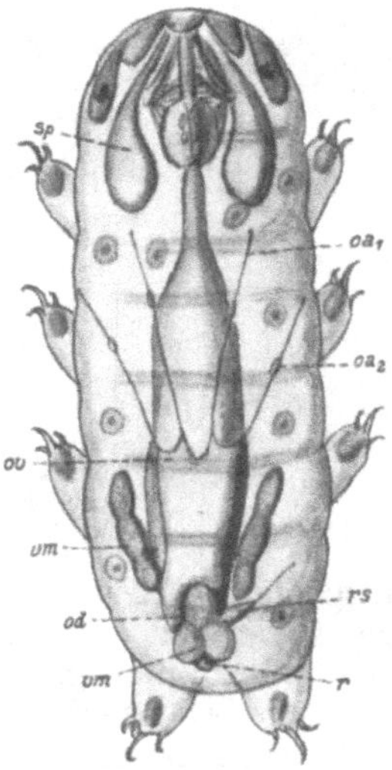

Fig. 20.
Hypsibius (**H.**) **convergens** (Urbanowicz).
♀, frisch geschlüpft.

taculum seminis, das bisher nur bei den Macrobiotidae gefunden worden ist. Der After der Heterotardigrada liegt terminal zwischen dem 4. Beinpaar, die Kloake der Eutardigrada ventral, vor dem 4. Beinpaar.

Die Eier werden frei (*Batillipes*, *Echiniscoides*, die meisten *Macrobiotus*) oder in die gehäutete mütterliche Cuticula abgelegt (Scutechiniscidae, Arctiscidae, die meisten

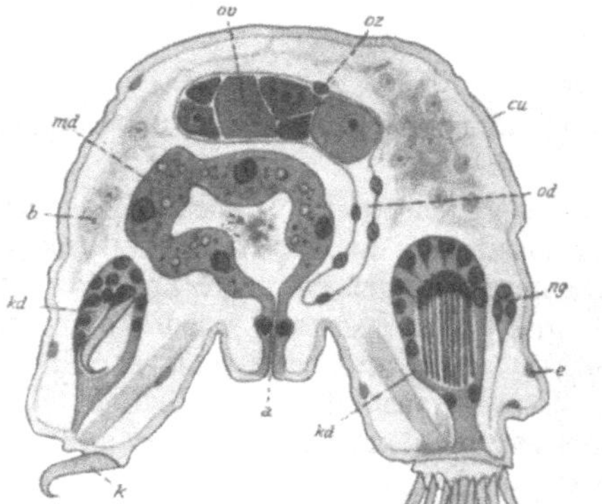

Fig. 21.
Querschnitt von **Echiniscoides sigismundi** (M. Schultze) mit After *a* und Krallenneubildung *(kd)*.

Hypsibius). Die Eier sind kugelig bis oval; zwischen dem Minimum 42 × 30 μ (*Isohypsibius indicus*) und dem Maximum 157 × 176 μ (*Macrobiotus coronifer*) liegt als häufigstes Maß etwa 80 μ. Von den freien Eiern werden maximal 15 auf einmal

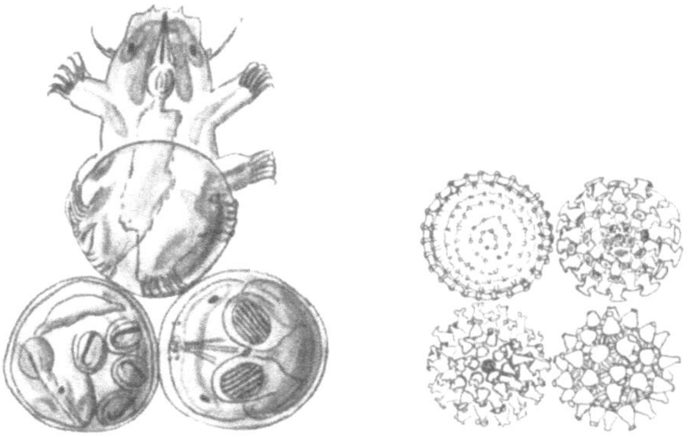

Fig. 22.
Freie Tardigradeneier: *A* Heterotardigraden; *B* Eutardigraden.

abgelegt. Die Gelege der Scutechiniscidae enthalten meist 3—6 Eier; die der Hypsibien und Milnesien sind, von Hungergelegen abgesehen, oft größer, maximal bis über 60 Eier (*Isohypsibius augusti*). Die Kopulation erfolgt entweder während der

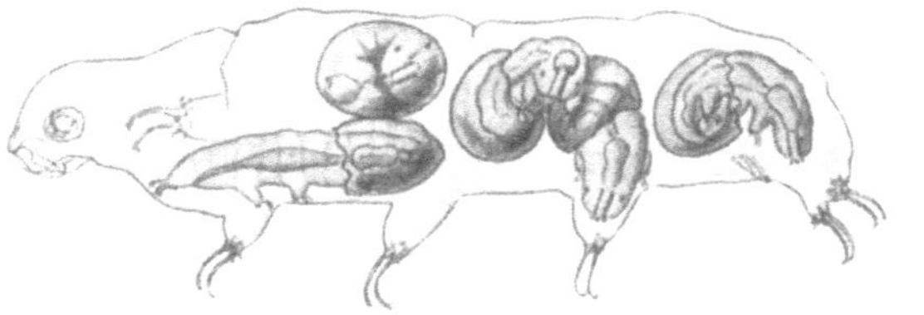

Fig. 23.
Eigelege in der alten Cuticula von **Milnesium tardigradum** Doy. mit ausschlüpfenden Jungen.

Eiablage und führt zu äußerer Befruchtung der Eier in der Cuticula oder unabhängig von der Eiablage als Sperma-Ejakulation in die Kloake des sich häutenden ♀ und führt zu innerer Befruchtung im Ovar. Als sekundäre Sexualcharaktere kommen

Fig. 24.
Kopulation von **Hypsibius (Isohypsibius) nodosus** (John Murr.).

Größenunterschiede zwischen Männchen und Weibchen (♀ > ♂) vor, wie auch Krallenbesonderheiten der Männchen. Die letzten sind z. B. bei *Milnesium* viel seltener als die Weibchen. Die alimentäre Eibildung erfolgt als nutrimentäre durch abortive Eizellen. Das Ovarendothel liefert ein Chorion als Eischale. Systematisch wichtig ist es, ob die Eischale glatt ist oder verschieden gestaltete Hervorragungen, Ausschüsse (viele *Macrobiotus*) besitzt. Die adaequate Furchung verläuft irregulär durch Phasendifferenz und Brechungsfurchen. Die diploide Chromosomenzahl beträgt 10—14. Die Gastrulation ist eine coeloblastische Delamination. Die Urkeimzellen sind im primären Entoderm zuerst erkennbar. Durch Abfaltung vom Archenteron entstehen metamer 5 Paar echter Coelomsäcke. Paar 1—4 lösen sich auf und liefern Muskeln und Speicherzellen. Paar 5 verschmilzt zur Sackgonade, von der die Gonodukte auswachsen. Stomodaeum samt Stilettmuskeln und Schlundkopfmuskelzellen, Munddrüsen, Darmanhangsdrüsen, Proctodaeum, Krallendrüsen und Nervensystem, das sich von der Epidermis abspaltet, sind ektodermal. Der Mitteldarm ist entodermal; die Extremitäten sind Ausstülpungen der Körperwand.

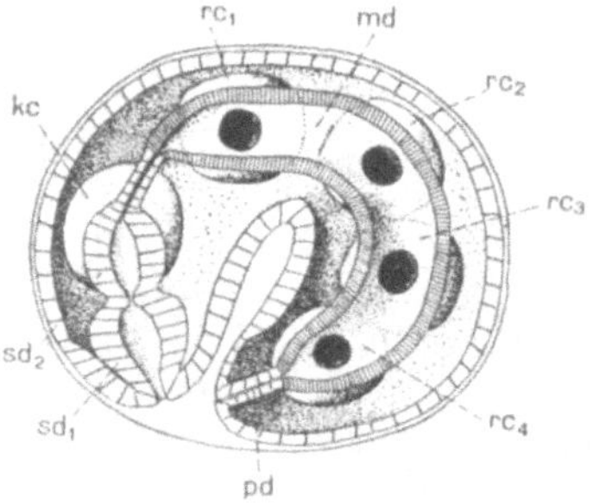

Fig. 25.
Schema eines Eutardigraden-Embryo.

Die Tardigrada gehören zu den Protostomia articulata (Annelida + Arthropoda) und zwar zu den Arthropoda. Innerhalb der Arthropoden sind sie zwischen Protracheata (Onychophora) und Eutracheata (Myriopoda + Hexapoda) einzuordnen.

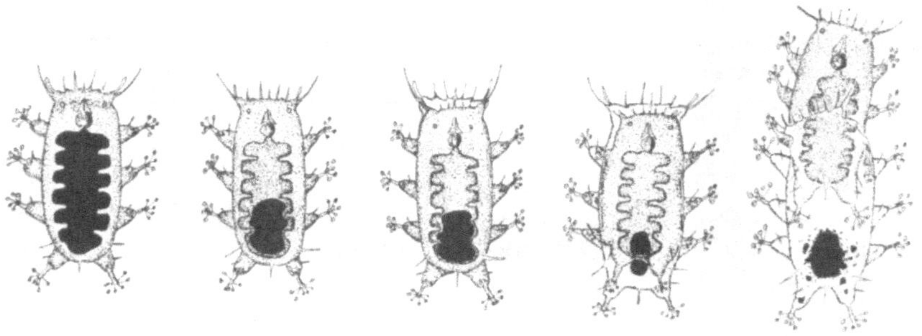

Fig. 26.
Defaekation und Häutung von **Batillipes mirus** Richters.

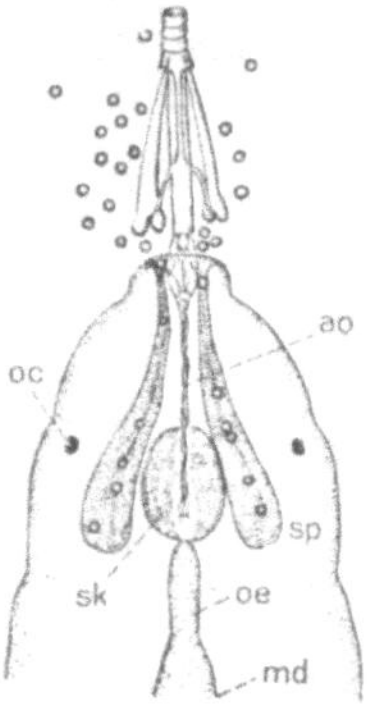

Fig. 27.
Ausstoßung der Hartteile des Buccalapparates und Exzernierung in den Munddrüsen (*sp*) gespeicherten Vitalfarbstoffes bei Macrobiotus hufelandii S. Schultze.

Die Tardigraden sind hauptsächlich **herbivor** und saugen von den Stiletten angebohrte Zellen ihrer Wohnpflanzen (vgl. S. 17) aus. Eutardigraden, namentlich *Milnesium*, fressen manchmal auch Nematoden, Rotatorien und Tardigraden. Die Verdauung ist eine chemische Aufschließung in den Mitteldarmzellen; eine gewisse mechanische Zerkleinerung kommt durch die Stilette zustande, da diese auch während des Saugaktes in die Mundhöhle vorgestoßen werden. Fette, Stärke und Glykogen sind in den Speicherzellen festgestellt. Mittelgut genährte Tiere können 5 Wochen hungern. Defaekation findet bei der Häutung (Heterotardigraden, Fig. 26) oder davon unabhängig (Eutardigraden) statt. Die Epidermiszellen exzernieren bei Neubildung der Cuticula nur wenig von den gespeicherten Abfallstoffen. Erheblich ist die Exkretion der Munddrüsen bei Ausstoßung der Hartteile des Buccalapparates. Für die Exkretion der Mitteldarmzellen vgl. S. 11. Thigmotaxis (+) und Reaktion auf Strömungsreize zeigt *Batillipes*, der bei Sturm tiefer in den Sand klettert. Phototaxis (+) hat *Echiniscoides*, die negative von *Macrobiotus dispar* scheint eine Orientierungsreaktion zu sein. Die Lokomotion der Tardigraden ist ein Gehen und Klettern; die Scutechiniscidae stelzen mit fast senkrecht unter dem Körper stehenden Beinen. Nur *Tetrakentron* kriecht; keine Tardigradenart schwimmt. Die Eier werden oft positiv thigmotaktisch gegen ein Substrat abgelegt, z. B. zwischen Moosblatt und Stiel, in Cladocerenschalen u. ä. Je nach Temperatur und Species dauert die Embryonalentwicklung (vgl. S. 14) 3—40 Tage. Schlüpfende Jungtiere quellen durch Wasseraufnahme; ihre Jugendcharaktere (vgl. S. 6) sind keine larvalen. Jung-

Fig. 28.
Bewegungsbilder von *A* **Echiniscoides sigismundi** M. Schultze; *B* **Echiniscus blumi** Richters.

tiere wachsen auf das etwa 3—5fache ihrer Anfangsgröße, legen aber unausgewachsen schon Eier. Während der Dauer des aktiven Lebens, die bis 18 Monate und mehr beträgt, häutet sich ein Tardigrade etwa 12mal. Bei der Häutung, die 5—10 Tage dauert, ist das Tier freßunfähig. Zuerst werden die Hartteile des Stomodaeum aus-

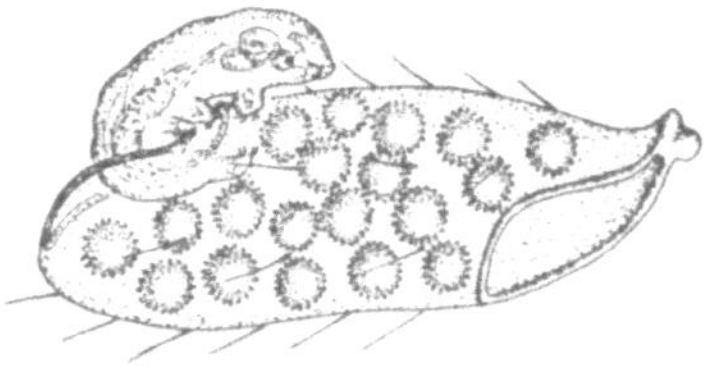

Fig. 29.
Eier mehrerer Weibchen von **Macrobiotus pullari** John Murr. in der Exuvie eines Arthropodenfemur.

gestoßen (Simplexstadium) und dann diese Teile, die Körpercuticula, die Krallen und die Rectalauskleidung erneuert. Die neuen Stilette bohren die Öffnung zum Auskriechen aus der alten Haut.

Die meisten Tardigraden können beim Austrocknen ihrer Umwelt ohne besondere Schutzhülle als „Tönnchen" (Fig. 31) überleben. Auch die Entwicklung im Ei kann

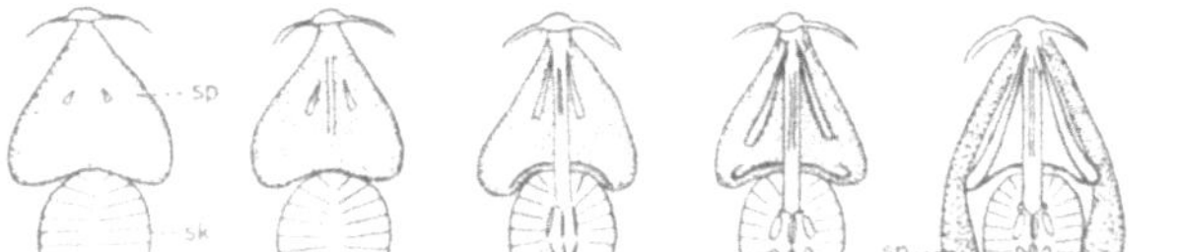

Fig. 30.
Neubildung des Buccalapparates von **Macrobiotus hufelandii** S. Schultze.

nach Trockenstarre weitergehen. Beliebig oft können Tardigraden anscheinend nicht eintrocknen, in nicht natürlichen Versuchen bis 14mal. Über $6^1/_2$ Jahre aufbewahrte Tönnchen erwachen bei Befeuchtung nicht mehr, die Lebensfähigkeit ist also begrenzt. Veränderungen des Dispersitätsgrades der Plasmakolloide könnten die Todesursache in der Trockenruhe (Anabiose) sein. Aufzehrung der Reservenährstoffe kommt als Todesursache weniger in Frage, denn Stoffverbrauch und Energieproduktion ruhen möglicherweise bei anabiotischen Tieren. Freilich verbleibt ihnen auch bei künstlicher Trocknung Konstitutionswasser des Plasma, Quellungswasser der Biokolloide und capillar in Zellvakuolen festgehaltenes Lösungswasser. 20 Monate in flüssiger Luft, 8½ Stunden in flüssigem Helium (— 272°) belassene Tönnchen erwachten nach Wiederbefeuchtung. Aber vollständig unflüssig, was Stoffwechselstillstand bedingen würde, sind die Tardigraden in den Kälteversuchen nicht. In der unterkühlten Inter- und Intrazellularflüssigkeit können Atmung (anaerobiotisch), Ernährung und Exkretspeicherung verlangsamt ablaufen als „vita minima". Allerdings können Tiere in gutem und schlechtem Ernährungszustand gleich lange trocken liegen, und eine Abnahme der Reservestoffe nach beendigter Trockenruhe ist an den für quantitative Untersuchung ungeeigneten Objekten nicht nachweisbar. Da die Gerinnungstemperatur beim Eiweiß um so höher liegt, je weniger Wasser es enthält, halten lufttrockene Tönnchen Hitze, z. B. 1 Stunde + 92° C aus. *Batillipes* überlebt Austrocknung nicht; *Echiniscoides* kann 10 Tage lang trocken liegen. Manche stenohygren Eutardigraden, nicht bestimmte Species, sondern physiologische Formen, die an nicht austrocknenden Biotopen leben, überstehen im Versuch Austrocknung nicht. Tritt ohne Austrocknung im Wasser O_2-Mangel oder CO_2-Anreicherung auf, so ziehen sich die Tardigraden zunächst zum Tönnchen zusammen. Sie können aber den Kontraktionszustand nicht aufrecht erhalten und sind nach 48 Stunden maximal gestreckt und bewegungslos (Asphyxie). Asphyktische Tardigraden bleiben etwa 5 Tage lebensfähig. Bei der Häutung können Tardigraden in der alten Cuticula (Fig. 32 *ac*), die zur Cystenhülle wird, verbleiben. Solche Encystierung ist für die Eutardigraden sicher, für die Scutechiniscidae fraglich. Die Cuticula der Tiere wird zur Cystencuticula (Fig. 32 *cc*); sie schlüpfen später mit einer 3. Cuticula. Histolyse tritt während

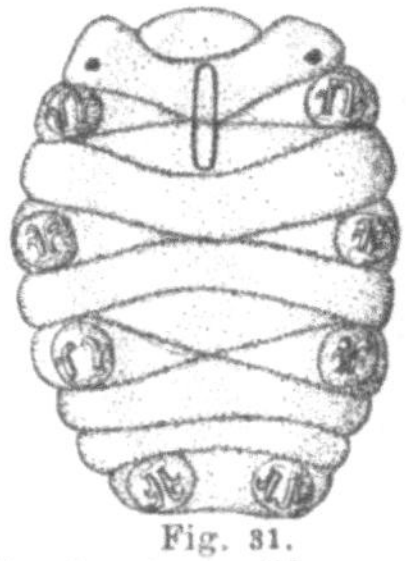

Fig. 31.
Trockenstarrer **Macrobiotus hufelandii** S. Schultze. In der Mundröhre eine Luftblase.

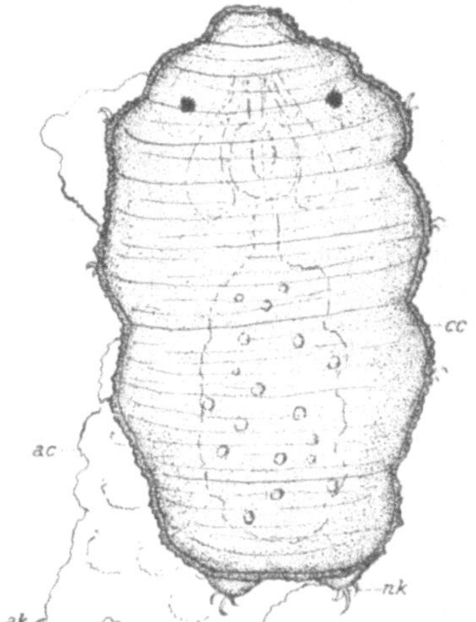

Fig. 32.
Cyste eines **Hypsibius (Isohypsibius) nodosus** (John Murr.).

der monatelangen Cystenruhe wahrscheinlich nicht auf. Temperaturerhöhung scheint ein Anlaß für Encystierung zu sein, vielleicht auch Nahrungsmangel; die Ursachen für das Verlassen der Cyste sind unbekannt (Verbrauch der Reservenährstoffe?).

Lebensstätten der Tardigraden sind: 1. das Meer, wo alle Arthrotardigrada und je eine Art der Echiniscoidea *(Echiniscoides sigismundi)* und der Eutardigrada *(Hypsibius (Isohypsibius) stenostomus)* vorkommen. Z. B. lebt *Batillipes* im Meeressand, *Bathyechiniscus* auf Sargassum, *Tetrakentron* auf den Mundtentakeln einer Holothurie und der sehr euryhaline *Echiniscoides* (vgl. S. 32) zwischen Enteromorpha in der Gezeitenstufe. 2. das Süßwasser, zwischen Oscillarien und anderen Cyanophyceen, Diatomeen, Desmidiaceen, Vaucheria und Fontinalis. Stenohygre Süßwasserformen sind z. B. *Macrobiotus dispar*, *M. pullari*, *Isohypsibius augusti* und *Hypsibius (H.) dujardini*. Hygrophil ist auch *Pseudechiniscus cornutus*. Manche Scutechiniscidae und viele Eutardigrada gehen als euryhygre Landmoosformen gleichfalls ins Süßwasser. 3. Polster- und Rosettenpflanzen (Sedum, Androsace, Saxifraga u. ä.), Flechten und namentlich Leber- und Laubmoose, von denen weichblätterige Hypnaceen sowie Pottiaceen und Grimmiaceen oft genannt werden. Hier lebt die Hauptmasse der Tardigraden, die Scutechiniscidae und die meisten Eutardigraden. Die Scutechiniscidae bleiben lange bei relativ geringer Moosfeuchtigkeit lebenstätig. Von *Batillipes* sind ♂, ♀ und Jungtiere im VI, VII (Kieler Föhrde), von *Tetrakentron* reife ♂, ♀ im VII (Roscoff), von *Echiniscoides* ♂, ♀, Jungtiere und Eier in Menge im IV (Helgoland) gefunden worden. Die stenohygren Eutardigraden haben im Frühjahr ihr Maximum und ein nicht so starkes im Herbst, wie die Nahrungsalgen. Bei Moosformen gibt es keinen ausgesprochenen Jahreszyklus. Die maximale Wohndichte beträgt bei *Echiniscoides* ca. 60 Tiere in 1 cm^3 Wasser mit Enteromorpha, bei stenohygren Eutardigraden 100 bis 150 Exemplare auf 1 cm^3 Wasser mit Algen, bei Moosformen ca. 22000 Individuen auf 1 g lufttrockener Pflanzenmasse. Amoeben, namentlich Difflugien, manchmal auch Nematoden, fressen Tardigraden. Pathogene Parasiten der Tardigraden sind Sporozoen *(Plistophora)* und Phycomyceten. Die Zusammensetzung der Tardigradenfauna in Moosen aus beliebigen Zonen ist annähernd kosmopolitisch. Allerdings deuten 15 Arten, die nur außereuropäisch, und zwar mehr als 1mal gefunden worden sind, vielleicht auf regional beschränkte Verbreitung mancher Species. Auf die gut erforschten Länder Nord- und Mitteleuropas kommen je 40—50 Arten. Die Artbildung scheint bei den Tardigraden noch heute vor sich zu gehen. Ein Einfluß der Meereshöhe (höchster Fundort 6600 m) auf die Verteilung der Tardigraden ist bisher nicht zu erkennen; höchstens wäre auf die großen Individuenzahlen der Scutechiniscidenpopulationen in größeren Höhen hinzuweisen. Höhlen besitzen keine besonderen Arten und solche mit und ohne Augenpigment. Maximale Tiefen sind 150 m (Genfer See, das euryöke *Milnesium*), die größte Meerestiefe 385 m in der Antarktis betrifft vermutlich ein abgesunkenes, beim Fang totes Tier. Anabiotische Tardigraden und Eier unterliegen passiver Verbreitung, besonders durch Wind, aber die übrigen Elemente der bryophilen Fauna (Amoebozoa, Rotatoria, Nematodes) sind leichter verschleppbar.

Pflanzen, die man nach den oben gemachten Angaben als tardigradenbesetzt anspricht, werden von ihrem Substrat gelöst. Meeres- und Süßwasseralgen und sehr nasse Moose (z. B. Sphagnum) sind frisch zu untersuchen; die übrigen Moos- und Phanerogamenpolster können auch bis zur Durcharbeitung trocken aufbewahrt werden und sind dabei vor Staub, Schimmel und Chemikalienausdünstungen zu schützen. An Detritus armes Sphagnum kann in handgroßen Klumpen ausgedrückt werden. Sonst werden maximal 1—2 ccm große Büschel (je erdiger das Moos, desto kleiner die Probe!) in einer mit Wasser gefüllten (für Meeresformen: Meerwasser) Uhrschale gründlich ausgewaschen. Von einer Sand- oder Erdschicht, die vielleicht den Boden der Schale dicht bedeckt, kann durch Umschwenken und Abgießen der leichtere, die Tiere mit enthaltende Inhalt getrennt werden. Das Aussuchen der Tiere und Eier aus der Uhrschale geschieht mittels einer Capillarpipette. Für *Batillipes*, *Tetrakentron*, die Echiniscoidea, pigmentierte Macrobiotidae und *Milnesium* verwendet man durchfallendes Licht, für die unpigmentierten Macrobiotidae auffallendes Licht. Man braucht 20—50fache Vergrößerung zum Aussuchen der Tiere. Für jede Determination ausreichende Präparate asphyktischer Tiere stellt man her, indem man die Tiere oder Eier mit möglichst wenig Wasser auf den Objektträger bringt. Dann wird fixiert mit einem Tropfen neutralisiertem (Stilette $CaCO_3$!) Formol 2%, d. h. die käufliche Lösung 1 : 20 mit Wasser verdünnt. Der Rand des aufgelegten Deckglases wird sorgfältig getrocknet und mit einem Lack- oder Deckglaskittrahmen umzogen. Fixiert man aktiv lebenstätige Tiere mit Formol, so kontrahieren sie sich oft. Man fixiere sie deshalb mit Sublimat-Alkohol-Eisessig oder bewahrt sie zunächst in Wasser unter umrandetem Deckglas, also von der Luft abgesperrt auf, bis sie nach 24—48 Stunden asphyktisch und gut gestreckt sind. Dann sticht man den Kittrand an zwei einander gegenüberliegenden Stellen auf, saugt Formol 2% durch und verschließt den Rand wieder. Für Färbe- und Schneide-Technik ist auf Bronn, Kl. Ordn., *v.* 5 Abt. 4 Buch 3 p. 262ff. (1929), für Lebendbeobachtung und Haltung von Tardigraden auf Abderhalden, Handb. biol. Arbeitsmethoden, Abt. 9 Teil 7 p. 1—9 zu verweisen.

2 Ordnungen, davon 1 mit 2 Unterordnungen, 6 Familien, 12 Gattungen, 8 Untergattungen, 176 sichere Arten, von denen 13 im ganzen 16 benannte Formen aufweisen und 84 unsichere Arten.

Bestimmungstabelle der Ordnungen:

Mit Cirrus lateralis und Clava als seitlichen Kopfanhängen. Schlundkopftaschen terminal versteift durch starre ungegliederte Leisten[1]). Zehen oder Krallen untereinander gleichartig, und jede Zehe oder Kralle bis zum Grunde von der benachbarten getrennt. Ohne die beiden lateralen und die dorsale Darmanhangsdrüse (Vasa malpighii). Gonodukte mit einem ventralen, praeanalen Gonoporus mündend . . . . I. Ordo: **Heterotardigrada**

Ohne Cirrus lateralis und Clava. Schlundkopftaschen terminal durch einzelne Körner oder Stäbe versteift oder unversteift. Krallen untereinander verschiedenartig, und jede Kralle aus zwei zusammengehörigen, meist basal verwachsenen Krallenästen bestehend. Mit zwei lateralen und einer dorsalen Darmanhangsdrüse. Gonodukte in den Enddarm mündend II. Ordo: **Eutardigrada**

I. Ordo **Heterotardigrada**

1927 *H.*, E. Marcus in: Zool. Jahrb., Syst. *v.* 53 p. 547 | 1928 *H.*, E. Marcus in: Tierw. Deutschl., pars 12 p. 32, 34 | 1928 *H.*, G. Thulin in: Hereditas, *v.* 11 p. 208—211 | 1929 *H.*, E. Marcus in: Bronn, Kl. Ordn., *v.* 5 Abt. 4 Buch 3 p. 291 | 1932 *Echinisci*, Cuénot in: Faune France, pars 24 p. 22, 23, 29 | 1934 *Heterotardigrada*, E. Marcus in: Handw. Naturw., ed. 2 *v.* 9 p. 863.

Von Kopfanhängen sind fast stets median ein Paar interner und ein Paar externer Medialcirren[2]), lateral die Clava[3]) und der Cirrus lateralis vorhanden. Mittlerer Beinabschnitt teleskopartig in den proximalen einziehbar oder mindestens mit den Andeutungen einer solchen Einfaltungsstelle, namentlich am 4. Beinpaar (Dornfalte). Schlundkopftaschen terminal durch starre ungegliederte Leisten versteift (vgl. Anm. 1). Zehen oder Krallen untereinander gleichartig (homodactyl bzw. homonych). Jede Zehe oder Kralle bis zum Grunde von der benachbarten getrennt. Die beiden lateralen und die dorsale Darmanhangsdrüse fehlen. Keine Kloake; die Gonodukte münden unabhängig vom Darm mit einem ventralen, praeanalen Gonoporus (Fig. 33, *go*).

Die vom Oberschlundganglion und Schlundring aus innervierten Kopfanhänge sind als stumpfe Papillen und spitze, oft mit einem erweiterten Basalstück ansitzende Cirren ausgebildet. Im ganzen können 11 solche

---

[1]) *Pseudechiniscus islandicus* (Richters) soll einzelne Schlundkopfstäbe besitzen (vgl. S. 137).

[2]) Bei *Pseudechiniscus imberbis* (Richters) sollen die medianen Kopfanhänge fehlen (vgl. S. 139).

[3]) Bei *Oreella vilucensis* Rahm beobachtete Rahm keine Clava (vgl. S. 32).

Anhänge unterschieden werden, nämlich dorsal ein unpaarer Cirrus medianus, jederseits eine Papilla cephalica, sowie jederseits 2 Cirren, die Cirri mediales interni und externi, die allerdings bei *Tetrakentron* und *Echiniscoides* kaum extern und intern sondern fast in derselben Sagittalebene stehen. Weiter caudalwärts sitzt jederseits der Cirrus lateralis (das Haar bei *a* in der für *Echiniscus* und *Pseudechiniscus* üblichen Bezeichnungsweise der Systematiker) und etwas ventral vom Lateralcirrus die Clava, eine meist rundliche Papille, die bei *Bathyechiniscus* lanzettförmig, bei *Oreella mollis* zugespitzt ist.

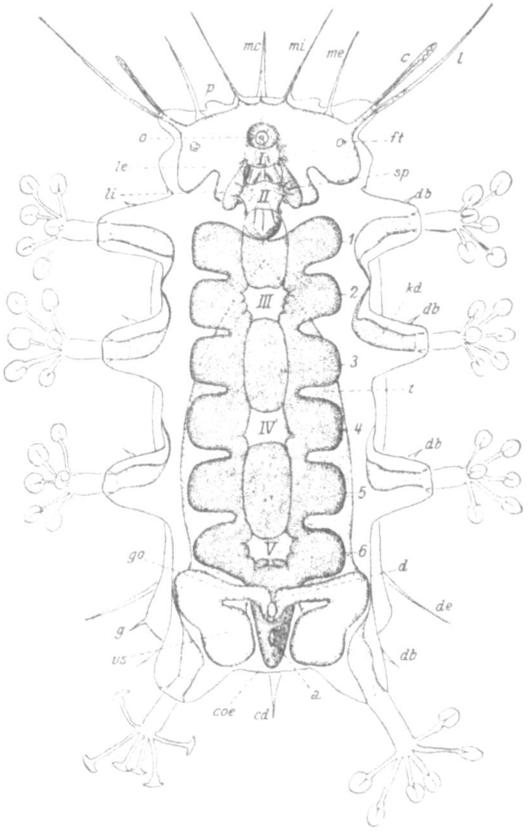

Fig. 38.
Anhänge und Anatomie des Heterotardigraden **Batillipes mirus** Richters ♂.

Oft fehlt der Cirrus medianus, seltener andere Anhänge. Die podialen Terminalorgane sind Leisten mit gekrümmten Haken, oder es sind einfache, hakenförmige Krallen oder Krallen, die an ihrer Basalseite mit immer in der Krümmungsebene des Haupthakens liegenden Nebenhaken oder Dornen versehen sind. Bei *Batillipes* haben die äußersten Extremitätenendigungen nicht Hakenform, sondern sind dünne Haftscheiben mit dorsaler versteifender Längsleiste. Der einheitliche Typus des Buccalapparates ist charakterisiert durch die gerade, mehr oder weniger enge Mundröhre, die dünnen, geraden Stilette und den kugeligen bis kurz-ovalen Schlundkopf. Die 3 Leisten, welche die periphere Begrenzung der 3 Taschen des Schlundkopflumens bilden, werden als Randleisten bezeichnet.

Die Angaben der Diagnose der Ordnung bezüglich der Vasa malpighii und des Gonoporus sind für *Halechiniscus* und *Oreella* noch zu prüfen.

2 Unterordnungen, 4 Familien, 9 Gattungen, davon eine mit 4 Untergattungen, 75 sichere Arten, von denen 6 im ganzen 8 benannte Formen aufweisen, 37 unsichere Arten.

Bestimmungstabelle der Unterordnungen:

Extremitätenendigungen (podiale Terminalorgane) zehenartig mit abgesetzter Endpartie	A. Subordo: **Arthrotardigrada**
Extremitätenendigungen als Krallen ausgebildet, die ohne zehenartige Verlängerung der Extremität unmittelbar ansitzen	B. Subordo: **Echiniscoidea**

A. Subordo **Arthrotardigrada**

1926 *Prototardigrada* + *Eutardigrada* [part.], F. Richters in: Kükenthal & Krumbach, Handb. Zool., *v.* 3 p. 59, 60 | 1927 *Arthrotardigrada*, E. Marcus in: Zool. Jahrb., Syst. *v.* 53 p. 546 | 1928 *A.*, E. Marcus in: Tierw. Deutschl., pars 12 p. 32, 34 | 1928 *Halechiniscidae*, G. Thulin in: Hereditas, *v.* 11 p. 210 | 1929 *Arthrotardigrada*, E. Marcus in: Bronn, Kl. Ordn., *v.* 5 Abt. 4 Buch 3 p. 292 | 1932 *Echinisci non cuirassés* [part.], Cuénot in: Faune France, pars 24 p. 29 | 1934 *Arthrotardigrada*, E. Marcus in: Handw. Naturw., ed. 2 *v.* 9 p. 863.

Terminale Extremitätenendigung zehenartig, mit abgesetzter Endpartie. Mittlerer Beinabschnitt teleskopartig in den proximalen einziehbar, mit deutlicher Einfaltungsstelle.

Von den beiden Merkmalen der Unterordnung ist das zuerst genannte wichtiger als das zweite, dessen Ausbildung bei den langbeinigen *Oreella*-Arten, die jetzt zur Unterordnung Echiniscoidea gestellt werden, noch zu untersuchen wäre. Die Zehen der Arthrotardigrada sind röhren- oder kolbenförmig verlängerte Fortsätze der die Extremitäten bedeckenden Cuticula. Am distalen Ende der Zehen sitzen die Haftscheiben oder Krallen mit ihrer Basis oder dem proximalen Teil ihrer Dorsalfläche an.

Marin; freilebend oder ektoparasitisch an Holothurien.

2 Familien, 4 Gattungen, 4 sichere Arten.

Bestimmungstabelle der Familien:

Mit 6 Zehen, deren Endigungen schaufelförmige Haftlappen sind	1. Fam. **Discopodidae**
Mit 4 Zehen, deren Endigungen Krallenhaken tragende Leisten oder einzelne Krallen sind	2. Fam. **Onychopodidae**

1. Fam. **Discopodidae**

1934 *D.*, E. Marcus in: Handw. Naturw., ed. 2 *v.* 9 p. 863.

An jedem Bein 6 Zehen von verschiedener Länge, jede Zehe terminal zu einem schaufelförmigen Haftlappen erweitert.

1 Gattung, 1 sichere Art.

1. Gen. **Batillipes** Richters

1909 *B.*, F. Richters in: Ber. Senckenb. Ges., p. 37 | 1909 *B.*, F. Richters in: Verh. D. zool. Ges., p. 89 | 1911 *B.*, John Murray in: J. Quekett Club, ser. 2 *v.* 11 p. 183 | 1926 *B.*, F. Richters in: Kükenthal & Krumbach, Handb. Zool., *v.* 3 p. 60 |

1927 *B.*, E. Marcus in: Zool. Jahrb., Syst. *v.* 53 p. 545, 546 | 1928 *B.*, E. Marcus in: Tierw. Deutschl., pars 12 p. 34 | 1928 *B.*, G. Thulin in: Hereditas, *v.* 11 p. 209 | 1929 *B.*, E. Marcus in: Bronn, Kl. Ordn., *v.* 5 Abt. 4 Buch 3 p. 293 | 1932 *B.*, Cuénot in: Faune France, pars 24 p. 29.

Mit langem, borstenförmigem medianem Kopfcirrus (Cirrus medianus) und an jedem Beine 6 Zehen von verschiedener Länge; jede Zehe terminal zu einem schaufelförmigen Haftlappen erweitert.

1 sichere Art.

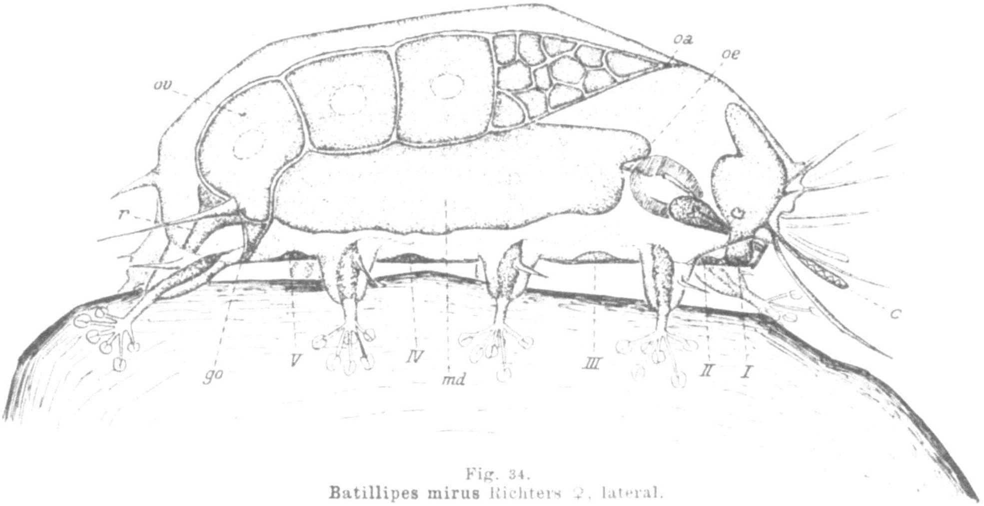

Fig. 34.
Batillipes mirus Richters ♀, lateral.

1. **B. mirus** Richters 1909 *B. m.*, F. Richters in: Ber. Senckenb. Ges., p. 37 t. 2 f. 1—3 | 1909 *B. m.*, F. Richters in: Verh. D. zool. Ges., p. 89—90 f. 4 t. 3 f. 5 | 1911 *B. m.*, John Murray in: J. Quekett Club, ser. 2 *v.* 11 p. 192, 198 t. 8 f. 4 | 1913 *B. m.*, F. Richters in: Handw. Naturw., *v.* 9 p. 1017 f. 5 | 1917 *B. caudatus*, W. P. Hay in: P. U. S. Mus., *v.* 53 p. 251—254 t. 33 | 1924 *B. mirus*, Remane in: Zool. Anz., *v.* 61 p. 290 | 1926 *B. m.*, F. Richters in: Kükenthal & Krumbach, Handb. Zool., *v.* 3 p. 1, 60 f. 2 | 1927 *B. m.*, Remane in: Z. Morphol. Ökol., *v.* 7 p. 673 | 1927 *B. m.*, E. Marcus in: Zool. Jahrb., Syst. *v.* 53 p. 521—544 f. 17—26 | 1928 *B. m.*, G. Rahm in: Tierw. Mitteleur., *v.* 3 p. II 18 | 1928 *B. m.*, E. Marcus in: Tierw. Deutschl., pars 12 p. 34—35 f. 5, 12, 16 A, 21 | 1929 *B. m.*, E. Marcus in: Bronn, Kl. Ordn., *v.* 5 Abt. 4 Buch 3 p. 293—294 f. 7, 14, 34, 52, 100 | 1932 *B. m.*, Cuénot in: Faune France, pars 24 p. 29—30 f. 12 | 1934 *B. m.*, E. Marcus in: Handw. Naturw., ed. 2 *v.* 9 p. 863 f. 4, 7, 12.

Hyalin, mit je nach dem Füllungsgrade hyalinem oder gelbem bis braunem Darminhalt; ohne Augenpigment. In Auftreten und Größe variable Fetttropfen an den Außenlappen des Oberschlundganglion. Cuticula dicht granuliert; Dorsalfalten und äußere Segmentierung schwach angedeutet. Mundöffnung ausgesprochen ventral, also nicht terminal, alle cephalen Anhänge stehen daher dorsal von der Mundöffnung. Schlundkopf kurz-oval, mit 3 Randleisten; Stilettträger vorhanden. Von Kopfanhängen finden sich ein Cirrus medianus und je ein Paar Cirri mediales interni und externi; die Medialcirren sind noch etwas länger als der mediane Cirrus. Die internen Medialcirren sitzen etwas dorsal, die externen etwas ventral von der Vorderkante, zwischen ihnen sitzt jederseits die Papilla cephalica. Die Clava ist als mächtiger, leicht dorsoventral abgeflachter Kolben, der Cirrus lateralis als lange Borste ausgebildet, Clava und Cirrus lateralis stehen gemeinsam auf einem starken Sockel, die übrigen Kopfanhänge jeder auf einer sockelartigen Erhöhung. Kurze, nur wenig von der Längsrichtung des Beines divergierende Dornen auf dem Proximalteil jedes Beines vorhanden, ferner ein unpaarer caudaler Mediancirrus, nicht ganz von der Länge des rostralen und jederseits eine mächtige Borste zwischen 3. und 4. Beinpaar, aber dem letzten genähert. Außerdem jederseits in der Mitte zwischen den beiden letzten Beinpaaren oft ein kurzer, lateralwärts gerichteter Marginaldorn, der einer- oder beiderseits fehlen kann. Die Beine aus einem breiten Proximalteil und einem distal anschließenden, die Schaufelzehen tragenden Teil bestehend, der in den ersten fernrohrartig einziehbar ist. Alle 6 Zehen stets am 4., meist auch am 1. Beinpaar zu erkennen, am 3. und besonders am 2. Beinpaar ist eine Zehe fast immer so kurz, daß sie leicht übersehen werden kann. Die 4 mittleren Zehen sind verschieden lang und sitzen in 2 Reihen, und zwar entspringen die beiden äußeren, längeren mehr dorsal, die beiden inneren, kürzeren ventral. Jede Zehe terminal zu einem schaufelförmigen, eine dorsale Versteifungsleiste besitzenden Haftlappen erweitert.

Länge ausgewachsener Stücke bis 720 µ[1]), durchschnittlich 400—600 µ; Jungtiere 100 µ und darunter.

Eiablage wahrscheinlich einzeln.

Marin; im Sand der Seichtwasserzone, wenige bis maximal 8 m; nur selten, namentlich bei und nach stürmischem Wetter tiefer gehend, und bis zu 20 m Tiefe gefunden.

Ostsee (Kattegat, Kieler Föhrde), Nordsee (bei Helgoland), Kanal Wimereux bei Boulogne, O.-Küste von N.-Amerika (N.-Carolina).

2. Fam. **Onychopodidae**

1934 *O.*, E. Marcus in: Handw. Naturw., ed. 2 *v.* 9 p. 863.

An jedem Bein 4 Zehen; jede Zehe terminal mit einer 2 bis 3 Krallenhaken tragenden Leiste oder mit einer einzelnen Kralle versehen.

3 Gattungen, 3 sichere Arten.

Bestimmungstabelle der Gattungen:

1	Mit dorsal am Kopf entspringendem, rostral gerichtetem, langem, borsten- oder kurzem, dornartigem Cirrus medianus; jede Zehe terminal mit zwei- oder dreikralliger Leiste	2
	Ohne Cirrus medianus; jede Zehe terminal mit einer Kralle	3. Gen. **Halechiniscus**
2	Körper gracil, etwa 3—4 mal so lang wie breit, ohne ausgesprochene dorsoventrale Abplattung; die Kopfanhänge lange, geschwungene Cirren; Zehen mit zweikralliger Leiste	1. Gen. **Bathyechiniscus**
	Körper plump, etwa 1½ mal so lang wie breit, deutlich dorsoventral abgeplattet; die Kopfanhänge kurze, grade Dornen; Zehen mit dreikralliger Leiste	2. Gen. **Tetrakentron**

[1]) Da die Größe vieler Tardigradenspecies weitgehend schwankt, können die Maße meist nicht mehr als einen Annäherungswert für die Durchschnittsgröße geben. Der Identifizierung zu determinierenden Materials mit einer bestimmten Species darf bei völliger Übereinstimmung in den übrigen Merkmalen auch ein relativ weitgehender Größenunterschied nicht im Wege stehen. Die mit Rücksicht auf die Deutlichkeit der dargestellten Charaktere verschieden stark vergrößerten Abbildungen können nicht als Maßstäbe für die Größe der Tiere gelten.

1. Gen. **Bathyechiniscus** G. Steiner

1926 *B.*, G. Steiner in: D. Südp.-Exp., *v.* 18 p. 479 | 1928 *B.*, E. Marcus in: Tierw. Deutschl., pars 12 p. 36 | 1929 *B.*, E. Marcus in: Bronn, Kl. Ordn., *v.* 5 Abt. 4 Buch 3 p. 295 | 1934 *B.*, E. Marcus in: Handw. Naturw., ed. 2 *v.* 9 p. 863.

Mit langem, borstenförmigem medianem Kopfcirrus (Cirrus medianus), auch die übrigen Kopfanhänge lange, geschwungene Cirren. 4 Zehen an jedem Bein; die distalwärts leicht verbreiterten Zehenenden quer und schräg abgestutzt, und jede trägt am Ende eine Leiste mit 2 Krallenhaken.

Die Gattung steht der folgenden sehr nahe, hat die gleiche Zehenzahl und sehr ähnlich gebaute Zehenendigungen. Beiden fehlt ein caudaler Mediancirrus, und die vorhandenen Anhänge des Kopfes stimmen bei beiden

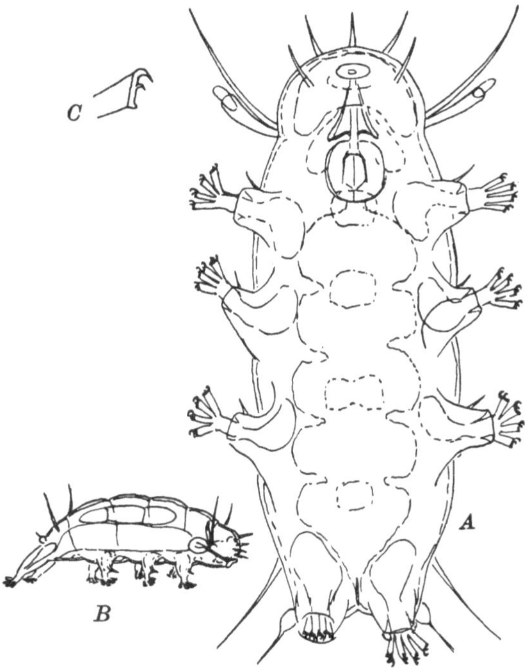

Fig. 35.
Bathyechiniscus tetronyx G. Steiner. *A* ventral; *B* lateral; *C* Kralle.

nach Lage und Zahl fast vollkommen überein. Unterschiede bestehen in der Länge der Anhänge, und außerdem sitzen bei *Bathyechiniscus* [wie bei *Batillipes* und *Echiniscoides*] die internen Medialcirren etwas dorsal von der Vorderkante des Kopfes an, die externen dagegen etwas ventral. Bei *Tetrakentron* und *Halechiniscus* sitzen die Cirri mediales interni mehr ventral und die C. m. externi mehr dorsal. Die cuticulare Leiste der Zehenendigung trägt bei *Bathyechiniscus* 2, bei *Tetrakentron* 3 hakenförmige Krallen. Bei beiden Gattungen liegt die Mundöffnung ventral auf einem gerundeten Kegel. Die Papille auf dem 4. Beinpaar, die basal gerundet ist, und auf diesem knopfigen Basalteil eine feine Spitze trägt, findet sich gleichfalls bei beiden Gattungen. Die längeren Kopfanhänge des *Bathyechiniscus,* die ihn rein habituell dem *Batillipes* nähern, seine nicht so breite und platte Körperform, das Fehlen der beiden großen kuppelförmigen Kopfsinnesorgane, das Auftreten von Stiletträgern und die geringe Krallenzahl rechtfertigen wohl seine generische Trennung von *Tetrakentron*.

1 sichere Art.

1. **B. tetronyx** G. Steiner 1926 *B. t.*, G. Steiner in: D. Südp.-Exp., *v.* 18 p. 481 f. 1—5 | 1927 *B. t.*, E. Marcus in: Zool. Jahrb., Syst. *v.* 53 p. 546 | 1928 *B. t.*, G. Rahm in: Tierw. Mitteleur., *v.* 3 p. II 18 | 1928 *B. t.*, E. Marcus in: Tierw. Deutschl., pars 12 p. 36—37 f. 41 | 1929 *B. t.*, E. Marcus in: Bronn, Kl. Ordn., *v.* 5 Abt. 4 Buch 3 p. 295—296 f. 135.

Körperform etwa cylinderisch; farblos, ohne Augenpigment. Cuticula unskulpturiert. Mundöffnung ventral auf gerundetem, wulstartigem Kegel. Mundröhre grade; Stilettträger vorhanden. Schlundkopf fast kugelig, mit 3 versteifenden Randleisten. Mit langem, borstenförmigem Cirrus medianus und borstenförmigen Cirri mediales, deren externes Paar etwas ventral und deren internes Paar etwas dorsal vom Vorderrande des Kopfes sitzt. Clava lanzettförmig; eine Längsrinne, ähnlich wie für *Batillipes caudatus* beschrieben, gibt die Originalbeschreibung an, neues Material (Sargassosee) zeigt eine distal verjüngte, gegen den Proximalteil quer abgesetzte Clava. Cirrus lateralis auf basalem Sockel sitzend, mehr als doppelt so lang wie die Clava, während er bei *Batillipes* nur etwa um ein Drittel länger ist als jene. Auf dem Proximalteil des 1. bis 3. Beinpaares dorsal je ein ziemlich langer Dorn; an der Ansatzstelle des 4. Beinpaares eine die entsprechende Borste bei *Batillipes* an Länge übertreffende Borste mit Basalsockel und caudal von ihr eine Papille mit knopfig-kugeliger Basis und einer feinen Spitze darauf. Beine aus einem breiten proximalen Teil und einem die Zehen tragenden, schmalen distalen Teil bestehend, der distale fernrohrartig in den proximalen einziehbar. Krallendrüsen so groß wie bei *Tetrakentron*. Zehenzahl 4; die im Querschnitt ovalen Zehen terminal quer und schräg abgestutzt mit einer Leiste, die 2 Krallen trägt. Beide Krallen sehen zusammen einer *Echiniscus*-Innenkralle mit Nebenhaken ähnlich. Die 4 kurzen Zähnchen der Originalbeschreibung fanden sich in neuem Material (Sargassosee) nicht.

Länge bis 150 μ, Breite 43 μ, Länge eines Beines mit Zehen 33 μ, Länge einer Zehe 8—9 μ, Länge der Clava 12 μ, des Cirrus lateralis 30 μ, des Cirrus medialis externus 8 μ.

Eiablage unbekannt.

Marin; zuerst nur in einem, beim Fang anscheinend schon abgestorben gewesenen Stück gefunden; neuerdings auf Sargassum festgestellt.

Antarktis, Gaußstation 6. XII. 1902, in 385 m Tiefe im Meeresschlamm; vermutlich abgesunken. Sargassosee, Lat. 43° 4′ N., Long. 31° W., auf Sargassum (P. Hummelinck-Utrecht leg. 21. XII. 1930).

2. Gen. **Tetrakentron** Cuénot

1892 *T.*, Cuénot in: Rev. biol. Nord France, *v.* 5 p. 16 | 1909 *T.*, F. Richters in: Ber. Senckenb. Ges., p. 33—34 | 1909 *T.*, F. Richters in: Verh. D. zool. Ges., p. 87 | 1911 *T.*, John Murray in: J. Quekett Club, ser. 2 *v.* 11 p. 182 | 1926 *T.*, F. Richters in: Kükenthal & Krumbach, Handb. Zool., *v.* 3 p. 61 | 1928 *T.*, E. Marcus in: Tierw. Deutschl., pars 12 p. 37 | 1929 *T.*, E. Marcus in: Bronn, Kl. Ordn., *v.* 5 Abt. 4 Buch 3 p. 296 | 1932 *T.*, Cuénot in: Faune France, pars 24 p. 30 | 1934 *T.*, E. Marcus in: Handw. Naturw., ed. 2 *v.* 9 p. 863.

Dorsoventral abgeflacht; mit kurzem, dornartigem medianem Kopfcirrus (Cirrus medianus) und 4 Zehen an jedem Bein; die distalwärts leicht verbreiterten Zehen enden quer abgestutzt, und jede trägt am Ende eine Leiste mit 3 gekrümmten Haken.

1 sichere Art.

1. **T. synaptae** Cuénot 1892 *T. s.*, Cuénot in: Rev. biol. Nord France, *v.* 5 p. 16—19 t. 1 f. 4—5 | 1909 *T. s.*, F. Richters in: Ber. Senckenb. Ges., p. 33—34 t. 1 f. 5 | 1909 *T. s.*, F. Richters in: Verh. D. zool. Ges., p. 87 t. 3 f. 3 | 1911 *T. s.*, John

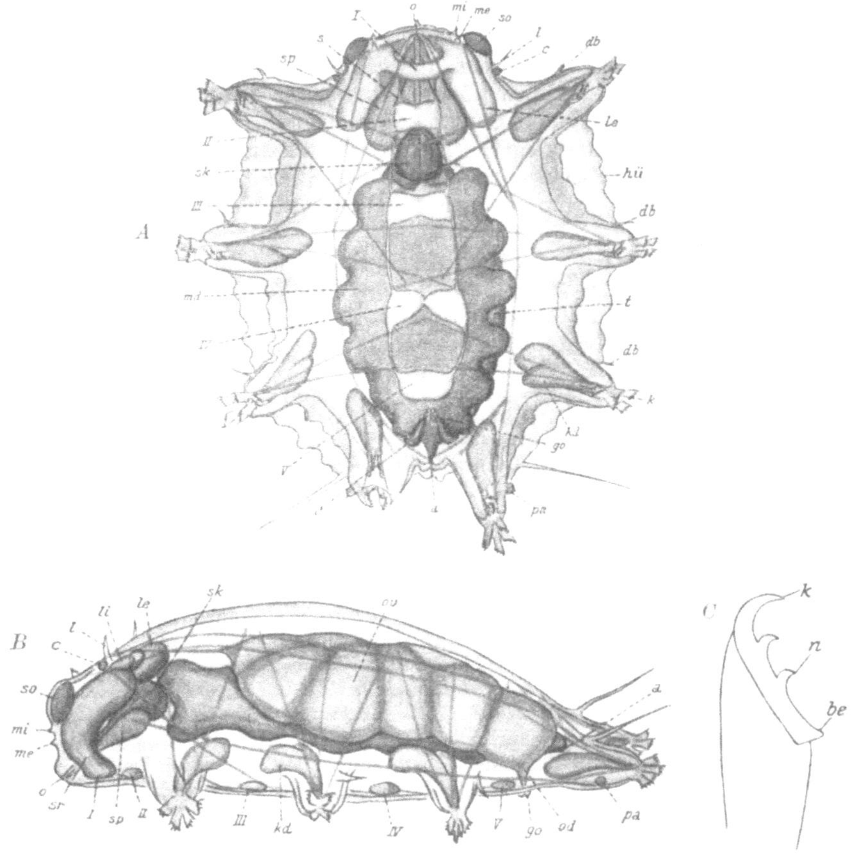

Fig. 36.
Tetrakentron synaptae Cuénot. *A* ventral; *B* lateral; *C* Kralle.

Murray in: J. Quekett Club, ser. 2 *v.* 11 p. 192, 198 t. 8 f. 2 | 1913 *T. s.*, F. Richters in: Handw. Naturw., *v.* 9 p. 1017—1018 f. 3 | 1926 *T. s.*, F. Richters in: Kükenthal & Krumbach, Handb. Zool., *v.* 3 p. 10, 61 f. 8 | 1928 *T. s.*, E. Marcus in: Zool. Jahrb., Physiol. *v.* 45 p. 126—127 f. 8, 9, 13 B | 1928 *T. s.*, G. Rahm in: Tierw. Mitteleur., *v.* 3 p. II 18 | 1928 *T. s.*, E. Marcus in: Tierw. Deutschl., pars 12 p. 37—38 f. 19 | 1929 *T. s.*, E. Marcus in: Bronn, Kl. Ordn., *v.* 5 Abt. 4 Buch 3 p. 296—297 f. 13, 19, 46, 64 | 1932 *T. s.*, Cuénot in: Faune France, pars 24 p. 30—31 f. 13.

Körper dorsoventral abgeplattet, ohne äußere Segmentierung, mit quer abgestutzter Kopfpartie. Farblos, ohne Augenpigment und nicht sehr durchsichtig; mit gelblichem Mageninhalt; unskulpturiert. Mundöffnung ventral auf einem breit gerundeten, konischen Kegel gelegen. Stilette mit verbreiterter Basis; Stilettträger fehlen. Schlundkopf annähernd kugelig, mit 3 versteifenden Randleisten. Cirrus medianus kurz, dornartig; Cirri mediales interni und externi sehr klein; Clava eine kurze, knopfartige Kuppel mit aufsitzendem, feinem Sinneshaar; der Cirrus lateralis ein breiter, grader Dorn. Zwischen Medial- und Lateralcirrus, der Papilla cephalica homolog, jederseits eine kuppelförmige Hervorwölbung der Cuticula, in welche Nerven eintreten. Kurze, ungefähr in der Längsrichtung des Beines stehende Dornen auf dem Proximalteil des 1. bis 3. Beines; auf dem Proximalteil des 4. eine basal kugelige Papille mit aufsitzender feiner Spitze, unmittelbar rostral von dieser Papille ein großer, spitz endigender Cirrus, der längste Körperanhang des Tieres. Jedes der kurzen Beine besteht aus einem distalwärts konisch verjüngten Proximalteil und einem kurzen distalen, der in den ersten fernrohrartig eingezogen werden kann. Krallendrüsen sehr groß. Die Zahl der Zehen beträgt 4, die Zehen sind kurz, distalwärts leicht verbreitert und tragen an ihrem freien, quer und schräg abgestutzten Ende eine Leiste mit 3 gekrümmten Haken.

Die im Umriß dem Körper locker anliegende, in der Aufsicht einen gewellten Saum bildende, faltig wie vor der Häutung erscheinende Cuticula der Originalabbildung, die auch in dem von mir untersuchten Material allgemein vorkommt, könnte auch durch die Fixierung von der Epidermis abgehoben worden sein.

Bis 200 μ lang.

Über Eiablage ist nichts bekannt.

Marin; an den Mundtentakeln von *Leptosynapta galliennei* Herapath.

Bretonische Küste, Roscoff.

3. Gen. **Halechiniscus** Richters

? 1851 *Lydella* (non Robineau-Desvoidy 1830), Dujardin in: Ann. Sci. nat., ser. 3 *v.* 15 p. 164—166 t. 3 f. 9—11 | ? 1888 *L.*, Plate in: Zool. Jahrb., Anat. *v.* 3 p. 529, 533 | ? 1896 *L.* (non Robineau-Desvoidy 1830), Lance, Contr. Tardigrades, p. 209 | ?1906 *Microlyda*, W. P. Hay in: P. biol. Soc. Washington, *v.* 19 p. 46—47 | ? 1907 *Lydella*, John Murray in: J. Quekett Club, ser. 2 *v.* 10 p. 67 | ? 1908 *L.*, F. Richters in: Zool. Anz., *v.* 33 p. 77—78, 81—83 | 1908 *Halechiniscus*, F. Richters in: Zool. Anz., *v.* 33 p. 81 | ? 1909 *Lydella*, Shipley in: Cambridge nat. Hist., *v.* 4 p. 485, 486 | ? 1909 *Microlyda*, Shipley, ibid., p. 486, Anm. 2 | ? 1909 *Lydella*, F. Richters in: Naturw. Wochenschr., *v.* 24 p. 330, 332 | 1909 *Halechiniscus*, F. Richters, ibid., p. 332 f. 3, 4 | ? 1909 *Lydella*, F. Richters in: Ber. Senckenb. Ges., p. 39, 43 | 1909 *Halechiniscus*, F. Richters, ibid., p. 39—43 | ? 1909 *Lydella*, F. Richters in: Verh. D. zool. Ges., p. 85—86 t. 3 f. 1 | 1909 *Halechiniscus*, F. Richters, ibid., p. 88 | 1911 *H.*, John Murray in: J. Quekett Club, ser. 2 *v.* 11 p. 182—183 | ? 1911 *Microlyda*, John Murray, ibid. ser. 2 *v.* 11 p. 188 | ? 1913 *M.*, F. Richters in: Handw. Naturw., *v.* 9 p. 1017 | 1913 *Halechiniscus*, F. Richters, ibid., *v.* 9 p. 1017—1018 | 1926 *H.*, F. Richters in: Kükenthal & Krumbach, Handb. Zool., *v.* 3 p. 59, 60 | 1928 *H.*, E. Marcus in: Tierw. Deutschl., pars 12 p. 38 | 1929 *H.*, E. Marcus in: Bronn, Kl. Ordn., *v.* 5 Abt. 4 Buch 3 p. 297 | 1932 *H.*, Cuénot in: Faune France, pars 24 p. 31 | 1932 *Microlyda*, Cuénot, ibid., pars 24 p. 32 | 1934 *Halechiniscus*, E. Marcus in: Handw. Naturw., ed. 2 *v.* 9 p. 863.

Ohne medianen Kopfcirrus (Cirrus medianus); unter den cirrenartigen Kopfanhängen tritt die mitunter den Cirrus lateralis an Länge übertreffende Clava besonders mächtig hervor. 4 Zehen an jedem Bein; die Zehen sind distalwärts leicht kolbig erweitert, und jede trägt eine unterständige Kralle

1 sichere Art.

1. **H. guiteli** Richters ? 1888 *Lydella dujardini,* Plate in: Zool. Jahrb., Anat. *v.* 3 p. 533 | ? 1907 *L. d.,* John Murray in: J. Quekett Club, ser. 2 *v.* 10 p. 67, 70 t. 7 f. 3 | 1908 ***Halechiniscus guiteli,*** F. Richters in: Zool. Anz., *v.* 33 p. 81—83 f. 2—3 | ? 1909 ***Lydella dujardini,*** Shipley in: Cambridge nat. Hist., *v.* 4 p. 486 | 1909 *Halechiniscus Guiteli,* F. Richters in: Ber. Senckenb. Ges., p. 45 t. 2 f. 5 | 1909 *H. G.,* F. Richters in: Verh. D. zool. Ges., p. 88 f. 5 t. 3 f. 4 | ? 1911 ***Microlyda (Lydella)*** *dujardini,* John Murray in: J. Quekett Club, ser. 2 *v.* 11 p. 188, 192 | 1911 ***Halechiniscus*** *guiteli,* John Murray, ibid., ser. 2 *v.* 11 p. 192, 198 t. 8 f. 3 | ? 1913 ***Microlyda Dujardini***

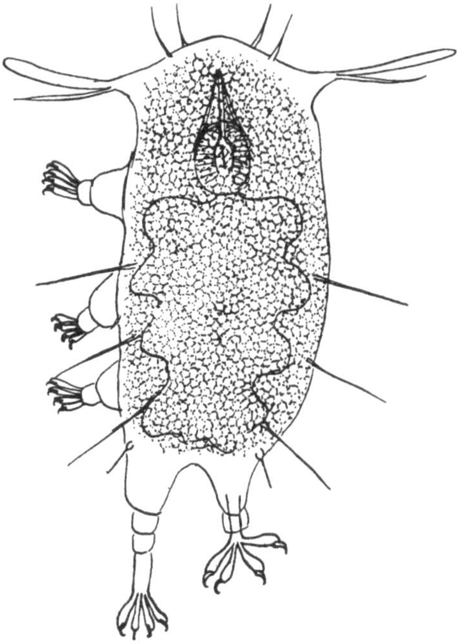

Fig. 37.
Halechiniscus guiteli Richters.

+ *Halechiniscus Guiteli,* F. Richters in: Handw. Naturw., *v.* 9 p. 1017 f. 1; f. 4 | 1926 *H. g.,* F. Richters in: Kükenthal & Krumbach, Handb. Zool., *v.* 3 p. 1, 60 f. 1 | ? 1926 ***Microlyda*** *dujardini,* F. Richters, ibid., *v.* 3 p. 18, 60 f. 21 | 1928 ***Halechiniscus guiteli,*** G. Rahm in: Tierw. Mitteleur., *v.* 3 p. II 18 | 1928 ***Microlyda dujardini,*** G. Rahm, ibid., *v.* 3 p. II 18 | 1928 ***Halechiniscus guiteli,*** E. Marcus in: Tierw. Deutschl., pars 12 p. 38 f. 42 | ? 1928 ***Microlyda dujardini,*** E. Marcus, ibid., pars 12 p. 39 f. 43 | 1929 *Halechiniscus guiteli,* E. Marcus in: Bronn, Kl. Ordn., *v.* 5 Abt. 4 Buch 3 p. 297—299 f. 136 | ? 1929 *Microlyda dujardini,* E. Marcus, ibid., *v.* 5 Abt. 4 Buch 3 p. 299 f. 137 | 1932 ***Halechiniscus Guiteli,*** Cuénot in: Faune France, pars 24 p. 31—32 f. 14 | ? 1932 ***Microlyda Dujardini,*** Cuénot, ibid., pars 24 p. 32—33 f. 15.

Körper eiförmig gestreckt. Hyalin, mit braunschwarzem Inhalt des sehr erweiterungsfähigen Magens[1]). Ohne Augenpigment. Cuticula runzelig, vielleicht infolge der Konservierung. Die Mundöffnung liegt ventroterminal auf konischer, breitgerundeter Papille. Stilette wahrscheinlich mit Stilettträgern; Mundröhre eng, etwa 2 μ im Durchmesser; der Schlundkopf kurz-oval mit 3 starren, in sich einheitlichen Randleisten. Ohne medianen Kopfcirrus; mit

[1]) Über den geringen Wert der Farbe des Mageninhaltes zur Artbestimmung vgl. Anm. S. 31.

haarartig feinen, bis zu 18 μ langen internen und bis zu 24 μ langen externen Medialcirren. In Übereinstimmung mit *Tetrakentron* und im Gegensatz zu *Batillipes* und *Bathyechiniscus* stehen die internen Medialcirren ventral, die externen dorsal von der Vorderkante des Kopfes. Die Medialcirren sitzen papillenförmigen Sockeln auf; von einem solchen gemeinsamen Sockel entspringen Clava und Cirrus lateralis; die Clava ist bei *Halechiniscus* als einzigem Arthrotardigraden mitunter länger als der Cirrus lateralis und mißt bis zu 27 μ, der Cirrus ist dann etwa um $^1/_4$ kürzer. Bei anderen Individuen ist die Clava kürzer als der Cirrus lateralis. Als laterale Körperanhänge sind Haare bei *c* und *d* (vgl. Fig. 46) vorhanden; außerdem etwa an der bei den Echiniscen als *e* bezeichneten Stelle ein Haar und unmittelbar caudal davon, also an der Ansatzstelle des 4. Beinpaares, eine kurze Borste, die von papillenartigem Sockel entspringt. Diese Bildung ähnelt der etwas kürzeren, einer Papille aufsitzenden Borste auf dem 4. Beinpaar von *Bathyechiniscus* und der eine ganz kurze Spitze aufweisenden Papille von *Tetrakentron*. Auch in diesem Charakter erweisen sich die Onychopodidae als zusammengehörig gegenüber dem an der entsprechenden Stelle ein einfaches Haar tragenden *Batillipes*. Beine relativ dünn, vom 1. bis zum 4. Paar an Länge zunehmend; mit kurzem Proximalabschnitt und in diesen fernrohrartig einziehbarem, distalem, zehentragendem Abschnitt; die Einfaltungsstelle wird durch eine breite Ringfalte zwischen proximalem und distalem Abschnitt markiert. Zehen schlank, distalwärts leicht kolbig erweitert, sehr zart und weit voneinander abspreizbar, jede trägt eine 4 μ lange, derbe Kralle, die deshalb als unterständig zu bezeichnen ist, weil dorsal die Endverbreiterung der Zehe sich, einem Krallenwall vergleichbar, über die Kralle schiebt.

Länge 100—200 μ; das gestreckte 4. Bein 64 μ, die Zehen 10—11 μ lang.

Ein Jugendstadium in einem Exemplar von 105 μ Länge mit 12 μ langer Clava und angeblich mit 2 Zehen, aber sonst nichts über Eiablage und Entwicklung bekannt.

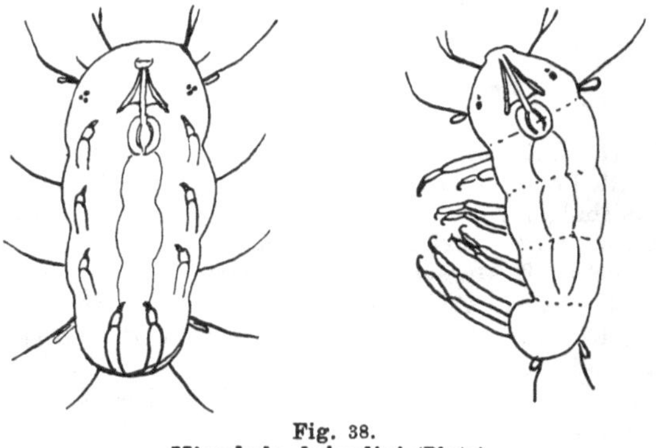

Fig. 38.
Microlyda dujardini (Plate).

Microlyda dujardini (Plate), ein äußerlich segmentiertes Tier von 50—100 μ Länge (mit Beinen maximal 143 μ), mit Augenpigment, soll einkrallige, gegliederte Beine besitzen. Diese nie wieder gefundene, höchst wahrscheinlich in mehreren Punkten nicht richtig beschriebene Art gilt jetzt allgemein als Jugendform des *Halechiniscus guiteli* Richters. Aber es empfiehlt sich nicht, den Namen *Microlyda dujardini* (Plate) als prioritätsberechtigt gegenüber *Halechiniscus guiteli* Richters anzusehen und den für eine Forma oder Species dubia et inquirenda verwendeten Namen zur Benennung der Richtersschen Art zu gebrauchen.

Marin; mehrfach aus dem auf Austernschalen abgelagerten Schlamm ausgewaschen. Bretonische Küste, Cancale bei St. Malo; Rennes, Seewasseraquarium; Villefranche (Alpes maritimes).

B. Subordo **Echiniscoidea**

1896 *Echiniscida, Echinisciden*, Haeckel, Syst. Phyl., *v.* 2 p. 634, 642 | 1926 *Echiniscoidea* + *Eutardigrada* [part.], F. Richters in: Kükenthal & Krumbach, Handb. Zool., *v.* 3 p. 60 | 1927 *Echiniscoidea*, E. Marcus in: Zool. Jahrb., Syst. *v.* 53 p. 547 | 1928 *E.*, E. Marcus in: Tierw. Deutschl., pars 12 p. 33, 40 | 1928 *Echiniscidae*, G. Thulin in: Hereditas, *v.* 11 p. 210 | 1929 *Echiniscoidea*, E. Marcus in: Bronn, Kl. Ordn., *v.* 5 Abt. 4 Buch 3 p. 299 | 1932 *Echinisci non cuirassés* [part.] + *Echinisci cuirassés*, Cuénot in: Faune France, pars 24 p. 27, 36 | 1934 *Echiniscoidea*, E. Marcus in: Handw. Naturw., ed. 2 *v.* 9 p. 863.

Ohne medianen Kopfcirrus (Cirrus medianus). Die terminalen Extremitätenendigungen (podialen Terminalorgane) sind Krallen, die ohne Zehen dem Extremitätenstamm ansitzen. Mittlerer Beinabschnitt teilweise in den proximalen einfaltbar, mindestens am 4. Beinpaar mit Andeutung einer Einfaltungsstelle, die oft als Dornfalte ausgebildet ist.

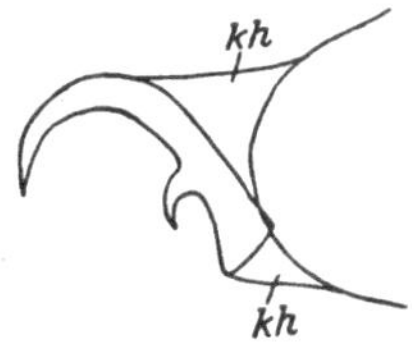

Fig. 39.
Kralle der Echiniscoidea.

Von den genannten Merkmalen ist der Bau der podialen Terminalorgane besonders wichtig. Diese sind bei den Echiniscoidea nicht Zehen mit Krallen oder Haftlappen, sondern Krallen, von denen jede mit ihrer Dorsalfläche an einer kleinen cuticularen Aussackung, der Zehenpapille, am Ende der Extremität ansitzt (vgl. Fig. 39). Diese Zehenpapillen, deren Gesamtheit auch als Zwischenkrallenhaut bezeichnet wird, sind den Zehen der Arthrotardigraden homolog. Die einzelnen Zehenpapillen sind bis zum Grunde voneinander getrennt. Da auch unter der Basis der Kralle ein Teil der Zehenpapille nachweisbar ist, berührt die Kralle selber den Extremitätenstamm nur mit der Ecke zwischen Basis und Dorsalfläche. Bei *Oreella* ist die Zwischenkrallenhaut beschrieben, aber im einzelnen noch nicht untersucht worden. Wahrscheinlich sind die podialen Terminalorgane bei *Oreella* ebenso gebaut wie bei den übrigen Gattungen der Echiniscoidea. Die Krallenzahl der Jungtiere ist kleiner als die der Erwachsenen (meist 2 statt 4); von *Oreella* sind Jugendstadien nicht bekannt. Reduktion der Zehen zu Zehenpapillen und, abgesehen von *Oreella*, Verkürzung der Kopfanhänge charakterisieren die Gesamtheit der Echiniscoidea gegenüber den Arthrotardigrada. Außerdem liegen Clava und Cirrus lateralis bei den Arthrotardigraden mehr an dem Vorderrand des Kopfes, bei den Echiniscoiden mehr an der Grenze von Kopf und Rumpf. Der bei allen Arthrotardigraden außer *Halechiniscus* vorhandene Cirrus medianus fehlt hier durchweg. Von 6 Rostralganglien ausgehende Nerven des Kopfes endigen in der Epidermis in der Umgebung der Mundöffnung.

2 Familien, 5 Gattungen, davon eine mit 4 Untergattungen, 71 sichere Arten, von denen 6 im ganzen 8 benannte Formen aufweisen, 37 unsichere Arten.

Bestimmungstabelle der Familien:

- Dorsal die Cuticula ohne Panzer, das heißt ohne transversale, in metamere Platten gegliederte Verstärkungen . . . . 1. Fam. **Nudechiniscidae**
- Dorsal die Cuticula gepanzert, das heißt mit transversalen, metameren Verstärkungen versehen, die durch unverstärkte Zwischenpartien in Platten gegliedert sind . . . . 2. Fam. **Scutechiniscidae**

1. Fam. **Nudechiniscidae**

1934 *N.*, E. Marcus in: Handw. Naturw., ed. 2 *v.* 9 p. 863.

Krallen glatt, ohne Nebenhaken oder Dornen. Cuticula der Dorsalseite ohne Panzer, das heißt ohne metamere Verstärkungen, die in Platten gegliedert sind. Auch nicht für alle Scutechiniscidae sind Nebenhaken oder Dornen an der Basalseite der inneren oder äußeren Krallen angegeben worden, und daher bleibt das Fehlen des Panzers das einzige sichere Merkmal der Nudechiniscidae. Die Unterschiede im Bau der podialen Terminalorgane und der cephalen Anhänge bei den beiden hierher gestellten Gattungen zeigen, daß die Familie keine natürliche Gruppe bildet. Da aber die Aufstellung einer eigenen Familie für die wenig bekannte Gattung *Oreella* vorläufig nicht empfehlenswert erscheint, dürfte die hier zu Determinationszwecken vorgenommene Zusammenfassung der ungepanzerten Echiniscoidea in einer Familie wenigstens die Übersicht erleichtern.

2 Gattungen, 3 sichere Arten.

Bestimmungstabelle der Gattungen:

Mit langen Kopfanhängen, auch die lanzettförmige Clava (wo vorhanden) ein langer Dorn; an jedem Bein 4 Krallen	1. Gen. **Oreella**
Mit kurzen Kopfanhängen, die knopfartige Clava eine kurze Papille; an jedem Bein 5 bis 9, selten bis zu 11 Krallen	2. Gen. **Echiniscoides**

1. Gen. **Oreella** John Murr.

1910 *O.*, John Murray in: Brit. antarct. Exp., *v.* 1 p. 135 | 1911 *O.*, John Murray in: J. Quekett Club, ser. 2 *v.* 11 p. 183—184 | 1913 *O.*, F. Richters in: Handw. Naturw., *v.* 9 p. 1018 | 1926 *O.*, F. Richters in: Kükenthal & Krumbach, Handb. Zool., *v.* 3 p. 60 | 1927 *O.*, E. Marcus in: Zool. Jahrb., Syst. *v.* 53 p. 546 | 1928 *O.*, E. Marcus in: Tierw. Deutschl., pars 12 p. 39 | 1928 *O.*, G. Thulin in: Hereditas, *v.* 11 p. 211 | 1929 *O.*, E. Marcus in: Bronn, Kl. Ordn., *v.* 5 Abt. 4 Buch 3 p. 293 | 1932 *O.*, Cuénot in: Faune France, pars 24 p. 34 | 1934 *O.*, E. Marcus in: Handw. Naturw., ed. 2 *v.* 9 p. 863.

Cuticula dorsal und lateral mit kleinen Papillen versehen oder glatt. Kopfanhänge lang; Clava, wenn vorhanden, zugespitzt. Caudal ein unpaarer Medianzapfen. Terminale Extremitätenendigungen 4 Krallen.

Obwohl von den bisher gefundenen Exemplaren der beiden Arten dieser Gattung nichts über eine Einziehbarkeit des distalen, die Krallen tragenden Beinabschnittes in den proximalen bekannt ist, läßt sich diese nach Murrays Abbildung der Beine als wahrscheinlich annehmen. Mit einem Extremitätenstamm, wie ihn die Arthrotardigrada, und mit podialen Terminalorganen, wie sie die Echiniscoidea besitzen, stellt die Gattung gewissermaßen einen Übergang zwischen den beiden Unterordnungen dar. Dieser Eindruck wird durch die arthrotardigradenartigen, langen Kopfanhänge noch verstärkt. Auch bei den Arthrotardigrada findet sich in dem Fehlen des Cirrus medianus bei *Halechiniscus* eine Annäherung an die Echiniscoidea. Da aber gerade die beiden eine gewisse Zwischenstellung zwischen den Unterordnungen einnehmenden Genera *Halechiniscus* und *Oreella* als einzige unter den Gattungen der Heterotardigraden anatomisch unzureichend bekannt sind, lassen sich ihre Beziehungen für das System vorläufig nur so weit verwerten, daß die eine an den Schluß, die andere an den Anfang ihrer Unterordnung gestellt wird. In den dorsalen und lateralen Papillen des Körpers bei *Oreella mollis* Anklänge an die bei den Echiniscoidea vielfach als Panzerung ausgebildete Verstärkung der Cuticula zu sehen, erscheint im Hinblick auf ähnliche Skulpturbildungen bei den Eutardigraden kaum möglich.

Generotypus: *O. mollis* John Murr.
2 sichere Arten.

Bestimmungstabelle der Arten:

Außer einem kurzen medianen Caudalzapfen keine Körperanhänge. Cuticula dorsal und lateral mit Papillen. Clava vorhanden . . . . 1. **O. mollis**
Außer dem Caudalzapfen noch jederseits 2 kegelförmige Dornen zwischen dem 2. und 3. Beinpaar, etwa bei *d*. Cuticula glatt. Clava fehlt . . . . 2. **O. vilucensis**

1. **O. mollis** John Murr. 1910 *O. m.*, John Murray in: Brit. antarct. Exp., *v.* 1 p. 135 t. 18 f. 26 | 1911 *O. m.*, John Murray in: J. Quekett Club, ser. 2 *v.* 11 p. 192, 198 t. 8 f. 1 | 1913 *O. m.*, F. Richters in: Handw. Naturw., *v.* 9 p. 1017 f. 9 | 1925 *O. m.*, G. Rahm in: Brohmer, Fauna Deutschl., ed. 3 p. 432 | 1926 *O. m.*, F. Richters in: Kükenthal & Krumbach, Handb. Zool., *v.* 3 p. 19, 60 f. 22 | 1928 *O. m.* [part.], G. Rahm in: Tierw. Mitteleur., *v.* 3 p. II 11 f. 35 | 1928 *O. m.*, E. Marcus in: Tierw. Deutschl. pars 12 p. 39—40 f. 44 | ? 1929 *O. m.*, G. Rahm in: Bull. Soc. Fribourg., *v.* 29 Proc.-verb. 7. III. 1928 p. 6 | 1929 *O. m.*, E. Marcus in: Bronn, Kl. Ordn., *v.* 5 Abt. 4 Buch 3 p. 300 f. 138 | 1932 *O. m.*, Cuénot in: Faune France, pars 24 p. 34—35.

Hyalin. Ohne Augenpigment, mit bräunlichem Mageninhalt. Cuticula dorsal und lateral mit niedrigen, rundlichen Papillen, Ventralfläche glatt. Ohne Cirrus medianus, mit internen und externen, von kleinen, kegelförmigen Sockeln entspringenden Medialcirren, die ersten relativ kurze, schmale Kegel, die zweiten lange, geschwungene Borsten; zwischen beiden Medialcirren jederseits die Papilla cephalica. Clava und Cirrus lateralis von einer langen, schmalen, gemeinsamen Basis entspringend; der Cirrus sehr lang, etwa 5mal so lang wie die schmale, etwas unterhalb der Spitze des gemeinsamen Basalsockels entspringende lanzettförmige Clava, die spitz endigt. Stilette kurz, mit Stiletträgern. Der Schlundkopf fast ebenso breit wie lang, also annähernd kugelig. Magenwand aus wenigen Zellen bestehend, die dunkelbraune Flecke zeigen[1]). Keine Rumpfanhänge außer einem kurzen, gerundeten, medianen Caudalzapfen. Beine lang, mit kurzer, breiter Proximalpartie, anschließend ein langer, distalwärts leicht verjüngter Abschnitt, der terminal etwas erweitert ist. An dieser Erweiterung entspringen 4 glatte, das heißt basaler Nebenhaken entbehrende Krallen, und zwar wahrscheinlich wie sonst bei den Echiniscoidea, von Zehenpapillen aus.

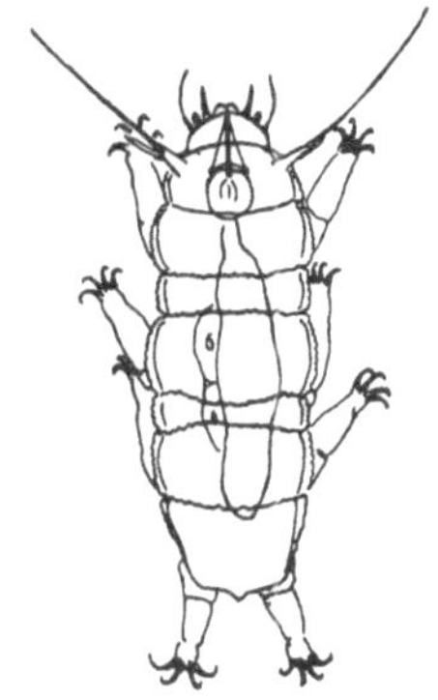

Fig. 40. **Oreella mollis** John Murr.

Länge bis zu 230 µ.

Über Eiablage und Jugendstadien ist nichts bekannt.

Die Angabe der Originaldiagnose, daß unter der Haut, gemeint ist zweifellos subcuticular, eine unregelmäßige, undeutliche Felderung zu sehen ist, erscheint nur

[1]) Derartige aus der Originalliteratur übernommene anatomische Einzelangaben haben im allgemeinen keinen diagnostischen Wert. Die Zahl der Magenzellen der Tardigraden ist wahrscheinlich konstant, und sie sind nur nach dem Futterzustand und der damit korrelierten Durchsichtigkeit des Tieres in wechselnder Anzahl erkennbar. Auch die Angaben über die Farbe des Mageninhaltes und über Flecken in der Magenwand beziehen sich auf den Ernährungszustand der Tiere.

unter der Annahme verständlich, daß die — freilich recht regelmäßig verlaufenden — Grenzen der Epidermiszellen beobachtet worden sind. Der nachstehend genannte alpine Fundort bleibt etwas zweifelhaft, denn bei Rahm scheint die Determination der Art nicht ganz festzuliegen. Er hat ursprünglich *O.* spec. 1 von *O. mollis* unterschieden (Arch. Naturg., *v.* 90 A 7 p. 189, 1925). Später gibt er den für *O.* spec. 1 genannten Fundort „Bonn" für *O. mollis* an (G. Rahm in: Brohmer, Fauna Deutschl., ed. 3 p. 432, 1925). Im Folgenden beschränkt er freilich diesen Fundort auf *O.* spec. 1 und gibt für *O mollis* den alpinen Fundort an (G. Rahm in: Tierw. Mitteleur., *v.* 3 p. II 11, 1928 und Bull. Soc. Fribourg., *v.* 29 Proc.-verb. 7. III. 1928 p. 6 1929).

Der Fundort „Schottland" (G. Rahm in: Tierw. Mitteleur., *v.* 3 p. II 11, 1928) für *O. mollis* beruht offenbar auf einer Verwechslung mit dem Originalfundort „Australien" (siehe unten), der bei Rahm an der genannten Stelle fehlt. Allerdings gibt Cuénot (Faune France, pars 24 p. 35, 1932), auf Rahm gestützt, *Oreella mollis* für Schottland an.

In Moos.

[?] Alpen, Kt. Freiburg, über 1000 m; Australien (Neusüdwales), Katoomba, Blaue Berge, etwa 1000 m.

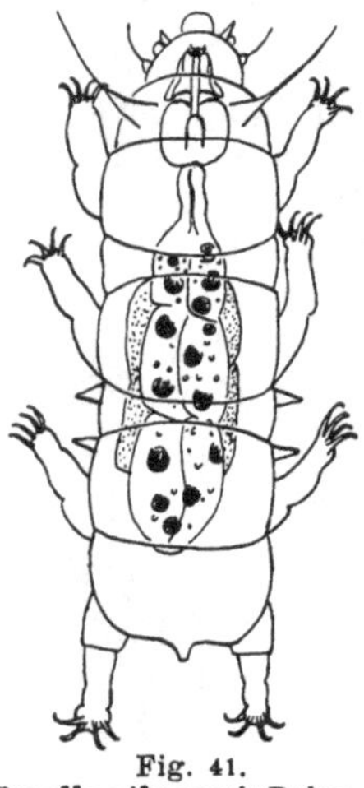

Fig. 41.
Oreella vilucensis Rahm.

2. **O. vilucensis** Rahm 1925 *Orella* [err. pro *Oreella*] spec.?, G. Rahm in: Arch. Naturg., *v.* 90 A 7 p. 189 | 1925 *Oreella mollis* [part.: das Stück von Bonn], G. Rahm in: Brohmer, Fauna Deutschl., ed. 3 p. 432 | 1928 *O. m.* [part.: *„die Form mit lateralen Dornen bei b und c*], G. Rahm in: Tierw. Mitteleur., *v.* 3 p. II 11 | 1928 *O.* spec. 1, E. Marcus in: Tierw. Deutschl., pars 12 p. 40 | 1929 *O.* spec. 1, E. Marcus in: Bronn, Kl. Ordn., *v.* 5 Abt. 4 Buch 3 p. 301 | 1931 *O. vilucensis*, G. Rahm in: Revista Chilena, *v.* 35 p. 134, 138 t. 8 f. 2 | 1932 *O. v.*, G. Rahm in: Zool. Anz., *v.* 98 p. 124 f. 6 | 1932 *O. bonnensis*, G. Rahm in: Brohmer, Fauna Deutschl., ed. 4 p. 454.

Hyalin. Ohne Augenpigment, mit bräunlichem Mageninhalt. Cuticula glatt, ohne Papillen. Ohne Cirrus medianus, mit internen und externen Medialcirren; die internen kurz kegelförmig, die externen fadenartig, mit breitem Basalsockel. Papilla cephalica den internen Medialcirren eng benachbart. Cirrus lateralis etwa um ein Drittel länger als der Cirrus medianus externus, Clava fehlt. Stilette kurz, mit Stiletttträgern. Der Schlundkopf fast quadratisch, mit abgerundeten Ecken. Magenwand wie bei *O. mollis* beschrieben, ebenso der caudale Medianzapfen. Jederseits 2 starke, kegelförmige Lateraldornen zwischen dem 2. und 3. Beinpaar. Beine und Krallen wie bei *O. mollis*. Länge bis zu 430 μ.

Über Eiablage und Jugendstadien ist nichts bekannt.

Da Rahm bei der Beschreibung der *Oreella bonnensis* (1932, p. 455) ausdrücklich schreibt „mit Dornfortsätzen unterhalb des 2. und oberhalb des 3. Beinpaares (*b* und *c*)" und bei Beschreibung der *O. vilucensis* auf das Bonner Material verweist, scheint es mir richtig zu sein, beide zu vereinigen, zumal das eine Exemplar von Bonn verlorengegangen ist. „Bei *b* und *c*" liegen freilich die Anhänge der *O. vilucensis* nicht, sondern „zwischen 2. und 3. Beinpaar", also vor *d* und bei *d*, sofern man diese bei den Scutechiniscidae üblichen und dort durch die Platten eindeutig festgelegten Punkte bei den Nudechiniscidae überhaupt benennen will.

In Moos.

Beuel bei Bonn (Rheinprovinz); bei Concepción, Chile.

2. Gen. **Echiniscoides** Plate

1888 *E.*, Plate in: Zool. Jahrb., Anat. *v.* 3 p. 533 | 1907 *E.*, John Murray in: J. Quekett Club, ser. 2 *v.* 10 p. 66 | 1908 *E.*, F. Richters in: Zool. Anz., *v.* 33 p. 78 |

1909 *E.*, Shipley in: Cambridge nat. Hist., *v.* 4 p. 485, 486 | 1909 *E.*, F. Richters in: Ber. Senckenb. Ges., p. 39, 41—42 | 1909 *E.*, F. Richters in: Verh. D. zool. Ges., p. 86 | 1913 *E.*, F. Richters in: Handw. Naturw., *v.* 9 p. 1017—1018 | 1926 *E.*, F. Richters in: Kükenthal & Krumbach, Handb. Zool., *v.* 3 p. 60 | 1927 *E.*, E. Marcus in: Zool. Jahrb., Syst. *v.* 53 p. 545, 547 | 1928 *E.*, E. Marcus in: Tierw. Deutschl., pars 12 p. 40 | 1928 *E.*, G. Thulin in: Hereditas, *v.* 11 p. 208—209 | 1929 *E.*, E. Marcus in: Bronn, Kl. Ordn., *v.* 5 Abt. 4 Buch 3 p. 301 | 1932 *E.*, Cuénot in: Faune France, pars 24 p. 33 | 1934 *E.*, E. Marcus in: Handw. Naturw., ed. 2 *v.* 9 p. 863.

Cuticula ungepanzert und unskulpturiert; Kopf mit kurzen externen und internen Medialcirren, mit dornartigem Cirrus lateralis und als knopfartige Papille ausgebildeter Clava. Bei *e* jederseits ein borstenförmiger Körperanhang. Kein caudaler Medianzapfen. An jedem Bein 5—9, selten bis zu 11 untereinander gleichartige Krallen ohne Nebenhaken oder Dornen.

1 sichere Art.

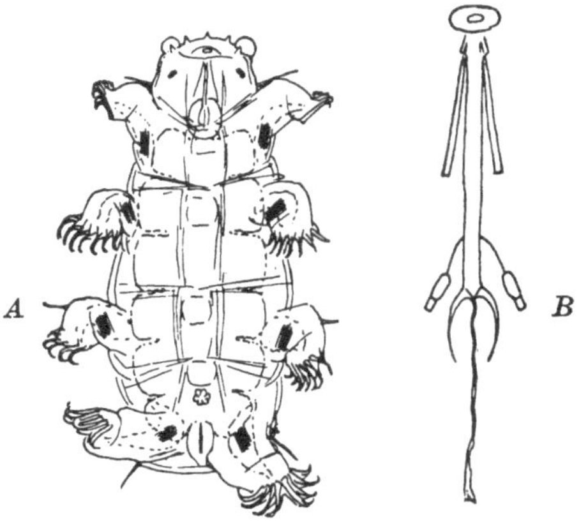

Fig. 42.
Echiniscoides sigismundi (M. Schultze) *A* ventral; *B* ausgestoßene Hartteile des Buccalapparates.

1. **E. sigismundi** (M. Schultze) 1865 *Echiniscus s.*, M. Schultze in: Arch. mikr. Anat., *v.* 1 p. 430—433 t. 26 f. 1—4 | 1888 *Echiniscoides s.*, Plate in: Zool. Jahrb., Anat. *v.* 3 p. 533 | 1895 *Emydium S.*, Lameere, Man. Faune Belgique, *v.* 1 p. 379 | 1907 *Echiniscoides s.*, John Murray in: J. Quekett Club, ser. 2 *v.* 10 p. 66 f. [1] | 1908 *E. S.*, F. Richters in: Mikrokosmos, *v.* 1 p. 56 Anm. ** | 1908 *E. s.*, F. Richters in: Zool. Anz., *v.* 33 p. 79—80 f. 1 | 1909 *E. s.*, Shipley in: Cambridge nat. Hist., *v.* 4 p. 486 | 1909 *E. S.*, F. Richters in: Naturw. Wochenschr., *v.* 24 p. 331 f. 1, 2 | 1909 *E. S.*, F. Richters in: Ber. Senckenb. Ges., p. 45 t. 2 f. 6 | 1909 *E. s.*, C. Carlzon in: Zool. Anz., *v.* 34 p. 139 | 1909 *E. S.*, F. Richters in: Verh. D. zool. Ges., p. 86 f. 10 t. 3 f. 2 | 1911 *E. s.*, John Murray in: J. Quekett Club, ser. 2 *v.* 11 p. 192 | 1911 *E. s.*, John Murray in: P. Irish. Ac., *v.* 31 nr. 37 p. 2 t. 2 f. 8a, b | 1913 *E. S.*, F. Richters in: Handw. Naturw., *v.* 9 p. 1017 f. 2 | 1920 *E. S.*, Loman in: Tijdschr. Nederl. dierk. Ver., ser. 2 *v.* 18 p. XLV | 1924 *Echiniscus s.*, Loman, ibid., ser. 2 *v.* 19 p. XVIII | 1926 *Echiniscoides s.*, F. Richters in: Kükenthal & Krumbach, Handb. Zool., *v* 3 p. 15, 60 f. 16 | 1927 *E. s.*, E. Marcus in: Zool. Jahrb., Syst. *v.* 53 p. 491—521 f. 1—16 | 1928 *E. s.*, G. Rahm in: Tierw. Mitteleur., *v.* 3 p. II 18 | 1928 *E. s.*, E. Marcus in: Tierw. Deutschl., pars 12 p. 41 f. 11, 22 | 1929 *E. s.*, E. Marcus in: Bronn, Kl. Ordn., *v.* 5 Abt. 4 Buch 3 p. 302 f. 16, 21, 39, 102, 110 | 1932 *E. S.*, Cuénot in: Faune France, pars 24 p. 33 f. 16 | 1934 *E. s.*, E. Marcus in: Handw. Naturw., ed. 2 *v.* 9 p. 863 f. 15.

Hyalin oder rosa; mit Augenpigment. Cuticula zart, unskulpturiert und namentlich auf der Dorsalseite mit Querfalten versehen, deren Lage wohl durch die Muskelansatzpunkte bedingt ist. Mundöffnung subterminal, Mundröhre relativ lang, Stilette mit abgestutzter Basis, zarte Stilettträger wahrscheinlich vorhanden. Schlundkopf oval, caudalwärts breiter als rostralwärts, mit 3 einheitlichen Randleisten. Kein medianer Kopfcirrus; kleine, annähernd übereinanderstehende Cirri mediales interni und externi, die ersten mehr dorsal, die zweiten mehr ventral von der Vorderkante des Kopfes ansitzend. Der Cirrus lateralis ein spitzer Dorn, unmittelbar caudal davon eine kurze papillenförmige Clava. Zwischen dem 3. und 4. Beinpaar, aber dem letzten genähert, also etwa an dem bei *Echiniscus* mit *e* bezeichneten Punkt, steht eine Borste, der längste Anhang des Tieres; von dieser Borste etwas entfernt sitzt auf der Ansatzstelle des 4. Beinpaares eine Papille, ferner trägt das 3. Bein einen Dorn. Für den Habitus der Art sehr charakteristisch sind laterale, kuppelartige Verbreiterungen des Kopfes. Keine Körperanhänge sind die beiden besonders in der Ventralansicht deutlichen Hautfalten zwischen den Hinterbeinen. Die Zahl der untereinander gleich großen, glatten, das heißt der Nebenhaken entbehrenden Krallen beträgt 5—9, ganz selten bis zu 11; im allgemeinen haben jüngere, kleinere Stücke die geringere Krallenzahl. Krallen fast zur Hälfte ihrer Länge dorsal von einer Fortsetzung der Cuticula, den Zehenpapillen, überdeckt. In der Lateralansicht sieht man von den sehr genau ausgerichtet liegenden Krallen oft allein die äußerste und von den übrigen nur die Spitzen.

Körpergröße ausgewachsener Stücke bis zu 310 μ, durchschnittlich etwa 200 μ, Jugendstadien 100 μ und darunter.

Legt fast kugelige bis kurz-ovale, glattschalige, oft rosa gefärbte Eier, einzeln oder oft in Klumpen bis zu 9 Stück ab. Reife Weibchen enthalten bis 12 ablagereife Eier.

Die Cuticula erscheint zwar im allgemeinen glatt, aber gelegentlich sieht man an abgeworfenen Häuten, daß sie mit feinen Papillen dicht und unregelmäßig besetzt sind. Bei einem Helgoländer Exemplar war außer den normalen Augenpigmentflecken auf der rechten Kopfseite noch ein weiterer kleinerer Pigmentfleck ausgebildet. Der vor der Häutung ausgestoßene Buccalapparat zeigt bei den Stiletten die normale Auflösung des Mittelstückes. Aber die caudalen Teile der Stilette, die beiden Furcae, hängen fest mit der Mundröhre zusammen. Das läßt auf das Vorhandensein von Stilettträgern schließen. Die kuppelartigen Verbreiterungen des Kopfes erinnern an die entsprechenden Bildungen von *Tetrakentron* und dürften dort wie hier der Papilla cephalica homolog sein. Bei einem Stück von der irischen Küste, das dorsal und lateral feine, durchsichtige Papillen aufwies, war die Basis des Dornes auf dem 3. Beinpaar besonders breit und die Papille auf dem 4. Beinpaar sehr groß und weich.

Marin, auf Pfählen und Steinen zwischen Algen, namentlich Enteromorpha, in der Brandungszone.

Kiel, Hafen, Salzgehalt 17 ‰ (A. Remane-Kiel leg. 1933); Skagerak, Gulmarsfjord, Bohuslän; nördliche Nordsee, Bergen; Westküste Irlands; Nordsee, Helgoland, Scheveningen und sonstige niederländische Küste; Ostende; Mittelmeer, Rovigno, Neapel; Karibisches Meer, Bonaire, in Algen aus Küstentümpeln: durch Verdunstung konzentriertes Meerwasser von 46,9—59,6 ‰ Salzgehalt und 29°—32° C Temperatur (P. Hummelinck-Utrecht leg. 27. XI. 1930, 29. VIII. 1932).

2. Fam. **Scutechiniscidae**

1932 *Echinisci non cuirassés* [part.] + *Echinisci cuirassés*, Cuénot in: Faune France, pars 24 p. 27, 36 | 1934 *Scutechiniscidae*, E. Marcus in: Handw. Naturw., ed. 2 *v.* 9 p. 863.

Cuticula dorsal und dorsolateral gepanzert, das heißt mit transversalen metameren Verstärkungen versehen, die durch unverstärkte oder weniger verstärkte Zwischenpartien in Platten gegliedert sind. Extremitäten stets mit 4 Krallen bei adulten Exemplaren; die inneren Krallen tragen an ihrer Basalseite oft je einen gekrümmten Nebenhaken, die äußeren zuweilen basal je 1—3 gerade Dornen.

Die Familie der gepanzerten Echiniscoidea stellt, wie bei der Erörterung der Plattenverhältnisse der einzelnen Genera und Subgenera gezeigt wird, eine Gruppe des natürlichen, auf stammesgeschichtliche Zusammenhänge begründeten Systems dar.

3 Gattungen, davon eine mit 4 Untergattungen, 68 sichere Arten, von denen 6 im ganzen 8 benannte Formen aufweisen, 37 unsichere Arten.

Bestimmungstabelle der Gattungen:

1	Panzerung nur angedeutet, das heißt die metameren Verstärkungen der dorsalen Cuticula keine deutlich abgegrenzten Platten, namentlich der Kopf und der Rumpf bis zum ersten Beinpaar ungepanzert	1. Gen. **Parechiniscus**
	Panzerung auf der gesamten Dorsalseite einschließlich des Kopfes und der rostralen Rumpfpartie aus deutlich abgegrenzten Platten bestehend — **2**	
2	Caudal von der paarigen dritten Rumpfplatte (Segmentplatte) folgt die Endplatte, oder es folgen 1 oder 2 Schaltplatten (Intersegmentplatten) und auf diese die Endplatte	2. Gen. **Echiniscus**
	Caudal von der paarigen dritten Rumpfplatte (Segmentplatte) folgt eine Schaltplatte (Intersegmentplatte), auf diese die unpaare oder paarige 4. Rumpfplatte (besser Pseudosegmentplatte) und auf diese die Endplatte	3. Gen. **Pseudechiniscus**

1. Gen. **Parechiniscus** Cuénot

1926 *P.*, Cuénot in: CR. Ac. Sci., *v.* 182 p. 745 | 1928 *P.*, E. Marcus in: Tierw. Deutschl., pars 12 p. 41 | 1928 *P.*, G. Thulin in: Hereditas, *v.* 11 p. 212—215 | 1929 *P.*, E. Marcus in: Bronn, Kl. Ordn., *v.* 5 Abt. 4 Buch 3 p. 6—7, 303 | 1932 *P.*, Cuénot in: Faune France, pars 24 p. 35 | 1934 *P.*, E. Marcus in: Handw. Naturw., ed. 2 *v.* 9 p. 863.

Mit den typischen Kopfanhängen der Heterotardigrada Echiniscoidea, also ohne Cirrus medianus, mit Cirri mediales interni und externi und der Papilla cephalica dazwischen, mit Cirrus lateralis (das Haar bei *a* der älteren Literatur) und Clava. Ohne Körperanhänge. Panzerung teilweise nur angedeutet, namentlich rostral die Verstärkungen der Cuticula nur undeutlich in Platten geschieden. Von den 4 Krallen jedes Beines die inneren mit Nebenhaken; die Beine ohne Dornfalte.

Als Grundlage für das Verständnis der Gattungs- und Untergattungs-Systematik der Scutechiniscidae sei das Verhältnis zwischen der Gliederung des Panzers und der Metamerie der Muskelzüge bei *Parechiniscus* erörtert. Es stehen die rostralwärts undeutlich, caudalwärts deutlicher von den dazwischen liegenden Furchen abgesetzten cuticularen Verdickungen von *Parechiniscus* morphologisch zwischen Platten und Falten, wie sie unskulpturierte Tardigraden, etwa Macrobiotiden, aber auch Heterotardigraden, etwa *Echiniscoides,* aufweisen (vgl. S. 33).

Während aber zwischen diesen Falten und der Segmentierung des Tardigradenkörpers keine Beziehungen erkennbar sind, liegen solche zwischen den Platten und den Segmenten offenbar vor. Da embryologisch noch keine Heterotardigraden untersucht sind, und nur die Zahl der Coelomsäcke einen sicheren Schluß auf die Zahl der Metameren des Tardigradenkörpers ermöglicht, ist man bei der Angabe, daß die Heterotardigraden aus 5 Segmenten, wie die Eutardigraden, bestehen, auf die Übereinstimmung beider Ordnungen im Grundplan der ventralen Ganglienkette angewiesen. Zu diesen 5 Segmenten gehören bei den Scutechiniscidae die Kopfplatte, die 1. Rumpf- oder Schulterplatte, die 2. und 3. Rumpf- und die Endplatte. Bei *Parechiniscus* erreicht dieses Plattensystem, soweit es überhaupt der genannten Folge entspricht, dadurch eine beträchtliche Dicke, daß die Falten von hyalinen Cuticularverstärkungen teilweise ausgefüllt sind, wobei dann die subcuticular gelegene Epidermis ungefaltet verläuft. Die zwischen den Falten immerhin erkennbaren Furchen und die Insertionsstellen beziehungsweise Ursprünge der dorsalen Längsmuskeln und der Transversalmuskeln zeigen folgende Beziehungen: Insertionsstellen dieser beiden Gruppen von Muskeln des Körperstammes finden sich an den Grenzen wie in der Mitte der durch Bauchganglien und Extremitäten gekennzeichneten Körpersegmente, aber

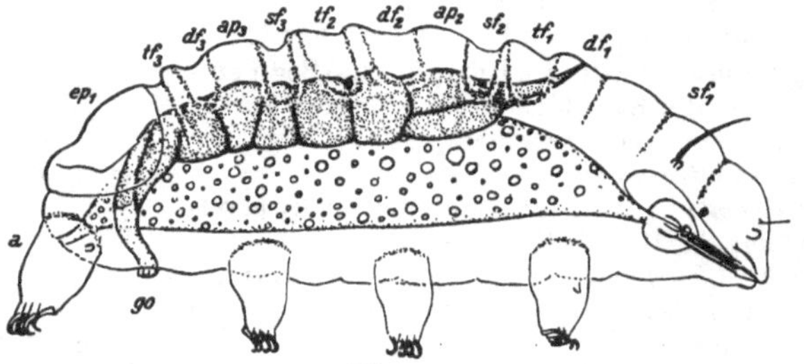

Fig. 43.
Parechiniscus chitonides Cuénot, lateral; Beschriftung vgl. Text. *a* Anus; *go* Gonoporus.

intrasegmental inserieren Dorsal- und Transversalmuskeln in der gleichen Transversalebene, intersegmental inserieren die Dorsalmuskeln rostral von den transversalen. Entsprechend dieser Muskelanordnung sind bei dem Plattensystem von *Parechiniscus* zwischen Beinpaar 1 und 2 und zwischen 2 und 3 je 3 Furchen vorhanden, nämlich 2 intersegmentale Furchen, die nach den dort inserierenden Muskeln als Dorsalintersegment — (Fig. 43, *df*) und Transversalintersegmentfurche (ibid. *tf*) bezeichnet werden und eine intrasegmentale Furche, die Segmentfurche (*sf*). Die dorsale Körperbedeckung von *Parechiniscus* kann im rostralen Teil nicht als Panzer bezeichnet werden. Es sind hier 2 schwache Furchen vorhanden, eine in der Mitte des Kopfes, wo die dorsalen Längsmuskeln enden, und eine weitere (Fig. 43 sf_1) in der Mitte des ersten Rumpfsegmentes. An der durch die hinteren Kopfanhänge markierten Grenze zwischen Kopf und Rumpf, wo Transversalmuskeln fehlen, und die Dorsalmuskulatur keine Insertionsstellen aufweist, ist keine Querfurche vorhanden. Caudal vom 1. Beinpaar wird die dorsale Körperbedeckung panzerartig. Zunächst finden sich hier die Furchen df_1, tf_1 und sf_2 an die sich eine unpaare Platte anschließt, deren Seitenkanten in der Profilansicht als schwach markierte Linien erkennbar sind. Diese auf ein Halbsegment, einen „Annulus" beschränkte Platte ist als Annularplatte (Fig. 43 ap_2) bezeichnet worden. Caudalwärts folgen wieder 2 Intersegmentfurchen (df_2, tf_2) und eine Segmentfurche (sf_3), sowie die Annularplatte des 3. Körpersegmentes (ap_3). Die nächsten Furchen (df_3, tf_3) sind wieder Intersegmentfurchen. Eine Segmentfurche fehlt im 4. Körpersegment, seine Platte ist die deutlich abgesetzte, lateral und caudal mit einem Randwulst versehene Endplatte (ep_1), deren Profil eine Knickung zeigt. Da in dieser Endplatte im Gegensatz zu *Echiniscus* (von *Bryochoerus* abgesehen) keine weiteren Plattenelemente enthalten sind (sekundäre Endplatte) und im Gegensatz zu *Pseudechiniscus* nichts von der Endplatte abgespalten ist (tertiäre Endplatte), wird diese Endplatte bei *Parechiniscus* (und bei *Bryochoerus*)

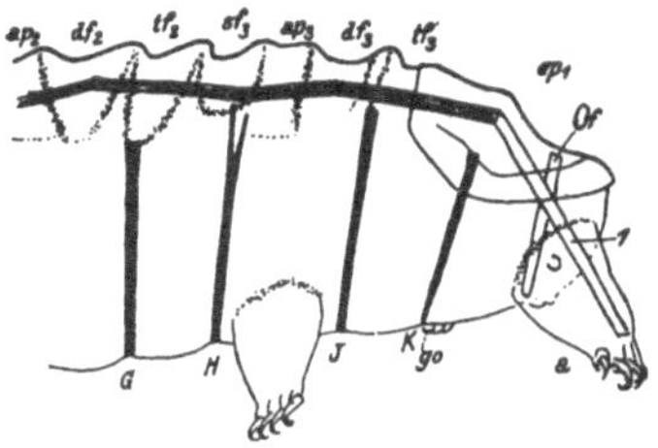

Fig. 44.
Hinterende von **Parechiniscus chitonides** Cuénot, lateral; Beschriftung vgl. Text, *a*, *go*, vgl. Fig. 43; *G—K* und *Of* Transversalmuskeln, *1* ein Extremitätenmuskel, dorsaler Längsmuskel gestrichelt.

als primäre Endplatte bezeichnet. An der Endplatte liegen die intrasegmentalen Muskelinsertionen des 4. Körpersegmentes. Die dorsale Längsmuskulatur endet in der Mitte des 4. Segmentes. Vielleicht als intersegmentale Transversalmuskeln aufzufassen sind die von der Endplatte entspringenden Muskeln *Of*, die beiderseits vom Anus (Fig. 44, *a*) an der ventralen Leibeswand inserieren. Der caudal von diesen Muskeln gelegene Abschnitt muß trotz deren Lage so lange zum 4. Rumpfsegment, dem 5. des gesamten Körpers, gerechnet werden, wie embryologische Anhaltspunkte für die Annahme eines rudimentären 5. Rumpfsegmentes fehlen.

1 sichere Art.

1. **P. chitonides** Cuénot 1926 *P. c.*, Cuénot in: CR. Ac. Sci., *v.* 182 p. 744—745 f. 1 | 1928 *P. c.*, G. Rahm in: Tierw. Mitteleur., *v.* 3 p. II 4 f. 4 | 1928 *P. c.*, E. Marcus in: Tierw. Deutschl., pars 12 p. 41—42 f. 45 | 1928 *P. c.*, G. Thulin in: Hereditas, *v.* 11 p. 212—215 f. 3, 4, 10 | 1929 *P. c.*, E. Marcus in: Bronn, Kl. Ordn., *v.* 5 Abt. 4 Buch 3 p. 6—7, 303—304 f. 3, 4, 139, 385 | 1932 *P. c.*, Cuénot in: Faune France, pars 24 p. 35—36 f. 17—18 | 1933 *P. c.*, E. Bartoš in: Příroda Ostrava, *v.* 26 nr. 7 p. 4 f. 3 | 1934 *P. c.*, E. Bartoš in: Časopis České Spol. ent., *v.* 31 p. 50.

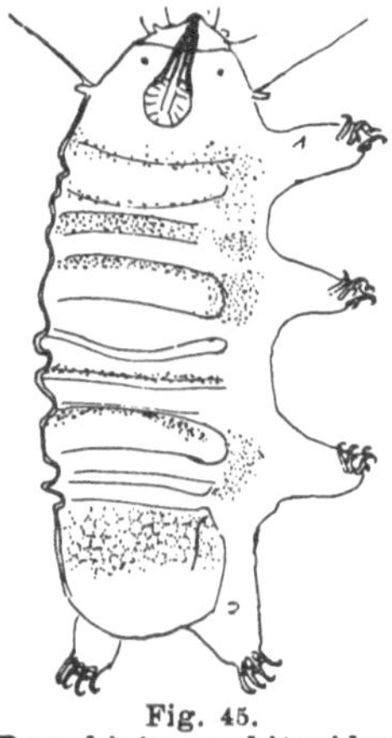

Fig. 45.
Parechiniscus chitonides Cuénot.

Farblos oder etwas grau, ziemlich hyalin, Verdauungstractus oft gelblich, das Ovar bräunlich, Augenpigment vorhanden. Dorsale Cuticula stark verdickt, in der Seitenansicht kammartig aussehend, die einzelnen Zinken des Kammes verlaufen eben oder gerundet. In der Aufsicht entsprechen diese Partien ziemlich unscharf begrenzten Platten mit Furchen dazwischen, für deren Anordnung und Bau auf die Gattungserörterung verwiesen sei. Die Abgrenzungen der Platten sind caudalwärts deutlicher als rostralwärts. Die Endplatte ist caudal gerundet, ohne terminalen Mediandorn. Cuticula auf der Endplatte grob skulpturiert, im übrigen sehr fein punktiert, was auf der großen Schulterplatte gut zu sehen ist und auch lateral über den Ansatzstellen der Beine hervortritt. Stilette mit Stilettträgern, Schlundkopf kurzoval, nur wenig länger als breit. Ohne Cirrus medianus, mit Cirri mediales interni und externi und jederseits einer Papilla cephalica zwischen beiden. Der Cirrus lateralis lang, fadenförmig; die Clava eine kurze, ohrartige Papille. Auf dem 1. Beinpaar jederseits dorsal eine kleine Dornspitze und an der Ansatzstelle des 4. eine Papille. Dornfalte fehlt. Jedes Bein mit 4 Krallen, die inneren mit kräftig gekrümmten Nebenhaken. Jungtiere zweikrallig. Körperlänge bis zu 200 μ, ausschließlich des 4. Beinpaares.

Gelege mit 2 ovalen, im großen Durchmesser 50 μ langen Eiern; zweikrallige Jugendstadien von 102 μ Länge. Tiere von 140 μ Länge sind ausgewachsen und haben 4 Krallen. Haare bei *e* kommen der Art nicht zu, sondern es dürften lediglich die Umrisse des linken 4. Beines in der Originalabbildung für derartige Anhänge gehalten worden sein (G. Rahm in: Tierw. Mitteleur., *v.* 3 p. II 4, 1928).

Im Moos und Flechten (Collemaceen)[1]).

Mittelgebirge des östlichen (Umgebung von Nancy, Barrois, Plateau de Langres) und südöstlichen (Ardèche, Ventoux) Frankreich, bis 1000 m; Voralpen, Kt. Freiburg [dieser letzte Fundort durch die Angabe von „Fäden bei e" (s. o.) für *Parechiniscus chitonides* sehr fraglich]; Tschechoslowakei, 1680 m.

2. Gen. **Echiniscus** (S. Schultze) G. Thulin emend.

1840 *E.*, C. A. S. Schultze, Echiniscus Bellermanni, p. 5 | 1840 *Emydium*, Doyère in: Ann. Sci. nat., ser. 2 *v.* 14 p. 276, 279 | 1841 *E.*, Dujardin, Zooph., p. 662—663 t. 22 f. 8 A, 8 B [Specieszugehörigkeit nicht erkennbar] | 1842 *Echiniscus*, Doyère in: Ann. Sci. nat., ser. 2 *v.* 18 p. 34, 35 | 1888 *E.* [part.], Plate in: Zool. Jahrb., Anat. *v.* 3 p. 529 | 1907 *E.* [part.], John Murray in: J. Quekett Club, ser. 2 *v.* 10 p. 65—66 | 1909 *E.* (= *Eurydium*) [err. pro *Emydium*], Shipley in: Cambridge nat. Hist., *v.* 4 p. 485 | 1910 *E.* [part.], John Murray in: Brit. antarct. Exp., *v.* 1 p. 84 | 1911 *E.*, G. Thulin in: Ark. Zool., *v.* 7 nr. 16 p. 2 | 1913 *E.* [part.], F. Richters in: Handw. Naturw., *v.* 9 p. 1017 | 1925 *E.*, G. Rahm in: Brohmer, Fauna Deutschl., ed. 3 p. 432, 433 | 1926 *E.*, F. Richters in: Kükenthal & Krumbach, Handb. Zool., *v.* 3 p. 60 | 1927 *E.*, Loman in: Ann. Sci. nat., ser. 10 *v.* 10 p. 155 | 1927 *Emydium*, Loman, ibid., ser. 10 *v.* 10 p. 156 | 1928 *Echiniscus*, E. Marcus in: Zool. Jahrb., Physiol. *v.* 45 p. 121—125 | 1928 *E.*, G. Rahm in: Tierw. Mitteleur., *v.* 3 p. II 11 | 1928 *E.*, E. Marcus in: Tierw. Deutschl., pars 12 p. 42—43 f. 3 | 1928 *E.*, G. Thulin in: Hereditas, *v.* 11 p. 215—224 | 1929 *E.*, E. Marcus in: Bronn, Kl. Ordn., *v.* 5 Abt. 4 Buch 3 p. 304—305 | 1932 *E.*, Cuénot in: Faune France, pars 24 p. 40 | 1934 *E.*, E. Marcus in: Handw. Naturw., ed. 2 *v.* 9 p. 863.

Körper dorsal von einer verstärkten Cuticula, dem sogenannten Panzer, bedeckt, der sich maximal zusammensetzt aus: Kopfplatte, Schulter- oder 1. Rumpfplatte (1. Segmentplatte), 1. Schaltplatte (1. Intersegmentplatte), 2. Rumpfplatte (paarig), 2. Schaltplatte, 3. Rumpfplatte (paarig), 3. Schaltplatte und Endplatte. 4 Krallen an jedem Bein, die inneren meist mit Nebenhaken (Fig. 46, *n*).

Die Kopfplatte (Fig. 46, *K*) bedeckt den größten Teil des Koptes; die Schulterplatte *(SI)* ist fast immer ungeteilt; die 1. Schaltplatte *(1)* ist meist einfach und kann von der 1. *(SI)* bis zur 2. *(II)* Rumpfplatte reichen, oft aber grenzt sie nur an die 2. Rumpfplatte, und zwischen dem Caudalrand der 1. Rumpfplatte und dem Rostralrand der 1. Schaltplatte erstreckt sich eine verbindende Haut. Die 2. paarige Rumpfplatte *(II)* besitzt bei mehreren

[1]) Wo im Folgenden über den Biotop der betreffenden Species nichts angegeben wird, handelt es sich um Arten aus Moos-, Flechten- oder anderen Pflanzenrasen, jedenfalls um Formen, die weder als besonders hygrophil noch als an besondere Umweltsbedingungen gebunden bekannt sind.

Arten eine Querfurche, das heißt sie hat dann rostral von ihrer Mitte ein weicheres Querband, das tief eingebuchtet sein kann, und dessen Skulptur meist feiner als die der Platte ist. Bei einer Biegung des Tieres nach oben nähern sich die rostral und caudal von der Querfurche gelegenen Teile der 2. Rumpfplatte einander. Dabei wird der innere Rand jeder Vorderrandfalte über den äußeren vorgeschoben, so daß die stark abschüssigen Seitenpartien kaum an der Biegung teilnehmen. Da auch die 3. Rumpfplatte *(III)* paarig und mit Querfurche und Vorderrandfalten versehen ist, wird der ganze, oft

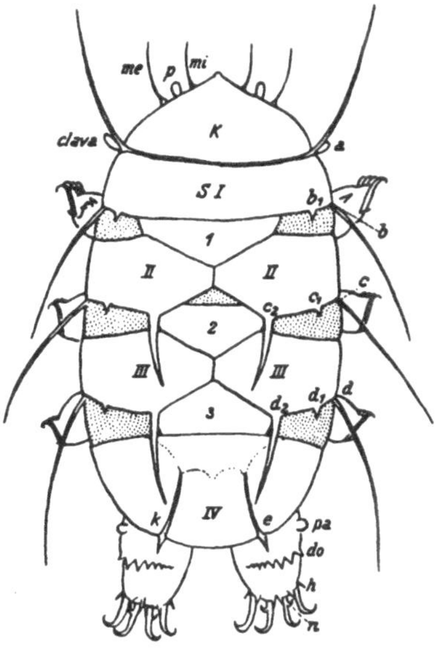

Fig. 46.
Platten und Anhänge von **Echiniscus**, Beschriftung vgl. Text.

sehr feste Panzer beweglich. Die 2. Schaltplatte *(2)* ähnelt der 1., die 3. Rumpfplatte der 2. Die 3. Schaltplatte *(3)* fehlt oft oder ist undeutlich oder nur durch eine Granulation der verbindenden Haut zwischen 3. Rumpf- und Endplatte *(IV)* angedeutet. Die Endplatte hat caudal jederseits fast bei allen Species eine schräg verlaufende Kerbe, die Kleeblattkerbe *(k)*. Manchmal ist die Endplatte facettiert, das heißt, ihre äußeren Partien sind scharf basalwärts gebogen, wobei die Grenzen der abgebogenen lateralen und caudalen gegen die medianen Partien als eine meist mit 3 Winkeln verlaufende Kante hervortreten. Die Mundöffnung ist klein, die Mundhöhle besitzt jederseits laterocaudal eine Erweiterung, hinter der die Stilettscheiden münden; das sind kurze Röhren, durch welche die Stilette in die Mundhöhle eingeführt werden. Die Mundröhre ist gerade und im allgemeinen sehr schmal. Die Stilette sind gerade und sehr dünn; ihre verdickte und in 2 Äste gespaltene Basis reicht meist bis zu den Seiten des oft, wenn auch nicht immer relativ großen Schlundkopfes, seltener sitzt sie auf Stilettträgern[1]).

[1]) Stilettträger sind bei den Echiniscen schwer festzustellen, weil sie von der basalen Stilettgabelung, der Stilettfurca, schräg rostralwärts zur Mundröhre verlaufen (vgl. Diagnose von *E. arctomys* Ehrbg., S. 53). Die Stilettfurca liegt dem Schlundkopf fast an. Bei den Eutardigraden erkennt man die Stilettträger leicht, weil sie dextrosinistral verlaufen und die Stilette von der Mundröhre abspreizen.

An Kopfanhängen sind Cirri mediales interni *(mi)* und externi *(me)*, Papilla cephalica *(p)*, Cirrus lateralis (das Haar bei *a* der Systematiker), der bei manchen Individuen bis auf kurze Stummel abgestoßen sein kann, und Clava (Fig. 46) vorhanden. Die Bezeichnungsweise für bestimmte, durch das Vorkommen cuticularer lateral und dorsal auftretender Anhänge (Haare, Dornen und Zapfen) ausgezeichnete Ecken der oben genannten Platten ist aus Fig. 46 ersichtlich; die Position von jederseits 3 dorsalen Dornen zwischen dem Hinterrand der Schulterplatte und dem Vorderrand der 1. Schaltplatte bei *Echiniscus africanus* John Murr. (Fig. 91) bildet eine Ausnahme; nur bei *Echiniscus militaris* John Murr. kommt etwas Ähnliches vor. Die Abhängigkeit der lateralen und dorsalen Anhänge vom Alter und ihre individuelle Variabilität in dem Material eines Fundortes beweist die nachstehende, auf 12 Stücke des *Echiniscus merokensis* Richters forma *suecica* Thulin bezügliche Tabelle:

Fundort	Individuum Nr.	Körperlänge	Laterale Anhänge					Dorsale Anhänge		Krallenzahl[1]
			a	b	c	d	e	c	d	
Aus derselben Moosprobe bei Lund (Südschweden)	I	80 μ	22 μ	—	—	—	38 μ	—	—	2
	II	103 μ	18 μ	—	l. 11 μ r. —	—	25 μ	—	—	2
	III	130 μ	l. 18 μ r. 23 μ	—	32 μ	13 μ	34 μ	16 μ	3 μ	4
	IV	134 μ	23 μ	—	26 μ	11 μ	l. 39 μ r. 32 μ	13 μ	3 μ	4
	V	140 μ	30 μ	l. 35 μ r. —	50 μ	25 μ	59 μ	23 μ	2 μ	4
	VI	175 μ	27 μ	—	l. 43 μ r. 25 μ	l. 14 μ r. 21 μ	l. 62 μ r. 75 μ	l. 23 μ r. 18 μ	6 μ	4
	VII	176 μ	30 μ	l. — r. 25 μ	l. 43 μ r. 58 μ	l. 16 μ r. 19 μ	l. 64 μ r. 43 μ	l. 19 μ r. 27 μ	4 μ	4
	VIII	184 μ	41 μ	l. 55 μ r. 46 μ	62 μ	l. 27 μ r. 34 μ	l. 91 μ r. 68 μ	l. 27 μ r. 6 μ	6 μ	4
	IX	207 μ	l. 30 μ r. 34 μ	73 μ	l. 96 μ r. 36 μ	59 μ	96 μ	46 μ	3 μ	4
	X	219 μ	41 μ	80 μ	84 μ	35 μ	114 μ	50 μ	3 μ	4
	XI	245 μ	46 μ	91 μ	125 μ	84 μ	128 μ	62 μ	6 μ	4
Lappland	XII	175 μ	34 μ	l. — r. 57 μ	78 μ	43 μ	l. 91 μ r. 137 μ	48 μ	5 μ	4

Diese Tabelle mahnt zur Vorsicht bei Aufstellung neuer Species in den Gattungen *Echiniscus* und *Pseudechiniscus* allein nach den Körperanhängen, und auch J. Murray sagt: „So billige Arten, wie ein übereifriger Entdecker sie aus den Tausenden von *Echiniscus*-Formen fabrizieren kann, werfen nicht das geringste Licht

[1]) Junge Echiniscen und Pseudechiniscen haben 2, etwas ältere und erwachsene 4 Krallen.

auf biologische Probleme." Diese lateralen und dorsalen Anhänge sind nach den bisherigen Befunden als nicht innerviert, also lediglich als Haftanhänge zu bezeichnen.

Oft steht ein Dorn auf der Basis des 1. (Fig. 46) und eine zapfenartige Papille auf der Basis des 4. Beinpaares *(pa)*. Die Einfaltungsstelle am 4. Beinpaar, an der die mittlere Partie teilweise in die proximale eingefaltet werden kann, ist bei vielen Arten durch eine Dornfalte *(do)* gekennzeichnet. Die beiden Krallen des Jugendstadiums tragen im allgemeinen an ihrer Unterseite je einen basalwärts gerichteten Nebenhaken *(n)*. Sie entsprechen also den meist mit Nebenhaken versehenen Innenkrallen der erwachsenen Tiere, die außerdem jederseits von den inneren Krallen eine glatte Kralle, das heißt eine solche ohne Nebenhaken, besitzen. Seltener tragen die äußeren Krallen basal einen geraden, gegen die Krallenspitze gerichteten Dorn *(h)*, der oft erst bei den letzten Häutungen, also bei vollerwachsenen Tieren, auftritt.

Die kugeligen oder ovalen Eier werden, soweit bekannt, stets zu Gelegen von maximal acht vereinigt, in die gehäutete Cuticula abgelegt. Form und Größe der Eier sind bei den verschiedenen Individuen derselben Species nicht konstant. Die Eier selbst kommen daher, im Gegensatz zu den Eiern der meisten Macrobioten und einiger Hypsibien, für die Artbestimmung nicht in Betracht.

Typus der Gattung *Echiniscus* ist *E. testudo* (Doy.). 4 Untergattungen, 58 sichere Arten, von denen 5 im ganzen 7 benannte Formen aufweisen, 34 unsichere Arten.

Bestimmungstabelle der Untergattungen:

1	Im 1. und 2. Intersegment die Schaltplatten deutlich in Dorsal- und Transversalintersegmentplatten geschieden, so daß im ganzen mindestens 5 Intersegmentplatten ausgebildet sind — **2**	
	Im 1. und 2. Intersegment die Schaltplatten nicht in Dorsal- und Transversalintersegmentplatten geschieden, so daß im ganzen höchstens 3 Intersegmentplatten ausgebildet sind	4. Subgen. **Echiniscus**
2	Im 3. Intersegment die Schaltplatte in Dorsal- und Transversalintersegmentplatte geschieden, so daß im ganzen 6 Intersegmentplatten ausgebildet sind	1. Subgen. **Bryochoerus**
	Im 3. Intersegment die Schaltplatte nur aus einem Plattenelement, der Dorsalintersegmentplatte bestehend, so daß im ganzen 5 Intersegmentplatten ausgebildet sind — **3**	
3	Kleeblattkerben fehlen	2. Subgen. **Bryodelphax**
	Kleeblattkerben vorhanden	3. Subgen. **Hypechiniscus**

1. Subgen. **Bryochoerus** nov.

Echiniscen mit einem Plattenpanzer, der 6 freie Schaltplatten enthält; Endplatte ohne Kleeblattkerben.

Untersuchung neuen Materials des *Echiniscus intermedius* John Murr. (sensu Thulin) ergibt, daß bei dieser Art die 3. Schaltplatte, ebenso wie die 1. und 2., in Dorsal- und Transversalintersegmentplatte geteilt ist. Also enthält die Endplatte des *E. intermedius* (sensu Thulin), als einzige Art des Genus *Echiniscus,* keinerlei weitere Plattenelemente. Sie ist daher wie die Endplatte bei *Parechiniscus* als primäre Endplatte zu bezeichnen (vgl. S. 37). So erscheint die von G. Thulin (Hereditas, *v.* 11 p. 220, 1928) und im Anschluß daran von mir (Bronn, Kl. Ordn., *v.* 5 Abt. 4 Buch 3

p. 555, 1929) erwogene generische oder subgenerische Abtrennung des *E. intermedius* (sensu Thulin) geboten.

Bei allen von John Murray (Brit. antarct. Exp., *v.* 1 p. 129, 151, 161, 1910) als *Echiniscus intermedius* bezeichneten Species, also den heutigen Untergattungen *Bryochoerus* und *Bryodelphax*, erinnert die Zusammensetzung des Panzers in entfernter Weise an *Parechiniscus*. Am Kopf, vor den Insertionsstellen der dorsalen Längsmuskeln, ist die Cuticula zu einer Kopfplatte (Fig. 47, *kp*) verstärkt. Das 1. Rumpfsegment wird von der Schulter- oder

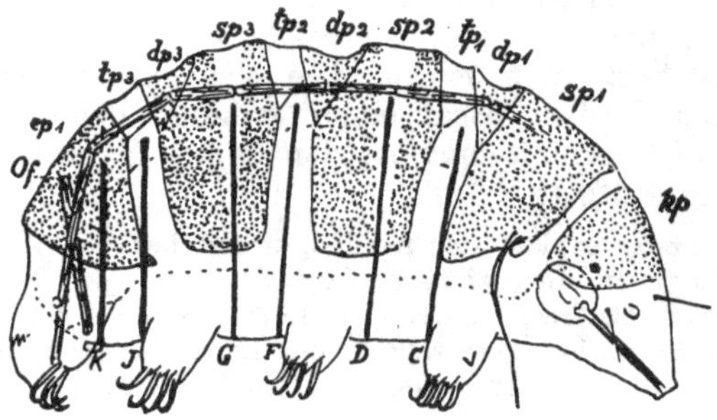

Fig. 47.
Echiniscus (Bryochoerus) intermedius (John Murr.) f. **laevis** E. Marcus, lateral; Beschriftung vgl. Text und Fig. 44 (S. 37).

1. Rumpf- oder 1. Segmentplatte (sp_1) bedeckt; eine Segmentfurche ist nicht vorhanden. In dem durch das 2. und 3. Beinpaar gekennzeichneten 2. und 3. Rumpfsegment finden sich die paarigen 2. und 3. Rumpfplatten (die 2. und 3. Segmentplatten, Fig. 47, sp_2, sp_3). Diese Segmentplatten bedecken den bei *Parechiniscus* von den Annularplatten (Fig. 43, *ap*) und den zugehörigen Segmentfurchen (Fig. 43, *sf*) eingenommenen Raum, reichen aber weiter lateralwärts an den Körperseiten hinunter als die Annularplatten. Die Intersegmentfurchen werden von Schalt- oder Intersegmentplatten bedeckt, und zwar sind hinter dem 1. wie dem 2. Beinpaar sowohl Dorsalintersegment- (Fig. 47, *dp*) wie Transversalintersegmentplatten (*tp*) ausgebildet; diese letzten erreichen die Insertionsstellen der Transversalmuskeln nicht. Für das 3. Intersegment sind die beim Subgen. *Bryochoerus* vorliegenden Verhältnisse oben beschrieben worden; für *Bryodelphax* werden sie in der Erörterung zur Diagnose dieser Untergattung behandelt.

1 sichere Art mit 2 benannten Formen.

Bestimmungstabelle der Art und ihrer Formen:

1 { Endplatte unfacettiert — 2
Endplatte facettiert . . . . 1 b. **E. (B.) intermedius f. hawaiica**

2 { 1. und 2. Transversalintersegmentplatte skulpturiert, 3. Transversalintersegmentplatte glatt, unskulpturiert . . 1. **E. (B.) intermedius**
1., 2. und 3. Transversalintersegmentplatte glatt, unskulpturiert . . . . . 1 a. **E. (B.) intermedius f. laevis**

1. **E. (B.) intermedius** (John Murr.) 1910 *Echiniscus i.*, John Murray in: Brit. antarct. Exp., *v.* 1 p. 129—131 t. 16 f. 17 | non 1911 *E. i.*, G. Thulin in: Ark. Zool., *v.* 7 nr. 16 p. 4 f. 1 | 1928 *E. i.* [part.], E. Marcus in: Tierw. Deutschl., pars 12 p. 46 [nec f. 47] | 1928 *Bryodelphax i.*, G. Thulin in: Hereditas, *v.* 11 p. 221 | 1929 *Echiniscus (Bryodelphax) i.*, E. Marcus in: Bronn, Kl. Ordn., *v.* 5 Abt. 4 Buch 3 p. 308 bis 309 f. 142.

Klein; hyalin oder grau, Augenpigment rot. Skulptur der Platten aus sehr weitläufigen, flachen Gruben (jede etwa 5—6 μ breit) bestehend, deren Ränder eine regelmäßige netz- oder wabenförmige Zeichnung ergeben. Diese Zeichnung einheitlich, also keine schwächer skulpturierten oder skulpturfreien Transversalbänder auf den paarigen Rumpfplatten. Die 3 Schaltplatten in Dorsal- und Transversalintersegmentplatte geschieden, die 3. Transversalintersegmentplatte glatt, unskulpturiert und mehr durch die Skulptur als durch die Plattengrenze von der Endplatte geschieden. Kleeblattkerben fehlen; Facettierung bei den beiden untersuchten Stücken nicht vorhanden oder nicht erkennbar. Über Stiletttträger nichts angegeben, wahrscheinlich sind sie vorhanden. Kopfcirren mit breiten, kegelförmigen Sockeln. Cirrus lateralis (das Haar bei *a*) ziemlich lang, 40 μ bei 150 μ langen Individuen. Keine weiteren Anhänge, nur an der Basis des 4. Beinpaares ein stumpfer Zapfen. Dornfalte fehlt; Innenkrallen ohne Nebenhaken. Körperlänge 150 μ, ausschließlich des Kopfes und des 4. Beinpaares.

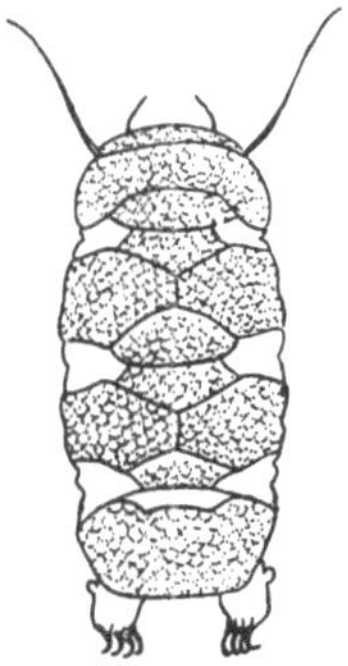

Fig. 48. **Echiniscus (Bryochoerus) intermedius** (John Murr.).

Gelege und Jungtiere nicht bekannt.

Die von „Bolivia" (John Murray, Not. nat. Hist. Bolivia Peru, p. 28, 1913) gemeldeten *Echiniscus intermedius* sind bezüglich ihrer Zugehörigkeit zu *Bryochoerus intermedius* oder *Bryodelphax parvulus* nicht sicher zu beurteilen (vgl. E. Marcus in: Bronn, Kl. Ordn., *v.* 5 Abt. 4 Buch 3 p. 308, 1929); das Material aus „Frankreich" (G. Rahm in: Tierw. Mitteleur., *v.* 3 p. II 17, 1928) gehört zu *E. (Bryodelphax) parvulus* (Thulin).

Australien, Queensland.

1a. **E. (B.) intermedius** (John Murr.) forma **laevis** nova.

Diese Form unterscheidet sich von der typischen Form des *E. (B.) intermedius* (John Murr.): 1. durch glatte, skulpturfreie Transversalbänder auf den 2. und 3. Rumpfplatten; 2. durch glatte, skulpturfreie 1. und 2. Transversalintersegmentplatte und 3. durch glatte, skulpturfreie caudale Bezirke der 2. und 3. Dorsalintersegmentplatten. Weniger bedeutsam erscheinen die weiteren Unterschiede: eine als regelmäßige, feine Punktierung ausgebildete Skulptur und der Besitz einer zarten Dornfalte mit 5 spitzen, basal dicht aneinanderstoßenden Zähnen. Gerade auf dieses letzte Merkmal ist deshalb wenig Wert zu legen, weil *E. (Bryodelphax) parvulus* (Thulin) ursprünglich ohne Dornfalte beschrieben worden ist, während für oberbayerisches und indomalayisches Material eine solche festgestellt wurde (E. Marcus in: Tierw. Deutschl., pars 12 p. 47, 1928). Stiletttträger sind bei der forma *laevis* vorhanden.

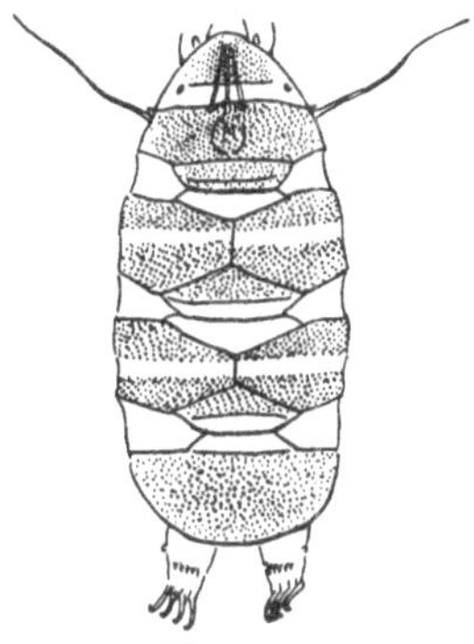

Fig. 49. **Echiniscus (Bryochoerus) intermedius** (John Murr.) f. **laevis** E. Marcus.

Thüringen, Wartburg.

1b. **E. (B.) intermedius** (John Murr.) forma **hawaiica** Thulin 1910 *Echiniscus intermedius*, John Murray in: Brit. antarct. Exp., *v.* 1 p. 151 t. 19 f. 36c, 36d | non 1911 *E. i.*, G. Thulin in: Ark. Zool., *v.* 7 nr. 16 p. 4 f. 1 | 1928 *E. i.* [part.], E. Marcus in: Tierw. Deutschl., pars 12 p. 46 [nec f. 47] | 1928 *Bryodelphax intermedius* var. *hawaiicus*, G. Thulin in: Hereditas, *v.* 11 p. 221 | 1929 *Echiniscus (Bryo-*

delphax) i. forma *hawaiicus*, E. Marcus in: Bronn, Kl. Ordn., *v.* 5 Abt. 4 Buch 3 p. 309—310 f. 143.

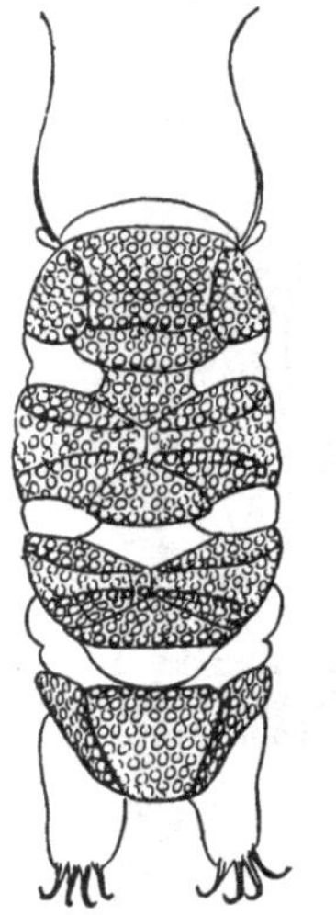

Fig. 50. **Echiniscus (Bryochoerus) intermedius** (John Murr.) f. **hawaiica** Thulin.

Klein bis mittelgroß. Über Farbe des Körpers und Augenpigment keine Angaben. Skulptur der Platten aus Gruben bestehend, die flach sind und mit ihren aneinanderstoßenden Rändern eine waben- oder netzförmige Zeichnung bilden, deren einzelne Elemente reguläre Sechsecke sind. Wie weit diese Skulptur in die Transversalfurchen der 2. und 3. Rumpfplatte hineingeht, ist nicht festgestellt. Von den 6 Schaltplatten sind die 1. Dorsalintersegment- und die 1. Transversalintersegmentplatte skulpturiert (wie bei der typischen Form), von der 2. und 3. Intersegmentplatte jeweils nur die Dorsalintersegmentplatte (wie bei der forma *laevis*); die 3. Transversalintersegmentplatte ist nur durch eine zarte Linie von der Endplatte getrennt. Kleeblattkerben fehlen, Facettierung der Endplatte deutlich (anders als bei der typischen und der forma *laevis*). Cirrus lateralis relativ lang (Maße nicht angegeben, nach der Abbildung etwa 70 μ bei 200 μ langen Individuen). Nebenhaken und Dornfalte, wie auch die Papille an der Basis des 4. Beinpaares fehlen offenbar. Länge etwa 190—220 μ.

Ein 190 μ langes Stück mit 2 Eiern von etwa 40 μ Durchmesser; ein 210 μ langes Tier mit einem Ei, 50×32 μ.

Sandwich-Inseln, Oahu.

2. Subgen. **Bryodelphax** Thulin

1928 *B.*, G. Thulin in: Hereditas, *v.* 11 p. 220—221 | 1929 *B.*, E. Marcus in: Bronn, Kl. Ordn., *v.* 5 Abt. 4 Buch 3 p. 305—306 | 1932 *B.*, Cuénot in: Faune France, pars 24 p. 36.

Echiniscen mit einem Plattenpanzer, der 5 freie Schaltplatten enthält; Endplatte ohne Kleeblattkerben.

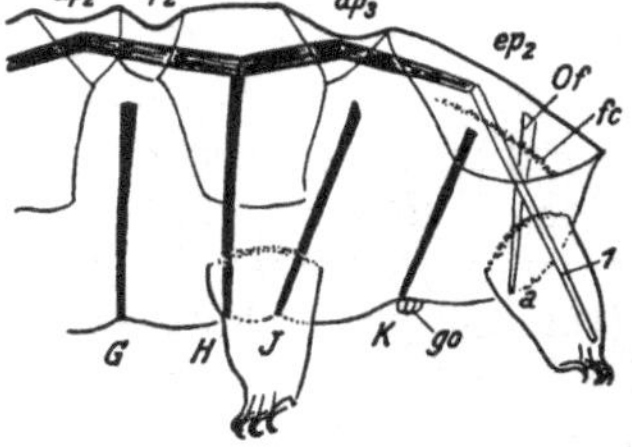

Fig. 51.
Hinterende von **Echiniscus (Bryodelphax) parvulus** (Thulin), lateral, *fc* Facette; Beschriftung vgl. Text der Erörterung von **Bryochoerus** (vgl. S. 42) und **Bryodelphax** sowie die Figurenerklärung 44.

Bis auf das 3. Intersegment sind die Plattenverhältnisse bei *Bryodelphax* die gleichen wie bei *Bryochoerus* und in der Erörterung dieser letzten Untergattung beschrieben worden (vgl. S. 42). Im 3. Intersegment fehlt bei *Bryodelphax* die Transversalintersegmentplatte, und die eine vorhandene Intersegmentplatte ist die Dorsalintersegmentplatte (Fig. 51, dp_3). Das erhellt aus einem Vergleich der Figuren 47 und 51, namentlich aus der Lage der intersegmentalen Transversalmuskeln *(J)*. Danach ist anzunehmen, daß die Transversalintersegmentplatte mit der Endplatte verschmolzen ist. Eine solche die 3. Transversalintersegmentplatte enthaltende Endplatte, wie sie bei *Bryodelphax, Hypechiniscus* und *Echiniscus (E.)* ausgebildet ist, wird als sekundäre Endplatte (Fig. 51, ep_2) bezeichnet.

1 sichere Art.

2. **E. (B.) parvulus** (Thulin) 1910 *E. intermedius* („american variety"), John Murray in: Brit. antarct. Exp., *v.* 1 p. 161 t. 20 f. 52 | 1911 *E. i.*, G. Thulin in: Ark. Zool., *v.* 7 nr. 16 p. 4 f. 1 | 1911 *E. i.*, John Murray in: P. Irish Ac., *v.* 31 nr. 37 p. 2 t. 1 f. 4a—4b | 1928 *E. i.* [part.], E. Marcus in: Tierw. Deutschl., pars 12 p. 46 f. 47 | 1928 *Bryodelphax parvulus*, G. Thulin in: Hereditas, *v.* 11 p. 221 f. 5, 11 | 1929 *Echiniscus (Bryodelphax) p.*, E. Marcus in: Bronn, Kl. Ordn., *v.* 5 Abt. 4 Buch 3 p. 306—308 f. 140, 141, 386 | 1930 *E. (B.) p.*, E. Marcus in: Zool. Jahrb., Syst. *v.* 59 p. 364 | 1932 *B. p.*, Cuénot in: Faune France, pars 24 p. 37 f. 19 | 1933 *B. p.*, E. Bartoš in: Příroda Ostrava, *v.* 26 nr. 7 p. 3 f. 2 | 1934 *B. p.*, E. Bartoš in: Časopis České Spol. ent., *v.* 31 p. 50.

Fig. 52. Kopf von **Echiniscus (Bryodelphax) parvulus** (Thulin).

Klein; Vorderteil des Kopfes für einen *Echiniscus* auffallend gerundet. Hyalin bis grau, nur die Augen ziegelrot; einige Stücke von Sumatra rot. Skulptur eine feine, dichte Granulation, die bald aus einförmig feinen Körnchen besteht (Fig. 53 *A, B*), bald größere, grubenartige, mehr oberflächlich gelegene Skulpturen in unregelmäßiger Anordnung zwischen kleinen, hellen[1]),

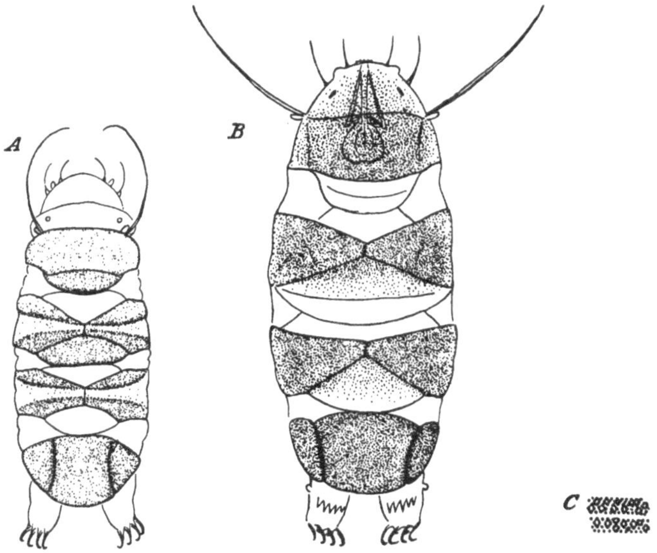

Fig. 53.
Echiniscus (Bryodelphax) parvulus (Thulin). A mit Bändern auf den paarigen Rumpfplatten; B ungebändert; C uneinheitliche Plattenskulptur.

[1]) Bei der Skulptur nahezu aller Angehöriger der Genera *Echiniscus* und *Pseudechiniscus*, namentlich bei denen, deren Punkte als hell oder helleuchtend („pellucid dots" John Murr.) beschrieben werden, handelt es sich um Erhebungen oder Grübchen, also um positive oder negative Skulpturierungen. Diese Stellen wirken bei der ersten Annäherung des Objektivs stärker lichtbrechend als die umgebenden Partien, also hell auf dunklem Grunde, bei tieferer Tubuseinstellung erscheinen sie vertieft und dunkel auf hellem Grunde.

mehr in der Tiefe liegenden erkennen läßt (Fig. 53 *C*). Manchmal besitzen die paarigen Rumpfplatten schwächer skulpturierte und dadurch heller aussehende Transversalbänder (Fig. 53 *A*). Von den 3 Schaltplatten sind die 1. und 2. transversal zweigeteilt, so daß sich im ganzen 5 einzelne Schaltplatten ergeben. Endplatte undeutlich dreifacettiert, ohne Kleeblattkerben. An der Mundröhre schmale, gegen die Stilettfurca hin verbreiterte Stilettträger vorhanden. Kopfcirren mit breiten, kegelförmigen Sockeln. Cirrus lateralis (das Haar bei *a*) ziemlich lang, 60 μ bei 175 μ langen, 32 μ bei 140 μ langen Individuen. Inkonstant an der Basis des 4. Beines ein stumpfer Zapfen. Dornfalte meist als fehlend angegeben; in oberbayerischem wie indomalayischem Material fand ich eine zarte Dornfalte (Fig. 35) mit 5 spitzen, basal dicht aneinanderstoßenden Zähnen, die länger als breit sind. Ob dieser Charakter konstant und infolge der Durchsichtigkeit der Tiere den früheren Beobachtern entgangen ist oder variabel auftritt, muß noch entschieden werden. Innenkrallen bald mit kleinen Nebenhaken, bald ohne diese. Länge bis 175 μ, ausschließlich des 4. Beinpaares; meist kleiner, kaum 150 μ.

Gelege mit 3 kurz-ovalen, farblosen Eiern gefunden. Zweikrallige Jugendformen von 51—84 μ (ausschließlich des 4. Beinpaares) zeigen deutlich, wie die Erwachsenen in Andeutung, den halsartigen Einschnitt, der durch den schmaleren Vorderrand der Schulterplatte gegenüber dem breiteren Hinterrand des Kopfes zustande kommt.

Lappland; Irland; Bayerische Voralpen; Tschechoslowakei, 1169 m; Süd- und Ostfrankreich; Pyrenäen; Sardinien; Sumatra, über 1000 m; Britisch-Columbia, Vancouverinsel.

3. Subgen. **Hypechiniscus** Thulin

1928 *H.*, G. Thulin in: Hereditas, *v.* 11 p. 221 | 1929 *H.*, E. Marcus in: Bronn, Kl. Ordn., *v.* 5 Abt. 4 Buch 3 p. 310.

Echiniscen mit einem Plattenpanzer, der 5 freie Schaltplatten enthält; Endplatte mit Kleeblattkerben.

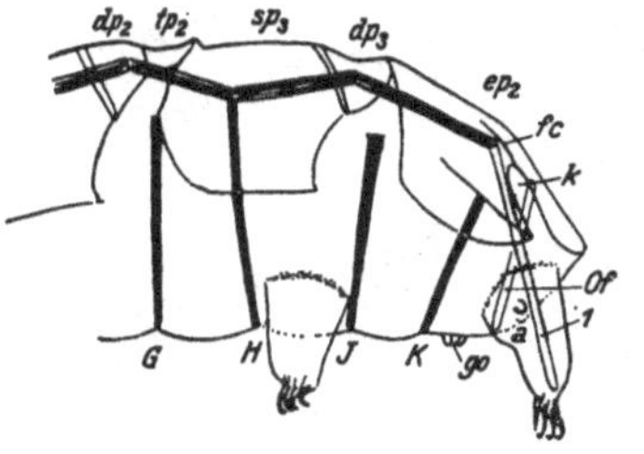

Fig. 54.
Hinterende von **Echiniscus (Hypechiniscus) gladiator** John Murr. f. **exarmata** John Murr.; Beschriftung vgl. Text, Fig. 44 und die Erörterung von **Bryochoerus** (S. 42).

Der Bau des Panzers (Fig. 54) entspricht dem von *Bryodelphax*, nur sind bei *Hypechiniscus* die Dorsalintersegmentplatten *(dp)* noch deutlicher größer als die Transversalintersegmentplatten *(tp)*, was namentlich im 2. Intersegment erkennbar ist (dp_2 und tp_2). Die Endplatte dürfte wie bei der vorigen und der folgenden Untergattung die 3. Transversalintersegmentplatte enthalten, also eine sekundäre Endplatte sein. Die Kleeblattkerben *(k)* der facettierten *(fc)* Endplatte unterscheiden die Untergattung von *Bryodelphax*.

1 sichere Art mit einer benannten Form.

Bestimmungstabelle der Art und ihrer Form:

Mit einem dorsalen, unpaaren Mediandorn, der am Vorderrand der 3. Rumpfplatten entspringt	3. **E. (H.) gladiator**
Ohne dorsalen Mediandorn	3a) **E. (H.) gladiator** forma **exarmata**

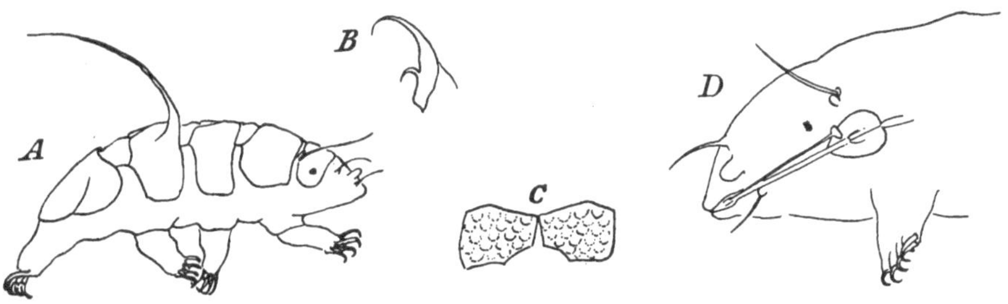

Fig. 55.
Echiniscus (Hypechiniscus) gladiator John Murr. *A* lateral; *B* Innenkralle; *C* paarige Rumpfplatten; *D* Kopf.

3. **E. (H.) gladiator** John Murr. 1905 *E. g.*, John Murray in: Tr. R. Soc. Edinb., *v.* 41 p. 683 t. 1 f. 1a—c | 1906 *E. g.*, John Murray in: Ann. Scott. nat. Hist., nr. 57 p. 26 | 1907 *E. g.*, John Murray in: Tr. R. Soc. Edinb., *v.* 45 p. 652 | 1908 *E. g.*, F. Richters in: Zool. Jahrb., Syst. *v.* 26 p. 204 | 1908 *E. g.*, M. Sellnick in: Zool. Anz., *v.* 33 p. 209 | 1910 *E. g.*, John Murray in: Brit. antarct. Exp., *v.* 1 p. 111, 160 t. 20 f. 51 | 1911 *E. g.*, John Murray in: J. Quekett Club, ser. 2 *v.* 11 p. 191 | 1911 *E. g.*, John Murray in: Ann. Scott. nat. Hist., nr. 78 p. 89 | 1911 *E. g.*, John Murray in: P. Irish Ac., *v.* 31 nr. 37 p. 4 | 1928 *E. g.*, G. Rahm in: Tierw. Mitteleur., *v.* 3 p. II 17 | 1928 *E. g.*, E. Marcus in: Tierw. Deutschl., pars 12 p. 54 f. 59 | 1928 *Hypechiniscus g.*, G. Thulin in: Hereditas, *v.* 11 p. 221 | 1929 *Echiniscus (Hypechiniscus) g.*, E. Marcus in: Bronn, Kl. Ordn., *v.* 5 Abt. 4 Buch 3 p. 311—312 f. 145 | 1932 *Echiniscus g.*, Cuénot in: Faune France, pars 24 p. 41.

Ziemlich groß; gelb oder blaßrot; Augen bald hell, ohne Pigment, bald mit schwarzem Pigment. Skulptur aus breiten, sehr flachen Buckeln bestehend oder eine allgemeine, feine Punktierung oder Granulierung, die nicht nur auf den Platten, sondern auch auf der Cuticula dazwischen ausgebildet ist. Dadurch erscheinen die Platten unscharf begrenzt; die paarigen Rumpfplatten durch eine transversale Unterbrechung der Skulptur zweigeteilt; außerdem jedes Rumpfplattenpaar nur rostral auf kurzer Strecke zusammenstoßend, caudalwärts divergierend, wie es bei keinem anderen *Echiniscus* vorkommt. Schaltplattenteilung wie in der Subgenusbeschreibung geschildert; namentlich bei der 2. Intersegmentplatte ist die Dorsalintersegmentplatte größer als die Transversalintersegmentplatte. Endplatte facettiert (nach neueren, allerdings auf die forma *exarmata* John Murr. bezüglichen Angaben mit 2 lateralen und 1 sich ungewöhnlich weit auf die Endplatte erstreckenden caudalen Facette; Kleeblattkerben kurz und breit. Papilla cephalica auffallend lang. Als dorsaler Körperanhang ist ein mächtiger, fast bis an das Hinterende des Tieres reichender, jedoch oft auch kürzerer Dorn ausgebildet, der am Vorderrand der 3. Rumpfplatten median, also unpaar, entspringt. Beine schlank; Dornfalte fehlt; Krallen 200 μ langer Stücke 14 μ lang; die Innenkrallen mit gekrümmten, namentlich am 4. Beinpaar sehr kräftigen Nebenhaken, die der Krallenmitte genähert ansitzen. Länge bis zu 304 μ; diese Angabe stammt von Richters, der etwas gequetschte Tiere einschließlich des 4. Beinpaares zu messen pflegte.

Bei einem 166 μ langen Tier sind 2 Eier, 70 × 58 μ, gefunden worden; zweikrallige Jungtiere von 120 μ Länge bekannt.

Faröer; Schottland, bis 1200 m; Irland, etwa 600 m; östliches N.-Neuseeland, Bare-Insel; Britisch-Columbia, Vancouver.

3a. **E. (H.) gladiator** John Murr. **forma exarmata** John Murr. 1907 *E. g.* var. *e.*, John Murray in: Tr. R. Soc. Edinb., *v.* 45 p. 652 t. 1 f. 5a, 5b | 1910 *E. g.* var. *e.*, John Murray in: Brit. antarct. Exp., *v.* 1 p. 111 | 1911 *E. g.* var. *e.*, John Murray in: P. Irish Ac., *v.* 31 nr. 37 p. 4 | 1928 *E. g.* var. *e.*, G. Rahm in: Tierw. Mitteleur., *v.* 3 p. II 17 | 1928 *E. g.* forma *e.*, E. Marcus in: Tierw. Deutschl., pars 12 p. 53 f. 58 [f. 58 gilt auch für den typischen *E. g.*] | 1928 *Hypechiniscus g.* var. *e.*, G. Thulin in: Hereditas, *v.* 11 p. 221 f. 6, 12 | 1929 *Echiniscus (H.) g.* forma *e.*, E. Marcus in: Bronn, Kl. Ordn., *v.* 5 Abt. 4 Buch 3 p. 312 f. 146.

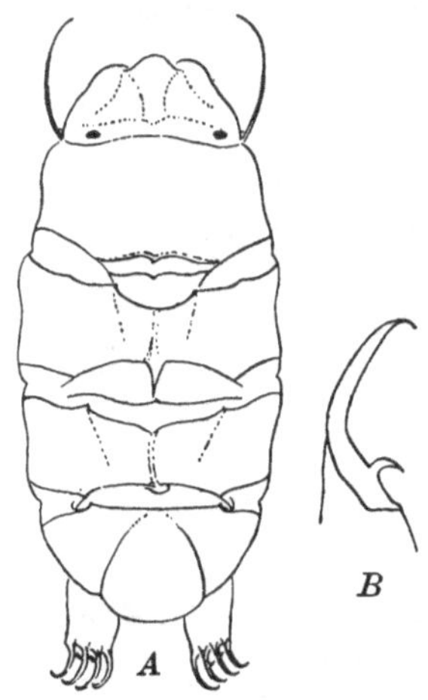

Fig. 56. **Echiniscus (Hypechiniscus) gladiator** John Murr. f. **exarmata** John Murr. *A* dorsal; *B* Innenkralle.

Diese Form unterscheidet sich vom typischen *Echiniscus (Hypechiniscus) gladiator* durch das Fehlen des dorsalen Mediandornes und durch die kleineren Nebenhaken an den Innenkrallen. In Gebirgen oft die forma *exarmata* in höheren Lagen als die typische Form.

Faröer; Irland, von Meeres- bis zu 600 m Höhe; Shetlandinseln, etwa 500 m; Neuseeland, Südinsel, etwa 1100 m.

4. Subgen. **Echiniscus** Thulin

1928 *E.*, G. Thulin in: Hereditas, *v.* 11 p. 220 | 1928 *E.* s. str., G. Thulin, ibid., *v.* 11 p. 220, Anm. | 1929 *E. (E.)*, E. Marcus in: Bronn, Kl. Ordn., *v.* 5 Abt. 4 Buch 3 p. 312—314.

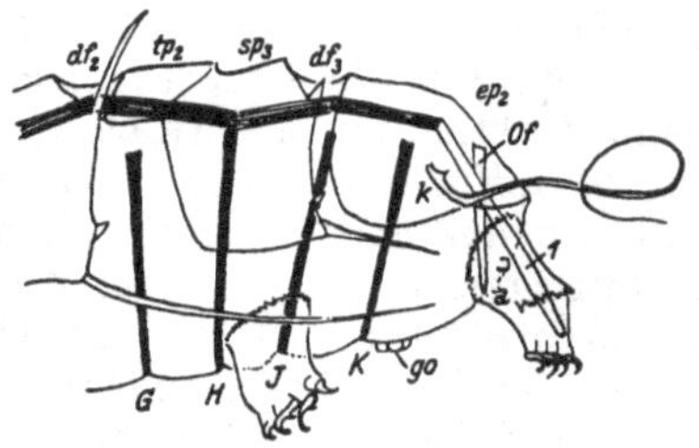

Fig. 57.
Hinterende von **Echiniscus (E.) oihonnae** Richters. sp_3 3. Segmentplatte; ep_2 sekundäre Endplatte; für die übrige Beschriftung vgl. Text und Fig. 44.

Echiniscen mit einem Plattenpanzer, der höchstens 3 freie Schaltplatten enthält, da in den beiden vorderen Intersegmenten wohlentwickelte Transversalintersegmentplatten, aber keine Dorsalintersegmentplatten ausgebildet sind. 3. Dorsalintersegmentplatte in ihrem Auftreten inkonstant; keine 3. Transversalintersegmentplatte. Kleeblattkerben wahrscheinlich stets vorhanden.

Bei dieser Untergattung sind die 1. und 2. Transversalintersegmentplatte (Fig. 57, tp_2) größer als bei *Hypechiniscus* und außerdem starr, so daß sie keine Querfurchen bilden. Dorsalintersegmentfurchen (df_2, df_3) sind erhalten, und ihre Cuticula zeigt oft, wahrscheinlich in der Regel, eine ähnliche, nur schwächer ausgebildete Skulptur wie die Platten. Bei den meisten Arten ist die Cuticula der Dorsalintersegmentfurchen weich und zart, nur manchmal (z. B. bei *Echiniscus merokensis* Richters vgl. S. 102) so dick und kräftig skulpturiert wie die Transversalintersegmentplatte, in welche sie in diesen Fällen ohne deutliche Grenze übergeht, so daß jedes Intersegment des Panzers von einer einzigen Platte ausgefüllt ist. In den beiden vorderen Intersegmenten fehlen abgesetzte Dorsalintersegmentplatten, aber die entsprechende Partie der Cuticula ist zuweilen panzerartig verstärkt. Im Gegensatz zur obenstehenden Diagnose sieht Thulin derartige panzerartige Verdickungen der Cuticula des 3. Dorsalintersegmentbezirkes als sekundäre Cuticularverstärkungen an und homologisiert sie nicht mit den 3. Dorsalintersegmentplatten von *Bryochoerus*, *Bryodelphax* und *Hypechiniscus*. Das Auftreten von Kleeblattkerben (Fig. 57, *k*) ist zwar noch nicht für alle Species sicher festgestellt worden, kann aber wahrscheinlich als Genuscharakter gelten. Die Kleeblattkerben sind oft schwer zu erkennen und daher gelegentlich von den Untersuchern übersehen worden. Über die Arten, für die eine Kleeblattkerbe noch nicht erwähnt worden ist, wird bei den Erörterungen der betreffenden Diagnosen zu sprechen sein, es handelt sich um *Echiniscus spiculifer* (S. 52), *E. macronyx* (S. 59), *E. bisetosus* (S. 74), und *E. filamentosus* (S. 115).

Da ein natürliches System der zahlreichen Arten von *Echiniscus (E.)* nicht vorliegt, werden die Species im folgenden nach künstlichen, auf die Zahl und die Beschaffenheit der lateralen Körperanhänge gegründeten Gruppen eingeteilt. Diese lediglich zur Erleichterung einer Übersicht aufgestellten Gruppen wollen keine etwa die Aufstellung neuer Subgenera vorbereitende Zusammenfassung einander nahestehender Species sein; ihre Benennung nach einer allgemein bekannten Art dient nur zur Kennzeichnung der Gruppe. Bei Determinationen nach diesen Gruppen empfiehlt es sich stets, die größten Exemplare des verfügbaren Materials zu verwenden, da bei zahlreichen Arten den Jungtieren, auch wenn sie schon die Krallenzahl der Erwachsenen haben, laterale Haare, namentlich die bei *b*, aber auch andere, fehlen. Auch die oft artcharakteristischen Dorsalanhänge sind häufig bei Jungtieren noch nicht ausgebildet. Unabhängig vom Alter sind Beschädigungen, durch welche Haare oder Dornen einseitig oder beiderseits völlig oder bis auf kurze Stümpfe abgestoßen sind. Derartige Reduktionen können auch den Cirrus lateralis betreffen (vgl. *Echiniscus spiculifer* S. 52).

Typus der Untergattung *Echiniscus* ist *E. (E.) testudo* (Doy.).

57 sichere Arten, davon 3 mit im ganzen 4 benannten Formen; 34 unsichere Arten.

Bestimmungstabelle der Artengruppen:

1	Außer dem Cirrus lateralis (dem Haar bei *a*) keine weiteren lateralen Körperanhänge vorhanden . .	1. **arctomys-Gruppe**
	Außer dem Cirrus lateralis noch weitere laterale Körperanhänge vorhanden — **2**	
2	Außer dem Cirrus lateralis sind alle lateralen Körperanhänge Dornen oder Stacheln	2. **spinulosus-Gruppe**
	Außer dem Cirrus lateralis sind noch andere laterale Körperanhänge als Haare oder Fäden ausgebildet — **3**	
3	An allen 5 für Lateralanhänge in Frage kommenden Stellen (*a*, *b*, *c*, *d*, *e*) sind Lateralanhänge vorhanden[1]	3. **scrofa-Gruppe**
	Nicht an allen 5 für Lateralanhänge in Frage kommenden Stellen sind Lateralanhänge vorhanden — **4**	

[1]) Zu den 5 Lateralanhängen, dem Cirrus lateralis (Haar bei *a*) und den Haaren oder Dornen bei *b*, *c*, *d* und *e* wird ein ganz kurzes Spiculum in der Kleeblattkerbe, also bei *e*, wie es zum Beispiel bei *E. (E.) canadensis* (S. 62), *menzeli*, *spinuloides* und *blumi* vorkommt, nicht gerechnet. Auch die nur einseitig ausgebildeten Anhänge werden für die Zahl der Lateralanhänge nicht mitgezählt; asymmetrische Einzelstücke sind nach den Tabellen nicht bestimmbar.

4	Lateralanhänge, außer bei *a*, noch an einer weiteren Stelle vorhanden	6. **biunguis-Gruppe**
	Lateralanhänge, außer bei *a*, noch an mehr als einer weiteren Stelle vorhanden — **5**	
5	Lateralanhänge, außer bei *a*, noch an 3 weiteren Stellen, im ganzen also 4 Lateralanhänge vorhanden . . .	4. **blumi-Gruppe**
	Lateralanhänge, außer bei *a*, noch an 2 weiteren Stellen, im ganzen also 3 Lateralanhänge vorhanden . .	5. **trisetosus-Gruppe**

1. Echiniscus (E.) arctomys-Gruppe

Außer dem Cirrus lateralis (dem Haar bei *a*) keine weiteren lateralen Körperanhänge vorhanden.

Bestimmungstabelle der Arten:

1	Ohne dorsale Körperanhänge — **2**	
	Mit dorsalen Körperanhängen — **16**	
2	Schulter- und Endplatte in 10 und 6 Einzelfacetten aufgelöst	4. **E. (E.) tessellatus**
	Schulter- und Endplatte, von Kleeblattkerben und Facetten der letzten abgesehen, einheitlich — **3**	
3	Platten vollständig glatt, unskulpturiert	5. **E. (E.) tenuis**
	Platten skulpturiert, nicht vollständig glatt — **4**	
4	Skulptur aus scharfspitzigen, kegelförmigen Stacheln bestehend, die der Art ein igelähnliches Aussehen geben	6. **E. (E.) spiculifer**
	Skulptur als Punktierung, Granulierung, wabige Felderung oder anders, nicht aber in Form igelartiger Stacheln ausgebildet — **5**	
5	Skulptur aus einer doppelten Granulierung bestehend, das heißt alle Platten sowohl mit dichten, feinen als auch mit zerstreut stehenden, groben Körnern besetzt	7. **E. (E.) bigranulatus**
	Skulptur bald aus dunklen Flecken, bald aus Körnchen, durch Leisten getrennten Punkten oder Punkten bestehend, bei jeder Species aber nur in einem Typus auftretend — **6**	
6	Keine Dornfalte am 4. Beinpaar	9. **E. (E.) elegans**
	Dornfalte am 4. Beinpaar vorhanden — **7**	
7	Krallen 12—18 μ lang, wie sonst in dieser Gruppe — **8**	
	Krallen sämtlich oder teilweise mindestens 24 μ lang — **12**	
8	Endplatte facettiert — **9**	
	Endplatte unfacettiert — **10**	
9	Skulptur aus flachen, wabenartig aneinanderstoßenden Gruben bestehend, deren Gesamtheit eine netzförmige Zeichnung bildet; 3. Schaltplatte vorhanden	10. **E. (E.) reticulatus**
	Skulptur eine grobe, grubige Punktierung von gleichmäßiger Ausbildung; 3. Schaltplatte fehlt . . .	8. **E. (E.) arctomys**
10	3. Schaltplatte vorhanden	**E. (E.) spec. 1**
	3. Schaltplatte fehlt — **11**	
11	Skulptur aus kleinen, dicht stehenden, durch Leisten miteinander verbundenen Körnchen bestehend; Beine kurz und dick	11. **E. (E) wendti**
	Skulptur aus groben, wie durchgängige Poren erscheinenden Punkten bestehend; Beine lang und schlank	12. **E. (E.) kerguelensis**

12 { Bei *a* ein langes Haar — **13**
Bei *a* ein kurzes Haar oder ein dicker, distal kaum verjüngter Faden vorhanden; die Krallen aller Beine etwa gleich und zwar 25 μ lang; Nebenhaken vorhanden — **14**

13 { Alle Krallen einen flachen Bogen bildend, 24 μ lang . . . **E. (E.) spec. 2**
Krallen des 1. bis 3. Beines 15 μ lang, wie sonst in dieser Gruppe, und stark gekrümmt; am 4. Beinpaar die äußeren Krallen 27 μ, die inneren 30 μ lang; Nebenhaken fehlen durchweg . . . . . . 13. **E. (E.) macronyx**

14 { 3. Schaltplatte vorhanden; Endplatte unfacettiert — **15**
3. Schaltplatte fehlt: Endplatte facettiert . . . . . 16. **E. (E.) sylvanus**

15 { Cirrus lateralis kurz (vgl. Fig. 69); Platten ohne Grübchen oder Erhebungen . . . . 14. **E. (E.) viridis**
Cirrus lateralis ganz kurz (vgl. Fig. 70); Platten fein punktiert . . . . 15. **E. (E.) calvus**

16 { Lange, geschwungene Haare über *c*, kurze Haare oder Dornen über *d* . . . . 17. **E. (E.) canadensis**
4 gerade dorsale Stacheln auf der hinteren Körperhälfte, wahrscheinlich je 2 über *c* und über *d* . . **E. (E.) spec. 3**

4. **E. (E.) tessellatus** John Murr. 1910 *E. t.*, John Murray in: Brit. antarct. Exp., *v.* 1 p. 129 t. 16 f. 15 | 1911 *E. t.*, John Murray in: J. Quekett Club, ser. 2 *v.* 11 p. 191 | 1928 *E. t.*, G. Rahm in: Tierw. Mitteleur., *v.* 3 p. II 17 | 1928 *E. t.*, E. Marcus in: Tierw. Deutschl., pars 12 p. 45 f. 46 | 1929 *E. t.*, E. Marcus in: Bronn, Kl. Ordn., *v.* 5 Abt. 4 Buch 3 p. 314 f. 148.

Mittelgroß; gelb; die Platten mit sehr großen, als halbkugelige Knöpfe ausgebildeten Papillen besetzt. Schulterplatte in 10, Endplatte in 6 durch glatte Bänder getrennte Facetten aufgelöst. 2. und 3. Rumpfplatten durch Skulpturmarkierungen je in 3 Teile geteilt. 3. Schaltplatte fehlt. Endplatte mit Kleeblattkerben. Die lateroventralen Ränder der mittleren Platten glatt, unskulpturiert, saumartig vorspringend. Das Haar bei *a* sehr lang. 4. Beinpaar mit Dornfalte; Nebenhaken fehlen. Länge 200 μ.

Gelege mit 1 bis 2 Eiern.

Australien, Queensland.

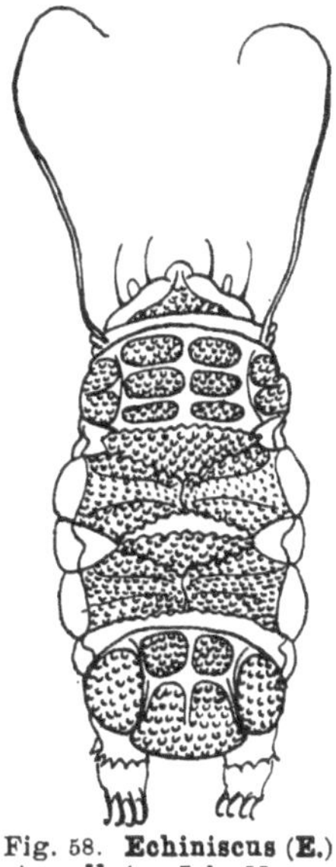

Fig. 58. **Echiniscus (E.) tessellatus** John Murr.

5. **E. (E.) tenuis** E. Marcus 1928 *E. t.*, E. Marcus in: Tierw. Deutschl., pars 12 p. 46 f. 46a | 1929 *E. t.*, E. Marcus in: Bronn, Kl. Ordn., *v.* 5 Abt. 4 Buch 3 p. 314 f. 149.

Klein; farblos hyalin bis grau; Augenpigment schwarz. Alle Platten vollständig glatt, unskulpturiert; nur beim vollständigen Austrocknen wird eine ganz feine, gleichmäßige Punktierung erkennbar; die Platten dünn, ihre Grenzen nur durch Falten von der übrigen Cuticula abgesetzt. 3. Schaltplatte fehlt; 2. und 3. Rumpfplatten mit Längsfalten, die vom Rostralrand der Platten schräg caudalwärts verlaufen und bis etwa zur Plattenmitte reichen. Endplatte mit seitlichen Facetten und kurzen Kleeblattkerben. Kopfanhänge ohne Besonderheiten, der Cirrus lateralis ein 25 μ langes, geschwungenes Haar. Weder laterale noch dorsale Körperanhänge, lediglich die Hinterecken der paarigen Rumpfplatten in ganz kurze Spitzchen ausgezogen. Dornfalte und Nebenhaken fehlen. Krallen 8 μ lang. Länge 140—160 μ, ausschließlich des 4. Beinpaares.

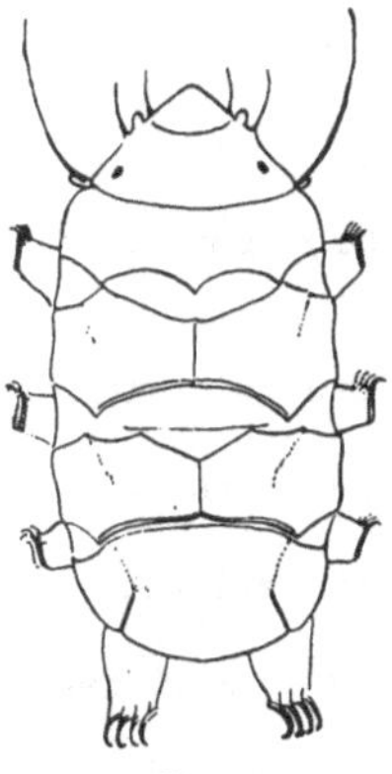

Fig. 59. **Echiniscus (E.) tenuis** E. Marcus.

In der Form der Endplatte besteht eine gewisse habituelle Ähnlichkeit zwischen dieser Art und *E. (Bryodelphax) parvulus*, von dem *E. tenuis* freilich durch die Ausbildung der Intersegmente, das Fehlen der Stilettträger, das Fehlen jeglicher Skulpturierung sowie der Dornfalte deutlich unterschieden ist. Die kurzen Kleeblattkerben sind, da die Facetten fast Fortsetzungen der Kerben darstellen, schwer zu erkennen und daher in der Originaldiagnose fortgeblieben. Die glatte Oberfläche unterscheidet die Art von allen übrigen Echiniscen und Pseudechiniscen, von denen bisher *Pseudechiniscus islandicus* und *P. imberbis* als die am schwächsten skulpturierten galten. Von dem ersten (vgl. S. 137) hat der Autor selber (Richters in: Zool. Anz., *v.* 31 p. 199 Anm., 1907) die ursprünglich (in: Zool. Anz., *v.* 28 p. 374, 1904) als glatt bezeichnete Cuticula als fein skulpturiert erkannt. Die 2. Art (vgl. S. 139) ist zwar im allgemeinen spärlich, auf der Endplatte jedoch dichter granuliert (Richters in: Ergeb. Schwed. Südp.-Exp., *v.* 6 nr. 2 p. 4, 1908). Da von *E. tenuis* für die erste Beschreibung ein großes Material zur Verfügung stand, ist der auffallende Charakter des Fehlens jeglicher Plattenskulptur sichergestellt. Ähnlich wie bei *E. (Hypechiniscus) gladiator* f. *exarmata* (G. Thulin in: Hereditas, *v.* 11 p. 219, 1928) ist auch bei *E. tenuis* die gesamte Cuticula außerordentlich zart.

Ost-Lombok, Poessoek, 1600 m.

6. **E. (E.) spiculifer** Schaudinn [Spec. inquir.] 1901 *E. s.*, Schaudinn in: Fauna arct., *v.* 2 p. 193 | 1911 *E. s.*, John Murray in: J. Quekett Club, ser. 2 *v.* 11 p. 191 | 1928 *E. s.*, G. Rahm in: Tierw. Mitteleur., *v.* 3 p. II 17 | 1928 *E. s.*, E. Marcus in: Tierw. Deutschl., pars 12 p. 48 | 1929 *E. s.*, E. Marcus in: Bronn, Kl. Ordn., *v.* 5 Abt. 4 Buch 3 p. 315—316.

Klein; die Platten mit feinen, scharfen, in der Mitte starken, gegen die Ränder kleineren, aber auch dort spitzen Stacheln besetzt, die kegelförmig, 4—8 μ hoch, basal 3—5 μ breit und senkrecht zur Oberfläche angeordnet sind. 3. Schaltplatte fehlt. Kopfanhänge sehr klein; das in der Originaldiagnose angegebene Fehlen der Anhänge bei *a* dürfte, zumal nur 3 Exemplare vorlagen, auf eine Beschädigung derselben zurückzuführen sein (vgl. F. Schaudinn (l. c.) bei Besprechung des *E. arctomys*). Am 4. Beinpaar wurden — angeblich an allen 4 Krallen — Nebenhaken beobachtet. Länge bis zu 190 μ.

Das Fehlen einer Abbildung und die auf ein geringes Material gegründete, unvollständige Beschreibung, in der unter anderem auch Angaben über Kleeblattkerben fehlen, läßt die Art als Species inquirenda erscheinen.

Spitzbergen.

7. **E. (E.) bigranulatus** Richters 1907 *E. b.*, F. Richters in: Zool. Anz., *v.* 31 p. 916 | 1908 *E. b.*, F. Richters in: Ergeb. Schwed. Südp.-Exp., *v.* 6 nr. 2 p. 4 t. 1 f. 2 | 1911 *E. b.*, John Murray in: J. Quekett Club, ser. 2 *v.* 11 p. 191 | 1911 *E. b.*, F. Richters in: Zool. Anz., *v.* 38 p. 274 | 1928 *E. b.*, G. Rahm in: Tierw. Mitteleur., *v.* 3 p. II 18 | 1928 *E. b.*, F. Heinis in: Verh. Ges. Basel, *v.* 39 p. 60 | 1928 *E. b.*, F. Heinis in: Treubia, *v.* 10 p. 237 t. 9 f. 2 | 1928 *E. b.*, E. Marcus in: Tierw. Deutschl., pars 12 p. 48 f. 48 | 1929 *E. b.*, E. Marcus in: Bronn, Kl. Ordn., *v.* 5 Abt. 4 Buch 3 p. 316 f. 150.

Ziemlich klein; kräftig gepanzert. Alle Platten doppelt granuliert, mit dichten, feinen und zerstreut stehenden, groben Körnern, so daß bei derselben

Tubuseinstellung dunkle und helleuchtende Skulptur zu sehen ist. In Heinis' Material schwächer skulpturierte Transversalbinden auf den paarigen Rumpfplatten, was in der Originaldiagnose nicht angegeben worden ist. Endplatte schwächer skulpturiert und mit deutlichen Kleeblattkerben. Das Haar bei *a*

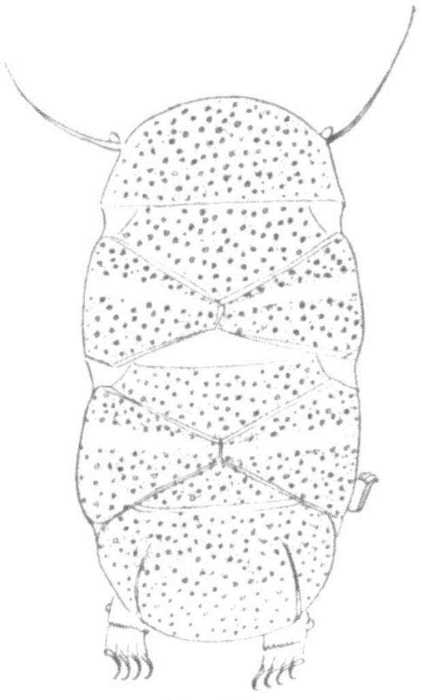

Fig. 60.
Echiniscus (E.) bigranulatus Richters.

60 μ lang. Dornfalte vorhanden. Die Krallen kurz (12 μ) und sämtlich ohne Nebenhaken. Länge bis zu 208 μ.

Krakatau; Südafrika (F. Heinis 1928); Südamerika: Colombia; Paraguay; Feuerland.

8. **E. (E.) arctomys** Ehrbg. 1853 *E. A.*, Ehrenberg in: Monber. Ak. Berlin, p. 530 | 1854 *E. A.*, Ehrenberg, Mikrogeol., p. 25 t. 35 B, A III f. 3[1] | 1859 *E. a. β macromastix*, Ehrenberg in: Abh. Ak. Berlin, 1858 p. 440 t. 1 | 1859 *E. a. m.*, Ehrenberg, ibid., p. 440 | 1859 *E. A.?*, Ehrenberg, ibid., p. 444 | 1859 *E. A.? β Macromastix*, Ehrenberg, ibid., p. 452 | 1859 *E. A. β M.*, Ehrenberg, ibid., p. 454, Fig. Erkl. zu t. 1 f. II A, B | 1859 *E. A.*, Ehrenberg in: Monber. Ak. Berlin, p. 782 | 1888 *E. a.*, Plate in: Zool. Jahrb., Anat. *v.* 3 p. 532 | 1897 *E. a.*, Scourfield in: P. zool. Soc. London, p. 791 | 1901 *E. a.*, Schaudinn in: Fauna arct., *v.* 2 p. 193 | non 1902 *E. a.*, F. Richters in: Ber. Senckenb. Ges., p. 8 | non 1905 *E. a.*, John Murray in: Ann. Scott. nat. Hist., nr. 55 p. 161 | non 1905 *E. a.*, John Murray in: Tr. R. Soc. Edinb., *v.* 41 p. 682 | non 1906 *E. a.*, John Murray in: Ann. Scott. nat. Hist., nr. 57 p. 26 | non 1907 *E. a.*, John Murray in: J. R. micr. Soc., p. 269 | 1909 *E. a.*, J. Ammann in: Mt. Ges. Bern, 1908 p. 10 | 1910 *E. a.*, John Murray in: Brit. antarct. Exp., *v.* 1 p. 110, 126, 126 Anm., 128 | 1911 *E. a.*, John Murray in: J. Quekett Club, ser. 2 *v.* 11 p. 191 | 1911 *E. a.*, F. Heinis in: Rev. Suisse Zool., *v.* 19 p. 263 | ?1925 *E. a.*, G. Rahm in: Arch. Naturg., *v.* 90 A 7 p. 187 | 1928 *E. a.*, E. Marcus in: Tierw. Deutschl., pars 12 p. 48 f. 49 | ?1929 *E. a.*, G. Rahm in: Bull. Soc. Fribourg., *v.* 29 Proc.-verb. 19. V. 1927 p. 9 | 1929 *E. a.*, E. Marcus in: Bronn, Kl. Ordn., *v.* 5 Abt. 4 Buch 3 p. 316—317 f. 151.

Mittelgroß. Augenpigment vorhanden. Skulptur eine grubige Punktierung von grober, gleichmäßiger Ausbildung, nur die paarigen Rumpfplatten vor ihrer rostralen Querfalte feiner skulpturiert. 3. Schaltplatte fehlt, ein schmaler, fein punktierter Bezirk caudal von den 3. Rumpfplatten. Facettierung der

Endplatte bei verschiedenen Stücken verschieden deutlich ausgebildet; Kleeblattkerben stets vorhanden. Stiletträger oder ein wie diese verlaufender Muskel vorhanden, die Natur dieser Verbindung von Stilettbasis und Caudalende der Mundröhre noch nicht sicher festgestellt. Cirrus lateralis (das Haar bei *a*) etwa 50 μ lang, aber manchmal auch bis auf kurze Stummel abgestoßen. Auf dem 1. Beinpaar ein Dorn, auf dem 4. eine kurze Papille und 1 Dornfalte mit vielen kleinen, spitzen Zähnen. Nebenhaken an den inneren der 12—15 μ langen Krallen. Länge etwa 230 μ, ausschließlich des 4. Bein-

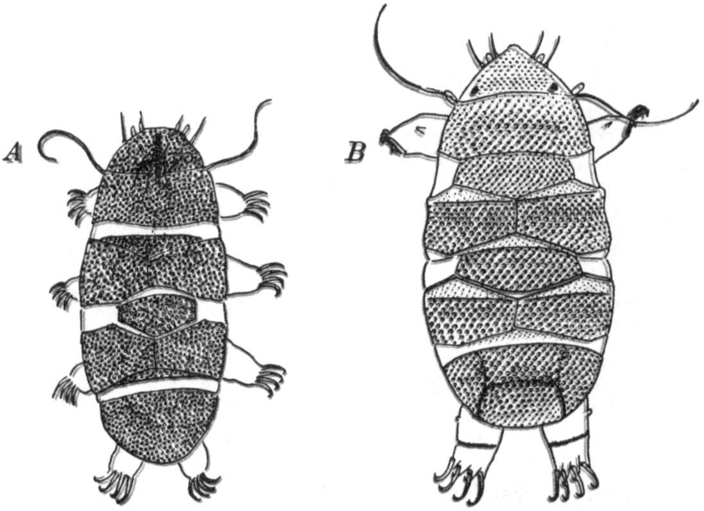

Fig. 61.
A und *B* **Echiniscus (E.) arctomys** Ehrbg. mit verschiedener Ausbildung der Endplatte.

paares; G. Rahm (in: Zool. Anz., *v.* 98 p. 114, 1932) gibt Längen von 320—335 μ und Gelege mit 3 Eiern an.

Der Erweiterung der bisherigen Diagnose und der neuen Abbildung konnte Material aus der Zermatter Umgebung, also der Gegend des Originalfundortes, zugrunde gelegt werden. Bei den als *E. arctomys β macromastix* bezeichneten Stücken ist lediglich der Cirrus lateralis besonders lang, was eine besondere Benennung nicht rechtfertigt. Zwischen dem Jahre 1902, in dem Richters den *E. arctomys* und den *E.* (heute *Pseudechiniscus*) *suillus* durcheinanderbrachte, und dem Jahre 1910, wo John Murray diese Verwirrung geklärt hat, finden sich in der Literatur eine Fülle von Zitaten, die nicht auf *E. arctomys* zu beziehen sind. Sie hier aufzuführen erscheint mir überflüssig, da ich eine ausführliche Synonymieliste für *Pseudechiniscus suillus* gebe, in der alle nicht auf *Echiniscus arctomys* bezüglichen, aber unter diesem Namen veröffentlichten Notizen enthalten sind. Die Fundorte „Rheinprovinz" und „Voralpen bei Freiburg (Schweiz)" der nachstehenden Verbreitungsübersicht sind deshalb unsicher, weil G. Rahm *Pseudechiniscus suillus* und *Echiniscus arctomys* für identisch hält (in: Brohmer, Fauna Deutschl., ed. 3 (1925) p. 433; Tierw. Mitteleur., *v.* 3 (1928) p. II 14), wenngleich er an anderer Stelle beide Arten, sogar mit generischer Unterscheidung, getrennt aufführt (in: Bull. Soc. Fribourg., *v.* 29 Proc.-verb. 19. V. 1927 p. 8, 9, 1929). Die vor der im Jahre 1902 durch Richters angerichteten Verwirrung publizierten Fundorte des *E. arctomys* zu bezweifeln, liegt keinerlei Anlaß vor. Da *E. arctomys* eine, wenn auch nicht immer deutliche Facettierung der Endplatte aufweist, möchte ich von einer Vereinigung mit den unfacettierten *E. wendti* und *E. kerguelensis*, die Cuénot (in: Faune France, pars 24 p. 40, 1932) erwogen hat, absehen.

Spitzbergen; Murmanküste; ?Rheinprovinz; ?Voralpen bei Freiburg (Schweiz); Montblanc, 3300 m; Berge bei Zermatt (Monte Rosa und andere), bis 3500 m; Himalaya, 6600 m; Ost-Lombok, 1600 m; Australien, Blaue Berge; Brasilien, bei Rio de Janeiro; Kerguelen.

9. **E. (E.) elegans** Richters 1906 *E. e.*, F. Richters in: Verh. D. zool. Ges., p. 269 | 1907 *E. e.*, F. Richters in: Zool. Anz., *v.* 31 p. 199 f. 2, 3 | 1908 *E. e.*, F. Richters in: Mikrokosmos, *v.* 1 t. 1 f. 5 | 1911 *E. e.*, John Murray in: J. Quekett Club, ser. 2 *v.* 11 p. 191 | 1928 *E. e.*, G. Rahm in: Tierw. Mitteleur., *v.* 3 p. II 17 | 1928 *E. e.*, E. Marcus in: Tierw. Deutschl., pars 12 p. 49 f. 50 | 1929 *E. e.*, E. Marcus in: Bronn, Kl. Ordn., *v.* 5 Abt. 4 Buch 3 p. 317—318 f. 152.

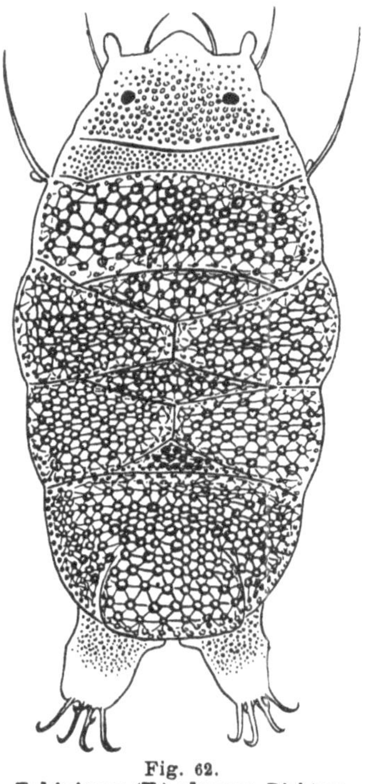

Fig. 62.
Echiniscus (E.) elegans Richters.

Ziemlich klein. Augenpigment vorhanden; Querdurchmesser der Augen 4 μ. Skulptur auf den Platten und der Cuticula dazwischen aus derben, namentlich auf der Schulterplatte locker angeordneten Körnern bestehend, die in den tieferen Schichten des Integuments liegen und durch Leisten derart miteinander verbunden sind, daß 6speichige Rädchen oder an „Point-lace"-Stickerei erinnernde Muster entstehen. Der Kopf ist anders, und zwar rostral grob und hinter einer körnchenfreien Transversalzone fein granuliert. 3. Schaltplatte fehlt, aber die Skulptur zwischen 3. Rumpf- und Endplatte continuierlich. Kleeblattkerben schwach angedeutet. Medialcirren 12 μ lang. Papilla cephalica 6 μ, also relativ lang, Cirrus lateralis kräftig entwickelt. Das proximal fein granulierte 4. Beinpaar ohne Dornfalte; die inneren Krallen mit kurzen, gekrümmten Nebenhaken. Länge 192 μ; bisher nur ein Exemplar bekannt.

Südliches Japan, bei Nagasaki.

10. **E. (E.) reticulatus** John Murr. 1905 *E. r.*, John Murray in: Tr. R. Soc. Edinb., *v.* 41 p. 684 t. 1 f. 4a—c | 1907 *E. r.*, John Murray in: J. R. micr. Soc., p. 269 | 1911 *E. r.*, John Murray in: J. Quekett Club, ser. 2 *v.* 11 p. 191 | 1911 *E. r.*, John Murray in: Ann. Scott. nat. Hist., nr. 78 p. 89 | 1928 *E. r.*, G. Rahm in: Tierw. Mitteleur., *v.* 3 p. II 17 | 1928 *E. r.*, E. Marcus in: Tierw. Deutschl., pars 12 p. 50 f. 51 | 1929 *E. r.*, E. Marcus in: Bronn, Kl. Ordn., *v.* 5 Abt. 4 Buch 3 p. 318—319 f. 153 | 1932 *E. r.*, Cuénot in: Faune France, pars 24 p. 41.

Breit, gedrungen; leuchtend rot. Skulptur der Platten aus flachen Gruben bestehend, deren kreisförmige oder 6eckige Begrenzungen wabenartig zusammenstoßen und so eine netzartige Zeichnung bedingen. 3. Schaltplatte vorhanden, mit nur undeutlicher Skulptur und manchmal gleichsam verschmolzen mit der Endplatte. Diese letzte deutlich facettiert. Das Haar bei *a* so lang wie der Querdurchmesser des Körpers an der Schulterplatte oder noch viel länger, bei einer 214 μ langen Haut 142 μ lang. Auf dem 1. Beinpaar ein langer, scharfer Dorn, auf dem letzten eine stumpfe Papille.

Dornfalte mit oft zweispitzigen Dornen. Nebenhaken an allen inneren Krallen vorhanden. Länge bis zu 214 µ.

Gelege mit 1 bis 4 Eiern. Sehr kleine Tiere, von denen John Murray annimmt, daß sie sich seit dem Ausschlüpfen nicht gehäutet hatten, zeigten bereits 4 Krallen und alle sonstigen Charaktere der Erwachsenen.

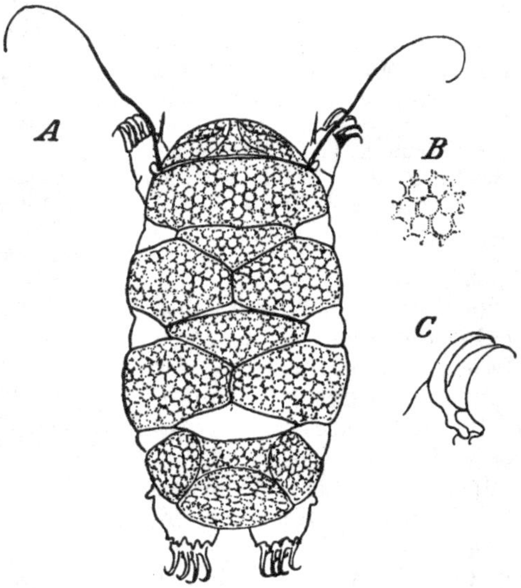

Fig. 63.
Echiniscus (E.) reticulatus John Murr. *A* dorsal, *B* Plattenskulptur, *C* Außen- und Innenkralle.

Die Kleeblattkerben, über die John Murray keine Angaben gemacht hat, dürften bei dieser Art ähnlich wie bei *E. tenuis* am Grunde der Facettenkanten sitzen.

Schottland, in überflutetem Ufermoos; Himalaya, 2700 m.

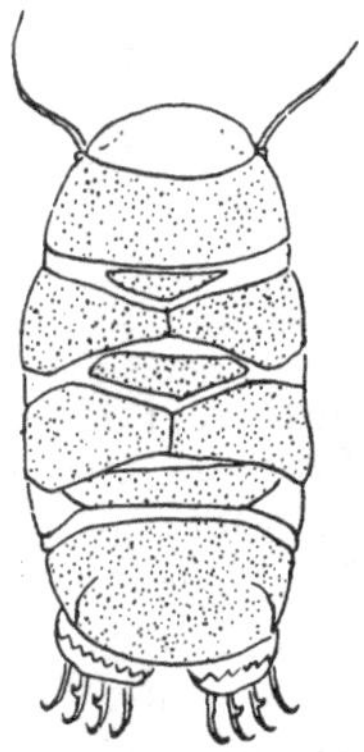

4. **Echiniscus (E.) spec. 1.**

E. (E.) spec. 1 [Spec. inquir.] 1911 *E.* spec., F. Heinis in: Rev. Suisse Zool., *v.* 19 p. 263 t. 4 f. 10 | 1928 *E.* spec. 1, E. Marcus in: Tierw. Deutschl., pars 12 p. 50 f. 52 | 1929 *E.* spec. 1, E. Marcus in: Bronn, Kl. Ordn., *v.* 5 Abt. 4 Buch 3 p. 319 f. 154.

Klein; die Platten einheitlich und zerstreut skulpturiert. 3. Schaltplatte vorhanden; Endplatte unfacettiert, aber mit Kleeblattkerben. Cirrus lateralis (das Haar bei *a*) kurz. Mit Dornfalte und stark gekrümmten Nebenhaken der inneren Krallen. Länge 120 µ; wahrscheinlich ein jugendliches Stück, jedenfalls noch weiterer Untersuchung bedürftig.

Südliches Mexiko.

11. **E. (E.) wendti** Richters 1903 *E. W.*, F. Richters in: Zool. Anz., *v.* 27 p. 172 | 1904 *E. w.*, F. Richters in: Fauna arct., *v.* 3 p. 499 t. 15 f. 3 | 1905 *E. w.*, John Murray in: Tr. R. Soc. Edinb., *v.* 41 p. 684 t. 1 f. 3a—c | 1906 *E. w.*, John Murray in: Ann. Scott. nat. Hist., nr. 57 p. 26 | 1907 *E. w.*, John Murray in: Tr. R. Soc. Edinb., *v.* 45 p. 673 | 1907 *E. w.*, F. Richters in: Zool. Anz., *v.* 31 p. 915, 916 |

1908 *E. w.*, F. Heinis in: Zool. Anz., *v.* 32 p. 636 | 1908 *E. w.*, M. Sellnick in: Zool. Anz., *v.* 33 p. 209 | 1908 *E. w.*, F. Richters in: Ergeb. Schwed. Südp.-Exp., *v.* 6 nr. 2 p. 3 | 1910 *E. w.*, F. Heinis in: Arch. Hydrobiol., *v.* 5 p. 119 | 1910 *E. w.*, John Murray in: Brit. antarct. Exp., *v.* 1 p. 102 | 1911 *E. w.*, John Murray in: J. Quekett Club, ser. 2 *v.* 11 p. 191 | 1911 *E. w.*, John Murray in: Ann. Scott. nat. Hist., nr. 78 p. 89, 91 | 1911 *E. w.*, F. Richters in: Al. Koenig, Avifauna Spitzberg., p. 285 | 1911 *E. W.*, F. Richters in: Camp. arct. Orléans, 1907 p. 9 | 1911 *E. w.*, G. Thulin in: Ark. Zool., *v.* 7 nr. 16 p. 6 f. 2 | 1911 *E. w. ? var.*, F. Richters in: Zool. Anz., *v.* 38 p. 276 | 1913 *E. W.*, F. Richters in: Handw. Naturw., *v.* 9 p. 1019 | 1919 *E. w.*, P. Nederström in: Acta Soc. Fauna Fenn., *v.* 46 nr. 8 p. 8 | 1925 *E. W.*, G. Rahm in: Arch. Naturg., *v.* 90 A 7 p. 188—189 | 1928 *E. w.*, G. Rahm in: Tierw. Mitteleur., *v.* 3 p. II 13—14 f. 45 | 1928 *E. w.*, E. Marcus in: Tierw. Deutschl., pars 12 p. 50 f. 53 | 1929 *E. w.*, E. Marcus in: Bronn, Kl. Ordn., *v.* 5 Abt. 4 Buch 3 p. 319—320 f. 155 | 1932 *E. W.*, Cuénot in: Faune France, pars 24 p. 40 f. 21 | 1934 *E. w.*, E. Bartoš in: Časopis České Spol. ent., *v.* 31 p. 51.

Erreicht beträchtliche Größe; rot, auch die Augen. Granulation variabel, bald ziemlich fein, bald gröber, dicht und regelmäßig, die Granula wie bei *Echiniscus elegans* (vgl. S. 55) durch feine Leisten vereinigt. Anders als dort die Granulierung der Schulterplatte nicht gröber, vielmehr oft feiner als die der hinteren Platten, und die Gesamtgranulierung feiner und dichter als dort. 2. und 3. Rumpfplatte mit ungranulierten, bis zum Vorderrand der Platten reichenden Querfurchen versehen. 3. Schaltplatte fehlt; Endplatte unfacettiert, mit Kleeblattkerben. Am Kopf die gewöhnlichen Cirri mediales interni und externi und eine kurze, stumpfe Papilla cephalica. Der Cirrus lateralis sehr lang, bei 211 μ langen Tieren 125 μ lang; die Clava (Papille oder Aurikel der Autoren) langgestreckt. Beine kurz und dick; 1. Beinpaar manchmal mit einem spitzen, das 4. stets mit einem stumpfen Zapfen nahe der Basis. Feinzähnige Dornfalte vorhanden. Äußere Krallen glatt, die inneren mit besonders am 4. Beinpaar sehr kräftigen Nebenhaken fast in der Mitte der Krallen. Länge bis zu 300 μ, dann mit 200 μ langem Cirrus lateralis.

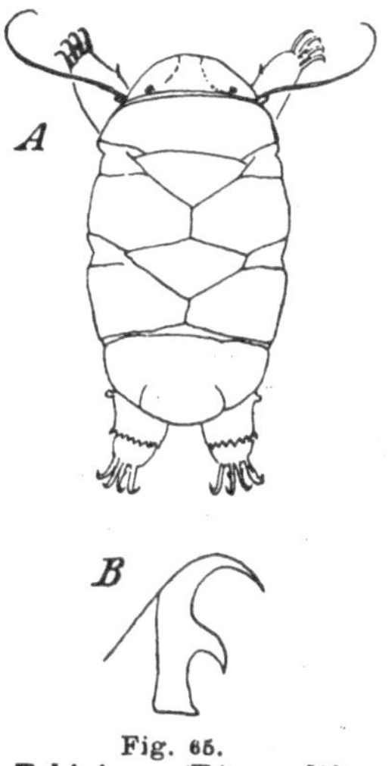

Fig. 65.
Echiniscus (E.) wendti Richters.
A dorsal, *B* Innenkralle.

Gelege mit 4 ovalen Eiern. 2krallige Jugendformen 140—150 μ lang, blaßrot, mit 80 μ langen Lateralcirren.

Eine Vereinigung dieser Art mit *E. arctomys* Ehrbg. haben Richters (1911, Avifauna) und Cuénot (1932) erwogen. Die Facettierung der Endplatte bei *E. arctomys* (vgl. S. 53) scheint mir dagegen zu sprechen.

Grönland; Franz Joseph-Land; Spitzbergen; mittleres Norwegen, Merok; Lappland; Finnland; Faröer; Schottland, bis 1200 m; England, Wales, Snowdon, 1090 m; Rheinprovinz; Schwarzwald; Schweizer Jura; Voralpen bei Freiburg-Schweiz; Alpen bis 3260 m; Tschechoslowakei, 1900 m; Frankreich, Vogesen, über 1100 m (in Cladonia und Parmelia; Südamerika: Colombia; südl. Chile; Antarktis; Challenger-, Süd-Shetland- und Valdivia-Inseln.

12. **E. (E.) kerguelensis** Richters 1904 *E. k.*, F. Richters in: Verh. D. zool. Ges., p. 239 | 1907 *E. k.*, F. Richters in: Zool. Anz., *v.* 31 p. 916 | 1907 *E. k.*, F. Richters in: D. Südp.-Exp., *v.* 9 p. 292 | 1910 *E. k.*, John Murray in: Brit. antarct. Exp., *v.* 1 p. 128 t. 16 f. 13 | 1911 *E. k.*, John Murray in: J. Quekett Club, ser. 2 *v.* 11 p. 191 | 1911 *E. k.*, John Murray in: Ann. Scott. nat. Hist., nr. 78 p. 89, 91 | 1911 *Pseudechi-*

niscus k., G. Thulin in: Ark. Zool., *v.* 7 nr. 16 p. 19 | 1928 *Echiniscus K.*, G. Rahm in: Tierw. Mitteleur., *v.* 3 p. II 17 | 1928 *E. murrayanus*, E. Marcus in: Tierw. Deutschl., pars 12 p. 51 f. 54 | 1928 *Pseudechiniscus kerguelensis*, E. Marcus, ibid., pars 12 p. 108 | 1929 *Echiniscus k.*, E. Marcus in: Bronn, Kl. Ordn., *v.* 5 Abt. 4 Buch 3 p. 320—321 f. 156 | 1930 *E. k.*, E. Marcus in: Zool. Jahrb., Syst. *v.* 59 p. 364.

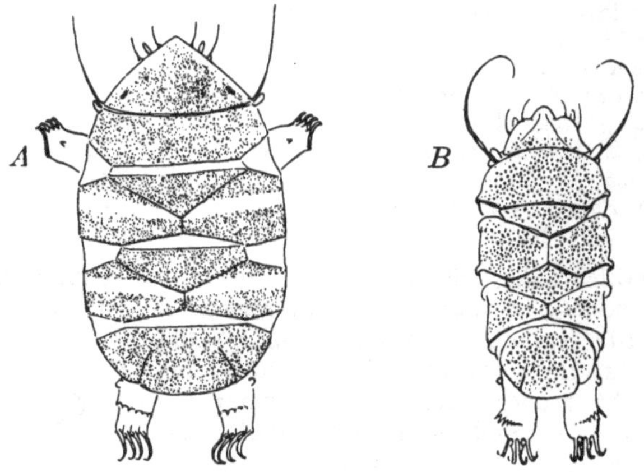

Fig. 66.
Echiniscus (E.) kerguelensis Richters. *A* mit gebänderten, *B* mit ungebänderten paarigen Rumpfplatten.

Mittelgroß; rot; Augenpigment rot. Grob oder schwach punktiert; die Punkte wie Poren aussehend; das südwestafrikanische Material fein und unregelmäßig granuliert. Auf den 2. und 3. Rumpfplatten ein schmalerer, rostraler, dem Vorderrand der Platten paralleler Teil durch die Skulptur vom übrigen Teil der Platten getrennt (Kerguelen-Stücke). 3. Schaltplatte fehlt. Endplatte unfacettiert, mit Kleeblattkerben. Kopfanhänge normal; das Haar bei *a* kurz oder mittellang, jedenfalls kürzer als bei *E. (E.) wendti*, bei einem 225 μ langen Tier 80 μ lang, bei einem 270 μ langen Tier etwa 50 μ. Clava etwas verlängert, deutlich hervortretend, in neu mir vorliegendem grönländischem Material von normaler Größe. 4. Beinpaar ziemlich lang, bei *E. (E.) wendti* kurz und dick, die stumpfe Papille an der Basis bei beiden Arten. Dornfalte aus schmalen, scharfen, einzeln stehenden Spitzen bestehend; Krallen an allen 4 Beinpaaren gleich lang, ca. 18 μ; Innenkrallen mit gekrümmten Nebenhaken. Länge bis zu 270 μ, ausschließlich des 4. Beinpaares.

Gelege mit 3 Eiern. Ein 2 kralliges Stück von 130 μ Länge mit 15 μ langem Cirrus lateralis. Bei südwestafrikanischen Jungtieren war die Dornfalte nicht erkennbar.

Die Begründung der obenstehenden Synonymie habe ich in der Bearbeitung der Tardigraden des „Bronn" (1929) gegeben. Abgesehen von den in der Bestimmungstabelle verwendeten Skulpturcharakteren sind die geringere Länge des Cirrus lateralis und die schlankeren, längeren Beine die sichersten Unterscheidungsmerkmale der Art gegenüber der vorigen.

Ost-Grönland, Scoresby-Sund; Schottland; Südwestafrika, bei Otjiwarongo, 1600 m; Australien, Australische Alpen, 1700 bis 2000 m; Kerguelen.

E. (E.) spec. 2 [Spec. inquir.] 1907 *E.* spec. 1, F. Richters in: D. Südp.-Exp., *v.* 9 p. 293 | 1928 *E.* spec. 2, E. Marcus in: Tierw. Deutschl., pars 12 p. 52 | 1929 *E.* spec. 2, E. Marcus in: Bronn, Kl. Ordn., *v.* 5 Abt. 4 Buch 3 p. 321—322 f. 157.

Bis mittelgroß. Skulptur der vorderen und mittleren Platten eine in caudaler Richtung zunehmende, äußerst feine Punktierung, namentlich auf der Endplatte zahlreiche helleuchtende, feine Granula in lockerer Anordnung. 3. Schaltplatte fehlt. Kleeblattkerben vorhanden. Cirrus lateralis

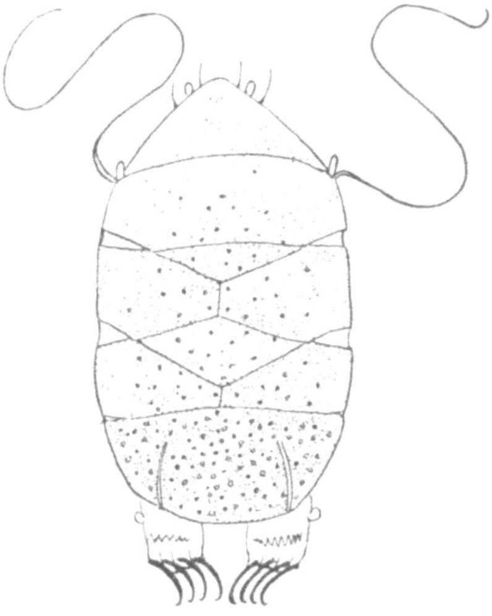

Fig. 67.
Echiniscus (E.) spec. 2.

sehr lang, bei einem 252 µ langen Tier 195 µ lang. Clava deutlich hervortretend; auf dem 4. Bein eine stumpfe Papille. Dornfalte vorhanden. Gegenüber den etwa 15 µ langen, stark gekrümmten Krallen des *Echiniscus wendti* (vgl. S. 56) verlaufen hier die 24 µ langen Krallen in flachem Bogen. Länge 180—252 µ.

Die nur in 2 Exemplaren bekannte Art muß, obgleich auf Grund der Richtersschen Präparate eine Abbildung gegeben werden kann, als Species inquirenda gelten.

Kerguelen.

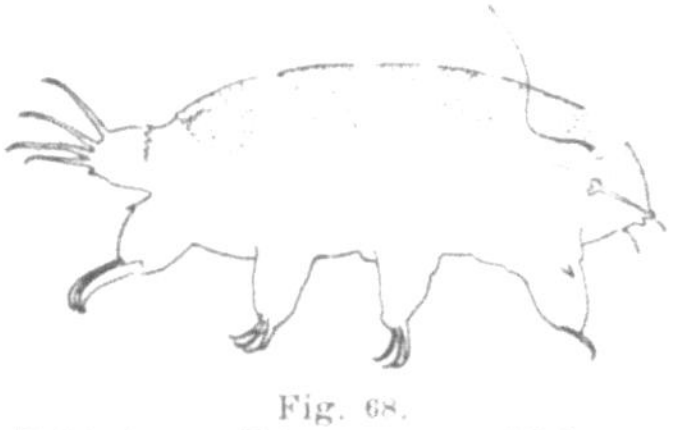

Fig. 68.
Echiniscus (E.) macronyx Richters.

13. **E. (E.) macronyx** Richters 1907 *E. m.* F. Richters in: Zool. Anz., *v.* 31 p. 916 | 1908 *E. m.*, F. Richters in: Ergeb. Schwed. Südp.-Exp., *v.* 6 nr. 2 p. 3 t. 1 f. 1 | 1911 *E. m.*, John Murray in: J. Quekett Club, ser. 2 *v.* 11 p. 191 | 1928 *E. m.*, G. Rahm in: Tierw. Mitteleur., *v.* 3 p. II 17 | 1928 *E. m.*, E. Marcus in: Tierw. Deutschl., pars 12 p. 52 f. 55 | 1929 *E. m.*, E. Marcus in: Bronn, Kl. Ordn., *v.* 5 Abt. 4 Buch 3 p. 322 f. 158.

Ziemlich klein; mit schwacher Panzerung; sehr fein und dicht granuliert. Über die Platten sind Einzelheiten nicht angegeben, weshalb auch das Fehlen der Kleeblattkerben, zumal bei den engen Beziehungen der Art zu der nächstfolgenden (G. Thulin in: Hereditas, *v.* 11 p. 217, 1928) bedeutungslos ist. Kopfanhänge wie sonst bei den Echiniscen; der Cirrus lateralis lang. Das 1. Beinpaar bedornt, was in der Originalabbildung nicht zu erkennen ist; das 4. mit Dornfalte, die aus wenigen, kurzen Dornen besteht. 1.—3. Beinpaar mit stark gekrümmten, 15 μ langen Krallen; die des 4. Beinpaares in sehr flachem Bogen gekrümmt, die äußeren 27 μ, die inneren 30 μ lang. Länge 192 μ.

Südgeorgien.

14. **E. (E.) viridis** John Murr. 1910 *E. v.*, John Murray in: Brit. antarct. Exp., *v.* 1 p. 152 t. 19 f. 36a, 36b | 1911 *E. v.*, John Murray in: J. Quekett Club, ser. 2 *v.* 11 p. 191 | 1911 *E. v.*, John Murray in: Ann. Scott. nat. Hist., nr. 78 p. 89, 91 | 1928 *E. v.*, G. Rahm in: Tierw. Mitteleur., *v.* 3 p. II 17 | 1928 *E. v.*, E. Marcus in: Tierw. Deutschl., pars 12 p. 52 f. 56 | 1929 *E. v.*, E. Marcus in: Bronn, Kl. Ordn., *v.* 5 Abt. 4 Buch 3 p. 322 f. 159 t. 1 f. 17 | 1932 *E. v.*, Cuénot in: Faune France, pars 24 p. 41.

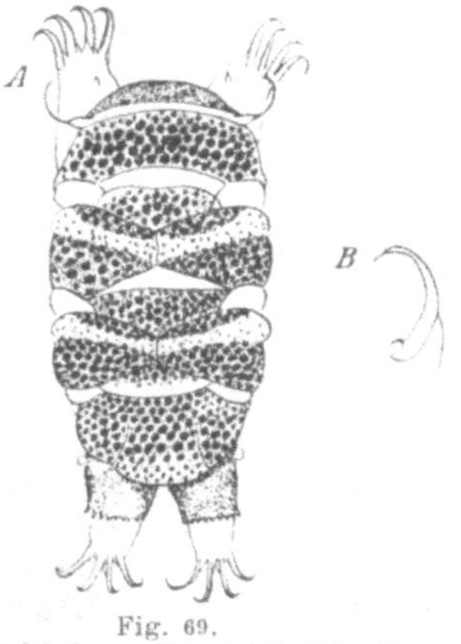

Fig. 69.
Echiniscus (E.) viridis John Murr.
A dorsal, *B* Innenkralle.

Groß; gedrungen. Farbe der Platten olivgrün mit dunkler grünen Flecken, nicht Grübchen oder Erhebungen; die medianen Flecke sind die größten, die lateralen sind kleiner. Die Farbe der Platten dehnt sich nicht auf die Cuticula zwischen den Platten, wohl aber auf dem 4. Beinpaar bis zur Dornfalte aus. Das Körperinnere ist wie bei den meisten Echiniscen und Pseudechiniscen rot. Begrenzungen der Platten, mit Ausnahme der 3. Schaltplatte, sehr deutlich. 3. Schaltplatte undeutlich und kaum mehr als ein gefleckter, unscharf begrenzter, an den Hinterrand der 3. Rumpfplatten anschließender Bezirk. 2. und 3. Rumpfplatten je mit 3 Bändern, das vordere und hintere dunkler, das mittlere heller und mit kleineren Flecken; 1. Schaltplatte von der Schulterplatte weit entfernt, der 2. Rumpfplatte anliegend. Endplatte unfacettiert, mit Kleeblattkerben. Cirrus lateralis sehr kurz, mit großem, kegelförmigem Ansatzsockel. Auf dem 1. Beinpaar ein kleiner Dorn. am 4. basal ein stumpfer Zapfen. Beine groß und derb; Dornfalte mit kleinen Zähnen. Alle Krallen sehr groß, 25 μ lang, die inneren basal mit kurzen, dünnen Nebenhaken. Länge 250 μ, ausschließlich des 4. Beinpaares.

Schottland, am Seenrande; Sandwich-Inseln, Oahu bei Honolulu. Antarktisch, wie angegeben wurde (G. Rahm, 1928), ist die Art nicht.

15. **E. (E.) calvus** E. Marcus 1931 *E. c.*, E. Marcus in: Arch. Hydrobiol., Suppl. *v.* 8 p. 608 f. 1.

Mittelgroß; gedrungen. Cuticula fixierter Tiere in den skulpturierten Bezirken graurosa, in den unskulpturierten hyalin, das Körperinnere ziegelrot. Augenpigment nicht zu erkennen. Skulptur aus hellen, feinen Punkten bestehend, die in unregelmäßigen Abständen dicht angeordnet sind; auf den paarigen Rumpfplatten im rostralen Drittel schwächer skulpturierte Transversalbänder. Plattengrenzen deutlich; die 1. und 2. Schaltplatte in der rostralen Hälfte unskulpturiert, 3. Schaltplatte vorhanden, aber nur in einem sehr schwachen, medianen, den 3. Rumpfplatten benachbarten Bezirk skulpturiert. Endplatte mit weit medianwärts sitzenden Kleeblattkerben, ohne Facetten. Cirri mediales externi und interni sowie Clava ohne Besonderheiten, dagegen die Papilla cephalica auffallend lang und dick, zuckerhutförmig; der Cirrus lateralis sehr zart, ganz kurz, etwa ebenso lang wie die Medialcirren und nur eineinhalbmal so lang wie die Clava. Laterale und dorsale Körperanhänge fehlen. Beine kräftig, sämtlich mit einer auf die proximalen Partien ausgedehnten, auf dem 4. Beinpaar bis zur Dornfalte reichenden Granulierung. Das 1. Beinpaar mit einem kleinen Dorn, das 4. mit stumpfem Zapfen. Dornfalte aus sehr kleinen, spitzen, in unregelmäßigen Abständen angeordneten Zähnen. Alle Krallen sehr lang, 25 μ, die inneren basal mit kurzen, dünnen Nebenhaken. Länge 230 μ, ausschließlich des 4. Beinpaares.

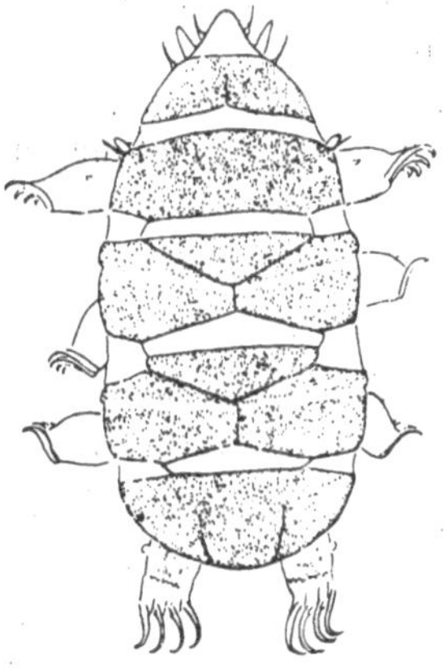

Fig. 70. **Echiniscus (E.) calvus** E. Marcus.

Nach der Krallenlänge, dem wichtigsten Unterscheidungsmerkmal der *arctomys*-Gruppe, zerfällt diese in eine größere, normalkrallige Untergruppe und eine kleinere, deren Arten am 4. Beinpaar oder an allen Beinen über die durchschnittliche Länge der Echiniscenkralle (12—15 μ) wesentlich hinausgehende Krallen besitzen. Mit der Zugehörigkeit zur 2. Untergruppe und innerhalb dieser zu den Species mit langen Krallen an allen Beinen ist die systematische Stellung des *E. calvus* gekennzeichnet. *E. viridis* steht dem *E. calvus* nahe, denn in der Anordnung der Platten, der Lage der Kleeblattkerben, der Ausbildung von Dornfalte und Nebenhaken stimmen beide überein. Wichtige Unterschiede sind die Länge der Kopfpapille und die Kürze des Lateralcirrus bei *E. calvus*, der in den 6 der Beschreibung zugrunde gelegten Exemplaren einheitlich die beschriebenen, durchaus einzigartigen Merkmale aufweist. Auf die Unterschiede in der Färbung zwischen *E. viridis* und *E. calvus* darf wohl von Formolmaterial aus kein Wert gelegt werden, aber John Murrays ausdrücklicher Hinweis auf das Fehlen von Grübchen und Erhebungen bei *E. viridis* (Brit. antarct. Exp., *v.* 1 p. 152, 1910) macht eine Vereinigung des dicht punktierten *E. calvus* mit dieser Species vollends unmöglich. Von geringerer Bedeutung ist die bei *E. viridis* breitere 3. Schaltplatte. Die Ausbildung des Cirrus lateralis bei *E. calvus* ist ganz eigenartig. Während bei Scutechiniscen mit normal langem Lateralcirrus gelegentlich Stücke mit abgestoßenen, stumpfen Stummeln bei *a* vorkommen, enden die Lateralcirren des *E. calvus* spitz, sind also trotz ihrer Kürze nicht abgestoßen.

Sumatra.

16. **E. (E.) sylvanus** John Murr. 1910 *E. s.*, John Murray in: Brit. antarct. Exp., *v.* 1 p. 160 t. 20 f. 49 | 1911 *E. s.*, John Murray in: J. Quekett Club, ser. 2 *v.* 11 p. 191 | 1928 *E. s.*, G. Rahm in: Tierw. Mitteleur., *v.* 3 p. II 17 | 1928 *E. s.*, E. Marcus in: Tierw. Deutschl., pars 12 p. 53 f. 57 | 1929 *E. s.*, E. Marcus in: Bronn, Kl. Ordn., *v.* 5 Abt. 4 Buch 3 p. 323—324 f. 160.

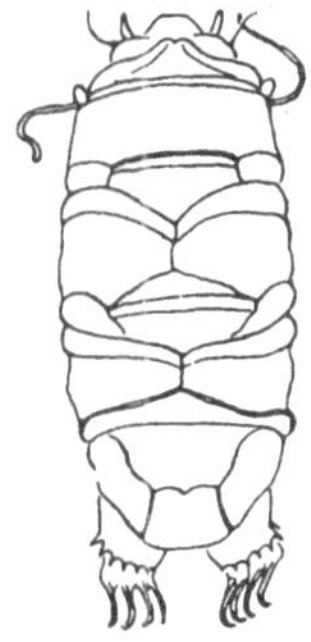

Fig. 71. **Echiniscus (E.) sylvanus** John Murr.

Groß, gelb. Skulptur aus verschieden großen, durch ungleiche Zwischenräume getrennten Punkten bestehend, die wie Poren aussehen und die Platten siebartig erscheinen lassen. 3. Schaltplatte fehlt; 1. Schaltplatte von der Schulterplatte weit getrennt; 2. Schaltplatte mit 2 durch ein glattes Querband getrennten, punktierten Partien. Jede der 2. und 3. Rumpfplatten durch eine dem Vorderrand parallele Linie in eine schmale, vordere und eine breitere, hintere Partie geteilt, die vordere tritt wulstartig hervor und setzt sich lateralwärts fort. Endplatte mit Kleeblattkerben und 3 Facetten, von denen die hintere, mediane undeutlich zweigeteilt ist. Von den Kopfanhängen tritt die Kopfpapille jederseits hervor; die Cirri mediales sind kurz. Der Lateralcirrus (das Haar bei *a*) etwa 50 μ lang und dicker als sonst bei den Scutechiniscidae, mit Ausnahme des *Pseudechiniscus cornutus* (vgl. S. 139), jedoch anders als dort oder bei den anderen Arten gestaltet, nämlich distal kaum verjüngt, vielmehr stumpf abgerundet endigend. Clava groß, dreieckig. Dornfalte aus wenigen (8—10) schmalen, spitzen, mit kleinen Zwischenräumen angeordneten Zähnen bestehend. Alle Krallen groß, etwa 25 μ lang, die inneren des 4. Beinpaares mit kleinen, gekrümmten Nebenhaken nahe der Basis. Länge 275 μ, ausschließlich des 4. Beinpaares.

Kanada, Ontario.

17. **E. (E.) canadensis** John Murr. 1910 *E. c.*, John Murray in: Brit. antarct. Exp., *v.* 1 p. 162 t. 20 f. 47 | 1911 *E. c.*, John Murray in: J. Quekett Club, ser. 2 *v.* 11 p. 191 | 1928 *E. c.*, G. Rahm in: Tierw. Mitteleur., *v.* 3 p. II 17 | 1928 *E. c.* [part.], E. Marcus in: Tierw. Deutschl., pars 12 p. 54 f. 60 | 1929 *E. c.* [part.], E. Marcus in: Bronn, Kl. Ordn., *v.* 5 Abt. 4 Buch 3 p. 324 f. 161 t. 1 f. 6, 8, 16 | 1930 *E. c.*, E. Marcus in: Zool. Jahrb., Syst. *v.* 59 p. 364—365 f. 1 A, B | 1932 *E. c.*, Cuénot in: Faune France, pars 24 p. 46—47 f. 30, IV.

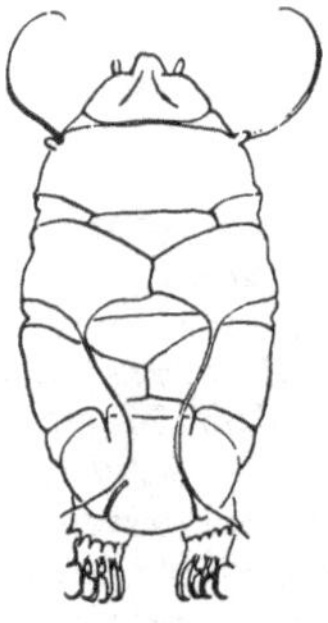

Fig. 72. **Echiniscus (E.) canadensis** John Murr.

Groß, dorsoventral sehr dick; rot. Skulptur der Platten aus mittelgroßen, kreisförmigen, regelmäßig und dicht angeordneten Punkten bestehend, die wie ganz flache, an den Rändern einander berührende Granula, oft mit einem kleinen Mittelpunkt, aussehen. Jede der paarigen 2. und 3. Rumpfplatten durch eine oft schwach skulpturierte transversale Furche zweigeteilt. 3. Schaltplatte fehlt, aber zuweilen ein schwach skulpturierter Bezirk zwischen 3. Rumpf- und Endplatte mit lateraler Begrenzung, also Andeutungen einer 3. Schaltplatte. Kleeblattkerben schwach ausgebildet. Stilettträger vorhanden. Cirrus lateralis bei 300 μ langen Tieren etwa 75 μ lang. Lateral im allgemeinen ohne Anhänge, zuweilen einseitig ein kleiner Lateraldorn bei *c*. Ein kleiner Dorn in der Kleeblattkerbe, das Spiculum bei *e*, kann auftreten oder fehlen. Dorsalanhänge meist als Haare über *c* von 100—150 μ Länge und ziemlich kurze Haare oder Dornen über *d* ausgebildet. Es können auch die Anhänge über *c* kurze Dornen und die über *d* kaum erkennbar sein. Auf dem 4. Bein eine Papille. Dornfalte mit dreieckigen, basal etwas voneinander getrennten Zähnen. Innere Krallen mit ziemlich großen, der Krallenmitte genäherten Nebenhaken. Äußere Krallen basal fast immer mit einem geraden Dorn, die des 3. und 4. Beines manchmal mit 2 Dornen, von denen der distale kleiner ist als der proximale. Länge 300 μ und mehr, ausschließlich des 4. Beinpaares.

Gelege mit 1—4 kurz-ovalen Eiern. Jungtiere zuweilen ohne den Dorsalanhang über *d*. Während der gerade Dorn an der Basis der Außenkralle sonst bei Arten der Untergattung *Echiniscus* nur bei vollerwachsenen Exemplaren auftritt, findet er sich bei *E. (E.) canadensis* auch bei 170 μ und 180 μ langen, also etwa halberwachsenen Stücken.

Die nur teilweise Gültigkeit der in obenstehender Synonymieliste angeführten Stellen bezieht sich auf Exemplare mit langem Lateralhaar bei *c*, die nicht zu *E. (E.) canadensis*, sondern zu *E. (E.) mediantus* (vgl. S. 124) gestellt werden sollten. Die Beziehungen des *E. (E.) canadensis* zu dieser Art, sowie zu *E. (E.) bisetosus* (vgl. S. 74), *trisetosus* (vgl. S. 119) und *blumi* (vgl. S. 108), die hier durch die Bestimmungstabellen unnatürlich weit voneinander getrennt werden mußten, haben Cuénot (1932, l. c.) und

E. Marcus (1930, l. c.) früher ausführlich erörtert; ich komme bei Besprechung des *E. (E.) mediantus* kurz darauf zurück (vgl. S. 124).

Britisch-Columbia: Victoria (Vancouver-Insel); Schweiz, Wallis, bis 2500 m; Frankreich; Sardinien; Korea.

E. (E.) spec. 3 [spec. dub. et inquir.] 1913 *E.* spec., John Murray in: J. R. micr. Soc., p. 142 | 1928 *E.* spec. 3, E. Marcus in: Tierw. Deutschl., pars 12 p. 55 | 1929 *E.* spec. 3, E. Marcus in: Bronn, Kl. Ordn., *v.* 5 Abt. 4 Buch 3 p. 324—325.

Bei dieser nie abgebildeten Art handelt es sich um ein Tier mit 4 kräftigen, geraden, als Stacheln ausgebildeten Dorsalanhängen auf der hinteren Körperhälfte, also wahrscheinlich über *c* und *d*. Außer dem Haar bei *a*, dem Cirrus lateralis, keine Lateralanhänge.

Südafrika.

2. Echiniscus (E.) spinulosus-Gruppe[1]).

Außer dem Cirrus lateralis (dem Haar bei *a*) sind alle lateralen Körperanhänge Dornen oder Stacheln.

Bestimmungstabelle der Arten:

1	Dornen, wenigstens die lateralen, nicht glatt — **2**	
	Alle Dornen glatt — **3**	
2	Dornen gezähnt; 3. Rumpfplatten dorsal bedornt; 3. Schaltplatte mindestens als skulpturierter Bezirk angedeutet	18. **E. (E.) duboisi**
	Dornen gerauht; 3. Rumpfplatten dorsal unbedornt; 3. Schaltplatte weder als skulpturierter Bezirk angedeutet, noch als Platte ausgebildet	19. **E. (E.) reymondi**
3	Keine dorsalen Dornen hinter der Schulterplatte; nie mehr als je ein Paar Dorsaldornen über *c* und *d* — **4**	
	Hinter der Schulterplatte 6 Dorsaldornen; außerdem dorsomedian und dorsolateral über *c* und *d* je 1 Paar Dornen, also insgesamt 4 über *c* und 4 über *d*	30. **E. (E.) africanus**
4	Außer dem Cirrus lateralis (dem Haar bei *a*) noch andere Lateralanhänge und zwar mindestens noch ein Dorn bei *e* vorhanden — **5**	
	Außer dem Cirrus lateralis noch ein weiterer, aber nicht bei *e* gelegener Dorn vorhanden — **19**	
5	Außer dem Cirrus lateralis und dem Dorn bei *e* kein weiterer Lateralanhang vorhanden — **6**	
	Außer dem Cirrus lateralis und dem Dorn bei *e* noch einer oder mehrere Lateralanhänge vorhanden — **8**	
6	3. Schaltplatte vorhanden	20. **E. (E.) baius**
	3. Schaltplatte fehlt — **7**	
7	Innenkrallen mit Nebenhaken	**E. (E.) spec. 4**
	Innenkrallen ohne Nebenhaken	**E. (E.) spec. 5**
8	Außer dem Cirrus lateralis und dem Dorn bei *e* noch mehrere, also noch mehr als ein weiterer Lateralanhang vorhanden — **9**	
	Außer dem Cirrus lateralis und dem Dorn bei *e* nur noch ein weiterer Lateralanhang (bei *c*) vorhanden	28. **E. (E.) calcaratus**

[1]) *Echiniscus* spec. 7 (vgl. S. 72) konnte nicht in die Tabelle aufgenommen werden.

9	Lateraldornen mit zwiebelförmig erweiterter Basis ansitzend — **10**	
	Lateraldornen in gewöhnlicher Weise, ohne zwiebelförmig erweiterte Basis ansitzend — **11**	
10	Endplatte facettiert	**E. (E.) spec. 39**
	Endplatte unfacettiert	**E. (E.) spec. 10**
11	Caudalrand der 2. und 3. Rumpfplatten mit breitem, skulpturfreiem Streifen; 2. und 3. Bein basal je mit einem kleinen Dorn; der Dorn bei *e* länger als der Cirrus lateralis	21. **E. (E.) perarmatus**
	Caudalrand der paarigen Rumpfplatten ohne skulpturfreien Streifen; 2. und 3. Bein unbedornt; der Cirrus lateralis der längste Körperanhang — **12**	
12	3. Schaltplatte vorhanden — **13**	
	3. Schaltplatte fehlt — **14**	
13	Lateralanhänge, außer dem Cirrus lateralis, bei *c*, *d* und *e* vorhanden; Dorsaldornen über *c* lang, kräftig, über *d* kurz	**E. (E.) spec. 8**
	Lateralanhänge, außer dem Cirrus lateralis, bei *b*, *c*, *d* und *e* vorhanden; Dorsaldornen über *c* kurz, über *d* breit, kräftig	26. **E. (E.) divergens**
14	Endplatte facettiert — **15**	
	Endplatte unfacettiert — **17**	
15	Skulptur aus großen, wabenartig angeordneten Gruben bestehend	24. **E. (E.) pusae**
	Skulptur aus runden Poren oder feinen Punkten bestehend — **16**	
16	Lateralanhänge ganz kurze Stacheln	22. **E. (E.) spinulosus**
	Lateralanhänge länger, mindestens 8 μ lang, meist 15—36 μ lange Dornen	23. **E. (E.) spiniger**
17	Skulptur doppelt: zwischen lockerstehenden, großen, grubigen Punkten kleine, helleuchtende Granula; am Hinterrand jeder der 3. Rumpfplatten, also über *d*, ein breiter, flacher Dorn zwischen Plattenmitte und Plattenecke — **18**	
	Skulptur einfach: sehr große, dicht stehende, grubige Punkte; am Hinterrand der 2. und 3. Rumpfplatten, also über *c* und *d*, je ein kurzer, gekrümmter Dorn an der Plattenecke	27. **E. (E.) fischeri**
18	Skulptur auf den paarigen Rumpfplatten nicht unterbrochen	25. **E. (E.) crassispinosus**
	Skulptur auf den paarigen Rumpfplatten unterbrochen, auf jeder Platte in 2 glatte und 3 skulpturierte Streifen gesondert	25a. **E. (E.) crassispinosus f. fasciata**
19	Der außer dem Cirrus lateralis vorhandene weitere Lateralanhang ist ein Dorn bei *c* (typische Stücke) oder ein Dorn bei *d* (Cuénot); dorsal über *c* ein langes Haar, über *d* ein kurzer Dorn	29. **E. (E.) bisetosus**
	Der außer dem Cirrus lateralis vorhandene weitere Lateralanhang ist ein Dorn bei *d*; dorsal über *c* ein Dorn	**E. (E.) spec. 9**

18. **E. (E.) duboisi** Richters 1902 *E. D.*, F. Richters in: Ber. Senckenb. Ges., p. 24, t. 1 f. 4 | 1908 *E. D.*, F. Richters, ibid., p. 15 | 1910 *E. d.*, John Murray in: Brit. antarct. Exp., *v.* 1 p. 131 t. 17 f. 19, 20 | 1911 *E. d.*, John Murray in: J. Quekett Club, ser. 2 *v.* 11 p. 191 | 1913 *E. d. var.*, John Murray in: J. R. micr. Soc., p. 142 t. 6 f. 3 | 1928 *E. d.*, G. Rahm in: Tierw. Mitteleur., *v.* 3

p. II 17 | 1928 *E. d.*, F. Heinis in: Verh. Ges. Basel, *v.* 39 p. 60 | 1928 *E. d.*, F. Heinis in: Treubia, *v.* 10 p. 237 | 1928 *E. d.*, E. Marcus in: Tierw. Deutschl., pars 12 p. 56 f. 61 | 1929 *E. d.*, E. Marcus in: Bronn, Kl. Ordn., *v.* 5 Abt. 4 Buch 3 p. 325 bis 326 f. 162.

Erreicht ziemliche Größe; rot. Skulptur aus dichten, verschieden großen, und zwar zum Teil recht groben, grubigen Punkten bestehend. 3. Schaltplatte mindestens durch einen skulpturierten Bezirk hinter der 3. Rumpfplatte angedeutet. Die paarigen Rumpfplatten bald einheitlich skulpturiert, bald durch ein lateralwärts verbreitertes Querband in kleinere, vordere und doppelt so große, hintere Bezirke geteilt. Endplatte im allgemeinen unfacettiert, mit Kleeblattkerben, die manchmal durch ein glattes Querband verbunden sind[1]). Lateralanhänge: der Cirrus lateralis, bei 250 μ langen Tieren 80 μ lang; die Clava langgestreckt, etwa 15 μ lang; außerdem bei *b* ein gerader, meist etwas kürzerer, bei *c, d, e* stärker caudalwärts gekrümmte Dornen, alle in nur hier vorkommender Weise mit kleinen Spitzen, manchmal auch mit nur 3—4 größeren Stacheln besetzt. Die Länge der Dornen variiert, oft ist der bei *b* der kürzeste, 25 μ lang, oder er fehlt ganz; für den bei *c* werden 46 μ, für den bei *d* 50 μ, für den bei *e* 40 μ angegeben. Dorsalanhänge: über *c* und *d* zwischen den Ecken und der Medianlinie gelegene Dornen, die gleich groß oder verschieden, die über *c* 12 μ, die über *d* 50 μ lang sein können. Beide können gezähnt oder ausgezackt oder auch abgeflacht und auch glatt sein; auch können nur die Dornen über *c* oder alle 4 Dorsaldornen (so in der Originaldiagnose) glatt sein. Dornfalte mit schmalen und langen, spitzen, gekrümmten, basal deutlich voneinander getrennten Zähnen. Den Nebenhaken sollen alle Krallen fehlen, sind aber in javanischem Material festgestellt worden. Länge bis zu 250 μ, ausschließlich des 4. Beinpaares.

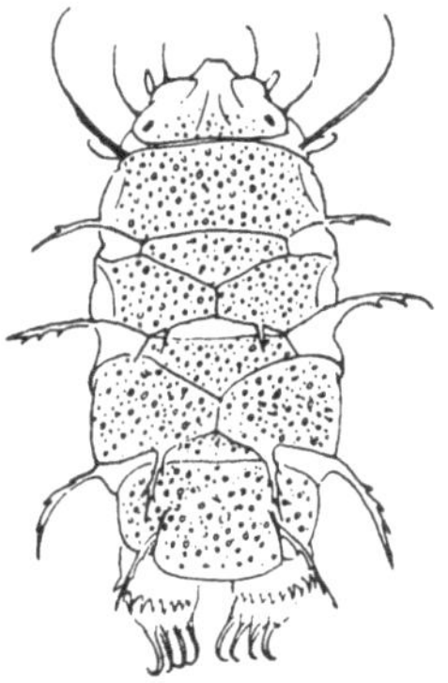

Fig. 73.
Echiniscus (E.) duboisi Richters.

Gelege mit 2 ovalen Eiern; eine 2 krallige Jugendform von 103 μ Länge gefunden.

Über die in der Beschreibung bereits geschilderte Variationsbreite hinaus geht eine von John Murray (1913) beschriebene, bisher unbenannte, kleine Form. Bei dieser sind lateral außer dem Cirrus lateralis nur ein kurzer Dorn mit breiter Basis bei *c* mit einem Seitendorn nahe der Mitte und ein starker, gekrümmter Dorn bei *e* vorhanden. Dorsal finden sich sehr kleine Dornen über *c* und starke, gesägte über *d*. Die Endplatte dieser Form ist facettiert.

Java, bis 3000 m; Krakatau; Kapland; Australien, Blaue Berge und Queensland.

19. **E. (E.) reymondi** E. Marcus 1910 *E.* spec., John Murray in: Brit. antarct. Exp., *v.* 1 p. 166 t. 20 f. 45 | 1928 *E. reymondi*, E. Marcus in: Tierw. Deutschl., pars 12 p. 57 f. 62 | 1929 *E. r.*, E. Marcus in: Bronn, Kl. Ordn., *v.* 5 Abt. 4 Buch 3 p. 326—327 f. 163.

---

[1]) Auf die Angabe des Merkmals einer glatten Querverbindung der beiden Kleeblattkerben ist, wie bei dieser Art, durchweg wenig Wert zu legen. Wenn nämlich, wie es bei vielen Species der Fall ist, der caudale Lappen der Endplatte dem vorderen Plattenteil nicht in derselben Ebene, sondern basalwärts gewinkelt ansitzt, sieht man bei einer bestimmten Tubuseinstellung den optischen Schnitt der Dicke des caudalen Lappens längs der ganzen Ansatzstrecke durch 2 Linien markiert, die leicht eine oberflächliche Querverbindung der Kleeblattkerben vortäuschen können.

Mittelgroß; Skulptur aus kleinen, teilweise wie Poren aussehenden Punkten bestehend, und zwar die etwas größeren dunkel, die kleineren hellleuchtend. 3. Schaltplatte fehlt. Endplatte mit Kleeblattkerben. Lateralanhänge: bei *a* der Cirrus lateralis als geschwungenes, 70 μ langes Haar, bei *c*, *d*, *e* lange, breite Dornen von 50, 50 und 80 μ Länge. Dorsalanhänge: über *c* ein flacher, 40 μ langer Dorn und zwischen ihm und dem Lateraldorn bei *c* eine kleine Spitze am Hinterrand der 2. Rumpfplatten. Laterale wie dorsale Dornen rauh. Dornfalte mit stumpfen Zähnen. Über die Nebenhaken der Krallen fehlen genauere Angaben. Länge 212 μ.

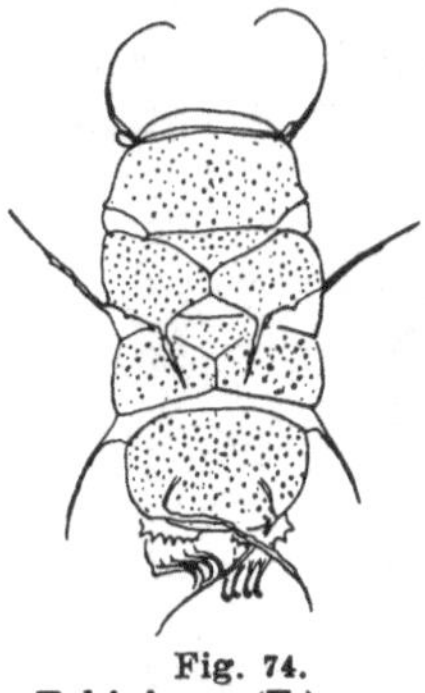

Fig. 74. **Echiniscus** (**E.**) **reymondi** E. Marcus.

Obgleich die Species bisher nur in einem Exemplar bekanntgeworden ist, erscheint sie, namentlich durch die gerauhten Lateral- und Dorsaldornen, so deutlich von allen anderen *Echiniscus*-Arten verschieden, daß sie als selbständige Species gelten kann.

Britisch-Columbia: Victoria (Vancouver-Insel).

20. **E.** (**E.**) **baius** E. Marcus 1928 *E. b.*, E. Marcus in: Tierw. Deutschl., pars 12 p. 58 f. 62a | 1929 *E. b.*, E. Marcus in: Bronn, Kl. Ordn., *v.* 5 Abt. 4 Buch 3 p. 327—328 f. 164.

Klein; rosa, Augenpigment ziegelrot. Skulptur eine grobe, mäßig dichte, unregelmäßige Punktierung, die auf jeder der 2. und 3. Rumpfplatten durch eine skulpturfreie, etwas rostral von der Mitte gelegene Binde unterbrochen ist. 1. und 2. Schaltplatte im rostralen Drittel skulpturfrei; 3. Schaltplatte deutlich ausgebildet, den Raum zwischen den 3. Rumpfplatten und der Endplatte vollständig ausfüllend. Endplatte unfacettiert, mit Kleeblattkerben. Kopfanhänge ohne Besonderheiten; der Cirrus lateralis (das Haar bei *a* der Autoren) etwa 20 μ lang, an sonstigen Körperanhängen bei 39 Individuen (37 von Java, 2 von Lombok) nur ein maximal 14 μ langer Lateraldorn bei *e* vorhanden, der einseitig oder an beiden Körperseiten an der Spitze gegabelt sein kann, wie das bei vielen Anhängen der Echiniscen und Pseudechiniscen vorkommt. Bei einem der im ganzen 3 von Lombok stammenden Tiere (100 μ lang) findet sich außerdem noch je ein 6 μ langer Dorsaldorn über *d*. Dornfalte mit kurzen, spitzen Zähnen; Innenkrallen mit Nebenhaken. Länge 90—155 μ ausschließlich der Beine, und zwar 36 4krallige (100—155 μ), unter denen sich das Stück mit dem Dorsaldorn über *d* befindet, und 4 2krallige (90 bis 120 μ), von denen die 90 und 100 μ messenden außer dem Cirrus lateralis keine Anhänge besitzen, während das 120 μ lange 2krallige Individuum den Lateraldorn bei *e* aufweist. Breite 55—80 μ; der Dorn bei *e* 6—14 μ.

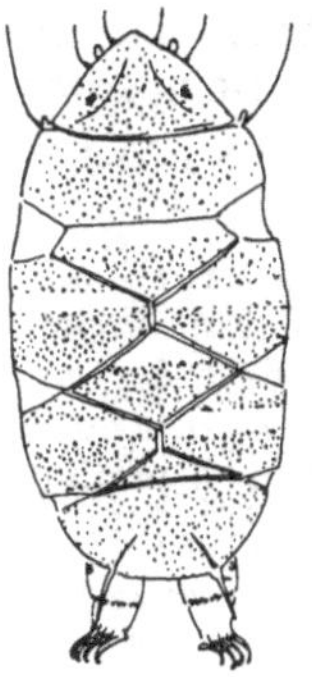

Fig. 75. **Echiniscus** (**E.**) **baius** E. Marcus.

Gelege nicht gefunden.

Die Abgrenzung einer *Echiniscus*-Art ist so lange mißlich, als nicht eine Cuticula mit Gelege vorliegt, aus der die volle Zahl der Anhänge adulter oder wenigstens geschlechtsreifer Tiere zu ersehen ist. Freilich bleibt auch dann noch zu bedenken, daß auch Individuen mit noch nicht der gesamten Zahl von Körperanhängen Eier ablegen, und daß an der alten, das Gelege umhüllenden Cuticula die Anhänge gelegentlich zum Teil abgebrochen sein können. Trotzdem dürfte *E. baius* eine sichere

Art sein, da in einem großen, der Originaldiagnose zugrunde liegenden, einheitlichen Material von 2 Fundorten Skulpturierungs- und Bedornungsverhältnisse sich finden, die mit keiner bisher beschriebenen *Echiniscus*-Art übereinstimmen. *Echiniscus* spec. 4 und *E.* spec. 5 haben beide keine 3. Schaltplatte und keine unskulpturierten Transversalbänder auf den Rumpfplatten. Innerhalb der *Echiniscus biunguis*-Gruppe (vgl. S. 123), an die man bei der geringen Zahl von Körperanhängen für *Echiniscus baius* denken könnte, kommen als ähnliche Arten mit 3. Schaltplatte nur *Echiniscus* spec. 34 und *Echiniscus inermis* in Frage, beide mit Haaren bei *e* und ohne skulpturfreie Mittelbänder auf den Rumpfplatten. Außerdem besitzt die 1. Art dorsale Körperanhänge und eine facettierte Endplatte, die 2., die eine 2krallige Jugendform von *Echiniscus testudo* (vgl. S. 113) sein dürfte, hat ein die Kleeblattkerben verbindendes, skulpturfreies Querband, freilich ein Merkmal von geringer Bedeutung (vgl. Anm. S. 65).

Korea; Java bis 3000 m; Ost-Lombok, 1600 m.

E. (E.) spec. 4 [Spec. dub. et inquir., Jugendform] 1910 *E.* spec.-larva, John Murray in: Brit. antarct. Exp., *v.* 1 p. 135 t. 17 f. 23 | 1928 *E.* spec. 4, E. Marcus in: Tierw. Deutschl., pars 12 p. 59 f. 63 | 1929 *E.* spec. 4, E. Marcus in: Bronn, Kl. Ordn., *v.* 5 Abt. 4 Buch 3 p. 328 f. 165.

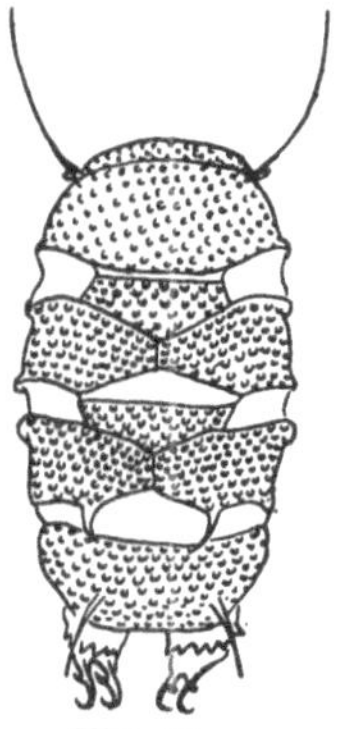

Fig. 76. **Echiniscus (E.) spec. 4.**

Klein; Skulptur einheitlich aus mittelgroßen, anscheinend als Körnchen ausgebildeten, sehr regelmäßig angeordneten Punkten bestehend. 3. Schaltplatte fehlt; Kleeblattkerben nicht zu sehen, aber nach den Dornen bei *e* zu urteilen, vorhanden. Lateralanhänge: ein 39 µ langer Cirrus lateralis und bei *e* ein 18 µ langer, gebogener Dorn. Dorsal über *d* ein kurzer, gekrümmter Dorn (8 µ). Dornfalte mit kleinen, dreieckigen Zähnen; die beiden Krallen des 4. Beinpaares mit großen, krummen Nebenhaken. Länge dieser 2kralligen Jugendform 120 µ, ausschließlich des 4. Beinpaares.

Vielleicht wird diese Jugendform durch die möglicherweise mehr Anhänge besitzenden ausgewachsenen Tiere in eine ganz andere *Echiniscus* (*E.*)-Gruppe verwiesen werden; derzeit muß sie, um für weitere Forschung überhaupt verwertbar zu bleiben, an dieser Stelle provisorisch eingeordnet werden.

Australien, Queensland.

E. (E.) spec. 5 [Spec. dub. et inquir., vielleicht Jugendform] 1910 *E.* spec., John Murray in: Brit. antarct. Exp., *v.* 1 p. 154 t. 19 f. 37 | 1928 *E.* spec. 5, E. Marcus in: Tierw. Deutschl., pars 12 p. 59 f. 64 | 1929 *E.* spec. 5, E. Marcus in: Bronn, Kl. Ordn., *v.* 5 Abt. 4 Buch 3 p. 328 bis 329 f. 166.

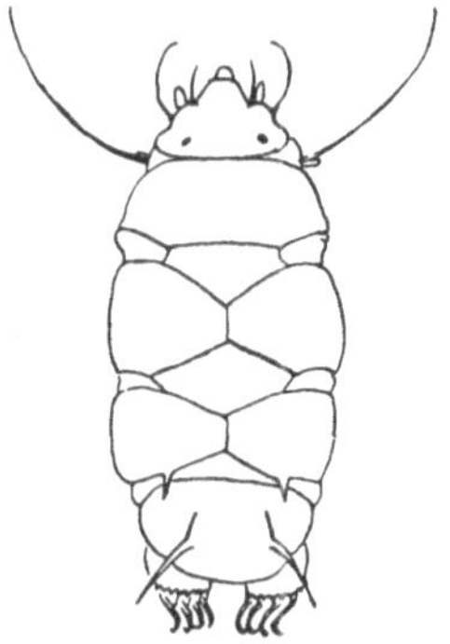

Fig. 77. **Echiniscus (E.) spec. 5.**

Klein; fein und regelmäßig punktiert. 3. Schaltplatte fehlt. Kleeblattkerben deutlich. Lateralanhänge: bei *a* der Cirrus lateralis von 50 µ Länge und bei *e* ein krummer, 12 µ langer Dorn, der manchmal fehlt. Dorsal über *d* ein kurzer, gebogener Dorn (6 µ). Dornfalte mit kleinen, stumpfen Zähnen; keine Nebenhaken an den inneren Krallen. Länge 125 µ, ausschließlich des 4. Beinpaares.

Der Autor hält die gefundenen, freilich 4kralligen Tiere für noch nicht ausgewachsen.

Sandwich-Inseln, Oahu.

E. (E.) spec. 39 [Spec. inquir.] 1913 *E.* spec., John Murray, Not. nat. Hist. Bolivia Peru, p. 29 f. 15 | 1929 *E.* spec. 39, E. Marcus in: Bronn, Kl. Ordn., *v.* 5 Abt. 4 Buch 3 p. 338 f. 178.

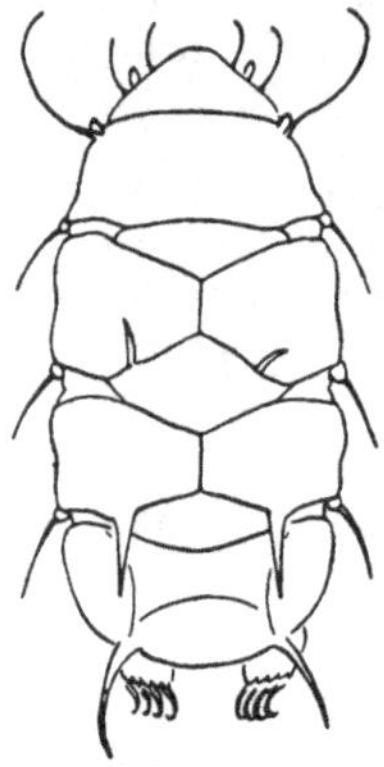

Fig. 78. **Echiniscus (E.) spec. 39.**

Wahrscheinlich mit 3. Schaltplatte. Cirrus lateralis mittellang, lateral bei *b, c, d* feine, leicht gebogene, von Papillen entspringende, mittellange Dornen, bei *e* breite, kräftig geschwungene Dornen. Dorsal über *c* kurze Dornen und kräftige, gerade Dornen über *d*. Endplatte nach den Anhängen bei *e* und der Bezugnahme Murrays auf *E. siegristi* (vgl. S. 115) zu urteilen, mit Kleeblattkerben; außerdem mit deutlichen Facetten. Dornfalte vorhanden.

Der Vergleich der Art mit ***E. siegristi***, der vollständig andere Bedornung, keine 3. Schaltplatte und keine Facetten besitzt, erscheint mir nicht sehr passend. Eher würde man die Art vielleicht mit ***E. rugospinosus*** (vgl. S. 85) vergleichen können, dessen Lateralanhänge gleichfalls von kleinen Papillen entspringen. Freilich hat ***E. rugospinosus*** weder eine 3. Schaltplatte noch Facetten. Die gleichen Charaktere hindern eine Vereinigung der *E.* spec. 39 mit *E.* spec. 10 (vgl. S. 81); vielleicht stellt *E.* spec. 39 eine Form des in seiner Bedornung ja sehr variablen *E. columinis* (vgl. S. 81) dar.

Bolivia, ohne nähere Angabe.

21. **E. (E.) perarmatus** John Murr. 1907 *E. p.*, John Murray in: J. R. micr. Soc., p. 519 t. 17 f. 4—4b | 1907 *E. p.*, John Murray in: Tr. R. Soc. Edinb., *v.* 45 p. 842 t. 1 f. 6 | ?1910 *E. p.*, John Murray in: Brit. antarct. Exp., *v.* 1 p. 154 | 1911 *E. p.*, John Murray in: J. Quekett Club, ser. 2 *v.* 11 p. 191 | 1928 *E. p.*, E. Marcus in: Tierw. Deutschl., pars 12 p. 59 f. 65 | 1929 *E. p.*, E. Marcus in: Bronn, Kl. Ordn., *v.* 5 Abt. 4 Buch 3 p. 329—330 f. 167.

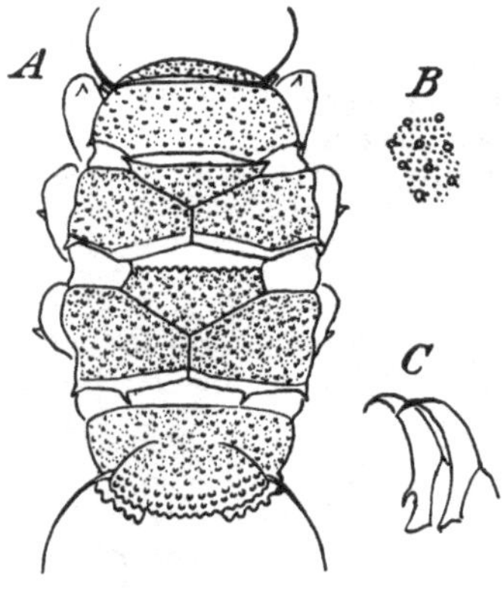

Fig. 79. **Echiniscus (E.) perarmatus** John Murr. *A* dorsal, *B* Plattenskulptur, *C* Außen- und Innenkralle.

Ziemlich groß. Skulptur aus groben, regelmäßig angeordneten und sehr feinen, hellleuchtenden Punkten bestehend. Die groben erscheinen auf der Endplatte als Papillen, am Vorderrand der 2. Schaltplatte als Grübchen. 3. Schaltplatte fehlt. Endplatte mit Kleeblattkerben. Am Hinterrand der 2. und 3. Rumpfplatten ein breiter, skulpturfreier Streifen, wie ihn kein anderer *Echiniscus* sonst hat. Lateralanhänge: der Cirrus lateralis kurz, geschwungen; bei *b, c, d* ganz kleine Dornen, bei *e* ein den Cirrus lateralis an Länge übertreffender, gebogener Dorn. Dorsal über *d* am Hinterrand der 3. Rumpfplatten je ein ganz kurzer Dorn. Auf dem 1. und auch auf dem 2. und 3. Bein je ein kleiner Stachel, was bei keinem andern *Echiniscus* vorkommt. Dornfalte mit länglichen, stumpf endigenden Zähnen; innere Krallen mit kleinen Nebenhaken. Länge 260 μ.

Gelege mit 2—3 roten, ovalen, 66 μ langen Eiern. 2krallige Jugendformen 96 μ, mit allen Anhängen der Erwachsenen, nur der Lateraldorn bei *e* kürzer.

Kapland; Sandwich-Inseln, Oahu [Identifizierung unsicher].

22. **E. (E.) spinulosus** (Doy.) 1840 *Emydium spinulosum*, Doyère in: Ann. Sci. nat., ser. 2 *v.* 14 p. 281 t. 12 f. 9, 10 [= eine Figur], f. 12 | 1861 *Echiniscus spinulosus*, C. A. S. Schultze, Echiniscus Creplini, p. 8 | 1888 *E. s.*, Plate in: Zool. Jahrb., Anat. *v.* 3 p. 531 | 1896 *E. spinulosum*, Lance, Contr. Tardigrades, p. 209 | 1901 *E. spinulosus*, Schaudinn in: Fauna arct., *v.* 2 p. 192 | 1910 *E. s.*, John Murray in: Brit. antarct. Exp., *v.* 1 p. 153 t. 19 f. 38 | 1911 *E. s.*, John Murray in: J. Quekett Club, ser. 2 *v.* 11 p. 191 | 1928 *E. s.*, G. Rahm in: Tierw. Mitteleur., *v.* 3 p. II 12 | 1928 *E. s.*, E. Marcus in: Tierw. Deutschl., pars 12 p. 60 f. 66 | 1929 *E. s.*, E. Marcus in: Bronn, Kl. Ordn., *v.* 5 Abt. 4 Buch 3 p. 330 f. 168 | 1932 *E. s.*, Cuénot in: Faune France, pars 24 p. 41—42 f. 22.

Mittelgroß. Skulptur aus großen und kleinen, mit unregelmäßigen Zwischenräumen angeordneten Punkten bestehend, die wie Poren aussehen.

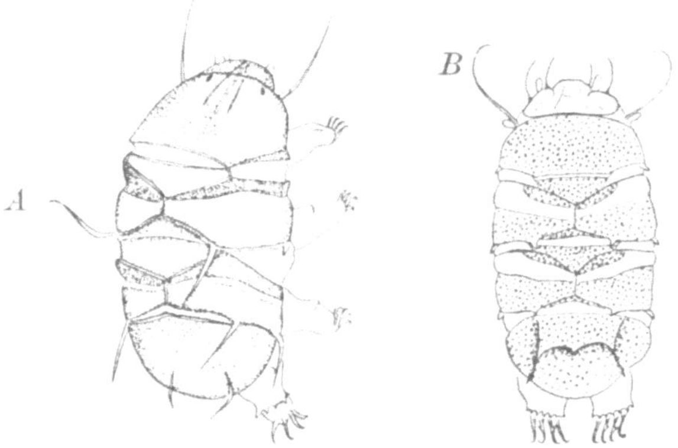

Fig. 80.
A und *B* Echiniscus (E.) spinulosus (Doy.) mit verschiedenen Anhängen.

3. Schaltplatte fehlt. 2. und 3. Rumpfplatten, jedenfalls nach John Murray's Diagnose, mit einem breiten, skulpturfreien Transversalband, das einen skulpturierten, sowohl rostro-caudal schmalen, wie auch lateral nicht bis zur Plattengrenze ausgedehnten vorderen und einen mehr als die Hälfte der ganzen Platte einnehmenden hinteren Teil scheidet. Am Hinterrand der 2. Rumpfplatten, also vor der 2. Schaltplatte und von ihr durch einen skulpturfreien Querstreifen gesondert, befindet sich ein schmaler, skulpturierter Streifen und ein ebensolcher, der nicht als 3. Schaltplatte bezeichnet werden kann, hinter den 3. Rumpfplatten. Endplatte mit Kleeblattkerben und Facetten, von denen die hinterste, mediane undeutlich zweigeteilt ist. Kopfanhänge ziemlich lang, der Cirrus lateralis relativ kurz, bei *b, c, d, e* ganz kurze Stacheln. Dorsalanhänge über *c* und *d* in der Größe variabel, wie bei dem verwandten *Echiniscus duboisi* (vgl. S. 64), bald an beiden Stellen kleine Stacheln, nicht größer als die lateralen, bald mittelgroße, bald sehr lange, starke Dornen. Dornfalte mit kurzen, dreieckigen Zähnen. Die gekrümmten Nebenhaken ziemlich groß und in einiger Entfernung von der Krallenbasis, also der Krallenmitte genähert, ansitzend. Länge 250 μ, ausschließlich des 4. Beinpaares, Doyère gibt bis zu 350 μ an.

Hier, wie bei Murray (in: J. Quekett Club, ser. 2 *v.* 11 p. 191, 1911) werden *E. spinulosus*, *E. spiniger* und *E. crassispinosus* getrennt aufgeführt, während Cuénot erwogen hat, die genannten Arten und *E.* spec. 8 zu vereinigen. Aber *E. crassispinosus* hat eine durchaus eigentümliche Plattenskulptur und eine unfacettierte Endplatte, die nicht zu *E. spinulosus* passen. Auch bei *E.* spec. 8 ist die Endplatte unfacettiert, außerdem besitzt er eine 3. Schaltplatte. Dagegen hat Cuénot *E. spinulosus*-Stücke mit längeren lateralen Dornen bei *d* und *e* gefunden (Fig. 80 *A*), die auf *E. spiniger* hinweisen. Sollten in *E. spinulosus*-Populationen Stücke mit längeren Lateraldornen bei *c* oder in *E. spiniger*-Populationen solche mit kurzen lateralen Stacheln bei *c* gefunden werden, so müßte man beide Arten vereinigen. Bis dahin erscheint es zur Erleichterung der Übersicht zweckmäßig, *E. spinulosus* und *E. spiniger* getrennt aufzuführen.

Gelege mit 2—3 ovalen Eiern. In Frankreich in Lebermoosen und besonders in Moosen und Flechten von trockenen Felsen gefunden.

Spitzbergen; Schweiz, bei Basel; Frankreich, bei Paris und anderwärts; Sandwich-Inseln, Oahu.

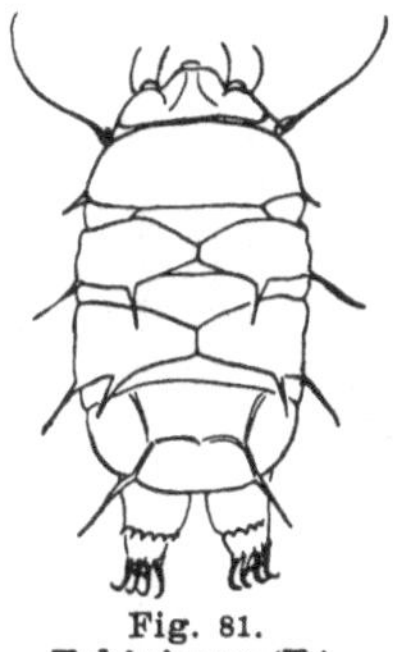

Fig. 81. **Echiniscus (E.) spiniger** Richters.

23. **E. (E.) spiniger** Richters 1904 *E. s.*, F. Richters in: Zool. Anz., *v.* 28 p. 349 | 1910 *E. s.*, John Murray in: Brit. antarct. Exp., *v.* 1 p. 131 t. 17 f. 24 | 1911 *E. s.*, John Murray in: J. Quekett Club, ser. 2 *v.* 11 p. 191 | 1914 *E. s.*, F. Heinis in: Mém. Soc. Neuchâtel, *v.* 5 p. 719 | 1928 *E. s.*, G. Rahm in: Tierw. Mitteleur., *v.* 3 p. II 17 | 1928 *E. s.*, E. Marcus in: Tierw. Deutschl., pars 12 p. 60 f. 67 | 1929 *E. s.*, G. Rahm in: Bull. Soc. Fribourg., *v.* 29 Proc.-verb. 19. V. 1927 p. 8 | 1929 *E. s.*, E. Marcus in: Bronn, Kl. Ordn., *v.* 5 Abt. 4 Buch 3 p. 331 f. 169 | 1930 *E. s.*, E. Marcus in: Zool. Jahrb., Syst. *v.* 59 p. 371.

Groß. Skulptur aus sehr feinen, helleuchtenden Punkten bestehend. 3. Schaltplatte fehlt. Endplatte mit Kleeblattkerben und Facetten, deren caudaler, medianer Teil undeutlich zweigeteilt ist. Lateralanhänge: der Cirrus lateralis, also bei *a*, als Haar, 55 μ lang bei einem 350 μ langen Exemplar, die Anhänge bei *b*, *c*, *d*, *e* als Dornen von ungefähr gleicher, und zwar 30—36 μ betragender Länge ausgebildet, so in der Originaldiagnose. Oder der Dorn bei *b* ist kürzer, 8—10 μ lang; bei den Stücken von Sumatra fehlt er. Bei sardinischem Material die Lateraldornen eines 350 μ langen Tieres sämtlich nur 15 μ lang. Die manchmal fehlenden Dorsalanhänge über *c* und *d* von variabler Länge, bei den zuerst beschriebenen Stücken über *c* 51 μ lange Haare, über *d* gekrümmte Dornen von 48 μ Länge, oder an beiden Stellen 10—15 μ, oder (bei sardinischen Stücken) 35 μ lange Dornen. Dornfalte vorhanden, mit stumpfen Zähnen; die inneren Krallen des 4. Beinpaares mit sehr kräftigen, basalwärts gerichteten Nebenhaken, die ähnlich wie bei *Echiniscus (Hypechiniscus) gladiator* (vgl. S. 47), also weiter als gewöhnlich von der Krallenbasis entfernt ansetzen. Länge bis 350 μ.

Gotland; Voralpen bei Freiburg-Schweiz; Sardinien; Ost-Sumatra, bei Medan; Australien, Queensland; Südamerika: Colombia.

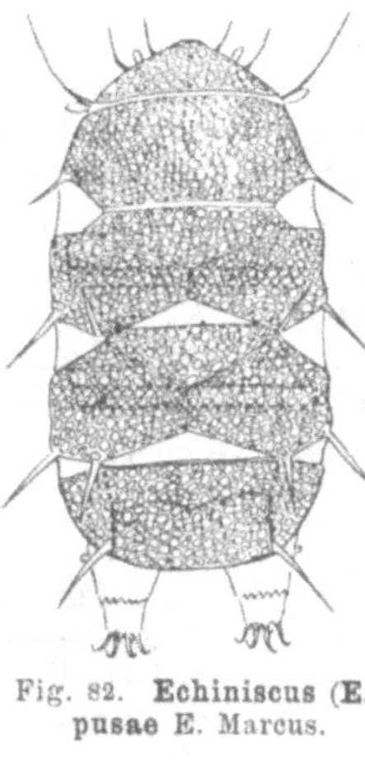

Fig. 82. **Echiniscus (E.) pusae** E. Marcus.

24. **E. (E.) pusae** E. Marcus 1907 *E.* spec., John Murray in: J. R. micr. Soc., p. 521 t. 17 f. 1, 1a | 1928 *E. pusae*, E. Marcus in: Tierw. Deutschl., pars 12 p. 61 f. 68 | 1928 *E.* spec. 6, E. Marcus, ibid., pars 12 p. 61, Anm. | 1929 *E. pusae*, E. Marcus in: Bronn, Kl. Ordn., *v.* 5 Abt. 4 Buch 3 p. 331—332 f. 170.

Klein; gelb bis orange. Skulptur aus sehr großen, dicht angeordneten Punkten bestehend, die undeutlich polygonale, weil wabenartig aneinanderstoßende Gruben sind. 1. und 2. Schaltplatte quergeteilt, aber die Dorsalintersegmentplatten unskulpturiert und ohne deutliche Begrenzung. 3. Schaltplatte fehlt. Endplatte facettiert, mit Kleeblattkerben. Cirrus lateralis haarförmig, bei *b, c, d, e* kurze Lateraldornen. Von diesen kann der Dorn bei *b* fehlen, wie das die von Murray (l. c.) beschriebenen und die meisten Stücke meines Materials zeigen. Dorsal über *c* und *d* Dornen an den Plattenhinterecken. Dornfalte mit kurzen, breiten, spitz endigenden, basal einander berührenden Zähnen; innere Krallen mit Nebenhaken. Länge 4 kralliger Stücke 120—150 μ; Krallen 13—15 μ lang.

Nachdem Murray bereits betont hatte, daß die Skulpturierung der Platten diese Art von *Echiniscus crassispinosus* (s. unten) trennt, ermöglichte indomalayisches Material die Vervollständigung der Diagnose dieser Species. Sie ist als selbständige Art zu erkennen und daher wegen der Ähnlichkeit der Skulptur mit den Fellringeln der Ringelrobbe entsprechend benannt worden[1]).

Kapland; Ost-Lombok, Gebirgs-Regenwald am Poessoek, 1600 m.

25. **E. (E.) crassispinosus** John Murr. 1907 *E. c.*, John Murray in: J. R. micr. Soc., p. 521 t. 18 f. 10, 10a | 1911 *E. c.*, John Murray in: J. Quekett Club, ser. 2 *v.* 11 p. 191 | 1928 *E. c.*, G. Rahm in: Tierw. Mitteleur., *v.* 3 p. II 17 | 1928 *E. c.*, E. Marcus in: Tierw. Deutschl., pars 12 p. 62 f. 69 | 1929 *E. c.*, E. Marcus in: Bronn, Kl. Ordn., *v.* 5 Abt. 4 Buch 3 p. 332—333 f. 171.

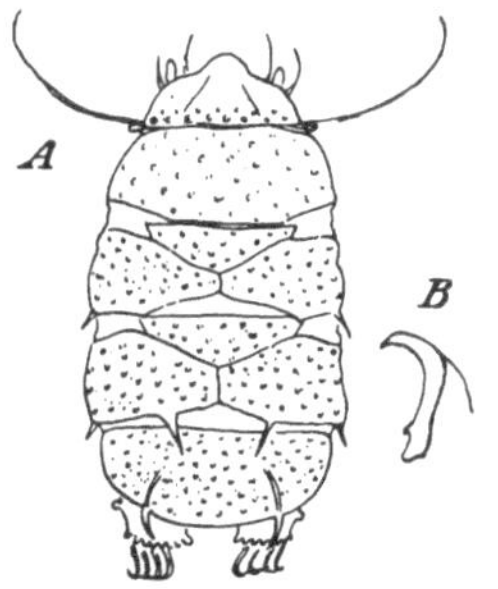

Fig. 83. **Echiniscus (E.) crassispinosus** John Murr. *A* dorsal, *B* Innenkralle.

Ziemlich groß; rot. Skulptur aus zweierlei Punkten bestehend, großen, von verschiedenem Durchmesser, in weiten Abständen irregulär angeordneten und kleinen, helleuchtenden überall dicht dazwischen. 2. und 3. Rumpfplatten ungebändert. 3. Schaltplatte fehlt. Endplatte mit Kleeblattkerben, unfacettiert. Kopfanhänge kurz; der Cirrus lateralis ein sehr langes Haar, breitgeschweift, in der Originaldiagnose passend mit den Hörnern von schottischen Hochlandrindern verglichen; bei *c, d, e* kurze Dornen; dorsal über *d*, der Medianlinie genähert, je ein breiter, flacher Dorn. Am 4. Beinpaar basal ein stumpfer Zapfen. Dornfalte mit stumpfen Fortsätzen. Von den ziemlich breiten Krallen tragen die inneren basal sehr kleine, gekrümmte Nebenhaken. Länge 260 μ, ausschließlich des 4. Beinpaares.

Kapland.

25a. **E. (E.) crassispinosus** John Murr. forma **fasciata** E. Marcus 1913 *E. c.* var., John Murray in: J. R. micr. Soc., p. 138 t. 6 f. 2a, 2b | 1928 *E. c.* forma *fasciatus*, E. Marcus in: Tierw. Deutschl., pars 12 p. 62 f. 70 | 1929 *E. c.* forma *f.*, E. Marcus in: Bronn, Kl. Ordn., *v.* 5 Abt. 4 Buch 3 p. 333 f. 172.

---

[1]) Bevor mir das Material von Lombok die Vervollständigung der Diagnose und die Benennung dieser Art ermöglicht hatte, war sie in litt. als *Echiniscus* spec. 6 gezählt worden. Es wäre im Interesse eindeutiger Synonymie wünschenswert, wenn auch in Zukunft die Zahlen wie gültige Namen behandelt werden würden, d. h. wenn die Autoren auch dann nicht ehemals verwendete Zahlen zur vorläufigen Kennzeichnung neuer Arten innerhalb derselben Gattung benutzen würden, wenn die alten Zahlen durch Vervollständigung der betreffenden Diagnosen und Benennung nicht mehr als Artzahlen existieren (vgl. auch *E. (E.) divergens* S. 72 und *E. (E.) mediantus* S. 124).

Diese Form unterscheidet sich habituell weitgehend vom Typus. Die Skulptur jeder 2. und 3. Rumpfplatte ist durch 2 glatte Transversalbänder

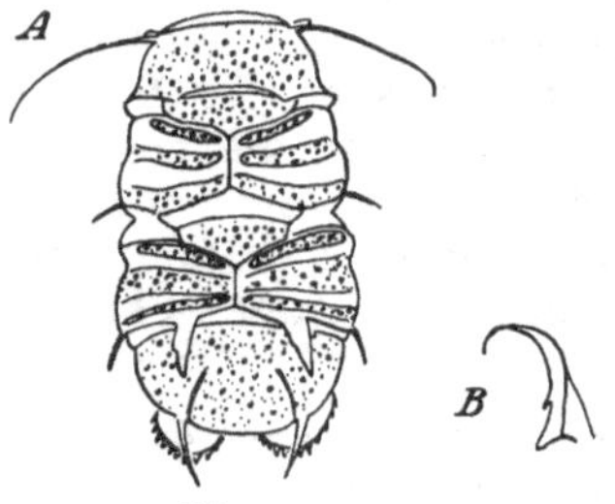

Fig. 84.
Echiniscus (E.) crassispinosus John Murr. f. **fasciata** E. Marcus. *A* dorsal, *B* Innenkralle.

in 3 Streifen aufgelöst. Außerdem ist die Dornfalte der forma *fasciata* deutlich spitzzähnig.

Britisch-Ostafrika.

E. (E.) spec. 7 [Spec. dub. et inquir.] 1908 *E.* spec., F. Richters in: Ber. Senckenb. Ges., p. 24 |1928 *E.* spec. 7, E. Marcus in: Tierw. Deutschl., pars 12 p. 62 | 1929 *E.* spec. 7, E. Marcus in: Bronn, Kl. Ordn., *v.* 5 Abt. 4 Buch 3 p. 333.

Gehört in die *Echiniscus*-Gruppe mit lateralen Dornen bei *c, d, e*. Sonstige Charaktere nicht bekannt.

Sumatra.

E. (E.) spec. 8 [Spec. inquir.] 1914 *E.* spec., F. Heinis in: Mém. Soc. Neuchâtel, *v.* 5 p. 720 f. 45 | 1928 *E.* spec. 8, E. Marcus in: Tierw. Deutschl., pars 12 p. 63 f. 71 | 1929 *E.* spec. 8, E. Marcus in: Bronn, Kl. Ordn., *v.* 5 Abt. 4 Buch 3 p. 333—334 f. 173.

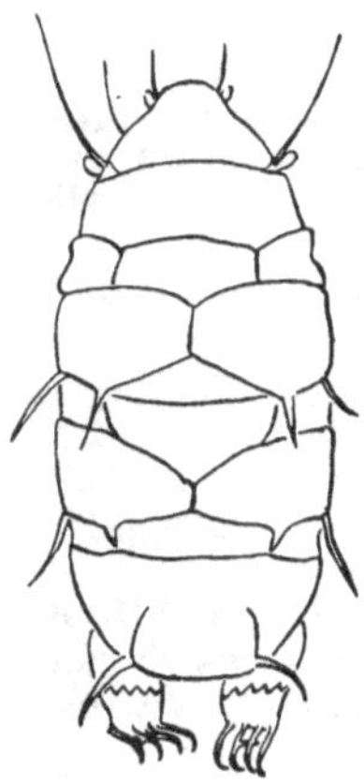

Fig. 85.
Echiniscus (E.) spec. 8.

Skulptur der Platten aus leichter Körnelung bestehend. 3. Schaltplatte vorhanden, wenn auch in der Figur nicht zu erkennen, da ihre laterale Begrenzung offenbar parallel mit den Dorsaldornen über *d* verläuft. Cirrus lateralis als Haar, die Lateralanhänge bei *c, d, e* als Dornen ausgebildet. Dorsal über *c* jederseits ein langer, kräftiger Dorn, über *d* je ein kurzer mit breiter Basis. Dornfalte und basalwärts gekrümmte Nebenhaken an den Innenkrallen vorhanden.

Die lateralen Anhänge der Art ähneln denen der *Echiniscus* spec. 24 (vgl. S. 102), die freilich bei *c, d, e* laterale Haare aufweist. Die weite Trennung solcher vielleicht in nahen Beziehungen zueinander stehenden Arten war bei der hier nach John Murrays Vorbild (in: J. Quekett Club, ser. 2 *v.* 11 p. 191 ff., 1911) vorgenommenen, zurzeit noch nicht durch ein natürliches System ersetzbaren Gruppeneinteilung der *Echiniscus* unvermeidlich.

Südamerika: Colombia.

26. **E. (E.) divergens** E. Marcus 1913 *E.* spec., John Murray, Not. nat. Hist. Bolivia Peru, p. 29 f. 14 | 1929 *E.* spec. 38, E. Marcus in: Bronn, Kl. Ordn., *v.* 5 Abt. 4 Buch 3 p. 337 f. 177.

Rot; undeutlich skulpturiert. 3. Schaltplatte vorhanden. Das Haar bei *a*, der Cirrus lateralis, mittellang; lateral bei *b* und *c* gebogene Dornen von mäßiger Länge, bei *d* und *e* längere, derbe, gebogene Dornen. Dorsal über *c* ein kleiner, gekrümmter, über *d* ein breiter, gekrümmter, sehr schräg nach außen gerichteter Dorn. Dornfalte vorhanden. Die Art besitzt offensichtlich alle Anhänge, die vorkommen können. Sie steht, wenn man den Vergleich auf die Arten der *spinulosus*-Gruppe beschränkt, ziemlich isoliert da. Nur *E. (E.)* spec. 8 kommt ihr einigermaßen nahe, hat aber andere Dorsaldornen und keinen Lateralanhang bei *b*. Von den Species mit lateralen Haaren kommen dem *E. (E.) divergens* vielleicht *E. (E.) simba* (vgl. S. 84) und *E. (E.) rugospinosus* am nächsten, aber diesen beiden Arten fehlt die 3. Schaltplatte. Da die Species durch ihre Platten und ihre Bedornung, namentlich durch die auffällig weit divergierenden Dorsaldornen über *d*, wohl charakterisiert erscheint, empfiehlt es sich, sie zu benennen.

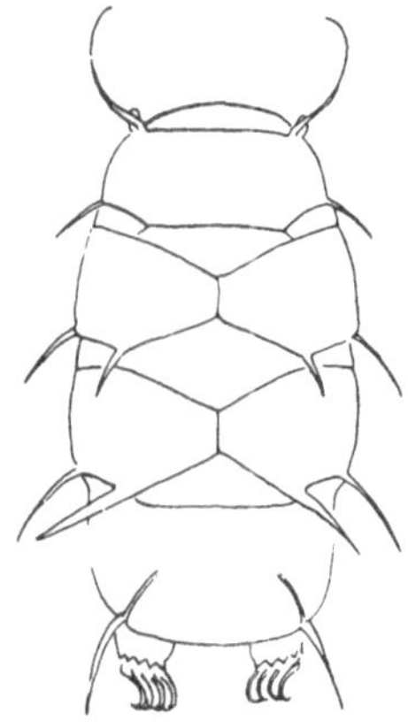

Fig. 86. **Echiniscus (E.) divergens** E. Marcus.

Peru oder Bolivia, ohne nähere Angabe.

27. **E. (E.) fischeri** Richters [Spec. inquir.] 1911 *E. f.*, F. Richters in: Zool. Anz., *v.* 38 p. 275 f. 2 | 1913 *E. f.*, John Murray, Not. nat. Hist. Bolivia Peru, p. 28, 29 | 1914 *E. f.*, F. Heinis in: Mém. Soc. Neuchâtel, *v.* 5 p. 719 | 1928 *E. f.*, G. Rahm in: Tierw. Mitteleur., *v.* 3 p. II 17 | 1928 *Pseudechiniscus f.*, E. Marcus in: Tierw. Deutschl., pars 12 p. 109 f. 124 | 1929 *Echiniscus f.*, E. Marcus in: Bronn, Kl. Ordn., *v.* 5 Abt. 4 Buch 3 p. 334—335 f. 173a.

Groß; ohne Augenpigment; die kräftigen Platten grob und ziemlich locker granuliert. Cirrus lateralis ein 40 µ langes Haar; je ein kurzer, kräftiger Dorn bei *c* und *d* und in der Kleeblattkerbe, also bei *e*. Dorsal über *c* und *d* kurze kräftige Dornen. Dornfalte vorhanden, in der Ausbildung individuell variabel, entweder nur etwa 5 gröbere oder eine größere Zahl kleinerer Dornen. Alle Krallen ohne Nebenhaken. Länge 264 µ.

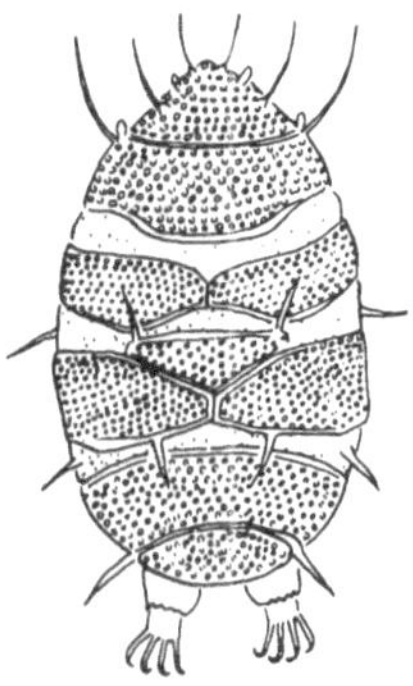

Fig. 87. **Echiniscus (E.) fischeri** Richters.

Der Lateraldorn bei *e* liegt nach der ursprünglichen Beschreibung zwischen Pseudosegment- und Endplatte. Das ist eine Lage, die sich sonst nur noch bei den zweifelhaften *E. creplini* (vgl. S. 86) und *Pseudechiniscus victor* (vgl. S. 137) findet. Sicher sitzen bei *E. (E.) fischeri* diese Dornen in der Kleeblattkerbe, und die angebliche Trennung der Pseudosegment- und Endplatte ist eine skulpturfreie Querverbindung der Kleeblattkerben. Die Art ist demnach nicht wie früher bei *Pseudechiniscus*, sondern bei *Echiniscus* einzuordnen. Heinis bestätigt zwar, daß Pseudosegment- und Endplatte getrennt seien, so daß man hiernach die Species bei *Pseudechiniscus* führen müßte; freilich geht er nicht auf die eigenartige Stellung des letzten Lateraldornes ein. Aber nach John Murray's Darstellung handelt es sich bei der angeblichen Trennung von Pseudosegment- und Endplatte in Richters' Abbildung um die gewöhnlich in Richters' Zeichnungen fehlerhaft dargestellte Querverbindung der Kleeblattkerben (vgl. S. 65 Anm.). Leider unterläßt Murray es aber, ausdrücklich zu konstatieren, daß Pseudosegment- und Endplatte bei *E. fischeri* nicht getrennt sind. Da er aber in der genannten Arbeit *Echiniscus* und *Pseudechiniscus* bereits unterscheidet und *Echiniscus fischeri* nicht als *Pseudechiniscus* bezeichnet, wird dieser auch hier als *Echiniscus* aufgeführt.

Südamerika: Colombia; Bolivia, 1000 bis 2000 m; Paraguay.

28. **E. (E.) calcaratus** Richters 1908 *E. c.*, F. Richters in: Ber. Senckenb. Ges., p. 15 t. 1 f. 1 | 1911 *E. c.*, John Murray in: J. Quekett Club, ser. 2 *v.* 11 p. 191 | 1928 *E. c.*, G. Rahm in: Tierw. Mitteleur., *v.* 3 p. II 17 | 1928 *E. c.*, E. Marcus in: Tierw. Deutschl., pars 12 p. 63 f. 72 | 1929 *E. c.*, E. Marcus in: Bronn, Kl. Ordn., *v.* 5 Abt. 4 Buch 3 p. 335 f. 174.

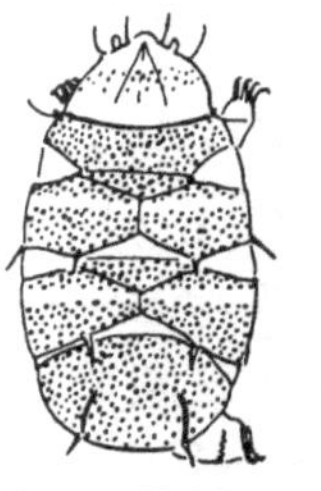

Fig. 88. **Echiniscus (E.) calcaratus** Richters.

Kaum mittelgroß; grob und wenig dicht granuliert. 3. Schaltplatte fehlt. Endplatte mit Kleeblattkerben. Cirrus lateralis haarförmig, lateral bei *c* ein kurzer, gerader und bei *e* ein kurzer Dorn; dorsal je ein kurzer Dorn über *c* und je ein etwas längerer über *d*. Dornfalte vorhanden, mit etwa 8 Zähnen. Krallen ohne Nebenhaken. Länge 192 μ.

Ascension.

29. **E. (E.) bisetosus** Heinis ? 1888 *E. aculeatus*, Plate in: Zool. Jahrb., Anat. *v.* 3 p. 532 | ? 1905 *E. a.*, John Murray in: Tr. R. Soc. Edinb., *v.* 41 p. 688 | 1908 *E. bisetosus*, F. Heinis in: Zool. Anz., *v.* 32 p. 634 f. [1] | 1910 *E. b.*, F. Heinis in: Arch. Hydrobiol., *v.* 5 p. 119, 132 f. 5 | 1910? *E. b.*, John Murray in: Brit. antarct. Exp., *v.* 1 p. 164 t. 20 f. 50 | 1911 *E. aculeatus*, John Murray in: J. Quekett Club, ser. 2 *v.* 11 p. 191 | ? 1928 *E. a.*, G. Rahm in: Tierw. Mitteleur., *v.* 3 p. II 13 | 1928 *E. bisetosus*, G. Rahm, ibid., *v.* 3 p. II 13 | 1928 *E. bistrosus* [err. pro *bisetosus*], G. Rahm, ibid., f. 41 | 1928 *E. bisetosus*, E. Marcus in: Tierw. Deutschl., pars 12 p. 63 f. 73 | 1928 *E. aculeatus*, E. Marcus, ibid., pars 12 p. 64 | 1928 *E. a.*, G. Thulin in: Hereditas, *v.* 11 p. 217 | 1928 *E. bisetosus*, G. Thulin, ibid., *v.* 11 p. 217 | 1929 *E. b.*, E. Marcus in: Bronn, Kl. Ordn., *v.* 5 Abt. 4 Buch 3 p. 335—336 f. 175 | 1929 *E. aculeatus*, E. Marcus, ibid., *v.* 5 Abt. 4 Buch 3 p. 336 | 1930 *E. bisetosus*, E. Marcus in: Zool. Jahrb., Syst. *v.* 59 p. 365—366 f. 1 C, D | 1932 *E. b.*, Cuénot in: Faune France, pars 24 p. 48—49 f. 32 | 1934 *E. b.*, E. Bartoš in: Časopis České Spol. ent., *v.* 31 p. 53.

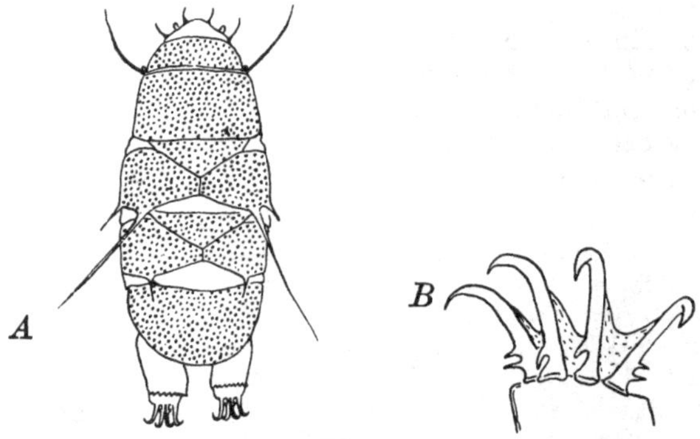

Fig. 89.
Echiniscus (E.) bisetosus Heinis. *A* dorsal, *B* Krallen.

Mittel- bis sehr groß. Platten dicht und regelmäßig granuliert; auf den paarigen Rumpfplatten zuweilen schwächer skulpturierte Querbänder. Eine echte 3. Schaltplatte fehlt, aber ein lateral begrenzter, skulpturierter Bezirk zwischen den 3. Rumpfplatten und der Endplatte kommt vor. Endplatte mit Kleeblattkerben. Stilettträger vorhanden. Cirrus lateralis haarförmig, bei *c* ein kurzer Lateraldorn, der als Doppeldorn, das heißt als ein Dorn ausgebildet sein kann, an dessen Basis noch ein anderer etwas kleinerer Dorn sitzt (Charakter des früher als eigene Species geführten *aculeatus*). Bei *d* lateral eine winzige Spitze. Neben diesem Lateraldorn-Typus des

Originalmaterials (*bisetosus* C bei Cuénot, 1932) kommt auch ein *bisetosus* D (Cuénot) vor, der einen Lateraldorn bei *d* besitzt, aber keinen bei *c*. Auch kann links bei *d*, rechts bei *c* je eine kleine Spitze ausgebildet sein oder einseitig eine sehr kleine Spitze bei *c* als einziger Lateralanhang. Dorsal über *c* ein dem Cirrus lateralis an Länge übertreffendes Haar, das weit von der Medianlinie entfernt und dem Lateraldorn bei *c* genähert sitzt; ebensoweit lateralwärts sitzen die kurzen Dorsaldornen über *d*. Dornfalte vorhanden und eine Papille auf dem 4. Bein. An den Innenkrallen des 4. Beinpaares kurze, gebogene Nebenhaken; an den Außenkrallen, namentlich des 4. Beinpaares, zwar nicht regelmäßig, aber doch häufig 1 oder 2 gerade Dornen. Länge 214 bis über 300 μ.

Gelege mit 4—5 rotbraunen Eiern.

Die Begründung der Synonymie dieser Species habe ich an der oben angeführten Stelle (1930) gegeben und die Beibehaltung des Heinis'schen Namens statt des unsicheren *E. aculeatus* Plate empfohlen. Stücke von mittlerer Größe mit einseitig ausgebildetem lateralem Haar bei *c* bilden den Übergang zu dem hier durch die Bestimmungstabellen unnatürlich weit getrennten *E. (E.) mediantus* (vgl. S. 124). Die Beziehungen des *E. (E.) bisetosus* zu dieser Art, zu *E. (E.) canadensis* (vgl. S. 62), *blumi* (vgl. S. 108) und *trisetosus* (vgl. S. 119) haben Cuénot (1932) und E. Marcus (1930) ausführlich erörtert; bei Besprechung des *E. (E.) mediantus* kommt E. Marcus kurz darauf zurück (vgl. S. 124).

Schweiz, Jura, bis 400 m; Wallis, bis 2200 m; Frankreich; Sardinien; Britisch Columbia: Victoria (Vancouver-Insel).

E. (E.) spec. 9 [Spec. inquir.] 1910 *E.* spec., John Murray in: Brit. antarct. Exp., *v.* 1 p. 135 t. 16 f. 16 | 1928 *E.* spec. 9, E. Marcus in: Tierw. Deutschl., pars 12 p. 64 f. 74 | 1929 *E.* spec. 9, E. Marcus in: Bronn, Kl. Ordn., *v.* 5 Abt. 4 Buch 3 p. 336—337 f. 176.

Mittelgroß; rot. Skulptur aus mäßig großen, regelmäßig angeordneten Punkten bestehend. 3. Schaltplatte fehlt. Endplatte mit Kleeblattkerben. Cirrus lateralis ein Haar von 50 μ Länge und bei *d* ein ebenso langer, kräftig gekrümmter Dorn. Dorsal über *c* je ein stark gebogener Dorn. Dornfalte gezähnt, mit nur wenigen, in weitem Abstand von einander stehenden, kleinen Spitzen. Innere Krallen mit ziemlich kräftig gekrümmten Nebenhaken. Länge 200 μ, ausschließlich des 4. Beinpaares.

Vielleicht handelt es sich bei dieser Form um das zu einer großen Art gehörige, noch nicht alle Anhänge besitzende Jugendstadium.

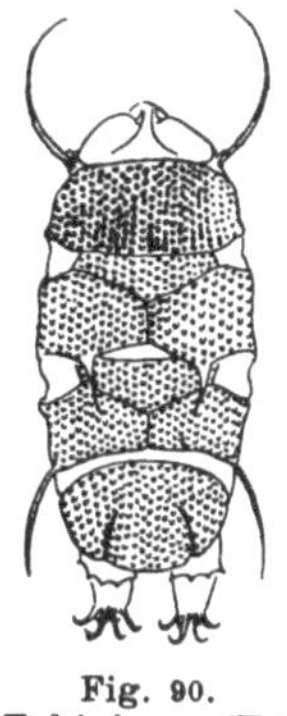

Fig. 90. **Echiniscus (E.) spec. 9.**

Australien, australische Alpen, 1700—2000 m.

30. **E. (E.) africanus** John Murr. 1907 *E. a.*, John Murray in: J. R. micr. Soc., p. 518 t. 17 f. 2, 2a | 1911 *E. a.*, John Murray in: J. Quekett Club, ser. 2 *v.* 11 p. 191 | 1913 *E. a.*, John Murray in: J. R. micr. Soc., p. 141 t. 6 f. 1a—1c | 1928 *E. a.*, G. Rahm in: Tierw. Mitteleur., *v.* 3 p. II 17 | 1928 *E. a.*, E. Marcus in: Tierw. Deutschl., pars 12 p. 64 f. 75 | 1929 *E. a.*, E. Marcus in: Bronn, Kl. Ordn., *v.* 5 Abt. 4 Buch 3 p. 338—339 f. 179.

Kaum mittelgroß. Skulptur aus regelmäßig angeordneten, als große Vertiefungen erscheinenden Punkten bestehend. 1. Schaltplatte mit deutlichen, fast quadratischen Skulpturierungen am hinteren Rand. 2. Schaltplatte in der Medianlinie, also vertikal, durch einen schmalen, glatten Streifen zweigeteilt. 3. Schaltplatte vorhanden. Endplatte mit Kleeblattkerben. 2. und 3. Rumpfplatten durch undeutlich geschwungene, von der Skulptur überbrückte Transversalfurchen je in 3 Teile geteilt. Der Cirrus lateralis ein mäßig langes Haar, bei *b, c, d* gekrümmte Lateraldornen, von denen der bei *b* dünner ist als die übrigen; er fehlt 4-kralligen, 150 μ langen Tieren. Dorsal jederseits 3 dünne, spitzige, gekrümmte Dornen zwischen Hinterrand der Schulter- und Vorderrand der 1. Schaltplatte; ferner an jeder Hinterecke der paarigen Rumpfplatten, also dorsolateral über *c* und *d*, je 1 stärkerer, gekrümmter und spitzer Dorn und dorsomedian über *c* und *d*, nahe der Medianlinie, je 1 weiteres Dornenpaar, ähnlich wie die dorsolateralen gestaltet, aber bei jugendlichen Tieren sehr viel kürzer als der an der Hinterecke. Die neben der Medianlinie sitzenden Dorsaldornen der linken und rechten paarigen Rumpfplatten überschneiden sich scherenartig. Dornfalte mit scharfen Zähnen; innere Krallen nahe der Basis mit kleinen Nebenhaken. Länge 200 μ.

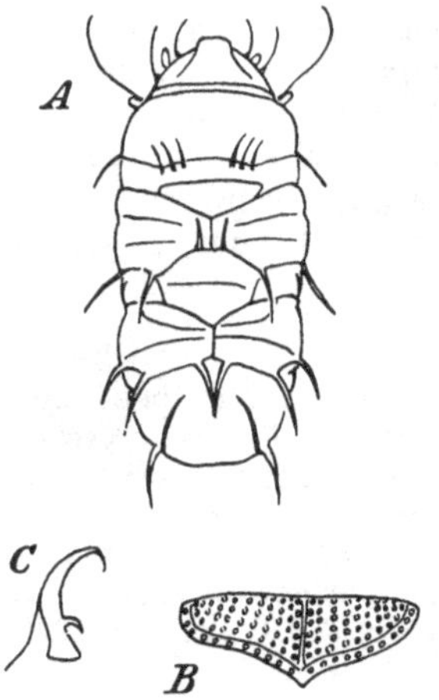

Fig. 91.
Echiniscus (E.) africanus John Murr.
A dorsal, *B* 2. Schaltplatte, *C* Innenkralle.

Die Art steht dem *Echiniscus lapponicus* (vgl. S. 80) nahe, dessen unterscheidende, seine Selbständigkeit sichernde Charaktere dort genannt werden.

Nord-Transvaal; Kapland.

3. Echiniscus (E.) scrofa-Gruppe

An allen 5 für Lateralanhänge in Frage kommenden Stellen (*a, b, c, d, e*) sind Lateralanhänge vorhanden[1]), die nicht sämtlich Stacheln oder Dornen sind.

Bestimmungstabelle der Arten:

1 { Laterale Anhänge als Haare oder Dornen ausgebildet, die in der üblichen Weise distal verjüngt sind; höchstens bei *e* ein breiter Bolzen — **2**
Laterale Anhänge bei *b, c, d, e* distal verdickt, trommelschlegelartig gestaltet . . . . 40. **E. (E.) tympanista**

2 { Außer den Schaltplatten 1—3, von denen 1 und 2 transversal geteilt sein können, keine weiteren Schaltplatten — **3**
Außer den gewöhnlichen Schaltplatten noch weitere teils von den Rumpf-, teils von den Schaltplatten abgegliederte Nebenplatten — **23**

3 { Unmittelbar über den Lateralanhängen, die typisch bei *b, c, d* und *e* oder auch nur an einzelnen dieser Stellen vorhanden sind, ganz kleine, den Lateraldornen von *E. (E.) spinulosus* (vgl. S. 69) ähnliche Spitzchen . . . . 31. **E. (E.) oihonnae**
Keine Spitzchen über den Lateraldornen, vielmehr, wenn dorsolaterale Dornen vorhanden sind, dann diese an den Hinterecken der paarigen Rumpfplatten — **4**

[1]) Vgl. Anm. S. 49.

4	An den Hinterecken der paarigen Rumpfplatten dorsolaterale Dornen von variabler Länge und unmittelbar neben der Medianlinie über *c* und *d* scherenartig sich überschneidende dorsomediane Dornen	32. **E. (E.) lapponicus**
	Über *c* und *d* nur je 1 Paar, bald mehr dorsolateral, bald mehr dorsomedian sitzende, nie aber in der Mittellinie scherenartig sich überschneidende Dornen — **5**	
5	Alle Lateralanhänge einfach — **6**	
	Lateralanhänge bei *d* doppelt	38b. **E. (E.) quadrispinosus f. fissispinosa**
6	Dorsalanhänge vorhanden — **8**	
	Dorsalanhänge fehlen — **7**	
7	Endplatte unfacettiert	38a. **E. (E.) quadrispinosus f. cribrosa**
	Endplatte facettiert	45a. **E. (E.) merokensis f. suecica**
8	Dorsalanhänge über *b* fehlen — **9**	
	Dorsalanhänge über *b* vorhanden — **22**	
9	Dorsalanhänge glatt; Lateralanhänge nicht von besonderen Papillen entspringend — **10**	
	Dorsalanhänge rauh; Lateralanhänge von kleinen Papillen entspringend	35. **E. (E.) rugospinosus**
10	Alle Lateralanhänge sind Haare — **11**	
	Alle Lateralanhänge oder mindestens der bei *b* sind Dornen — **21**	
11	Endplatte facettiert — **12**	
	Endplatte unfacettiert — **13**	
12	Dorsalanhänge über *c* wie gewöhnlich an den Plattenhinterecken ansitzend	45a. **E. (E.) merokensis f. suecica**
	Dorsalanhänge über *c* medianwärts von den Plattenhinterecken sitzend	33. **E. (E.) columinis**
13	Dorsalanhänge über *c* bis zur Endplatte reichend — **14**	
	Dorsalanhänge über *c* bis höchstens zur Mitte der 3. Rumpfplatte reichend — **16**	
14	Dorsalanhänge über *c* zwischen den Plattenhinterecken und der Medianlinie sitzend . .	33. **E. (E.) columinis**
	Dorsalanhänge über *c* an den Plattenhinterecken sitzend — **15**	
15	Lateralanhänge mit zwiebelförmig erweiterter Basis; die kurzen Dorsaldornen über *d* mit sehr breiter Basis	**E. (E.) spec. 10**
	Lateralanhänge ohne zwiebelförmig erweiterte Basis; die kurzen Dorsaldornen über *d* mit gewöhnlicher, schmaler Basis	**E. (E.) spec. 11**
16	Dorsalanhänge nur über *c* ausgebildet — **17**	
	Dorsalanhänge über *c* und über *d* ausgebildet — **19**	
17	Lateralanhang bei *e* ein mittellanger Dorn . .	34. **E. (E.) simba**
	Lateralanhang bei *e* ein langes, feines Haar — **18**	
18	Dorsaldornen über *c* kurz, bis höchstens zu den Vorderecken der 3. Rumpfplatten reichend	**E. (E.) spec. 12**
	Dorsaldornen über *c* mittellang, bis zur Mitte der 3. Rumpfplatte reichend	**E. (E.) spec. 13**

19	3. Schaltplatte fehlt — **20**	
	3. Schaltplatte vorhanden	38a. **E. (E.) quadrispinosus f. cribrosa**
20	Abgesehen vom Cirrus lateralis, dem Haar bei *a*, ist das Haar bei *c* der längste laterale Körperanhang; Nebenhaken der Innenkrallen schwach	34. **E. (E.) simba**
	Abgesehen vom Cirrus lateralis ist das Haar bei *e* der längste laterale Körperanhang; Nebenhaken der Innenkrallen stark gekrümmt . .	**E. (E.) spec. 14**
21	Alle Lateralanhänge sind Dornen mit zwiebelförmig erweiterter Basis; dorsale Dornen über *c* und *d*	**E. (E.) spec. 10**
	Nur der Lateralanhang bei *b* ein kurzer Dorn, die übrigen sind Haare; dorsale Dornen nur über *c*	**E. (E.) spec. 15**
22	Dorsale Anhänge über *b* lange Haare, über *c* und *d* große, dicke Dornen; Lateralanhang bei *e* ein kurzer, dicker Bolzen	36. **E. (E.) militaris**
	Dorsale Anhänge über *b*, *c*, *d* gewöhnliche, ziemlich kurze Dornen; Lateralanhang bei *e* ein langer Faden	37. **E. (E.) creplini**
23	Schulterplatte einheitlich; Plattenauflösung beschränkt auf 2 Nebenplatten zwischen Schulter- und 2. Rumpfplatte und eine Nebenplatte zwischen 2. und 3. Rumpfplatte. Die Nebenplatten liegen lateral von den entsprechenden Schaltplatten, der 1. und der 2.	38. **E. (E.) quadrispinosus**
	Von der Schulterplatte jederseits 2 kleine Platten abgeteilt; paarige Rumpfplatten und 3. Schaltplatte aufgelöst; die letzte in ein vorderes schmales, winkelförmiges Stück, ein caudales dreieckiges und je ein kleines laterales Stück. Die Rumpfplatten in eine Anzahl aus Fig. 106 erkennbare Nebenplatten aufgelöst	39. **E. (E.) scrofa**

31. **E. (E.) oihonnae** Richters 1903 *E. O.*, F. Richters in: Zool. Anz., *v.* 27 p. 172 | 1904 *E. o.*, F. Richters in: Fauna arct., *v.* 3 p. 499 t. 15 f. 4 | 1904 *E. O.*, F. Richters in: Zool. Anz., *v.* 28 p. 349 | 1905 *E. o.*, John Murray in: Tr. R. Soc. Edinb., *v.* 41 p. 685 t. 1 f. 5a—5b | 1907 *E. o.*, John Murray, ibid., *v.* 45 p. 652 t. 1 f. 7 | 1908 *E. o.*, F. Heinis in: Zool. Anz., *v.* 32 p. 635—636 | 1909 *E. o.*, C. Carlzon in: Zool. Anz., *v.* 34 p. 138 | 1910 *E. o.*, F. Heinis in: Arch. Hydrobiol., *v.* 5 p. 119, 122 f. 4 | 1910 *E. o.*, John Murray in: Brit. antarct. Exp., *v.* 1 p. 132, 163 t. 17 f. 21, t. 20 f. 48 | 1911 *E. o.*, John Murray in: J. Quekett Club, ser. 2 *v.* 11 p. 191 | 1911 *E. o.*, John Murray in: Ann. Scott. nat. Hist., nr. 78 p. 89 | 1911 *E. O.*, F. Richters in: Al. Koenig, Avifauna Spitzberg., p. 285 | 1911 *E. O.*, F. Richters in: Camp. arct. Orléans, 1907 p. 10 | 1919 *E. o.*, P. Nederström in: Acta Soc. Fauna Fenn., *v.* 46 nr. 8 p. 8 | 1928 *E. o.*, G. Rahm in: Tierw. Mitteleur., *v.* 3 p. II 11—II 12 f. 36 | 1928 *E. o.*, E. Marcus in: Tierw. Deutschl., pars 12 p. 67 f. 76 | 1928 *E. O.*, G. Thulin in: Hereditas, *v.* 11 p. 224, 224 Anm. f. 7, 13 | 1929 *E. o.*, G. Rahm in: Bull. Soc. Fribourg., *v.* 29 Proc.-verb. 19. V. 1927 p. 9 | 1929 *E. o.*, E. Marcus in: Bronn, Kl. Ordn., *v.* 5 Abt. 4 Buch 3 p. 339—341 f. 147, 180, 388 | 1932 *E. o.*, Cuénot in: Faune France, pars 24 p. 53.

Groß; rot, alte Individuen tiefbraun. Skulptur aus grubigen Punkten von regelmäßiger Größe und Anordnung bestehend oder aus porenartigen, durch große Abstände getrennten Punkten. 3. Schaltplatte fehlt. Endplatte mit Kleeblattkerben, deren skulpturfreie Querverbindung nicht konstant ist. Das Gleiche gilt von der Facettierung der Endplatte und einer undeutlichen

Zweiteilung des caudalen Lappens dieser Platte. Stilettträger vorhanden. Kopfanhänge groß. Lateralanhänge: der Cirrus lateralis stets haarförmig, typisch ferner Haare bei *b*, *c*, *e* und bei *d* ein krummer Dorn; die Anhänge bei *b* und *d* sind die kürzesten, die bei *c* und *e* die längsten; es kommt aber auch bei *b* ein langer Dorn vor, bei *c* ein langer oder kurzer Dorn oder auch alle Lateralanhänge sind lange Haare, und das bei *b* fehlt (Fig. 92 *B*). Typisch sind ganz kleine, an die Lateraldornen von *Echiniscus spinulosus*

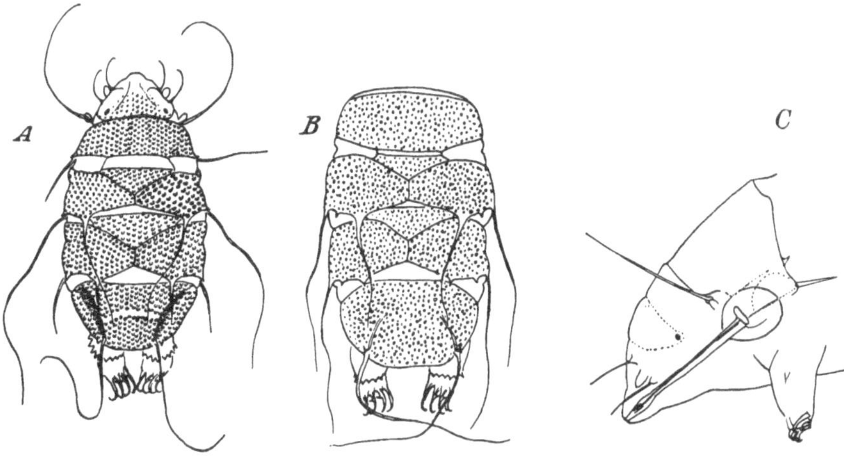

Fig. 92.
Echiniscus (E.) oihonnae Richters. *A* mit typischen Anhängen, *B* ohne Lateralanhang bei *B* und mit intermediären Spitzen an den paarigen Rumpfplatten, *C* Kopf.

(vgl. S. 69) erinnernde Spitzchen (Spicula) über *b*, *c*, *d* und *e*, die aber oft auch nur an einzelnen dieser Stellen vorkommen und ganz allgemein schwer zu erkennen sind. Trotzdem müssen sie als ein charakteristisches Merkmal der Species gelten. Dorsalanhänge: typisch sind Dornen an den Hinterecken der paarigen Rumpfplatten, und zwar ziemlich lange, haarartige über *c*, ganz kurze, oft breit dreieckige, medianwärts gekrümmte über *d*; es kommt aber auch über *c* ein langes Haar vor und bei *d* ein ziemlich langer Dorn und über *d* außer dem dorsomedianen und dem dorsolateralen jederseits noch ein kleiner intermediärer Dorn. Dornfalte mit spitzen, dreieckigen Zähnen. Krallen groß; die inneren mit gekrümmten, namentlich am 4. Beinpaar sehr kräftigen Nebenhaken etwas vor der Basis; die äußeren Krallen in der Originaldiagnose als dornlos angegeben. Länge gewöhnlich bis etwa 270 μ.

Gelege mit 5 kugeligen Eiern.

Bei schottischen, im übrigen typischen Stücken gerade Dornen nahe der Basis der äußeren Krallen des 4. Beinpaares; es ist das ein Kennzeichen alter Tiere. Besonders große, ohne Kopf und 4. Beinpaar 300 μ lange kanadische Stücke zeigten keinen Lateralanhang bei *b*, eine kurzzähnige Dornfalte, 30 μ lange Krallen, die Nebenhaken der Innenkrallen fast an der Krallenmitte ansitzend und keine Dornen an den Außenkrallen. Solange man die kleinen Lateralspitzchen der Art als konstantes Merkmal ansieht, ist sie sicher als selbständig aufzufassen. Aber auch wenn dieses Merkmal fortfiele, möchte man kaum *E. columinis* John Murr. (vgl. S. 81) und *E.* spec. 10 mit ihr vereinigen, wie Cuénot es erwogen hat. Die der Mittellinie genäherte Lage der Dorsalanhänge über *c* bei *E. columinis* ist durchaus eigenartig, und John Murray (in: P. Irish Ac., *v.* 31 nr. 37 p. 6, 1911) hat diese Lage wohl mit Recht für die Selbständigkeit der Art geltend gemacht. *E.* spec. 10 ist unzureichend bekannt und steht dem *E. columinis* ganz nahe. Arten wie *E. merokensis* Richters f. *suecica* Thulin, *E.* spec. 11 und *E.* spec. 12, die Cuénot im Zusammenhang mit *E. oihonnae* Richters nennt, sind als Arten mit 3. Schaltplatte meines Erachtens keineswegs auf *E. oihonnae* zu beziehen.

Spitzbergen; Bäreninsel; Novaja Semlja; Norwegen, Merok und Bergen; Schweden; Finnland; Schottland; Voralpen bei Freiburg-Schweiz; Alpen, am Matterhorn, 3800 m, Weißmies 4000 m; Australien, australische Alpen 1700—2000 m; Britisch Columbia, Vancouver.

32. **E. (E.) lapponicus** Thulin 1911 *E. l.*, G. Thulin in: Ark. Zool., *v.* 7 nr. 16 p. 15 f. 6, 6b | 1919 *E. l.*, P. Nederström in: Acta Soc. Fauna Fenn., *v.* 46 nr. 8 p. 8 | 1928 *E. l.*, G. Rahm in: Tierw. Mitteleur., *v.* 3 p. II 17 | 1928 *E. l.*, E. Marcus in: Tierw. Deutschl., pars 12 p. 68 f. 77 | 1929 *E. L.*, G. Rahm in: Bull. Soc. Fribourg., *v.* 29 Proc.-verb. 7. III. 1928 p. 5 | 1929 *E. l.*, E. Marcus in: Bronn, Kl. Ordn., *v.* 5 Abt. 4 Buch 3 p. 341—342 f. 181 | 1932 *E. l.*, Cuénot in: Faune France, pars 24 p. 54.

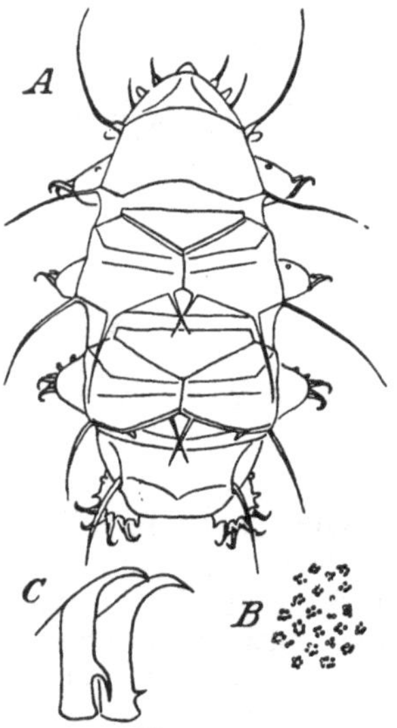

Fig. 93.
Echiniscus (E.) lapponicus Thulin. *A* dorsal, *B* Plattenskulptur, *C* Außen- und Innenkralle.

Wird kaum mittelgroß; rot, seltener farblos. Skulptur eine regelmäßige, oft sehr feine Punktierung, mit der bei *Echiniscus (Bryodelphax) parvulus* beschriebenen optischen Wirkung (vgl. S. 45 Anm.). Mehrfach die Punktierung gröber und die Punkte bei stärkerer Vergrößerung als zusammengesetzt aus mehreren kleineren zu erkennen. Paarige Rumpfplatten mit glatten Transversalbändern; unskulpturiert auch die Cuticula zwischen Schulter- und 1. Schaltplatte, ebenso ein Streifen zwischen den an die 2. und 3. Rumpfplatte anschließenden, punktierten Bezirken und der Schalt- bzw. der Endplatte. Der punktierte Bezirk hinter den 3. Rumpfplatten könnte als Andeutung einer 3. Schaltplatte aufgefaßt werden. Endplatte mit Kleeblattkerben und Facetten, von denen der caudale Lappen bei alten Tieren durch einen medianen Winkel der vorderen Begrenzungslinie eine Zweiteilung andeutet. Der Cirrus lateralis und die Anhänge bei *b*, *c*, *d*, *e* Haare, die bei *a* und *c* die längsten, das bei *b* jüngeren Exemplaren fehlend. Dorsolateral an den Hinterecken der paarigen Rumpfplatten je ein Anhang, und zwar der über *c* ein mittellanges Haar, der über *d* ein kurzes, dreieckiges Spitzchen; beide Anhänge auch bei jungen Stücken vorhanden. Als Dorsalanhänge, die wie bei vielen Echiniscen variieren, finden sich über *c* und über *d* jederseits ein oder auch 2 Dornen von variabler Länge, oft diese dorsomedianen Dornen der beiden Körperseiten in der Medianlinie scherenartig sich überschneidend. Auf dem 1. Beinpaar ein kleiner Dorn, an der Basis des 4. eine Papille. Dornfalte mit 5—6 dreieckigen Zähnen. Innere Krallen mit Nebenhaken; die äußeren der drei vorderen Beinpaare ohne, die des 4. Paares mit je einem kleinen, geraden Dorn. Länge bis 192 μ.

2krallige Jugendformen 95 μ, diese außer dem Cirrus lateralis nur bei *e* ein laterales Haar aufweisend. Junge, 4krallige Tiere mit Dorsomediananhängen nur über *d*, und 2krallige ganz junge mit solchen nur über *c* kommen vor.

Als Unterschiede der Art dem *E. (E.) africanus* (vgl. S. 75) gegenüber sind dessen dorsale Dornen hinter der Schulterplatte zu nennen, ferner dessen laterale

Dornen (bei *lapponicus* als Haar ausgebildet) die bei *E. l.* sehr viel kürzeren Dorsolateralanhänge über *d*, die andersartige Punktierung und die bei *E. (E.) africanus* fehlende Facettierung der Endplatte.

Lappland; Voralpen, Kt. Freiburg-Schweiz.

33. **E. (E.) columinis** John Murr. 1911 *E. c.*, John Murray in: P. Irish Ac., *v.* 31 nr. 37 p. 5—6 t. 1 f. 3a, 3b, 5, 6 | 1928 *E. c.*, G. Rahm in: Tierw. Mitteleur., *v.* 3 p. II 17 | 1928 *E. c.*, E. Marcus in: Tierw. Deutschl., pars 12 p. 70 f. 79 | 1929 *E. c.*, E. Marcus in: Bronn, Kl. Ordn., *v.* 5 Abt. 4 Buch 3 p. 343—344 f. 183.

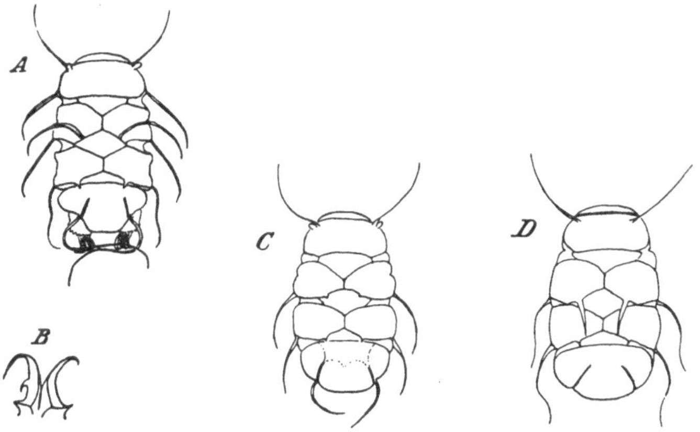

Fig. 94.
Echiniscus (E.) columinis John Murr. *A* dorsal, *B* Außen- und Innenkralle, *C* Form 2, *D* Form 3.

Mittelgroß; rot. Skulptur aus kleinen, helleuchtenden, einheitlichen Punkten bestehend, die zwar manchmal wie Grübchen aussehen, aber flache Granula zu sein scheinen. 3. Schaltplatte fehlt; Endplatte mit Kleeblattkerben, bei den typischen Stücken unfacettiert. Cirrus lateralis wie auch die Lateralanhänge bei *b*, *c*, *d*, *e* von der Basis zur Spitze hin allmählich verjüngte Haare, alle ziemlich lang, und zwar der Lateralcirrus 75 μ, die Haare bei *b*, *c*, *d* 50—60 μ, das bei *e* 125 μ. Dorsal über *c* ein langes Haar 80 μ, das von den Hinterecken der 2. Rumpfplatten aus medianwärts, also der Mittellinie genähert, ansitzt; über *d* an den Hinterecken der 3. Rumpfplatten ein kurzer Dorn. Dornfalte mit kleinen, dreieckigen Zähnen, innere Krallen mit Nebenhaken. Länge etwa 200 μ.

Der obenstehenden Beschreibung der Skulptur dieser Art im Ergebnis sehr ähnlich ist die von G. Thulin für *E. (E.) merokensis* gegebene (in: Ark. Zool., *v.* 7 nr. 16 p. 11, 12, 1911). 3 von dem Arttypus abweichende Formen sind: Form 1, bei der das Lateralhaar bei *b* fehlt; Form 2, die gleichfalls keinen Lateralanhang bei *b*, ferner dorsal über *c* nur einen ganz kurzen Dorn und Erweiterungen an der Basis der Lateralhaare bei *c*, *d*, *e* hat (Fig. 94 *C*); Form 3, die weder bei *b* noch bei *e* ein Lateralhaar besitzt (Fig. 94 *D*) und deren Dorsalanhang über *c* ein mittellanger Dorn ist. Form 2 mit facettierter Endplatte ähnelt, namentlich da bei ihr wie bei Form 1 das Lateralhaar bei *b* vorkommen kann, dem *E. (E.) merokensis* f. *suecica* (vgl. S. 104) erheblich, jedoch bleiben wie bereits erwähnt als Unterschiede die bei der Form 2 des *E. columinis* stets viel kürzeren und weiter medianwärts ansitzenden Dorsalanhänge über *c* und die manchmal verbreiterten Ansatzstellen der Lateralanhänge.

Irland.

E. (E.) spec. 10 [Spec. inquir.] 1905 *E.* spec., John Murray in: Tr. R. Soc. Edinb., *v.* 41 p. 687 t. 2 f. 9a—9c | 1928 *E.* spec. 10, E. Marcus in: Tierw. Deutschl., pars 12 p. 71 f. 80 | 1929 *E.* spec. 10, E. Marcus in: Bronn, Kl. Ordn., *v.* 5 Abt. 4 Buch 3 p. 344 f. 184.

Anscheinend ohne 3. Schaltplatte, mit Kleeblattkerben und ohne Facetten. Skulptur bei manchen Stücken eine ziemlich grobe Granulation (Fig. 95 *B*), bei anderen eine feine Punktierung (Fig. 95 *C*). Der Cirrus lateralis haar-

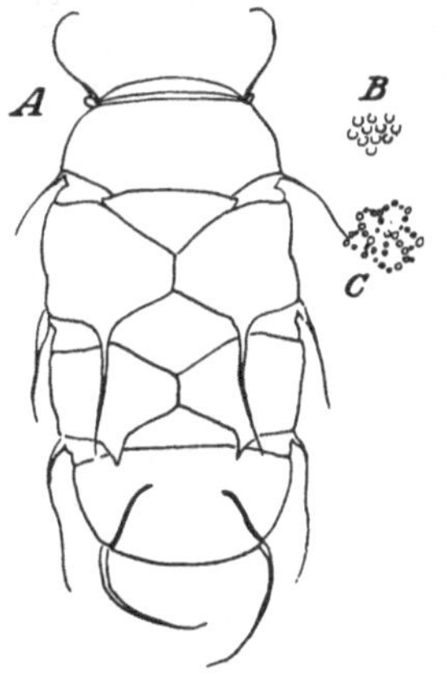

Fig. 95.
Echiniscus (E.) spec. 10. *A* dorsal, *B* grobe, *C* feine Plattenskulptur.

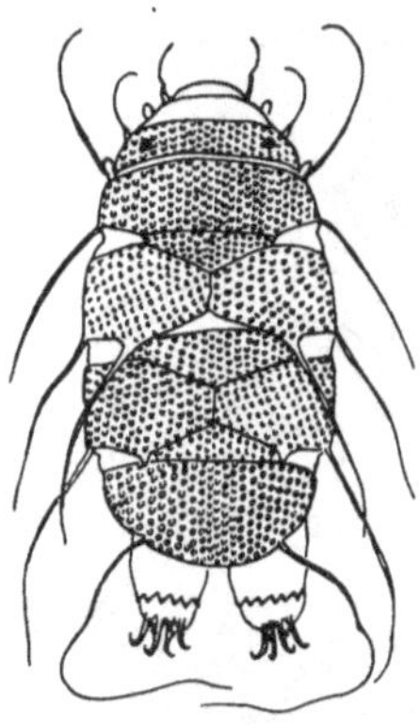

Fig. 96.
Echiniscus (E.) spec. 11.

artig, bei *b*, *c*, *d*, *e* lange, basal zwiebelförmig erweiterte Haare oder Dornen, von denen der Anhang bei *b* der kürzeste ist. Dorsal ein langer Dorn über *c* und ein sehr kurzer, breiter über *d*.

Die Art steht in enger Beziehung zum Formenkreis des *E. (E.) columinis*.

Schottland.

E. (E.) spec. 11 [Spec. inquir.] 1905 *E.* spec., John Murray in: Tr. R. Soc. Edinb., *v.* **41** p. 687 t. 2 f. 8a—8b | 1928 *E.* spec. 11, E. Marcus in: Tierw. Deutschl., pars 12 p. 71 f. 81 | 1929 *E.* spec. 11, E. Marcus in: Bronn, Kl. Ordn., *v.* 5 Abt. 4 Buch 3 p. 344—345 f. 185.

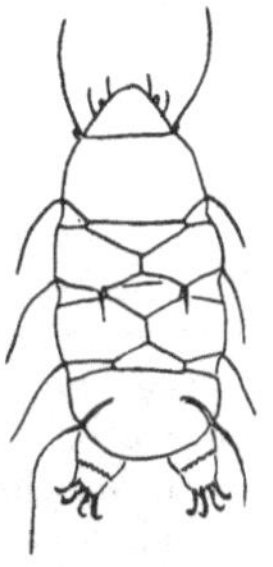

Fig. 97.
Echiniscus (E.) spec. 12.

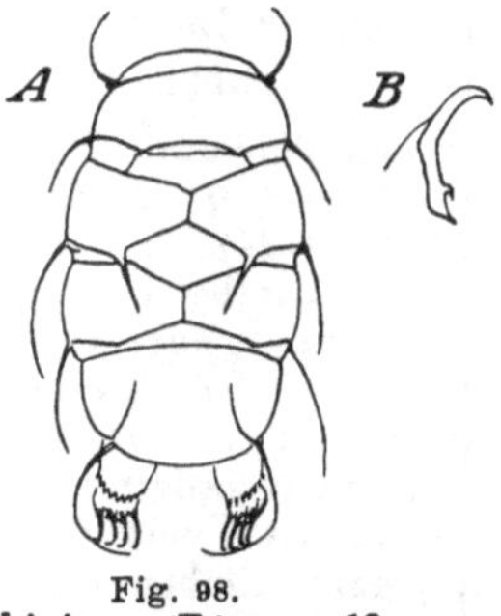

Fig. 98.
Echiniscus (E.) spec. 13.
A dorsal, *B* Innenkralle.

Skulptur als mittelstarke Granulation ausgebildet. 3. Schaltplatte vorhanden; über Kleeblattkerben und Facettierung keine Angaben, nach der Abbildung fehlen sie; nach den Lateralhaaren bei *e* zu urteilen sind Kleeblattkerben vorhanden. Alle Lateralanhänge sind Haare, die von *a* bis *e* an Länge zunehmen. Dorsal ein langes Haar über *c*, eine kleine Zacke über *d*. Dornfalte vorhanden, ebenso Nebenhaken an den inneren Krallen.

Schottland.

E. (E.) spec. 12 [Spec. inquir.] 1908 *E.* spec., M. Sellnick in: Zool. Anz., *v.* 33 p. 210 f. [1] | 1928 *E.* spec. 12, E. Marcus in: Tierw. Deutschl., pars 12 p. 72 f. 82 | 1929 *E.* spec. 12, E. Marcus in: Bronn, Kl. Ordn., *v.* 5 Abt. 4 Buch 3 p. 345 f. 186.

Platten granuliert, anscheinend eine 3. Schaltplatte vorhanden; Kleeblattkerben deutlich ausgebildet. Facettierung fehlt auf der Abbildung. Kopfanhänge ohne Besonderheiten; alle Lateralanhänge feine Haare. Dorsal jederseits über *c* ein feiner, kurzer Dorn, der ein- oder beiderseitig fehlen kann. Dornfalte vorhanden und an den inneren Krallen basalwärts gerichtete Nebenhaken.

Faröer.

E. (E.) spec. 13 [Spec. inquir.] 1907 *E.* spec., John Murray in: J. R. micr. Soc., p. 521 t. 17 f. 5, 5a | 1928 *E.* spec. 13, E. Marcus in: Tierw. Deutschl., pars 12 p. 72 f. 83 | 1929 *E.* spec. 13, E. Marcus in: Bronn, Kl. Ordn., *v.* 5 Abt. 4 Buch 3 p. 345—346 f. 187.

Kaum mittelgroß; blaßrot. Skulptur aus feinen, dicht und regelmäßig angeordneten Punkten bestehend, die Vertiefungen zu sein scheinen. 3. Schaltplatte zweifelhaft, Kleeblattkerben vorhanden. Facettierung fehlt auf der Abbildung. Alle Lateralanhänge gekrümmte Haare, von denen der Cirrus lateralis und das Haar bei *b* die kürzesten sind. Dorsal ein mittellanger Dorn über *c*. Dornfalte mit kleinen, spitzen Zähnen. Innere Krallen mit kleinen Nebenhaken. Länge 190 μ; nur eine abgeworfene Cuticula ohne Eier bekannt.

Kapland.

34. **E. (E.) simba** E. Marcus 1928 *E. s.*, E. Marcus in: Tierw. Deutschl., pars 12 p. 72—74 f. 83a | 1929 *E. s.*, E. Marcus in: Bronn, Kl. Ordn., *v.* 5 Abt. 4 Buch 3 p. 346—348 f. 188 t. 1 f. 11 | 1930 *E. s.*, E. Marcus in: Zool. Jahrb., Syst. *v.* 59 p. 371 | 1932 *E. s.*, Cuénot in: Faune France, pars 24 p. 52.

Mittelgroß; ziegelrot bis kirschrot; Augenpigment rot. Kräftig gepanzert, Skulptur namentlich in den caudalen Plattenhälften deutlich erkennbar, und zwar eine unregelmäßig verteilte, ziemlich dichte und grobe Granulierung, von deren Körnchen bei hoher Tubuseinstellung rote, bei tieferer dazwischen stehende weiße hervortreten. 2. Schaltplatte nur an die 3. Rumpfplatten angrenzend, 3. Schaltplatte fehlt. Endplatte unfacettiert, mit Kleeblattkerben. Kopfanhänge ohne Besonderheiten, die papillenförmigen Sockel kräftig ausgebildet. Laterale Anhänge bei *a*, *b*, *c*, *d* und *e*, dorsale über *c* und *d*. Die lateralen Haare bei *a* und *c* sind annähernd gleich lang, und der laterale Dorn bei *e* ist etwas länger als der bei *d*. Namentlich bei *d* und *e* sind die Lateralanhänge basal oft deutlich verbreitert. Die Länge der Anhänge zeigt die folgende Tabelle von 3 Individuen:

Körperlänge	120 μ	200 μ	235 μ
Cirrus lateralis	23 μ	42 μ	29 μ
Lateraldorn *b*	—	26 μ	—
Lateralhaar *c*	17 μ	42 μ	28 μ
Lateraldorn *d*	11 μ	30 μ	23 μ
Lateraldorn *e*	15 μ	34 μ	26 μ

Dorsaldorn *c*	12 μ	18 μ	16 μ
Dorsaldorn *d*	8 μ	—	—
Krallenlänge	11 μ	13 μ	13 μ

Es ist also der Dorsaldorn über *d* der kürzeste Körperanhang, und sowohl dieser Dorsaldorn wie auch der laterale bei *b* fehlen in 80% des vorliegenden Materials. Auffällig in dieser Tabelle ist die Kürze der Anhänge des längsten Tieres und das Auftreten des Dorsaldornes über *d* bei dem kleinsten 4kralligen Stück. Auf der Basis des 1. Beinpaares findet sich ein kleines Spitzchen, sowie auf der Basis des 4. die übliche Papille.

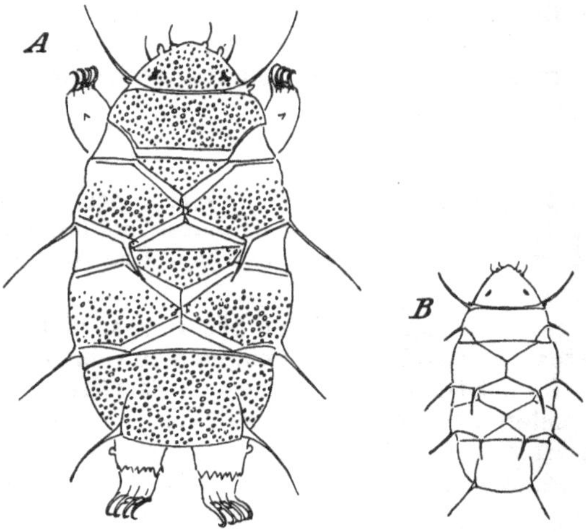

Fig. 99.
Echiniscus (E.) simba E. Marcus. *A* gewöhnlicher Bedornungstyp, *B* mit vollzähligen Anhängen.

Die Krallenlänge ist in der Tabelle angegeben; schon 120 μ lange Tiere sind im Besitz aller Körperanhänge. Die Nebenhaken der Innenkrallen sind schwach, die Dornfalte besteht aus spitzen Zähnen von ungleicher Größe und unregelmäßigem Abstand. Länge bis zu 235 μ, ausschließlich des 4. Beinpaares.

Gelege und 2krallige Jungtiere wurden nicht gefunden.

Die Art stammt aus einem ziemlich dicht besetzten, mit Flechten durchwachsenen Hypnum-Polster, aus dem 50 Individuen ausgesucht werden konnten. Dieses reiche Material erlaubte eine sichere Abgrenzung der Art, deren Stücke mit vollständigen Anhängen, 2 Paar dorsalen und 5 Paar lateralen, von Formen des *E. (E.) quadrispinosus* ohne Nebenschaltplatten, also der forma *cribrosa* (vgl. S. 89) und der forma *fissispinosa* (vgl. S. 90) durch das Fehlen der 3. Schaltplatte und das Fehlen der für die genannten Formen charakteristischen Skulpturierung der Schulter- und Endplatte unterschieden sind. *E. (E.)* spec. 14, neben dem die Art steht, hat lateral von *b* nach *e* an Länge zunehmende Körperanhänge. Stücke von *E. (E.) simba* mit vollständiger Lateralbedornung, aber Dorsaldornen nur über *c*, müssen mit *E. (E.)* spec. 12 und *E. (E.)* spec. 13 verglichen werden. Beide Arten haben lange, feine Lateralhaare bei *e*, *E. (E.)* spec. 13, außerdem ebensolche Haare bei *d*; *E. (E.)* spec. 12 ganz kurze Dorsaldornen über *c* und offenbar eine 3. Schaltplatte. Da aber, wie bemerkt, mehr als $^2/_3$ des vorliegenden Materials nur bei *c*, *d* und *e* laterale und über *c* dorsale Anhänge besitzt, muß die Art auch innerhalb der *E. (E.) blumi*-Gruppe abgegrenzt werden. *E. (E.)* spec. 18 könnte mit *E. (E.) simba* identisch sein, hat aber bei *a* deutlich längere Lateralanhänge als bei *c* und sowohl der Dorsalanhang über *c* wie der laterale bei *c* sind bei *E. (E.)* spec. 18 absolut und im Verhältnis zur Körperlänge bedeutend länger als bei *E. (E.) simba*. Da in dem großen, von *E. simba* vorliegenden Material keine Stücke getroffen wurden, deren Anhänge die für *E. (E.)* spec. 18 geschilderten Maße besitzen, mußte diese letzte Species vorläufig noch von *E. (E.) simba* gesondert aufgeführt werden. Stücke von *E. (E.) simba* mit lateralen Anhängen vom Typus der *E. (E.) blumi*-Gruppe und mit Dorsaldornen über *c* und *d* würden, da der Größenunterschied zwischen den Dorsaldornen unerheblich ist, innerhalb der *E. (E.) blumi*-Gruppe neben *E. (E.) quadrispinosus* f. *cribrosa* stehen, einer Form, die durch den Besitz der 3. Schaltplatte von *E. (E.) simba* leicht zu unterscheiden ist.

Niederösterreich, Feste Dürnstein an der Donau; Sardinien.

E. (E.) spec. 14 [Spec. inquir.] 1906 *E.* spec., John Murray in: Ann. Scott. nat. Hist., nr. 60 p. 214—215 | 1928 *E.* spec. 14, E. Marcus in: Tierw. Deutschl., pars 12 p. 74 | 1929 *E.* spec. 14, E. Marcus in: Bronn, Kl. Ordn., *v.* 5 Abt. 4 Buch 3 p. 348.

Ziemlich groß; relativ breit. Mäßig grob granuliert. 3. Schaltplatte fehlt. Cirrus lateralis lang, haarförmig, lateral bei *b, c, d, e* von vorn nach hinten länger werdende Haare. Dorsal je ein kleiner Dorn über *c* und *d*. Auf dem 1. Bein ein Zapfen. Dornfalte mit scharfen Zähnen; innere Krallen mit stark gekrümmten Nebenhaken, äußere dornlos. Da Anhänge bei *e* vorhanden sind, dürfte die Art Kleeblattkerben besitzen. Länge 250 µ.

Soweit nicht *E. (E.) creplini* (vgl. S. 86) hinsichtlich der Möglichkeit seiner Zugehörigkeit zu *Pseudechiniscus* als Species dubia et inquirenda gelten muß, paßt die vorstehende Beschreibung einigermaßen auf ihn, zumal, wenn man annehmen darf, daß C. A. S. Schultze die Dornfalte und die Nebenhaken nicht erkennen konnte. Allerdings fehlt der *E. (E.)* spec. 14 der für *E. (E.) creplini* angegebene, eigenartige Dorsaldorn über *b* am Vorderrand der 2. Rumpfplatten.

Schottland.

E. (E.) spec. 15 [Spec. dub. et inquir.] 1904 *E.* spec. Form III, F. Richters in: Zool. Anz., *v.* 28 p. 350 | 1928 *E.* spec. 15, E. Marcus in: Tierw. Deutschl., pars 12 p. 74 | 1929 *E.* spec. 15, E. Marcus in: Bronn, Kl. Ordn., *v.* 5 Abt. 4 Buch 3 p. 348.

Mittelgroß. Cirrus lateralis und die Anhänge bei *c, d, e* Haare, bei *b* ein kurzer Dorn. Dorsal über *c* je ein Dorn. Dornfalte, und nach den Anhängen bei *e* zu urteilen, auch Kleeblattkerben vorhanden, keine Nebenhaken. Länge 208 µ.

In Ermangelung einer Figur und jeder Angabe über die Platten ist die Gattungszugehörigkeit der Art unsicher.

Rügen, Saßnitz.

35. **E. (E.) rugospinosus** E. Marcus 1913 *E.* spec., John Murray in: J. R. micr. Soc., p. 138 t. 6 f. 4a—4c | 1928 *E. rugospinosus*, E. Marcus in: Tierw. Deutschl., pars 12 p. 74 f. 84 | 1929 *E. r.*, E. Marcus in: Bronn, Kl. Ordn., *v.* 5 Abt. 4 Buch 3 p. 348—349 f. 189.

Mittelgroß; rot. Skulptur aus kleinen, helleuchtenden, regelmäßig angeordneten Punkten bestehend, die flachgedrückte Papillen zu sein scheinen. 3. Schaltplatte fehlt. Kleeblattkerben vorhanden. Cirrus lateralis ein längeres Haar; bei *b, c, d, e* kurze, feine Haare, die von kleinen Papillen entspringen. Dorsal jederseits über *c* und *d* ein rauher Dorn. Dornfalte mit kurzen Zähnen. Alle Krallen ohne Nebenhaken oder Dornen. Länge 200 µ.

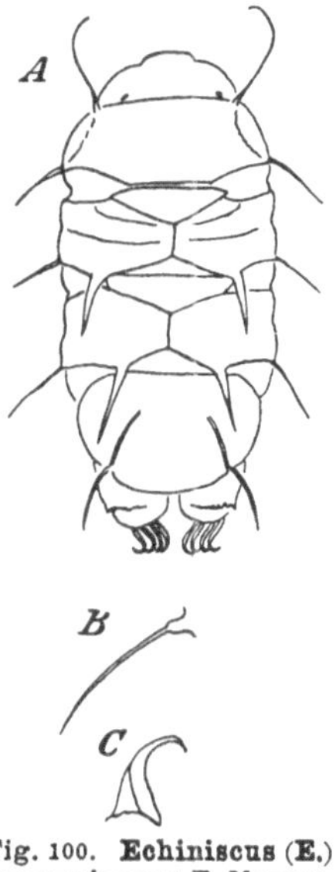

Fig. 100. **Echiniscus (E.) rugospinosus** E. Marcus. *A* dorsal, *B* laterales Haar, *C* Kralle.

Es ist aus der Diagnose nicht zu ersehen, ob nur das Fehlen eines genauen Fundortes den Autor von einer Benennung der wohl charakterisierten, alle Anhänge besitzenden Species zurückgehalten hat. Da sie klar gekennzeichnet ist, ist die Art mit dem auf die rauhen Dorsaldornen bezüglichen Namen benannt worden.

Tropisches Ostafrika.

36. **E. (E.) militaris** John Murr. 1911 *E. m.*, John Murray in: P. Irish Ac., *v.* 31 nr. 37 p. 4—5 t. 1 f. 1a—1c | 1928 *E. m.*, G. Rahm in: Tierw. Mitteleur., *v.* 3 p. II 17 | 1928 *E. m.*, E. Marcus in: Tierw. Deutschl., pars 12 p. 75 f. 85 | 1929 *E. m.*, E. Marcus in: Bronn, Kl. Ordn., *v.* 5 Abt. 4 Buch 3 p. 349—350 f. 190 | 1932 *E. m.*, Cuénot in: Faune France, pars 24 p. 53—54.

Mittelgroß; rot. Skulptur aus helleuchtenden, einförmigen, in regelmäßigen Reihen angeordneten Punkten bestehend, die dicht neben einander liegende, kleine, weder als Eindrücke der Oberfläche, noch als Hervorragungen

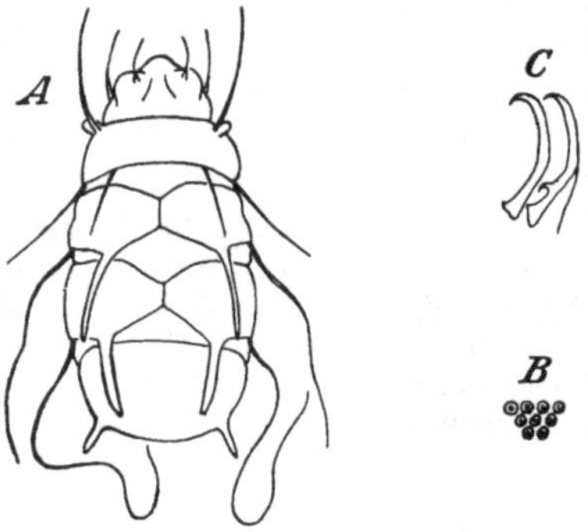

Fig. 101.
Echiniscus (E.) militaris John Murr. *A* dorsal, *B* Plattenskulptur, *C* Außen- und Innenkralle.

ausgebildete Punkte darstellen. 3. Schaltplatte fehlt. Endplatte mit Kleeblattkerben und undeutlicher Facettierung. Keine glatten Bänder auf den Platten. Der Cirrus lateralis ein 50 μ langes Haar, die Clava wie gewöhnlich gestaltet. Bei *b* ein ebenso langes, sehr dünnes Haar. Bei *c* und *d* sehr lange, 100 und 150 μ messende Haare mit breiter Basis und sehr dünnen Spitzen. Bei *e* ein kurzer, dicker Bolzen, der ringsum gerundet und in der Mitte manchmal etwas aufgetrieben ist. Dorsal über *b* ein dünnes Haar (30 μ), über *c* und *d* sehr große und sehr dicke Dornen, die gerade oder fast gerade verlaufen und 50 μ lang, gedrungen und nicht abgeflacht, sondern rund sind. Dornfalte mit großen, dreieckigen, basal durch Zwischenräume getrennten Zähnen. Große, etwa 25 μ lange Krallen, die inneren mit kleinen Nebenhaken, die äußeren glatt. Länge etwa 200 μ, ausschließlich des 4. Beinpaares.

Gelege mit 2 Eiern in 180 μ langer Cuticula.

Irland.

37. **E. (E.) creplini** S. Schultze [Spec. dub. et inquir.] (vgl. auch S. 132) 1861 *E. C.*, C. A. S. Schultze, Echiniscus Creplini, p. 7 t. [1] f. [1] | 1888 *E. c.*, Plate in: Zool. Jahrb., Anat. *v.* 3 p. 531 | 1911 *E. c.*, John Murray in: J. Quekett Club, ser. 2 *v.* 11 p. 191 | 1911 *E. C.*, G. Thulin in: Ark. Zool., *v.* 7 nr. 16 p. 21 | 1928 *E. c.*, G. Rahm in: Tierw. Mitteleur., *v.* 3 p. II 11 | 1928 *E. c.*, E. Marcus in: Tierw. Deutschl., pars 12 p. 75—76, 108—109 f. 86 | 1929 *E. c.*, E. Marcus in: Bronn, Kl. Ordn., *v.* 5 Abt. 4 Buch 3 p. 350—351, 390 f. 191.

Groß; rot. Skulptur aus helleuchtenden, ziemlich großen Punkten bestehend, die in Abständen von der Größe eines dieser Punkte angeordnet sind. 3. Schaltplatte vorhanden. Endplatte mit Kleeblattkerben, die durch ein glattes Querband verbunden sind. Kopfanhänge ziemlich stark hervortretend, die Lateralanhänge sämtlich Haare, die vom Cirrus lateralis bis zum Haar bei *e* an Länge zunehmen. Dorsal über *b*, *c* und *d* Dornen, die über *b* kurz und gerade, die über *c* etwas länger und gerade, die über *d* kurz und leicht medianwärts gekrümmt. Auf dem 1. Beinpaar ein ziemlich großer, spitzer Dorn mit breiter Basis. Keine Dornfalte und alle Krallen ohne Nebenhaken oder Dornen. Länge 270 μ, ausschließlich des 4. Beinpaares.

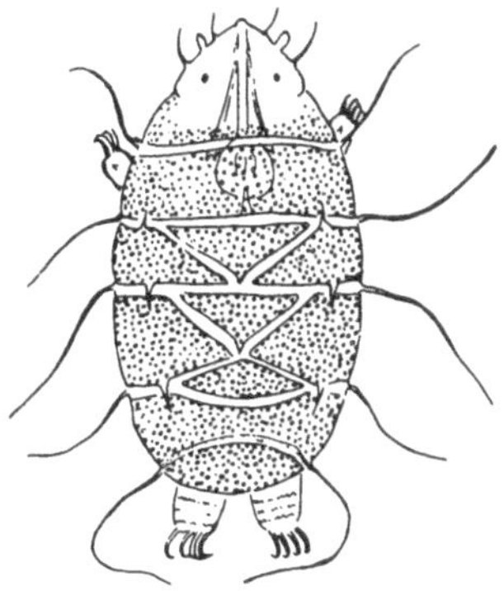

Fig. 102.
Echiniscus (E.) creplini S. Schultze.

Unter Berücksichtigung der optischen Hilfsmittel des Autors erscheint es wohl denkbar, daß er die Dornfalte nicht richtig gesehen hat, zumal die Zeichnung an der Basis der Hinterbeine Zackenreihen erkennen läßt, die als Dornfalten gelten könnten. Nebenhaken an den Innenkrallen sind in der Originalabbildung des typischen *E. (E.) quadrispinosus* (Fig. 103*A*) nicht gezeichnet, aber Cuénot hat sie gefunden, und sie werden für die Formen *cribrosa* und *fissispinosa* (vgl. S. 89, 90) angegeben; wahrscheinlich sind sie Schultze wie Richters entgangen. Die für *E. (E.) creplini* nicht erwähnten, lateral die 1. und 2. Schaltplatte fortsetzenden Nebenschaltplatten mögen tatsächlich bei ihm fehlen; dann wäre *E. (E.) creplini* nicht mit dem typischen *E. (E.) quadrispinosus* zu identifizieren, sondern würde hinsichtlich der Plattenanordnung den Murray'schen Formen entsprechen. Das fast völlige Fehlen von Schulterplattenskulptur auf Schultze's Abbildung scheint mir lediglich durch die tiefere Einstellung des Mikroskops auf den in dieser Region liegenden und auch genau gezeichneten Schlundkopf zustandegekommen zu sein. Das einzige den *E. (E.) creplini* isolierende Merkmal sind die dorsalen Dornen über *b*, also an einer Stelle, wo nur sehr wenige Echiniscen Anhänge haben. Cuénot (Faune France, pars 24 p. 52, 1932) vermutet wohl mit Recht, daß Nähte oder Falten hier als Dornen gedeutet worden seien, wie E. Marcus es für *E. (E.) bellermanni* angenommen hat (1929, p. 372). Indessen scheint es mir trotz engster Beziehungen zwischen *E. (E.) creplini* und *E. (E.) quadrispinosus* nicht empfehlenswert, die jüngere, sicher wiedererkennbare Species der älteren, unsicheren als Synonym unterzuordnen. Nach der Abbildung des Panzers, nicht der Anhänge, ist schließlich auch die Einordnung des *E. (E.) creplini* bei *Pseudechiniscus* (vgl. S. 132) nicht völlig von der Hand zu weisen.

Alpen, Rigi, 1800 m.

38. **E. (E.) quadrispinosus** Richters 1902 *E. q.*, F. Richters in: Ber. Senckenb. Ges., p. 10 t. 1 f. 1 | 1904 *E. q.*, F. Richters in: Zool. Anz., *v.* 28 p. 349 | 1907 *E. q.*, John Murray in: Tr. R. Soc. Edinb., *v.* 45 p. 647, 653 | 1908 *E. q.*, F. Heinis in: Zool. Anz., *v.* 33 p. 71, 715 | 1909 *E. q.*, M. Sellnick in: Schr. Ges. Königsb., *v.* 49 p. 326 | 1909 *E. q.*, C. Carlzon in: Zool. Anz., *v.* 34 p. 138 | 1910 *E. q.*, F. Heinis in: Arch. Hydrobiol., *v.* 5 p. 119, 129 | 1911 *E. q.*, John Murray in: J. Quekett Club, ser. 2 *v.* 11 p. 192 | 1911 *E. q.*, John Murray in: Ann. Scott. nat. Hist., nr. 78 p. 89 | 1911 *E. q.*, F. Richters in: Al. Koenig, Avifauna Spitzberg., p. 285 | 1913 *E. q.*, John Murray in: J. R. micr. Soc., p. 138 | 1914 *E. q.*, F. Heinis in: Mém. Soc. Neuchâtel, *v.* 5 p. 720 | 1921 *E. q.*, F. Heinis in: Festschr. Zschokke, nr. 6 p. 11 | 1928 *E. q.*, G. Rahm in: Tierw. Mitteleur., *v.* 3 p. II 12 f. 37 | 1928 *E. q.*, E. Marcus in: Tierw. Deutschl., pars 12 p. 76 f. 87 | 1928 *E. q.*, G. Thulin in: Hereditas, *v.* 11 p. 224 | 1929 *E. q.*, E. Marcus in: Bronn, Kl. Ordn., *v.* 5 Abt. 4 Buch 3 p. 351—352 f. 192 | 1932

E. q., Cuénot in: Faune France, pars 24 p. 51—52 f. 36 - 37 | 1934 *E. q.* forma *typica*, E. Bartoš in: Časopis České Spol. ent., *v.* 31 p. 51.

Groß; dunkelrot, mit roten Augen. Skulptur nach der ersten Abbildung (Richters, 1902) und Beschreibung (Murray, 1907) aus ziemlich großen, einheitlichen Punkten bestehend, die in Abständen von der Größe der Punkte angeordnet sind; junge Tiere schwach gekörnelt (Heinis, 1908). Nach Cuénot (1932) besteht die Skulptur aus Poren von unregelmäßiger Größe, Form und Abstand, die eine netzförmige Zeichnung hervorrufen und aus feinen, nur mit Immersion erkennbaren Punkten dazwischen (Fig. 103 *C*). 3. Schaltplatte vorhanden. Die Endplatte zeigt Kleeblattkerben mit skulpturfreier, glatter Querverbindung. Neben der 1. Schaltplatte liegen jederseits 2, neben der 2. jederseits eine die Platte lateral fortsetzende Nebenplatten (Richters), die rostal abgegliederte Teile der 2. und 3. Rumpfplatten sind. In Cuénot's Abbildung ist nur eine Nebenplatte rostral von der 2. Rumpfplatte abgetrennt

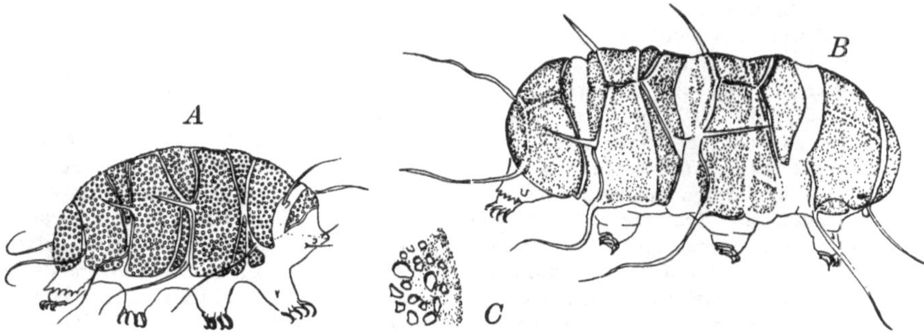

Fig. 103.
Echiniscus (E.) quadrispinosus Richters. *A* lateral, *B* dorsal, *C* Plattenskulptur.

gezeichnet. Stilettträger vorhanden. Kopfanhänge deutlich hervortretend. Alle Lateralanhänge sind Haare, die vom Cirrus lateralis bis zum Haar bei *e* an Länge zunehmen oder von variabler Größe sind. Dorsal über *c* und *d* mittellange, grade, kräftige und spitze Dornen, der über *c* doppelt, der über *d* 3mal so lang wie die entsprechende Angabe für *E. (E.) creplini*. Der Dorsaldorn über *c* kann auch sehr kurz sein. Auf dem 1. Beinpaar ein ziemlich kleiner Dorn, schwächer als für *E. (E.) creplini* angegeben; an der Basis des 4. Beinpaares eine Papille. Dornfalte mit 8—9 kleinen Zähnen von ungleicher Länge. Innenkrallen mit gradem, basalwärts gerichtetem Dorn an der Unterseite, Außenkrallen meist glatt, selten die des 4. Beinpaares mit sehr kurzem Dorn. Länge bis 280 μ.

Gelege mit 2—5 rotbraunen Eiern. 2krallige Jugendformen, z. B. von 84 μ Länge, und 4krallige von 147 μ Länge haben die Dorsalanhänge der Erwachsenen, aber lateral nur den Cirrus lateralis und das Haar bei *e* (vgl. S. 49). Erst Tiere von 198 μ besitzen auch die Lateralanhänge der Erwachsenen. Cuénot hat 140 μ lange Jungtiere beobachtet, die bei *c* und *d* statt langer Haare kleine Spitzen besaßen und weist darauf hin, daß die Haare bei *b* auch 4kralligen Stücken noch fehlen können. Wo die Anhänge bei *b* 4kralligen Erwachsenen fehlen und Nebenschaltplatten nicht ausgebildet sind, handelt es sich nach der hier beibehaltenen Murray'schen Systematik um eine der beiden im folgenden erörterten Formen.

Die Stücke aus dem Himalaya (1907, John Murray in: J. R. micr. Soc., p. 269—270) mit 2 und 4 Krallen sind sämtlich Jugendstadien ohne Dorsalanhänge und Nebenschaltplatten; sie haben an dem Lateralhaar bei *e* eine verdickte Basalpartie, auf die mit einem deutlichen Absatz ein dünner Endteil folgt. Ich rechne sie mit Vorbehalt zur f. *cribrosa* John Murr. Den *E. (E.) filamentosus* Plate (vgl. S. 115), den Cuénot dem *E. (E.) quadrispinosus* nähert (1932, p. 52) kann ich deshalb nicht hier einreihen, weil bei *E. filamentosus* der Lateralanhang bei *d* fehlt. Bei *E. quadrispinosus* kommt Reduktion der lateralen Anhänge nur bei *b* vor. Die forma *brachyspinosus* Bartoš (1934) mit kurzen Anhängen ist vorläufig noch nicht sicher zu beurteilen, da keine Abbildung vorliegt.

Spitzbergen; Mittelschweden; Südwestschweden; Schleswig-Holstein; Mecklenburgische Küste; Ostpreußen; Taunus, bei Frankfurt a. M.; Schwarzwald; Schweizer Jura, bis 1200 m, hauptsächlich in Frullania dilatata; Schweizer Alpen, bis 1800 m; Tschechoslowakei; Frankreich, in Flechten und Moosen, namentlich in Frullania auf Baumstämmen; Kanaren, Tenerifa; Britisch Ostafrika; Südamerika: Colombia.

38a. **E. (E.) quadrispinosus** Richters forma **cribrosa** John Murr. 1907 *E. q.* var. *c.*, John Murray in: Tr. R. Soc. Edinb., *v.* 45 p. 653 t. 1 f. 1a—1c | ? 1907 *E. q.* ?, John Murray in: J. R. micr. Soc., p. 269—270 | 1928 *E. q.* var. *cribrosus*, G. Rahm in: Tierw. Mitteleur., *v.* 3 p. II 18 | 1928 *E. q.* forma *c.*, E. Marcus in: Tierw.

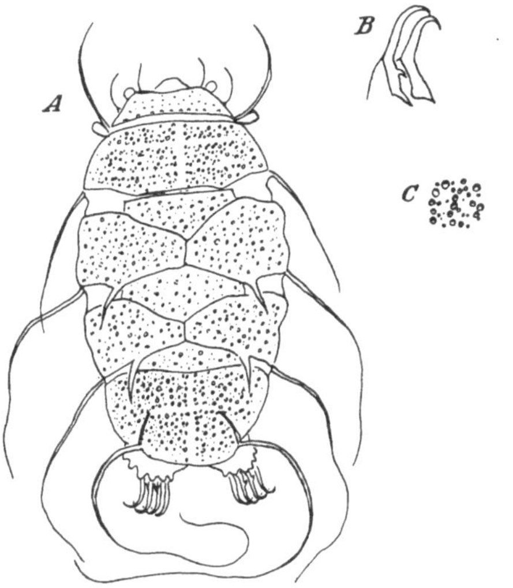

Fig. 104.
Echiniscus (E.) quadrispinosus Richters f. **cribrosa** John Murr. *A* dorsal, *B* Außen- und Innenkralle, *C* Plattenskulptur.

Deutschl., pars 12 p. 77 f. 88 | 1929 *E. q.* forma *c.*, E. Marcus in: Bronn, Kl. Ordn., *v.* 5 Abt. 4 Buch 3 p. 352—353 f. 193 | 1930 *E. q.* forma *c.*, E. Marcus in: Zool. Jahrb., Syst. *v.* 59 p. 371 | 1932 *E. q.* var. *c.*, Cuénot in: Faune France, pars 24 p. 51 | 1934 *E. q.* forma *c.*, E. Bartoš in: Časopis České Spol. ent., *v.* 31 p. 51.

Diese wie die folgende Form haben, nach Murray's Bildern zu urteilen, eine aus zweierlei Punkten, großen und kleinen, bestehende Skulptur. Sie läßt auf der Schulterplatte ein medianes und 1—2 transversale Bänder frei; ferner auf der Endplatte ein Medianband und die Querverbindung der Kleeblattkerben. Diese skulpturfreien, kreuzförmigen Bänder auf Schulter- und Endplatte können auch fehlen. Es können bei dieser Form alle Lateralanhänge kürzer sein, und der bei *b* kann ganz fehlen, oder auch nur der bei *c* kann kurz sein; ferner können alle Dorsalanhänge fehlen, oder der über *d* als kleines Dreieck auftreten. Dornfalte und Nebenhaken an den Innenkrallen vorhanden. Länge bis 280 μ.

Gelege mit 2—4 Eiern (45×60 μ); 2krallige und 4krallige Jugendstadien 150 μ. Die forma *cribrosa* John Murr. wie die folgende unterscheidet sich vom typischen *E. quadrispinosus* Richters durch das Fehlen der Nebenplatten. In seiner Erörterung des *E. quadrispinosus* geht Cuénot (1932) nur auf die Fälle ein, in denen die Plattenabgliederung weiter geht als ursprünglich für *E. quadrispinosus* beschrieben (vgl. Erörterung von *E. scrofa* Richters, S. 91) nicht auf die Einheitlichkeit der Platten bei den Murray'schen Formen, die ich beibehalten möchte.

Schottland; Shetland-Inseln; Tschechoslowakei; Frankreich; Sardinien; Himalaya (Identifizierung nicht ganz sicher).

38b. **E. (E.) quadrispinosus** Richters forma **fissispinosa** John Murr. 1907 *E. q.* var. *f.*, John Murray in: Tr. R. Soc. Edinb., *v.* 45 p. 653 t. 1 f. 2—3 | 1928 *E. q.* var. *f.*, G. Rahm in: Tierw. Mitteleur., *v.* 3 p. II 18 | 1928 *E. q.* forma *f.*, E. Marcus in: Tierw. Deutschl., pars 12 p. 78 f. 89 | 1929 *E. q.* forma *f.*, E. Marcus in: Bronn, Kl. Ordn., *v.* 5 Abt. 4 Buch 3 p. 353 f. 194 | 1932 *E. q.* var. *f.*, Cuénot in: Faune

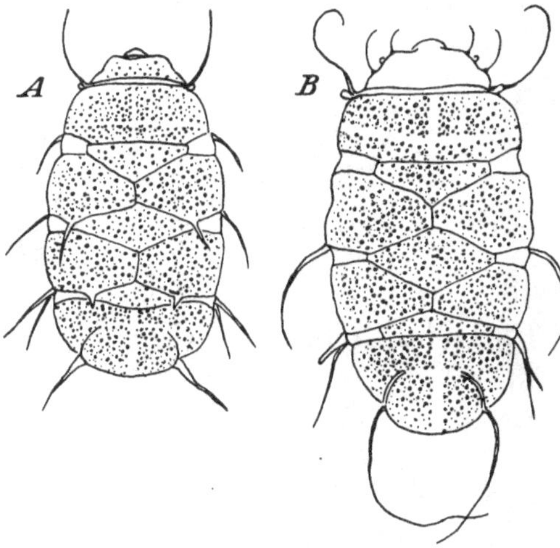

Fig. 105.
Echiniscus (E.) quadrispinosus f. fissispinosa John Murr. *A* mit typischen Anhängen, *B* ohne Dorsalanhänge.

France, pars 24 p. 52 | 1934 *E. q.* forma *f.*, E. Bartoš in: Časopis České Spol. ent., *v.* 31 p. 52.

Skulptur wie bei voriger; auch dieser Form fehlen die Nebenschaltplatten. Von den Lateralanhängen tritt der Cirrus lateralis und der Anhang bei *d* oder einer von beiden einseitig oder beiderseits verdoppelt auf. Der Dorsalanhang über *d* kann als kleines Dreieck ausgebildet sein (Fig. 105 *A*). Außerdem kann der Lateralanhang bei *b* fehlen, der bei *c* groß, stark und gekrümmt sein, und es können alle Dorsalanhänge fehlen (Fig. 105 *B*). Dornfalte und Nebenhaken an den Innenkrallen vorhanden. Länge bis zu 280 μ.

Schottland; Shetland-Inseln; Tschechoslowakei; Frankreich.

39. **E. (E.) scrofa** Richters 1902 *E. s.*, F. Richters in: Ber. Senckenb. Ges., p. 9 t. 1 f. 2 | 1908 *E. s.*, F. Richters in: Mikrokosmos, *v.* 1 t. 2 f. 8 | 1908 *E. s.*, F. Heinis in: Zool. Anz., *v.* 32 p. 635 | 1909 *E. s.*, M. Sellnick in: Schr. Ges. Königsb., *v.* 49 p. 326 | 1910 *E. s.*, F. Heinis in: Arch. Hydrobiol., *v.* 5 p. 118 | 1911 *E. s.*, John Murray in: J. Quekett Club, ser. 2 *v.* 11 p. 192 | 1928 *E. s.*, G. Rahm in: Tierw. Mitteleur., *v.* 3 p. II 13 f. 42 | 1928 *E. s.*, E. Marcus in: Tierw. Deutschl., pars 12

p. 78 f. 90 | 1929 *E. s.*, E. Marcus in: Bronn, Kl. Ordn., *v.* 5 Abt. 4 Buch 3 p. 353 bis 354 f. 195.

Ziemlich groß; Skulptur als Granulierung beschrieben, deren etwa mittelgroße Granula nicht immer kreisrund, sondern oft etwas zackig und in unregelmäßigen Abständen angeordnet sind. 3. Schaltplatte vorhanden. Kleeblattkerben durch ein glattes, unskulpturiertes Querband verbunden. Von der Schulterplatte lateral je 2 kleine Platten abgetrennt; auf die erste Schaltplatte folgen 2 Nebenplatten, die von der 2. Rumpfplatte abgegliedert sind. Die hintere dieser beiden Nebenplatten reicht weiter lateralwärts und damit weiter ventralwärts hinab als die vordere. 3. Schaltplatte in ein vorderes, lateral weiter hinabreichendes, schmales winkelförmiges Stück und ein hinteres, kürzeres, breites und mehr dreieckiges Stück aufgelöst, zu diesen beiden tritt noch ein kleines laterales Plättchen, das bei der Originalbeschreibung übersehen

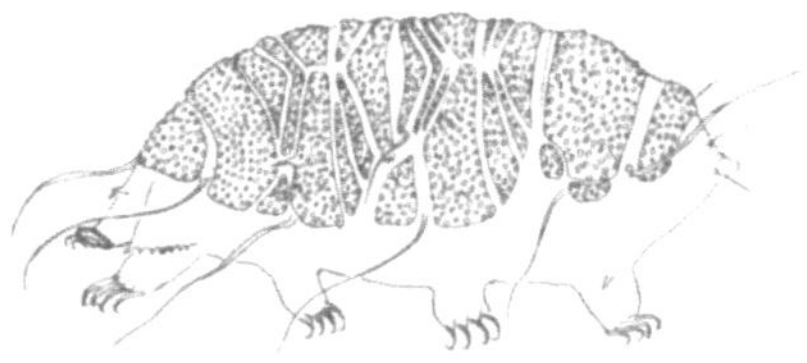

Fig. 106.
Echiniscus (E.) scrofa Richters.

worden ist (M. Sellnick, 1909). Für die weiteren Nebenplatten der 2. Rumpfplatte, deren caudaler Bezirk in 1 vorderes geteiltes Stück und 2 weiter caudal gelegene einheitliche Spangen aufgelöst ist, sowie für die Nebenplatten im Gebiet der zweiten Schaltplatte und 3. Rumpfplatte sei auf die Abbildung verwiesen (Fig. 106). Alle Lateralanhänge sind Haare, der Cirrus lateralis ist am kürzesten und das Haar bei *b* das nächst kürzeste; die Haare bei *c* und *e* sind untereinander gleich und fast ebenso lang wie das längste Haar, das bei *d*. Dorsal je ein mittellanges Haar über *c* und ein ziemlich kurzer Dorn über *d*. Auf dem 1. Beinpaar ein kurzer, spitzer Dorn. Dornfalte mit kurzen Zähnen; Nebenhaken oder Dornen an den Krallen sind in der Originalbeschreibung nicht erwähnt und nicht gezeichnet worden. Die zur Schulterplatte wie auch die zur 3. Schaltplatte gehörigen Nebenplatten sind in ihrer Zugehörigkeit zu den genannten Platten klar erkennbar. Ferner sind durch die Dorsaldornen über *c* und *d* die Caudalgrenzen der paarigen Rumpfplatten bezeichnet, deren vordere Bezirke Nebenplatten aufweisen von einem manchmal auch bei *Echiniscus (E.) blumi* angedeuteten Typus (vgl. Fig. 123 *B*). Ob die dreieckige, weit lateral gelegene Nebenplatte auf Höhe der 2. Schaltplatte zu dieser Schaltplatte gehört, ist fraglich; im allgemeinen reichen Schaltplatten nicht so weit ventralwärts.

Cuénot (1932) hält *E. scrofa* für ein der Häutung nahes Stadium von *E. quadrispinosus*, dessen Skulpturen bei herannahender Häutung sich schärfer ausprägen als in der Zwischenzeit und selbständige Platten vortäuschen. Da ich typische *E. quadrispinosus* nicht aus eigener Anschauung kenne, sondern nur *E. quadrispinosus* f. *cribrosa*, der keine Nebenplatten besitzt, möchte ich Cuénot's Meinung hier noch nicht in der Weise zum Ausdruck bringen, daß ich den *E. quadrispinosus* dem nach den Seitenzahlen der Erstbeschreibungen voranstehenden *E. scrofa* als Synonym unterordne. Trotzdem möchte ich für Cuénot's Ansicht eintreten. Die oben erwähnte Abbildung des *E. blumi*, die Mikrophotographie des *E. scrofa* (Mikrokosmos, *v.* 1 t. 2 f. 8), sowie Cuénot's Darstellung des *E. quadrispinosus* (1932, fig. 37) deuten darauf hin, daß die Originalbilder von Richters bezüglich der Selbständigkeit der Nebenplatten von *E. quadrispinosus* und *E. scrofa* übertrieben gezeichnet sind. Sellnick (1909) hat seine *E. scrofa*-Stücke aus *quadrispinosus*-Populationen herausgesucht. Auch das spricht für Cuénot's Meinung. Dagegen erwähnt Heinis (1910) den *E. scrofa* von einem besonderen Fundort, freilich aus Frullania dilatata, die er als bevorzugte Wohnpflanze des *E. quadrispinosus* nennt.

Ostpreußen; bei Frankfurt a. M.; Schweizer Jura, Wisenberg, 800 m.

40. **E. (E.) tympanista** John Murr. 1911 *E. t.*, John Murray in: Ann. Scott. nat. Hist., nr. 78 p. 92 t. 1 f. 4 | 1928 *E. t.*, G. Rahm in: Tierw. Mitteleur., *v.* 3 p. II 17 | 1928 *E. t.*, E. Marcus in: Tierw. Deutschl., pars 12 p. 79 f. 91 | 1929 *E. t.*, E. Marcus in: Bronn, Kl. Ordn., *v.* 5 Abt. 4 Buch 3 p. 354—355 f. 196 | 1932 *E. t.*, Cuénot in: Faune France, pars 24 p. 53.

Mittelgroß; rot. Skulptur aus kleinen, gleichmäßig und dicht angeordneten Punkten bestehend, von denen die Mehrzahl durchscheinend, eine kleine Anzahl, die regelmäßig zwischen den übrigen zerstreut ist, dunkel und porenartig ist. 3. Schaltplatte fehlt, Endplatte mit Kleeblattkerben. Der Cirrus lateralis ein gewöhnliches Haar, bei *b, c, d, e* zwischen 35 μ und 45 μ lange, untereinander annähernd gleich dicke, knopfig endigende Fortsätze, die etwa wie Trommelschlegel aussehen. Dorsolaterale Dornen, die ähnlich wie bei *E. (E.) oihonnae* (vgl. S. 78), aber hier mehr dorsal, nicht so unmittelbar über den Lateralanhängen sitzen, über *b, c, d, e.* Im Gegensatz zu diesen als dorsomediane Anhänge zu bezeichnen sind die an den Hinterecken der paarigen Rumpfplatten, also über *c* und *d,* sitzenden Fortsätze. Von diesen sind die ersten terminal leicht verdickte, in der Form also an die Lateralanhänge erinnernde, mittellange, die hinteren leicht medianwärts gekrümmte, spitze und ziemlich kurze Dornen mit breiter Basis. Nahe der Basis des 4. Beines wie bei vielen Echiniscen ein gerundeter Zapfen. Dornfalte und Nebenhaken an den Innenkrallen vorhanden. Länge 240 μ.

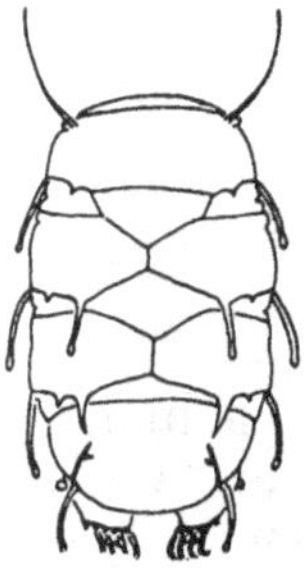

Fig. 107. **Echiniscus (E.) tympanista** John Murr.

Schottland.

4. Echiniscus (E.) blumi-Gruppe

Lateralanhänge außer bei *a* noch an 3 weiteren Stellen, im ganzen also 4 Lateralanhänge vorhanden, die nicht sämtlich Dornen oder Stacheln sind.

Bestimmungstabelle der Arten:

1	Außer den dorsomedianen Anhängen noch kleine dorsolaterale Anhänge vorhanden — **2**	
	Keine dorsolateralen Dornen außer den dorsomedianen Anhängen [für 51. *E. (E.) filamentosus* zweifelhaft] — **5**	
2	Lateral bei *e* ein langes Haar	31. **E. (E.) oihonnae**
	Lateral bei *e* kein Anhang oder ein kurzer, leicht zu übersehender Dorn (vgl. S. 49, Anm.) — **3**	
3	Dorsolaterale Dornen nur über *d* — **4**	
	Dorsolaterale Dornen über *b, c, d*	43. **E. (E.) spinuloides**
4	In der Kleeblattkerbe, also bei *e*, ein kurzer Dorn	41. **E. (E.) menzeli**
	Kein Dorn in der Kleeblattkerbe	42. **E. (E.) spitsbergensis**

5	Lateralanhang bei *b* fehlt — **6**	
	Lateralanhang bei *b* vorhanden — **28**	
6	Lateralanhänge an der Basis sämtlich einfach, ungegabelt[1]) — **7**	
	Lateralanhang bei *d* gegabelt — **27**	
7	Keine Dorsalanhänge vorhanden — **8**	
	Dorsalanhänge vorhanden — **9**	
8	3. Schaltplatte fehlt; paarige Rumpfplatten mit unskulpturiertem Querband	**E. (E.) spec. 16**
	3. Schaltplatte vorhanden; paarige Rumpfplatten durchgängig skulpturiert	38a. **E. (E.) quadrispinosus forma cribrosa** [part.] (vgl. S. 89)
9	Dorsalanhänge nur in 1 Paar, über *c* oder über *d* vorhanden — **10**	
	Dorsalanhänge in 2 Paaren, über *c* und über *d* vorhanden — **15**	
10	Dorsalanhänge nur über *c* vorhanden — **11**	
	Dorsalanhänge nur über *d* vorhanden — **14**	
11	Lateralanhänge mit ausgesprochenen Größenunterschieden — **12**	
	Lateralanhänge untereinander ungefähr gleichlange Haare — **36**	
12	Lateralanhang bei *d* sehr lang, von der Länge des Körpers (150 μ)	**E. (E.) spec. 17**
	Lateralanhang bei *d* ganz kurz, 20—30 μ lang bei 200—235 μ Körperlänge — **13**	
13	Lateralanhang bei *c* mehr als $^1/_3$ (90 μ) der Körperlänge (220 μ) messend; Dorsalanhang über *c* gleichfalls 90 μ lang	**E. (E.) spec. 18**
	Lateralanhang bei *c* etwa $^1/_5$ (42 μ) der Körperlänge (235 μ) messend; Dorsalanhang über *c* viel kürzer (16—18 μ)	34. **E. (E.) simba**
14	Alle Lateralanhänge sind Haare	**E. (E.) spec. 19**
	Lateralanhänge bei *c* und *d* kurze, gekrümmte Dornen	**E. (E.) spec. 20**
15	Dorsalanhänge über *c* und *d* lange Haare; Skulptur der Endplatte weitläufiger als die der übrigen Platten	44. **E. (E.) velaminis**
	Die Dorsalanhänge sind nicht über *c* und über *d*, sind also nicht an beiden Stellen lange Haare; Skulptur der Endplatte, von Zeichnungen auf ihr *(quadrispinosus* f. *cribrosa)* abgesehen, ebenso wie auf den übrigen Platten — **16**	
16	Dorsalanhänge über *c* und *d* von gleicher oder fast gleicher Länge — **17**	
	Dorsalanhänge über *c* deutlich länger als die über *d* — **18**	
17	3. Schaltplatte fehlt	34. **E. (E.) simba**
	3. Schaltplatte vorhanden	38a. **E. (E.) quadrispinosus forma cribrosa**

[1]) Wo in einem zu determinierenden Material bei einzelnen Exemplaren doppelte oder gegabelte Lateralanhänge einseitig oder beiderseits auftreten, sind diese Stücke nicht zur Determination zu verwenden, da solche gelegentlichen Bildungen, wie auch in der Erörterung des *E. (E.) velaminis* erwähnt wird, bei vielen Echiniscen vorkommen und die Bestimmung nach der vorliegenden Tabelle irreführen können.

18	3. Schaltplatte fehlt — **19**	
	3. Schaltplatte vorhanden — **23**	
19	Laterale Haare bei *c*, *d*, *e* basal erweitert . . .	33. **E. (E.) columinis** [Form 2]
	Nicht alle 3 lateralen Haare bei *c*, *d*, *e* basal erweitert — **20**	
20	Dorsale Anhänge über *c* zwischen den Plattenhinterecken und der Medianlinie sitzend . .	33. **E. (E.) columinis** [Form 1]
	Dorsale Anhänge über *c* an den Plattenhinterecken sitzend — **21**	
21	Dorsal über *c* ein Dorn, über *d* ein Zahn — **22**	
	Dorsal über *c* ein Haar, über *d* ein Dorn . . .	**E. (E.) spec. 23**
22	Lateral bei *a* und *e* Haare; der Lateraldorn bei *c* mit erweiterter Basis; dorsal über *c* ein langer Dorn mit erweiterter Basis, über *d* ein kurzer Dorn	**E. (E.) spec. 21**
	Alle Lateralanhänge sind Haare; das Haar bei *c* ohne basale Erweiterung; dorsal über *c* ein weicher, basal nicht besonders breiter Dorn, über *d* ein kleiner Zahn	**E. (E.) spec. 22**
23	Endplatte unfacettiert **24**	
	Endplatte facettiert **25**	
24	Skulptur grob oder aus zweierlei Punkten, großen und kleinen bestehend	**E. (E.) quadrispinosus forma cribrosa**
	Skulptur aus sehr feinen Punkten bestehend . .	**E. (E.) spec. 24**
25	Lateralanhang bei *d* bedeutend länger, etwa 12 mal so lang wie der kurze dorsale über *d*; Dornfalte aus zahlreichen kleinen, schmalen Zähnen bestehend — **26**	
	Lateralanhang bei *d* ebenso kurz wie der kurze dorsale über *d*; Dornfalte aus wenigen, etwa 5 sehr breiten Zähnen bestehend	46. **E. (E.) meridionalis**
26	Lateralanhänge relativ kurz; Dorsalanhang über *c* stets an der Plattenhinterecke ansitzend . .	45. **E. (E.) merokensis**
	Lateralanhänge relativ lang; Dorsalanhang über *c* meist etwas innerhalb der Plattenhinterecken, also der Medianlinie genähert ansitzend . .	45a. **E. (E.) merokensis forma suecica**
27	3. Schaltplatte fehlt; Skulptur der Endplatte weitläufiger als die der übrigen Platten	44. **E. (E.) velaminis**
	3. Schaltplatte vorhanden; Skulptur der Endplatte, von Zeichnungen auf ihr abgesehen, ebenso wie auf den übrigen Platten	38b. **E. (E.) quadrispinosus forma fissispinosa**
28	Lateralanhang bei *e* fehlt — **29**	
	Lateralanhang bei *e* vorhanden — **34**	
29	Dorsale Anhänge vorhanden — **30**	
	Ohne Dorsalanhänge	**E. (E.) spec. 26**
30	Dorsalanhänge nur über *c* vorhanden	47. **E. (E.) muscicola**
	Dorsalanhänge über *c* und über *d* vorhanden — **31**	
31	3. Schaltplatte vorhanden oder mindestens die Cuticula zwischen 3. Rumpf- und Endplatte deutlich lateral abgesetzt — **32**	
	3. Schaltplatte fehlt	42. **E. (E.) spitsbergensis**
32	Dorsalanhang über *c* mindestens doppelt so lang wie der über *d* — **33**	
	Dorsalanhänge über *c* und *d* von gleicher Länge	49. **E. (E.) granulatus**

33	Papilla cephalica und Cirri mediales externi und interni von der üblichen Länge; Dornfalte spitzzähnig; typisch das dorsale Haar über *c* etwa 5mal so lang wie der Dorn über *d* . .	48. **E. (E.) blumi**
	Papilla cephalica dick, Cirri mediales auffallend lang; Dornfalte mit wenigen stumpfen Zähnen; das dorsale Haar über *c* etwas mehr als doppelt so lang wie der Dorn über *d* . . .	**E. (E.) spec. 25**
34	Lateralanhang bei *c* vorhanden, bei *d* fehlend — **35**	
	Lateralanhang bei *d* vorhanden, bei *c* fehlend .	52. **E. (E.) siegristi**
35	Kein Dorsaldorn über *c* oder höchstens (*bellermanni*) jederseits einer	50. **E. (E.) testudo** [= bellermanni]
	Jederseits 2 Dorsaldornen über *c*	51. **E. (E.) filamentosus**
36	Skulptur grob, regelmäßig	47. **E. (E.) muscicola**
	Skulptur fein, unregelmäßig	**E. (E.) spec. 33** [Stücke mit Haaren auch bei *e*]

41. **E. (E.) menzeli** Heinis 1917 *E. m.*, F. Heinis in: Zool. Anz., *v.* 49 p. 96 f. [1] | 1928 *E. m.*, G. Rahm in: Tierw. Mitteleur., *v.* 3 p. II 17 | 1928 *E. m.*, E. Marcus in: Tierw. Deutschl., pars 12 p. 81 f. 92 | 1929 *E. m.*, E. Marcus in: Bronn, Kl. Ordn., *v.* 5 Abt. 4 Buch 3 p. 355—356 f. 197.

Groß; rot, ohne Augenpigment. Skulptur der Platten als kräftige Körnelung mit fast regelmäßigen 5—6eckigen Feldern ausgebildet. 3. Schaltplatte durch einen ziemlich schmalen, durch die dorsomedianen Dornen überdies teilweise verdeckten, skulpturierten Bezirk hinter den 3. Rumpfplatten wenigstens angedeutet. Kleeblattkerben schwach entwickelt. Cirrus lateralis und die übrigen Haare bei *b*, *c*, *d* untereinander etwa gleich lang, bei *e* lateral ein ganz kurzer, dornartiger Zacken. Dorsal über *c* ein langes Haar, das auch fehlen kann, über *d* jederseits ein dorsomedianer Dorn mit breiter Basis und ein kürzerer, dorsolateraler. 1. Beinpaar mit kurzem, spitzem Dorn; 4. Beinpaar mit Dornfalte. Innere Krallen mit ziemlich weit nach der Krallenmitte zu sitzenden, gekrümmten Nebenhaken. Länge 260 μ.

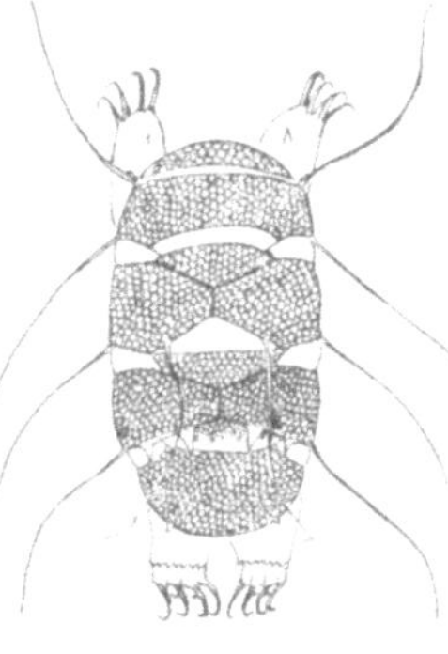

Fig. 108. Echiniscus (E.) menzeli Heinis.

Die Art steht den beiden folgenden sehr nahe; Cuénot (1932, Faune France, pars 24 p. 44) hat vorgeschlagen, alle 3 zu vereinigen. Aber ich möchte die 3 deutlich unterscheidbaren Arten *E. (E.) menzeli*, *spitsbergensis* und *spinuloides* getrennt aufführen, zumal Mischpopulationen von allen 3 Arten noch nicht gefunden sind, sondern nur solche von *E. (E.) spitsbergensis* und *spinuloides*. Vorläufig paßt jede Beschreibung der Literatur, die sich auf die genannten Arten bezieht, jeweils nur auf eine der 3. Stücke mit dorsolateralen Dornen nur über *d* stelle ich bei Vorhandensein des Dornes in der Kleeblattkerbe zu *E. (E.) menzeli* und bei Fehlen dieses Dornes zu *E. (E.) spitsbergensis*. Stücke mit dorsolateralen Dornen über *b*, *c*, *d* stelle ich zu *E. (E.) spinuloides*. Über die Zähne der Dornfalte, die Stellung der Nebenhaken der Innenkrallen, die Bedornung der Außenkrallen und die Skulpturierung zwischen 3. Rumpf- und Endplatte kann bis jetzt noch nichts Einheitliches in der *E. (E.) menzeli-spitsbergensis-spinuloides*-Formenreihe angegeben werden.

42. **E. (E.) spitsbergensis** Scourfield 1897 *E. s.*, Scourfield in: P. zool. Soc. London, p. 791 t. 45 f. 1—3 | 1901 *E. s.*, F. Schaudinn in: Fauna arct., *v.* 2 p. 192 |

1905 *E. spitzbergensis*, John Murray in: Tr. R. Soc. Edinb., *v.* 41 p. 686—687 t. 2 f. 7a—7c | 1905 *E. s.*, John Murray in: Ann. Scott. nat. Hist., nr. 55 p. 161 | 1906 *E. s.*, John Murray, ibid., nr. 60 p. 215 | 1907 *E. spitsbergensis*, John Murray in: J. Quekett Club, ser. 2 *v.* 10 p. 70 t. 7 f. 10, 11 | 1907 *E. s.*, John Murray in: Tr. R. Soc. Edinb., *v.* 45 p. 673 | 1908 *E. spitzbergensis*, F. Heinis in: Zool. Anz., *v.* 32 p. 636 | 1908 *E. s.*, F. Heinis, ibid., *v.* 33 p. 71 | 1910 *E. s.*, F. Heinis in: Arch. Hydrobiol., *v.* 5 p. 119, 131 | 1911 *E. spitsbergensis*, John Murray in: J. Quekett Club, ser. 2 *v.* 11 p. 191 | 1911 *E. s.*, John Murray in: Ann. Scott. nat. Hist., nr. 78 p. 89, 91—92 | 1911 *E. spitzbergensis*, F. Richters in: Al. Koenig, Avifauna Spitzberg., p. 285 | non 1911 *E. spitsbergensis*, F. Richters in: Camp. arct. Orléans, 1907 p. 9—10 | 1921 *E. spitzbergensis*, F. Heinis in: Festschr. Zschokke, nr. 6 p. 7 | 1927 *E. s.*, G. Rahm in: Biol. Tiere Deutschl., Lief. 26 pars 22 p. 40 | 1928 *E. s.*, G. Rahm in: Tierw. Mitteleur., *v.* 3 p. II 13 f. 43 | 1928 *E. s.*, E. Marcus in: Tierw. Deutschl., pars 12 p. 82 f. 93 | 1929 *E. s.*, E. Marcus in: Broun, Kl. Ordn., *v.* 5 Abt. 4 Buch 3 p. 356—357 f. 198 | non 1932 *E. spitsbergensis*, Cuénot in: Faune France, pars 24 p. 44—45 f. 26—28.

Mittelgroß bis groß; rot. Skulptur als eine in der Mitte der Platten grobe, nach den Rändern zu etwas feinere Granulation beschrieben; jedes der Granula auf einem polygonalen oder kreisförmigen Bezirk stehend. Sind

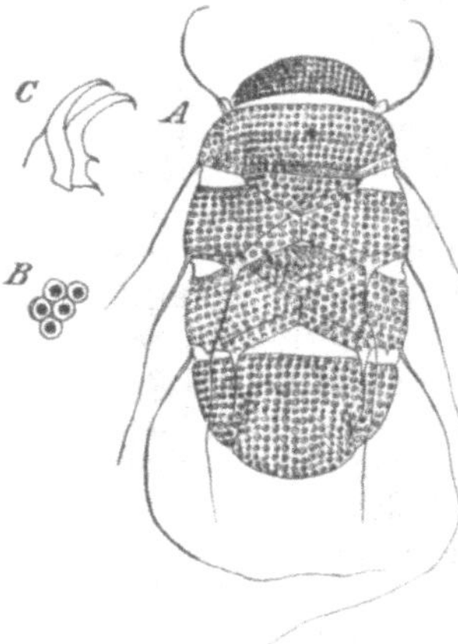

Fig. 109.
Echiniscus (E.) spitsbergensis Scourfield. *A* dorsal, *B* Plattenskulptur, *C* Außen- und Innenkralle.

die Granula nicht als Erhöhungen ausgebildet, so kommen diskusartige Gebilde mit zentraler, porenartiger Vertiefung zustande. 3. Schaltplatte fehlt. Kleeblattkerbe vorhanden. Der Cirrus lateralis und die lateralen Anhänge bei *b*, *c*, *d* sind Haare, die von vorn nach hinten bis zu dem sehr langen Haar bei *d* an Länge zunehmen. Dorsalanhänge variabel: typisch (nach der ersten Beschreibung) dorsomedian über *c* bis zur Mitte der Endplatte reichende Dornen, über *d* 1. dorsomediane, ganz breite, kurze, medianwärts konvergierende Stacheln und 2. sehr weit lateralwärts stehende, fast über *d* befindliche, dorsolaterale kleine Spitzchen. Bei schottischen Stücken die dorsomedianen Anhänge über *c* mittellange Dornen oder lange, über die Endplatte hinausreichende Haare; die dorsomedianen über *d* mittellange, bis zur Mitte der Endplatte reichende Dornen; die dorsolateralen über *d* können fehlen. Dornfalte mit basal dicht bei einander stehenden Zähnen. Innere Krallen mit basalwärts gerichteten Nebenhaken, die in einiger Entfernung von der Krallenbasis, aber doch in deren Nähe, sitzen. Außenkrallen glatt. Länge 250 µ (schottische), über 300 µ (arktische Stücke).

2krallige Jugendformen mit 3 lateralen und 2 dorsalen Anhängen 142 μ. Die Kopfplatte zeichnet John Murray von den übrigen Platten abweichend skulpturiert, das dürfte daran liegen, daß er sie schräg von oben, nicht wie die übrigen Platten grade von oben gesehen hat. Allerdings spricht Cuénot bei seinen hier zu *E. (E.) spinuloides* gestellten Stücken auch von einer feineren Skulpturierung der Kopfplatte. Die obenstehende Synonymie ist in dem Sinne aufgestellt worden, daß alle Stücke mit dorsolateralen Dornen über *d* und über *c* und *b* als *E. (E.) spinuloides* bezeichnet wurden. Die andern unterscheidenden Merkmale (Murray, 1911) sind fast sämtlich hinfällig oder unsicher. Die größere Länge der Lateral- und Dorsalanhänge bei *spinuloides* fehlt durchaus bei Cuénot's Stücken, die nach ihren dorsolateralen Dornen sicher zu *spinuloides* gehören. Das Fehlen der 3. Schaltplatte bei *E. (E.) spitsbergensis* und *spinuloides* ist unvereinbar mit Cuénot's Angabe einer deutlich erkennbaren dreieckigen 3. Medianplatte. Ein skulpturierter Bezirk zwischen 3. Rumpf- und Endplatte wie bei *E. (E.) menzeli* ist in Cuénot's Stücken sicher vorhanden. Glatte Außenkrallen, wie sie Murray (1905) zeichnet, bei Stücken mit dorsolateralen Dornen nur über *d* gegenüber bedornten bei Stücken mit solchen Dornen über *d* und über *c* und *b* (Richters, Cuénot), könnten den Eindruck verstärken, daß *spitsbergensis* in vollendet ausgewachsenem Stadium zu *spinuloides* würde. Danach würden beide Arten im gleichen Verhältnis zueinander stehen wie *E. (E.) merokensis* (vgl. S. 102) und seine forma *suecica* (vgl. S. 104) oder wie die *E. (E.) blumi-trisetosus-mediantus-bisetosus-canadensis*-Formenreihe, von denen jeder Bedornungstyp Gelege liefert und in reiner Population vorkommt. Die Nebenhaken der Innenkrallen stehen bei *E. (E.) spitsbergensis* der Krallenbasis näher als bei *E. (E.) spinuloides*; das ist ein Merkmal, das sich nur bei Vergleichung beider Arten verwenden läßt. Der Dorn bei *e* fehlt bei *E. (E.) spitsbergensis*, aber wie *E. (E.) blumi*, *trisetosus*, *canadensis* und andere zeigen, ist sein Auftreten kein sicher leitendes Artmerkmal. Die Dornfalte des *E. (E.) spitsbergensis* ist nicht abgebildet worden; nach Murray's Beschreibung (1911) ähnelt sie mit ihren basal dicht beieinander stehenden Zähnen der Dornfalte des *E. (E.) menzeli*, aber nicht der Dornfalte des *E. (E.) spinuloides*, die aus weit getrennten Zähnen besteht.

Grönland; Spitzbergen; Ryk-Ys-Inseln; Bären-Insel; Franz Joseph-Land; Novaja Semlja; Murmanküste; Schottland; Deutsches Mittelgebirge; Schweizer Alpen, 2802 m; Wallis, Weißmies, 4000 m.

43. **E. (E.) spinuloides** John Murr. 1907 *E. spitsbergensis* var. *spinuloides*, John Murray in: Tr. R. Soc. Edinb., *v.* 45 p. 673 t. 2 f. 8a—8c | 1911 *E. spinuloides*, John Murray in: Ann. Scott. nat. Hist., nr. 78 p. 91—92 t. 1 f. 1a—1c | 1911 *E. spitsbergensis*, F. Richters in: Camp. arct. Orléans, 1907 p. 9—10 | 1928 *E. spinuloides*, G. Rahm in: Tierw. Mitteleur., *v.* 3 p. II 18 | 1928 *E. s.*, E. Marcus in: Tierw. Deutschl., pars 12 p. 83 f. 94 | 1929 *E. s.*, E. Marcus in: Bronn, Kl. Ordn., *v.* 5 Abt. 4 Buch 3 p. 357—358 f. 199 | 1932 *E. spitsbergensis*, Cuénot in: Faune France, pars 24 p. 44—45 f. 26—28.

Sehr groß und breit; rot. Große, rote Augen. Skulptur der des *E. (E.) spitsbergensis* ähnlich, und zwar besteht sie aus großen Sechsecken oder Vielecken, oft mit runden Ecken. Diese Vielecke ragen nicht aus der Oberfläche der Platte heraus und umschließen je einen runden, hellen, unscharfen Fleck mit einem Punkt in der Mitte. Auf Schulter- und Endplatte sind die Vielecke am größten, auf der Kopfplatte sind sie kleiner. 3. Schaltplatte durch einen dreieckigen skulpturierten Bezirk zwischen 3. Rumpf- und Endplatte mindestens angedeutet. Kleeblattkerben vorhanden. Der Cirrus lateralis ein ziemlich kurzes Haar (50 μ), bei *b* und *c* lange (200 μ) und bei *d* ein sehr langes Haar (250 μ), bei *e* ein ganz kurzer, kräftiger Dorn, der oft 3—4 seitliche Zähnchen trägt. Dorsolaterale kräftige, dreieckige Stacheln über *b, c, d.* Dorsomedian über *c* je ein langes, über die Endplatte hinausreichendes Haar, über *d* je ein langer, gekrümmter, in ein feines Haar verjüngter Fortsatz mit sehr breiter Basis. Cuénot's Stücke mit dorsomedianem Faden über *c*, der nur bis zum Hinterrand der 3. Rumpfplatten reicht, und mit dorsomedianem Anhang über *d*, der als kurze, dreieckige Zacke ausgebildet ist. Der Ansatz der Beine in der Mitte ebenso skulpturiert wie die Platten. Die Papille auf der Basis des 4. Beines knopfartig abgestutzt. Dornfalte mit etwa 5 breiten, dreieckigen, basal von einander getrennten Zähnen von verschiedener Größe. Innere Krallen mit kräftigen, kurzen Nebenhaken, die etwas basalwärts von der Krallenmitte sitzen. Außenkrallen des 1.—3. Beines glatt, die des 4. Beines basal mit gradem, nach der Krallenspitze weisendem Dorn. Länge bis zu 500 µ.

Gelege mit 2—5 rötlichen, ovalen Eiern von 72 µ Durchmesser. 2krallige Jungtiere von 165 µ Körperlänge zeigen den Cirrus lateralis und deutlich den Dorn

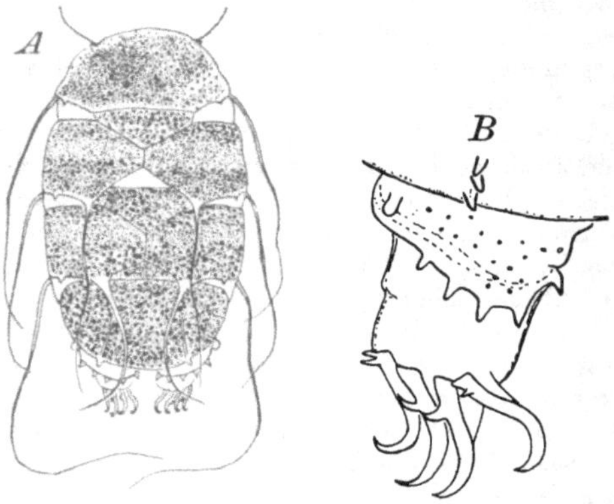

Fig. 110.
Echiniscus (E.) spinuloides John Murr. *A* dorsal, *B* linkes Hinterbein.

in der Kleeblattkerbe, also das Spiculum bei *e*, sowie die dorsolateralen Stacheln über *c* und *d*. Das Lateralhaar bei *b* und der dorsolaterale Stachel über *b* fehlen auch noch jungen 4krallligen Stücken.

Bei *E. (E.) menzeli* sind der Cirrus lateralis und die Lateralanhänge bei *b*, *c*, *d* untereinander gleich lang. Dagegen stimmen die Angaben und Bilder aller Untersucher der *E. (E.) spitsbergensis* und *spinuloides* darin überein, daß bei beiden der Cirrus lateralis kürzer als die übrigen Anhänge ist. Nach Cuénot's Beschreibung nehmen auch bei seinen Stücken die Lateralanhänge von *a* bis *d* an Länge zu; er zeichnet aber nur den Cirrus lateralis kürzer als die übrigen, annähernd gleichlangen Haare. Die Längen der lateralen Haare bei *b*, *c* und *d* sind daher für die Unterscheidung von *E. (E.) spitsbergensis* und *spinuloides* nicht verwendbar, und auch die dorsomedianen Anhänge der Cuénot'schen Stücke passen in ihren Maßen nicht zu den Anhängen, die für beide Arten bisher bekannt waren. Es empfiehlt sich daher, *E. (E.) spitsbergensis* von *spinuloides* nur nach den dorsolateralen Stacheln bei *b* und *c* und vielleicht der Dornfalte zu unterscheiden. *E. (E.) spitsbergensis* und *menzeli* wären zu trennen nach der besonderen Kürze des Cirrus lateralis (bei *spitsbergensis*) und vielleicht dem Spiculum bei *e* (bei *menzeli*). *E. (E.) menzeli* wäre von *spinuloides* verschieden hinsichtlich der dorsolateralen Stacheln, der Kürze des Cirrus lateralis (bei *spinuloides*) und der Dornfalte.

Östliches Grönland; Franz Joseph-Land; Novaja Semlja; Schottland; Vorarlberg, 2000 m; Frankreich, Pyrenäen.

E. (E.) spec. 16 [Spec. inquir.] 1910 *E.* spec., John Murray in: Brit. antarct. Exp., *v.* 1 p. 133 t. 16 f. 18 | 1928 *E.* spec. 16, E. Marcus in: Tierw. Deutschl., pars 12 p. 84 f. 95 | 1929 *E.* spec. 16, E. Marcus in: Bronn, Kl. Ordn., *v.* 5 Abt. 4 Buch 3 p. 358—359 f. 200.

Groß; rot. Skulptur aus größeren und kleineren, porenartigen Punkten bestehend. 3. Schaltplatte fehlt. Endplatte mit Kleeblattkerben. Auf jeder der paarigen Rumpfplatten wird ein schmaler, lateral verkürzter, vorderer, skulpturierter Bezirk von einem breiteren und lateral bis zum Plattenrand reichenden, hinteren durch ein breites, unskulpturiertes Querband getrennt. Alle Lateralanhänge sind Haare, die bei *a* (Cirrus lateralis) *c*, *d*, *e* vorhanden und 100—150 μ und mehr lang sind. Die Clava ist außergewöhnlich lang (etwa 15 μ), ebenso ist die Kopfpapille sehr groß. Das Fehlen dorsaler Anhänge ist vielleicht kein konstantes Merkmal. Dornfalte mit scharfen Zähnen; innere Krallen mit kleinen, gekrümmten Nebenhaken.

Australien, australische Alpen, 1700—2000 m.

E. (E.) spec. 17 [Spec. inquir.] 1910 *E.* spec., John Murray in: Brit. antarct. Exp., *v.* 1 p. 134 t. 17 f. 25 | 1928 *E.* spec. 17, E. Marcus in: Tierw. Deutschl., pars 12

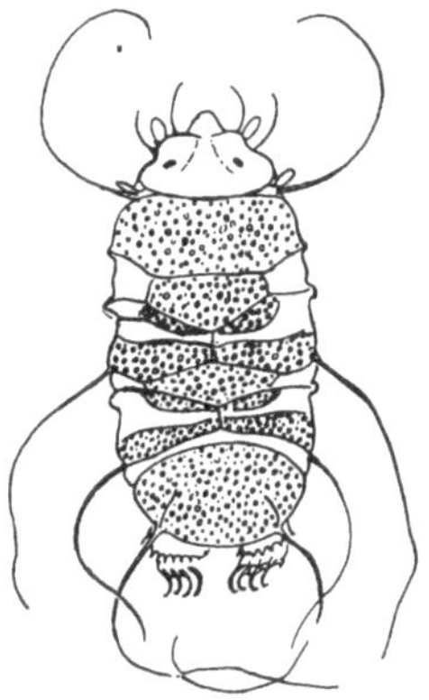

Fig. 111.
Echiniscus (E.) spec. 16.

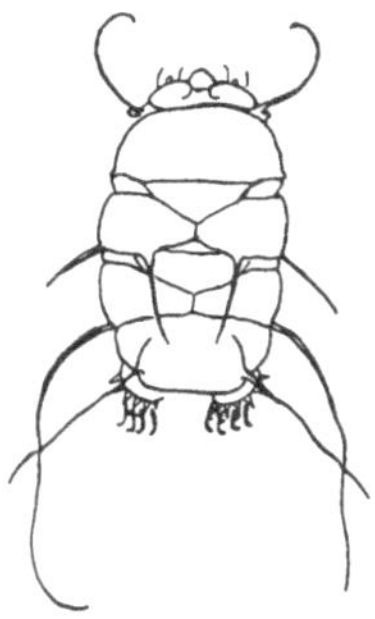

Fig. 112.
Echiniscus (E.) spec. 17.

p. 84 f. 96 | 1929 *E.* spec. 17, E. Marcus in: Bronn, Kl. Ordn., *v.* 5 Abt. 4 Buch 3 p. 359 f. 201.

Klein; rosa. Skulptur aus undeutlichen, nicht näher beschriebenen Punkten bestehend. 3. Schaltplatte fehlt, die Endplatte stößt unmittelbar an die 3. Rumpfplatten. Kleeblattkerben vorhanden. Cirrus lateralis 50 μ lang, das Haar bei *c* 30 μ, das bei *d* 150 μ, so lang wie der Körper; das bei *e* 70 μ. Dorsal über *c* je ein 50 μ langes Haar. Dornfalte scharfzähnig; mäßig große Nebenhaken an den Innenkrallen, weiter als gewöhnlich von der Krallenbasis entfernt stehend. Länge 150 μ.

Australien, australische Alpen, 1700—2000 m.

E. (E.) spec. 18 [Spec. inquir.] 1910 *E.* spec., John Murray in: Brit. antarct. Exp., *v.* 1 p. 113 t. 15 f. 7 | 1928 *E.* spec. 18, E. Marcus in: Tierw. Deutschl., pars 12 p. 85 f. 97 | 1929 *E.* spec. 18, E. Marcus in: Bronn, Kl. Ordn., *v.* 5 Abt. 4 Buch 3 p. 360 f. 202.

Mittelgroß. Skulptur unbekannt. 3. Schaltplatte fehlt. Endplatte mit Kleeblattkerben. Cirrus lateralis ein 120 μ langes Haar, bei *c* ein Haar (90 μ), bei *d* und *e* kurze, gekrümmte Dornen (20 μ). Dorsal je ein Haar über *c* (90 μ). Über Dornfalte und Nebenhaken nichts bekannt.

Die Beschreibung reicht für eine Benennung der sehr eigenartigen Species nicht aus.

Neuseeland, Südinsel, am Mt Cook.

E. (E.) spec. 19 [Spec. dub. et inquir.] 1904 *E.* spec. Form I, F. Richters in: Zool. Anz., *v.* 28 p. 350 | 1928 *E.* spec. 19, E. Marcus in: Tierw. Deutschl., pars 12 p. 85 | 1929 *E.* spec. 19, E. Marcus in: Bronn, Kl. Ordn., *v.* 5 Abt. 4 Buch 3 p. 360.

Wie bei *E. (E.)* spec. 15 (vgl. S. 85) läßt auch die Beschreibung bei dieser Art nicht einmal die Genuszugehörigkeit erkennen. Die vorhandenen Lateralanhänge bei *a* (Cirrus lateralis), *c, d, e* sind Haare; dorsal über *d* steht je ein Dorn. Der Hinweis des Autors auf *E. (E.) testudo* (vgl. S. 113) erweitert die Kennzeichnung seiner Art nicht.

Bornholm.

E. (E.) spec. 20 [Spec. inquir.] 1910 *E.* spec., John Murray in: Brit. antarct. Exp., *v.* 1 p. 113 t. 15 f. 8 | 1928 *E.* spec. 20, E. Marcus in: Tierw.-Deutschl., pars 12

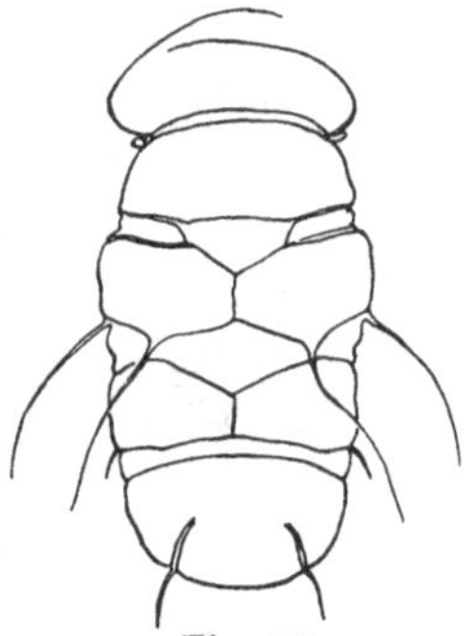

Fig. 113.
Echiniscus (E.) spec. 18.

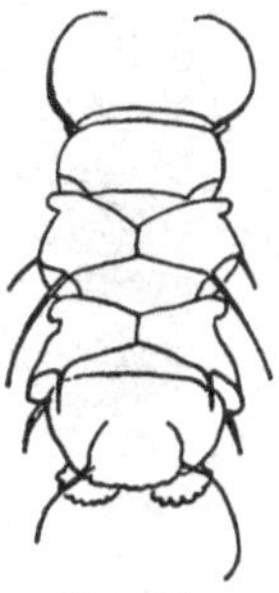

Fig. 114.
Echiniscus (E.) spec. 20.

p. 85 f. 98 | 1929 *E.* spec. 20, E. Marcus in: Bronn, Kl. Ordn., *v.* 5 Abt. 4 Buch 3 p. 360—361 f. 203.

Sehr klein; Skulptur sehr fein und regelmäßig, ob Grübchen oder eher Papillen, ist nicht sicher zu entscheiden. 3. Schaltplatte fehlt; Endplatte mit Kleeblattkerben. Hinterrand der 2. Rumpfplatten sowie Ränder der Endplatte an den Kleeblattkerben gewellt. 2. und 3. Rumpfplatten mit einem schmalen, vorderen Randteil, der rollenförmig ist, was man in der Dorsalansicht erkennt; die Hinterecken der beiden Plattenpaare sind lateralwärts bedeutend erweitert. Cirrus lateralis ein gekrümmtes Haar (50 μ) mit kleiner, stumpfer Clava (Aurikel der Autoren) an der Basis; bei *c* und *d* kurze, gekrümmte Lateraldornen von 10 und 15 μ Länge; bei *e* ein gekrümmtes, laterales Haar (70 μ). Dorsal über *c* ziemlich lange, bis zur Endplatte reichende Haare und kurze Dornen über *d*. Dornfalte mit kurzen, stumpfen Zähnen; über die Krallen nichts bekannt. Länge 130 μ; anscheinend nur in einem Exemplar bekannt.

Die geringe Größe und die Unbekanntheit der Krallen stehen einer Neubenennung der in den übrigen Charakteren recht isolierten Art, die vielleicht ein Jugendstadium darstellt, entgegen.

Neuseeland, ohne nähere Angabe.

44. **E. (E.) velaminis** John Murr. 1910 *E. v.*, John Murray in: Brit. antarct. Exp., *v.* 1 p. 112 t. 15 f. 6 | 1911 *E. v.*, John Murray in: J. Quekett Club, ser. 2 *v.* 11 p. 192 | 1928 *E. v.*, G. Rahm in: Tierw. Mitteleur., *v.* 3 p. II 18 | 1928 *E. v.*, E. Marcus in: Tierw. Deutschl., pars 12 p. 86 f. 99 | 1929 *E. v.*, E. Marcus in: Bronn, Kl. Ordn., *v.* 5 Abt. 4 Buch 3 p. 361 f. 204.

Groß. Skulptur aus sehr verschieden großen, porenartigen, unregelmäßig angeordneten Grübchen bestehend, dicht und sehr fein auf Schulter- und Schalt-, sehr grob und weitläufig auf der Endplatte. 3. Schaltplatte fehlt; Kleeblattkerben vorhanden. Der Cirrus lateralis ein mittellanges Haar (75 μ), Haare bei *c* (125 μ), bei *d* (80 μ) und bei *e* (250 μ), das letzte also sehr lang. Das Haar bei *d* manchmal mit einem kurzen, gekrümmten Dorn an der Basis. Dorsal lange Haare über *c* und *d*. An der Basis des 4. Beines ein stumpfer Zapfen. Dornfalte mit sehr wenigen (5–6) großen und sehr stumpfen Zähnen. Alle Krallen ohne Nebenhaken. Länge 270 μ.

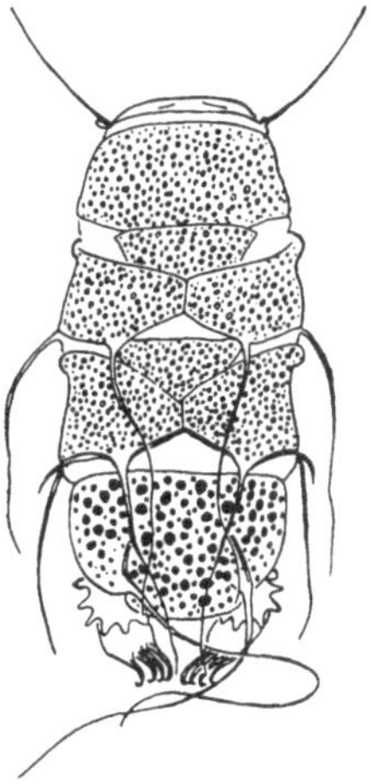

Fig. 115. **Echiniscus (E.) velaminis** John Murr.

Nach John Murray finden sich gegabelte, d. h. mit einem basalen Nebendorn versehene Lateralanhänge, namentlich bei *c* und *d* nicht nur bei *E. (E.) aculeatus* [jetzt = *E. bisetosus*] (vgl. S. 74) und bei *E. (E.) quadrispinosus* f. *fissispinosa* (vgl. S. 90), sondern auch bei verschiedenen anderen Arten, sehr oft nur an einer Körperseite, also asymmetrisch.

Neuseeland, Südinsel, Mt Cook-Distrikt.

E. (E.) spec. 21 [Spec. inquir.] 1910 *E.* spec., John Murray in: Brit. antarct. Exp., *v.* 1 p. 113 t. 15 f. 9 | 1928 *E.* spec. 21, E. Marcus in: Tierw. Deutschl., pars 12 p. 86 f. 100 | 1929 *E.* spec. 21, E. Marcus in: Bronn, Kl. Ordn., *v.* 5 Abt. 4 Buch 3 p. 361—362 f. 205.

Kaum mittelgroß. Über die Skulptur nichts bekannt. 3. Schaltplatte fehlt. Kleeblattkerben vorhanden. Cirrus lateralis ein gekrümmtes Haar (70 μ), bei *c* ein langer, dünner Dorn (50 μ) mit erweiterter Basis, bei *d* ein kurzer, gekrümmter Dorn (25 μ), bei *e* ein Haar (65 μ). Dorsal über *c* ein gekrümmter Dorn mit breiter Basis (35 μ), über *d* ein 3eckiger, 12 μ langer, basal 6 μ breiter Dorn. Über Dornfalte und Krallen ist nichts bekannt. Länge 180 μ.

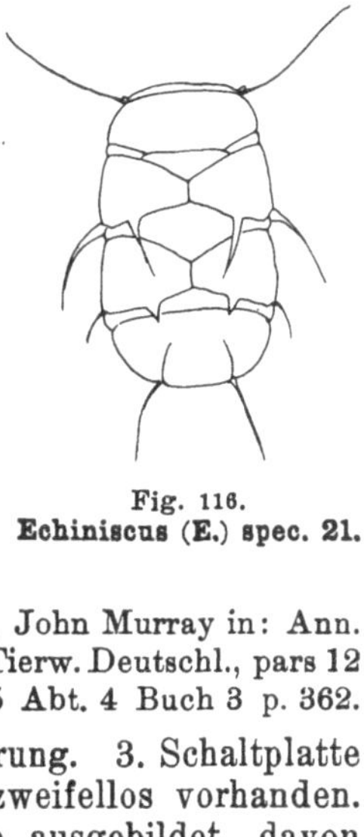

Fig. 116. **Echiniscus (E.) spec. 21.**

Auf eine gewisse Ähnlichkeit der im einzelnen noch genauer zu erforschenden Species mit *E. (E.) oihonnae* (vgl. S. 78) macht John Murray (1910) mit Recht aufmerksam.

Neuseeland, Südinsel, bei Lyttelton.

E. (E.) spec. 22 [Spec. dub. et inquir.] 1906 *E.* spec., John Murray in: Ann. Scott. nat. Hist., nr. 60 p. 215 | 1928 *E.* spec. 22, E. Marcus in: Tierw. Deutschl., pars 12 p. 87 | 1929 *E.* spec. 22, E. Marcus in: Bronn, Kl. Ordn., *v.* 5 Abt. 4 Buch 3 p. 362.

Mittelgroß; die Skulptur eine mittelstarke Granulierung. 3. Schaltplatte fehlt. Kleeblattkerben, da nichts darüber angegeben, zweifellos vorhanden. Cirrus lateralis und die Anhänge bei *c*, *d*, *e* als Haare ausgebildet, davon die bei *c* am längsten. Dorsal über *c* jederseits ein biegsamer Dorn, über *d* je ein kleiner Zahn. Dornfalte mit kurzen Zähnen; innere Krallen mit Nebenhaken. Länge 250 µ.

Schottland.

E. (E.) spec. 23 [Spec. dub. et inquir.] 1904 *E.* spec. Form II, F. Richters in: Zool. Anz., *v.* 28 p. 350 | 1928 *E.* spec. 23, E. Marcus in: Tierw. Deutschl., pars 12 p. 87 | 1929 *E.* spec. 23, E. Marcus in: Bronn, Kl. Ordn., *v.* 5 Abt. 4 Buch 3 p. 362.

Wie *E. (E.)* spec. 15 (vgl. S. 85) und *E. (E.)* spec. 19 (vgl. S. 100), in der Gattungszugehörigkeit unsicher. Die lateralen Anhänge bei *c, d, e* und der Cirrus lateralis sind als Haare ausgebildet; dorsal sind über *c* ein Haar über *d* ein Dorn vorhanden.

Bornholm.

E. (E.) spec. 24 [Spec. inquir.] 1910 *E.* spec., John Murray in: Brit. antarct. Exp., *v.* 1 p. 165 t. 20 f. 44 | 1928 *E.* spec. 24, E. Marcus in: Tierw. Deutschl., pars 12 p. 87 f. 101 | 1929 *E.* spec. 24, E. Marcus in: Bronn, Kl. Ordn., *v.* 5 Abt. 4 Buch 3 p. 362—363 f. 206.

Groß; rot. Skulptur der Platten aus sehr feinen, granulaartigen Punkten bestehend. 3. Schaltplatte und Kleeblattkerben vorhanden. Facettierung fehlt auf der Abbildung. Kopfpapille groß und kräftig. Cirri mediales kurz. Der Cirrus lateralis ein 80 µ langes Haar, die Clava klein und rundlich. Bei *c* ein Haar von 120 µ, bei *d* eines von 70 µ, bei *e* eines von 90 µ Länge. Dorsal über *c* ein gekrümmter Dorn von variabler Länge, 10—25 µ und mehr; über *d* ein sehr kurzer Dorn. Dornfalte gekerbt; innere Krallen mit mittelgroßen Nebenhaken; die Krallen selbst groß, bei einem 210 µ langen Tier fast 25 µ lang. Länge bis 300 µ, ausschließlich des 4. Beinpaares.

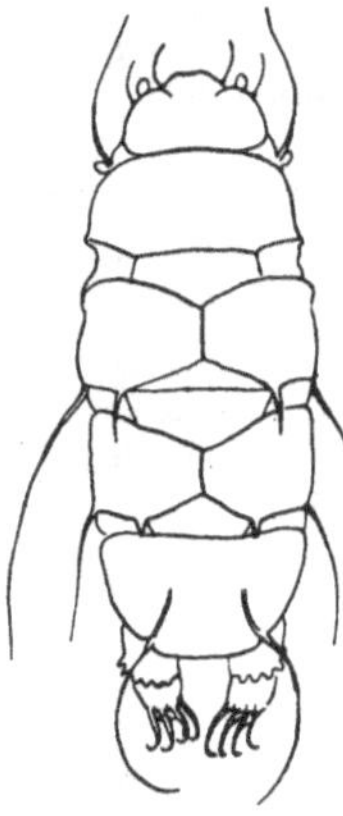

Fig. 117. **Echiniscus (E.) spec. 24.**

Gelege mit 2 Eiern; 2krallige Jugendformen nur mit Cirrus lateralis und Lateralhaar bei *c*, manchmal ohne Dorsalanhänge.

E. (E.) velaminis mit denselben und ebenso angeordneten Lateralanhängen hat eine ganz andere Plattenskulpturierung, andere Dorsalanhänge, sehr große Dornfaltenzähne und keine Nebenhaken an den Innenkrallen. Es ist nicht recht einzusehen, weshalb Murray diese wohlabgegrenzte Species, von der er Eier, Jugendstadien und erwachsene Tiere vor sich hatte, nicht benannt hat. Es wäre vielleicht angezeigt, sie mit *E. (E.)* spec. 8 (vgl. S. 72), einer Art mit lateralen Dornen bei *c, d* und *e*, zusammen unter einem Namen zu führen. Freilich ist sie von solchen *quadrispinosus* forma *cribrosa*-Stücken, die keine kreuzförmigen, skulpturfreien Bänder auf Schulter- und Endplatte haben (vgl. S. 89), höchstens durch die Verschiedenheit der Granulation zu unterscheiden vgl. Bestimmungstabelle der *E. blumi*-Gruppe **24** S. 94).

Britisch-Columbia: Victoria (Vancouverinsel).

45. **E. (E.) merokensis** Richters 1904 *E. m.*, F. Richters in: Fauna arct., *v.* 3 p. 500 t. 15 f. 5 | 1911 *E. m.*, John Murray in: J. Quekett Club, ser. 2 *v.* 11 p. 192 | 1911 *E. m.*, G. Thulin in: Ark. Zool., *v.* 7 nr. 16 p. 10—13 f. 4—4 b | 1919 *E. m.*, P. Nederström in: Acta Soc. Fauna Fenn., *v.* 46 nr. 8 p. 7 | 1928 *E. m.*, E. Marcus in: Zool. Jahrb., Physiol. *v.* 45 p. 119 | 1928 *E. m.*, G. Rahm in: Tierw. Mitteleur., *v.* 3 p. II 17 | 1928 *E. m.*, E. Marcus in: Tierw. Deutschl., pars 12 p. 87 f. 102 | 1929 *E. M.*, G. Rahm in: Bull. Soc. Fribourg., *v.* 29 Proc.-verb. 15. XII. 1927 p. 20 | 1929 *E. m.*, G. Rahm, ibid., *v.* 29 Proc.-verb. 7. III. 1928 p. 5 | 1929 *E. m.*, E. Marcus in: Bronn,

Kl. Ordn., *v.* 5 Abt. 4 Buch 3 p. 363—364 f. 207 | 1932 *E. m.*, Cuénot in: Faune France, pars 24 p. 52—53 f. 38 | 1933 *E. m.*, E. Bartoš in: Příroda Ostrava, *v.* 26 nr. 7 p. 5 | 1934 *E. m.*, E. Bartoš in: Časopis České Spol. ent., *v.* 31 p. 52.

Mittel- bis sehr groß; rot, selten ohne Pigment, dann in durchfallendem Licht grau, in auffallendem weiß aussehend. Augenpigment rot. Skulptur der Platten ziemlich grob, aus größeren und kleineren, unregelmäßig an-

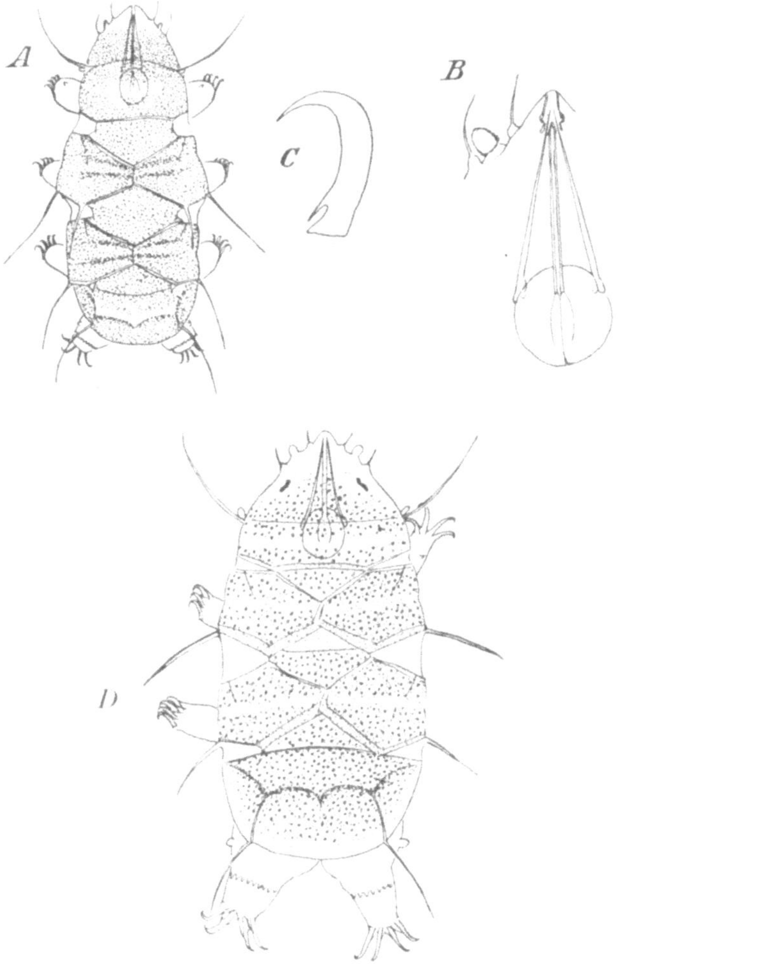

Fig. 118.
Echiniscus (E.) merokensis Richters. *A* mit typischer Bedornung, *B* Schlundkopf und Kopfanhänge der rechten Seite, *C* Innenkralle, *D* ohne Dorsalanhänge.

geordneten Punkten bestehend. 3. Schaltplatte vorhanden; sie ist skulpturiert und füllt wie die 1. und 2. den ganzen Raum zwischen den rostral und caudal von der Schaltplatte gelegenen Platten aus. 2. und 3. Rumpfplatten mit zuweilen schwach skulpturierten Transversalfurchen und Falten am Vorderrand. Endplatte facettiert, aber oft undeutlich; bei deutlicher Facettierung mit centraler vorderer und 2 lateralen Facetten; diese letzten durch die Kleeblattkerben von einem caudalen Feld mit winklig gebogener

Vorderkante abgegrenzt. Die Schulterplatte manchmal mit skulpturfreiem Medianband oder mit einem glatten, skulpturfreien Querband und auch mit 3 Längsbändern. Die Endplatte zuweilen mit einem glatten Querband vor der Vorderkante der caudalen Facette und mit einem medianen Längsband. Kopfanhänge im allgemeinen ohne Besonderheiten. Stücke aus den Pyrenäen zeigten eine besonders große, pilzförmige Papilla cephalica. Lateralanhänge bei *a*, *c*, *d*, und *e*, nicht wie Richters abbildet nur an 3 Stellen. Bei einem 216 μ langen Tier maßen: der haarförmige Cirrus lateralis 45 μ; das Haar bei *c* 59 μ; das Haar bei *d* 48 μ; das Haar bei *e* 54 μ; die beiden letzten Anhänge können verdoppelt auftreten. Dorsalanhänge über *c* und *d*, bald über *c* ein Haar (32 μ) oder ein kurzer Dorn; über *d* ein kurzer, abgeplatteter Dorn (4 μ) oder auch ein Haar. Asymmetrien bei den Dorsalanhängen sind häufig, und in französischem Material fand Cuénot, wie ich in Zermatter und schlesischem, Stücke ohne Dorsalanhänge. 1. Beinpaar mit einem kleinen Dorn; 4. mit Papille und Dornfalte, die aus 8—12 kleinen Zähnen besteht. Innere Krallen mit ziemlich deutlich basalwärts gerichteten Nebenhaken; äußere glatt, nicht, wie in der Originaldiagnose angegeben, bedornt. Länge 205 μ (nach Cuénot), 226 μ (nach Thulin), demgegenüber scheint Richters' Angabe von 324 μ zweifelhaft.

Gelege mit 2—4 großen, rötlichen, ovalen Eiern von 56 μ größtem Durchmesser. 2krallige Jugendformen 83—132 μ, ohne dorsale Anhänge und mit lateralen nur bei *a* und *e* oder bei *a*, *d*, *e*, mit Nebenhaken an den Krallen. Es wurden auch Jugendformen von 118 μ Länge mit Dorsalanhängen gefunden. Die Art steht der folgenden so nahe, daß Thulin sie als nahezu in einander übergehend bezeichnet. Der Hauptunterschied liegt in den im folgenden zu erörternden Längenverhältnissen der Anhänge und in der Dornfalte, die hier aus zahlreichen, kurzen, relativ schmalen, bei *E. (E.) meridionalis* (vgl. S. 105) aus wenigen, nur etwa 5, sehr breiten Zähnen besteht. *E. (E.) merokensis* f. *suecica* wird im folgenden erörtert. Cuénot hat mit Vorbehalt *E. (E.) muscicola* in die Synonymie von *E. (E.) merokensis* einbezogen. Ich möchte ihm hierin keineswegs folgen. Das Originalmaterial jener Art hatte vermutlich Lateralanhänge bei *a*, *b*, *d*, *e* (vgl. S. 106), Murray's *muscicola*-Stücke, die in der Bedornung zu *merokensis* passen würden, zeigen keine Facetten und sind sehr einheitlich in der Skulptur, und das Richterssche Kerguelen-Material von *muscicola* paßt weder in der Bedornung (*a*, *b*, *c*, *d*) noch in der Skulptur, noch in der Facettierung oder der Dornfalte zu *E. (E.) merokensis*. *E. (E.) muscicola* stellt vorläufig noch eine unklare „Sammelart“ dar, die der Aufklärung bedarf. Der Name sollte nicht in einer Synonymieliste verschwinden oder gar als prior einen Artnamen mit sicherem Inhalt verdrängen.

Spitzbergen; Lappland; Finnland; mittleres Norwegen; mittleres Schweden, Stockholm; Mitteldeutschland, Landeshut in Schlesien; Schweiz, St. Bernhardpaß und bei Zermatt, 2300 m; Tschechoslowakei, 1680 m; Frankreich, Pyrenäen, Corsica; Nordafrika.

45a. **E. (E.) merokensis** Richters forma **suecica** Thulin 1911 *E. m.* var. *suecicus*, G. Thulin in: Ark. Zool., *v.* 7 nr. 16 p. 13 f. 5 | 1919 *E. m.* var. *s.*, P. Nederström in: Acta Soc. Fauna Fenn., *v.* 46 nr. 8 p. 8 | 1928 *E. m.* var. *s.*, G. Rahm in: Tierw. Mitteleur., *v.* 3 p. II 17 | 1928 *E. m.* forma *s.*, E. Marcus in: Tierw. Deutschl., pars 12 p. 69 f. 78 | 1929 *E. m.* forma *s.*, E. Marcus in: Bronn, Kl. Ordn., *v.* 5 Abt 4 Buch 3 p. 342—343 f. 182 | 1932 *E. m.* var. *s.*, Cuénot in: Faune France, pars 24 p. 53 | 1934 *E. m.* forma *s.*, E. Bartoš in: Časopis České Spol. ent., *v.* 31 p. 52.

Diese stark rot pigmentierte, manchmal aber auch blasse Form gleicht dem Typus der Art (vgl. oben) hinsichtlich der Skulpturierung und der Anordnung der Platten und des Baues der Beine und Krallen. Sie unterscheidet sich durch die Ausbildung eines lateralen Haares auch bei *b* und durch kräftigere Entwicklung der übrigen Lateralanhänge. Auch wird die f. *suecica* etwas größer. Die Entwicklung der Anhänge, ihre oft asymmetrische Ausbildung, ihre absolute Größe, sowie deren Verhältnis zur Körpergröße geht aus der für Neubeschreibungen vorbildlichen Tabelle Thulin's hervor (vgl. S. 40). Aus dieser Tabelle erhellt, daß f. *suecica* ein mit dem Typus vollständig übereinstimmendes Stadium durchläuft (Nr. III, IV, VI). Nach Cuénot (1932) scheint die bei *E. (E.) merokensis* beschriebene Variabilität der Dorsalanhänge (vgl. S. 104) auch bei der f. *suecica* zu herrschen.

Von *E. (E.) oihonnae* (vgl. S. 78), dem namentlich Nr. VII ähnelt, unterscheidet sich die Form durch das Fehlen der Spicula, der dorsolateralen kleinen Dornen, das Vorhandensein deutlicher Facettierung und die hier an die davorgelegenen Rumpfplatten angrenzenden, bei *E. (E.) oihonnae* durch einen Zwischenraum getrennten Schaltplatten. *E. (E.) quadrispinosus* (vgl. S. 87) hat noch besondere Schaltplatten, und seine der f. *suecica* ähnlichen f. *cribrosa* (vgl. S. 89) und f. *fissispinosa* (vgl. S. 90) haben unfacettierte Endplatten. Der gleiche Charakter trennt die f. *suecica* von dem sehr nahestehenden *E. (E.) columinis* (vgl. S. 81). Außerdem ist der Cirrus lateralis des letzten lang und hier kurz, das dorsale Haar über *c* steht dort deutlich medianwärts von der Hinterecke der Platte und ist länger als das laterale, bei f. *suecica* steht es an der Plattenhinterecke oder nur sehr wenig medianwärts davon und ist kürzer als das laterale. Bei *E. columinis* mit facettierter Endplatte sind die Dorsalanhänge viel kürzer als im allgemeinen bei f. *suecica* und namentlich sitzen die über *c* bei *E. columinis* in ungewöhnlicher Weise medianwärts von den Plattenhinterecken. Länge bis zu 245 μ.

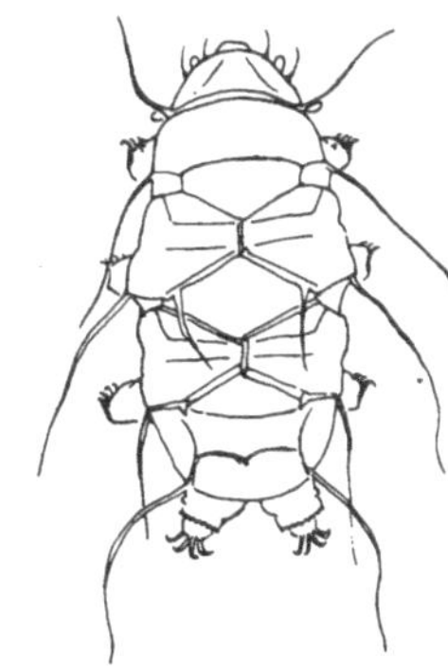

Fig. 119.
Echiniscus (E.) merokensis Richters f. **suecica** Thulin.

2krallige Jugendstadien 80—103 μ.

Südschweden, bei Lund; Lappland, Kiruna; Finnland; Mark Brandenburg, bei Potsdam; Schweiz, Wallis, 2000 m; Tschechoslowakei; Frankreich, Corsica.

46. **E. (E.) meridionalis** John Murr. 1906 *E. m.*, John Murray in: Tr. R. Soc. Edinb., *v.* 45 p. 324 t. 1 f. 1a—d | 1907 *E. m.*, F. Richters in: Zool. Anz., *v.* 31 p. 916 | 1908 *E. m.*, F. Richters in: Ergeb. Schwed. Südp.-Exp., *v.* 6 nr. 2 p. 3 | 1911 *E. m.*, John Murray in: J. Quekett Club, ser. 2 *v.* 11 p. 192 | 1928 *E. m.*, G. Rahm in: Tierw. Mitteleur., *v.* 3 p. II 18 | 1928 *E. m.*, E. Marcus in: Tierw. Deutschl., pars 12 p. 89 f. 103 | 1929 *E. m.*, E. Marcus in: Bronn, Kl. Ordn., *v.* 5 Abt. 4 Buch 3 p. 365—366 f. 208.

Kaum mittelgroß; gelblich. Skulptur sehr schwach ausgebildet. 3. Schaltplatte vorhanden, nach Murray's Bild zu urteilen, caudal nicht vollständig bis zur Endplatte reichend, während die beiden ersten Schaltplatten den Raum zwischen den Rumpfplatten vollständig ausfüllen, wie bei *E. (E.) merokensis.* Ebenso wie bei diesem die Kleeblattkerben und die Facettierung der Endplatte. An der Basis des Cirrus lateralis außer der üblichen Clava eine bei *E. (E.) merokensis* nicht beobachtete Erweiterung. Cirrus lateralis selbst ein mittellanges Haar. Das laterale Haar bei *c* ist hier kürzer als dort; bei *d* ein ganz kleiner Dorn, der leicht übersehen werden kann. Bei *E. (E.) merokensis* ist der Lateralanhang bei *d* etwa 5mal so lang wie hier. Bei *e* steht hier ein langes, gekrümmtes Lateralhaar, das bei *E. (E.) merokensis* etwa halb so lang ist. Dorsale Anhänge: typisch über *c* ein Haar, das reichlich doppelt so lang ist wie das laterale, während bei *E. (E.) merokensis* das dorsale kürzer als das laterale ist. Der dorsale kurze Dorn über *d* ist bei beiden Species gleichartig entwickelt. Da aber hier auch das dorsale Haar über *c* und das laterale Haar bei *c* gleich lang sein können, bleibt als wesentlicher Unterschied in den Anhängen bei beiden Arten nur die Kürze des lateralen Dornes bei *d* hier, gegenüber dem bei *E. (E.) merokensis* immerhin mittellangen Haar bei *d*. Ein stumpfer Zapfen, bei *E. (E.) merokensis* ein spitzer Dorn, auf dem 1. Beinpaar; auf dem 4. kein Zapfen beobachtet. Dornfalte mit sehr wenigen, etwa 5, sehr breiten Zähnen; bei jüngeren

Fig. 120.
Echiniscus (E.) meridionalis John Murr. *A* lateral, *B* letztes Bein mit Dornfalte.

Exemplaren fehlt manchmal die Dornfalte. Innere Krallen mit kleinen, basalwärts gekrümmten Nebenhaken. Länge 136—200 μ.

Richters' Angabe, daß die Krallen kurz seien, paßt für Murray's Stücke nicht.

Südorkneyinseln; Südshetlandinseln; ? Grahamsland. Der zuletzt genannte Fundort dürfte sich auf die Südshetlandinseln beziehen, wie das aus der Rubrik der betreffenden Liste (1910, John Murray in: Brit. antarct. Exp., *v.* 1 p. 103) auch entnommen werden kann [„and islands"]; vom antarktischen Kontinent ist meines Wissens die Art noch nicht gemeldet worden.

47. **E. (E.) muscicola** Plate [Spec. inquir.] 1888 *E. m.*, Plate in: Zool. Jahrb., Anat. *v.* 3 p. 532 | 1902 *E. m.*, F. Richters in: Ber. Senckenb. Ges., p. 8 | 1904 *E. m.*, F. Richters in: Zool. Anz., *v.* 28 p. 349 | 1907 *E. m.*, John Murray in: Tr. R. Soc. Edinb., *v.* 45 p. 654 t. 1 f. 6a—b | 1907 *E. m.*, John Murray, ibid., *v.* 45 p. 672, 674 | 1907 *E. m.*, F. Richters in: Zool. Anz., *v.* 31 p. 915, 916 | 1907 *E. m.*, F. Richters in: D. Südp.-Exp., *v.* 9 p. 292 | 1908 *E. m.*, F. Heinis in: Zool. Anz., *v.* 32 p. 636 | 1909 *E. m.*, C. Carlzon, ibid., *v.* 34 p. 138 | 1910 *E. m.*, F. Heinis in: Arch. Hydrobiol., *v.* 5 p. 119 | 1911 *E. m.*, John Murray in: J. Quekett Club, ser. 2 *v.* 11 p. 192 | 1911 *E. m.*, John Murray in: Ann. Scott. nat. Hist., nr. 78 p. 89 | 1925 *E. m.*, G. Rahm in: Arch. Naturg., *v.* 90 A 7 p. 187 | 1928 *E. m.*, G. Rahm in: Tierw. Mitteleur., *v.* 3 p. II 12 | 1928 *E. m.*, E. Marcus in: Tierw. Deutschl., pars 12 p. 90 f. 104 | 1928 *E. m.*, G. Thulin in: Hereditas, *v.* 11 p. 217 | 1929 *E. m.*, G. Rahm in: Bull. Soc. Fribourg., *v.* 29 Proc.-verb. 19. V. 1927 p. 8 | 1929 *E. m.*, E. Marcus in: Bronn, Kl. Ordn., *v.* 5 Abt. 4 Buch 3 p. 366—367 f. 209.

Sehr groß. Augenpigment schwarz. Skulptur erscheint bei hoher Tubuseinstellung als aus dichten und sehr regelmäßig verteilten Kreisen bestehend, bei tieferer Einstellung mehr als eine aus Fünfecken bestehende Felderung. 3. Schaltplatte nach Murray's freilich nicht genau zur Originaldiagnose passendem Bild zu urteilen, vorhanden; so auch in Richters' Kerguelenmaterial, wie die Nachuntersuchung der Präparate bewies. Die 2. Schaltplatte ist im Kerguelenmaterial durch ein skulpturfreies Band transversal geteilt. Laterale

Anhänge: typisch der Cirrus lateralis als Haar ausgebildet und Haare bei *b*, *d*, *e*, dagegen in Richters' Stücken von den Kerguelen Haare bei *a*, *b*, *c*, *d*. Jüngeren Tieren fehlt oft das Haar bei *b*. Bei den schottischen, in ihrer Zugehörigkeit zu *E.* (*E.*) *muscicola* fraglichen Stücken sind laterale Haare bei *a*, *c*, *d*, *e* vorhanden. Eine entsprechende Bedornung findet sich auch bei *E.* (*E.*) spec. 33, doch sind einmal dort die lateralen und die dorsalen Anhänge kürzer, und ferner ist die Skulpturierung dieser letzten Art fein und unregelmäßig. Die Stücke von den Kerguelen haben dagegen kein Lateralhaar bei *e*, sondern nur 2—3 kurze Zacken in der Kleeblattkerbe. Dorsal über *c* je ein Haar oder Dorn mit breiter Basis. Hinsichtlich dieses Merkmals stimmen die schottischen Stücke mit denen der Originaldiagnose überein, während Richters' Stücke je ein dorsales Haar über *c* und außerdem je einen dorsalen Dorn über *d* aufweisen. Dornfalte im Kerguelenmaterial aus 5—6 auffällig großen Dornen bestehend, deren größte 10 μ lang und 5 μ breit sind. Für die schottischen Stücke trifft dieses Merkmal nicht

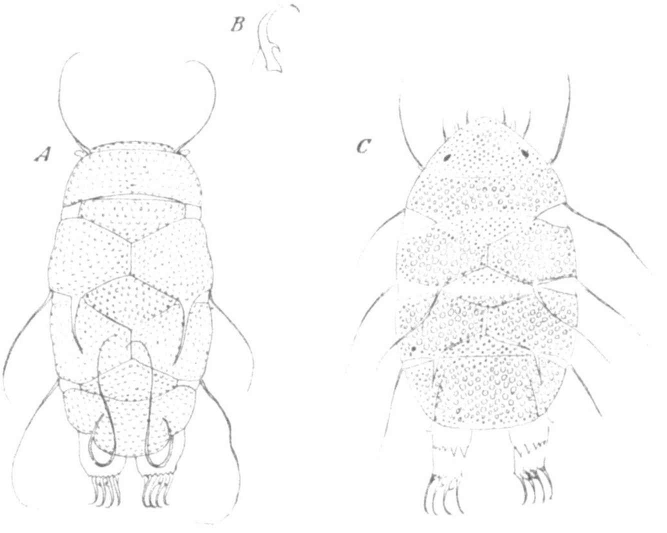

Fig. 121.
Echiniscus (E.) muscicola Plate. *A* aus Schottland, *B* Innenkralle, *C* von den Kerguelen.

zu, bei ihnen ist die Dornfalte ohne Besonderheiten. Endplatte mit Kleeblattkerben, wie die Stücke von den Kerguelen und die schottischen beweisen. Äußere Krallen ohne Dornen, innere bis 24 μ lang, mit basalwärts gekrümmten, der Krallenmitte genähert ansitzenden Nebenhaken. Länge bis etwa 345 μ.

Gelege mit 5 kugeligen Eiern.

Die Anordnung der Lateralhaare beschreibt Plate als mit der bei *E.* (*E.*) *testudo* übereinstimmend. Das wären nach der heutigen Auffassung des *E.* (*E.*) *testudo* Haare bei *a*, *b*, *c*, *e*. Da aber Plate die Anordnung der Lateralanhänge des *E.* (*E.*) *testudo* schildert: „zwei über dem ersten" [also wohl bei *a* und *b*] „einem über dem dritten" [also wohl bei *d*] „und einem über dem vierten Bein" [also wohl bei *e*], muß man diese Stellen für die Ansatzstellen der Lateralhaare beim typischen *E.* (*E.*) *muscicola* vermuten. Weder John Murray's abgebildetes, noch Richters' von mir nachuntersuchtes Material zeigen eine derartige Anordnung der Lateralanhänge. Die im folgenden zusammengestellten Fundorte sind sämtlich wenig sicher, vielleicht gar nicht auf dieselbe Art bezüglich. Die Originaldiagnose war unzureichend und ohne begleitende Figur. Von den späteren Autoren hat außer John Murray, dessen Stücke hinsichtlich der Anordnung der Lateralanhänge nicht denen der Originaldiagnose (wahrscheinlich Haare bei *a*, *b*, *d*, *e*) entsprechen, keiner die Diagnose der Art wesentlich ergänzt.

Franz Joseph-Land; Mittelschweden; Südwestschweden; Schottland; Rheinprovinz, Eifel; Marburg; bei Frankfurt a. M., Schwarzwald, 360 m; Voralpen bei Freiburg-Schweiz; Kerguelen.

E. (E.) spec. 33 [Spec. inquir.] 1907 *E.* spec. 1, F. Richters in: D. Südp.-Exp., *v.* 9 p. 292 | 1928 *E.* spec. 33, E. Marcus in: Tierw. Deutschl., pars 12 p. 102 | 1929 *E.* spec. 33, E. Marcus in: Bronn, Kl. Ordn., *v.* 5 Abt. 4 Buch 3 p. 381 f. 224.

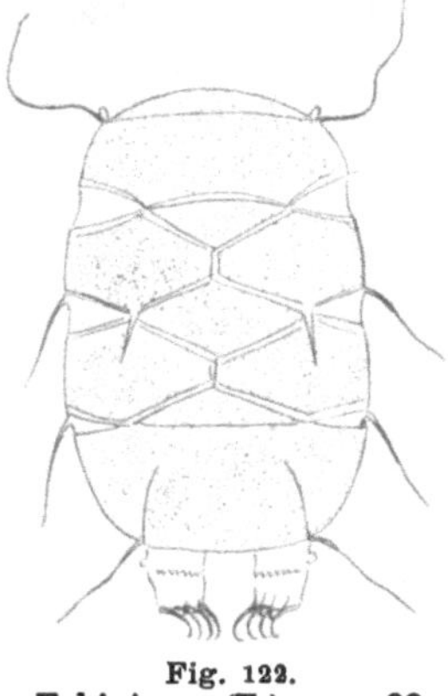

Fig. 122.
Echiniscus (E.) spec. 33.

Kaum mittelgroß. Skulptur aus ziemlich locker und unregelmäßig verteilten, kleinen, aber deutlich hervortretenden Körnchen bestehend. 3. Schaltplatte vorhanden. Alle 3 Schaltplatten die Intersegmente vollständig ausfüllend, bei der 2. freilich ein rostraler, skulpturierter, offenbar der 2. Dorsalintersegmentplatte homologer Teil von der eigentlichen Platte, also der Transversalintersegmentplatte, durch einen skulpturfreien Querstreifen getrennt. Die Grenzen aller Platten des Panzers deutlich markiert. Kleeblattkerben vorhanden. Cirrus lateralis ein mittellanges Haar, die lateralen Anhänge bei *c* und *d*, manchmal auch bei *e* ziemlich kurze Haare. Dorsal ein gerader Dorn von mittlerer Länge über *c*. Papille auf dem 4. Bein, Dornfalte und Nebenhaken an den Innenkrallen vorhanden. Länge 165—175 µ.

Die Art könnte vielleicht zu *E. (E.) muscicola* gehören, ist aber ganz anders skulpturiert, hat kürzere Anhänge und ist wesentlich kleiner.

Kerguelen.

48. **E. (E.) blumi** Richters 1903 *E. B.*, F. Richters in: Zool. Anz., *v.* 27 p. 172 | 1904 *E. b.*, F. Richters in: Fauna arct., *v.* 3 p. 499 t. 15 f. 1 | 1908 *E. b.*, F. Heinis in: Zool. Anz., *v.* 32 p. 636 | 1908 *E. b.*, F. Heinis, ibid., *v.* 33 p. 71 | 1908 *E. b.* M. Sellnick, ibid., *v.* 33 p. 210 | 1909 *E. b.*, M. Sellnick in: Schr. Ges. Königsb., *v.* 49 p. 326 | 1910 *E. b.*, F. Heinis in: Arch. Hydrobiol., *v.* 5 p. 119 | 1910 *E. b.*, John Murray in: Brit. antarct. Exp., *v.* 1 p. 132 t. 16 f. 14 | 1911 *E. b.*, John Murray in: J. Quekett Club, ser. 2 *v.* 11 p. 192 | 1911 *E. b.*, John Murray in: Ann. Scott. nat. Hist., nr. 78 p. 89, 91 | 1911 *E. B.*, G. Thulin in: Ark. Zool., *v.* 7 nr. 16 p. 9 | 1912 *E. b.*, F. Heinis in: Rev. Suisse Zool., *v.* 20 p. 778 | 1913 *E. [b.]*, F. Richters in: Handw. Naturw., *v.* 9 p. 1016 f. 10 | 1914 *E. b.*, R. Menzel in: Arch. Naturg., *v.* 80 A 3 p. 15 | 1914 *E. b.*, F. Heinis in: Mém. Soc. Neuchâtel, *v.* 5 p. 719 | 1921 *E. b.*, F. Heinis in: Festschr. Zschokke, nr. 6 p. 10 | 1925 *E. B.*, G. Rahm in: Arch. Naturg., *v.* 90 A 7 p. 187 | 1925 *E. b.*, G. Rahm in: Brohmer, Fauna Deutschl., ed. 3 p. 433 f. 675 | 1928 *E. b.*, G. Rahm in: Tierw. Mitteleur., *v.* 3 p. II 13 f. 44 | 1928 *E. b.*, E. Marcus in: Tierw. Deutschl., pars 12 p. 90 f. 105 | 1929 *E. B.*, G. Rahm in: Bull. Soc. Fribourg., *v.* 29 Proc.-verb. 19. V. 1927 p. 6 | 1929 *E. b.*, E. Marcus in: Bronn, Kl. Ordn., *v.* 5 Abt. 4 Buch 3 p. 367—369 f. 210 | 1930 *E. b.*, E. Marcus in: Zool. Jahrb., Syst. *v.* 59 p. 370—371 f. 1 K | 1931 *E. b.*, G. Rahm in: Revista Chilena, *v.* 35 p. 121, 122, 125, 135 | 1932 *E. b.*, G. Rahm in: Zool. Anz., *v.* 98 p. 97—98, 113 | 1932 *E. B.*, Cuénot in: Faune France, pars 24 p. 45—46 f. 29, 30 I | 1933 *E. b.*, F. Heinis in: 9. Tätigkeitsber. Ges. Baselland, 1930—1932 p. 42 | 1934 *E. b.*, E. Marcus in: Handw. Naturw., ed. 2 *v.* 9 p. 860 f. 16 | 1934 *E. b.*, E. Bartoš in: Časopis České Spol. ent., *v.* 31 p. 52.

Mittel- bis sehr groß; rot bis rotbraun. Große rote Augen. Skulptur bald grob, bald fein, anscheinend eine Granulierung; die Granula erscheinen bei höherer Tubuseinstellung als helle Ringe auf dunklem Grunde; jeder helle Ring umschließt einen dunklen, in dessen Mitte ein heller Fleck liegt; bei tieferer Einstellung sieht man helle, unscharf und dunkel begrenzte Flecke und dazwischen zahlreiche kleine, dunkle Punkte. In den Querfurchen der paarigen Rumpfplatten und vor diesen Furchen oft eine schwache Skulptur, zuweilen mit den im Lateralbild dargestellten skulpturfreien schmalen Längs- und Querstreifen (vgl. auch S. 91). Zuweilen auch auf der Schaltplatte lateral ein skulpturfreier Längsstreifen und ein glatter Querstreifen auf der 2. Schaltplatte. Die typische Skulpturierung der Platten zeigt Fig. 123 *A*. Während die Skulptur der 1. und 2. Schaltplatte nicht bis zur Schulter- bzw. 2. Rumpfplatte reicht, ist der Raum zwischen 3. Rumpf- und Endplatte skulpturiert, also eine 3. Schaltplatte durch diese lateral begrenzte, skulpturierte Partie angedeutet. Kleeblattkerben vorhanden, keine Facettierung. Stiletträger vorhanden. Papilla cephalica langgestreckt. Typisch sind folgende Anhänge (Maße für ein 315 µ langes Tier): der Cirrus lateralis ein Haar (100 µ), bei *b* ein Haar (121 µ), bei *c* gleichfalls (153 µ), ebenso bei *d* (114 µ); zuweilen einige der lateralen Haare in ihrem Verlauf mit kurzen, gekrümmten Nebenästen. Dorsal lange Haare über *c*

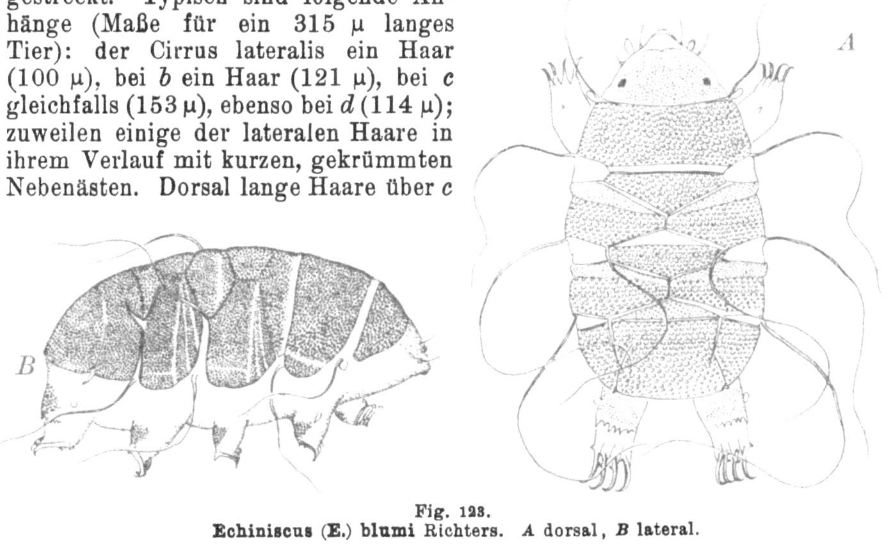

Fig. 123.
Echiniscus (E.) blumi Richters. *A* dorsal, *B* lateral.

(125 µ) und mittellange Dornen über *d* (21 µ). Oft, aber nicht immer, sitzt in den Kleeblattkerben jederseits ein kleiner Dorn mit breiter Basis und plötzlich verjüngter, feiner Spitze. Beine z. T. skulpturiert (Fig. 123 A, B). 1. Beinpaar mit kurzem Dorn; 4. mit Papille und Dornfalte, diese mit 6—10 spitzen Zähnen, die ziemlich weit voneinander entfernt stehen. Innere Krallen aller Beine mit gekrümmten Nebenhaken in der Nähe der Krallenbasis. Außenkrallen des 1. und 2. Beinpaares glatt, die des 3. und 4. Beinpaares mit geradem Dorn, am 4. Bein manchmal 2 oder 3 Dornen; jüngere Stücke ohne Dornen an den Außenkrallen. Länge bis zu 450 µ. 4 kralligen Tieren von 215—223 µ, nach Rahm sogar 345 µ langen, kann das Lateralhaar bei *b* fehlen. Derartige Exemplare werden, auch wenn sie mit Stücken zusammen vorkommen, die 4 Lateralanhänge haben, als *E. (E.) trisetosus* bezeichnet.

Gelege mit 4 kugeligen Eiern. 2 krallige Jugendformen von etwa 120 bis 160 µ Länge haben schon vollständige oder auch folgende Anhänge: lateral den Cirrus lateralis (36—46 µ); Haar bei *b* fehlt; Haar bei *c* (43—51 µ); Haar bei *d*

(41—52 μ), bei *e* ein ganz winziger Dorn (4 μ); dorsal über *c* ein Haar (etwa 40 μ), über *d* ein Dorn (11 μ). Auch kommen Jugendstadien mit lateralen Haaren bei *a* und *b* als einzigen Anhängen vor. *E. (E.) blumi* ist in der Länge der Anhänge sehr variabel, so können alle Lateralanhänge und der dorsale über *c* kurze Fäden und der Dorsalanhang über *d* eine sehr kurze, 3eckige Spitze sein.

Die bei *E. (E.) blumi* verschiedene Länge der Dorsalanhänge über *c* und *d* und die freilich nicht immer ausgebildete Bedornung der Außenkrallen unterscheiden die Art von *E. (E.) granulatus*-Stücken mit vollzähligen Anhängen. *E. blumi*-Stücke ohne Lateralhaare bei *b* werden als *E. trisetosus* bezeichnet.

Zu *E. (E.) blumi* gehört die *Echiniscus* spec. Rahms (1925 in: Arch. Naturg., *v.* 90 A 7 p. 187). Bei dem einen gefundenen Stück war entweder der laterale kleine Dorn bei *e* ein wenig größer als gewöhnlich bei *E. (E.) blumi*, oder die Papille auf dem 4. Beinpaar war dornartig ausgebildet, nach der Beschreibung ist das nicht zu entscheiden. Man könnte *E. blumi* als einen voll ausgewachsenen, mit 4 lateralen Haaren versehenen *E. (E.) trisetosus* auffassen. Daß in reinen Kolonien der „*blumi*"-Form mit nur 3 Lateralhaaren *(a, c, d)* Gelege auftreten, paßt zu der bekannten Beobachtung der Fortpflanzung von Echiniscen, die noch nicht zu voller Größe herangewachsen sind. Annehmen möchte ich freilich, daß wie bei *E. (E.) spitsbergensis* und *spinuloides* (vgl. S. 97) und bei *E. (E.) merokensis* und *merokensis* f. *suecica* (vgl. S. 102, 104) die Form mit einer größeren Zahl von Anhängen im ausgewachsenen Zustand durch ein Stadium hindurchgeht, das der Form mit der geringeren Zahl von Anhängen gleicht. Aber trotzdem steht die Form mit der geringeren Zahl von Anhängen als Species für sich, denn sie erreicht auch in artreinen Populationen nicht die volle Zahl von Anhängen.

Über die nahen Beziehungen der natürlichen Artenreihe, die folgende Species umfaßt: *E. (E.) canadensis*, *bisetosus*, *mediantus*, *trisetosus* und *blumi* haben Cuénot (1932) und E. Marcus (1930) ausführlich gesprochen; bei der Erörterung des *E. (E.) mediantus* komme ich kurz darauf zurück (vgl. S. 124).

Spitzbergen; mittleres Norwegen; Lappland; Mittel- und Südschweden; Faröer; Schottland; Mecklenburg; Mark Brandenburg; Ostpreußen; Rheinprovinz; Taunus; Schwarzwald; Oberbayern, 1500 m; Liestal bei Basel; Schweizer Jura; Voralpen bei Freiburg-Schweiz; Alpen bis 2650 m; Rhätikon; Vorarlberg, Vallüla 2800 m; Wallis, 2200 m; Tschechoslowakei; Frankreich; Sardinien; Australien, Australische Alpen; Südamerika: Colombia, Brasilien, Chile.

E. (E.) spec. 25 [Spec. inquir.] 1910 *E.* spec., John Murray in: Brit. antarct. Exp., *v.* 1 p. 165 t. 20 f. 46 | 1928 *E.* spec. 25, E. Marcus in: Tierw. Deutschl., pars 12 p. 92 f. 106 | 1929 *E.* spec. 25, E. Marcus in: Bronn, Kl. Ordn., *v.* 5 Abt. 4 Buch 3 p. 369—370 f. 211.

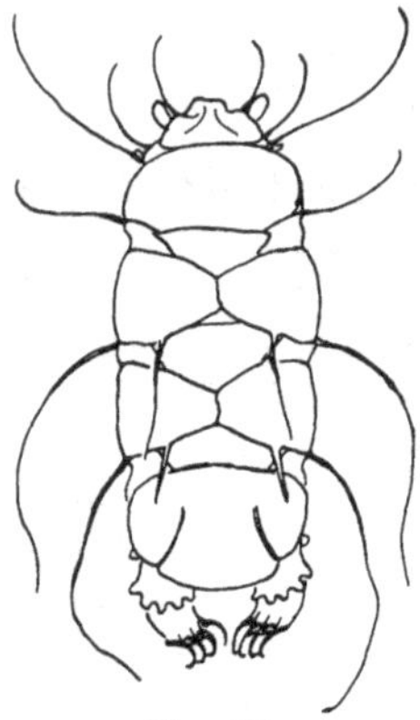

Fig. 124.
Echiniscus (E.) spec. 25.

Klein; Skulptur aus kleinen, gleichartigen Punkten, anscheinend Granula, bestehend. 3. Schaltplatte und Kleeblattkerben vorhanden. Kopfpapille relativ groß, Medialcirren lang. Cirrus lateralis ein 80 μ langes Haar, bei *b* ein ziemlich kurzes Haar (40 μ), bei *c* und *d* je ein solches von 100 μ Länge. Dorsal über *c* ein 40 μ langes Haar, über *d* ein 15 μ langer Dorn. Die Dorsalanhänge können fehlen. 4. Beinpaar mit stumpfer Basalpapille. Dornfalte mit wenigen großen, stumpfen Zähnen; innere Krallen des letzten Beinpaares mit kleinen, gekrümmten Nebenhaken. Länge 180 μ, ausschließlich der Beine.

Diese Art steht der vorigen sehr nahe; die Unterschiede betreffen das Fehlen der Dornen an den Außenkrallen hier — eine meist nur bei alten, vollausgewachsenen Tieren anzutreffende Bildung —, ferner die hier stumpfzähnige Dornfalte und die feinere Granulation der Platten. Die beiden letzten Charaktere schließen meines

Erachtens eine Identität des *E. (E.)* spec. 25 und des *E. (E.) blumi* aus. Die stumpfzähnige Dornfalte, der Längenunterschied zwischen den dorsalen Anhängen und das Fehlen des Spiculum unterscheiden *E. (E.)* spec. 25 von *E. (E.) granulatus*.

Britisch Columbia, Vancouver.

49. **E. (E.) granulatus** (Doy.) 1840 *Emydium granulatum + granulosum*, Doyère in: Ann. Sci. nat., ser. 2 *v.* 14 p. 282, 359 t. 12 f. 11, 12 | 1861 *Echiniscus granulatus*, C. A. S. Schultze, Echiniscus creplini, p. 8 | 1888 *E. g.*, Plate in: Zool. Jahrb., Anat. *v.* 3 p. 531—532 | 1896 *E. granulatum*, Lance, Contr. Tardigrades, p. 209 | ? 1904 *E. crassus*, F. Richters in: Zool. Anz., *v.* 28 p. 374 | 1905 *E. granulatus* [part.][1]), John Murray in: Tr. R. Soc. Edinb., *v.* 41 p. 685—686 | non 1905 *E. g.* [part.][2]), John Murray, ibid., *v.* 41 p. 686 t. 2 f. 6a—6f | non 1905 *E. g.*, John Murray in: Ann. Scott. nat. Hist., nr. 55 p. 161[3]) | non 1907 *E. g.*, John Murray in: J. Quekett Club, ser. 2 *v.* 10 p. 70 t. 7 f. 13 | ? non 1907 *E. g.*, John Murray in: Tr. R. Soc. Edinb., *v.* 45 p. 644 | 1909 *E. g.*, J. Ammann in: Mt. Ges. Bern, 1908 p. 4, 11 | non 1910 *E. g.*, John Murray in: Brit. antarct. Exp., *v.* 1 p. 164 | non 1911 *E. g.*, John Murray in: J. Quekett Club, ser. 2 *v.* 11 p. 192 | 1911 *E. crassus*, John Murray, ibid., ser. 2 *v.* 11 p. 192 |

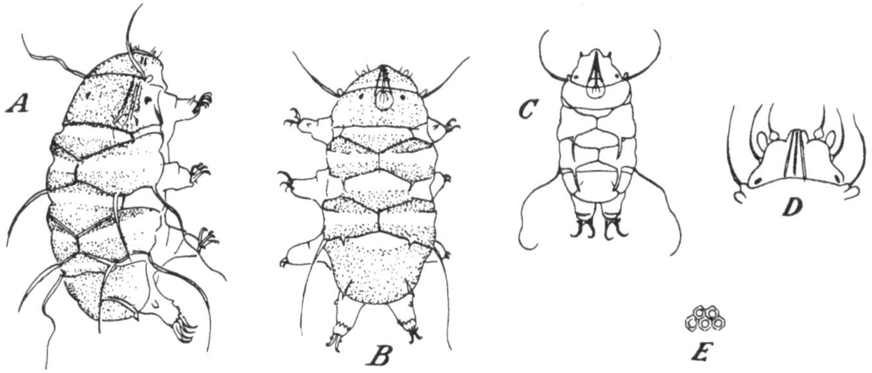

Fig. 126.
Echiniscus (E.) granulatus (Doy.).
A mit langen, *B* mit kurzen Dorsalanhängen, *C* Jugendform, *D* Kopf, *E* Plattenskulptur.

non 1911 *E. granulatus*, John Murray in: Ann. Scott. nat. Hist., nr. 78 p. 89 | ? 1911 *E. g.* [? part.][4]), F. Richters in: Al. Koenig, Avifauna Spitzberg., p. 284—285 | non 1911 *E. g.*, John Murray in: P. Irish Ac., *v.* 31 nr. 37 p. 3 | 1911 *E. crassus*, John Murray, ibid., *v.* 31 nr. 37 p. 4 t. 1 f. 2a—2c | non 1911 *E. granulatus*, G. Thulin in: Ark. Zool., *v.* 7 nr. 16 p. 7 f. 3, 3a | ? non 1920 *E. g.*, H. Baumann in: Zool. Anz., *v.* 52 p. 61 f. 2 | non 1928 *E. g.*, G. Rahm in: Tierw. Mitteleur., *v.* 3 p. II 12 f. 38 | 1928 *E. crassus*, G. Rahm, ibid., *v.* 3 p. II 18 | 1928 *E. c.*, E. Marcus in: Tierw. Deutschl., pars 12 p. 92 f. 107 | non 1928 *E. granulatus*, E. Marcus, ibid., pars 12 p. 99—101 f. 117 | 1929 *E. crassus*, E. Marcus in: Bronn, Kl. Ordn., *v.* 5 Abt. 4 Buch 3 p. 370—371 f. 212 | non 1929 *E. granulatus*, E. Marcus, ibid., *v.* 5 Abt. 4 Buch 3 p. 378—380 f. 222 | non 1930 *E. g.*, E. Marcus in: Zool. Jahrb., Syst. *v.* 59 p. 370 f. 1 H, J | 1932 *E. g.*, Cuénot in: Faune France, pars 24 p. 42—44 f. 23—25 | non 1933 *E. g.*, E. Bartoš in: Příroda Ostrava, *v.* 26 nr. 6 p. 2 f. [1] | ? 1933 *E. g.*, E. Bartoš, ibid., nr. 7 p. 5.

---

[1]) Stücke mit Lateralhaaren bei *a*, *c*, *d*, Spiculum bei *e*, Dorsaldornen von gleicher Länge bei *c* und *d* und dornenlosen Außenkrallen.

[2]) Stücke mit verschieden langen Dorsalanhängen bei *c* und *d* und bedornten Außenkrallen.

[3]) Ohne Lateraldorn bei *d* = *mediantus*, vgl. S. 124.

[4]) Stücke mit gleichlangen dornenartigen Dorsalanhängen bei *c* und *d*.

Wird sehr groß und sehr breit. Rot bis tief braun. Augenpigment rot. Die Skulptur der Platten, die namentlich auf den Schaltplatten deutlich zu erkennen ist, besteht aus kreisförmigen, von regelmäßigen Vielecken umgebenen Vertiefungen, die in der Mitte der Platten am größten sind; der Abstand vom Mittelpunkt des einen zu dem des anderen Kreises beträgt etwa 6 μ. 3. Schaltplatte und Kleeblattkerben vorhanden. Facettierung der Endplatte undeutlich. Cirrus lateralis (80 μ) und haarförmige Lateralanhänge bei *b* (155 μ), *c* (220 μ) und *d* (150 μ) (die Maße stammen von 400 μ langen Tieren). In der Kleeblattkerbe, also bei *e*, sitzt ein kleiner, manchmal schwer erkennbarer Dorn (Spiculum). Asymmetrische Doppelbildung des Spiculum kommt vor. Sehr oft fehlt das Lateralhaar bei *b*. Lange, gekrümmte, untereinander annähernd gleich große Dorsaldornen über *c* und *d*, von 50 μ und 60 μ Länge bei 400 μ langen Stücken. Beide Dorsaldornen können auch kurz sein, und die über *d* können sogar ausnahmsweise fehlen. Am Ansatz jedes Beines ist dorsal ein schmaler Bezirk fein punktiert. Dornfalte aus mindestens 12 untereinander verschieden großen, am Grunde voneinander getrennten Zähnen bestehend. Krallen 30 μ lang (bei 400 μ langen Tieren). Innenkrallen mit basalen Nebenhaken. Außenkrallen unbedornt. Länge 258 μ (neuere Angabe für *E. granulatus*) bis 416 μ (Angabe für 200 μ breite *E. crassus*).

Gelege mit 3—5 ovalen bis kugeligen Eiern von 55—62 μ Durchmesser. 2krallige Jungtiere beim Ausschlüpfen 112 μ lang, mit Cirrus lateralis, Lateralhaar bei *d*, Spiculum bei *e* und sehr kurzen Dorsaldornen über *c* und *d*. Bei 2krallligen Tieren von 160 μ Länge ausschließlich der Beine maßen der Cirrus lateralis 70 μ, das Lateralhaar bei *d* 110 μ, die gekrümmten Dorsaldornen 25—30 μ, die Krallen 20 μ. Auch junge 4krallige Stücke haben noch kein Haar bei *c*, erst wenn dies auftritt, sind die Tiere fortpflanzungsfähig.

Die obenstehende Synonymieliste trägt der von Cuénot vertretenen Auffassung Rechnung. Danach gehören Echinisceu mit verschieden langen Dorsalanhängen über *c* und *d* nicht zu *E. granulatus* (Doy.). Auch Dornen an den Außenkrallen treten bei dieser Art nicht auf. Wo sich die genannten Merkmale vereinigt mit haarförmigen Lateralanhängen bei *a*, *c* und *d* finden, da handelt es sich um *E. (E.) trisetosus* Cuénot (vgl. S. 119). Stücke mit verschieden langen Dorsalanhängen über *c* und *d*, und zwar Haaren über *c* und Dornen über *d* und mit haarförmigen Lateralanhängen bei *a, b, c, d* gehören zu *E. blumi* Richters (vgl. S. 108). Der Dorn in der Kleeblattkerbe, also bei *e*, ist für *E. granulatus* ein konstantes, wenn auch manchmal schwer erkennbares Merkmal; für *E. blumi*, wie für *E. trisetosus* ist sein Auftreten variabel. Material mit bedornten Außenkrallen gehört nicht zu *E. granulatus*, aber auch bei *E. trisetosus* und *E. blumi* und den ihnen verwandten Arten *E. canadensis*, *E. bisetosus* und *E. mediantus* finden sich namentlich jüngere Tiere ohne solche Dornen.

Wo die späteren Untersucher Murray gefolgt sind, handelt es sich nicht um *E. granulatus*, und dasselbe gilt für die Stücke Thulins und seiner Nachfolger Baumann, Rahm, Marcus und die erste Arbeit Bartoš' (non 1933). Da Bartoš bei seiner zweiten Arbeit (? 1933) die Darstellung Cuénot's (1932) gekannt und berücksichtigt hat, gehört sein Material vom Choč wahrscheinlich zu *E. granulatus*. Die erste Beschreibung von *E. crassus* ist nicht sicher auf *E. granulatus* zu beziehen, denn die Dorsalanhänge sind als lange Haare beschrieben worden; der kurze Dorn „nahe dem Seitenrand des Segments VI" dürfte das Spiculum sein. Die Fundangaben „Taunus", „Bäreninsel" (Richters, 1911) sind weder für *E. granulatus* noch für *E. trisetosus* mit einiger Sicherheit zu übernehmen, denn die dornen- oder auch fadenförmigen Dorsalanhänge der gefundenen Stücke sind als gleich lang oder als ungleich lang beschrieben worden. Außerdem bezieht sich Richters auf Murray. Wahrscheinlich hat Richters Mischpopulationen vor sich gehabt. Die basale Verbreiterung der Cirri mediales interni, deren speerspitzenförmiges Aussehen Murray als Merkmal des *E. crassus* beschreibt, kommt auch anderen Echiniscen, zum Beispiel *E. testudo* (Doy.) zu.

? Island; Schottland; Irland; Vorarlberg; Schweiz, Kanton Thurgau; Frankreich, Paris, in Moos auf dem Skelett des Pottwals im Musée d'Histoire naturelle und anderwärts in Moosen und Flechten.

E. (E.) spec. 26 [Spec. dub. et inquir.] 1909 *E.* spec., J. Ammann in: Mt. Ges. Bern, 1908 p. 8 | 1928 *E.* spec. 26, E. Marcus in: Tierw. Deutschl., pars 12 p. 93 | 1929 *E.* spec. 26, E. Marcus in: Bronn, Kl. Ordn., *v.* 5 Abt. 4 Buch 3 p. 371.

Sehr groß. Der Cirrus lateralis ein kurzes Haar. Die beiden konischen Zapfen jederseits in der Nähe des Cirrus lateralis, von denen die Originalbeschreibung spricht, dürften Papilla cephalica und Clava sein, sind also für die Diagnose bedeutungslos. Je ein langes Lateralhaar bei *b*, *c* und *d*. Dorsal über *d* je ein kurzer Dorn. Der kurze konische Zapfen „über und etwas vor dem 4. Beinpaar jederseits" dürfte ein Spiculum in der Kleeblattkerbe, also bei *e* sein. Länge 370 μ.

Ammann läßt es unentschieden, ob *E.* spec. 26 eine neue Art oder eine Varietät des *E. filamentosus* (vgl. S. 115) darstellt. Da *E. filamentosus* Lateralanhänge bei *b*, *c* und *e* aufweist, kommt er für einen Vergleich mit *E.* spec. 26 gar nicht in Frage. Zu *E. testudo* passen die Lateralanhänge von *E.* spec. 26 nicht, zu *E. blumi* die Dorsalanhänge ebensowenig. Da die Platten und die Skulptur nicht beschrieben sind, und die Stellung der Anhänge nur mit Vorbehalt der sehr unzureichenden Beschreibung zu entnehmen ist, muß die Art als völlig unsicher gelten.

Engadin, 1100—1200 m.

50. **E. (E.) testudo** (Doy.) = **E. (E.) bellermanni** S. Schultze ? 1840 *E. Bellermanni*, C. A. S. Schultze, Echiniscus Bellermanni, p. 5 f. 1, 2 | 1840 *Emydium testudo*, Doyère in: Ann. Sci. nat., ser. 2 *v.* 14 p. 280—281 t. 12 f. 1—8, t. 15 f. 2—6 | ? 1842 *Echiniscus Bellermanni*, Doyère, ibid., ser. 2 *v.* 18 p. 20, 34, 35 | ? 1861 *E. B.*, C. A. S. Schultze, Echiniscus Creplini, p. 6, Anm. 12, p. 8 | ? 1888 *E. b.*, Plate in: Zool. Jahrb., Anat. *v.* 3 p. 531 | 1888 *E. testudo*, Plate, ibid., *v.* 3 p. 532 | 1895 *Emydium t.*, Lameere, Man. Faune Belgique, *v.* 1 p. 379 | 1896 *Echiniscus t.*, Lance, Contr. Tardigrades, p. 209 | 1901 *E. t.*,

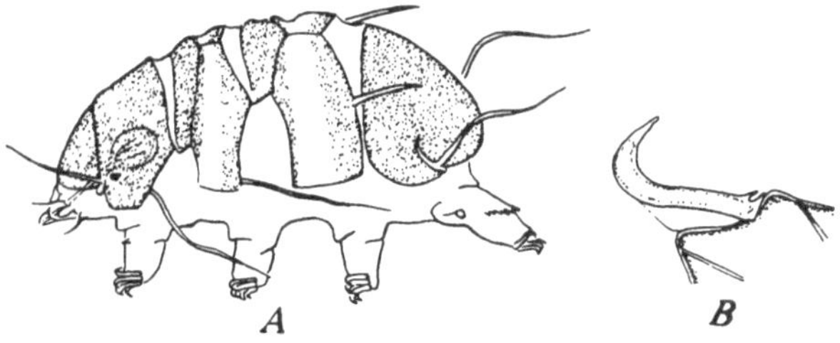

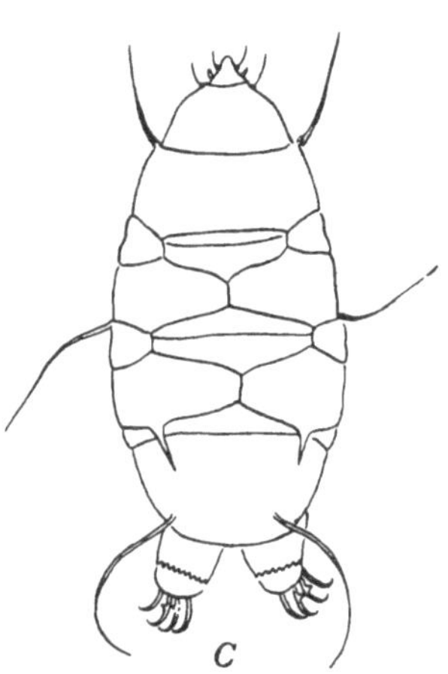

Fig. 126.
Echiniscus (E.) testudo (Doy.). *A* dorsolateral, *B* Kralle mit sehr kleinen Nebenhaken, *C* Stück von Colombia mit großen Nebenhaken.

Schaudinn in: Fauna arct., *v.* 2 p. 192 | 1902 *E. inermis*, F. Richters in: Ber. Senckenb. Ges., p. 11 t. 1 f. 3 | 1904 *E. testudo*, F. Richters in: Zool. Anz., *v.* 28 p. 349 | 1908 *E. t.*, F. Heinis, ibid., *v.* 32 p. 636 | 1908 *E. t.*, F. Heinis, ibid., *v.* 33 p. 70 | 1908 *E. inermis*, F. Heinis, ibid., *v.* 33 p. 70 | 1910 *E. testudo*, F. Heinis in: Arch. Hydrobiol., *v.* 5 p. 119, 129 | 1910 *E. inermis*, F. Heinis, ibid., *v.* 5 p. 129 | 1911 *E. bellermanni*, John Murray in: J. Quekett Club, ser. 2 *v.* 11 p. 191 | 1911 *E. testudo*, John Murray, ibid., ser. 2 *v.* 11 p. 192 | 1911 *E. t.*, John Murray in: P. Irish Ac., *v.* 31 nr. 37 p. 4 t. 2 f. 7a—7b | 1914 *E.* spec., F. Heinis in: Mém. Soc. Neuchâtel, *v.* 5 p. 721 f. 46 | 1921 *E. trifilis*, G. Rahm in: Z. allg. Physiol., *v.* 20

p. 11 t. 1 f. 2 | 1925 *E. t.*, G. Rahm in: Arch. Naturg., *v.* 90 A 7 p. 187—188 f. 23 | 1925 *E. t.*, G. Rahm in: Brohmer, Fauna Deutschl., ed. 3 p. 433 | 1928 *E. testudo*, E. Marcus in: Zool. Jahrb., Physiol. *v.* 44 p. 335 | ? 1928 *E. bellermanni*, G. Rahm in: Tierw. Mitteleur., *v.* 3 p. II 11 | 1928 *E. testudo*, G. Rahm, ibid., *v.* 3 p. II 12 f. 39 | 1928 *E. trifilis*, G. Rahm, ibid., *v.* 3 p. II 12 f. 40 | 1928 *E. testudo*, E. Marcus in: Tierw. Deutschl., pars 12 p. 93—95 f. 108 | 1928 *E.* spec. 29, E. Marcus, ibid., pars 12 p. 97 f. 112 | 1928 *E. trifilis*, E. Marcus, ibid., pars 12 p. 97 f. 113 | 1928 *E. inermis*, E. Marcus, ibid., pars 12 p. 103 f. 120 | 1929 *E. testudo* var. *trifilis*, G. Rahm in: Bull. Soc. Fribourg., *v.* 29 Proc.-verb. 19. V. 1927 p. 10 | 1929 *E. testudo*, G. Rahm, ibid., *v.* 29 Proc.-verb. 19. V. 1927 p. 8 | 1929 *E. t.* var. *trifilis*, G. Rahm in: Bull. Soc. Fribourg., *v.* 29 Proc.-verb. 7. III. 1928 p. 6 | 1929 *E. testudo*, E. Marcus in: Bronn, Kl. Ordn., *v.* 5 Abt. 4 Buch 3 p. 371—373 f. 213 | 1929 *E.* spec. 29, E. Marcus, ibid., p. 375 f. 217 | 1929 *E. trifilis*, E. Marcus, ibid., p. 375—376 f. 218 | 1929 *E. inermis*, E. Marcus, ibid., p. 383—384 f. 227 | 1930 *E. testudo*, E. Marcus in: Zool. Jahrb., Syst. *v.* 59 p. 371 | 1931 *E. t.* var. *trifilis*, G. Rahm in: Revista Chilena, *v.* 35 p. 121—122, 135 t. 8 f. 1 | 1931 *Echeniscus t.* var. *t.*, G. Rahm, ibid., *v.* 35 p. 125 | 1932 *Echiniscus t.* var. *t.*, G. Rahm in: Zool. Anz., *v.* 98 p. 97, 114 f. 7 | 1932 *E. testudo*, Cuénot in: Faune France, pars 24 p. 49—51 f. 33—35 | 1933 *E. t.*, E. Bartoš in: Příroda Ostrava, *v.* 26 nr. 7 p. 5 | 1934 *E. t.*, E. Bartoš in: Časopis České Spol. ent., *v.* 31 p. 53, 105 | 1934 *E. t.* forma *trifilis*, E. Bartoš, ibid., *v.* 31 p. 54.

Groß; rotbraun. Augenpigment rot. Skulptur aus mittelgroßen bis feinen, einheitlich und gleichmäßig verteilten Punkten von ovaler oder polygonaler Form bestehend. Vorliegende Potsdamer Stücke fein und unregelmäßig granuliert; auch Cuénot spricht von unregelmäßigen, ziemlich flachen Vertiefungen. 3. Schaltplatte fehlt in Potsdamer und schlesischem Material, aber der Raum zwischen 3. Rumpf- und Endplatte ist teilweise skulpturiert. Kleeblattkerben vorhanden, bei südamerikanischen Stücken ausdrücklich als fehlend angegeben (Rahm, 1932). Endplatte nicht facettiert. Stilettträger vorhanden. Der Cirrus lateralis ist der kürzeste der Lateralanhänge. Haare bei *b* und *c* untereinander gleich lang; das Haar bei *e* ist am längsten, zuweilen doppelt so lang wie die mittleren Haare. Dorsal über *c* springen die Plattenhinterecken manchmal etwas stärker als gewöhnlich caudalwärts aus. Beiderseitige Dorsaldornen über *c* fehlen. Über *d* je ein mittellanger bis kurzer Dorsaldorn. Dornfalte mit spitzen, kleinen Zähnen. Mitunter sehr kleine, abwärts gerichtete Nebenhaken an der Basis der Innenkrallen. Außenkrallen in der Regel unbedornt; für südamerikanische Stücke gibt Rahm einen kleinen Dorn an der Basis an. Richters erwähnt auffällig große Krallen: 15 μ bei 125 μ langen, 30 μ bei 270 μ langen Stücken. Nach Rahm sind die Krallen des 4. Beinpaares 18—20 μ lang. Länge bis 360 μ.

Gelege von 4—5 braunroten, kugeligen oder leicht ovalen Eiern; für *E. bellermanni* 5—8 Eier angegeben. 2krallige Jugendformen von 100 bis 148 μ Länge mit Lateralanhängen nur bei *a* und *e*, bald mit, bald ohne Dorsaldornen. Jungtiere von 160 bis 180 μ Länge 4krallig und mit dem Lateralhaar bei *c*. Nach Heinis kommen noch 210 μ lange 2krallige Stücke vor (in: Zool. Anz., *v.* 33 p. 70, 1908).

Eine schlesische Population zeigte folgende Bedornungsverhältnisse: Laterale Haare bei *a*, *b*, *c*, *e*, Dorsaldornen über *d*, also typische Stücke (forma *quadrifilis* Cuénot): 10 Exemplare. Laterale Haare bei *a*, *c*, *e*, Dorsaldornen über *d* (forma *trifilis* Rahm): 29 Exemplare. Laterale und dorsale Anhänge wie bei den vorigen und dazu noch rechts, also einseitig, ein Dorsaldorn über *c*: 5 Exemplare. Dieser letzte Bedornungstyp ist bisher nicht beschrieben worden. Einseitige Verdoppelung des Cirrus lateralis wurde beobachtet. Der Lateralanhang bei *c* kann einseitig ein kurzer Dorn sein und auf der andern Seite fehlen. Das Lateralhaar bei *b* erscheint beim heranwachsenden Tier oft spät und fehlt sehr häufig auch erwachsenen Exemplaren beiderseits, seltener einseitig. Es ist daher sehr wahrscheinlich, daß C. A. S. Schultze (1840) mit Recht für die Identität seines *Echiniscus Bellermanni* mit *Emydium testudo* eintritt. *E. beller-*

manni ist allerdings so, wie er von Schultze dargestellt worden ist, mit Dorsaldornen über *a*, *b*, *c*, *d* nie wieder gefunden worden. Er ist höchst wahrscheinlich ungenau abgebildet worden, und zwar mit mehr Anhängen, als er vermutlich besitzt. Es ist leicht erklärlich, daß ein älterer Untersucher mit primitiven optischen Mitteln Dornen übersieht oder auch, daß er Stücke mit nicht voller Zahl der Anhänge vor sich hat. Aber die Einfügung von mehreren Dornenpaaren, die dem Tier wahrscheinlich nicht zukommen, erschwert die Wiedererkennung so sehr, daß *E. bellermanni* als Species dubia gelten muß. Wahrscheinlich hat Schultze vom Vorderrand der Platten schräg rostralwärts verlaufende Längsfalten, wie sie oft auf den paarigen Rumpfplatten, z. B. bei *E. (E.) trisetosus* (vgl. Fig. 133 *A*) vorkommen, für Dornen gehalten. *E. trifilis* gehört als Synonym zu denjenigen *E. testudo*-Stücken, denen das Lateralhaar bei *b* fehlt. Während auf den früheren Abbildungen mitteleuropäischen *E. trifilis*-Materials eine skulpturfreie Querverbindung der Kleeblattkerben dargestellt ist, fehlt diese bei den südamerikanischen Stücken, die keine Kleeblattkerbe haben. Auf das Merkmal einer glatten Verbindung der Kleeblattkerben ist allgemein wenig Wert zu legen (vgl. Anm. S. 65). Auffälligerweise fehlte in einer großen südamerikanischen Population konstant die Papille jederseits auf dem Ansatz des 4. Beines. Bei *Echiniscus* spec. 29 sind basalwärts gebogene, kräftige Nebenhaken an den Innenkrallen beschrieben und abgebildet worden. Trotzdem möchte ich mich Cuénot's Einbeziehung des *E.* spec. 29 zu *E. testudo* anschließen. Als Jugendform von *E. testudo* muß *E. inermis* gelten. Auch bei dieser Art kann das Merkmal einer glatten Querverbindung der Kleeblattkerben unberücksichtigt bleiben. Wahrscheinlich gehört auch *E. biunguis*, von dem keine Abbildung vorliegt, als Jugendform zu *E. testudo*. Aber die für *E. biunguis* angegebenen Maße und Schultzes Hinweis auf die Ovarien seiner Stücke veranlassen mich, *E. biunguis* gesondert zu behandeln.

Spitzbergen; Bären-Insel; Ryk-Ys-Inseln; Hammerfest; Gotland; Irland; Helgoland; Belgien; Rheinprovinz; ? Pommern, Greifswald (Fundort des *E. bellermanni*); Mark Brandenburg; Schlesien; Saabor; Taunus bei Frankfurt a. M.; Basel; Schweizer Jura, bis 380 m; Voralpen bei Freiburg-Schweiz; Alpen, am Parpaner Rothorn, 2485 m; Tschechoslowakei, 900 m; Frankreich (sehr häufig in Lebermoosen, Bryaceen und Flechten); Griechenland, Leonidion; Sardinien; Südamerika: Colombia, Brasilien: São Paulo, Chile: Chillan, Concepción, Temuco, Inseln Chiloé und Navarino am Beagle Kanal.

51. **E. (E.) filamentosus** Plate 1888 *E. f.*, Plate in: Zool. Jahrb., Anat. *v.* 3 p. 532 | 1902 *E. f.*, F. Richters in: Ber. Senckenb. Ges., p. 8 | 1904 *E. f.*, F. Richters in: Zool. Anz., *v.* 28 p. 349 | 1908 *E. f.*, F. Heinis, ibid., *v.* 33 p. 71 | 1910 *E. f.*, F. Heinis in: Arch. Hydrobiol., *v.* 5 p. 119 | 1911 *E. f.*, John Murray in: J. Quekett Club, ser. 2 *v.* 11 p. 192 | 1928 *E. f.*, G. Rahm in: Tierw. Mitteleur., *v.* 3 p. II 12 | 1928 *E. f.*, E. Marcus in: Tierw. Deutschl., pars 12 p. 95 | 1928 *E. f.*, G. Thulin in: Hereditas, *v.* 11 p. 217 | 1929 *E. f.*, E. Marcus in: Bronn, Kl. Ordn., *v.* 5 Abt. 4 Buch 3 p. 373.

Dem *E. (E.) testudo* ähnlich, also der Cirrus lateralis und die Lateralanhänge bei *b, c, e* als Haare ausgebildet; dorsal aber jederseits 2 Dornen über *c*, je ein Dorn über *d*. Nach den Anhängen bei *e* zu urteilen, wahrscheinlich mit Kleeblattkerben. Länge 226 μ.

2krallige Jugendformen von 136 μ Länge mit Lateralhaaren nur bei *a* und *e* und 2 Dorsaldornen; ein Tier von 192 μ Länge mit allen Anhängen.

Südwestschweden; Rheinprovinz, Eifel; Marburg; Taunus, bei Frankfurt a. M.; Tessin, Maggiatal 1400 m.

52. **E. (E.) siegristi** Heinis 1911 *E. s.*, F. Heinis in: Rev. Suisse Zool., *v.* 19 p. 263 t. 4 f. 9 | 1928 *E. sigristi*, G. Rahm in: Tierw. Mitteleur., *v.* 3 p. II 17 | 1928 *E. siegristi*, E. Marcus in: Tierw. Deutschl., pars 12 p. 95 f. 109 | 1929 *E. s.*, E. Marcus in: Bronn, Kl. Ordn., *v.* 5 Abt. 4 Buch 3 p. 373 f. 214.

Mittelgroß; Skulptur der Platten eine unregelmäßige und zerstreute Granulierung. 3. Schaltplatte fehlt, vielmehr die Endplatte anscheinend unmittelbar an die 3. Rumpfplatte stoßend. Kleeblattkerben vorhanden, keine Facettierung. Cirrus lateralis ein Haar (50 μ); bei *b* ein mäßig starker

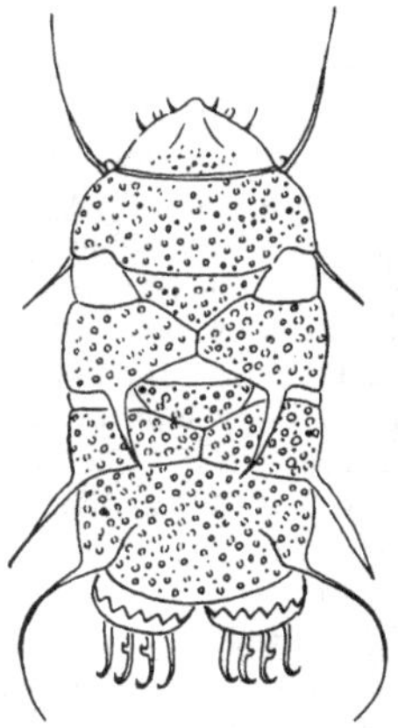

Fig. 127.
Echiniscus (E.) **siegristi** Heinis.

und bei *d* ein sehr kräftiger Dorn; bei *e* ein Haar (80 μ). Dorsal über *c* je ein Dorn (30 μ). Dornfalte scharfzähnig; innere Krallen mit kurzen, zurückgebogenen Nebenhaken in einiger Entfernung von der Krallenbasis. Länge 180—220 μ.

Südliches Mexiko.

5. Echiniscus (E.) trisetosus-Gruppe

Lateralanhänge, außer bei *a*, noch an 2 weiteren Stellen, im ganzen also 3 Lateralanhänge vorhanden, die nicht sämtlich Stacheln oder Dornen sind.

Bestimmungstabelle der Arten:

1	Lateralanhang bei *e* vorhanden — 2	
	Kein Lateralanhang bei *e* vorhanden — 6	
2	Lateralanhänge bei *d*, im ganzen also bei *a*, *d*, *e* vorhanden	**E. (E.) spec. 27**
	Lateralanhänge bei *c*, im ganzen also bei *a*, *c*, *e* vorhanden — 3	
3	Dorsalanhänge vorhanden — 4	
	Dorsalanhänge fehlen	**E. (E.) spec. 30**
4	2 Paar Dorsalanhänge, über *c* lange Haare, über *d* dreieckige Zähne vorhanden — 5	
	1 Paar Dorsalanhänge und zwar Dornen über *d* vorhanden	50. **E. (E.) testudo**
5	3. Schaltplatte vorhanden	46. **E. (E.) meridionalis**
	3. Schaltplatte fehlt	**E. (E.) spec. 28**
6	Lateralanhänge bei *b*, im ganzen solche bei *a*, *b*, *c* vorhanden	**E. (E.) spec. 31**
	Keine Lateralanhänge bei *b*, im ganzen solche bei *a*, *c*, *d* vorhanden — 7	

7	Platten des Panzers deutlich gegeneinander abgegrenzt — **8**	
	Platten des Panzers nur undeutlich gegeneinander abgegrenzt	**55. E. (E.) loxophthalmus**
8	2 Paar Dorsalanhänge, also solche über *c* und *d* vorhanden — **9**	
	1 Paar Dorsalanhänge, und zwar nur solche über *c* vorhanden — **13**	
9	Dorsalanhänge über *c* innerhalb der Plattenhinterecken, also zwischen diesen und der Medianlinie sitzend	**33. E. (E.) columinis** [Form 3]
	Dorsalanhänge über *c* an den Plattenhinterecken sitzend — **10**	
10	Endplatte deutlich facettiert; Cirri mediales außergewöhnlich lang; Dornfalte mit einzeln auf dem Bein stehenden, langen Fortsätzen	**53. E. (E.) longispinosus**
	Endplatte unfacettiert oder undeutlich facettiert; Cirri mediales von gewöhnlicher Kürze; Dornfalte wie üblich mit Zähnen, die gemeinsam eine Manschette bilden — **11**	
11	Cirrus lateralis von gewöhnlicher Länge; Skulptur eine kräftige Granulation — **12**	
	Cirrus lateralis auffallend kurz und dünn; Skulptur eine sehr feine Granulation	**E. (E.) spec. 32**
12	Dorsalanhänge über *c* und *d* annähernd gleich lange, kräftige Dornen; Außenkrallen stets unbedornt .	**49. E. (E.) granulatus** [Stücke ohne Haare bei *b*]
	Dorsalanhänge über *c* viel länger als die über *d*; Außenkrallen meist bedornt, oft mit 2, manchmal mit 3 Dornen	**54. E. (E.) trisetosus**
13	Skulptur grob, regelmäßig	**47. E. (E.) muscicola**
	Skulptur fein, unregelmäßig	**E. (E.) spec. 33** [Stücke ohne Haare bei *e*]

E. (E.) spec. 27 [Spec. inquir., Jugendstadium] 1905 *E.* spec., John Murray in: Tr. R. Soc. Edinb., *v.* 41 p. 688 t. 2 f. 11a—c | 1928 *E.* spec. 27, E. Marcus in: Tierw. Deutschl., pars 12 p. 96 f. 110 | 1929 *E.* spec. 27, E. Marcus in: Bronn, Kl. Ordn., *v.* 5 Abt. 4 Buch 3 p. 374 f. 215.

Klein; Skulptur eine mittelfeine Granulierung. 3. Schaltplatte, wie auch Kleeblattkerben, vorhanden; Cirri mediales auffallend lang, in eigentümlicher, aus der Fig. 128 ersichtlicher Weise mit der Papilla cephalica verbunden. Cirrus lateralis ein langes Haar, bei *d* ein kurzer, gekrümmter Dorn, bei *e* ein mittellanges Haar. Keine Dorsalanhänge; auf dem 4. Bein ein stumpfer Zapfen. Dornfalte mit länglichen, stumpfen Zähnen; die beiden vorhandenen Krallen mit großen Nebenhaken. Länge 150 μ.

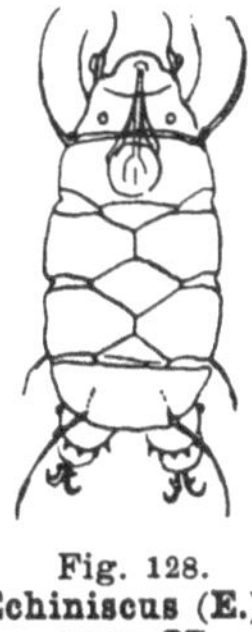

Fig. 128. **Echiniscus (E.) spec. 27.**

Diese 2krallige Jugendform kann nur provisorisch an dieser Stelle eingereiht werden; die Anordnung der Kopfanhänge deutet darauf hin, daß es sich um eine besondere Species handelt.

Schottland.

E. (E.) spec. 28 [Spec. inquir.] 1906 *E.* spec., John Murray in: Tr. R. Soc. Edinb., *v.* 45 p. 326 t. 1 f. 2a, 2b | 1928 *E.* spec. 28, E. Marcus in: Tierw. Deutschl., pars 12 p. 96 f. 111 | 1929 *E.* spec. 28, E. Marcus in: Bronn, Kl. Ordn., *v.* 5 Abt. 4 Buch 3 p. 374 f. 216.

Fein skulpturiert. 3. Schaltplatte fehlt; Kleeblattkerben und Facetten vorhanden. Cirrus lateralis ein kurzes Haar; bei *c* und *e* lange Haare. Dorsal über *c* ein langes Haar, über *d* ein kleiner, dreieckiger Zahn. Dornfalte, sowie an den Innenkrallen kleine, gekrümmte Nebenhaken vorhanden.

Der Autor hat nur wenig gut erhaltene Cuticulae dieser Art vor sich gehabt, die im Leben mehr Anhänge gehabt haben mögen.

Südorkneyinseln.

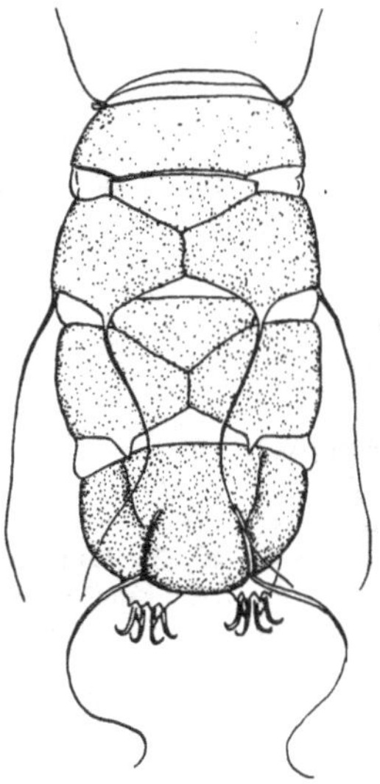

Fig. 129.
Echiniscus (E.) spec. 28.

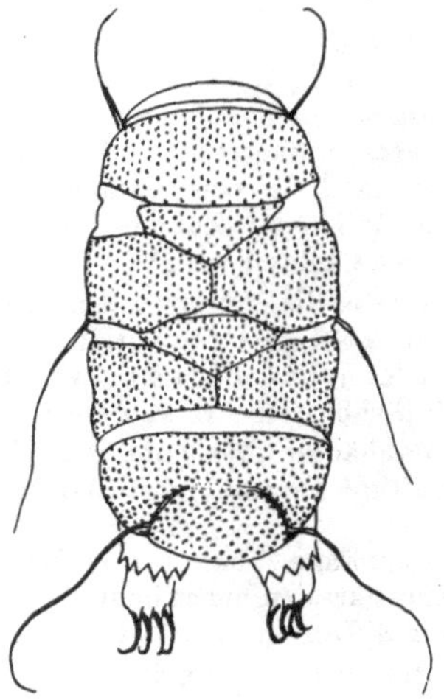

Fig. 130.
Echiniscus (E.) spec. 30.

E. (E.) spec. 30 1906 *E.* spec., John Murray in: Tr. R. Soc. Edinb., *v.* 45 p. 326 t. 1 f. 3a, 3b | 1928 *E.* spec. 30, E. Marcus in: Tierw. Deutschl., pars 12 p. 98 f. 114 | 1929 *E.* spec. 30, E. Marcus in: Bronn, Kl. Ordn., *v.* 5 Abt. 4 Buch 3 p. 376 f. 219.

Klein; Skulptur eine mittelfeine Granulierung. 3. Schaltplatte fehlt. Kleeblattkerben vorhanden, durch ein unskulpturiertes, glattes Querband mit einander verbunden; dieses Querband stellt außerdem die gewinkelt gegen die übrige Endplatte ansitzende Vorderkante des caudalen Mittellappens der Endplatte dar. Der Cirrus lateralis und die Anhänge bei *c* und *e* sind untereinander von vorn nach hinten an Länge zunehmende Haare. Keine dorsalen Anhänge. Dornfalte mit breiten, spitzen Zähnen; Nebenhaken fehlen.

Südorkneyinseln.

E. (E.) spec. 31 [Spec. inquir.] 1910 *E.* spec., John Murray in: Brit. antarct. Exp., *v.* 1 p. 134 t. 17 f. 22 | 1928 *E.* spec. 31, E. Marcus in: Tierw. Deutschl., pars 12 p. 98 f. 115 | 1929 *E.* spec. 31, E. Marcus in: Bronn, Kl. Ordn., *v.* 5 Abt. 4 Buch 3 p. 376 f. 220.

Groß; Skulptur aus großen, dicht nebeneinander angeordneten Kreisen von gleicher Größe bestehend. 3. Schaltplatte fehlt; Kleeblattkerben vorhanden.

Der Cirrus lateralis ein mittellanges Haar; bei *b* und *c* sehr lange Haare (etwa 170 μ). Dorsal über *c* je ein langes Haar (170 μ), über *d* ein flacher Dorn (25 μ lang, basal 6—9 μ breit). Dornfalte mit 6—8 gerundeten, stumpfen Zähnen. Keine Nebenhaken vorhanden. Länge 270 μ bei 140 μ Breite.

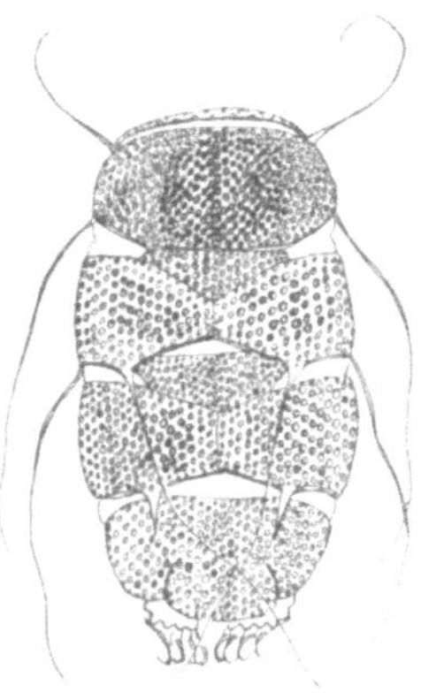

Fig. 131.
Echiniscus (E.) spec. 31.

Von dem ursprünglich sehr dürftig beschriebenen und daher in seinem Umfang unbestimmbaren *E. (E.) muscicola* (vgl. S. 106) unterscheidet sich die Art durch das ihr fehlende laterale Haar bei *e* und durch den ihr zukommenden, bei typischen *E. muscicola* fehlenden Dorsaldorn über *d*. Die Skulptur, die Richters (1907 in: D. Südp.-Exp., *v.* 9 p. 292) für *E. muscicola* angegeben hat, stimmt bei beiden Arten überein; bei höherer Tubuseinstellung sehen die Punkte wie Kreise mit einem Mittelpunkt aus, bei tieferer Einstellung sind es Sechsecke. Nach Richters (1907) hat *E. muscicola* Nebenhaken an den Innenkrallen, so auch *E. (E.)* spec. 31. Dieser letzte ähnelt in mancher Hinsicht auch dem *E. (E.) spitsbergensis*, der aber auch bei *d* ein laterales Haar und, bei typischen Exemplaren jedenfalls, dorsolaterale Spicula über *d* besitzt.

Australien, australische Alpen, 1700—2000 m.

53. **E. (E.) longispinosus** John Murr. 1907 *E. l.*, John Murray in: J. R. micr. Soc., p. 520 t. 17 f. 3 | 1911 *E. l.*, John Murray in: J. Quekett Club, ser. 2 *v.* 11 p. 192 | 1928 *E. l.*, G. Rahm in: Tierw. Mitteleur., *v.* 3 p. II 18 | 1928 *E. l.*, E. Marcus in: Tierw. Deutschl., pars 12 p. 99 f. 116 | 1929 *E. l.*, E. Marcus in: Bronn, Kl. Ordn., *v.* 5 Abt. 4 Buch 3 p. 377—378 f. 221.

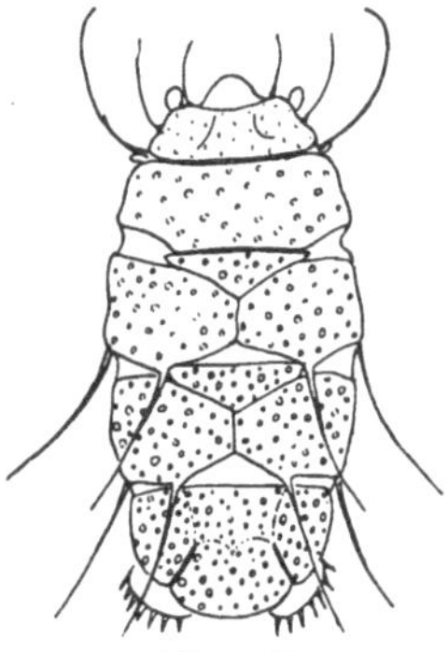

Fig. 132.
Echiniscus (E.) longispinosus John Murr.

Mittelgroß; mit rotem Augenpigment. Skulptur aus meist groben, ungleichgroßen, in weiten Abständen verteilten Punkten bestehend, die wie Eindrücke aussehen. 3. Schaltplatte fehlt. Kleeblattkerben und Facettierung vorhanden; die caudale Facette median zweigeteilt. Kopfanhänge sehr hervortretend, die Papilla cephalica groß und dick, die Medialcirren lang. Cirrus lateralis und Lateralanhänge bei *c* und *d* feine, lange Haare. Dorsal gleichfalls lange, feine Haare an den Hinterecken der paarigen Rumpfplatten, also über *c* und *d*. Die lateralen Haare bei *c* und *d* und die dorsalen über *c* und *d* gleich lang. Dornfalte hyalin, mit langen, wie die Zinken einer Harke einzeln stehenden Zähnen. Keine Nebenhaken an den inneren Krallen. Länge 200 μ.

Kapland.

54. **E. (E.) trisetosus** Cuénot 1905 *E. granulatus* [part.: Stücke mit verschieden langen Dorsalanhängen bei *c* und *d* und bedornten Außenkrallen], John Murray in: Tr. R. Soc. Edinb., *v.* 41 p. 686 t. 2 f. 6a—6f | 1907 *E. g.*, John Murray in: J. Quekett Club, ser. 2 *v.* 10 p. 70 t. 7 f. 13 | ? 1907 *E. g.*, John Murray in: Tr. R. Soc. Edinb., *v.* 45 p. 644 | 1910 *E. g.*, John Murray in: Brit. antarct. Exp., *v.* 1 p. 164 | 1911 *E. g.*, John Murray in: J. Quekett Club, ser. 2 *v.* 11 p. 192 | 1911 *E. g.*, John Murray in: Ann. Scott. nat. Hist., nr. 78 p. 89 | ? 1911 *E. g.* [part.: Stücke mit ungleich langen Dorsalanhängen über *c* und *d*], F. Richters in: Al. Koenig, Avifauna

Spitzberg., p. 284—285 | 1911 *E. g.*, John Murray in: P. Irish Ac., *v.* 31 nr. 37 p. 3 | 1911 *E. g.*, G. Thulin in: Ark. Zool., *v.* 7 nr. 16 p. 7 f. 3, 3a | ? 1920 *E. g.*, H. Baumann in: Zool. Anz., *v.* 52 p. 61 f. 2 | 1928 *E. g.*, G. Rahm in: Tierw. Mitteleur., *v.* 3 p. II 12 f. 38 | 1928 *E. g.*, E. Marcus in: Tierw. Deutschl., pars 12 p. 99—101 f. 117 | 1929 *E. g.*, E. Marcus in: Bronn, Kl. Ordn., *v.* 5 Abt. 4 Buch 3 p. 378—380 f. 222 | 1930 *E. g.*, E. Marcus in: Zool. Jahrb., Syst. *v.* 59 p. 370 f. 1 H, J | 1932 *E. trisetosus*, Cuénot in: Faune France, pars 24 p. 47—48 f. 4, 30 III, 31 | 1933 *E. granulatus*, E. Bartoš in: Příroda Ostrava, *v.* 26 nr. 6 p. 2 f. [1] | 1934 *E. trisetosus*, E. Bartoš, ibid., *v.* 27 nr. 7 p. 1 f. [1], I—III | 1934 *E. t.*, E. Bartoš in: Časopis České Spol. ent., *v.* 31 p. 53, 105.

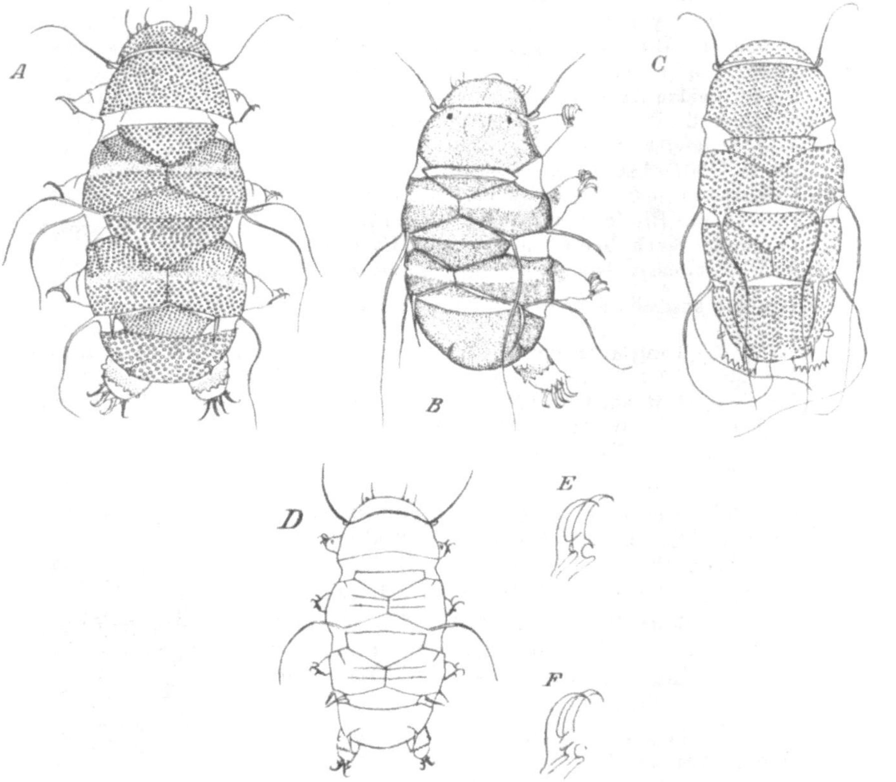

Fig. 133.
Echiniscus (E.) trisetosus Cuénot. *A* schwedisches, *B* französisches Stück, *C* mit ungebänderten paarigen Rumpfplatten, *D* Jugendstadium, *E*, *F* Krallen.

Mittel- bis sehr groß; stark rot pigmentiert. Skulptur der Platten als der des *E. (E.) blumi* (vgl. S. 108) ähnlich beschrieben, bei höherer Tubuseinstellung sieht man kleine, helle Flecke mit undeutlichen, polygonalen Grenzen und dunkler Mitte; bei tieferer Einstellung erscheinen die Flecken als dunkle Ringe auf hellem Grunde. John Murray gibt die Skulptur als echte, unverkennbare Granulierung an, während Thulin sie im optischen Schnitt als glatt erkennt. Histologische Schnitte zeigen, daß die Skulptur aus deutlichen, gleichmäßigen Gruben besteht. In den Querfurchen der 2. und 3. Rumpfplatte tritt die Skulptur oft zurück. Die beiden Schaltplatten sind fünfeckig; vor der 1. liegt, bis zum Hinterrand der Schulterplatte ausgedehnt, ein breiter, unskulpturierter Streifen, ebenso zwischen den 2. und 3. Rumpfplatten ein dreieckiges, schwach skulpturiertes Feld. Die Cuticula zwischen 3. Rumpf- und Endplatte hat deutliche laterale Begrenzungen, so daß eine 3. Schaltplatte abgegrenzt erscheint, ist aber weich, nicht als Platte verstärkt und schwach skulpturiert. Kleeblattkerben vorhanden; Endplatte unfacettiert. Stiletttträger vorhanden. Kopfpapille langgestreckt. Lateralanhänge (gemessen 1. an einem 373 μ, 2. an einem 242 μ langen Tier): Cirrus lateralis ein Haar (1. 78 μ, 2. 44 μ), das basal außer der Clava noch eine Erweiterung besitzt; bei *c* (1. 155 μ, 2. 51 μ) und *d* (1. 125 μ, 2. 50 μ) Haare; bei *e* ein meist ganz kurzes Spiculum (1. 7 μ, 2. 8 μ), das auch fehlen kann und in der Zahl der Anhänge von mir nicht mit berücksichtigt wird (vgl. S. 49, Anm.). Dieses Spiculum kann auch ziemlich lang sein (Fig. 133 *C*). Dorsal über *c* ein Haar (1. 130 μ, 2. 82 μ) und über *d* ein Dorn (1. 27 μ, 2. 11,5 μ). Beine kurz und dick, proximal fein granuliert; das 1. mit Dorn, das 4. mit Papille und Dornfalte; diese letzte mit 6—8 Zähnen. Alle inneren Krallen mit kleinen, basalen Nebenhaken; die äußeren des 1. und 2. Beinpaares glatt, die des 3. und 4. mit 1—3 geraden Dornen (Fig. 133, *E, F*). Wie bei *E. (E.) blumi* und anderen Arten (vgl. S. 49) fehlen diese Dornen oft jungen Tieren und treten mit zunehmendem Alter stärker und in größerer Zahl auf. Länge bis zu 375 μ.

Gelege mit bis zu 5 Eiern. 2krallige Jugendstadien (161—178 μ) (Fig. 133 *D*) mit folgenden Anhängen: lateral bei *a* der Cirrus lateralis als Haar (29—34 μ), das Haar bei *c* fehlt, bei *d* ein Dorn (5,5—20 μ), bei *e* ein Spiculum (5—7 μ) dorsal über *c* ein Haar (53—68 μ), über *d* ein Dorn (10,5—14 μ). Ebenso auch noch 4krallige Exemplare von 191—207 μ Länge, die bereits Dornen an den äußeren Krallen des 3. und 4. Beinpaares haben. Bei einem 213 μ langen Tier sind die lateralen Dornen bei *d* schon als kurze Haare ausgebildet, und als erster Lateralanhang bei *c* tritt einseitig ein kurzer Dorn auf.

An weiteren Variationen in der Bedornung sind beschrieben worden: ein 4kralliges Tier, dem das linke Lateralhaar bei *c* fehlte, hatte dorsal rechts, also asymmetrisch hinter der Schulterplatte, d. h. über *b*, einen Dorn (39 μ). Die Lateralanhänge bei *c* und *d* und der Dorsalanhang über *c* können kräftige Dornen, nicht Haare, sein; der Dorsaldorn über *d* kann rudimentär sein oder fehlen. Der Längenunterschied zwischen den beiden Dorsalanhängen und die Bedornung der Außenkrallen sind die einzigen Unterscheidungsmerkmale zwischen *E. (E.) trisetosus*- und *E. (E.) granulatus*-Stücken ohne Lateralhaar bei *b*. *E. trisetosus*-Stücke mit beiderseitigem Lateralhaar bei *b* werden als *E. (E.) blumi* bezeichnet. *E. trisetosus*-Stücke, denen beide Lateralhaare bei *d* fehlen, heißen *E. (E.) mediantus* (vgl. Fig. 138 *E*). Asymmetrien bezüglich der Länge und des Auftretens der Anhänge, sowie Verdoppelungen sind bei *E. trisetosus* häufig.

E. (E.) trisetosus von *E. (E.) blumi* durch die Form des Spiculum in der Kleeblattkerbe zu unterscheiden, ist nicht möglich, denn das besonders kleine, basal breite, distal plötzlich in eine feine Spitze ausgezogene Spiculum, das für *E. (E.) blumi* angegeben wird, kommt diesem nicht allgemein zu, sondern *E. (E.) blumi*-Stücke mit dem kleinen bis mittelgroßen, auf ganzer Länge gleichmäßig verjüngten Spiculum des *E. (E.) trisetosus* finden sich ebenso häufig. Auch fehlt bei *E. (E.) blumi* wie bei *E. (E.) trisetosus* das Spiculum gelegentlich, während es bei *E. (E.) canadensis* zuweilen vorkommt. Der einzige hier für die Bestimmungstabelle verwendete Unterschied zwischen *E. (E.) blumi* und *E. (E.) trisetosus* liegt im Auftreten und Fehlen der lateralen Haare bei *b*. Da aber bei *E. (E.) blumi*-Stücke mit nur 3 symmetrischen Lateralanhängen und einem Lateralhaar bei *b* vorkommen, und sich die gleiche Bedornung in *E. (E.) trisetosus*-Populationen findet, so sind beide „Arten" nur künstlich zu trennen. Die Beziehungen innerhalb der Reihe *E. (E.) canadensis, bisetosus, mediantus, trisetosus* und *blumi* sind von Cuénot (1932) und E. Marcus (1930, p. 364—371) ausführlich erörtert worden; bei Besprechung des *E. (E.) mediantus* komme ich kurz darauf zurück (vgl. S. 124).

? Bären-Insel; Mittelschweden, Stockholm; ? Shetland-Inseln; Schottland; Irland; ? Mitteldeutschland, Taunus; Schlesien, Saabor; Tschechoslowakei; Schweiz, Wallis, bis 2200 m; Frankreich, zahlreiche Fundstellen; Sardinien.

E. (E.) spec. 32 [Spec. inquir.] 1907 *E.* spec. 4, F. Richters in: D. Südp.-Exp., *v.* 9 p. 293 | 1928 *E.* spec. 32, E. Marcus in: Tierw. Deutschl., pars 12 p. 101 | 1929 *E.* spec. 32, E. Marcus in: Bronn, Kl. Ordn., *v.* 5 Abt. 4 Buch 3 p. 380–381 f. 223.

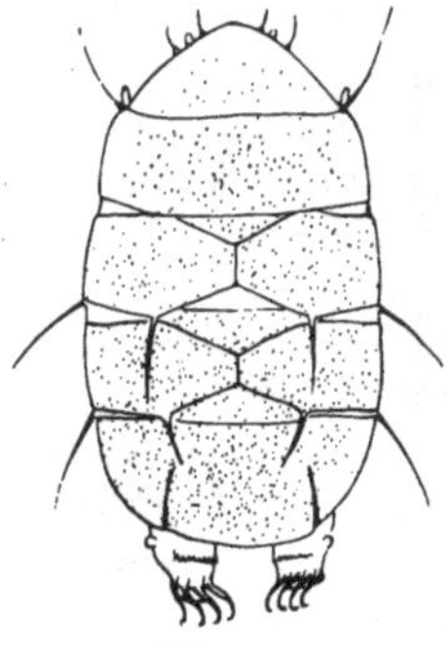

Fig. 134.
Echiniscus (E.) spec. 32.

Mittelgroß; sehr fein granuliert. 3. Schaltplatte vorhanden, den Raum zwischen 3. Rumpfplatte und Endplatte ganz ausfüllend, ebenso füllt die 1. Schaltplatte den Raum zwischen 1. und 2. Rumpfplatte. 2. Schaltplatte nicht vollständig bis an die 2. Rumpfplatten heranreichend, vielmehr ist die 2. Dorsalintersegmentplatte, die nach der ersten Beschreibung anzunehmen wäre, nur durch einen skulpturfreien Bezirk vor der 2. Transversalintersegmentplatte angedeutet, so daß man von einer Teilung der 2. Schaltplatte nicht reden kann. Kleeblattkerben vorhanden. Der Cirrus lateralis ein auffallend kurzes, dünnes Haar; lateral bei *c* und *d* je ein ziemlich kurzes, gekrümmtes Haar; dorsal je ein haarförmiger Dorn über *c* und *d*. Dornfalte feinzähnig; auf dem 4. Bein eine Papille; Nebenhaken an den Innenkrallen. Länge 224 μ.

Für die der Originaldiagnose gegenüber erweiterte Beschreibung und die Abbildung sind die Richtersschen Präparate zugrunde gelegt worden.

Neu-Amsterdam.

55. **E. (E.) loxophthalmus** Richters [Spec. inquir.] 1911 *E. l.*, F. Richters in: Al. Koenig, Avifauna Spitzberg., p. 285 f. 1 | 1928 *E. l.*, G. Rahm in: Tierw. Mitteleur., *v.* 3 p. II 17 | 1928 *E. l.*, E. Marcus in: Tierw. Deutschl., pars 12 p. 102 f. 118 | 1929 *E. l.*, E. Marcus in: Bronn, Kl. Ordn., *v.* 5 Abt. 4 Buch 3 p. 382 f. 225 | 1932 *E. l.*, Cuénot in: Faune France, pars 24 p. 49.

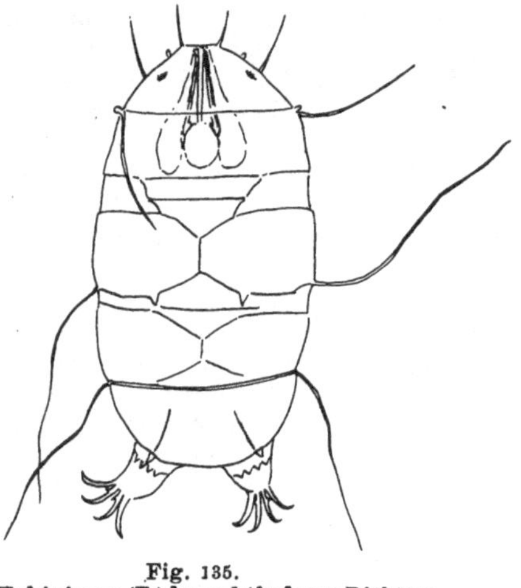

Fig. 135.
Echiniscus (E.) loxophthalmus Richters.

Groß. Im Gegensatz zu den sonst bei Echiniscen rundlichen und meist roten Augenflecken mit 9 μ langen, geraden, schwarzen Pigmentstrichen, die in einem Winkel gegeneinander geneigt sind. Skulptur aus einer mittelfeinen, dichten Punktierung bestehend. Platten des Panzers nur undeutlich voneinander differenziert. Soweit die Originalabbildung das erkennen läßt, fehlt eine 3. Schaltplatte. Dem in der ersten Beschreibung ausdrücklich betonten Fehlen der Kleeblattkerben widerspricht die Photographie. Kopfanhänge ohne Besonderheiten. Cirrus lateralis und laterale Anhänge bei *c* und *d* mäßig lange Haare, das bei *c* anscheinend das längste; bei *e* ein ganz kurzes Spiculum in der Kleeblattkerbe. Dorsal, anscheinend über *c* ein sehr kleiner Dorn. Dornfalte mit etwa vier derben Zähnen. Krallen bei einem

336 μ langen Tier 30 μ lang, also relativ groß und stark gebogen; die inneren mit Nebenhaken; an der Basis der Außenkrallen ein kurzer Dorn. Länge 336 μ.

Die Abbildung dieser Species vermag kaum die Diagnose zu ergänzen, so daß eine sichere Abgrenzung der Art gegen die übrigen der *E. (E.) trisetosus*-Gruppe nicht möglich ist.

Nördliches Norwegen, Tromsö.

6. Echiniscus (E.) biunguis-Gruppe

Lateralanhänge, außer bei *a*, noch an einer weiteren Stelle, im ganzen also zwei Lateralanhänge vorhanden, die beide Haare oder Fäden sind.

Bestimmungstabelle der Arten:

1	Lateral außer bei *a* noch bei *e* Anhänge vorhanden — 2	
	Lateral außer bei *a* noch ein weiterer, aber nicht bei *e* gelegener Anhang vorhanden — 5	
2	Dorsale Anhänge vorhanden — 3	
	Keine dorsalen Anhänge vorhanden — 4	
3	Endplatte facettiert; dorsale Haare über *c* und je 1 Zahn über *d*	56. **E. (E.) cervicornis**
	Dorsale Dornen über *d* vorhanden; Endplatte nicht beschrieben	57. **E. (E.) biunguis**
4	Nebenhaken fehlen oder sehr klein und schwer erkennbar	50. **E. (E.) testudo** [Jungtiere = **E. inermis**]
	Nebenhaken mittelgroß	**E. (E.) spec. 35**
5	Lateralanhänge bei *a* und *c* vorhanden — 7	
	Lateralanhänge bei *a* und *d* vorhanden — 6	
6	Dorsalanhänge über *c* und *d* annähernd gleich lange, kräftige Dornen	49. **E. (E.) granulatus**
	Dorsalanhänge über *c* viel länger als die über *d*	54. **E. (E.) trisetosus**
7	Dorsalanhänge über *c* und *d* vorhanden	58. **E. (E.) mediantus**
	Dorsalanhänge fehlen	59. **E. (E.) similis**

56. **E. (E.) cervicornis** John Murr. [Spec. inquir.] 1906 *E.* spec. + *C.*, John Murray in: Tr. R. Soc. Edinb., *v.* 45 p. 325 t. 1 f. 4 | 1928 *E.* spec. 34, E. Marcus in: Tierw. Deutschl., pars 12 p. 103 f. 119 | 1929 *E.* spec. 34, E. Marcus in: Bronn, Kl. Ordn., *v.* 5 Abt. 4 Buch 3 p. 382—383 f. 226.

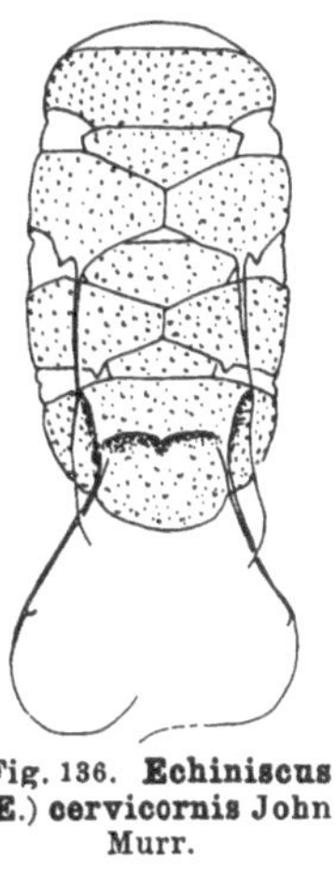

Fig. 136. **Echiniscus (E.) cervicornis** John Murr.

Mittelgroß; Skulptur eine feine und weitläufige Granulierung. 3. Schaltplatte vorhanden, ebenso Kleeblattkerben und eine Facettierung der Endplatte, deren caudale Partie die Andeutung einer medianen Zweiteilung besitzt. Cirrus lateralis an dem verfügbaren Material nicht zu erkennen, bei *e* ein sehr langes, gekrümmtes Haar mit einer kurzen, an eine Geweihsprosse erinnernden Innenverzweigung etwa in der Mitte; dorsal über *c* an den Plattenhinterecken lange Haare und lateralwärts von diesen, also laterodorsal, eine ganz kleine, schmale Zacke; über *d* ein sehr kurzer, basal ziemlich breiter Zahn. Über weitere Charaktere gibt die eine aufgefundene, abgeworfene Cuticula keinen Aufschluß.

Südorkneyinseln.

57. **E. (E.) biunguis** S. Schultze [Spec. dub. et inquir.] 1861 *E. b.*, C. A. S. Schultze, Echiniscus Creplini, p. 8 | 1888 *E. b.*, Plate in: Zool. Jahrb., Anat. *v.* 3

p. 532 | 1928 *E. b.*, E. Marcus in: Tierw. Deutschl., pars 12 p. 103 | 1929 *E. b.*, E. Marcus in: Bronn, Kl. Ordn., *v.* 5 Abt. 4 Buch 3 p. 383.

Sehr groß; rot; Skulptur körnig. Cirrus lateralis und Lateralhaar bei *e* längere Haare. Dorsal Dornen über *d*. Alle Beine mit 2 Krallen. Länge 113 bis 451 μ.

Die Größe der 2kralligen Stücke läßt Zweifel an der Richtigkeit der Messung aufkommen. Aber die Größenangabe und der ausdrückliche Hinweis des Untersuchers auf die ausgebildeten Ovarien seiner Stücke erschweren die Auffassung der Art als ein Jugendstadium. Trotzdem dürfte es sich wohl bei *E. (E.) biunguis* wie auch bei *E. (E.) similis* (vgl. S. 126) um jugendliche Stücke handeln, denn erwachsene Echiniscen mit 2 Krallen sind sonst nicht bekannt. Cuénot's Annahme (in: Faune France, pars 24 p. 49, 1932), daß *E. biunguis* als Jugendstadium zu *E. testudo* gehört, trifft wahrscheinlich das Richtige.

Rigi, 1800 m.

E. (E.) spec. 35 [Spec. inquir., Jugendform] 1906 *E.* spec., John Murray in: Ann. Scott. nat. Hist., nr. 57 p. 27 | 1928 *E.* spec. 35, E. Marcus in: Tierw. Deutschl., pars 12 p. 104 | 1929 *E.* spec. 35, E. Marcus in: Bronn, Kl. Ordn., *v.* 5 Abt. 4 Buch 3 p. 384.

Am Kopf am breitesten; Skulptur eine mittelfeine Granulierung. 3. Schaltplatte fehlt. Cirrus lateralis ein sehr langes Haar, außerdem ein kurzes und gekrümmtes Lateralhaar bei *e*. Nach diesem letzten Merkmal Kleeblattkerben wahrscheinlich. Dornfalte scharfzähnig; an den 2 Krallen aller Beine mittelgroße Nebenhaken.

Diese Species ist eine Jugendform, deren Artzugehörigkeit vielleicht einmal durch gleichzeitig mit ihr aufgefundene erwachsene Stücke festgestellt werden kann. Dabei könnte der breite Kopf wohl als wertvolles Merkmal dienen.

Schottland, 1200 m.

58. **E. (E.) mediantus** E. Marcus 1905 *E. granulatus*, John Murray in: Ann. Scott. nat. Hist., nr. 55 p. 161 | 1905 *E.* spec., John Murray in: Tr. R. Soc. Edinb., *v.* 41 p. 688 t. 2 f. 10a | 1910 *E.* spec., F. Heinis in: Arch. Hydrobiol., *v.* 5 p. 132 | 1928 *E. canadensis* [part.: Stücke mit 55 μ langem Lateralhaar bei *c*] + spec. 36, E. Marcus in: Tierw. Deutschl., pars 12 p. 55, 104 f. 121 | 1929 *E. canadensis* [part.: s. oben] + spec. 36, E. Marcus in: Bronn, Kl. Ordn., *v.* 5 Abt. 4 Buch 3 p. 324, 384–385 f. 228 | 1930 *E. mediantus*, E. Marcus in: Zool. Jahrb., Syst. *v.* 59 p. 366–369 f. 1E, F, G | 1934 *E. m.*, E. Bartoš in: Příroda Ostrava, *v.* 27 nr. 7 p. 1.

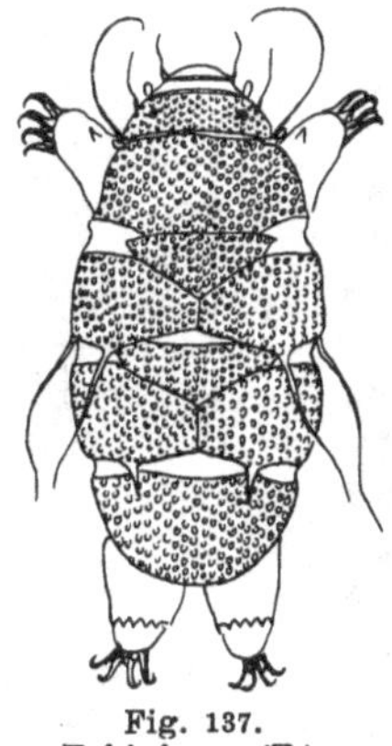
Fig. 137. **Echiniscus (E.) mediantus** E. Marcus.

Bald gröber, bald feiner granuliert, auf den paarigen Rumpfplatten oft ein schwächer skulpturiertes Querband. 3. Schaltplatte fehlt, aber ein lateral begrenzter, skulpturierter Bezirk zwischen den 3. Rumpfplatten und der Endplatte kommt vor. Endplatte unfacettiert, mit Kleeblattkerben. Stilettträger vorhanden. Cirrus lateralis ein gekrümmtes, mäßig langes Haar; bei *c* ein etwas längeres laterales Haar. Dorsal Haare über *c* und ziemlich kurze, breite Dornen über *d*. Auf dem 1. Bein ein stumpfer Dorn; auf dem 4. Bein eine Papille. Dornfalte spitzzähnig. Innenkrallen mit Nebenhaken; der Dorn an der Außenkralle kann auftreten oder auch fehlen. Länge 320 μ.

Gelege mit 3—5 kugeligen, rotbraunen Eiern.

Bei einigen 300 μ langen *E. (E.) mediantus*-Exemplaren, also solchen, die zwar voll erwachsen, aber nicht gerade die längsten der Art sind, finden sich einseitig oder beiderseits 8 μ lange, also sehr kleine Haare bei *d*. Diese Stücke leiten zu dem mit *E. (E.) blumi* eng verknüpften *E. (E.) trisetosus* über. Freilich treten bei dieser letzten Species im Gegensatz zu *E. (E.) canadensis* (soweit dieser überhaupt Lateralanhänge besitzt), *E. (E.) bisetosus* und *mediantus* eher die Lateralanhänge bei *c* als die bei *d* zurück, denn Jungtiere von *E. (E.) trisetosus* bilden die seitlichen Anhänge bei *d* früher aus als die bei *c* und auch adulten Stücken dieser Art fehlt gelegentlich das Lateralhaar bei *c*. Ein derartiger, nicht aus dem Vergleich einzelner Exemplare, aber aus dem Gesamtvergleich der Species resultierender, gradueller Unterschied warnt vor einer vorschnellen Zusammenziehung der genannten, in allen übrigen Merkmalen übereinstimmenden Species. Gewiß sind *canadensis*, *bisetosus*, *mediantus* einerseits

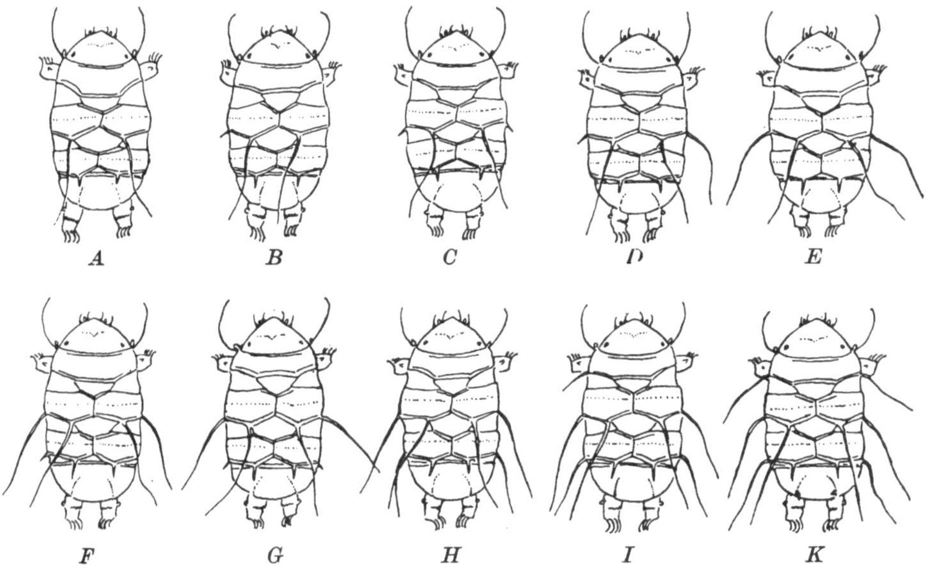

Fig. 138.
Echiniscus (E.) canadensis John Murr. — **E. (E.) blumi** Richters-Reihe:
A **canadensis** John Murr. typisch, *B* derselbe mit Lateraldorn bei *c*, *C* **bisetosus** Heinis typisch, *D* derselbe mit Lateralhaar bei *c*, *E* **mediantus** E. Marcus typisch, *F*, *G* derselbe einseitig und beiderseits mit sehr kleinem Lateralanhang bei *d*, *H* **trisetosus** Cuénot typisch, *I* derselbe mit Haar bei *b*, *K* **blumi** Richters typisch.

und *trisetosus* und *blumi* andererseits durch Übergänge miteinander verbunden, und auch zwischen diesen beiden Untergruppen läßt sich durch die beschriebenen *mediantus*-Stücke mit kurzen Lateralanhängen bei *d* eine Verbindung herstellen. Aber da Gelege aller Bedornungstypen bekannt sind, muß das jetzt vorliegende, künstliche System mit der gesonderten Benennung der auf die Bedornungstypen gegründeten Species beibehalten werden. Erst wenn in Zuchten, etwa aus einem *bisetosus*-Gelege, Jungtiere erzielt worden sind, die zu verschiedenen der heute als Arten unterschiedenen Formen heranwachsen, dürften die genannten Species vereinigt werden. Abgesehen von dem Endstadium der Reihe, *E. (E.) blumi*, der die zuerst beschriebene Art ist, könnte man alle übrigen Arten als *blumi*-Formen auffassen, die nicht die volle Zahl von Anhängen aufweisen. Aber die Übersicht wird leichter, wenn man jeden symmetrischen Bedornungstyp benennt, den man deutlich kennzeichnen kann. „Übergangsformen" sind alle diese Arten zwischen *E. (E.) canadensis* und *E. (E.) blumi*. Daher scheint es mir nicht folgerichtig zu sein, den Bedornungstyp *mediantus* unbenannt zu lassen

(1932, Cuénot in: Faune France, pars 24 p. 48), die übrigen Arten aber beizubehalten. Habituell ist der Unterschied zwischen *bisetosus* und *mediantus* sehr erheblich, und zu *trisetosus* paßt, wie oben bemerkt, eine Unterdrückung des Lateralanhangs bei *d* im allgemeinen nicht. Cuénot (1932, p. 49) hält es für sehr wahrscheinlich, daß alle „Arten" der orthogenetischen Reihe *E. (E.) canadensis-E. (E.) blumi* sich fruchtbar kreuzen können. In Frankreich wurden 18 reine Populationen einer der Arten gefunden, 4 *trisetosus-blumi*-Populationen, 2 *canadensis-bisetosus-trisetosus*-Populationen und 2 *canadensis-trisetosus*-Populationen. In 7 Walliser und sardinischen Moosproben, die eine der Arten enthielten, fand sich die vollständige Reihe 3 mal. Ob in solchen Mischpopulationen Kreuzungen von Rassen vorkommen, so daß etwa die *mediantus*-Stücke mit kurzen Haaren bei *d* F_1 von *trisetosus* × *mediantus* sind und, wie es zu den gefundenen Zahlenverhältnissen passen würde, aufspalten in typische *mediantus*- und typische *trisetosus*-Stücke, ist nur durch Zuchten zu ermitteln. Auch so nur ließe sich zeigen, ob Speciesbastarde vorliegen, und ob *canadensis*-Stücke mit kleinen Lateraldornen und *mediantus*-Stücke, also *bisetosus*-Tiere mit lateralen Haaren, Kleinmutanten sind. Die von E. Bartoš (1934, p. 2) beschriebenen Formen *E. bispinosus*, *laterosetosus* und *unispinosus* (1934, p. 3) kann ich aus sprachlichen Gründen nicht erörtern. *E. bispinosus* müßte nach den Nomenklaturregeln neu benannt werden (vgl. S. 132).

Schottland; Schweiz, Wallis bis 2200 m; Sardinien.

59. **E. (E.) similis** Plate [Spec. dub. et inquir.] 1888 *E. s.*, Plate in: Zool. Jahrb., Anat. *v.* 3 p. 533 | 1928 *E. s.*, E. Marcus in: Tierw. Deutschl., pars 12 p. 105 | 1929 *E. s.*, E. Marcus in: Bronn, Kl. Ordn., *v.* 5 Abt. 4 Buch 3 p. 385.

Die Originaldiagnose lautet: „Jederseits in der Körpermitte ein langer, nach hinten gebogener Faden. An jedem Fuß zwei Krallen. Größe etwa 452,8 µ."

Das Vorhandensein eines weiteren Lateralanhanges, des Cirrus lateralis bei *a*, ist als für die Echiniscoidea selbstverständlich auch für *E. (E.) similis* zu ergänzen. Die genannten Fäden halte ich für laterale Haare bei *c*. Die für einen *Echiniscus* enorme Größe läßt zwar Bedenken an der Genauigkeit der Messung aufkommen, erschwert aber, wie bei *E. (E.) biunguis* (vgl. S. 123) die Auffassung, daß *E. (E.) similis* die Jugendform einer anderen Species sei. Trotzdem ist es wenig wahrscheinlich, daß beide Arten etwas anderes sind, da alle von neueren Autoren gefundenen 2kralligen Echiniscen als Jugendformen erkannt worden sind. Die Unterbringung beider Species in dieser Gruppe ist als durchaus provisorisch anzusehen.

Mitteldeutschland, Marburg.

Echiniscus-spec. incertae sedis

Die nachstehenden Arten sind nicht in die Bestimmungstabellen der *Echiniscus (E.)*-Gruppen einzuordnen; für die zweite ist die Subgenuszugehörigkeit unbekannt.

Fig. 139. **Echiniscus (E.) altissimus** Ehrbg. 2. u. 3. Schaltplatte fehlen.

E. (E.) altissimus Ehrbg. [Spec. dub. et inquir.] 1853 *E. a.*, Ehrenberg in: Monber. Ak. Berlin, p. 530 | 1854 *E. a.*, Ehrenberg, Mikrogeol., p. 25 t. 35 B A III f. 5′ | 1861 *E. a.*, S. Schultze, Echiniscus creplini, p. 8 | 1888 *E. a.*, Plate in: Zool. Jahrb., Anat. *v.* 3 p. 532 | 1928 *Macrobiotus* [err. pro *Echiniscus*] *a.*, G. Rahm in: Tierw. Mitteleur., *v.* 3 p. II 18 | 1928 *Echiniscus a.*, E. Marcus in: Tierw. Deutschl., pars 12 p. 105 f. 122 | 1929 *E. a.*, E. Marcus in: Bronn, Kl. Ordn., *v.* 5 Abt. 4 Buch 3 p. 385—386 f. 229.

„Mit sieben deutlichen, punktierten Schildern, die unbewaffnet sind und auch keine Fäden tragen. Das vorderste ist stumpf dreilappig." Länge 120 µ.

Beschreibung und Abbildung der offenbar beschädigten Cuticula machen es unmöglich, die Art wiederzuerkennen. Die „dreilappige" Platte ist die mit Kleeblattkerben versehene Endplatte.

Tirol, Großglockner, 3446 m; Schweiz, Monte Rosa, 3720–3920 m.

E. spec. 37 [Spec. dub. et inquir.] 1911 *E.* spec., F. Richters in: Abh. Senckenb. Ges., *v.* 33 p. 378 | 1928 *E.* spec. 37, E. Marcus in: Tierw. Deutschl., pars 12 p. 105 | 1929 *E.* spec. 37, E. Marcus in: Bronn, Kl. Ordn., *v.* 5 Abt. 4 Buch 3 p. 386.

Aus einem jungen, nicht näher bestimmbaren Tier von 120 µ Länge konnte lediglich das Vorkommen der Gattung festgestellt werden.

Aru-Inseln.

3. Gen. **Pseudechiniscus** Thulin

1911 *P.*, G. Thulin in: Ark. Zool., *v.* 7 nr. 16 p. 18—19 | 1926 *P.*, F. Richters in: Kükenthal & Krumbach, Handb. Zool., *v.* 3 p. 60—61 | 1928 *P.*, G. Rahm in: Tierw. Mitteleur., *v.* 3 p. II 14 | 1928 *P.*, E. Marcus in: Tierw. Deutschl., pars 12 p. 105—106 | 1928 *P.*, G. Thulin in: Hereditas, *v.* 11 p. 219—220 | 1929 *P.*, E. Marcus in: Bronn, Kl. Ordn., *v.* 5 Abt. 4 Buch 3 p. 386—388 | 1932 *P.*, Cuénot in: Faune France, pars 24 p. 38 | 1934 *P.*, E. Marcus in: Handw. Naturw., ed. 2 *v.* 9 p. 863.

Kopfanhänge wie bei *Echiniscus*[1]). Soweit bekannt ohne Stilettträger. Krallen wie bei *Echiniscus*, die inneren bei einigen Arten mit Nebenhaken, die äußeren unbedornt. Der Panzer besteht aus: Kopfplatte (Fig. 140, K), Schulter (S I)- oder 1. Rumpfplatte (1. Segmentplatte), 1. Schaltplatte (1. Intersegmentplatte) (1), 2. Rumpfplatte (paarig) (II), 2. Schaltplatte (2), 3. Rumpfplatte (paarig) (III), 3. Schaltplatte (3), Pseudosegment- oder früher 4. Rumpfplatte (IV) und Endplatte (V).

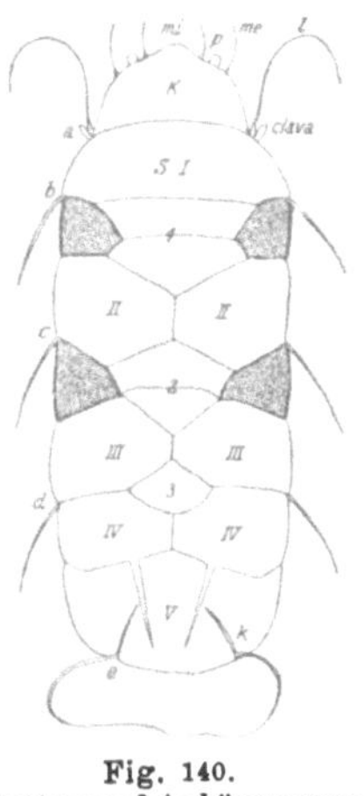

Fig. 140. Platten und Anhänge von **Pseudechiniscus islandicus** (Richters). Für die Beschriftung vgl. Text. Kopfanhänge vgl. S. 40.

Die 2. und 3. Rumpf- oder Segmentplatten sind stets paarig; die Pseudosegmentplatte (Fig. 141, *psp*) ist bald unpaar und bildet dann einen Halbring, wie bei *Pseudechiniscus suillus* (vgl. S. 131), bald ist sie, wie bei *Pseudechiniscus victor* (vgl. S. 137) durch eine mehr oder weniger deutliche mediane Trennung in ein Plattenpaar geteilt. Wenngleich diese beiden Platten den 2. und 3. Rumpfplatten sehr ähnlich sind, kann doch die Pseudosegmentplatte nicht den Segmentplatten gleichgesetzt werden. Die ungeteilte Halbringform der Pseudosegmentplatte ist für *Pseudechiniscus* das Ursprüngliche. Wie Fig. 141 zeigt, inserieren zwar die intrasegmentalen Transversalmuskeln *K* an dem Halbring, aber die entsprechenden Anheftungsstellen der dorsalen Längsmuskeln liegen am Rostralrand der Endplatte *(ep 3)*. Der Halbring kann demnach wegen seiner Beziehungen zur Muskulatur nicht den echten Segmentplatten *(sp 3)* gleichgestellt werden und wird deshalb als unechte, als Pseudosegmentplatte bezeichnet. Geht man auf die neue anatomische Untersuchung der Platten- und Muskelverhältnisse bei *Echiniscus (Bryochoerus) intermedius* forma *laevis* zurück (vgl. Fig. 47), so läßt sich die Pseudosegmentplatte bei *Pseudechiniscus* vorstellen als

[1]) *Pseudechiniscus imberbis* (Richters) (vgl. S. 139) soll keine Kopfanhänge besitzen.

Homologon der dritten Transversalintersegmentplatte plus rostralem Teil der primären Endplatte. Die bei *Pseudechiniscus* verbleibende Endplatte wird als tertiäre Endplatte *(ep 3)* bezeichnet. Sie besitzt bei allen Arten der Gattung Kleeblattkerben *(k)*, ist aber, soweit bisher bekannt, stets unfacettiert.

Die 1. Schaltplatte läßt oft Dorsal- und Transversalintersegmentplatte getrennt erkennen; wenn sie einfach ist, grenzt sie bei allen Arten unmittelbar an die Schulterplatte. Auch die 2. Schaltplatte zeigt oft die Trennung in Dorsal- und Transversalintersegmentplatte (Fig. 141, dp_2, tp_2), sie grenzt immer unmittelbar an die 2. Rumpfplatte. Dieses Überwiegen der Dorsalintersegmentplatte über die Transversalintersegmentplatte im 1. und 2. Intersegment bei *Pseudechiniscus* erinnert an *Hypechiniscus*. Da anscheinend stets eine 3. Schaltplatte, und zwar die Dorsalintersegmentplatte vorhanden ist, können bei *Pseudechiniscus* bis zu 5 freie Schaltplatten vorkommen, sodaß die Gattung in dieser Hinsicht mehr den Untergattungen *Bryodelphax* und *Hypechiniscus* als der Untergattung *Echiniscus (E.)* nahekommt.

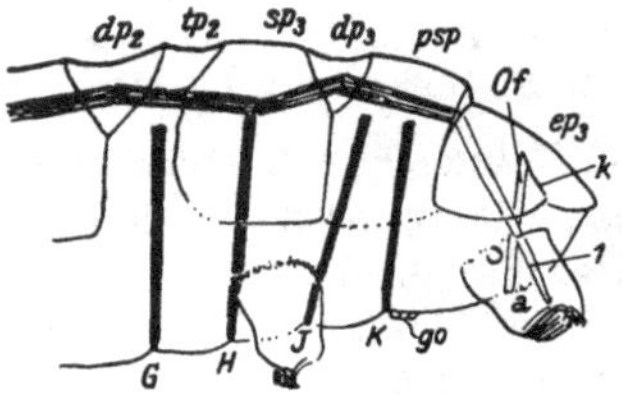

Fig. 141.
Hinterende von **Pseudechiniscus suillus** (Ehrbg.). Beschriftung vgl. Text und Fig. 44.

Der Buccalapparat der Pseudechiniscen stimmt mit dem der Gattung *Echiniscus* überein, allerdings sind für *Pseudechiniscus islandicus* (Richters) einzelne Schlundkopfstäbe, also Placoiden, angegeben worden (vgl. S. 137). Stilettträger, wie sie bei manchen Echiniscen vorkommen, wurden bei Pseudechiniscen bisher nicht beobachtet. Bei einigen Pseudechiniscen tragen die Innenkrallen Nebenhaken; die äußeren Krallen sind glatt, angeblich bei *Pseudechiniscus islandicus* (Richters) vorhandene Nebendornen an den äußeren Krallen werden bei Besprechung dieser Art erörtert (vgl. S. 137). Die Einfaltungsstelle am 4. Beinpaar, dessen distale Partie teilweise in die proximale eingefaltet werden kann, ist bei mehreren Arten durch eine Dornfalte gekennzeichnet. Über die Jugendstadien, die Eiablage und die Eier, von denen bisher maximal neun in einem Gelege festgestellt worden sind, gilt das bei Erörterung des Genus *Echiniscus* Gesagte (vgl. S. 41).

Typus der Gattung *Pseudechiniscus* ist *P. suillus* (Ehrbg.).

9 sichere Arten, davon 1 mit 1 benannten Form, 3 unsichere Arten.

Bestimmungstabelle der Arten:

1	Pseudosegmentplatte (4. Rumpfplatte) ungeteilt — **2**	
	Pseudosegmentplatte (4. Rumpfplatte) geteilt — **5**	
2	Außer dem Cirrus lateralis, dem Haar bei *a*, keine weiteren lateralen oder dorsalen Anhänge . .	1. **P. suillus**
	Außer dem Cirrus lateralis, dem Haar bei *a*, noch weitere laterale oder dorsale Anhänge — **3**	
3	Lateral 5 Haare vorhanden	[? **Pseudechiniscus**] 37. **Echiniscus (E.) creplini**
	Lateral weniger als 5 Haare vorhanden — **4**	

4 { Lateral außer dem Cirrus lateralis noch ein kurzes dornartiges Haar bei *c*; keine weiteren lateralen Zapfen . . . . 2. **P. bispinosus**
Lateral außer dem Cirrus lateralis noch ein langes Haar bei *e*; kegelförmige Zapfen bei *b*, *c*, *d* 3. **P. pulcher**

5 { Mit Cirri mediales externi und interni und Papilla cephalica, also den bei allen Heterotardigraden (vgl. S. 18) vorhandenen Kopfanhängen — **6**
Ohne die genannten Kopfanhänge . . . . 9. **P. imberbis**

6 { Cirrus lateralis 1 gewöhnliches kurzes Haar — **7**
Cirrus lateralis kurz, breit, dolchartig . . . . . 8. **P. cornutus**

7 { Außer dem Cirrus lateralis keine weiteren lateralen oder dorsalen Anhänge — **8**
Außer dem Cirrus lateralis noch weitere laterale oder dorsale Anhänge — **10**

8 { 4. Rumpfplatte (Pseudosegmentplatte) mit geradem Caudalrand — **9**
4. Rumpfplatte (Pseudosegmentplatte) mit kurzen Zapfen am Caudalrand oder mit kleinen, caudalwärts vorspringenden Winkeln . . . . 4. **P. novaezeelandiae**

9 { Mit Nebenhaken an den Innenkrallen (namentlich am 4. Beinpaar gut zu sehen) . . . . 1. **P. suillus**
Ohne Nebenhaken an den Innenkrallen . . . . **P. spec. 1**

10 { Dornfalte fehlt — **11**
Dornfalte vorhanden — **13**

11 { Keine dorsalen Anhänge . . . . 5. **P. conifer**
Dorsal am Caudalrand der Pseudosegmentplatte jederseits bald ein oft gegabelter Dorn, bald ein breiter, flacher, mit ansitzender Spitze versehener oder gerundeter Zipfel — **12**

12 { Pseudosegmentplatte lateral ohne Zähne; Endplatte ohne laterale Zipfel . . . . 4. **P. novaezeelandiae**
Pseudosegmentplatte lateral mit 3 Zähnen; die Endplatte lateral an der Kleeblattkerbe zipfelförmig ausgezogen . . . . 4a. **P. novaezeelandiae** forma **marinae**

13 { Lateralanhänge bei *a*, *b*, *c*, *d* und *e*, also an allen 5 für diese Bildungen in Betracht kommenden Stellen vorhanden — **14**
Lateralanhänge an weniger als 5 Stellen vorhanden — **15**

14 { Skulptur auf die Platten beschränkt, aus feinen, eine netzförmige Zeichnung bildenden Perlpunkten bestehend; kein besonders starker Dorn außen am 4. Bein . . . . 6. **P. islandicus**
Skulptur eine über die Platten und die dazwischen liegende Cuticula gleichmäßig verteilte, feine Punktierung; ein besonders starker, gerader Dorn außen am 4. Bein . . . . 7. **P. victor**

15 { Laterale Haare bei *a*, *c*, *d*, *e*; Platten ungranuliert; Innenkrallen ohne Nebenhaken . . . . **P. spec. 2**
Laterale Haare bei *a*, *d*, *e*; Platten granuliert; Innenkrallen, jedenfalls die des 4. Beinpaares, mit Nebenhaken . . . . **P. spec. 3**

1. **P. suillus** (Ehrbg.) 1853 *Echiniscus S.*, Ehrenberg in: Monber. Ak. Berlin, p. 530 | 1854 *E. s.*, Ehrenberg, Mikrogeol., p. 25 t. 35 B A III f. 2' | 1859 *E. S.*, Ehrenberg in: Abh. Ak. Berlin, 1858 p. 439, 440, 344 | 1888 *E. s.*, Plate in: Zool. Jahrb.,

Anat. *v.* 3 p. 532 | non 1897 *E. arctomys*, Scourfield in: P. zool. Soc. London, p. 791 | non 1901 *E. a.*, Schaudinn in: Fauna arct., *v.* 2 p. 193 | 1902 *E. a.*, F. Richters in: Ber. Senckenb. Ges., p. 8 | 1903 *E. a.*, F. Richters in: Zool. Anz., *v.* 27 p. 168 | 1904 *E. a.*, F. Richters in: Fauna arct., *v.* 3 p. 498 | 1904 *E. a.*, F. Richters in: Ber. Senckenb. Ges., p. 60 t. 4 f. 1 | 1904 *E. a.*, F. Richters in: Verh. D. zool. Ges., p. 238 | 1904 *E. a.*, F. Richters in: Zool. Anz., *v.* 28 p. 349, 373—374 | 1905 *E. a.* + *mutabilis*, John Murray in: Ann. Scott. nat. Hist., nr. 55 p. 161 | 1905 *E. a.* + *m.*, John Murray in: Tr. R. Soc. Edinb., *v.* 41 p. 682—683 t. 1 f. 2a—d | 1906 *E. a.* + *m.*, John Murray in: Ann. Scott. nat. Hist., nr. 57 p. 26 | 1906 *E. a.* + *m.*, John Murray, ibid., nr. 60 p. 217 | 1907 *E. m.*, John Murray in: J. Quekett Club, ser. 2 *v.* 10 p. 70 t. 7 f. 12 | 1907 *E. arctomys*, John Murray in: Tr. R. Soc. Edinb., *v.* 45 p. 642—649, 651 | 1907 *E. mutabilis*, John Murray, ibid., *v.* 45 p. 642—647, 649, 651 | 1907 *E. arctomys* + *m.*, John Murray in: J. R. micr. Soc., p. 269 | 1907 *E. a.* + *m.*, John Murray in: Tr. R. Soc. Edinb., *v.* 45 p. 671, 672, 673 | 1907 *E. a.*, F. Richters in: Zool. Anz., *v.* 31 p. 915, 916 | 1907 *E. a.*, John Murray in: J. R. micr. Soc., p. 517 t. 18 f. 11 | 1907 *E. a.*, F. Richters in: D. Südp.-Exp., *v.* 9 p. 292 | 1908 *E. a.*, F. Richters in: Ber. Senckenb. Ges., p. 15, 19, 24 | 1908 *E. a.*, F. Richters in: Ergeb. Schwed. Südp.-Exp., *v.* 6 nr. 2 p. 3 | 1908 *E. a.*, F. Richters in: Zool. Jahrb., Syst. *v.* 26 p. 204 | 1908 *E. a.*, F. Heinis in: Zool. Anz., *v.* 32 p. 635 | 1908 *E. mutabilis*, M. Sellnick, ibid., *v.* 33 p. 209 | 1908 *E. arctomys*, F. Heinis, ibid., *v.* 33 p. 715 | 1909 *E. a.*, M. Sellnick in: Schr. Ges. Königsb., *v.* 49 p. 325 | 1909 *E. a.*, C. Carlzon in: Zool. Anz., *v.* 34 p. 137—138 | 1910 *E. a.*, F. Heinis in: Arch. Hydrobiol., *v.* 5 p. 116, 118 | 1910 *E. suillus*, F. Heinis, ibid., *v.* 5 p. 116 | 1910 *E. mutabilis*, John Murray in: Brit. antarct. Exp., *v.* 1 p. 110, 126, 151 | non 1910 *E. arctomys*, John Murray, ibid., *v.* 1 p. 128 | 1911 *E. suillus*, John Murray in: J. Quekett Club, ser. 2 *v.* 11 p. 191 | 1911 *E. mutabilis*, John Murray in: Ann. Scott. nat. Hist., nr. 78 p. 90 | 1911 *E. suillus*, John Murray, ibid., nr. 78 p. 89, 91 | 1911 *E. s.*, John Murray in: P. Irish Ac., *v.* 31 nr. 37 p. 3 | 1911 *E. s.*, F. Heinis in: Rev. Suisse Zool., *v.* 19 p. 262 | 1911 *E. s.*, F. Richters in: Camp. arct. Orléans, 1907 p. 7—8 f. 2, 2a | 1911 *Pseudechiniscus s.*, G. Thulin in: Ark. Zool., *v.* 7 nr. 16 p. 19—20 f. 7—7a | 1911 *Echiniscus s.*, F. Richters in: Zool. Anz., *v.* 38 p. 276 | 1912 *E. s.*, F. Heinis in: Rev. Suisse Zool., *v.* 20 p. 778 | 1913 *Pseudechiniscus s.*, John Murray in: J. R. micr. Soc., p. 138, 143 | 1913 *P. s.*, John Murray, Not. nat. Hist. Bolivia Peru, p. 28 | 1913 *Echiniscus s.*, F. Richters in: Handw. Naturw., *v.* 9 p. 1019 | 1914 *E. s.*, R. Menzel in: Arch. Naturg., *v.* 80 A 3 p. 15 | 1914 *E. s.*, F. Heinis in: Mém. Soc. Neuchâtel, *v.* 5 p. 719 | 1916 *E. s.*, F. Heinis in: Tätigkeitsber. Ges. Baselland, 1911—1916 p. 95 | 1919 *E. mutabilis*, P. Nederström in: Acta Soc. Fauna Fenn., *v.* 46 nr. 8 p. 8 | 1921 *E. suillus*, F. Heinis in: Festschr. Zschokke, nr. 6 p. 6—10, 12 | 1925 *Pseudechiniscus s.*, G. Rahm in: Brohmer, Fauna Deutschl., ed. 3 p. 433 | 1928 *P. s.*, E. Marcus in: Zool. Jahrb., Physiol. *v.* 44 p. 335 | 1928 *P. s.*, G. Rahm in: Tierw. Mitteleur., *v.* 3 p. II 14 f. 47 | 1928 *P. s.* var. *mutabilis*, G. Rahm, ibid., p. II 18 | 1928 *P. s.*, F. Heinis in: Verh. Ges. Basel, *v.* 39 p. 60 | 1928 *Echiniscus s.*, F. Heinis in: Treubia, *v.* 10 p. 236, 237 | 1928 *Pseudechiniscus s.*, E. Marcus in: Tierw. Deutschl., pars 12 p. 107—108 f. 123 | 1928 *P. s.*, G. Thulin in: Hereditas, *v.* 11 p. 219, 222 Anm. f. 8 | 1929 *P. s.*, G. Rahm in: Bull. Soc. Fribourg., *v.* 29 Proc.-verb. 19. V. 1927 p. 8 | 1929 *P. s.*, G. Rahm, ibid., *v.* 29 Proc.-verb. 7. III. 1928 p. 2 | 1929 *P. s.*, E. Marcus in: Bronn, Kl. Ordn., *v.* 5 Abt. 4 Buch 3 p. 388—390 f. 230A, 230B | 1931 *P. s.* var. *papillata*, G. Rahm in: Revista Chilena, *v.* 35 p. 121, 122, 135 | 1931 *P. s.* var. *papilalta* [err. pro *papillata*], G. Rahm, ibid., *v.* 35 p. 126 | 1931 *P. s.*, G. Rahm, ibid., *v.* 35 p. 122, 123 | 1932 *P. s.* var. *papillata*, G. Rahm in: Zool. Anz., *v.* 98 p. 97, 98, 115 | 1932 *P. s.*, G. Rahm, ibid., *v.* 98 p. 98 | 1932 *P. s.*, Cuénot in: Faune France, pars 24 p. 38—39 f. 20 I—III | 1933 *P. s.*, F. Heinis in: 9. Tätigkeitsber. Ges. Baselland, 1930—1932 p. 43 | 1933 *P. s.*, E. Bartoš in: Příroda Ostrava, *v.* 26 nr. 7 p. 5 f. 4 | 1934 *P. s.*, E. Bartoš in: Časopis České Spol. ent., *v.* 31 p. 54.

Groß; langgestreckt. Rötlich, Augenpigment schwarz, nicht wie meist bei den Scutechiniscidae rot. Platten und Cuticula dazwischen fein und regelmäßig granuliert, am feinsten die Kopf-, die Schulter- und die Schaltplatten; die caudalen Ränder der 2. und 3. Rumpfplatten und der Pseudosegmentplatte glatt. Trennungslinien der 2. und 3. Rumpfplatten oft nur durch fehlende Granulationen angedeutet. 1. und 2. Schaltplatte in einer aus Fig. 142 ersichtlichen Weise untergeteilt; 4. Rumpfplatte (Pseudosegmentplatte) meist ein ungeteilter Halbring, zuweilen jedoch mit einer von der Granulation überbrückten medianen Trennungslinie. Der Halbring ist lateral breiter als median. Papilla cephalica kugelig, knopfartig. Cirrus lateralis ein mittellanges Haar mit erweiterter Basis; Clava dünn, länglich. Beine lang, dünn, oberseits proximal mit fein granuliertem Bezirk; das 4. regelmäßig mit einer Basalpapille, die 3 ersten manchmal (var. *papillata* Rahm) basal bedornt. Dornfalte fehlt; innere Krallen mit kleinen, basalwärts gerichteten Nebenhaken. Länge bis zu 260 μ, ausschließlich der Beine; Cuenot hat 285 μ lange Stücke gemessen; über Rahms Maße wird unten gesprochen.

Gelege mit 1—5 graugelben bis blaßroten Eiern von 45 μ im größten Durchmesser. 2krallige Jugendformen 86—118 μ, farblos oder schwach pigmentiert, so daß der Darm grünlich mit schwärzlichen Kugeln durchsetzt hervortritt.

F. Richters (in: Al. Koenig, Avifauna Spitzberg. (1911), p. 284) hält *Pseudechiniscus suillus* und *mutabilis* für verschiedene Species, ohne indessen Unterschiede zu nennen. Da die Zweiteilung der Pseudosegmentplatte bei *P. mutabilis* oft undeutlich ist, und Ehrenberg die Nebenhaken der Innenkrallen vermutlich nicht erkennen konnte, bleiben keinerlei Unterscheidungsmerkmale mehr für diese zweifellos identischen Species bestehen. Dagegen muß ausdrücklich davor gewarnt werden, *Echiniscus arctomys* (vgl. S. 53) und *Pseudechiniscus suillus* aufs Neue durcheinander zu bringen, wie das bei Rahm, der beide Arten für identisch erklärt (1925, 1928, 1929 [1928], und ebenso bei Heinis (1928 p. 237) geschehen ist.

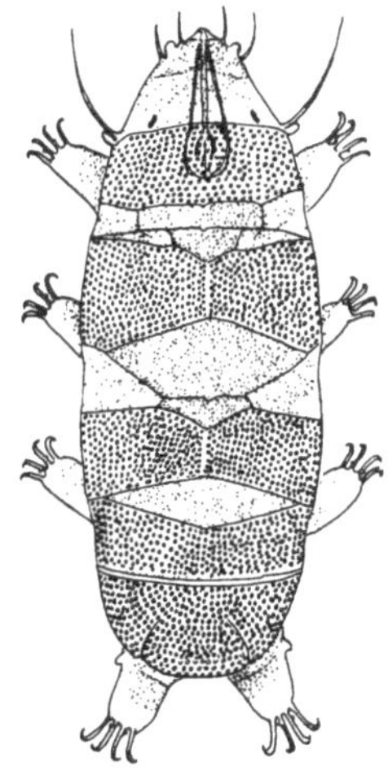

Fig. 142. **Pseudechiniscus suillus** (Ehrbg.).

Rahm hat chilenische, besonders große Stücke (310—400 μ, Jungtiere 110—240 μ) als var. *papillata* von der typischen Art gesondert (1932). Die von ihm beobachtete Bedornung der Extremitätenbasis ist hier in die Kennzeichnung der Art mit aufgenommen worden. Die angegebenen Maße verdienen als Besonderheit vermerkt zu werden, rechtfertigen aber keinesfalls eine besondere Benennung, da Übergänge zu den bisher bekannten Maßen zu erwarten sind. Auch vermißt man bei Rahm, der zwar von Körperlänge spricht, die ausdrückliche Angabe, daß die Hinterbeine nicht mitgemessen sind. Wenn er sie in die Messung einbezogen hat, würden von der Länge seiner Stücke $^1/_6$ bis $^1/_5$ abzuziehen sein; *Pseudechiniscus suillus* hat nämlich recht lange Beine. Sehr auffällig ist Rahms Angabe, daß die Oberfläche der Eier rauh, mit Auswüchsen versehen sei, nicht glatt, wie bei allen übrigen Heterotardigraden. Da dieses auffallende Merkmal nicht abgebildet ist, konnte es in die Diagnose der Art nicht aufgenommen werden. Ich bin auch im Zweifel bezüglich der Richtigkeit dieser Beobachtung, denn bei Beurteilung der Schale von *Milnesium*-Eiern hat Rahm sich täuschen lassen durch die Unebenheiten des körnigen Dotters, die seine Mikrophotographie namentlich an der Eiperipherie deutlich zeigt (vgl. S. 324). Nicht Heinis, sondern Murray hat *Pseudechiniscus suillus* für Bolivien festgestellt, und von Peru ist die Art noch nicht gemeldet worden, in beiden Angaben irrt Rahm (1932, p. 116).

Ostgrönland, Scoresbysund; Franz Joseph-Land; Spitzbergen; Island; nördl., mittleres und südl. Skandinavien; Finnland; Bornholm; Faröer; Shetland-Inseln; Orkneyinseln; Schottland, bis 1200 m; Irland; Nord-, Mittel- und Süddeutschland, bis 1000 m; Tirol; Tschechoslowakei, 1680 m; Schweiz, bis 4000 m; Frankreich, bis 4300 m (Mont Blanc); Pyrenäen; Corsica; Himalaya, 1000 m; Malayischer Archipel, bis 1600 m; Tenerifa;

Ascension; Ost- und Südafrika; Madagaskar, östlich von Tananarivo; Comoren; Sandwich-Inseln, Oahu; Australien, Queensland und Neusüdwales; Neuseeland, Nord- und Südinsel; südliches Mexiko; Südamerika: Colombia; Brasilien, bei Rio de Janeiro; Bolivia, 4000 m; Chile, verschiedene Fundorte von Santiago bis Südchile; Navarin-Insel; Crozet-Inseln, Possession-Insel; Kerguelen; Challenger-Insel.

[? **Pseudechiniscus**] 37. **Echiniscus (E.) creplini** S. Schultze [Spec. dub. et inquir.] (vgl. auch S. 86) 1861 *E. C.*, C. A. S. Schultze, Echiniscus Creplini, p. 7 t. [1] f. [1] | 1928 [? *Pseudechiniscus*] *E. c.*, E. Marcus in: Tierw. Deutschl., pars 12 p. 75—76, 108—109 f. 86 | 1929 [? *Pseudechiniscus*] *E. c.*, E. Marcus in: Bronn, Kl. Ordn., *v.* 5 Abt. 4 Buch 3 p. 350—351, 390 f. 191.

Diese bereits bei Besprechung der Gattung *Echiniscus* behandelte Art ist bezüglich ihrer Gattungszugehörigkeit zweifelhaft. Aus der Stellung der am weitesten caudalen Lateralhaare, die bei keiner sicheren Art der Scutechiniscidae zwischen der 4. Rumpfplatte und der Endplatte stehen, sondern am Hinterrand der 3. Rumpfplatte, also bei *d*, und in der Kleeblattkerbe, also bei *e*, ist anzunehmen, daß diese Art kein *Pseudechiniscus* ist, wie man nach der Originalabbildung im Hinblick auf die Zusammensetzung des Panzers vermuten würde. Sie gehört vielmehr höchstwahrscheinlich zu *Echiniscus (E.)*, und zwar in die Nähe von *E. (E.) quadrispinosus* (vgl. S. 87), bei dem die Kleeblattkerben gleichfalls eine unskulpturierte Querverbindung besitzen, und bei dem sich auch bei *e* jederseits ein laterales Haar findet. Wie das Merkmal einer unskulpturierten Querverbindung der freien Enden der Kleeblattkerben zu bewerten ist, ist bereits geschildert worden (vgl. S. 65, Anm.).

2. **P. bispinosus** (John Murr.) 1907 *Echiniscus b.*, John Murray in: J. R. micr. Soc., p. 517 t. 18 f. 7 | 1911 *E. b.*, John Murray in: J. Quekett Club, ser. 2 *v.* 11 p. 191 | 1911 *Pseudechiniscus b.*, G. Thulin in: Ark. Zool., *v.* 7 nr. 16 p. 19 | 1913 *P. b.*, John Murray in: J. R. micr. Soc., p. 143 | 1928 *P. b.*, G. Rahm in: Tierw. Mitteleur., *v.* 3 p. II 18 | 1928 *P. b.*, E. Marcus in: Tierw. Deutschl., pars 12 p. 109 f. 125 | 1929 *P. b.*, E. Marcus in: Bronn, Kl. Ordn., *v.* 5 Abt. 4 Buch 3 p. 390 f. 231 | 1931 *P. b.*, G. Rahm in: Revista Chilena, *v.* 35 p. 123, 126, 135 | 1932 *P. b.*, G. Rahm in: Zool. Anz., *v.* 98 p. 98, 115 | non 1934 *Echiniscus b.*, E. Bartoš in: Příroda Ostrava, *v.* 27 nr. 7 p. 2.

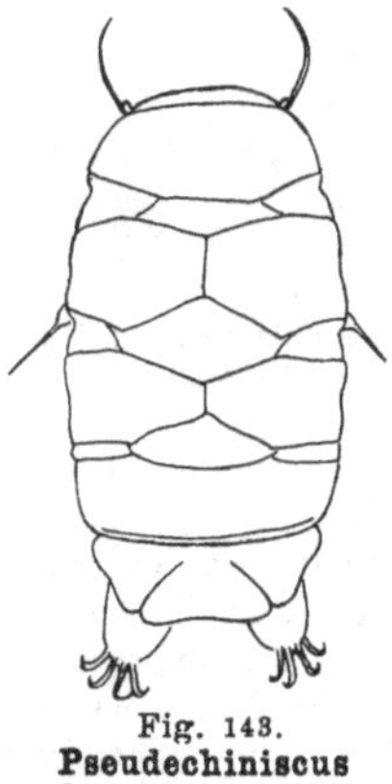

Fig. 143. **Pseudechiniscus bispinosus** (John Murr.).

Klein; rot. Mit feinen, hellen Punkten über den Platten und der Cuticula dazwischen. Cirrus lateralis kurz; lateral bei *c* jederseits ein kräftiger Dorn mit knolliger Basis. Endplatte mit Kleeblattkerben. Dorsalanhänge, Dornfalte und Nebenhaken fehlen. Länge 110—200 μ.

Der Ansicht Rahms, daß diese Art als Jugendform zu *Pseudechiniscus fischeri* gehört, kann ich mich nicht anschließen, da ich den letzten für einen *Echiniscus (E.)* halte (vgl. S. 73).

Kapland; Brasilien, bei Olinda.

3. **P. pulcher** (John Murr.) 1910 *Echiniscus p.*, John Murray in: Brit. antarct. Exp., *v.* 1 p. 127 t. 18 f. 34 | 1911 *E. p.*, John Murray in: J. Quekett Club, ser. 2 *v.* 11 p. 191 | 1911 *Pseudechiniscus p.*, G. Thulin in: Ark. Zool., *v.* 7 nr. 16 p. 19 | 1928 *P. p.*, G. Rahm in: Tierw. Mitteleur., *v.* 3 p. II 18 | 1928 *P. p.*, E. Marcus in: Tierw. Deutschl., pars 12 p. 110 f. 126 | 1929 *P. p.*, E. Marcus in: Bronn, Kl. Ordn., *v.* 5 Abt. 4 Buch 3 p. 390—391 f. 232.

Groß; rot. Dorsoventral abgeplattet; kurzbeinig. Sehr feine, helle Punkte auf den Platten. Von diesen die Kopf-, Schulter- und Pseudosegmentplatte deutlich begrenzt. 3. Schaltplatte mit abgesetztem, gerundetem Hinterrand; die 1. ungeteilt und mit deutlichem Vorderrand; die 2. und 3. median geteilt, ihr Vorderrand nur schwach angedeutet und in die 2. und 3. Rumpfplatte übergehend. Die Pseudosegmentplatte ein schmales, von der 3. Schalt- und Endplatte deutlich gesondertes, ungeteiltes Band; die Endplatte mit schwachen Kleeblattkerben und undeutlicher Querverbindung derselben. Cirri mediales mit ansehnlichen, konischen Ansatzstellen. Cirrus lateralis haarförmig. Bei *e* nicht am Rande, sondern etwas weiter dorsal entspringend, ein Haar von 100 µ Länge: bei *b, c, d* kegelförmige Zapfen. Dorsalanhänge und Dornfalten fehlen, Krallen dünn, die inneren mit kleinen Nebenhaken sehr nahe der Krallenbasis. Länge 300 µ.

Gelege mit bis zu 9 Eiern, die größte bei Scutechinisciden beobachtete Zahl; 2krallige Jugendstadien von 175 µ Länge.

Australien, australische Alpen, 2000 m.

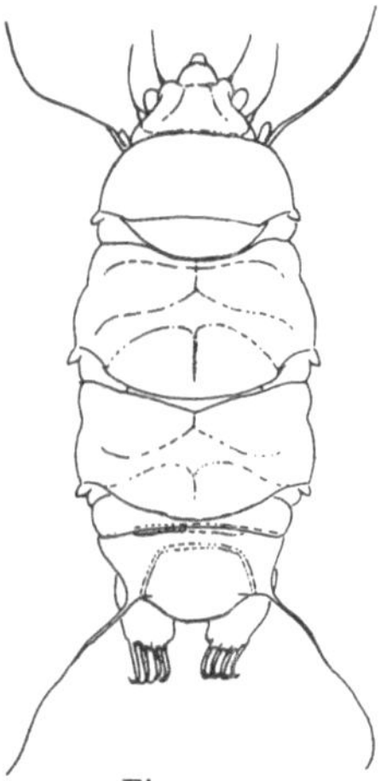

Fig. 144.
Pseudechiniscus pulcher (John Murr.).

P. spec. 1 [Spec. dub. et inquir.] 1907 *Echiniscus* spec. 3, F. Richters in: D. Südp.-Exp., *v.* 9 p. 293 | 1928 *Pseudechiniscus* spec. 1, E. Marcus in: Tierw. Deutschl., pars 12 p. 110 | 1929 *P.* spec. 1, E. Marcus in: Bronn, Kl. Ordn., *v.* 5 Abt. 4 Buch 3 p. 391.

Dicht punktiert, auch die Beine. Pseudosegmentplatte geteilt; 3. Schaltplatte breit. Endplatte mit Kleeblattkerben. Dornfalte und Nebenhaken fehlen.

Die Beschreibung reicht zur Kennzeichnung der Art nicht aus, und mangels Abbildung ist auch nichts Näheres über sie zu ermitteln.

Kerguelen.

4. **P. novaezeelandiae** (Richters) 1908 *Echiniscus n.*, F. Richters in: Zool. Jahrb., Syst. *v.* 26 p. 205 t. 17 f. 3, 3a | 1910 *E. n.*, John Murray in: Brit. antarct. Exp., *v.* 1 p. 110, 126, 151 t. 15 f. 5, t. 19 f. 35 | 1911 *E. n.*, John Murray in: J. Quekett Club, ser. 2 *v.* 11 p. 191 | 1911 *Pseudechiniscus N.*, G. Thulin in: Ark. Zool., *v.* 7 nr. 16 p. 19 | 1911 *Echiniscus novae-zeelandiae*, F. Richters in: Zool. Anz., *v.* 38 p. 276 | 1914 *E. n.*, F. Heinis in: Mém. Soc. Neuchâtel, *v.* 5 p. 719 | 1928 *Pseudechiniscus novaezelandiae*, G. Rahm in: Tierw. Mitteleur., *v.* 3 p. II 18 | 1928 *P. novaezeelandiae*, E. Marcus in: Tierw. Deutschl., pars 12 p. 110 f. 127 | 1929 *P. n.*, E. Marcus in: Bronn, Kl. Ordn., *v.* 5 Abt. 4 Buch 3 p. 391—392 f. 233.

Meist klein, aber auch mittelgroß bis groß. Mäßig fein granuliert, gröber als *P. suillus* (vgl. S. 130). Wie dort die 1. und 2. Schaltplatte mit transversalen Scheidelinien und manchmal auch mit Andeutungen vertikaler Falten. Pseudosegmentplatte in der Originaldiagnose als einheitlich, später als deutlich zweigeteilt beschrieben; am Hinterrand nahe der Medianlinie mit 2 oft gegabelten Dornen, die bis auf Knöpfe oder nur mäßig hervortretende Winkel reduziert sein können (Fig. 145 *B*), was die betreffenden Stücke kaum von *P. suillus* trennen läßt. Lateral bei *d* kommt oft jederseits ein kurzer Zapfen vor, und Andeutungen gleicher Gebilde finden sich lateral bei *c*, also lateral am Hinterrand der 2. Rumpfplatte und lateral bei *b*, also lateral am Hinterrand der Schulterplatte. Außerdem sind die Hinterecken der paarigen Rumpfplatten stark betont (vgl. in Fig. 145 *B* die Dorsalecken über *d*). Der Cirrus lateralis ist im allgemeinen ein fast gerades Haar; die Clava ist ziemlich groß. Von den langen Beinen trägt das 1. einen zarten Dorn, das 4. nahe

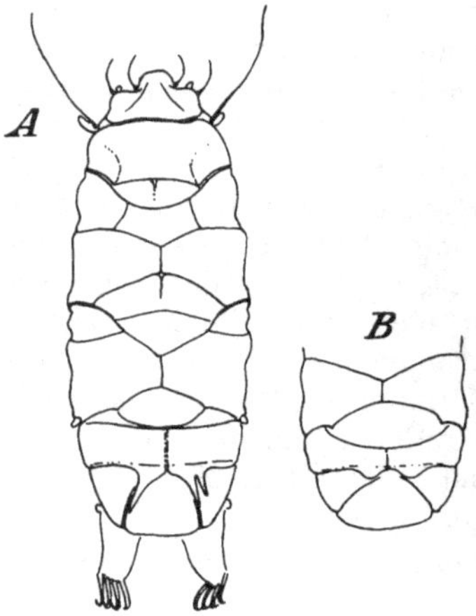

Fig. 145.
Pseudechiniscus novaezeelandiae (Richters).
A dorsal, *B* mit reduzierter Bedornung der Pseudosegmentplatte.

der Basis eine abgestutzte Papille; Dornfalte und Nebenhaken fehlen. Länge bis zu 208 μ und mehr, ausschließlich der Beine; meist um 190 μ lang.

Gelege mit bis zu 4 Eiern. Wie viele Scutechinisciden wächst auch diese Species nach Eintritt der Geschlechtsreife noch weiter.

Sandwich-Inseln, Oahu; Australien, Neusüdwales, bei Sydney und in den Blauen Bergen; Neuseeland, Nord- und Südinsel, bis 1000 m; Südamerika: Colombia.

P. novaezeelandiae (Richters) forma **marinae** Bartoš 1934 *P. marinae*, E. Bartoš in: Příroda Ostrava, *v.* 27 nr. 1 p. 1 f. [1] | 1934 *P. M.*, E. Bartoš in: Zool. Anz., *v.* 106 p. 175 | 1934 *P. m.*, E. Bartoš in: Časopis České Spol. ent., *v.* 31 p. 54.

Klein; rötlich braun, mit schwarzem Augenpigment. Platten granuliert; Cuticula zwischen den Platten feiner granuliert. 1. und 2. Schaltplatte quer geteilt. 3. Schaltplatte einheitlich. Pseudosegmentplatte einheitlich, an ihrem Hinterrand 2 breite, in kleine, spitze Dornen auslaufende, flache Zipfel, die durch eine Naht gegen die Platte abgegrenzt sind. Laterale Teile der Endplatte neben der Kleeblattkerbe zipfelförmig ausgezogen. Papilla cephalica pilzförmig; der Cirrus lateralis mißt 50 μ, die Clava ist lang. Bei *b, c, d* kurze, stumpf-konische Zapfen, ebensolche am Ende der Pseudosegmentplatte, die weiter rostral noch je 2 laterale Zähne trägt. Auf dem 1. Beinpaar ein kleiner Dorn, auf dem 4. eine Papille. Dornfalte und Nebenhaken an den Innenkrallen fehlen, Außenkrallen unbedornt. Länge 125 μ.

Von *P. novaezeelandiae* unterscheidet sich die forma *marinae* nur durch die kleinen lateralen Zähne und den Zapfen an der Pseudosegmentplatte, und die eigenartig ausgezogene Kleeblattkerbe; denn die Zapfen bei *b, c, d* treten auch bei *P. novaezeelandiae* auf. Die Pseudosegmentplatte des typischen *P. n.* ist bald einheitlich, bald median zweigeteilt, die der forma *marinae* ist ungeteilt. Dieses Merkmal ist hier also wie bei *P. suillus* (vgl. S. 131) variabel. Dem *P. conifer* mit den kegelförmigen Zapfen in der Kleeblattkerbe ähneln die lateralen Erweiterungen der Endplatte bei *P. novae-*

zeelandiae f. *marinae*. Es ist nur ein Exemplar dieser Form bekannt. Außerdem variieren die dorsalen Zipfel und lateralen Zähnchen bei den Scutechiniscidae in ihrem Auftreten und in ihrer Größe ungemein. Deshalb möchte ich diese Form, deren Anhänge bei

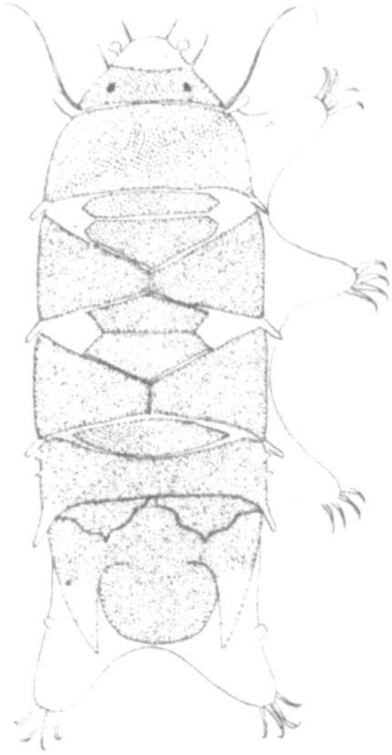

Fig. 146.
Pseudechiniscus novaezeelandiae (Richters) f. **marinae** Bartoš.

b, *c*, *d* und am Pseudosegmentplattenhinterrand nichts neues gegenüber dem *P. novaezeelandiae* bieten, nicht als eigene Art führen, sondern als forma der genannten Species unterordnen.

Tschechoslowakei, Mähren.

5. **P. conifer** (Richters) 1904 *Echiniscus c.*, F. Richters in: Ber. Senckenb. Ges., p. 73 t. 5 f. 8 | 1908 *E. c.*, F. Heinis in: Zool. Anz., *v.* 32 p. 636 | 1909 *E. c.*, J. Ammann in: Mt. Ges. Bern, 1908 p. 9, 11 | 1910 *E. c.*, F. Heinis in: Arch. Hydrobiol., *v.* 5 p. 119 | 1911 *E. c.*, John Murray in: J. Quekett Club, ser. 2 *v.* 11 p. 191 | 1911 *Pseudechiniscus c.*, G. Thulin in: Ark. Zool., *v.* 7 nr. 16 p. 19 | 1913 *Echiniscus c.*, F. Richters in: Handw. Naturw., *v.* 9 p. 1018 | 1928 *Pseudechiniscus c.*, G. Rahm in: Tierw. Mitteleur., *v.* 3 p. II 14 f. 48 | 1928 *P. c.*, E. Marcus in: Tierw. Deutschl., pars 12 p. 111 f. 128 | 1929 *P. c.*, G. Rahm in: Bull. Soc. Fribourg., *v.* 29 Proc.-verb. 7. III. 1928 p. 3 | 1929 *P. c.*, E. Marcus in: Bronn, Kl. Ordn., *v.* 5 Abt. 4 Buch 3 p. 392—393 f. 234 | 1932 *P. c.*, Cuénot in: Faune France, pars 24 p. 39.

Fig. 147.
Pseudechiniscus conifer (Richters).

Kaum mittelgroß; Platten ziemlich grob granuliert, die Granula kleine Knöpfchen; Cuticula zwischen den Platten unskulpturiert. 3. Schaltplatte mit einer transversalen Mittelfalte. Außer den Kopfanhängen und dem Cirrus lateralis, der haarförmig ist, finden sich an Anhängen laterale, kegelförmige Zapfen bei *b, c, d, e*. Beine proximal granuliert, distal glatt, ohne Dornfalte und Nebenhaken. Länge 200 μ.

Gelege mit 3 Eiern.

Murtensee, Kt. Freiburg-Schweiz; Alpen, Engadin; Luganer-See, bei Gandria.

6. **P. islandicus** (Richters) 1904 *Echiniscus i.*, F. Richters in: Zool. Anz., *v.* 28 p. 374 f. 1 | 1907 *E. i.*, John Murray in: Tr. R. Soc. Edinb., *v.* 45 p. 651—652 t. 1 f. 4—4b | 1908 *E. i.*, F. Richters in: Mikrokosmos, *v.* 1 t. 2 f. 7 | 1908 *E. i.*, M. Sellnick in: Zool. Anz., *v.* 33 p. 209 | 1911 *E. i.*, John Murray in: J. Quekett Club, ser. 2 *v.* 11 p. 191 | 1911 *E. i.*, John Murray in: Ann. Scott. nat. Hist., nr. 78 p. 89 | 1911 *Pseudechiniscus i.*, G. Thulin in: Ark. Zool., *v.* 7 nr. 16 p. 19 | 1928 *P. i.*, G. Rahm in: Tierw. Mitteleur., *v.* 3 p. II 14 f. 46 | 1928 *P. i.*, E. Marcus in: Tierw. Deutschl., pars 12 p. 111 f. 129 | 1929 *P. J.*, G. Rahm in: Bull. Soc. Fribourg., *v.* 29 Proc.-verb. 7. III. 1928 p. 6 | 1929 *P. i.*, E. Marcus in: Bronn, Kl. Ordn., *v.* 5 Abt. 4 Buch 3 p. 393—394 f. 235 | 1932 *P. i.*, Cuénot in: Faune France, pars 24 p. 39.

Sehr groß; farblos bis braun. Skulptur aus feinen, in den mittleren Partien aller Platten ein unregelmäßiges Netzwerk bildenden Perlpunkten

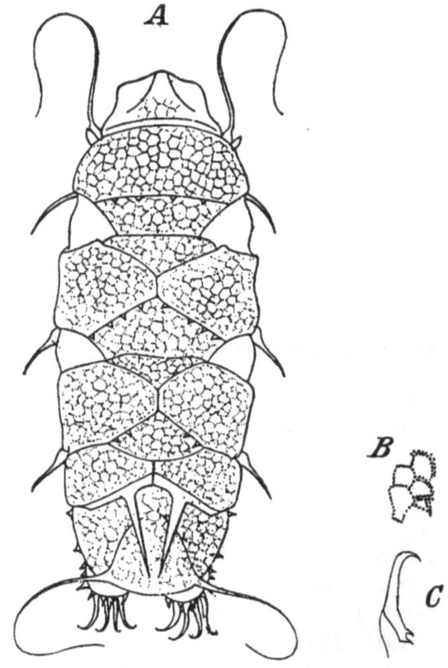

Fig. 148.
Pseudechiniscus islandicus (Richters). *A* dorsal, *B* Plattenskulptur, *C* Innenkralle.

bestehend. 1. und 2. Schaltplatte transversal zweigeteilt; Endplatte mit tiefen Kleeblattkerben. Cirrus lateralis und der Lateralanhang bei *e* sehr lange Haare, bei *b, c* und *d* leicht gekrümmte, etwa 48 μ lange Dornen. Dorsal ein Paar kräftige, breite Dornen von etwa 55 μ Länge am Caudalrand der Pseudosegmentplatte, nahe der Medianlinie; ferner dorsolateral, auf den Seitenfeldern der Endplatte, jederseits 2 Zähnchen; außerdem an den Caudalrändern der Schulter-, 2. und 3. Rumpfplatten, also über *b, c* und *d,* dorsomedian bis dorsolateral ansitzende Zähnchen in variabler Anzahl, in dem abgebildeten Stück im ganzen 4 über *b,* 8 über *c,* 4 mediane und 2 laterale, also 6 über *d.* Auf dem 1. Beinpaar ein kleiner Dorn; Dornfalte spitzzähnig; Innenkrallen mit kleinen, basalwärts gerichteten Nebenhaken. Länge über 500 μ.

Gelege mit bis zu 3 ovalen, gelbbraunen Eiern. 2krallige Jugendstadien bis 304 μ. Es kommen Stücke vor, bei denen 2 annähernd aufrechte Dornen auf der 3. Rumpfplatte stehen, die kürzer, dünner und weiter von der Medianlinie entfernt sind, als die Anhänge der Pseudosegmentplatte. Die Angabe der Originaldiagnose, daß bei dieser Art Schlundkopfeinlagerungen, und zwar jederseits 3 Körnchen, auftreten, ist höchstwahrscheinlich auf die 3 starren Leisten, die überall bei den Scutechinisciden vorhanden sind, zu beziehen. Auffallend ist, daß John Murray (1907), der auch den *P. islandicus* vor sich hatte, bei dessen Beschreibung nichts über die Schlundkopfstäbe sagt, aber bei der Abgrenzung des *P. borealis* gegen nahestehende Species, die Schlundkopfstäbe des *P. islandicus* zweimal als tatsächlich vorhanden angibt. Das Vorhandensein eines Dorns an den äußeren Krallen, der in der ersten Beschreibung des *P. islandicus* erwähnt wird, scheint mir unwahrscheinlich, da John Murray nichts davon sagt.

Island; Faröer; Shetlandinseln; Schottland; Schweiz, Matterhorn.

7. **P. victor** (Ehrbg.) 1853 *Echiniscus V.*, Ehrenberg in: Monber. Ak. Berlin, p. 530 | 1854 *E. v.*, Ehrenberg, Mikrogeol., p. 25 t. 35 B A III f. 4' | 1888 *E. v.*, Plate in: Zool. Jahrb., Anat. *v.* 3 p. 531 | 1901 *E. v.*, Schaudinn in: Fauna arct., *v.* 2 p. 192 | 1907 *E. borealis,* John Murray in: Tr. R. Soc. Edinb., *v.* 45 p. 674 t. 1 f. 1 | 1908 *E.*

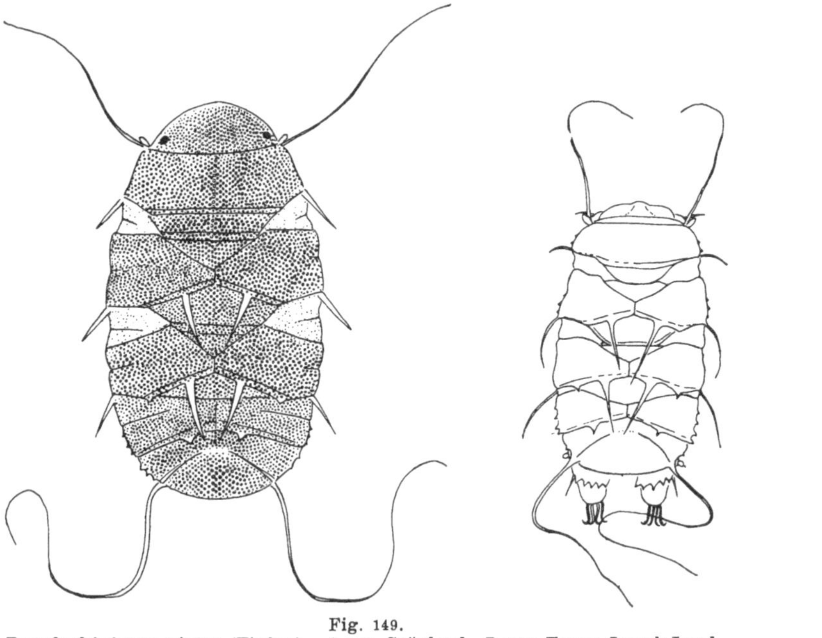

Fig. 149.
Pseudechiniscus victor (Ehrbg.). *A* von Grönland, *B* von Franz Joseph-Land.

victor, F. Heinis in: Zool. Anz., *v.* 32 p. 635 | 1909 *E. v.*, J. Ammann in: Mt. Ges. Bern, 1908 p. 8, 11 | 1910 *E. v.*, F. Heinis in: Arch. Hydrobiol., *v.* 5 p. 118 | 1911 *E. v.* + *borealis*, John Murray in: J. Quekett Club, ser. 2 *v.* 11 p. 191 | 1911 *E. v.*, F. Richters in: Al. Koenig, Avifauna Spitzberg., p. 285 | 1911 *E. borealis*, F. Richters in: Camp. arct. Orléans, 1907 p. 10 | 1911 *Pseudechiniscus b.* + *victor*, G. Thulin in: Ark. Zool., *v.* 7 nr. 16 p. 19 | 1921 *Echiniscus v.*, F. Heinis in: Festschr. Zschokke, nr. 6 p. 6 | 1928 *Pseudechiniscus v.* + *borealis*, G. Rahm in: Tierw. Mitteleur., *v.* 3 p. II 14, II 18 | 1928 *P. b.* + *v.*, E. Marcus in: Tierw. Deutschl., pars 12 p. 112, 113 f. 130, 131 | 1929 *P. b.* + *v.*, E. Marcus in: Bronn, Kl. Ordn., *v.* 5 Abt. 4 Buch 3 p. 394, 395 f. 236, 237 | 1932 *P. v.*, Cuénot in: Faune France, pars 24 p. 39.

Groß; rot, Augenpigment schwarz. Platten ziemlich gleichmäßig punktiert; Cuticula dazwischen fein punktiert. 1. und 2. Schaltplatte transversal zweigeteilt; Kleeblattkerben mit den Andeutungen einer Querverbindung. Cirri mediales externi meist als gebogene Stacheln ventral am Kopf hervortretend; der Cirrus lateralis ein sehr langes Haar (160 µ); Clava dreieckig. In grönländischem Material sind die äußeren Medialcirren und die Clava ohne Besonderheiten. Lateral bei *b, c, d* geschwungene oder gerade Dornen, bei *e* ein sehr langes Haar. Außenränder aller Platten oft mit vielen kleinen Stacheln, von denen die an der Pseudosegmentplatte am stärksten sind. Dorsal über *c* und *d* je 1 Paar medianwärts gerichteter, kräftiger Dornen und außerdem dorsolateral über *d* und am Caudalrand der Pseudosegmentplatte je 1 Paar kurzer Zacken. 4. Beinpaar außen nahe an der Basis mit starkem, geradem Dorn und kurzer, gerundeter Papille, sowie mit spitzzähniger Dornfalte. Alle Krallen ohne Nebenhaken. Länge bis zu 310 µ.

Gelege mit 3—4 elliptischen Eiern. Jugendstadien 192 µ.

Der Beschreibung ist namentlich die Originaldiagnose von *P. borealis* und mir vorliegendes grönländisches Material zugrundegelegt worden. Die ursprüngliche Darstellung von *P. victor* dürfte hinsichtlich der Lage des caudalen Lateralhaares zwischen Pseudosegment- und Endplatte irrtümlich sein. Auch das Fehlen der beiden kurzen Zacken am Hinterrand der 3. Rumpf- und der Pseudosegmentplatte in Ehrenbergs Abbildung genügt nicht, um *P. victor* und *P. borealis* getrennt zu führen. So kann nur der ältere Name als Speciesbezeichnung beibehalten werden. Schaudinns Stücke von Spitzbergen und den Ryk-Ys-Inseln zeigten einen fast dornartigen, dicken Lateralanhang bei *e*.

Ostgrönland, Scoresbysund; Spitzbergen; Ryk-Ys-Inseln; Franz Joseph-Land; Alpen, Monte Rosa-Gruppe, 3500 m; Matterhorn 3800 m.

P. spec. 2 [Spec. inquir.] 1908 *Echiniscus* spec., F. Heinis in: Zool. Anz., *v.* 33 p. 715 f. 2 | 1910 *E.* spec., John Murray in: Brit. antarct. Exp., *v.* 1 p. 111 | 1928

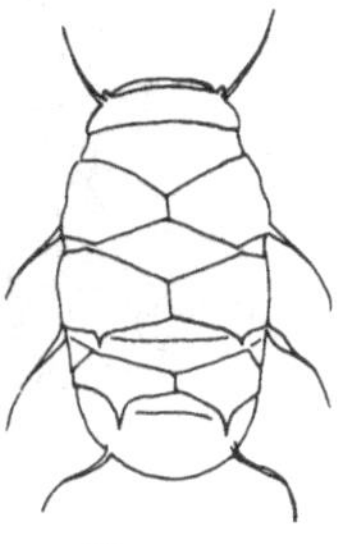

Fig. 150.
Pseudechiniscus spec. 2.

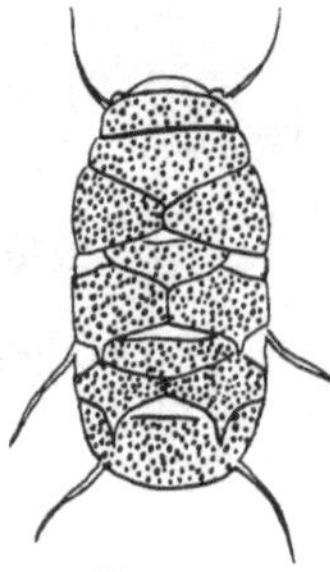

Fig. 151.
Pseudechiniscus spec. 3.

Pseudechiniscus spec. 2, E. Marcus in: Tierw. Deutschl., pars 12 p. 113 f. 132 | 1929 *P.* spec. 2, E. Marcus in: Bronn, Kl. Ordn., *v.* 5 Abt. 4 Buch 3 p. 395 f. 238.

Keine Granulation erkennbar. Die 3. Schaltplatte mit transversaler Falte. Cirrus lateralis sowie die Anhänge bei *c, d,* und *e* als Haare ausgebildet. Dorsal jederseits ein kleiner, dreieckiger, stumpfer Dorn am Hinterrand der 3. Rumpfplatten, also über *d*, und am Hinterrand der Pseudosegmentplatte jederseits ein längerer Dorn. Nach den Anhängen bei *e* zu urteilen, ist eine Kleeblattkerbe vorhanden. Dornfalte vorhanden; keine Nebenhaken.

Auf eine gewisse, allerdings wohl auf die hinteren Dorsalanhänge beschränkte Ähnlichkeit dieser Art mit *P. novaezeelandiae* (vgl. S. 133) hat J. Murray aufmerksam gemacht.

Kanaren, Tenerifa.

P. spec. 3 [Spec. inquir.] 1914 *Echiniscus* spec., F. Heinis in: Mém. Soc. Neuchâtel, *v.* 5 p. 721 f. 44 | 1928 *Pseudechiniscus* spec. 3, E. Marcus in: Tierw. Deutschl., pars 12 p. 114 f. 133 | 1929 *P.* spec. 3, E. Marcus in: Bronn, Kl. Ordn., *v.* 5 Abt. 4 Buch 3 p. 396 f. 239.

Skulptur ziemlich grob und locker, auf die Platten beschränkt. Alle Schaltplatten einheitlich. Cirrus lateralis und die Anhänge bei *c* und *d* haarförmig. Dorsal die beiden Dornenpaare in gleicher Position und Größe wie bei der vorigen Art. Dornfalte vorhanden, ebenso Nebenhaken an den Innenkrallen.

Südamerika: Colombia.

8. **P. cornutus** (Richters) 1906 *Echiniscus c.*, F. Richters in: Verh. D. zool. Ges., p. 269 | 1907 *E. c.*, F. Richters in: Zool. Anz., *v.* 31 p. 197 f. 1 | 1908 *E. c.*, F. Richters in: Mikrokosmos, *v.* 1 t. 2 f. 6 | 1910 *E. c.*, F. Heinis in: Arch. Hydrobiol., *v.* 5 p. 119 | 1911 *E. c.*, John Murray in: J. Quekett Club, ser. 2 *v.* 11 p. 191 | 1911 *Pseudechiniscus c.*, G. Thulin in: Ark. Zool., *v.* 7 nr. 16 p. 19 | 1912 *Echiniscus c.*, F. Heinis in: Rev. Suisse Zool., *v.* 20 p. 776 | 1928 *Pseudechiniscus c.*, G. Rahm in: Tierw. Mitteleur., *v.* 3 p. II 14 | 1928 *P. c.*, E. Marcus in: Tierw. Deutschl., pars 12 p. 114 f. 134 | 1929 *P. c.*, E. Marcus in: Bronn, Kl. Ordn., *v.* 5 Abt. 4 Buch 3 p. 396—397 f. 240 | 1932 *P. c.*, Cuénot in: Faune France, pars 24 p. 39—40.

Mittelgroß; mit relativ großen, elliptischen Augen (Durchmesser 7 μ). Der proximale Teil der Beine, die Platten, sowie die Cuticula dazwischen fein granuliert; auf der Schulterplatte eine W-förmige Figur und dahinter eine transversale Linie in der Skulptur ausgespart. Alle Schaltplatten einheitlich. Tiefe Kleeblattkerben. Cirri mediales interni kegelförmige Knöpfchen, die Cirri mediales externi nach innen gekrümmte, 12 μ lange, an der Basis 3 μ dicke Dornen, die Papilla cephalica nicht wie sonst kegelförmig zugespitzt, sondern cylindrisch, stumpf abgeschnitten, sehr kurz, aber 6 μ dick. Cirrus lateralis nur 36 μ lang, aber 6 μ breit, dolchförmig; also gegenüber den sonst an dieser Stelle sitzenden Haaren sehr verbreitert. Weder laterale noch dorsale Körperanhänge. An der Basis des 4. Beinpaares außen ein Zapfen. Dornfalte und Nebenhaken fehlen. Länge bis 216 μ.

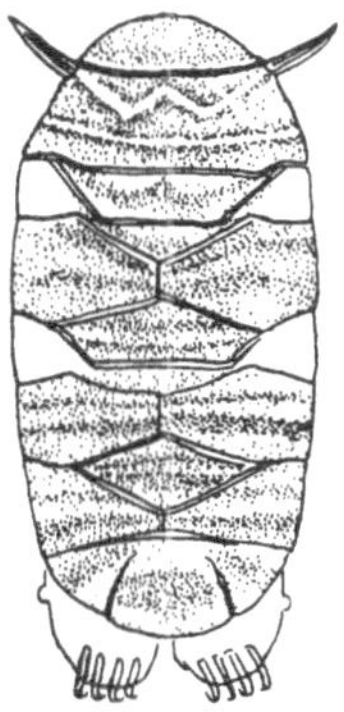

Fig. 152. **Pseudechiniscus cornutus** (Richters).

Gelege mit 3 Eiern. 2krallige Jugendformen von 138 μ, mit 8 μ langen, dolchförmigen Cirri laterales.

Die Art ist an feuchten Biotopen gefunden worden, was für Echiniscen ungewöhnlich ist.

Rheinpfalz; Schwarzwald; Umgegend von Basel; Meran.

9. **P. imberbis** (Richters) 1907 *Echiniscus i.*, F. Richters in: Zool. Anz., *v.* 31 p. 916 | 1908 *E. i.*, F. Richters in: Ergeb. Schwed. Südp.-Exp., *v.* 6 nr. 2 p. 4 t. 1 f. 3 | 1911 *E. i.*, John Murray in: J. Quekett Club, ser. 2 *v.* 11 p. 191 | 1911 *Pseudechiniscus i.*, G. Thulin in: Ark. Zool., *v.* 7 nr. 16 p. 19 | 1928 *P. i.*, G. Rahm in: Tierw. Mitteleur., *v.* 3 p. II 18 | 1928 *P. i.*, E. Marcus in: Tierw. Deutschl., pars 12 p. 114 f. 135 | 1929 *P. i.*, E. Marcus in: Bronn, Kl. Ordn., *v.* 5 Abt. 4 Buch 3 p. 397 f. 241.

Sehr groß. Kräftig gepanzert. Granulation der Platten spärlich und zerstreut, nur die Endplatte dichter granuliert. Kleeblattkerben vorhanden. Cirrus lateralis ein mittellanges Haar, ebenso der Lateralanhang bei *d*; bei *c* ein lateraler Dorn. Cirri mediales externi und interni sowie Papilla cephalica fehlen dieser Art, die danach die einzige innerhalb der Ordnung der Heterotardigrada ohne Kopfanhänge ist. Dorsal kurze Dornen am Hinterrand der 2. Schaltplatte und am Hinterrand der Pseudosegmentplatte. Dornfalte fehlt. Innenkrallen mit basalwärts gerichteten Nebenhaken. Länge 272—416 μ.

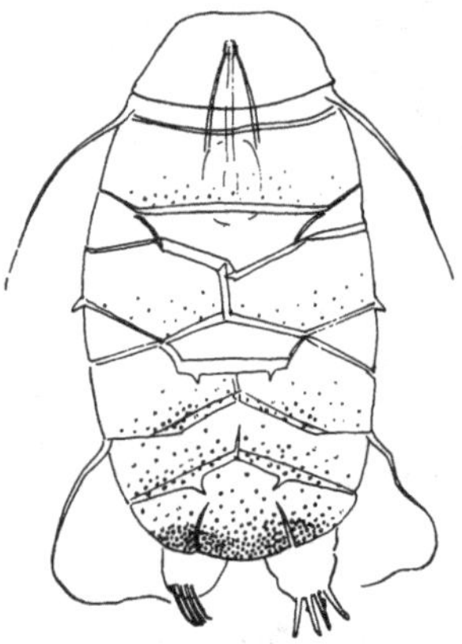

Fig. 153.
Pseudechiniscus imberbis (Richters).

An Stelle des Lateraldornes bei *c* wurde einseitig ein kurzes Haar, ebenso an Stelle des dorsalen Dornes einseitig ein langes Haar und an Stelle eines dorsalen Dornes einseitig 2 Dornen gefunden. Die Bedornung des Caudalrandes der 2. Schaltplatte stellt einen sehr eigenartigen Charakter der durch das Fehlen der cephalen Anhänge vollends isolierten Species dar.

Südgeorgien.

II. Ordo **Eutardigrada**

1896 *Arctiscida*, *Arctisciden*, Haeckel, Syst. Phyl., *v.* 2 p. 634, 642 | 1926 *Eutardigrada* [part.], F. Richters in: Kükenthal & Krumbach, Handb. Zool., *v.* 3 p. 60 | 1927 *E.*, E. Marcus in: Zool. Jahrb., Syst. *v.* 53 p. 547 | 1928 *E.*, E. Marcus in: Tierw. Deutschl., pars 12 p. 115 | 1928 *E.*, G. Thulin in: Hereditas, *v.* 11 p. 208, 224 | 1929 *E.*, E. Marcus in: Bronn, Kl. Ordn., *v.* 5 Abt. 4 Buch 3 p. 397—399 | 1932 *Macrobioti*, Cuénot in: Faune France, pars 24 p. 22, 23, 54 | 1934 *Eutardigrada*, E. Marcus in: Handw. Naturw., ed. 2 *v.* 9 p. 863.

Cuticula weich, ohne Panzerung. Kopfsinnesanhänge zurücktretend, nur bei den Arctiscidae orale ausgebildet; die lateralen, Cirrus lateralis und Clava, stets fehlend. Extremitäten kurz, ohne einen einfaltbaren mittleren Abschnitt. Schlundkopftaschen bei den Macrobiotidae, also fast allen Eutardigraden, lateral durch einzelne Körner oder Stäbe versteift; bei den Arctiscidae ohne Versteifung. Podiale Terminalorgane heteronych (Fig. 6 B—F, S. 6), d. h. die Krallen eines Beines untereinander verschiedenartig gebaut und zu 2 voneinander getrennten Krallenpaaren angeordnet. Jedes Krallenpaar (in den Diagnosen „jede Kralle") aus 2 bei den Macrobiotidae mindestens basal verwachsenen Krallen bestehend, die als Haupt- und Nebenast unterschieden werden. Bei den Arctiscidae die beiden Elemente eines Krallenpaares nicht miteinander verwachsen, sondern Haupt- und Nebenast (Steighaken) sind voneinander getrennt. Bei Macrobiotiden wie Arctisciden sitzen die Krallen der am distalen Extremitätenende überstehenden Cuticula, der Krallenhaut oder Zehenpapille (Fig. 6 *kh*) an. 2 laterale und 1 dorsale

Darmanhangsdrüse (Vasa malpighii) vorhanden (Fig. 1, 2, *dd*, *vm*, S. 2, 3). Gonodukte in den Enddarm mündend, dadurch wird der caudale Abschnitt des Darmes zur Kloake.

Den insgesamt 19 bei Tardigraden vorkommenden Sinnesanhängen des Kopfes, 11 bei den Heterotardigrada, 8 bei den Arctiscidae, entsprechen die bei den Eutardigraden von Thulin festgestellten 19 Kopfnerven. Die Kopfpapillen einiger Macrobiotiden, wie etwa *Hypsibius (Calohypsibius) ornatus* (vgl. S. 232) sind reine Cuticularbildungen ohne Innervierung. Rostralganglien, die früher als rostrale Drüsen gedeutet worden sind, finden sich bei allen Eutardigraden. Neben der im Vorstehenden vertretenen Auffassung, daß jede Eutardigradenextremität 4 Krallen besitzt, die bei den Macrobiotiden zu 2 Paaren verwachsen sind, steht die Thulins, nach der es sich bei den podialen Terminalorganen jedes Eutardigradenbeines um 2 Elemente handelt. Jedes Element besteht, wie bei den Echiniscoidea aus einer kurzen Zehenpapille oder Krallenhaut und einer hakenförmigen Kralle. Die Kralle besteht aus 1 Basalabschnitt und 2 Ästen, dem Hauptast und dem Nebenast. Da nur die Dorsalseite des Basalabschnittes und der Proximalteil des Hauptastes der Zehenpapille ansitzen, während der Nebenast außer Zusammenhang mit der Krallenhaut steht, sieht Thulin Krallenbasis plus Hauptast als homolog der Kralle der Echiniscoidea an und vergleicht den Nebenast mit dem Nebenhaken, der an den Innenkrallen oder dem Dorn, der an den Außenkrallen vieler Scutechiniscidae vorkommt. Bei allen Eutardigraden sind Haupt- und Nebenast in verschiedenen Ebenen gekrümmt. Noch nicht bei allen Eutardigradenspecies nachgewiesen ist die dorsal am Hauptast entlang ziehende Krallenrückenleiste. Sie beginnt an der Zehenpapille und endet mit 2 feinen, distalwärts von der Spitze des Hauptastes hervortretenden Nebenspitzen, die bei Betrachtung des Hauptastes von vorn als helle Punkte erkennbar sind. An den besonders feinen Hauptästen mancher Hypsibien, wie des *Hypsibius (H.) oberhaeuseri* (vgl. S. 278) und auch bei *Milnesium* (vgl. S. 320) ist die Krallenrückenleiste nicht von dem Hauptast zu unterscheiden; möglicherweise fehlt sie bei diesen dünnen Hauptästen.

2 Familien, 3 Gattungen, davon eine mit 4 Untergattungen, 101 sichere Arten, davon 6 mit im ganzen 8 benannten Formen, 50 unsichere Arten.

Bestimmungstabelle der Familien:

Ohne Kopfsinnesanhänge; Mundöffnung nicht durch Klappen verschließbar; Schlundkopftaschen, von Simplexstadien (vgl. S. 6) abgesehen, mit Stäbchen oder Körnern; Stilette medialwärts konvex; Haupt- und Nebenast der Kralle basal verwachsen	1. Fam. **Macrobiotidae**
Mit papillenförmigen Kopfsinnesanhängen; Mundöffnung durch Klappen verschließbar; Schlundkopf ohne Stäbchen oder Körner; Stilette lateralwärts konvex; Hauptast (Terminalkralle) und Nebenast (Basalkralle, Steighaken) basal vollständig voneinander getrennt	2. Fam. **Arctiscidae**

1. Fam. **Macrobiotidae**

1928 *M.*, G. Thulin in: Hereditas, *v.* 11 p. 228 | 1929 *M.*, E. Marcus in: Bronn, Kl. Ordn., *v.* 5 Abt. 4 Buch 3 p. 399—401 | 1934 *M.*, E. Marcus in: Handw. Naturw., ed. 2 *v.* 9 p. 863.

Ohne Kopfsinnesanhänge; Mundöffnungen nicht durch Klappen verschließbar; Schlundkopftaschen mit lateralen, körner- oder stäbchenartigen

Versteifungen; Stilette kräftig, mit medialwärts gerichteter Konvexität der Biegung. Haupt- und Nebenast der Kralle basal verwachsen; die vordere oder innere Kralle niemals aufgeteilt in Nebenast plus Basalabschnitt der Kralle (Basalkralle) und Hauptast (Terminalkralle); bei der hinteren oder äußeren Kralle ist eine Aufteilung ausgebildet *(Hypsibius)* oder sie fehlt *(Macrobiotus)*.

Länge und Weite der Mundröhre, wie auch die Form des Schlundkopfes variieren innerhalb der Familie weitgehend. Die Stilette sind hier kräftiger als bei allen übrigen Tardigraden. Bei den Schlundkopfeinlagerungen (Placoiden, Bacilli) werden 2 oder 3 größere Körner oder Stäbe (Macroplacoiden Fig. 154, *sl*) und ein bald auftretendes, bald fehlendes ganz kleines Korn (Komma, Microplacoid, *ko*) unterschieden. Macro- und Microplacoiden sitzen an den Wänden der Schlundkopftaschen einander gegenüber; mit ihnen alternierend angeordnet sind die am caudalen Ende der Mundröhre (oder Schlundröhre, Fig. 154, *sch*) entspringenden, also im Rostralteil des Schlundkopfes gelegenen Apophysen (Fig. 154, *ap*), sowie die 3 vorläufig nur für wenige Species des Subgenus *Diphascon* festgestellten, im caudalen Teil des Schlundkopfes eingelagerten Scheibchen, die Septula *(spt)*. Apophysen und Septula bezeichnen die rostrale und caudale Grenze des bei den Saugbewegungen sich erweiternden Abschnittes des Schlundkopflumen und fixieren die Enden der axialen Kanten der 3 Zellreihen des Schlundkopfes. Die Apophysen sind in 3 Paaren vorhanden, wahrscheinlich auch die Septula. Die paarigen Placoidenreihen der Macrobiotidae können vielleicht als etwas medianwärts gerückte und dabei aufgespaltene Abkömmlinge der terminal die Schlundkopftaschen der Heterotardigraden abschließenden Randleisten aufgefaßt werden, da die Randleisten jederseits die Schlundkopftaschen umfassen (cf. *Hypsibius (Isohypsibius) granulifer*, S. 254). Die fortschreitende Trennung der äußeren oder hinteren Kralle in eine Basal- und eine Terminalkralle ist bei den Untergattungen und Arten des Genus *Hypsibius* schrittweise zu verfolgen, während bei den meisten Arten der Gattung *Macrobiotus* die beiden Krallen eines Beines nur wenig voneinander verschieden sind.

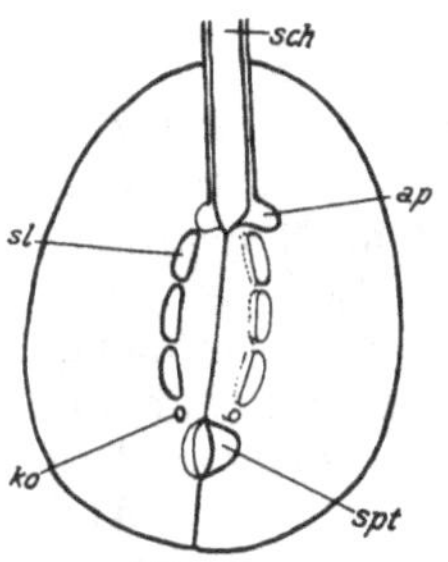

Fig. 154.
Schlundkopf von **Hypsibius (Diphascon) chilenensis** (Plate). Beschriftung vgl. Text.

2 Gattungen, davon eine mit 4 Untergattungen, 100 sichere Arten, davon 6 mit im ganzen 7 benannten Formen, 49 unsichere Arten.

Bestimmungstabelle der Gattungen:

Jedes Bein mit annähernd gleich großen Krallen, deren beide Hauptäste einander zugewendet, und deren beide Nebenäste voneinander abgewendet sind	1. Gen. **Macrobiotus**
Jedes Bein mit meist sehr verschieden großen Krallen, deren beide Hauptäste parallel rostralwärts, also nicht einander zugewendet, und deren beide Nebenäste parallel caudalwärts, also nicht voneinander abgewendet sind	2. Gen. **Hypsibius**

1. Gen. **Macrobiotus** (S. Schultze) G. Thulin emend.

1833 *Macrobioticus*, C. A. S. Schultze in: Otto in: Not. Nat.-Heilk., *v.* 38 p. 151 | 1834 *Macrobiotus*, C. A. S. Schultze, Macrobiotus hufelandii, p. 5 | 1834 *M.*, C. A. S. Schultze in: [Otto in:] Isis, p. 710 | 1838 *M.*, Dujardin in: Ann. Sci. nat., ser. 2 *v.* 10

p. 182 | 1840 *M.* [part.], Doyère, ibid., ser. 2 *v.* 14 p. 284 | 1841 *M.* [part.], Dujardin, Zooph., p. 663 t. 22 f. 7 [nec f. 6a—6c] | 1866 *M.* [part.], R. Greeff in: Arch. mikr. Anat., *v.* 2 p. 115 | 1888 *M.* [part.] + *Doyeria*, Plate in: Zool. Jahrb., Anat. *v.* 3 p. 529, 533—534, 537 | 1896 *M.* [part.], Lance, Contr. Tardigrades, p. 202 | 1907 *M.* [part.], John Murray in: J. Quekett Club, ser. 2 *v.* 10 p. 62—63 | 1909 *M.* + *Doyeria*, Shipley in: Cambridge nat. Hist., *v.* 4 p. 485, 486, 487 | 1910 *M.* [part.], John Murray in: Brit. antarct. Exp., *v.* 1 p. 88—90 | 1911 *M.* [part.], John Murray in: J. Quekett Club, ser. 2 *v.* 11 p. 184—188, 190, 193—194 | 1911 *M.*, G. Thulin in: Ark. Zool., *v.* 7 nr. 16 p. 43—47 | 1913 *Makrobiotus* [part.], F. Richters in: Handw. Naturw., *v.* 9 p. 1017, 1018 | 1925 *Macrobiotus*, G. Rahm in: Brohmer, Fauna Deutschl., ed. 3 p. 432, 434 | 1926 *M.* [part.], F. Richters in: Kükenthal & Krumbach, Handb. Zool., *v.* 3 p. 60 | 1928 *M.* [part.], G. Rahm in: Tierw. Mitteleur., *v.* 3 p. II 4 | 1928 *M.*, E. Marcus in: Tierw. Deutschl., pars 12 p. 115—116 | 1928 *M.*, G. Thulin in: Hereditas, *v.* 11 p. 244—247 | 1929 *M.*, E. Marcus in: Bronn, Kl. Ordn., *v.* 5 Abt. 4 Buch 3 p. 401—403 | 1932 *M.*, Cuénot in: Faune France, pars 24 p. 22—24, 56 | 1934 *M.*, E. Marcus in: Handw. Naturw., ed. 2 *v.* 9 p. 863.

Macrobiotiden mit 2 doppelhakigen, meist gleich großen Krallen an jedem Bein; die Hauptäste der Krallen sind gegeneinander, die Nebenäste voneinander gewandt.

Der schlanke Körper ist meist etwa viermal so lang wie breit. Neben der meist glatten Cuticula kommen auch einige wenige Species mit skulp-

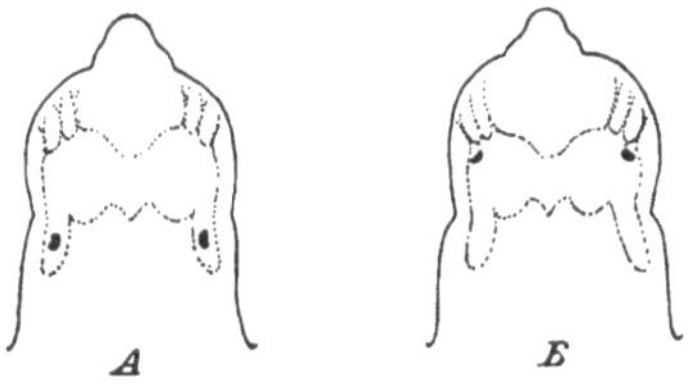

Fig. 155.
A **Macrobiotus hufelandii** S. Schultze mit caudaler, *B* **M. furciger** mit rostraler Lage der Augen.

turierter Cuticula vor. Augenpigment bei manchen Arten vorhanden, bei anderen nicht, wieder andere variieren hinsichtlich dieses Charakters. Gewöhnlich sitzen die Augen etwa in der Mitte des äußeren Gehirnlappens dorsal von der Ursprungsstelle der lateralen Schlundkonnektive und caudal von der durch Muskelinsertionen bedingten Einschnürung, die den Kopf in einen vorderen und einen hinteren Abschnitt teilt. Dieser bei den Eutardigraden normale Typus wird als „hintere Augen" bezeichnet. Bei einigen Macrobioten, wie *M. furciger, M. spectabilis* und anderen finden sich „vordere Augen", die am Rostralrande des Lobus externus des Gehirns, also vor der Einschnürung des Kopfes liegen (Fig. 155). Für die Angaben über die Augenlage sind nur gestreckte Tiere zu verwerten, bei denen die Ringe der Mundhöhlenwand rostral hervortreten. Durch die weniger ventrale als nach vorn gerichtete Lage der Mundöffnung kommt ein habitueller Unterschied der Macrobioten („fliehende Stirn", „Ferkelkopf") gegenüber den Hypsibien („gerade Stirn", „gewölbtes Profil") zustande; es gibt jedoch Macrobioten, die im Aussehen an Hypsibien erinnern *(Macrobiotus intermedius)*, und Hypsibien, die wie Macrobioten aussehen *(Hypsibius (Isohypsibius) prosostomus)*. Bei einer Reihe von *Macrobiotus*-Arten ist die Mundöffnung von einem Kranz cuticularer Mundlamellen umgeben, von denen meist jede, wenigstens in den untersuchten Fällen, 2 Stützlamellen besitzt, eine innere an der Innenfläche und eine äußere, schief zur Außenfläche der Lamelle verlaufende. Die Wand der meist ziemlich großen Mundhöhle wird von 2—3 versteifenden Ringen gebildet, die fernrohrartig ineinander eingeschoben sind (Fig. 156, *mw*). In die caudale Partie der Mundhöhle münden die Stilettscheiden *(ss)*. Diese sind teils mit den Seiten der Mundröhre, teils mit der rostralen, verdickten Partie einer Brücke verwachsen, die von der Ventralwand der Mundhöhle ausgeht und an der Ventralseite der Mundröhre etwas rostral von den Stiletttträgern endet. Dieser die Stilettscheiden stützende Scheidenhalter *(sh)* bedingt eine weitgehende Verschiedenheit des dorsalen und ventralen Teiles des Mundröhrenanfangs; freilich sind die im nachstehenden geschilderten Verhältnisse noch nicht für alle Macrobioten sichergestellt. Ventral liegen die Stilettscheiden, die medial mit dem Scheidenhalter verwachsen sind. Die dorsalen Stilettprotractoren entspringen von den Seiten der Mundröhre *(mr)*, dorsal von den Stilettscheiden; die ventralen Protractoren entspringen von der rostralen erweiterten Partie des Scheidenhalters. Die Mundröhre selbst ist vorn mehr oder weniger stark gekrümmt und besitzt dorsal meist keine Vorsprünge. Daß freilich auch Ausnahmen vorkommen, die einigermaßen von dem für *Macrobiotus* Typischen abweichen, zeigt der Buccalapparat von *Macrobiotus coronifer* (vgl. Fig. 202 *B* S. 209). Bei dieser Species verläuft die Mundröhre ähnlich wie die als Typus der Macrobioten abgebildete des *M. intermedius* und besitzt wie diese einen Scheidenhalter. Aber dieser ist bei *M. coronifer* auffallend kurz, im caudalen Teil sehr zart, im rostralen dagegen verstärkt. Er entspringt hier aus einem ventralen Fortsatz der Mundröhre, von dem zwar nicht festgestellt werden konnte, ob er paarig sei, dem aber dorsal zwei Fortsätze, also paarige Bildungen entsprechen, die sich in der abgebildeten Lateralansicht vollständig decken. Der Bau des rostralen Teils der Mundröhre dieser Art zeigt also neben dem Grundtypus der Macrobioten-Mundröhre auch Züge, die an Hypsibien, und zwar an das Subgenus *Hypsibius* mit seinen hakenförmigen Muskelansatzvorsprüngen erinnern. Die Stilettscheiden des *Macrobiotus coronifer* sitzen nicht etwa wie bei den *Hypsibius*-Arten rein lateral, sondern mehr ventralwärts, wie sonst bei den Macrobioten. In den caudalen Teilen verläuft die Mundröhre bei *Macrobiotus* bald gerade, bald dorsalwärts, bald ventralwärts konvex, diese 3 Typen gehen ineinander über. Die Weite der Mundröhre variiert bei den hierauf untersuchten Species von 8 % *(Macrobiotus intermedius)* bis zu 18 % *(Macrobiotus richtersii, M. spectabilis)* der Schlundkopflänge.

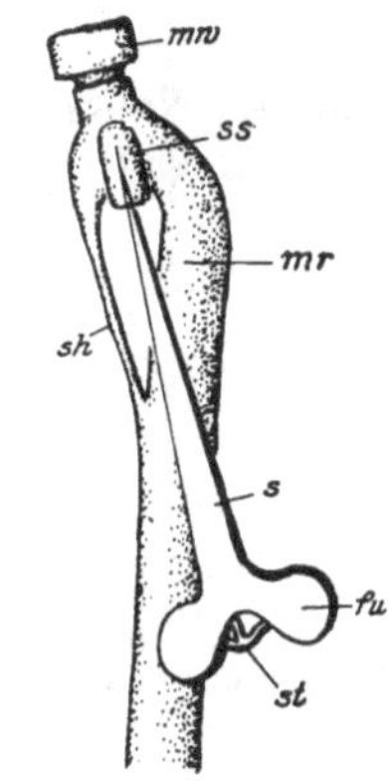

Fig. 156. Lateralansicht von Mundröhre und Stilett des **Macrobiotus intermedius** Plate.

Die Stilette (Fig. 156, *s*) sind gewöhnlich kräftig und fast immer stark gebogen; oft sind sie dorsoventral abgeflacht. Ihre gespaltene Basis, die Furca *(fu)*, an deren Knöpfen die Stilettprotractoren inserieren, greift in die Stiletttträger *(st)*, die rostrocaudal abgeplattet sind. Über die Anordnung der Apophysen, Macro- und Microplacoiden und Septula ist in der Familienerörterung schon gesprochen worden (vgl. S. 142). In jeder Kante des dreistrahligen Schlundkopflumen liegen 2 Placoiden eng nebeneinander, so daß im ungequetschten Totalpräparat und im ausgestoßenen Buccalapparat des Simplexstadiums (vgl. S. 15) nur im ganzen 3 Reihen ausgebildet zu sein scheinen. Ein Reihenpaar liegt ventral, 2 dorsolateral, entsprechend der Form des Schlundkopflumenquerschnittes, der ein Dreieck mit dorsaler Basis und ventral gerichteter Spitze bildet. Da, wie auf S. 10 bemerkt,

Apophysen und Septula mit den Placoidenreihenpaaren alternieren, sitzt ein Apophysenpaar dorsal und zwei sitzen ventrolateral.

Haupt- und Nebenäste der Krallen (Fig. 6, S. 6) sind so angeordnet, daß der Hauptast der hinteren oder äußeren Kralle rostralwärts vom Nebenast, der Hauptast der vorderen oder inneren Kralle caudalwärts vom Nebenast steht; es flankieren also die Nebenäste beider Krallen die innenstehenden Hauptäste. Haupt- und Nebenast können annähernd gleich groß oder auch sehr verschieden lang sein. Wenn bei annähernd gleich langem Haupt- und Nebenast beide Äste basal bis zur halben Länge des Hauptastes vereinigt sind, so spricht man vom *hufelandii*-Typus der Kralle. Divergieren bei annähernd gleich langem Haupt- und Nebenast beide Äste von der Basis aus, ohne ein erhebliches Stück miteinander verbunden zu sein, so spricht man vom *echinogenitus*- oder V-Typus. Krallen, bei denen der Hauptast viel länger ist als der basal in ungefähr rechtem Winkel von ihm abgehende Nebenast, gehören zum *macronyx*-Typus. Alle 3 Typen kommen bei *Macrobiotus* vor, aber eine sichere Gruppierung ermöglichen sie nicht, da manche Arten in der Jugend Krallen vom *echinogenitus*-Typ, im Alter solche vom *hufelandii*-Typ besitzen. Die beiden Krallen eines Beines sind gleich groß, doch kommen Ausnahmen vor, so bei *Macrobiotus polaris, M. orcadensis, M. hufelandioides* und *M.* spec. 9. Bei gleicher Größe ähneln beide Krallen einander spiegelbildlich. Bei Krallen mit besonders langem Hauptast, wie bei *Macrobiotus ambiguus,* scheint es, als wären beide Krallenäste in derselben Ebene gebogen. Tatsächlich divergieren die Biegungsebenen etwas, und die verschiedenen Krallenäste folgen bei allen *Macrobiotus*-Arten in derselben Anordnung. Oft befindet sich an der Krallenbasis eine ringförmige Verdickung der Cuticula, die manchmal gefältelte und mit Dornen versehene Lunula (vgl. Fig. 201, 202 *C*).

Die Eier werden meist frei, bald einzeln, bald in Klumpen von 4—8 oder mehr zusammen und nur bei einigen wenigen Arten, wie z. B. *Macrobiotus macronyx* und *M. rubens* in die abgestreifte Cuticula, zu Gelegen vereinigt, abgelegt. Die frei abgelegten Eier sind mit verschieden gestalteten Ausschüssen der Schale versehen.

Ebensowenig wie für das Subgenus *Echiniscus* kann für das Genus *Macrobiotus* die Fülle der Species in einem natürlichen System angeordnet werden. Daher haben auch die Zusammenfassungen einer größeren Zahl von Arten in Gruppen keineswegs die Bedeutung von Untergattungen, sondern sollen lediglich die Determination erleichtern. Die Benennung der Gruppen nach einer bekannten Art dient nur zur Kennzeichnung der Gruppe. Für die Aufstellung der Gruppen sind die Skulptur und die Macroplacoiden verwendet worden. Es empfiehlt sich, der Determination stets die größten Exemplare einer gesammelten Species zu grunde zu legen. Ganz allgemein ist nämlich der *hufelandii*- oder *macronyx*- oder *echinogenitus*-Typus der Macrobiotenkralle in der artcharakteristischen Weise erst bei erwachsenen Tieren zu erkennen, und auch die Schlundkopfeinlagerungen der Jungtiere sind oft kürzer und dicker als die der adulten Stücke (vgl. die Diagnose von *Macrobiotus ambiguus*, S. 190). Auch die relative Größe des Buccalapparates und der Krallen im Verhältnis zur Körperlänge nimmt während des Wachstums ab, deshalb sollte man, wo es möglich ist, zur Messung nur erwachsene Exemplare wählen. Bei derartigen Messungen werden neuerdings zum bequemeren Vergleich der verschiedenen Species die Dimensionen des Buccalapparates und der Krallen durch relative Maße angegeben. Als solche hat Thulin *ms*, d. h. ‰ der Körperlänge und *cph*, d. h. % der Schlundkopf- oder Pharynxlänge gewählt. Das Längenverhältnis zwischen Hinter- und Vorderkralle wird durch den Krallenlängenindex ausgedrückt, wobei die Nummer der Extremität, auf die sich der Index bezieht, durch eine zugefügte römische Ziffer bezeichnet wird. Da bei *Macrobiotus*-Arten nur sehr selten, bei *Hypsibius*-Arten allgemein, die Vorder- und Hinterkralle verschieden lang sind, hat der Krallenlängenindex nur für *Hypsibius* allgemeine

Bedeutung. Als Krallenlänge gilt die größte gradlinige Länge des Krallenstammes, einschließlich der Nebenspitzen; als Körperlänge, bei Feststellung der *ms*, die Länge des Körpers ausschließlich der Extremitäten.

Generotypus: *M. hufelandii* S. Schultze.

41 sichere Arten, davon 1 mit 1 benannten Form, 30 unsichere Arten.

Bestimmungstabelle der Artengruppen:

1	Cuticula mindestens zum Teil bestachelt, granuliert oder punktiert	1. **aculeatus-Gruppe**
	Cuticula glatt[1]) — **2**	
2	Schlundkopf, von Apophysen und Komma (Microplacoid) abgesehen, mit 3 Einlagerungen (Macroplacoiden)	2. **intermedius-Gruppe**
	Schlundkopf, von Apophysen und Komma (Microplacoid) abgesehen, mit 2 Einlagerungen (Macroplacoiden)	3. **hufelandii-Gruppe**

1. Macrobiotus aculeatus-Gruppe

Cuticula mindestens zum Teil bestachelt, granuliert oder punktiert.

Bestimmungstabelle der Arten:

1	Cuticula mit einzelnen zipfelartigen Stacheln versehen — **2**	
	Cuticula ohne zipfelartige Stacheln — **3**	
2	Krallen vom *hufelandii*-Typ, Haupt- und Nebenast nur wenig verschieden an Länge; Schlundkopf mit 3 breiten Körnern; Eiausschüsse in gewellte, borstenartige oder gekrümmte Fortsätze auslaufend	1. **M. aculeatus**
	Krallen vom *macronyx*-Typ, der Hauptast viel länger als der Nebenast; Schlundkopf mit 2 Stäben, von denen der vordere gebrochen und doppelt so lang wie der 2. ist; Eiausschüsse kurze, kegelförmige Stacheln	25. **M. dispar**
3	Skulptur der Cuticula besonders auffallend auf den Extremitäten — **4**	
	Skulptur der Cuticula auf der ganzen Dorsalseite deutlich ausgebildet — **5**	
4	Eiausschüsse gewürznelkenähnlich	2. **M. granulatus**
	Eiausschüsse zwiebelkuppelförmig	37. **M. echinogenitus**
5	Skulptur aus feinen Punkten bestehend — **6**	
	Skulptur aus Höckern bestehend — **8**	
6	2 Macroplacoiden — **7**	
	3 Macroplacoiden; Eiausschüsse durchweg gerade	5. **M. furcatus**
7	Eiausschüsse distal umgebogen	3. **M. occidentalis**
	Eiausschüsse gerade, meist einfache, z. T. auch verzweigte Stacheln	4. **M. islandicus**
8	Höcker groß, langgestreckt, unregelmäßig verteilt	6. **M. rolléi**
	Höcker klein, rundlich, in regelmäßigen Längsreihen angeordnet	[?] **Hypsibius wibbelti**

---

[1]) Eine schwache Punktierung kommt auch bei Arten mit gewöhnlich glatter Cuticula manchmal vor. Bei solchen Stücken, die gelegentlich in der betreffenden Population überwiegen oder sogar ausschließlich auftreten können, müssen die Bestimmungstabellen der *intermedius*- und der *hufelandii*-Gruppe mit verwendet werden. Gerade von *Macrobiotus intermedius* und von *M. hufelandii* (vgl. Fig. 1) sind mir schwach punktierte Exemplare wiederholt aufgefallen.

1. **M. aculeatus** John Murr. 1910 *M. a.*, John Murray in: Brit. antarct. Exp., *v.* 1 p. 139 t. 18 f. 27a—27e | 1911 *M. a.*, John Murray in: J. Quekett Club, ser. 2 *v.* 11 p. 193 | 1913 *M. aculeata*, John Murray in: J. R. micr. Soc., p. 139 | 1928 *M. aculeatus*, G. Rahm in: Tierw. Mitteleur., *v.* 3 p. II 15 | 1928 *M. a.*, E. Marcus in: Tierw. Deutschl., pars 12 p. 117 f. 136 | 1928 *M. a.*, G. Thulin in: Hereditas, *v.* 11 p. 244 | 1929 *M. a.*, E. Marcus in: Bronn, Kl. Ordn., *v.* 5 Abt. 4 Buch 3 p. 403—404 f. 242.

Kaum mittelgroß, selten groß. Nur große, alte Exemplare einheitlich dicht pigmentiert; die übrigen, abgesehen vom Magen, farblos, meist mit Augenpigment. Cuticula mit 2—6 weißen, kegelförmigen, weichen Dorsalfortsätzen paarweise über dem 2., 3. und 4. Beinpaar. Mundröhre eng, im Schlundkopf erweitert; Stilette dünn und gebogen; Schlundkopf annähernd kugelig mit breiten, die ersten Einlagerungen manchmal nahezu verdeckenden Apophysen. Die 3 Körner oft breiter als lang; ein undeutliches Komma ist vorhanden. Krallen sehr schlank; Haupt- und Nebenast an Größe nicht sehr verschieden, auf halber Länge des Hauptastes verwachsen. Durchschnittliche Länge 300 μ.

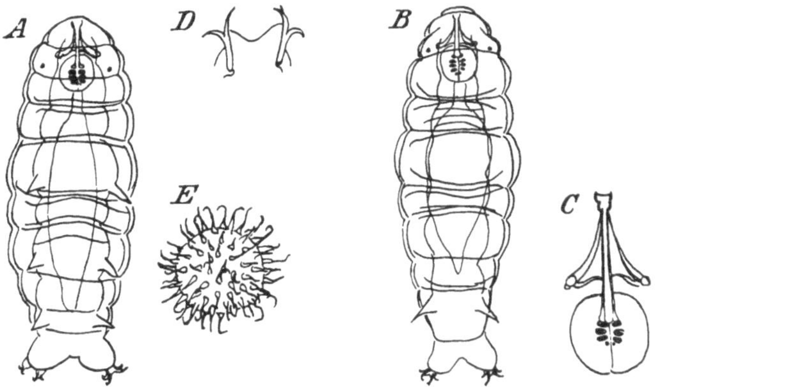

Fig. 157.
Macrobiotus aculeatus John Murr.
A mit typischen Dorsalfortsätzen, *B* Dorsalfortsätze reduziert, *C* Schlundkopf, *D* Krallen, *E* Ei.

Eier klein, die Ausschüsse mit kleiner, konischer Basis und sehr dünnen, gewellten oder gekrümmten Fortsätzen; die Zwischenräume zwischen den Ausschüssen größer als der Durchmesser dieser Ausschüsse.

Die der Art nahestehenden *Macrobiotus intermedius* (vgl. S. 165) und *M. crassidens* (vgl. S. 173) haben beide keine dorsalen, dornartigen Fortsätze. Von diesen sind übrigens bei Stücken aus den Blauen Bergen, Neusüdwales nur die beiden letzten ausgebildet (Fig. 157 *B*). *Macrobiotus crassidens* ähnelt dem *M. aculeatus* auch in der Form der Eiausschüsse, nur sind sie bei ihm größer und stehen ganz dicht nebeneinander.

Australien, australische Alpen, 1700—2000 m; Neusüdwales, Blaue Berge.

2. **M. granulatus** Richters 1903 *M. g.*, F. Richters in: Zool. Anz., *v.* 27 p. 171 | 1904 *M. g.*, F. Richters in: Fauna arct., *v.* 3 p. 505 t. 15 f. 10, t. 16 f. 20, 27 | 1908 *Makrobiotus g.*, F. Richters in: Mikrokosmos, *v.* 1 t. 1 f. 1 | 1908 *Macrobiotus g.*, F. Richters in: Ergeb. Schwed. Südp.-Exp., *v.* 6 nr. 2 p. 6 | 1911 *M. g.*, John Murray in: J. Quekett Club, ser. 2 *v.* 11 p. 193 | 1928 *M. g.*, G. Rahm in: Tierw. Mitteleur., *v.* 3 p. II 15 | 1928 *M. g.*, E. Marcus in: Tierw. Deutschl., pars 12 p. 118 f. 137 | 1928 *M. g.*, G. Thulin in: Hereditas, *v.* 11 p. 245 | 1929 *M. g.*, E. Marcus in: Bronn, Kl. Ordn., *v.* 5 Abt. 4 Buch 3 p. 405 f. 243 | 1932 *M. g.*, Cuénot in: Faune France, pars 24 p. 59.

Sehr groß; Augenpigment vorhanden. Cuticula des Körpers fein und sehr zerstreut granuliert; die Granulierung auf den Beinen, namentlich dem 4. Paar, lichter. Mundöffnung mit Mundlamellen; Mundröhre mäßig weit. Stilette säbelförmig. Schlundkopf relativ klein, länglich oval, mit Apophysen, 2 untereinander gleich langen Stäben, die doppelt so lang wie breit sind, und einem Komma. Krallen 27 μ lang; Haupt- und Nebenast von sehr verschiedener Größe und bis fast zur halben Länge des Hauptastes vereinigt. Lunula mit etwa 10 Dornen. Länge bis zu 800 μ.

Eier kugelig, 160 μ im Durchmesser; die Ausschüsse Gewürznelken-ähnlich, basal verdickt, distal in 3—5 nach oben und außen gerichtete, abgerundete Verzweigungen geteilt.

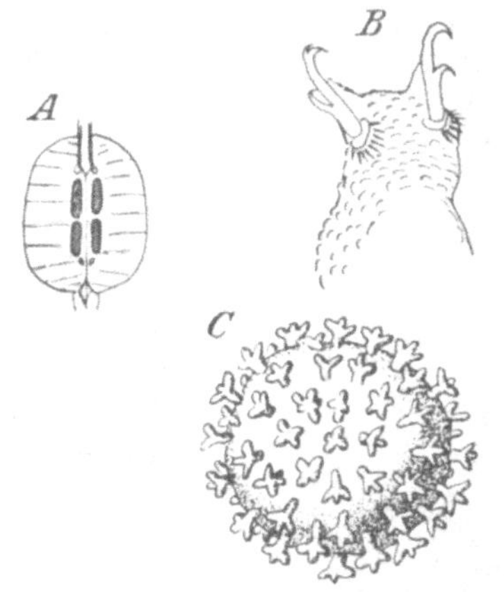

Fig. 158.
Macrobiotus granulatus Richters. *A* Schlundkopf, *B* Bein, *C* Ei.

Das hier unter *Macrobiotus* spec. 21 aufgeführte Ei (vgl. S. 217) ist wohl dem *Macrobiotus granulatus* sehr ähnlich, gehört aber mit seinen 2 symmetrisch angeordneten, blattförmigen Verzweigungen der Ausschüsse vermutlich doch zu einer andern Art.

Mittleres Norwegen, Merok.

3. **M. occidentalis** John Murr. 1906 *M. coronifer*, John Murray in: Ann. Scott. nat. Hist., nr. 57 p. 28 t. 3 f. 16, 17 (Ei, Eiausschuß) | 1907 *M.* spec., John Murray in: Tr. R. Soc. Edinb., *v.* 45 p. 664 t. 2 f. 12a, 12b (Ei, Eiausschuß) | 1910 *M. occidentalis*, John Murray in: Brit. antarct. Exp., *v.* 1 p. 139, 155—156, 169—171 t. 19 f. 54a—54e | 1911 *M. o.*, John Murray in: J. Quekett Club, ser. 2 *v.* 11 p. 193 | 1911 *M. o.*, John Murray in: P. Irish Ac., *v.* 31 nr. 37 p. 7 t. 3 f. 14 | 1911 *M. o.*, G. Thulin in: Ark. Zool., *v.* 7 nr. 16 p. 48—49 f. 28—28b | 1913 *M. o.*, John Murray, Not. nat. Hist. Bolivia Peru, p. 28, 29 | 1928 *M. o.*, G. Rahm in: Tierw. Mitteleur., *v.* 3 p. II 15 | 1928 *M. o.*, E. Marcus in: Tierw. Deutschl., pars 12 p. 119—120 f. 138—141 | 1928 *M. o.*, G. Thulin in: Hereditas, *v.* 11 p. 243, 245 | 1929 *M. o.*, E. Marcus in: Bronn, Kl. Ordn., *v.* 5 Abt. 4 Buch 3 p. 405—407 f. 244—247 | 1932 *M. o.*, Cuénot in: Faune France, pars 24 p. 67, 68 f. 61 II | 1934 *M. o.*, E. Bartoš in: Časopis České Spol. ent., *v.* 31 p. 54 f. I, 1.

Sehr groß. Hyalin oder blaßgelb (Murray); schwedische Stücke (Fig. 160) und französische oft schwarz pigmentiert und zwar mit kleineren sehr unregelmäßigen schwarzen Flecken, besonders im hinteren Teil des Körpers; das erwachsene Tier im übrigen oft durch Färbung der Leibeshöhlenflüssigkeit und der Speicherzellen orangerot; Magen und Eier dunkler rot. Augenpigment vorhanden.

Skulptur aus feinen Perlpunkten bestehend, die bei irischen und französischen Stücken mit einer gewissen Regelmäßigkeit, bei canadischen Stücken unregelmäßig verteilt sind. Die einzelnen Punkte haben ungefähr gleichen Abstand voneinander; die symmetrischen Paare dieser Punkte, deren größere elliptisch oder

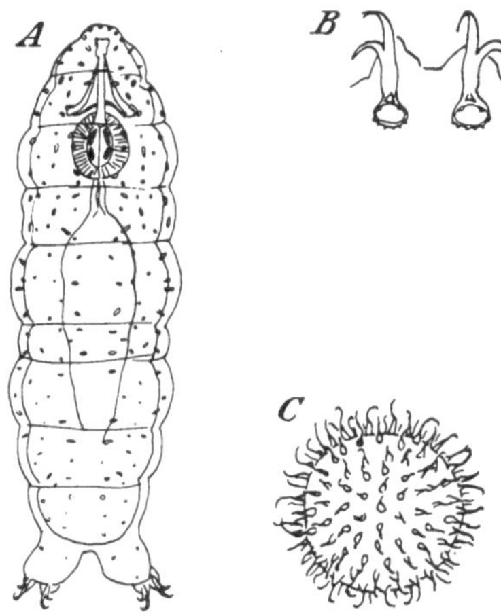

Fig. 159.
Macrobiotus occidentalis John Murr.
A Skulptur irischer Stücke, *B* und *C* Krallen und Eier aus Kanada.

mandelförmig aussehen, zeigt Fig. 159 *A*, der irische Stücke zugrunde liegen. Die Punkte sehen im durchfallenden Licht dunkel aus. Nach der Abbildung schwedischer Stücke zu urteilen, kann die Punktierung überhaupt fehlen. Mundöffnung ohne Mundlamellen. Mundröhre etwa 4 μ, also nur mäßig weit (ihr äußerer Durchmesser beträgt 10—15 % der Schlundkopflänge),

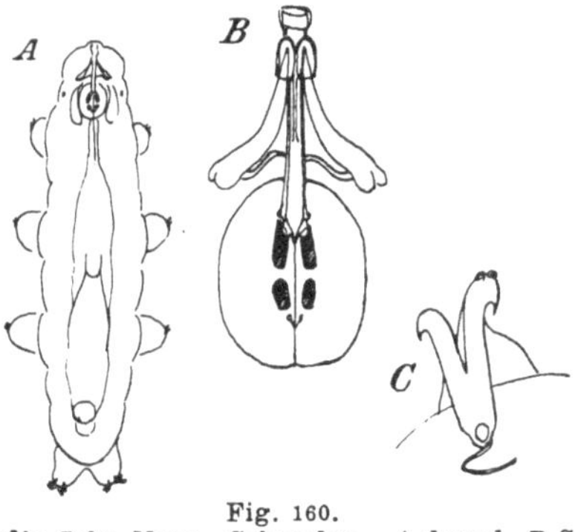

Fig. 160.
Macrobiotus occidentalis John Murr. Schweden. *A* dorsal, *B* Schlundkopf, *C* Kralle.

caudalwärts etwas verengert, dann zum Schlundkopf hin wieder etwas erweitert, gerade verlaufend; Stilette mittelschlank, gekrümmt; Schlundkopf kurz-oval, bei kleinen Stücken 42 μ lang, mit Apophysen und 2 Stäben, deren erster etwa 3 mal so lang wie breit und damit deutlich länger als der folgende, der etwa 2 mal so lang wie breit ist. Das 1. Macroplacoid oft in der Mitte eingekerbt und wie 2 teilig aussehend. Komma bald vorhanden, bald fehlend. Die Äste der 20 μ langen, ziemlich dünnen Krallen zur Hälfte der Länge des Hauptastes verwachsen, also vom *hufelandii*-Typus. Haupt- und Nebenast untereinander verschieden lang, der Hauptast mit den üblichen 2 Nebenspitzen. Lunula bei großen Stücken regelmäßig bezahnt, bei kleinen glatt und schwach ausgebildet. Länge bis zu 800 μ.

Reife Weibchen mit 2—3 gleich großen Eiern im Ovar. Eier (Fig. 159 *C*) leicht gelblich bis dunkel orangerot, kugelig; bei den kleineren schwedischen Exemplaren im Durchmesser 58 μ ausschließlich der 9 μ langen, weichen Ausschüsse. Diese letzten stehen in weiten Abständen und haben eine schmale, kegelförmige Basis, die distal zu schlanken, oft umgebogenen Fortsätzen verjüngt ist.

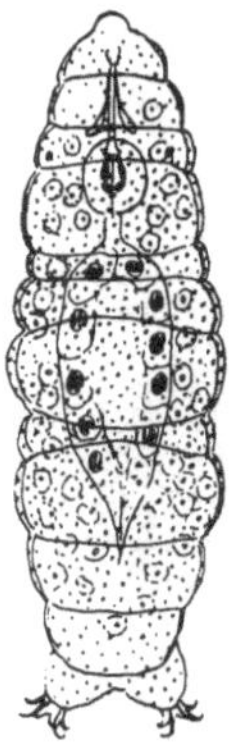

Fig. 161. **Macrobiotus occidentalis** John Murr. Sandwich-Inseln.

In einem großen, canadischen Material fand sich durchweg die Epidermis (Hypodermis älterer Autoren) weit von der Cuticula abgehoben, und in der den Zwischenraum erfüllenden, farblosen Flüssigkeit flottierten zahlreiche hyaline, längliche Platten, der Abbildung nach vielleicht Kristalle. Dieses vielleicht pathologische, jedenfalls nach dem heutigen Stand der Kenntnisse vom Leben der Tardigraden nicht erklärbare Verhalten zeigten hawaiische, schwedische (Fig. 160) und irische Exemplare nicht, aber bei *H. (Diphascon) brevipes* (vgl. S. 303) habe ich Ähnliches gefunden. Die hawaiischen Stücke (Fig. 161) sind klein, durchschnittlich 300 μ lang, also noch kleiner als die schwedischen, bis 502 μ langen; sie haben ähnlich wie diese letzten caudalwärts, hinter der Mitte plötzlich gekrümmte Stilette und wie die schwedischen und französischen Stücke ein Komma. Die Speicherzellen (Blutkörperchen älterer Autoren) der hawaiischen Stücke sind besonders groß; auch sind ihre Krallenäste nicht ganz bis zur Mitte des Hauptastes vereinigt. Die australischen Exemplare gleichen den pazifischen weitgehend.

Trotz des ovalen Umrisses (Fig. 162) gehört das ursprünglich zu *Macrobiotus coronifer* (vgl. S. 210) gestellte Ei (John Murray, 1906, 1907) meines Erachtens zu *M.*-*occidentalis.*

Wie schon John Murray (1910, p. 171) hervorgehoben hat, stehen *M. occidentalis* und *M. islandicus* einander sehr nahe. Von den bei Murray genannten Unterschieden fällt der auf die Punktierung oder Glätte der Cuticula bezügliche durch das hier beschriebene punktierte *islandicus*-Material von Grönland fort. Auch scheinen schwedische *occidentalis*-Stücke, deren Haut nicht das Aussehen hat, welches Murray beschreibt (Thulin, 1911), glatt zu sein, wenigstens zeigt Thulins Abbildung keinerlei

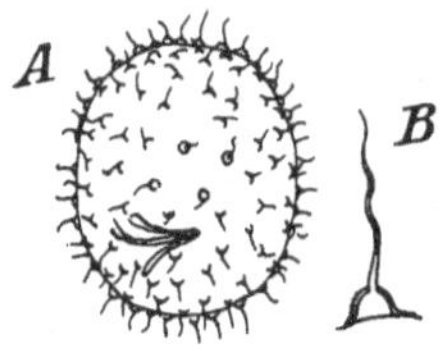

Fig. 162.
Macrobiotus occidentalis John Murr.? Schottland. *A* Ei, *B* Eiausschuß.

Punktierung. Ferner ist der auf die Lunula bezügliche Unterschied, bezahnt bei *occidentalis*, glatt bei *islandicus*, nicht durchgreifend, denn die kleinen, jedoch ausgewachsenen schwedischen Tiere haben eine glatte Lunula (Fig. 160 *C*). Trotzdem möchte ich Cuénots Vorschlag, beide Arten zu vereinigen, nicht folgen, denn die mir vorliegenden Eier in grönländischem *islandicus*-Material passen durchaus zu Beschreibung und Abbildung typischer *islandicus*-Eier (vgl. Fig. 163 *C*, S. 151), aber gar nicht zu *occidentalis*-Eiern. Dabei lasse ich mich vor allem von der Form der Eiausschüsse leiten und außerdem von der Größe der Eier, die auch Cuénot (1932, p. 68) für möglicherweise unterscheidend hält.

Südschweden; Irland [?Ei]; Schottland, 1200 m; Tschechoslowakei; Frankreich; Sandwich-Inseln, Oahu; Australien, australische Alpen; Britisch Columbia: Victoria (Vancouver-Insel); Peru; Brasilien.

4. **M. islandicus** Richters 1904 *M. i.*, F. Richters in: Zool. Anz., *v.* 28 p. 375—376 f. 2 | non 1905 *M. i.*, John Murray in: Tr. R. Soc. Edinb., *v.* 41 p. 690 t. 3 f. 12a—12c | non 1907 *M. i.*, John Murray, ibid., *v.* 45 p. 663 | ? 1907 *M. i.*, John Murray, ibid., *v.* 45 p. 678 t. 1 f. 2, 3 | 1908 *M. i.*, M. Sellnick in: Zool. Anz., *v.* 33 p. 211 | 1909 *M. i.*, C. Carlzon, ibid., *v.* 34 p. 141 | ? non 1909 *M. i.*, V. Brehm in: Int. Rev. Hydrobiol., *v.* 2 p. 280 | 1911 *M. i.*, John Murray in: J. Quekett Club, ser. 2 *v.* 11 p. 193 | 1921 *M. i.*, F. Heinis in: Festschr. Zschokke, nr. 6 p. 6, 14 | 1928 *M. i.*, G. Rahm in: Tierw. Mitteleur., *v.* 3 p. II 7 | 1928 *M. i.*, E. Marcus in: Tierw. Deutschl., pars 12 p. 156—157 f. 182 | 1928 *M. i.*, G. Thulin in: Hereditas, *v.* 11 p. 245 | 1929 *M. i.*, E. Marcus in: Bronn, Kl. Ordn., *v.* 5 Abt. 4 Buch 3 p. 454—455 f. 290 | 1932 *M. i.*, Cuénot in: Faune France, pars 24 p. 68.

Wird ziemlich groß; oft mit gelben bis bräunlichgelben Speicherzellen. Augenpigment, wenn vorhanden, in gewöhnlicher, also hinterer

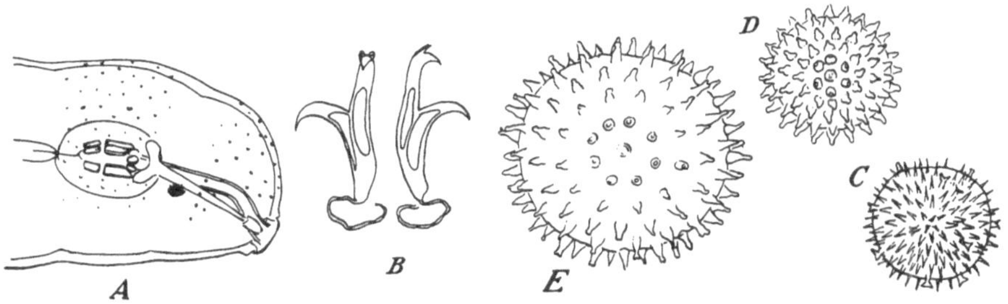

Fig. 163.
Macrobiotus islandicus Richters.
A Kopf, *B* Krallen, *C* typisches Ei, *D* und *E* aberrante Eier von Spitzbergen, vgl. Text.

Lage[1]). Skulptur aus locker stehenden, sehr feinen Punkten bestehend, die unregelmäßig in dorsal bis dorsolateral verlaufenden Querbändern angeordnet sind; von den früheren Untersuchern ist keinerlei Punktierung beobachtet worden. Mundöffnung ohne Mundlamellen. Mundröhre von mittlerer Länge und ziemlich weit, im äußeren Durchmesser etwa 14 % der Schlundkopflänge messend; im vorderen Drittel ist die Mundröhre mit ziemlich plötzlichem Knick gebogen und verläuft dann gerade bis zum Schlundkopf. Stilette stark gekrümmt. Schlundkopf länglich-oval, mit Apophysen und 2 Stäben (Macroplacoiden), deren erster etwa 3 mal und deren zweiter $1^1/_2$ mal so lang wie breit ist. Kein Komma (Microplacoid). Krallen vom *hufelandii*-Typus, also Haupt- und Nebenast bis zur Mitte des Hauptastes oder weiter verwachsen. Nebenspitzen am Hauptast kräftig entwickelt; die Lunulae glatt. Länge bis zu etwa 500 μ; grönländische Stücke bis 560 μ.

Eier gelb, kugelig, 90—100 μ im Durchmesser ausschließlich der Eiausschüsse; diese sind weit voneinander entfernt stehende Stacheln mit rauher Oberfläche. Mehrere dieser nicht sehr spitzen Stacheln tragen distal 2—3, einige wenige auch bis zu 6 Zinken.

Die in der Erstbeschreibung erwähnte licht-indigoblaue Färbung der Magenwandzellen ist kein Artcharakter; dem mir vorliegenden grönländischen Material fehlt

[1]) Im grönländischen Material fand ich ein Exemplar mit einem wohlentwickelten, einheitlich schwarzen Auge auf der einen Körperseite und ganz ohne Augenpigment auf der andern.

sie. Dagegen kommt sie auch bei anderen Formen vor, so bei *Hypsibius (H.) dujardini*, *H. (H.) arcticus* und *H. (H.) evelinae*. Wahrscheinlich auf *H. dujardini* bezieht sich das von John Murray (1905) beschriebene *islandicus*-Material, wie der Untersucher selbst hervorgehoben hat (Ann. Scott. nat. Hist., nr. 78 p. 90, 1911). Auch die von V. Brehm (1909) gefundene aquatile Species mit indigoblauem Magen dürfte eher *Hypsibius (H.) dujardini* als *Macrobiotus islandicus* sein. Die oben als fraglich zu *M. islandicus* gestellten Eier von Spitzbergen (John Murray, 1907, p. 678) zeigt Fig. 163 *D*, *E*; sie sind bezüglich ihrer Zugehörigkeit zu *M. islandicus* sehr wenig sicher. Auffallend ist es, daß bei schweizerischen *Macrobiotus coronifer* (vgl. S. 210) Eier vorkommen, die denen des *M. islandicus* gleichen (F. Heinis in: Arch. Hydrobiol., *v.* 5 p. 133, 1910). Ferner dürfte ein von der Bare-Insel bei Neuseeland beschriebenes Ei, dessen Ausschüsse Richters als denen von *M. islandicus* ähnlich bezeichnet hat (Zool. Jahrb., Syst. *v.* 26 p. 208, 1908), zu *M. coronifer* gehören (*M.* spec. 23, S. 218). Der in der Gattungserörterung bereits beschriebene Bau der Mundröhre des *M. coronifer* (vgl. S. 209) schließt jedoch seine Vereinigung mit *M. islandicus* vollständig aus. Von *M. occidentalis* ist *M. islandicus* im Vorstehenden auf Grund der Eiausschüsse und der Eigröße unterschieden worden (vgl. S. 150).

Ostgrönlaud, Scoresbysund; Spitzbergen [nur sehr wenig typische Eier]; Island; Faröer; Mittelschweden; Schweizer Alpen, bis 3534 m.

5. **M. furcatus** Ehrbg. 1854 *Milnesium alpigenum* [part.], Ehrenberg, Mikrogeol., p. 25 t. 35B, A III f. *s* [nec f. 1'] | 1859 *Macrobiotus furcatus*, Ehrenberg in: Abh. Ak. Berlin, 1858 p. 452, 455 t. 2 f. 2a, 2b | non 1906 *M. f.*, John Murray in: Tr. R. Soc.

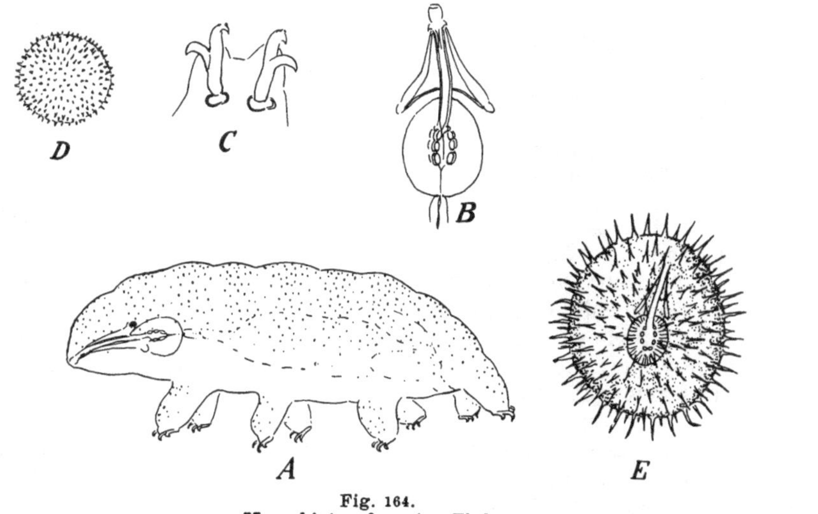

Fig. 164.
Macrobiotus furcatus Ehrbg.
A lateral, *B* Schlundkopf, *C* Krallen, *D* Ei von Südwestafrika, *E* Ei von Frankreich.

Edinb., *v.* 45 p. 327—328 t. 2 f. 6a—d, t. 4 f. 13a—c | non 1907 *M. f.*, F. Richters in: Zool. Anz., *v.* 31 p. 916 | 1907 *M. f.*, John Murray in: Tr. R. Soc. Edinb., *v.* 45 p. 851, 852, 853, 854 t. 1 f. 11b | non 1907 *M. furciger*, John Murray, ibid., *v.* 45 p. 852—853 | non 1908 *M. furcatus* + var. *vittatus*, F. Richters in: Ergeb. Schwed. Südp.-Exp., *v.* 6 nr. 2 p. 5—6 t. 1 f. 4, 6 | 1911 *M. f.*, John Murray in: J. Quekett Club, ser. 2 *v.* 11 p. 193 | 1921 *M. f.*, F. Heinis in: Festschr. Zschokke, nr. 6 p. 7, 8, 12, 14 | 1928 *M. f.* [part.], G. Rahm in: Tierw. Mitteleur., *v.* 3 p. II 6 | 1928 *M. f.*, E. Marcus in: Tierw. Deutschl., pars 12 p. 135 f. 159 | 1928 *M. f.*, G. Thulin in: Hereditas, *v.* 11 p. 245 | 1929 *M. f.*, E. Marcus in: Bronn, Kl. Ordn., *v.* 5 Abt. 4 Buch 3 p. 426—427 f. 265 | 1932 *M. f.*, Cuénot in: Faune France, pars 24 p. 67—68 f. 2, 61, 62.

Klein bis mittelgroß, nach Ehrenberg und Murray sehr groß bis groß. Mit Augenpigment in gewöhnlicher, also hinterer Lage. Epidermiszellen von kleinen, grauen Körnchen erfüllt. Diese Angabe Cuénots bezeichnet keinen Artcharakter, sondern Alterspigment, die Ablagerung von Stoffwechselschlacken. Erwachsene französische Stücke mit blaßgelben oder goldgelben bis orangeroten Speicherzellen; diese als Carotinoide nachgewiesenen (Cuénot, 1932) Farbstoffe erscheinen bei Jungtieren früh in blasser Andeutung. Skulptur dorsal und dorsolateral ausgebildet und aus kleinen, runden, zerstreut stehenden Punkten bestehend, die in Querbändern angeordnet sind. Mundöffnung ohne Mundlamellen; Mundröhre eng und kurz, 2—3 μ weit, 29 μ lang; Scheidenhalter kurz; Stilette in der Mitte am stärksten gekrümmt, caudal ziemlich kräftig. Schlundkopf oval, caudal etwas breiter als rostral, 31 μ lang, 27 μ breit, mit Apophysen und 3 Placoiden, von denen die beiden letzten etwas länger sind als das erste, oder die vorderen beiden sind etwa gleich lang, und das dritte ist etwas länger (3, 3 und 4 μ); Länge der Placoidenreihe 13 μ, Breite der Placoiden 2,5 μ. Komma fehlt, bei französischen Stücken vorhanden. Extremitäten ziemlich groß, 30 μ lang; Krallen vom *hufelandii*-Typus, also Haupt- und Nebenast bis zur Mitte des Hauptastes verwachsen; die Nebenspitzen am Hauptast sehr klein; Krallenhauptäste des 4. Beinpaares 13 μ lang, die Nebenäste 12 μ lang (von der Basis gemessen). Lunulae klein, in der Originaldiagnose als gezähnt beschrieben, in südwestafrikanischem Material glatt. Länge in der Originaldiagnose mit 726 μ angegeben; für das Heinissche Material vom Originalfundort sind 260 μ, für mir vorliegende südwestafrikanische Stücke 370 μ, für französische 428 μ Länge zu nennen.

Sehr reife Weibchen mit 2 oder 3 gleich großen Eiern im Ovar; diese Eier haben abgelegt 80—85 μ Durchmesser, sind kugelig oder oval und mit ziemlich weit voneinander entfernt stehenden, 5 μ langen, weichen, spitzen Stacheln versehen. In französischem Material sind, anders als im südwestafrikanischen, oft die Spitzen der Ausschüsse umgebogen, aber nach Cuénots Abbildung (vgl. Fig. 164*E*) zu urteilen, bei weitem nicht so stark wie bei *M. occidentalis*. Manchmal war die Spitze der Ausschüsse bei französischen Eiern zweispitzig, wie bei *M. islandicus*, und der Zwischenraum zwischen den Ausschüssen trug durchweg eine feine Punktierung.

Cuénot nähert *M. occidentalis* und *M. furcatus* einander; der erste hat 2, der zweite 3 Macroplacoiden. Dieser Unterschied wird durch die häufige Einkerbung des ersten Stabes von *M. occidentalis* überbrückt. Cuénot fand 39mal reine *furcatus*-Populationen, 7mal reine *occidentalis*-Populationen und nur 4mal eine Mischbevölkerung. Für diese letzten steht eine Beschreibung der Eier noch aus, die nach dem bisherigen Stand der Kenntnisse und auch nach Cuénots Zeichnung eines *furcatus*-Eies (vgl. Fig. 164*E*) bei beiden Arten recht verschieden sind.

Cuénot hat erwogen, den *Macrobiotus luteus* dem *M. furcatus* als Synonym unterzuordnen. Aber von *M. luteus*, der mangels Abbildung nicht sicher zu beurteilen ist, wird keine Skulpturierung der Cuticula erwähnt. Die auffälligste Verschiedenheit beider Arten, die bei *furcatus* meist geradspitzigen, bei *luteus* distal umgebogenen Eiausschüsse vom *occidentalis*-Typ (vgl. Fig. 159*C*), leitet für die Trennung der Species nicht sicher, da von *M. luteus* nur ein aus dem Ovar präpariertes Ei bekannt ist und von den Ausschüssen noch nicht abgelegter Eier auf die endgültige Form der Ausschüsse nicht sicher zu schließen ist (E. Marcus in: Zool. Jahrb., Syst. *v.* 59 p. 372—373, 1930). Vor jeder weiteren Beurteilung des *M. luteus* müßte man seine abgelegten Eier kennen. Die Zugehörigkeit der stacheligen, ursprünglich auf *Milnesium alpigenum* bezogenen Eier zu *Macrobiotus furcatus* hat Ehrenberg selber erkannt (1859).

? Schottland (kein Fundort angegeben); Schweiz, Monte Rosa, bis 3800 m, Glarus, Gandstock, 1850 m; östliches und mittleres Frankreich, Vogesen, Haute-Marne,

Allier; Südwestafrika, Otjiwarongo, zwischen Windhoek und Waterberg, 1600 m. Antarktisch, wie Rahm (1928) angegeben hat, ist die Art nicht; die antarktischen Fundorte beziehen sich sämtlich auf *M. furciger* (vgl. S. 163).

6. **M. rolléi** Heinis 1921 *M. r.*, F. Heinis in: Festschr. Zschokke, nr. 6 p. 6, 15 f. 1a, 1b | 1928 *M. r.*, G. Rahm in: Tierw. Mitteleur., *v.* 3 p. II 9 | 1928 *M. r.*, E. Marcus in: Tierw. Deutschl., pars 12 p. 120 f. 142 | 1928 *Isohypsibius R.*, G. Thulin in: Hereditas, *v.* 11 p. 239 | 1929 *Macrobiotus r.*, E. Marcus in: Bronn, Kl. Ordn., *v.* 5 Abt. 4 Buch 3 p. 407—408 f. 248.

Klein; blaßrosa; Augenpigment vorhanden. Der ganze Körper bedeckt von zahlreichen, unregelmäßigen, also nicht in Reihen stehenden, glatten, längsgestreckten Höckern. Schlundkopf klein, mit 3 kleinen, körnchenartigen Stäben. Krallen klein, Haupt- und Nebenast fast gleich lang. Länge bis 165 μ.

Fig. 165.
Macrobiotus rolléi Heinis. *A* lateral, *B* Schlundkopf.

In der Originalbeschreibung wird die Art gegen die beiden heute zu *Hypsibius* gestellten Species *H. tuberculatus* (vgl. S. 240) und *H. nodosus* (vgl. S. 242) abgegrenzt; Heinis macht also anscheinend keinen Unterschied zwischen den beiden hier getrennt behandelten Gattungen *Macrobiotus* und *Hypsibius*. Seine Art gehört jedoch, soweit die nur wenig ins einzelne gehenden Abbildungen das beurteilen lassen, auf Grund der Krallenstellung am 1. und 2. Beinpaar und des deutlich erkennbaren Scheidenhalters zu *Macrobiotus*. G. Thulin hält, wie er mir brieflich mitgeteilt hat, die mediane Linie an der Mundröhre (vgl. Fig. 165 *B*) nicht für einen Scheidenhalter, sondern für die innere Kontur der Mundröhrenwand. Wegen der habituellen Ähnlichkeit des *Macrobiotus rolléi* mit *Hypsibius (Isohypsibius) tuberculatus* und *nodosus* stellt er ihn zur Untergattung *Isohypsibius* in die *tuberculatus*-Gruppe. Noch weiter geht Cuénot (Faune France, pars 24 p. 79, 1932). Er setzt *M. rolléi* als fraglich dem *Hypsibius (Isohypsibius) sattleri* synonym und vereinigt mit *H. sattleri* als fraglich auch *H. tuberculatus*. Über das Verhältnis der beiden letzten Arten wird später gesprochen (vgl. S. 241), hier sei nur begründet, weshalb ich Cuénot bezüglich des *M. rolléi* nicht folgen möchte. Ein *Hypsibius (Isohypsibius)* mag *M. rolléi* sein. Aber Heinis (1921) erwähnt in derselben Arbeit, in der er *M. rolléi* beschreibt, sowohl *H. sattleri* als auch *H. tuberculatus*. Beide Arten kennt er schon lange von mehreren Fundorten (Zool. Anz., *v.* 32 p. 637, 638, 1908; ibid., *v.* 33 p. 716, 1908; Arch. Hydrobiol., *v.* 5 p. 120, 1910). Danach kann ich nicht annehmen, daß sein *rolléi* mit einer der beiden Arten identisch ist. Sonst hätte Heinis seine *rolléi*-Stücke entweder bei *H. sattleri* oder bei *H. tuberculatus* eingeordnet. Um einer Kritik an Thulins Aufteilung des Genus *Hypsibius* nicht von vornherein unsichere und schwach begründete Species auszusetzen und das Thulinsche System nach dem heutigen Forschungsstande so scharf wie möglich zu definieren, belasse ich einstweilen den *Macrobiotus rolléi* als selbständige Species bei *Macrobiotus*.

Schweizer Alpen, Wallis, beim Gornergrathotel, 3136 m.

2. Macrobiotus intermedius-Gruppe

Schlundkopf von Apophysen und Komma (Microplacoid) abgesehen, mit 3 Einlagerungen (Macroplacoiden). Cuticula glatt (vgl. Anm. S. 146).

Bestimmungstabelle der Arten:

1	Eiausschüsse frei aus der Eioberfläche herausragend oder die einzelnen Ausschüsse von einzelnen, kegelstumpfförmigen Kapseln umschlossen, manche Arten vielleicht auch mit glatten Eiern — **2**	
	Eiausschüsse sämtlich in eine hyaline Außenzone der Eischale eingebettet, so daß sie nicht über die Eioberfläche hervorragen — **29**	
2	Macroplacoiden[1]) untereinander ungefähr gleich lang und von gleichem Typus, also Körner oder Stäbe — **3**	
	Macroplacoiden untereinander verschieden lang, manchmal von verschiedenem Typus, dann also Körner und Stäbe — **21**	
3	Eischale mit Areolation, das heißt mit polygonaler Felderung zwischen den Eiausschüssen — **4**	
	Eischale ohne Areolation zwischen den Eiausschüssen — **5**	
4	Macroplacoiden erwachsener Stücke schmale Stäbe; Krallenhaupt- und Nebenast auf halber Länge des Hauptastes vereinigt	7. **M. richtersii**
	Macroplacoiden breite, längliche Körner; Krallenhaupt- und Nebenast auf viel weniger als halber Länge des Hauptastes vereinigt	8. **M. polaris**
5	Eiausschüsse mit distalen Verzweigungen oder in mehrere Stacheln aufgelöst — **6**	
	Eiausschüsse distal weder verzweigt noch mit mehreren Stacheln versehen — **10**	
6	Eiausschüsse distal verzweigt — **7**	
	Eiausschüsse distal mit mehreren Stacheln versehen — **9**	
7	Schlundkopf kugelig; Mundröhre eng; Macroplacoiden Körner, die so lang wie breit sind; die rostralen Macroplacoiden in der Ventralansicht von den Apophysen fast verdeckt; Eiausschüsse basal schmal, distal verbreitert	13. **M. intermedius**
	Schlundkopf oval; Mundröhre weit; Macroplacoiden stabförmige Körner oder Stäbe, jedenfalls länger als breit; die rostralen Macroplacoiden nicht von den Apophysen verdeckt; Eiausschüsse basal breit, weiter distal schmal und am Distalrande wieder verbreitert — **8**	
8	Stilettfurca klein; Eiausschüsse mit basalem Perlenkranz, distal mit dichotomer 2- oder 3facher Verzweigung; Eischale zwischen den Ausschüssen unpunktiert	9. **M. furciger**
	Stilettfurca von normaler Größe; Eiausschüsse ohne basalen Perlenkranz, distal mit unregelmäßiger, drei- oder mehrfacher Verzweigung; Eischale zwischen den Ausschüssen punktiert	10. **M. orcadensis**

[1]) Für die Bestimmung von Arten der Macrobiotidae ist es notwendig, ausgewachsene Stücke der betreffenden Population zu verwenden, denn Jungtiere sind bezüglich der Form von Krallen und Schlundkopf, der Maße der Placoiden und der Weite der Mundröhre für die Diagnosen nicht maßgebend.

9	Alle 3 Macroplacoiden breit; die Eiausschüsse mit aufwärts, also von der Eischale fort gerichteten Stacheln	11. **M. allani**
	Das 1. Macroplacoid rundlich, die beiden folgenden länglich; die Eiausschüsse mit abwärts, also gegen die Eischale hin gerichteten Stacheln	12. **M. vanhoeffeni**
10	Eiausschüsse distal mit verbreiterter Scheibe — **11**	
	Eiausschüsse distal nicht mit verbreiterter Scheibe, sondern fadenförmig verlängert, spitz-konisch, zitzen- oder halbkugelförmig — **14**	
11	Schlundkopf kugelig; die Macroplacoiden sind Körner, die eben so lang wie breit sind — **12**	
	Schlundkopf oval; die Macroplacoiden sind Stäbe, die deutlich länger als breit sind — **13**	
12	Stilette kräftig gebogen; Eiausschüsse ohne die basale becherförmige Erweiterung der *hufelandii*-Ausschüsse	13. **M. intermedius**
	Stilette nur leicht gebogen; Eiausschüsse mit der basalen becherförmigen Erweiterung der *hufelandii*-Ausschüsse	**M. spec. 1**
13	Stilette schwach und dünn; Mundröhre eng	14. **M. hufelandioides**
	Stilette kräftig und dick; Mundröhre weit	31. **M. hufelandii**
14	Macroplacoiden schmale Stäbe — **15**	
	Macroplacoiden kugelig bis oval oder sehr breit — **17**	
15	Eiausschüsse spitze, kegelförmige Stacheln	29. **M. pullari**
	Eiausschüsse basal breit aufgetrieben, distalwärts verjüngt — **16**	
16	Eiausschüsse zwiebelförmig oder stumpf-konisch . .	15. **M. harmsworthi**
	Eiausschüsse mammillär, das heißt halbkugelförmig mit aufsitzender kleiner Erhebung	16. **M. meridionalis**
17	Die 3 Macroplacoiden länger als breit oder breiter als lang; Haupt- und Nebenast der Krallen über mehr als die Hälfte ihrer Länge vereinigt; Eiausschüsse in schlanken, borstenartig gekrümmten Spitzen endigend — **18**	
	Die 3 Macroplacoiden kugelig, also ebenso breit wie lang oder länger als breit; Haupt- und Nebenast der Krallen bis zur Hälfte ihrer Länge vereinigt — **19**	
18	Die 3 Macroplacoiden breiter als lang; die Eiausschüsse basal einander berührend	17. **M. crassidens**
	Die 3 Macroplacoiden etwas länger als breit; die Eiausschüsse basal mit deutlichen Zwischenräumen auf der Eioberfläche stehend	21. **M. luteus**
19	Mundröhre weit; Macroplacoiden doppelt so lang wie breit; Eiausschüsse halbkugelförmig	18. **M. montanus**
	Mundröhre eng; Macroplacoiden kugelig oder oval, also etwas länger als breit; Eiausschüsse spitz endigend — **20**	
20	Schlundkopf kugelig; Macroplacoiden kugelig; Eiausschüsse kegelförmig	19. **M. ascensionis**
	Schlundkopf oval; Macroplacoiden oval, also etwas länger als breit; Eiausschüsse mit schlanken, borstenartig gekrümmten Spitzen endigend	21. **M. luteus**
21	Das caudale Macroplacoid ist das kürzeste	20. **M. porteri**
	Das caudale Macroplacoid länger oder ebenso lang wie eines der anderen — **22**	

22 Von den 3 Macroplacoiden ist das caudale das längste — **23**
Das caudale Macroplacoid ebenso lang wie das rostrale oder das mittlere — **24**

23 Schlundkopf kugelig; Macroplacoiden von rostral nach caudal an Größe zunehmend . . . . **M. spec. 2**
Schlundkopf länglich oval; das rostrale und mittlere Macroplacoid von gleicher Länge und kürzer als das caudale Macroplacoid . . . . 15. **M. harmsworthi**

24 Das rostrale Macroplacoid kürzer als die beiden folgenden — **25**
Das mittlere Macroplacoid kürzer als das rostrale und das caudale — **26**

25 Die 3 Macroplacoiden sind Körner, das rostrale Macroplacoid ist rundlich, die beiden folgenden sind länglich; Krallenhaupt- und Nebenast sind etwa zur halben Länge des Hauptastes miteinander verwachsen; Eiausschüsse trichterförmig, distal mit gegen die Eischale hin, also abwärts gerichteten Stacheln . . . . 12. **M. vanhoeffeni**
Die 3 Macroplacoiden sind Stäbe, von denen der rostrale etwas kürzer ist als die beiden folgenden; Krallenhaupt- und Nebenast bis etwa zur Mitte des Hauptastes vereinigt; Eiausschüsse einfache Spitzen . . . . 5. **M. furcatus**

26 Haupt- und Nebenast der Kralle bis etwa zur halben Länge des Hauptastes verwachsen — **27**
Haupt- und Nebenast der Kralle nur basal, bei weitem nicht bis zur halben Länge des Hauptastes verwachsen . . . . **M. spec. 3**

27 Die 3 Macroplacoiden sind Stäbe; Krallen schlank; Nebenspitzen der Hauptäste schwach — **28**
Das rostrale und das caudale Macroplacoid stabförmig, das mittelste ein Korn; Krallen sehr dick; Nebenspitzen der Hauptäste kräftig . . . . 22. **M. virgatus**

28 Unpigmentiert; Eischale ohne Areolation, das heißt nicht mit polygonaler Felderung zwischen den Ausschüssen versehen . . . . 15. **M. harmsworthi**
Alte Stücke pigmentiert; Eischale mit Areolation, das heißt mit polygonaler Felderung zwischen den Ausschüssen versehen . . . . 7. **M. richtersii**

29 Krallen vom *hufelandii*-Typus; die Anordnung der Eiausschüsse bedingt eine unregelmäßige Netzzeichnung der Eischale . . . . 23. **M. hibernicus**
Krallen vom *echinogenitus*-Typus; keine Netzzeichnung auf der Eischale . . . . 34. **M. hastatus**

7. **M. richtersii** John Murr. 1908 *M.* spec., F. Richters in: Zool. Jahrb., Syst. *v.* 26 p. 208 t. 17 f. 10 | 1911 *M. richtersii* + „Variety", John Murray in: P. Irish Ac., *v.* 31 nr. 37 p. 7—8 t. 3 f. 13a—h | 1911 *M. Harmsworthi*, G. Thulin in: Ark. Zool., *v.* 7 nr. 16 p. 49—50 | 1913 *M. richtersii*, John Murray in: J. R. micr. Soc., p. 138, 143 | 1928 *M. richtersi*, G. Rahm in: Tierw. Mitteleur., *v.* 3 p. II 16 | 1928 *M. richtersii*, E. Marcus in: Tierw. Deutschl., pars 12 p. 122—123 f. 143 | 1928 *M. Richtersi*, G. Thulin in: Hereditas, *v.* 11 p. 242, 245 | 1929 *M. richtersii*, E. Marcus in: Bronn, Kl. Ordn., *v.* 5 Abt. 4 Buch 3 p. 408—410 f. 249 | 1930 *M. r.*, E. Marcus in: Zool. Jahrb., Syst. *v.* 59 p. 372—374 f. 2, 3 | 1932 *M. Schultzei*, Cuénot in: Faune France, pars 24 p. 59—60 f. 46 | 1932 *M. areolatus* [nec John Murr.], Cuénot, ibid., pars 24

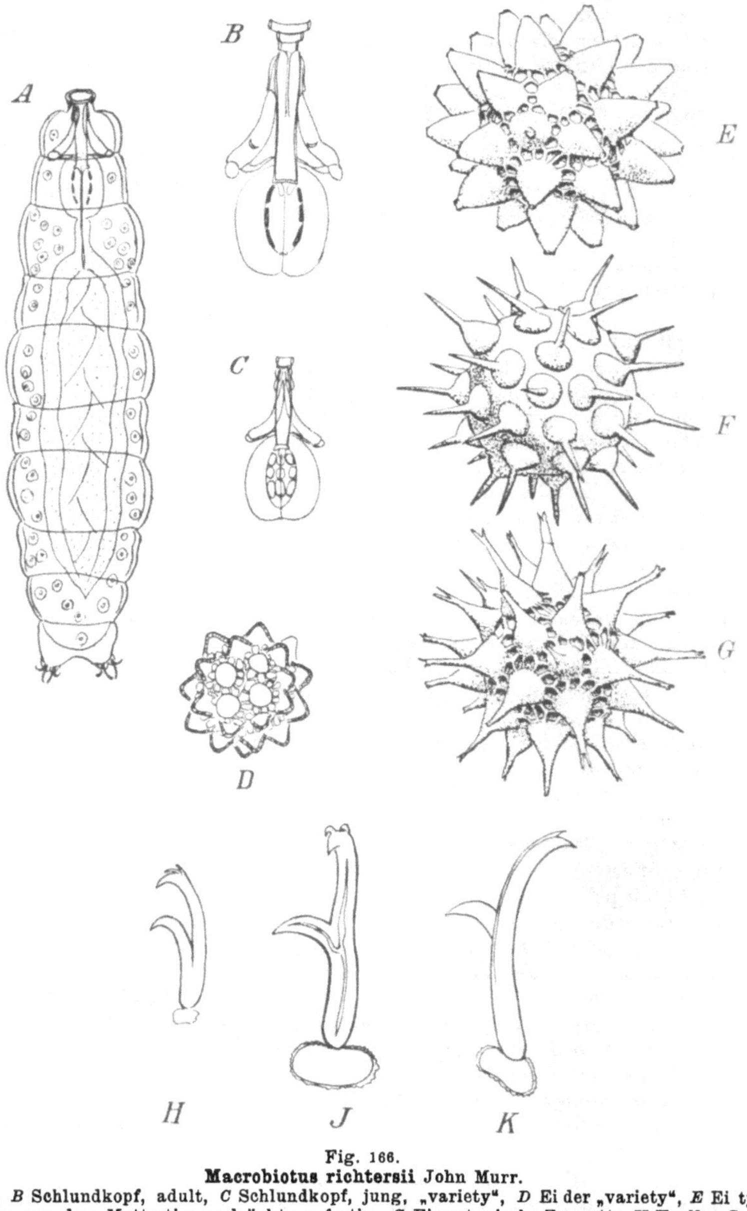

Fig. 166.
Macrobiotus richtersii John Murr.
A dorsal, *B* Schlundkopf, adult, *C* Schlundkopf, jung, „variety", *D* Ei der „variety", *E* Ei typisch, *F* dasselbe aus dem Muttertier gedrückt, unfertig, *G* Ei untypisch, Zermatt, *H* Kralle, Jungtier *J* Kralle adult, frontal, *K* Kralle adult, lateral.

p. 60—61 f. 47—48 | 1933 *M. Schultzei*, E. Bartoš in: Příroda Ostrava, *v.* 26 nr. 7 p. 2 | 1934 *M. richtersi*, E. Bartoš in: Časopis České Spol. ent., *v.* 31 p. 57.

Sehr groß; farblos oder dunkel pigmentiert, so namentlich ältere Stücke, die in durchfallendem Licht stumpfbraun aussehen. Augenpigment meist fehlend, in sardinischem Material vordere Augen. Mundöffnung von zwei

Lamellenkränzen umgeben, einem inneren Kranz von 8 langgestreckten Lamellen und einem äußeren von ebenso vielen kurzen, quadratischen Lamellen, die den inneren gegenüber sitzen. Mundröhre sehr weit, etwa 16 µ oder im äußeren Durchmesser 18 % der Schlundkopflänge messend, im rostralen Teil gerade verlaufend, vor dem Eintritt in den Schlundkopf ventralwärts konvex gekrümmt. Stilette sehr dick. Schlundkopf kurz-oval, 80 µ lang; bei erwachsenen Stücken mit 3 schmalen Stäben und einem vom letzten Stab in einigem Abstand stehenden Microplacoid. Der 1. und 2. Schlundkopfstab stehen oft nahe aneinander und sind je etwa 4 mal, der 3. etwa 5 mal so lang wie breit, oder der 1. und der 3. sind gleich lang und der mittlere ist etwas kürzer. Es können auch alle 3 Macroplacoiden annähernd gleich lang sein. Der 3. Stab kann terminal geknöpft sein, das heißt am caudalen Ende eine gelenkkopfartige Auftreibung besitzen. Bei jungen Tieren einer in der Erstbeschreibung als Varietät bezeichneten Form sind die Schlundkopfstäbe kurz und dick (Fig. 166 *C*); bei jungen wie erwachsenen Stücken dieser Form ist der mittlere Stab oft kürzer als der 1. und letzte. Krallenäste schlank, bis etwa zur halben Länge des mit 2 Nebenspitzen versehenen Hauptastes vereinigt; bei Jungtieren (Fig. 166 *H*) etwas früher getrennt und annähernd V-förmig. Lunula schwach gezähnt. Vasa malpighii von kurzem Typus, 75 µ lang bei einem 630 µ langen Tier. Länge 750—1000 µ.

Eier (Fig. 166 *E*) mit abgestutzten, kegelstumpfartigen Ausschüssen, die distal etwas verbreitert sind. Eischale zwischen den Ausschüssen gefeldert, und zwar besteht die Felderung (Areolation) aus Polygonen, vielfach aus Pentagonen von untereinander gleicher Größe. Die Ausschüsse sind schwach papillös; ihre distalen Verbreiterungen von variabler Ausbildung und oft von Papillen umgeben. Bei atypischen, in schweizerischem Material gefundenen Eiern (Fig. 166 *G*) sind die granulierten Ausschüsse kegelförmig mit schlanken, oft aufgefransten Spitzen; bei der als Varietät bezeichneten Form sind die Eiausschüsse kurze, breite Kegel mit flach abgerundeter Spitze (Fig. 166 *D*) und die Polygone der Areolation sind nicht nur, wie die typischen vielfach, in Pentagone, sondern weitergehend aufgeteilt. Im Stadium der Eireifung aus dem mütterlichen Ovar typischen Materials gedrückte Eier von 65 µ Durchmesser ohne Ausschüsse, 100 µ Durchmesser mit diesen, zeigten keine Areolation (Fig. 166 *F*), und die Ausschüsse bestanden aus 8 µ breiten, 7 µ hohen Sockeln mit darauf sitzenden 10—12 µ langen, schmalen und spitzen Kegeln[1]). Eidurchmesser typischer Stücke 92—120 µ mit den Ausschüssen, 65—75 µ ohne diese; bei schweizerischem Material 80 µ ohne, 140 µ mit den Ausschüssen, die 30 µ hoch und basal 20 µ breit sind.

Die in der Synonymieliste an erster Stelle erwähnten Eier gehören hierher. Nach den Krallenbildern, die für *Macrobiotus areolatus* vorliegen (F. Richters in: Fauna arct., *v.* 3 t. 15 f. 7, 1904; John Murray in: Tr. R. Soc. Edinb., *v.* 45 t. 2 f. 14d, 1907; Brit. antarct. Exp., *v.* 1 t. 21 f. 53a, c, 1910), halte ich diese Art für sicher zur Gattung *Hypsibius* gehörig (vgl. S. 286). Da aber G. Thulin im Gegensatz zu seiner früheren Meinung (Ark. Zool., *v.* 7 nr. 16 p. 27, 1911) neuerdings die genannte Art bei *Macrobiotus* aufführt (Hereditas, *v.* 11 p. 245, 1928), so seien die Unterschiede zwischen *M. areolatus* und *M. richtersii* an Hand der Originaldiagnose des letzten hier auch erwähnt. Sieht man von den Krallenverschiedenheiten ab, so bliebe das bei der ersten Art fehlende Microplacoid als einziger sicherer Unterschied, nachdem, wie

---

[1]) Bei der gewaltsamen Entfernung der unfertigen Eier aus dem Ovar sind die Sekretfäden, die von den Ovarendothelzellen sezerniert werden, in die Länge gezogen worden und zu spitzen Kegeln erhärtet, als sie mit dem Wasser in Berührung kamen. Auf diese Weise ist ein abnorm gestaltetes Chorion zustande gekommen, und die Methode der Tardigradensystematiker, Eier, die aus Weibchen gedrückt worden sind, zur Speciesdetermination zu verwenden, darf demnach nur als Notbehelf gelten für den Fall, daß freie Eier fehlen, oder eine Mischpopulation morphologisch wenig differenter Species mit stark divergierenden Eitypen vorliegt.

aus der vorstehenden Diagnose erhellt, Augenpigment und spitze Eiausschüsse auch für *M. richtersii* festgestellt sind. Was Cuénot als *M. areolatus* auf Grund des Augenpigments und des sehr kleinen Komma von *M. richtersii* mit großem Komma und „ohne Augenpigment" trennt, ist m. E. weder eine selbständige Art, noch der Murraysche *M. areolatus*, den ich nach seinen Krallen nach wie vor zu *Hypsibius* stelle. Cuénots *M. areolatus*-Eier sind nicht von *M. richtersii*-Eiern zu unterscheiden. *M. virgatus* hat viel dickere Krallen und Nebenspitzen der Hauptäste als *M. richtersii*, auch sind die Schlundkopfeinlagerungen bei beiden Arten verschieden. Von *M. hufelandii* und *M. harmsworthi* ist *M. richtersii* ohne Eier kaum, mit diesen freilich sofort zu unterscheiden. Das 1911 von Thulin als *M. harmsworthi* bestimmte Material wird von ihm selbst (1928) zu *M. richtersii* gestellt. *M. tetrodon* und *M. astronensis* (1915, P. Della Valle in: Annuario Mus. Napoli, n. ser. suppl. fasc. 1 nr. 7 p. 22, 27), die hier bei *M. harmsworthi* aufgeführt werden (vgl. S. 169), stellt Thulin in die Nähe von *M. richtersii* (Hereditas, *v.* 11 p. 246, 1928), ebenso den *M. schultzei* (1866, R. Greeff in: Arch. mikr. Anat., *v.* 2 p. 117), der hier dem *M. hufelandii* untergeordnet wird. Da von *M. tetrodon*, *astronensis* und *schultzei* die Eier nicht bekannt sind, bleibt ihre Zuordnung unsicher. Keinesfalls darf der Name *schultzei* Greeff den klar gekennzeichneten *richtersii* verdrängen, wie Cuénot (1932) das will. Das Fehlen des Augenpigments ist, wie mein sardinisches Material mit vollständig typischen Eiern zeigt, ebensowenig ein sicheres Speciesmerkmal für *richtersii*, wie sein Vorhandensein für *M. hufelandii* (vgl. S. 198). Greeffs Angaben über den Schlundkopf von *M. hufelandii* (1866, p. 116) und *M. schultzei* (1866) sind richtig und beweisen, daß *M. hufelandii*-Stücke mit 3 Macroplacoiden und 1 Komma nach dem Schlundkopf von *M. richtersii* nicht zu unterscheiden sind; auch sonst findet sich in Greeffs Beschreibung von *M. schultzei* nichts, was nicht für beide Arten, *M. richtersii* und *M. hufelandii*, passen würde. Sogar der letzte Satz „seine (des *M. schultzei*) Eier sind ähnlich denen von *M. Hufelandii*" bedeutet nicht viel, denn sein *hufelandii*-Ei (1866, t. 7 f. 11) ähnelt in dem äußeren Ausschußkranz mehr einem *richtersii*-, in den inneren Kränzen einem *hufelandii*-Ei; in der Tafelerklärung (1866, p. 131) bezeichnet er es als Ei von *M. schultzei*. So bleibt der *M. schultzei* in seiner Zuordnung recht unsicher. Daß Plate ihn dem *M. hufelandii* nähert (Zool. Jahrb., Anat. *v.* 3 p. 536, 1888), beweist wenig, denn Plate hat mindestens zum Teil *harmsworthi*-Stücke für *hufelandii* gehalten (1888, t. 22 f. 28). Aber F. Richters, der diesen Irrtum Plates erkannt hat (Fauna arct., *v.* 3 p. 502, 504, 1904), bezeichnet in Übereinstimmung mit Plate den *M. schultzei* „als augenlose Varietät des *hufelandii*" (1888, p. 507, Anm. 2; Ber. Senckenb. Ges. p. 69, 1904). Dem schließe ich mich in dem Bewußtsein an, daß es vielfach nicht möglich ist, die ältere Tardigradensynonymie zu klären, da die Beschreibungen auf mehrere Arten passen, oft wohl auch auf Material beruhen, das mehreren Arten zugehört.

Südschweden; Schottland; Irland, Westküste (hier auch die als Varietät bezeichnete Form); Mark Brandenburg (typische und die als „var." bezeichneten Eier); bei Berlin; Schlesien, Landeshut, 700 m; Schwarzwald; Oberbayern, Wendelsteingebirge, 1500 m; Schweiz, Wallis, bis 2700 m; Tschechoslowakei, 1680 m; Frankreich, gemein in Moosen und Flechten von sehr trockenen Stellen oder zwischen abgestorbenen Blättern; Genua; Corsica; Sardinien; Flores, 1500 m; Britisch-Ostafrika (Uganda); Südafrika, Pretoria, Kapland; Samoa.

8. **M. polaris** John Murr. 1910 *M. p.*, John Murray in: Brit. antarct. Exp., *v.* 1 p. 98—99 t. 14 f. 1a—1e | 1911 *M. p.*, John Murray in: J. Quekett Club, ser. 2 *v.* 11 p. 193 | 1928 *M. p.*, G. Rahm in: Tierw. Mitteleur., *v.* 3 p. II 15 | 1928 *M. p.*, E. Marcus in: Tierw. Deutschl., pars 12 p. 123—125 f. 144 | 1928 *M. p.*, G. Thulin in: Hereditas, *v.* 11 p. 242, 245 | 1929 *M. p.*, E. Marcus in: Bronn, Kl. Ordn., *v.* 5 Abt. 4 Buch 3 p. 410—412 f. 250.

Sehr groß; etwas schmal und lang. Hyalin, mit blaßgelber Leibeshöhlenflüssigkeit und rotbraunem Magen, alte Stücke etwas pigmentiert. Augenpigment vorhanden, wahrscheinlich vordere Augen. Mundröhre von kaum mittlerer Breite, etwa 4 μ, mit im optischen Schnitt parallel erscheinenden Grenzen, im Schlundkopf mit schmalem Rand endigend. Der Schlundkopf kurz-oval, 36×30 μ, mit Apophysen, drei kurzen Stäben und einem Komma. Die Stäbe untereinander von etwa gleicher Länge, je nach Alter $1^1/_2$ bis $2^1/_2$ mal so lang wie breit; ihre Enden sind gerundet. Krallen eines Beines von sehr verschiedener Größe, für einen großen Macrobioten ungewöhnlich dünn; Haupt- und Nebenast nicht bis zur halben Länge des Hauptastes vereinigt; der Nebenast nur etwas mehr als halb so lang wie der Hauptast. Am Hauptast bisher nur eine Nebenspitze festgestellt.

Länge bis zu 800 μ; ein aus dem Ei gedrücktes Jungtier von 250 μ dürfte trotz der normalen Streckung und Quellung auskriechender Tardigraden im Hinblick auf die Größe des Eies als durch Druck etwas verlängert gelten.

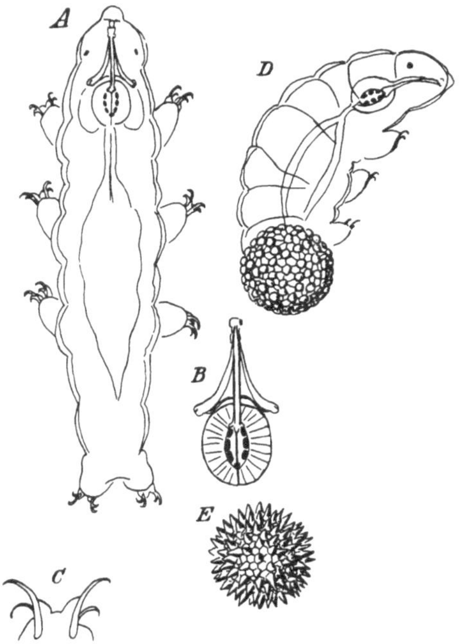

Fig. 167.
Macrobiotus polaris John Murr. *A* dorsal, *B* Schlundkopf, adult, *C* Krallen, *D* Jungtier, aus Ei mit runden Ausschüssen kriechend, *E* Ei mit spitzen Ausschüssen.

Eier kugelig, 75 μ ohne Ausschüsse, mit den runden Ausschüssen etwa 85 μ, mit den spitzen 95 μ im Durchmesser messend. Eigestalt und Aussehen sehr variabel, kugelig oder oval; mit Areolation (Felderung); die Schale erscheint wie doppelt, und der Raum zwischen beiden Hüllen ist durch Septen in eine Anzahl kleiner Kammern geteilt. Die Septen erscheinen an der Eioberfläche als Grenzen sechseckiger Netzmaschen. Von den Netzmaschen entspringen die Ausschüsse, und zwar alternierend, so daß je ein Sechseck dazwischen frei bleibt. Die Ausschüsse sind bald an der Spitze gerundet und erscheinen im optischen Schnitt halbkreisförmig (Fig. 167 *D*), bald kegelförmig spitz (Fig. 167 *E*), bald nadelförmig ausgezogen. Die Dicke der Ausschüsse drückt auf die umgebenden Sechsecke und stört die Regelmäßigkeit des Netzes. Manchmal erscheinen die Ausschüsse basal faltig oder geschrumpft, so daß sie kleiner werden als die dazwischen liegenden Polygone.

Nach der Originaldiagnose ist der Magen rostral wie caudal verjüngt und besteht aus zahlreichen Zellen. Die Speicherzellen sind klein, im Durchmesser 5 – 6 μ lang. Alle diese Angaben beziehen sich auf den physiologischen Zustand, und zwar auf reduzierten Ernährungszustand des betreffenden Materials. Für die Determination sind solche Angaben ohne Bedeutung. Auch abgesehen von den Placoiden und den Eiern gehört *M. polaris* nicht zu den *M. hufelandii* nahestehenden Arten, denn alle diese haben eine weitere Mundröhre und stärkere Krallen mit weitergehend vereinigtem Haupt- und Nebenast als *M. polaris*.

Victoria-Land, zwischen Lat. 77° 30′ und 78° S.

9. **M. furciger** John Murr. 1906 *M. furcatus* [nec Ehrbg.], John Murray in: Tr. R. Soc. Edinb., *v.* 45 p. 327—328 t. 2 f. 6a—6d, t. 4 f. 13a—13c | 1907 *M. f.*, F. Richters in: Zool. Anz., *v.* 31 p. 916 | 1907 *M. furciger*, John Murray in: Tr. R. Soc. Edinb., *v.* 45 p. 852—853 | 1908 *Makrobiotus furcatus*, F. Richters in: Mikrokosmos, *v.* 1

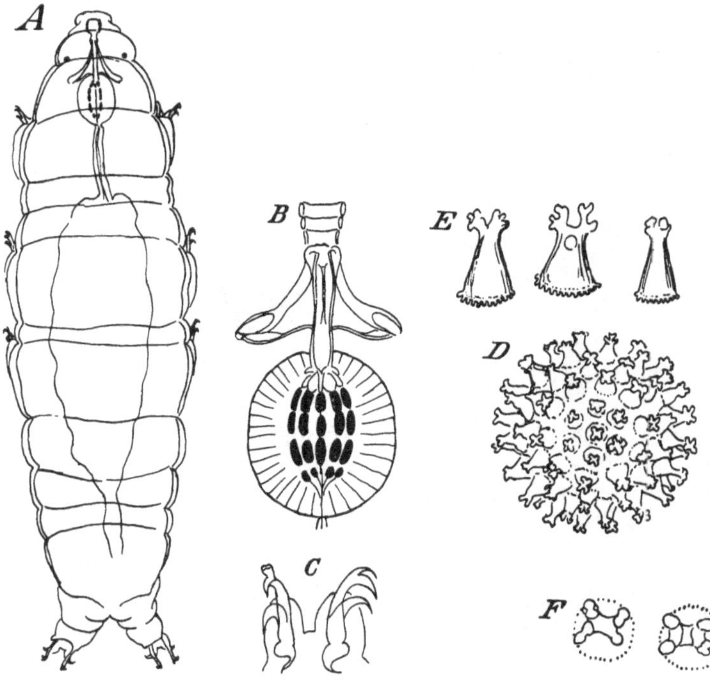

Fig. 168.
Macrobiotus furciger John Murr. *A* dorsal, *B* Schlundkopf, gequetscht, *C* Krallen, *D* Ei, *E* Eiausschüsse lateral, *F* dieselben in der Aufsicht.

p. 53 | 1908 *Macrobiotus f.* + var. *vittatus*, F. Richters in: Ergeb. Schwed. Südp.-Exp., *v.* 6 nr. 2 p. 5—6 t. 1 f. 4, 5 | 1910 *M. furciger* + *furcigir*, John Murray in: Brit. antarct. Exp., *v.* 1 p. 114—115, 156 | 1911 *M. furciger*, John Murray in: J. Quekett Club, ser. 2 *v.* 11 p. 193 | 1913 *Makrobiotus f.*, F. Richters in: Handw. Naturw., *v.* 9 p. 1019 | 1921 *Macrobiotus ehrenbergi*, F. Heinis in: Festschr. Zschokke, nr. 6 p. 14 | 1928 *M. furcifer* var. *vitatus* + ? *furcatus* [part.], G. Rahm in: Tierw. Mitteleur., *v.* 3 p. II 15, II 6 | 1928 *M. furciger*, E. Marcus in: Tierw. Deutschl., pars 12 p. 125—126 f. 39, 145 | 1928 *M. f.*, G. Thulin in: Hereditas, *v.* 11 p. 242, 243, 245 f. 19, rechts | 1929 *M. f.*, E. Marcus in: Bronn, Kl. Ordn., *v.* 5 Abt. 4 Buch 3 p. 412—414 f. 130, 251 | 1932 *M. f.*, Cuénot in: Faune France, pars 24 p. 59.

Groß; in der Körperform an *M. hufelandii* erinnernd. Hyalin oder auch mit stärkerer Pigmentierung, und zwar braunen Querbinden versehen (forma *vittata*); von diesen Binden verlaufen 2 über dem Kopf, 1 über jedem Beinpaar und in den 3 Zwischenräumen zwischen den Beinpaaren gleichfalls je eine, so daß im ganzen 9 vorhanden sind. Augenpigment vorhanden, vordere Augen. Mundöffnung mit Mundlamellen. Mundröhre ziemlich weit, 15 % der Schlundkopflänge, S-förmig gebogen. Stilette schwach gekrümmt, mit kleiner Furca. Schlundkopf sehr klein, beim erwachsenen Tier 46 μ lang, vielleicht bei den der Beschreibung zugrunde liegenden Stücken kontrahiert. Form des Schlundkopfes oval oder annähernd rhombisch; an Einlagerungen sind Apophysen, 3 untereinander gleich lange Stäbe, die 2 mal so lang wie breit sind, und 1 Komma vorhanden. Krallenäste zur Hälfte der Länge des Hauptastes vereinigt; der Hauptast mit sehr derben Nebenspitzen, die viel stärker als bei *M. hufelandii* sind. Länge etwa 600 μ.

Eier kugelig, 83 μ ohne Ausschüsse, 105 μ mit ihnen im Durchmesser messend. Form der Ausschüsse konisch, distal dichotomisch verzweigt, die Verzweigungen in mehrere kurze Zacken aufgelöst; oft ist proximal von der Verzweigung der Ausschuß durchbohrt. Die Basis eines jeden Ausschusses wie beim typischen *M. hufelandii* von einem Perlenkranz umgeben. Auch bei *M. hufelandii* kommen am Rande der distalen Scheibe der Eiausschüsse kleine Knötchen und stärker hervortretende Zacken vor, durch welche die glattrandige Scheibe zu einer kleinen Krone wird (F. Richters in: Zool. Jahrb., Syst. *v.* 26 p. 208, 1908). Derartige Eier leiten zu solchen von *M. furciger* über, deren Ausschüsse etwas kürzer und etwas schwächer verzweigt sind (F. Richters in: Ergeb. Schwed. Südp.-Exp., *v.* 6 nr. 2 t. 1 f. 4, 1908). Sollten Verwachsungen der beiden ersten Placoiden des *M. furciger*, die bisher erst ganz vereinzelt gefunden worden sind (1908 p. 7), häufiger sein, so bleiben nur die graduellen, nicht prinzipiellen Verschiedenheiten der Eiausschüsse als Unterschiede zwischen *M. furciger* und *M. hufelandii* und namentlich *M. anderssoni* übrig. Bei *M. hufelandii* sind außerdem die Nebenspitzen der Hauptäste schwächer. *M. granulatus* hat zwar einigermaßen ähnliche Eiausschüsse wie *M. furciger*, ist aber im übrigen deutlich unterschieden. Die wahrscheinlich durch intensivere Belichtung bewirkte Pigmentierung dürfte zur Abtrennung einer besonderen Form, der var. *vittata*, nicht ausreichen. Die in die Synonymieliste mit aufgenommene Angabe Rahms läßt Zweifel an der Richtigkeit seiner Auffassung des *M. furcatus* Ehrbg. aufkommen, denn „antarktisch“, wie Rahm angibt, ist *M. furcatus* Ehrbg. nicht. Die antarktischen Fundorte beziehen sich sämtlich auf *M. furciger*. Bei diesem letzten fällt auf, daß er in Grahamsland allgemein verbreitet ist, im Viktorialand dagegen anscheinend fehlt. Die ältere Ansicht, daß *M. furciger* eine südliche und vikariierend zu *M. hufelandii* auftretende Species sei, hat sich nicht bestätigt.

Bei Berlin; Neuseeland, Nord- und Südinsel; Feuerland; Navarininsel; Staateninsel; Südgeorgien; Süd-Orkney-Inseln; Süd-Shetland-Inseln; Grahamland.

10. **M. orcadensis** John Murr. 1907 *M. o.*, John Murray in: Tr. R. Soc. Edinb., *v.* 45 p. 661—662 t. 2 f. 10a—e | 1911 *M. o.*, John Murray in: J. Quekett Club, ser. 2 *v.* 11 p. 193 | 1911 *M. o.*, John Murray in: Ann. Scott. nat. Hist., nr. 78 p. 89, 93 | 1919 *M. o.*, P. Nederström in: Acta Soc. Fauna Fenn., *v.* 46 nr. 8 p. 13 | 1928 *M. o.*, G. Rahm in: Tierw. Mitteleur., *v.* 3 p. II 15 | 1928 *M. o.*, E. Marcus in: Tierw. Deutschl., pars 12 p. 126—127 f. 146 | 1928 *M. o.*, G. Thulin in: Hereditas, *v.* 11 p. 245 | 1929 *M. o.*, E. Marcus in: Bronn, Kl. Ordn., *v.* 5 Abt. 4 Buch 3 p. 414 f. 252 | 1932 *M. o.*, Cuénot in: Faune France, pars 24 p. 59.

Nicht in ausgewachsenem Zustand bekannt. Augenpigment vorhanden. Mundröhre mäßig weit; Stilette gekrümmt, mit Furca von normaler Größe. Schlundkopf oval, 26 μ lang, mit Apophysen, drei kurzen körnerartigen Stäben und einem Komma. Krallen 9 μ lang; die beiden Paare eines Beines, nach der Abbildung zu urteilen, an Stärke untereinander ziemlich verschieden. Beide Äste bis zur halben Länge des Hauptastes oder noch weiter vereinigt; Nebenspitzen, von denen die Abbildung nur eine zeigt, des Hauptastes der äußeren Kralle lang. Länge frischgeschlüpfter Jungtiere 230 μ.

Eier klein, einschließlich der Ausschüsse 72 μ im Durchmesser; die Form der Ausschüsse ähnlich wie bei *Macrobiotus furciger* (vgl. S. 162), aber distal nicht so regelmäßig dichotomisch verzweigt, sondern mit drei oder mit zahlreichen, dünnen Verzweigungen. Eischale zwischen den Ausschüssen punktiert.

Die Stellung der Krallen rechtfertigt die Einordnung der Art bei *Macrobiotus*, aber die verschiedene Stärke der beiden Krallenpaare eines Beines paßt nicht zu

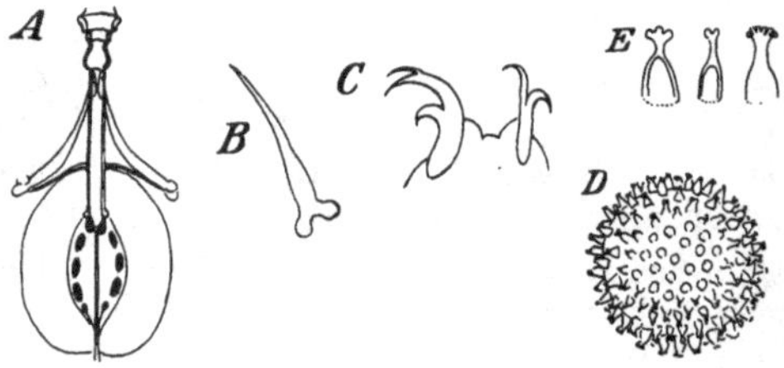

Fig. 169.
Macrobiotus orcadensis John Murr.
A Schlundkopf, *B* Stilett, *C* Krallen, *D* Ei, *E* Eiausschüsse, lateral.

dem, was von *Macrobiotus* bekannt ist; auch ist ein Scheidenhalter nicht zu erkennen. In der Originalbeschreibung werden die Krallen der Art als zum *hufelandii*-Typus gehörig bezeichnet. Erwachsene Stücke erst werden die Genuszugehörigkeit von *M. orcadensis* sicher feststellen lassen.

Orkneyinseln; Schottland; Finnland.

11. **M. allani** John Murr. 1913 *M. a.*, John Murray in: J. R. micr. Soc., p. 139—140 t. 7 f. 7a—7d | 1928 *M. a.*, G. Rahm in: Tierw. Mitteleur., *v.* 3 p. II 15 | 1928 *M. a.*, E. Marcus in: Tierw. Deutschl., pars 12 p. 127 f. 147 | 1928 *M. A.*, G. Thulin in: Hereditas, *v.* 11 p. 244 | 1929 *M. a.*, E. Marcus in: Bronn, Kl. Ordn., *v.* 5 Abt. 4 Buch 3 p. 415 f. 253.

Klein; ohne Augenpigment. Mundröhre sehr dünn; Stilette sehr schlank. Schlundkopf fast kugelig, mit 3 breiten Körnern und einem Komma. Krallenäste auf halber Länge des Hauptastes verwachsen. Länge etwa 250 μ.

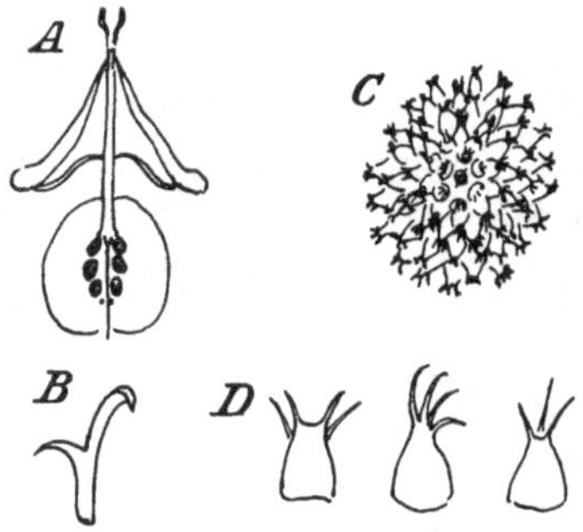

Fig. 170.
Macrobiotus allani John Murr. *A* Schlundkopf, *B* Kralle, *C* Ei, *D* Eiausschüsse, lateral.

Eier klein, kurz-oval oder kugelig, einschließlich der Ausschüsse 80 μ im Durchmesser messend; jeder der konischen, dicht beieinander stehenden Ausschüsse trägt distal eine größere Zahl von dünnen, etwas gekrümmten Stacheln.

Der Art nahe verwandt ist *M. crassidens* (vgl. S. 173), der auf Grund seiner andersartig gestalteten Eiausschüsse hier weiter von *M. allani* entfernt behandelt wird, als es dem natürlichen System entspricht.

Britisch-Ostafrika.

12. **M. vanhoeffeni** Richters [Spec. dub.] 1904 *M. Vanhöffeni*, F. Richters in: Verh. D. zool. Ges., p. 238, 239 | 1911 *M. vanhoffeni*, John Murray in: J. Quekett Club, ser. 2 *v.* 11 p. 193 | 1928 *M. vanhoeffeni*, E. Marcus in: Tierw. Deutschl., pars 12 p. 127 | 1928 *M. Vanhöffeni*, G. Thulin in: Hereditas, *v.* 11 p. 246 | 1929 *M. vanhoeffeni*, E. Marcus in: Bronn, Kl. Ordn., *v.* 5 Abt. 4 Buch 3 p. 415.

Mittelgroß; meist grau; große Flecken von Augenpigment vorhanden. Schlundkopf länglich, mit Apophysen und 3 Körnern, von denen das 1. rundlich, die beiden folgenden länglich sind. Krallen derb, Haupt- und Nebenast auf fast halber Länge des Hauptastes vereinigt; dieser letzte mit 2 kräftigen Nebenspitzen. Länge bis 448 μ.

Eier mit trichterförmigen Ausschüssen, die an der Spitze basalwärts gerichtete Dornen tragen.

Die Art ist nie abgebildet worden und muß trotz der höchst auffälligen, ankerartigen Eiausschüsse (F. Richters in: Ber. Senckenb. Ges., p. 67, 1904) als Species dubia gelten. In der ausführlichen Bearbeitung des „Gauß"-Materials wird die Art überhaupt nicht mehr erwähnt. Vielleicht gehört sie zu *M. hufelandii*, denn bei Erörterung dieser Art beschreibt Richters Eier, deren Ausschüsse mit einer convexen Endplatte versehen sind, die sich am Rande in rückwärts gerichtete Stacheln aufteilt (F. Richters in: D. Südp.-Exp., *v.* 9 p. 296 t. 20 f. 5, 1907). Aber diese Vermutung reicht nicht aus, um das betreffende Ei „eines unbekannten Macrobioten", wie Richters (1907, p. 302) schreibt, bei der Synonymie von *M. vanhoeffeni* aufzuführen. Ich behandele es gesondert als *? Macrobiotus* spec. 26 (vgl. S. 219). Neben der Zugehörigkeit zu *M. hufelandii* erwägt Thulin (1928) mit Recht die Beziehungen des *M. vanhoeffeni* zu *M. furciger*. G. Rahm in: Tierw. Mitteleur., *v.* 3 p. II 8 setzt den *M. vanhoeffi* [err. pro *vanhoeffeni*] dem *Hypsibius dujardini* synonym. Da diese Art Krallen vom *Hypsibius (H.)*-Typ und glatte, in die Cuticula abgelegte Eier hat, kann *M. vanhoeffeni* nicht mit ihr vereinigt werden.

Crozetgruppe, Possessioninsel.

13. **M. intermedius** Plate 1888 *M. i.*, Plate in: Zool. Jahrb., Anat. *v.* 3 p. 535 | 1896 *M. I.*, Lance, Contr. Tardigrades, p. 203 | 1903 *M. i.*, F. Richters in: Zool. Anz., *v.* 27 p. 169 | 1903 *M. i.*, F. Richters in: Verh. D. zool. Ges., p. 53 | 1904 *M. i.*, F. Richters in: Fauna arct., *v.* 3 p. 496, 497, 501, 507 | 1904 *M. i.*, F. Richters in: Ber. Senckenb. Ges., p. 66—67 t. 5 f. 7 | 1904 *M. i.*, F. Richters in: Verh. D. zool. Ges., p. 238 | 1904 *M. i.*, F. Richters in: Zool. Anz., *v.* 28 p. 351, 375 | 1905 *M. i.*, John Murray in: Tr. R. Soc. Edinb., *v.* 41 p. 693 | 1906 *M. i.*, F. Richters in: Zool. Anz., *v.* 30 p. 125 | ? 1906 *M. i.* ?, John Murray in: Ann. Scott. nat. Hist., nr. 60 p. 215 | 1907 *M. i.*, John Murray in: Tr. R. Soc. Edinb., *v.* 45 p. 661 t. 2 f. 13a, 13b | 1907 *M. i.*, John Murray in: J. R. micr. Soc., p. 270—271 | 1907 *M. i.*, John Murray in: Tr. R. Soc. Edinb., *v.* 45 p. 676 | 1907 *M. i.*, F. Richters in: Zool. Anz., *v.* 31 p. 915, 916 | 1907 *M. i.*, F. Richters in: D. Südp.-Exp., *v.* 9 p. 297 t. 19 f. 34, 35, t. 20 f. 8 | 1908 *Makrobiotus i.*, F. Richters in: Mikrokosmos, *v.* 1 t. 1 f. 13a | 1908 *Macrobiotus i.*, F. Heinis in: Zool. Anz., *v.* 32 p. 636 | 1908 *M. i.*, F. Heinis, ibid., *v.* 33 p. 716 | 1909 *M. i.*, J. Ammann in: Mt. Ges. Bern, 1908 p. 10 | 1909 *M. i.*, C. Carlzon in: Zool. Anz., *v.* 34 p. 139 | 1910 *M. i.*, F. Heinis in: Arch. Hydrobiol., *v.* 5 p. 121 | 1910 *M. i.*, John Murray in: Brit. antarct. Exp., *v.* 1 p. 117, 120, 139, 155, 171 | 1911 *M. i.*, John Murray in: J. Quekett Club, ser. 2 *v.* 11 p. 193 | 1911 *M. i.*, John Murray in: Ann. Scott. nat. Hist., nr. 78 p. 89 | 1911 *Makrobiotus i.*, F. Richters in: Camp. arct. Orléans, 1907 p. 6, 13 | 1911 *Macrobiotus i.*, John Murray in: P. Irish Ac., *v.* 31 nr. 37 p. 3 | 1911 *M. i.*, G. Thulin in: Ark. Zool., *v.* 7 nr. 16 p. 47—48 f. 27—27 b | 1911 *Makrobiotus i.*, F. Richters in: Zool. Anz., *v.* 38 p. 275 | 1912 *Macrobiotus i.*, F. Heinis in: Rev. Suisse Zool., *v.* 20 p. 778 | 1913 *M. i.*, John Murray in: J. R. micr. Soc., p. 138, 143 | 1913 *M. i.*, John Murray, Not. nat. Hist. Bolivia Peru, p. 28 | 1914 *M. i.*, R. Menzel in: Arch. Naturg., *v.* 80 A 3 p. 16 | 1914 *M. i.*, F. Heinis in: Mém. Soc. Neuchâtel, *v.* 5 p. 716 | 1915 *M. i.*, P. Della Valle in: Annuario Mus. Napoli, n. ser. suppl. fasc. 1 nr. 7 p. 28 t. 11 f. 26, 27 | 1919 *M. i.*, P. Nederström in: Acta Soc. Fauna Fenn., *v.* 46 nr. 8 p. 11 | 1920 *M. i.*, Loman in: Tijdschr. Nederl.

dierk. Ver., ser. 2 *v.* 18 p. XLV | 1921 *M. i.*, F. Heinis in: Festschr. Zschokke, nr. 6 p. 8, 9 | 1925 *M. i.*, G. Rahm in: Arch. Naturg., *v.* 90 A 7 p. 189 | 1925 *M. i.*, G. Rahm in: Brohmer, Fauna Deutschl., ed. 3 p. 434 f. 677 | 1928 *M. i.*, G. Rahm in: Tierw. Mitteleur., *v.* 3 p. II 5 f. 8—11 | 1928 *M. i.*, E. Marcus in: Tierw. Deutschl., pars 12 p. 127—128 f. 148 | 1928 *M. i.*, G. Thulin in: Hereditas, *v.* 11 p. 233, 236, 243, 244 f. 18 | 1929 *M. i.*, G. Rahm in: Bull. Soc. Fribourg., *v.* 29 Proc.-verb. 19. V. 1927 p. 9 | 1929 *M. i.*, E. Marcus in: Bronn, Kl. Ordn., *v.* 5 Abt. 4 Buch 3 p. 416—417 f. 254 | 1932 *M. i.*, Cuénot in: Faune France, pars 24 p. 66 f. 3, 57, 58 | 1933 *M. i.*, F. Heinis in: 9. Tätigkeitsber. Ges. Baselland, 1930—1932 p. 42 | 1933 *M. i.*, E. Bartoš in: Příroda Ostrava, *v.* 26 nr. 7 p. 1 | 1934 *M. i.*, E. Bartoš in: Časopis České Spol. ent., *v.* 31 p. 57.

Klein; hyalin oder mit graubraunen Querbändern. Augenpigment in geringer Ausdehnung meist vorhanden, es kann aber auch fehlen. Cuticula

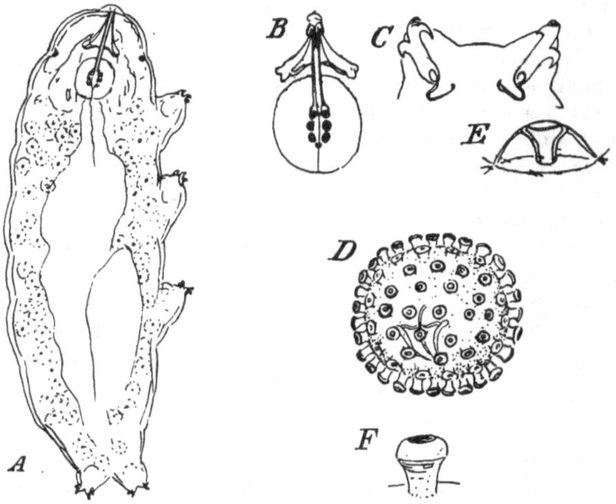

Fig. 171.
Macrobiotus intermedius Plate.
A dorsal, *B* Schlundkopf, *C* Krallen, *D* Ei, *E* Eiausschuß in Kapsel, *F* Eiausschuß, frei.

oft mit helleuchtenden, zerstreuten aber regelmäßig angeordneten Perlpunkten versehen. Vorderfläche des Kopfes von der Mundöffnung aus gerade nach oben ansteigend, wie bei Hypsibien, nicht schräg nach hinten wie bei den meisten Macrobioten. Keine cuticularen Lamellen um die Mundöffnung. Mundröhre eng, im inneren Durchmesser 1 μ messend; ihre Breite beträgt 8 $^0/_0$ der Schlundkopflänge; ventral finden sich die von einem Scheidenhalter gestützten Stilettscheiden wie bei allen Macrobioten. Mundröhre beim Eintritt in den Schlundkopf dorsalwärts konvex gebogen, wie vielfach bei Hypsibien. Stilette kräftig. Schlundkopf fast kugelig, mit kräftigen Apophysen, die in der Ventralaufsicht die an die Apophysen anstoßende 1. Schlundkopfeinlagerung fast verdecken, und 3 runden Körnern nebst einem winzigen Komma. Krallen mit glatten Lunulae; die beiden Paare eines Beines von gleicher Größe. Haupt- und Nebenast zu $^3/_4$ der Länge des Hauptastes verwachsen. Die lange, gemeinsame Basalpartie beider Äste ist dünn; der Hauptast kurz, mit 2 kräftigen Nebenspitzen, der Nebenast noch kürzer als der Hauptast. Lunula offen, also unvollständig. Länge bis 340 μ, selten bis 350 μ.

Weibchen mit 4 reifen, im Ovar hintereinanderliegenden Eiern gefunden; die abgelegten Eier klein, kugelig, 50 μ im Durchmesser, einschließlich der Ausschüsse, diese in der Form ähnlich wie bei *Macrobiotus hufelandii* (vgl. S. 197), aber ohne die dort vorhandene basale Erweiterung. Manchmal sind die Ausschüsse, die großköpfigen Schrauben vergleichbar sind (Fig. 171 *F*), von kegelstumpfartigen, an der Basis einander berührenden Kapseln eingeschlossen (Fig. 171 *E*). Im Umkreis der Eischale stehen 17—22 Ausschüsse.

Es kommen auch Eier mit kreiselförmigen Ausschüssen vor, solche Ausschüsse sind von einer schmalen Basis aus distal verbreitert. Die distale Verbreiterung kann, wie bei *Macrobiotus furciger* oder *M. orcadensis* verzweigt sein (John Murray, 1910, p. 139). Bei *Macrobiotus intermedius* sind auch 2 in die alte Cuticula abgelegte Eier beobachtet worden. Derartiges habe ich auch oft bei *M. hufelandii* und anderen sonst freie Eier ablegenden Arten gesehen.

Franz Joseph-Land; Spitzbergen; Island; mittleres Norwegen; Nord-, Mittel-, Südwest- und Südschweden; Lappland; Finnland; Bornholm; Irland; Schottland; Niederlande; Mecklenburgische Küste; Rügen; Rheinprovinz, Eifel; Mitteldeutschland, Marburg und Taunus bei Frankfurt am Main; Schlesien, Landeshut, 700 m; Schwarzwald; Liestal bei Basel; Schweizer Jura; Voralpen bei Freiburg-Schweiz; Schweizer Alpen, bis 3800 m; Rhätikon; Tschechoslowakei, 1613 m; Ungarn; Frankreich, gemein in Lebermoosen, Bryaceen und Hypnaceen, Flechten und Sedum; Süditalien, Astroni bei Neapel; Himalaya, bis 2000 m; Tenerifa; Britisch-Ostafrika; Südwestafrika, bei Windhoek; Sandwich-Inseln, Oahu; Australien, Queensland; Neuseeland, Nord- und Südinsel, bis 1700 m; Canada, Ontario; Südamerika: Colombia, Bolivia, 4000 m, Paraguay, Chile; Crozetgruppe, Possession-Insel; Neu-Amsterdam.

M. spec. 1 [Spec. inquir.] 1908 *Makrobiotus* spec.?, F. Richters in: Ber. Senckenb. Ges., p. 25 t. 2 f. 12, 13 | 1928 *Macrobiotus* spec. 1, E. Marcus in: Tierw. Deutschl., pars 12 p. 128—129 f. 149 | 1929 *M.* spec. 1, E. Marcus in: Bronn, Kl. Ordn., *v.* 5 Abt. 4 Buch 3 p. 417 f. 255.

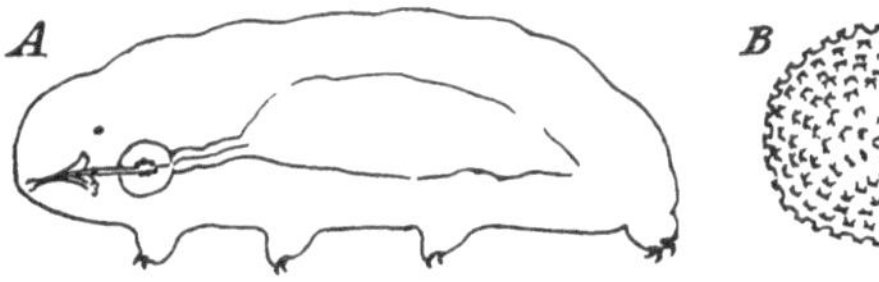

Fig. 172.
Macrobiotus spec. 1. *A* lateral, *B* Ei.

Klein und glatt. Hyalin; Augenpigment vorhanden. Mundröhre ziemlich eng, bis 3 µ weit. Stilette nur leicht gekrümmt. Schlundkopf kugelig, mit 3 Körnern, jedes etwa 1 µ lang. Krallen vom Typus des *Macrobiotus hufelandii,* also Haupt- und Nebenast annähernd gleich lang und basal bis zur halben Länge des Hauptastes vereinigt, der Hauptast mit 2 kräftigen Nebenspitzen. Länge 224 µ.

Eier kugelig, klein, im Durchmesser 45 µ einschließlich der Ausschüsse, die denen des *M. hufelandii* gleichen, also wie umgekehrte Eierbecher aussehen.

Obwohl Diagnose wie Abbildung keineswegs zur vollständigen Kennzeichnung der Art ausreichen, ergeben sie doch jedenfalls eine Kombination von Merkmalen, wie sie in gleicher Weise für keine andere Species beschrieben worden ist.

Sumatra.

14. **M. hufelandioides** John Murr. 1910 *M. h.*, John Murray in: Brit. antarct. Exp., *v.* 1 p. 138—139 t. 18 f. 29a—c | 1911 *M. h.*, John Murray in: J. Quekett Club, ser. 2 *v.* 11 p. 193 | ? 1913 *M. h.*?, John Murray in: J. R. micr. Soc., p. 139, 142 t. 7 f. 5a—f | 1928 *M. hufelandoides*, G. Rahm in: Tierw. Mitteleur., *v.* 3 p. II 15 | 1928 *M. hufelandioides*, E. Marcus in: Tierw. Deutschl., pars 12 p. 129—130 f. 150—151 | 1928 *M. h.*, G. Thulin in: Hereditas, *v.* 11 p. 244 | 1929 *M. h.*, E. Marcus in: Bronn, Kl. Ordn., *v.* 5 Abt. 4 Buch 3 p. 417—419 f. 256, 257.

Mittelgroß; hyalin, mit Augenpigment. Mundröhre eng, kaum mehr als ein Drittel so weit wie die von *Macrobiotus hufelandii* (vgl. S. 197). Stilette schlank, sehr allmählich verjüngt, in sehr stumpfem Winkel unmittelbar hinter den Stilettscheiden gekrümmt und mit einer zweiten Biegung nahe der Furca. Schlundkopf kurz-oval mit Apophysen und

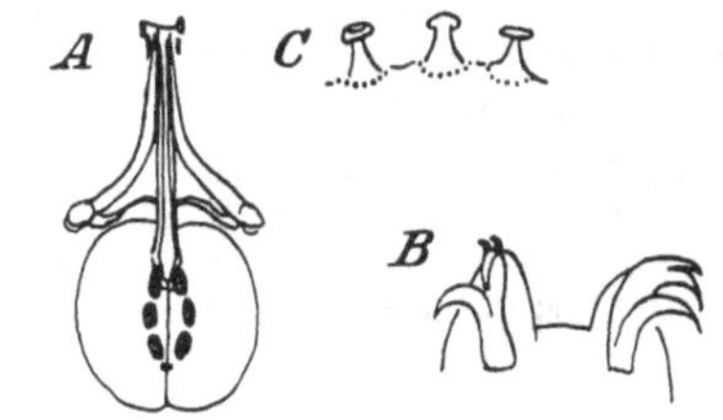

Fig. 173.
Macrobiotus hufelandioides John Murr. *A* Schlundkopf, *B* Krallen, *C* Eiausschüsse.

3 kurzen, untereinander nahezu gleich langen Stäben, die etwa 2 mal so lang wie breit und an ihren Enden gerundet sind. Der erste Stab schließt augenscheinlich unmittelbar an den Rand der Mundröhre an, ist aber von der zunächst liegenden Apophyse deutlich zu unterscheiden. Komma fehlt oder ist sehr klein und undeutlich. Krallen sehr kurz und kräftig; Haupt- und Nebenast von sehr verschiedener Länge, zur Hälfte der Länge

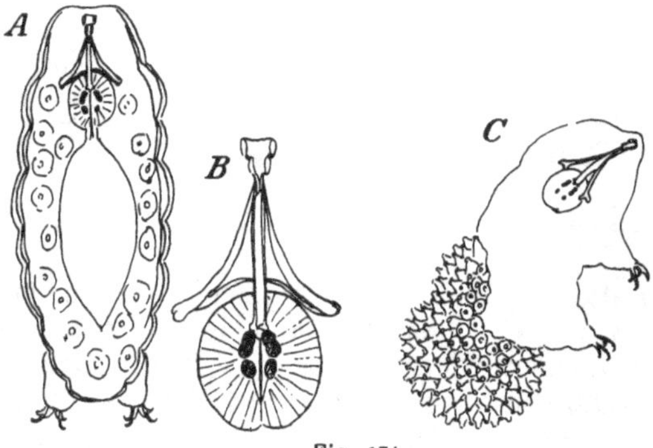

Fig. 174.
Macrobiotus hufelandioides John Murr., aberrante Form.
A adult, *B* Schlundkopf, *C* Jungtier aus dem Ei kriechend.

des Hauptastes verwachsen; der Hauptast mit 2 derben Nebenspitzen. Länge 350 μ und mehr.

Eier mit Ausschüssen wie bei *Macrobiotus hufelandii*: die breite, von einem Perlenkranz umgebene Basis verjüngt sich distalwärts, wo sie plötzlich in eine flache Scheibe verbreitert ist.

Die Angaben der Originaldiagnose über die Farbe des Magens, der als braun mit dunkler braunen Flecken bezeichnet wird, und die Speicherzellen, die als groß, 8—10 μ im Durchmesser beschrieben werden, beziehen sich auf den physiologischen Zustand der betreffenden Exemplare und haben keine Bedeutung für die Determination. Die Eier der Art stimmen vollständig, die Krallen weitgehend mit *Macrobiotus hufelandii* überein. Diese letzte Art kommt gleichfalls mit 3 getrennten Schlundkopfeinlagerungen vor. Aber die enge Mundröhre und die schwachen, schlanken Stilette entfernen den *Macrobiotus hufelandioides* aus dem näheren Verwandtschaftskreis des *M. hufelandii*, zu dessen Identifizierung die Eier allein nicht ausreichen. Das afrikanische Material (Murray, 1913) unterscheidet sich in mehreren Punkten so weitgehend vom Typus, daß seine artliche Trennung zu erwägen ist. Da aber die typische wie auch die abweichende Form bisher nur von wenigen Fundorten bekannt geworden sind, läßt sich das Vorkommen oder Fehlen von Übergängen zwischen beiden Formen nicht beurteilen, und so mögen sie einstweilen zusammenbleiben. Der aberranten Form (Fig. 174) fehlt das Augenpigment; es sind wenige, sehr große, bis zu 20 μ im Durchmesser messende Speicherzellen vorhanden; der Schlundkopf ist kugelig; an Macroplacoiden sind 2 vorhanden, von denen das erste 2 mal so lang wie das zweite und in der Mitte eingeschnürt ist, so daß es aussieht wie aus 2 Stäben bestehend. Das Microplacoid oder Komma fehlt; die Krallen sind nicht so derb wie bei der typischen Form, und deren deutliche Nebenspitzen an den Hauptästen waren nicht erkennbar. Schließlich fehlt auch der Perlenkranz rings um die Basis der Eiausschüsse.

Australien, australische Alpen, bis zu etwa 2000 m [typische Form]; Britisch-Ostafrika, Uganda; Nordtransvaal [aberrante Form]. Antarktisch, wie Rahm (1928) angibt ist die Art nicht.

15. **M. harmsworthi** John Murr. 1888 *M. hufelandii* [part.], Plate in: Zool. Jahrb., Anat. *v.* 3 p. 535—536 t. 20 f. 2, t. 22 f. 28 | ? 1897 *M. h.* [part.], Scourfield in: P. zool. Soc. London, p. 790 | 1903 *M. echinogenitus* [? part.], F. Richters in: Zool. Anz., *v.* 27 p. 169—171 f. 1 | 1904 *M. e.* Form *a* [part.], F. Richters in: Fauna arct., *v.* 3 p. 503—504 t. 16 f. 15, 17, 25 [nec t. 15 f. 7] | 1904 *M. e.* [part.], F. Richters in: Ber. Senckenb. Ges., p. 67—69 t. 5 f. 3 | ? 1904 *M. e.* [part.], F. Richters in: Zool. Anz., *v.* 28 p. 375 | 1906 *M. hufelandi* Plate [nec Richters], John Murray in: Ann. Scott. nat. Hist., nr. 57 p. 28 t. 3 f. 8, 9 | 1907 *M. harmsworthi*, John Murray in: J. Quekett Club, ser. 2 *v.* 10 p. 70 t. 7 f. 9 | 1907 *M. h.* + *echinogenitus*, John Murray in: Tr. R. Soc. Edinb., *v.* 45 p. 644, 661, 662 t. 3 f. 14a, b | 1907 *M. e.* variety, John Murray in: J. R. micr. Soc., p. 271 t. 14 f. 7 | 1907 *M. harmsworthi*, John Murray in: Tr. R. Soc. Edinb., *v.* 45 p. 671, 672, 677, 680 t. 1 f. 7a—d | 1907 *M. echinogenitus* [part.], F. Richters in: Zool. Anz., *v.* 31 p. 915, 916 | 1907 *M. e.*, John Murray in: J. R. micr. Soc., p. 523 | 1907 *M. e.* [part.], F. Richters in: D. Südp.-Exp., *v.* 9 p. 295—296 | ? 1908 *Makrobiotus Hufelandi*, F. Richters in: Mikrokosmos, *v.* 1 t. 2 f. 10 | ? 1908 *M.* spec., F. Richters in: Ber. Senckenb. Ges., p. 18 | 1908 *M. echinogenitus*, F. Richters, ibid., p. 24 t. 2 f. 9 | 1908 *Macrobiotus e.* [part.], F. Richters in: Ergeb. Schwed. Südp.-Exp., *v.* 6 nr. 2 p. 8—10 t. 1 f. 9 | 1908 *M. e.*, M. Sellnick in: Zool. Anz., *v.* 33 p. 210—211 | 1910 *M. harmsworthi*, F. Richters, ibid., *v.* 36 p. 7—9 f. 1 | 1910 *M. h.*, John Murray in: Brit. antarct. Exp., *v.* 1 p. 115, 120, 137, 169 t. 18 f. 31 | 1911 *M. h.*, John Murray in: J. Quekett Club, ser. 2 *v.* 11 p. 193 | 1911 *M. h.*, John Murray in: Ann. Scott. nat. Hist., nr. 78 p. 89 | 1911 *Makrobiotus H.*, F. Richters in: Abh. Senckenb. Ges., *v.* 33 p. 376, 379 | 1911 *Macrobiotus h.*, John Murray in: J. Quekett Club, ser. 2 *v.* 11 p. 193 | 1911 *Makrobiotus H.*, F. Richters in: Al. Koenig, Avifauna Spitzberg., p. 286 | 1911 *M. H.*, F. Richters in: Camp. arct. Orléans, 1907 p. 12 t. 1 f. 6, 7 | 1911 *Macrobiotus h.*, John Murray in: P. Irish Ac., *v.* 31 nr. 37 p. 3 | 1911 *M. h.*, F. Heinis in: Rev. Suisse Zool., *v.* 19 p. 263 | non 1911 *M. H.*, G. Thulin in: Ark. Zool., *v.* 7 nr. 16 p. 49—50 | ? 1911 *Makrobiotus h. ?*, F. Richters in: Zool. Anz., *v.* 38 p. 276 | 1912 *Macrobiotus h.* + *harmworthi*, F. Heinis in: Rev. Suisse Zool., *v.* 20 p. 776, 777, 778 | 1913 *M. harmsworthi*, John Murray in: J. R. micr. Soc., p. 138, 143 | 1913 *M. h.*, John Murray, Not. nat. Hist. Bolivia Peru, p. 28 | 1913 *Makrobiotus H.*, F. Richters in: Handw. Naturw., *v.* 9 p. 1018 | 1914 *Macrobiotus h.*, R. Menzel in: Arch. Naturg., *v.* 80 A 3 p. 16, 17 | 1914 *M. h.*, F. Heinis in: Mém. Soc. Neuchâtel, *v.* 5 p. 716 | ? 1915 *M. tetrodon* + *astronensis*, P. Della Valle in: Annuario Mus. Napoli, n. ser. suppl. fasc. 1 nr. 7 p. 22—28 t. 9 f. 16—18, t. 10 f. 19—25 | 1919 *M. echinogenitus*, P. Nederström in: Acta Soc. Fauna Fenn., *v.* 46 nr. 8 p. 10 | 1925 *M. harmsworthi*, C. Urbanowicz in: Bull. biol. France, *v.* 59 p. 139 f. 1 B 5 | 1925 *M. H.*, G. Rahm in: Arch. Naturg., *v.* 90 A 7 p. 190 | 1928 *M. harmsworthii*, G. Rahm in: Tierw. Mitteleur., *v.* 3 p. II 5 | 1928 *M. harmsworthi*, F. Heinis in: Treubia, *v.* 10 p. 239 | 1928 *M. h.*

[part.], E. Marcus in: Tierw. Deutschl., pars 12 p. 130—132 f. 152—154 | 1928 *M. H.*, G. Thulin in: Hereditas, *v.* 11 p. 226, 245 | 1929 *M. H.* + *Harmsworthii*, G. Rahm in: Bull. Soc. Fribourg., *v.* 29 Proc.-verb. 7. III. 1928 p. 4—5, 6 | 1929 *M. harmsworthi*, E. Marcus in: Bronn, Kl. Ordn., *v.* 5 Abt. 4 Buch 3 p. 419—422 f. 258, 259, 260 | 1931 *M. h.*, E. Marcus in: Arch. Hydrobiol., suppl. *v.* 8 p. 611 | 1931 *M. h.*, G. Rahm in: Revista Chilena, *v.* 35 p. 122, 129, 137 | 1932 *M. h.*, G. Rahm in: Zool. Anz., *v.* 98 p. 97, 120 | 1932 *M. echinogenitus*, Cuénot in: Faune France, pars 24 p. 61—63 f. 49—51 | 1933 *M. harmsworthii*, E. Bartoš in: Příroda Ostrava, *v.* 26 nr. 6 p. 2 | 1933 *M. echinogenitus*, E. Bartoš, ibid., *v.* 26 nr. 7 p. 1 | 1934 *M. harmsworthi*, E. Bartoš in: Časopis České Spol. ent., *v.* 31 p. 57, 106 f. I, 6.

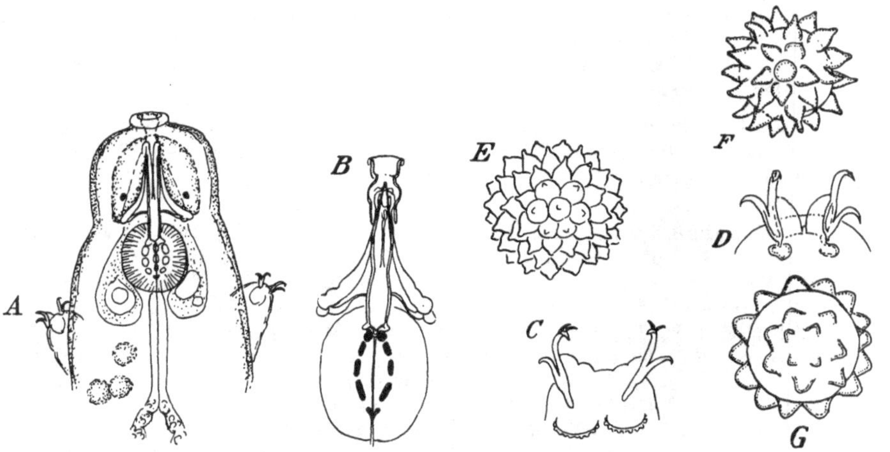

Fig. 175.
Macrobiotus harmsworthi John Murr.
A dorsal, *B* Schlundkopf, *C* Krallen des 4. Beinpaares mit gekerbter Lunula, Arktis, *D* Krallen mit glatter Lunula, Frankreich, *E* Ei, Arktis, *F* Ei, Frankreich, *G* Ei mit stumpfen Ausschüssen.

Wird sehr groß; vordere Augen mit wenig Pigment, das auch fehlen kann (Richters, 1910). Mundöffnung von Lamellen umgeben; Mundröhre sehr weit; Stilette fast gerade. Schlundkopf länglich-oval, mit großen Apophysen, drei Stäben und einem Komma; der letzte Stab ist oft etwas länger als die beiden vorderen. Beide Krallen eines Beines gleich groß, jede mit zur Hälfte der Länge des Hauptastes verwachsenem Haupt- und Nebenast; die Nebenspitzen der Hauptäste kräftig. Lunulae an den Krallenpaaren der Beinpaare 1—3 glatt, bei den Lunulae der Krallen des letzten Beinpaares kommen Kerben vor (Fig. 175 *C*). Länge bis zu 651 μ.

Eier kugelig, mit Ausschüssen bis zu 130 μ im Durchmesser messend, die Ausschüsse stehen dicht nebeneinander und berühren einander basal; sie sind zwiebelförmig (Fig. 175 *E*, *F*) oder auch stumpf-konisch (*G*) und basal oft mit Papillen versehen.

Die beobachtete blaßgelbe Farbe der Leibeshöhlenflüssigkeit ergibt keinen Speciescharakter. Da nicht nur *Macrobiotus echinogenitus*, sondern auch *M. hufelandii* in der älteren Literatur mehrfach *M. harmsworthi*-Stücke mit enthält, mag noch manche hier nicht aufgeführte Fundangabe der beiden ersten Arten den *M. harmsworthi* mit oder wohlmöglich nur ihn betreffen. Aber es erscheint unwesentlich, etwa die Diskussion über die Artzugehörigkeit des Materials von D. Lance (Contr. Tardigrades, t. 1 f. 4, t. 3 f. 17, 1896) fortzuführen (F. Richters, Ber. Senckenb. Ges., 1904 p. 69), nachdem festgestellt ist, daß die Platesche Species, die von den späteren Autoren der anatomischen Arbeitsrichtung als Basis der eigenen Determination verwendet worden ist, nicht einheitlich nur zu *Macrobiotus hufelandii* gehört. Scourfields Mitteilungen (1897) über seinen *M. hufelandii* zeigen, daß er sternförmige Eier ohne Areolation, also *M. harmsworthi* oder *M. echinogenitus* oder beide vor sich hatte. Auf den sicher zu *M. harmsworthi* gehörigen Teil der Plateschen Darstellung bezieht sich die Beschreibung des *M. astronensis*, den ich für identisch mit *M. harmsworthi* halte. Zwar fehlt dem *M. astronensis* das Augenpigment, und die Lunulae des 4. Beinpaares sind glatt, aber diese Charaktere reichen für die Begründung der Selbständigkeit einer Macrobiotenart nicht aus. Überdies besaß das sichere *harmsworthi*-Stück aus den Karpathen (Richters, 1910) kein Augenpigment; und an derselben Stelle wird auf Unterschiede bezüglich der Ausdehnung des Pigments in den Beschreibungen Murray's hingewiesen. Außerdem bildet Cuénot (1932, f. 49) glatte Lunulae an den 4. Krallen für *M. harmsworthi* ab. Unsicher bleibt die Beurteilung der Della Valle'schen Arten trotz der ausführlichen Diagnosen und der Bemühung des Autors, seine Species novae gegen die benachbarten Arten abzugrenzen, weil für keine der neuen Arten die Eier beschrieben oder abgebildet worden sind. Für die Neubeschreibung einer Macrobiotenart, die Anspruch auf sichere Kennzeichnung erhebt, ist die Untersuchung der Eier unerläßlich. Für *M. tetrodon* (Fig. 176) bleibt m. E. der Mangel an Kerben der Lunulae an den Krallen des 4. Beinpaares als einziger sicherer Unterschied gegenüber dem *M. harmsworthi*, aber zur Speciestrennung reicht das nicht aus (vgl. oben den Hinweis auf Cuénots Bild). Die vordere Lage der Augen des *M. tetrodon*, auf die G. Thulin hingewiesen hat (Hereditas, *v.* 11 p. 242), könnte nach Della Valle's Abbildung zu urteilen, durch eine Stauchung der Mundröhre in caudaler Richtung verbunden mit lateraler Auseinanderpressung des Kopfes besonders stark betont sein; nach Cuénot (1932) wird hier in der Diagnose des *M. harmsworthi* auch von vorderen Augen gesprochen. Den die Mundöffnung umgebenden Lamellenkranz, den Richters' Mikrophotographie gepreßt zeigt (Zool. Anz., *v.* 36 p. 8 f. 1, 1910), konnte Della Valle an den eingezogenen Mundöffnungen seiner Stücke nicht sehen; auch Murray hatte ihn nicht gefunden. Da schließlich das Komma und die Apophysen bei *M. harmsworthi* recht groß sein können, und der Schlundkopf *des M. tetrodon* so stark gepreßt ist, daß die 3 Reihen von Einlagerungen durch Längsspaltung zu sechsen geworden sind, kann nur vermutet werden, daß sein 4. Stab durch Abdrücken der Apophysen von der Mundröhre oder durch ein Auswalzen des Komma zustande gekommen ist.

Die Form *a* des *M. echinogenitus* (Richters, 1904, Fauna arct.) uneingeschränkt als Grundlage des *M. harmsworthi* zu betrachten, ist nicht möglich, denn die Abbildung der Krallen (t. 15 f. 7) paßt weder zu ihm noch zu einem andern Macrobioten, sondern stellt *Hypsibius*-Krallen dar, und zwar die von *H. areolatus* (vgl. S. 287). Dagegen ist man versucht, das von Spitzbergen beschriebene *echinogenitus*-Material (Richters, 1903) ausschließlich auf *harmsworthi* zu beziehen, denn nur für diesen passen 3 Macroplacoiden und 1 Microplacoid als Schlundkopfeinlagerungen. Die nomenklatorische Folgerung aus dieser Auffassung wäre: statt „*harmsworthi*" müßte man „*echinogenitus*" schreiben, und die Art mit nicht areolierten, sternförmigen Eiern, 2 Macroplacoiden und 1 Microplacoid, den bisherigen „*echinogenitus*" müßte man neu benennen. Da aber aus den Bemerkungen Richters' (1908, Ergeb. Schwed. Südp.-Exp.; 1910, Zool. Anz.) hervorgeht, daß in dem Spitzbergener „*echinogenitus*"-Material mit 3 Macroplacoiden außer *M. harmsworthi* auch *M. areolatus* [heute *Hypsibius a.*, vgl. S. 287] enthalten ist, bin ich berechtigt, die Erstbeschreibung des *M. echinogenitus* (1903) weder auf den *M. harmsworthi* noch auf den *H. areolatus* allein zu beziehen. Auf *M. echinogenitus* im heutigen Sinne weist diese erste Beschreibung überhaupt nicht hin, aber trotzdem muß die verwirrende Umbenennung unterbleiben. Für eine Einbeziehung eines Teils der *M. hufelandii*-Stücke Doyère's (1840, Ann. Sci. nat., ser. 2 *v.* 14 t. 14 f. 2, 3 und 5 Mittelbild) in die Synonymie von *M. harmsworthi* fehlt jede sichere Grundlage, denn 3 Macroplacoiden infolge Aufteilung des ersten kommen bei *M. hufelandii* vor, und die Eier sind nach Beschreibung (1840, p. 285) und Zeichnung (1840, t. 14 f. 8, 9) unzweifelhaft *hufelandii*-Eier.

Arten mit 3 Schlundkopfeinlagerungen, 1 Komma und Eiern, die ähnlich gebaut sind wie bei *M. echinogenitus*, müssen dann sicher zu *M. harmsworthi* gerechnet werden, wenn an der betreffenden Literaturstelle der *Macrobiotus*, jetzt *Hypsibius areolatus*, eine Art mit 3 Macroplacoiden, ohne Microplacoid, getrennt aufgeführt wird. Diese Bemerkung möge die Einreihung der 3 als sicher zu *M. harmsworthi* gestellten *M. echinogenitus* in den Arbeiten John Murrays aus dem Jahre 1907 rechtfertigen; da Richters seine *Makrobiotus* spec. (Ber. Senckenb. Ges., 1908, p. 18) einer der genannten Murrayschen Species nähert, meine ich, sie ebenfalls dem *M. harmsworthi* zuordnen zu dürfen. Auch Nederström, der *areolatus* und *echinogenitus* Form *a* (Richters) in seinen Moosproben trennt, hat offenbar eine Art mit 3 Macroplacoiden und 1 Microplacoid, mit nicht areolierten Eiern, also *M. harmsworthi* und einen *Hypsibius* mit areolierten Eiern, 3 Macroplacoiden ohne Microplacoid, also *H. areolatus*, vor sich gehabt. Wo ein *M. echinogenitus* mit 3 Stäbchen und 1 Komma beschrieben wird, wie bei Sellnick (1908), handelt es sich jedenfalls nach der hier vertretenen Auffassung der Art um *M. harmsworthi*; dasselbe gilt von den auf den Falklandinseln und der Staateninsel gesammelten Stücken der Schwedischen Südpolarexpedition und mindestens von einem Teil des isländischen Materials (F. Richters, Zool. Anz., *v.* 28 p. 375, 1904). Vollständig sind die isländischen Stücke nicht zu beurteilen. Die Angaben über den Schlundkopf und die zugehörigen Eier passen nur zu *M. harmsworthi*, während die Beschreibung der Krallen erwachsener Tiere, die denselben Schlundkopf hatten, sich kaum auf *M. harmsworthi* beziehen läßt. Die sonstige Synonymie der Art erhellt aus den an den aufgeführten Literaturstellen veröffentlichten Angaben der verschiedenen Untersucher.

Die weit verbreiteten *Macrobiotus*-Arten mit zur Hälfte der Länge des Hauptastes vereinigtem Haupt- und Nebenast (*hufelandii*-Typus) der Krallen sind: 1. *M.*

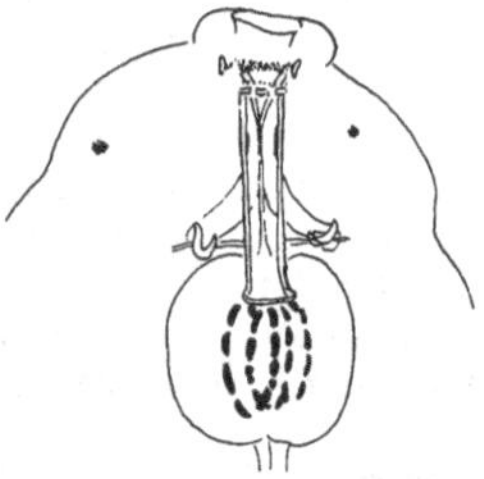

Fig. 176.
Macrobiotus harmsworthi John Murr. (?). Schlundkopf gequetscht (**tetrodon** Della Valle vgl. Text).

richtersii, 2. *M. harmsworthi*, 3. *M. hufelandii* und 4. *M. echinogenitus*. 1 bis 3 sind sicher nur nach den Eiern zu unterscheiden, und zwar ist die Eischale bei 1 areoliert, bei 2 und 3 nicht areoliert, bei 2 mit kegel- oder zwiebelförmigen, bei 3 mit eierbecherförmigen Ausschüssen versehen. 4 hat nicht areolierte Eier, deren Ausschüsse mit denen von 2 übereinstimmen, aber nach den Macroplacoiden, 3 bei 2, 2 bei 4, sind sie zu unterscheiden. Danach gehört Cuénots *echinogenitus*-Material einheitlich zu 2 *M. harmsworthi*.

Ostgrönland, Scoresbysund; Spitzbergen; Franz Joseph-Land; Novaja Semlja; Finnland; ? Island; Faröer; Shetlandinseln; Schottland; Irland; Mitteldeutschland: Rheinprovinz; Hessen-Nassau; Göttingen; Schlesien, Landeshut; Schweiz: Alpen, bis 2450 m; Kanton Aargau, Hallwiler See; Rhätikon, auch im Lüner See, 1950 m; Tschechoslowakei, bis 2175 m; Karpathen, ca. 2300 m, von Seeufer; Frankreich, Corsica, bis 1000 m; Süditalien, Astroni bei Neapel; Himalaya; Sumatra, Ostküste bei Medan; Südsumatra, am Ufer; Bangka; ? Ascension; Britisch-Ostafrika, Uganda; Kapland; Aruinseln; Australien, australische Alpen, 1700—2000 m; Neuseeland, Südinsel und Stewartinsel, Rakiura; Canada, Ottawa; Südmexiko; Südamerika: Colombia; Bolivia, 4300 m; Chile, bei Valdivia; Kerguelen; Falklandinseln; Staateninsel.

16. **M. meridionalis** Richters 1909 *Makrobiotus* spec. A + *meridionalis*, F. Richters in: Zool. Anz., *v.* 34 p. 605 und Anm. 1 f. 1 | 1911 *Macrobiotus m.*, John Murray in: J. Quekett Club, ser. 2 *v.* 11 p. 193 | 1928 *M. m.*, G. Rahm in: Tierw. Mitteleur., *v.* 3 p. II 15 | 1928 *M. m.*, E. Marcus in: Tierw. Deutschl., pars 12 p. 132—133 f. 155 | 1928 *M. m.*, G. Thulin in: Hereditas, *v.* 11 p. 242, 245 | 1929 *M. m.*, E. Marcus in: Bronn, Kl. Ordn., *v.* 5 Abt. 4 Buch 3 p. 422 f. 261.

Wird sehr groß; sehr schlank; Augenpigmentflecken groß; nach der Mikrophotographie zu urteilen, vordere Augen; Stilette kräftig. Mundröhre weit, 5—6 μ im Durchmesser, 42 μ lang. Schlundkopf oval (40×33 μ), mit Apophysen, 3 etwas gekrümmten Stäben von je etwa 5 μ Länge und einem Komma. Krallen von mittlerer Größe, vom *hufelandii*-Typus (vgl. S. 145). Länge bis 806 μ.

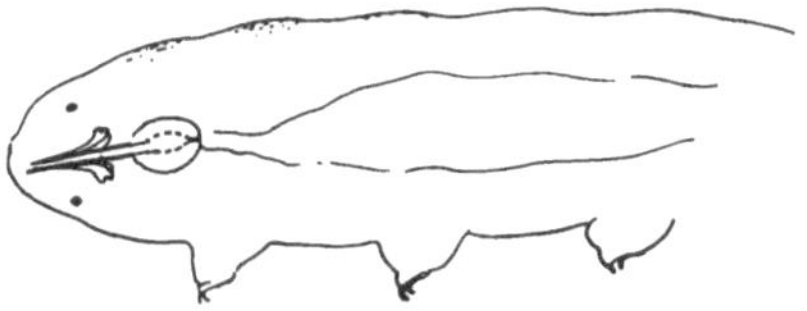

Fig. 177.
Macrobiotus meridionalis Richters.

Eier kugelig, von 96 μ Durchmesser, die Ausschüsse mammillär, d. h. halbkugelförmig mit aufsitzender, kleiner, scheibenförmiger Erhebung.

Die Art ist keineswegs ausreichend charakterisiert, läßt sich aber trotzdem durch die Eiausschüsse, von denen eine Abbildung fehlt, von den benachbarten Species unterscheiden.

Victorialand, Lat. 77° S.

17. **M. crassidens** John Murr. 1907 *M. c.*, John Murray in: J. R. micr. Soc., p. 524 t. 18 f. 9-9b | 1910 *M. c.*, John Murray in: Brit. antarct. Exp., *v.* 1 p. 139, 155 | 1911 *M. c.*, John Murray in: J. Quekett Club, ser. 2 *v.* 11 p. 193 | 1913 *M. c.*, John Murray in: J. R. micr. Soc., p. 138, 139, 143 t. 7 f. 6a, 6b | 1928 *M. c.*, G. Rahm in: Tierw. Mitteleur., *v.* 3 p. II 15 | 1928 *M. c.*, E. Marcus in: Tierw. Deutschl., pars 12 p. 133 f. 156 | 1928 *M. c.*, G. Thulin in: Hereditas, *v.* 11 p. 244 | 1929 *M. c.*, E. Marcus in: Bronn, Kl. Ordn., *v.* 5 Abt. 4 Buch 3 p. 422--423 f. 262.

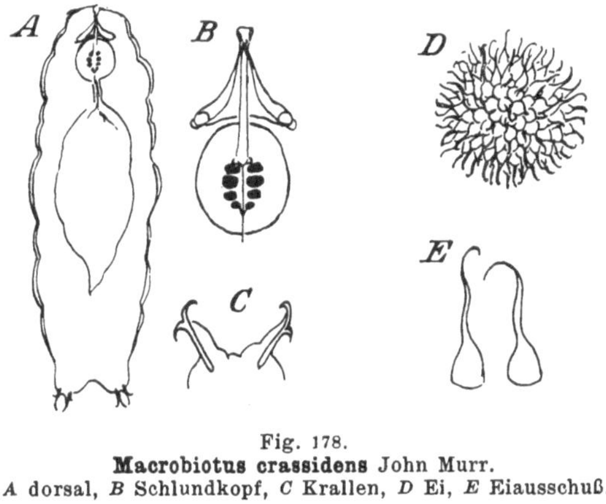

Fig. 178.
Macrobiotus crassidens John Murr.
A dorsal, *B* Schlundkopf, *C* Krallen, *D* Ei, *E* Eiausschuß.

Klein; hyalin; Augenpigment fehlt, Stilette in der Mitte kräftig gebogen. Schlundkopf oval, mit Apophysen und 3 sehr breiten, körnerartigen Macroplacoiden, von denen das 1. eng mit den Apophysen verbunden ist, ähnlich wie bei *M. intermedius*. Microplacoid wie dort vorhanden. Magenwand aus wenigen großen Zellen bestehend, nur etwa 6 in einer Ebene gleichzeitig zu sehen[1]). Krallen sehr dünn, Haupt- und Nebenast auf mehr als halber Länge des Hauptastes vereinigt; Nebenspitzen am Hauptast sind nicht beobachtet worden. Länge 250 μ.

Eier kugelig, 50 μ im Durchmesser ohne Ausschüsse, mit diesen 70 μ; die Ausschüsse dicht beieinander stehend und basal einander fast berührend. Die Basis bauchig erweitert, distal eine dünne, wellenförmig verlaufende, borstenartige Fortsetzung.

Die Art ähnelt im Bau des Schlundkopfes sehr dem *Macrobiotus intermedius* (vgl. S. 165), hat aber breitere Stilette, dünnere Krallen, deren Äste auf noch längerer Strecke vereinigt sind und ganz andere Eiausschüsse. Bei *M. aculeatus* (vgl. S. 147) sind die einzelnen Ausschüsse des Eies schmaler und stehen in weiterem Abstand, so daß die Eischale dazwischen zu sehen ist. *M. allani* (vgl. S. 164) ist nur auf Grund seiner distal verzweigten Eiausschüsse von *M. crassidens* zu unterscheiden.

Britisch-Ostafrika; Kapland; Sandwich-Inseln, Oahu; Australien, Blaue Berge, 1700—2000 m.

18. **M. montanus** John Murr. ? 1906 *M.* spec., John Murray in: Ann. Scott. nat. Hist., nr. 57 p. 28 t. 3 f. 10, 11 | ? 1907 *M.* spec., John Murray in: Tr. R. Soc. Edinb., *v.* 45 p. 678 t. 1 f. 4 | 1910 *M. montanus,* John Murray in: Brit. antarct. Exp., *v.* 1

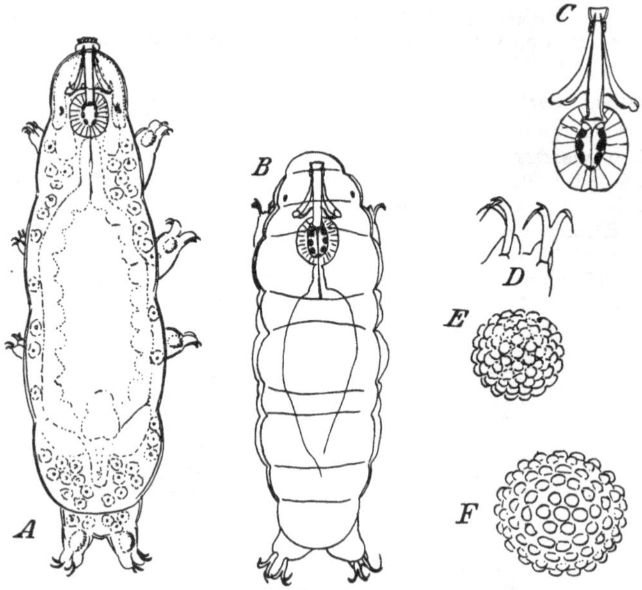

Fig. 179.
Macrobiotus montanus John Murr. *A* dorsal, Westafrika, *B—E* Neuseeland, *B* dorsal, *C* Schlundkopf, *D* Krallen, *E* Ei, *F* aberrant großes Ei, Novaja Semlja, Schottland.

p. 116—117 t. 15 f. 10a—d | 1911 *M. m.*, John Murray in: J. Quekett Club, ser. 2 *v.* 11 p. 193 | ? 1911 *M. m.*?, John Murray in: Ann. Scott. nat. Hist., nr. 78 p. 89, 93 | 1921 *M. m.*, F. Heinis in: Festschr. Zschokke, nr. 6 p. 11 | 1928 *M. m.*, G. Rahm in: Tierw. Mitteleur., *v.* 3 p. II 5 | 1928 *M. m.*, E. Marcus in: Tierw. Deutschl., pars 12 p. 133—134 f. 157 | 1928 *M. m.*?, G. Thulin in: Hereditas, *v.* 11 p. 242, 243, 245 | 1929 *M. m.*, E. Marcus in: Bronn, Kl. Ordn., *v.* 5 Abt. 4 Buch 3 p. 423—424 f. 263 | 1932 *M. m.*, Cuénot in: Faune France, pars 24 p. 63 | ? 1933 *M. m.*, E. Marcus in: Arch. Hydrobiol., *v.* 26 p. 91—92 f. 1.

[1]) Bezüglich der geringen Bedeutung derartiger Angaben zur Charakterisierung der Species vgl. auf S. 161 die Beschreibung von *M. polaris* John Murr.

Groß; Stücke von der Elfenbeinküste hinter der Mitte, über dem 3. Beinpaar am breitesten. Alte Stücke intensiv stumpfbraun gefärbt, ähnlich wie *Macrobiotus hufelandii*. Augenpigment vorhanden. Mundöffnung mit Mundlamellen; Mundröhre sehr weit, ihr äußerer Durchmesser beträgt 16—17 $^0/_0$ der Schlundkopflänge. Mundröhre im Schlundkopf flanschenartig erweitert. Schlundkopfeinlagerungen Apophysen und 3 kurze, an den Enden gerundete Stäbe von untereinander etwa gleicher Länge; Komma ziemlich undeutlich, fehlt bei westafrikanischen Stücken. Stilette kräftig und gebogen. Krallen dick und kräftig, die eines Beines nahezu gleich groß, die Äste auf der halben Länge des Hauptastes vereinigt, Nebenspitzen kräftig. Die Krallenhaut ist zu den beiden Hauptästen jedes Beines deutlich ausgezogen; diese 2lappige Krallenhaut sieht wie 2 Zehen oder Säckchen aus.

Länge etwa 500 μ und mehr. Bei einem 340 μ langen Tier: Länge des Buccalapparates 68,4 μ (200 ms); Länge der Mundröhre 32,4 μ (95 ms); innerer Durchmesser der Mundröhre 6 μ (16,6 cph); Maße des Schlundkopfes 36×28 μ, die Länge also 105,8 ms, die Breite 78 cph; Länge der Placoidenreihe 14,4 μ (40 cph); Länge der Kralle IV 13 μ (38 ms).

Eier kugelig (Fig. 179 *E*), mit den Ausschüssen 75—80 μ im Durchmesser; die Ausschüsse halbkugelig, basal einander fast berührend.

Nach John Murray (1910) stehen *Macrobiotus meridionalis* und *M. polaris* (vgl. S. 160) der Art am nächsten; von diesen haben die Eier des ersten mammilläre Eiausschüsse, die des zweiten eine gefelderte Eischale. Auch sind bei *M. polaris* die Krallen eines Beines untereinander sehr ungleich groß, und beide sind sehr viel dünner als bei *M. montanus*, auch ist die Mundröhre des *M. polaris* enger. Die beiden ersten in der Synonymie genannten Zitate beziehen sich auf freilich recht große Eier (Fig. 179 *F*), sie mögen unter Vorbehalt zu *M. montanus* gestellt werden.

Das westafrikanische Material enthält keine Eier, und es sind bei ihm hintere Augen ausgebildet (Fig. 179 *A*), während die Originalabbildung vordere Augen annehmen läßt. Auch Thulin hat bei der Form, die er als vermutlich mit *M. montanus* identisch ansieht, vordere Augen festgestellt. So bleibt die Determination der afrikanischen Tiere etwas unsicher.

?Novaja Semlja; ?Schottland; Schweizer Alpen, 2000 m; Westafrika, Elfenbeinküste; Neuseeland, Südinsel, etwa 2000 m.

19. **M. ascensionis** Richters 1908 *Makrobiotus a.*, F. Richters in: Ber. Senckenb. Ges., p. 17 t. 1 f. 4 | 1911 *Macrobiotus ascensionsis*, John Murray in: J. Quekett Club, ser. 2 *v.* 11 p. 193 | ? 1911 *M.* spec., F. Heinis in: Rev. Suisse Zool.,

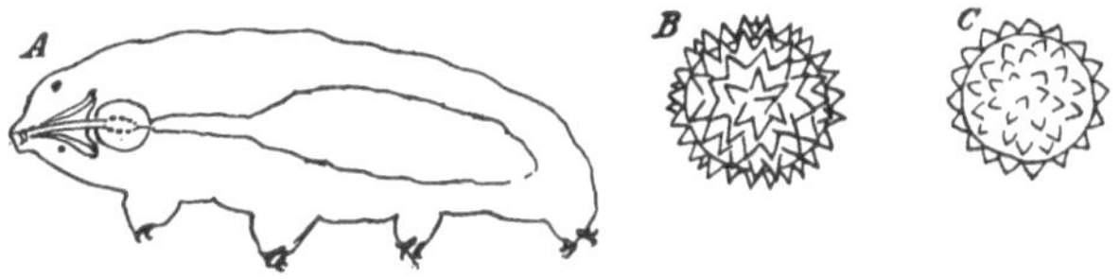

Fig. 180.
Macrobiotus ascensionis Richters. *A* lateral, *B* typisches Ei, *C* Ei aus Südmexiko.

v. 19 p. 264 t. 4 f. 8 | 1928 *M. ascensionis*, G. Rahm in: Tierw. Mitteleur., *v.* 3 p. II 15 | 1928 *M. ascensionensis*, E. Marcus in: Tierw. Deutschl., pars 12 p. 134 f. 158 | 1928 *M. Ascensionis*, G. Thulin in: Hereditas, *v.* 11 p. 244 | 1929 *M. ascensionensis*, E. Marcus in: Bronn, Kl. Ordn., *v.* 5 Abt. 4 Buch 3 p. 424—425 f. 264.

Wird bis mittelgroß; hyalin; Augenpigment vorhanden. Mundröhre auffallend eng, 1—3 μ weit. Schlundkopf kugelig, bei den größten, 416 μ langen Stücken 30 μ im Durchmesser. Apophysen nicht festgestellt, 3 kugelige

Körner und bei alten Tieren ein kleines Komma, das bei Jungtieren nicht sicher erkannt werden konnte. Krallen vom *hufelandii*-Typus, ohne nähere Angaben. Länge 112—416 μ.

Eier schon bei 240 μ messenden Tieren zu erkennen; abgelegte Eier klein, kugelig, im Durchmesser 50 μ einschließlich der spitzen, kegelförmigen Ausschüsse.

Die Zugehörigkeit des von Heinis (1911) gefundenen Eies (Fig. 180 *C*) zu *M. ascensionis* ist sehr fraglich. Daß die Eier in der Originalbeschreibung als „auffällig hyalin" bezeichnet sind, dürfte nicht als Artmerkmal zu werten sein. Frisch abgelegte Tardigradeneier sehen dicht aus, solche, deren Embryonen kurz vor dem Ausschlüpfen stehen, durchsichtig.

Ascension; ? Südmexiko.

20. **M. porteri** Rahm 1931 *M. p.*, G. Rahm in: Revista Chilena, *v.* 35 p. 121, 127—128, 136—137 f. 19 | 1932 *M. p.*, G. Rahm in: Zool. Anz., *v.* 98 p. 97, 116—118 f. 8—11, Mikrophot. IV.

Wird sehr groß; langgestreckt. Speicherzellen sehr dunkel, oft tiefschwarz. Augenpigment in Form ovaler Flecke vorhanden. Cuticula glatt. Mundröhre sehr weit, 13—17 μ im Durchmesser; nach der Originalbeschreibung „von derselben Beschaffenheit wie bei *M. richtersii*", also im rostralen Teil gerade verlaufend, vor dem Eintritt in den Schlundkopf ventralwärts konvex

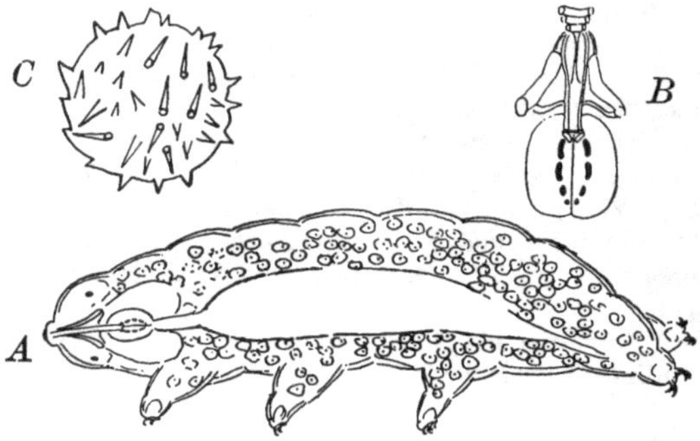

Fig. 181.
Macrobiotus porteri Rahm. *A* dorsal, *B* Schlundkopf, *C* Ei.

gekrümmt. Stilette ziemlich kräftig; Schlundkopf oval, 78—84 μ lang, 65—71 μ breit, mit Apophysen, 3 Macroplacoiden und einem punktförmigen Microplacoid. Von den stabförmigen Macroplacoiden ist das 2. das längste, das 3. das kürzeste. Krallen relativ klein; Haupt- und Nebenast an Länge kaum verschieden, durchschnittlich 21—25 μ lang, vom Krallenansatz bis zur Spitze gemessen. Haupt- und Nebenast bis zur Hälfte ihrer Länge verwachsen, also Krallen vom *hufelandii*-Typus; der Hauptast trägt 2 ziemlich kräftige, fein ausgezogene Nebenspitzen. Lunula, nach der Abbildung zu urteilen, glatt, unvollständig. Länge bei Männchen und Weibchen übereinstimmend 900—1200 μ.

Eier groß, kugelig, im Durchmesser 131—154 μ messend; die Ausschüsse stehen sehr locker und in unregelmäßiger Anordnung, es sind meist schlanke, dreieckige Spitzen von untereinander ungleicher Form und Länge.

Der Vergleich des Eies von *M. porteri* mit dem hier als *M.* spec. 23 behandelten Ei, wie ihn Rahm zieht, erscheint zutreffend. Da aber die Ausschüsse bei jenem Ei erheblich dichter stehen, als bei dem von *M. porteri*, kann ich beide nicht für identisch halten. Wie aus Rahms spanischer Bearbeitung und deren englischer Zusammenfassung hervorgeht, ist sein in der deutschen Beschreibung gegebener Hinweis auf „Richters 1907, *v.* 9 Nr. 34“ (= Tardigraden der Deutschen Südp.-Exp.) ein Irrtum: Rahm vergleicht das Ei von *M. porteri* nur mit dem von *M.* spec. 23. Die in dem Moospolster, das außer *M. porteri* keine weiteren Macrobioten enthielt, angetroffenen *M. echinogenitus*-Eier erschweren die Beurteilung des *M. porteri* sehr. Man könnte ihn danach vielleicht mit *M. harmsworthi* vereinigen. Vielleicht sind jene Eier aus benachbarten, *M. echinogenitus*-haltigen Moosen eingeschwemmt, wofür Rahm die Möglichkeit andeutet. Zu *M. richtersii*, dieser Art mit areolierter Eischale, die Rahm für nahe verwandt mit *M. porteri* hält, passen weder die Maße der Placoiden, noch die Eier. Auch kein anderer *Macrobiotus* zeigt die eigenartigen Merkmale des *M. porteri* vereinigt: Weite der Mundröhre, fast gleiche Länge von Krallenhaupt- und Nebenast und die beschriebenen Eiausschüsse.

Chile, bei Santiago, bis 1400 m.

21. **M. luteus** Thulin 1928 *M. l.*, G. Thulin in: Hereditas, *v.* 11 p. 243, 244, 257—258 | 1929 *M. l.*, E. Marcus in: Bronn, Kl. Ordn., *v.* 5 Abt. 4 Buch 3 p. 425—426.

Mittelgroß; Körperform dem *Macrobiotus occidentalis* sehr ähnlich; ebenso wie diese Art mit gelben Speicherzellen. Haut ohne Pigment. Augen klein, in gewöhnlicher, also hinterer Lage. Buccalapparat klein. Mundöffnung anscheinend nicht von Lamellen umgeben. Mundröhre relativ dünn, beim Eintritt in den Schlundkopf schwach dorsalwärts konvex gebogen. Schlundkopf oval, mit großen Apophysen und kurzen Reihen von Einlagerungen, die aus 3 gleich großen, länglich-ovalen Körnern bestehen, von denen die beiden hinteren einander etwas genähert sind. An das letzte Korn schließt sich ein kleines Komma eng an. Krallen mit kräftigen, stark gekrümmten Ästen; der Nebenast hoch ansitzend, also offenbar Haupt- und Nebenast auf weiter Strecke miteinander vereinigt. Lunulae glatt.

Länge bis 430 µ. Schlundkopflänge bei einem 412 µ langen Tier 33 µ = 80 ms. Kralle IV 12,5 µ = 30 ms. Äußerer Durchmesser der Mundröhre 10 cph; Schlundkopfbreite 81 cph; Macroplacoidenreihe (die 3 Körnchen ausschließlich des Komma) 40 cph; jedes Macroplacoid 11 × 7,5 cph.

Ein aus dem Ovar eines Weibchens herauspräpariertes Ei zeigte mit dem Ei von *M. occidentalis* übereinstimmende Ausschüsse.

Die weder zahlreichen, noch bedeutsamen Unterschiede, die zwischen *M. luteus* und *M. furcatus* vorliegen, sind in der Erörterung von *M. furcatus* angeführt worden. Von *M. crassidens* ist *M. luteus* durch die Eiausschüsse zu unterscheiden, die bei *M. crassidens* dicht, einander basal berührend, bei *M. luteus* locker, basal voneinander getrennt stehen, und durch die Macroplacoiden, die bei *M. crassidens* ebenso breit wie lang oder breiter als lang, bei *M. luteus* länger als breit sind. Von *M. ascensionis*, der dem *M. luteus* sehr ähnlich zu sein scheint, unterscheidet sich *M. luteus* nach Thulin durch die Form der Eiausschüsse und die Farbe der Speicherzellen. Hat schon das erste Merkmal sehr wenig Bedeutung, wenn es nur auf ein Ei gegründet ist, das aus dem Ovar eines Weibchens herauspräpariert ist, so kann die Farbe der Speicherzellen vollends nicht als unterscheidender Charakter gelten. Beispielsweise verschwindet das individuell sehr verschiedene Gelb der Speicherzellen von *Hypsibius (H.) evelinae* nach etwa 10 Tage langem Hungern, die Speicherzellen werden dann farblos. Die Betonung der Durchsichtigkeit des *M. ascensionis* legt ohnehin die Vermutung nahe, daß die Stücke dieser Art, vielleicht infolge langsamer Austrocknung, vor dem Einsammeln noch relativ lange aktiv lebenstätig, aber ohne die zur Nahrungsaufnahme nötige Nässe waren. Durch seinen knappen Vergleich mit einer so unvollständig bekannten Art wie *M. ascensionis* hat Thulin seinen leider nicht abgebildeten *M. luteus* kaum zu einer sicher umgrenzten Species erhoben.

Südschweden.

M. spec. 2 [Spec. dub. et inquir.] 1908 *Makrobiotus* spec. ?, F. Richters in: Ber. Senckenb. Ges., p. 26 | 1928 *Macrobiotus* spec. 2, E. Marcus in: Tierw. Deutschl., pars 12 p. 134 | 1929 *M.* spec. 2, E. Marcus in: Bronn, Kl. Ordn., *v.* 5 Abt. 4 Buch 3 p. 426.

Kaum mittelgroß; Schlundkopf kugelig, mit 3 kleinen, von vorn nach hinten an Größe zunehmenden Stäben. Krallenäste nur wenig miteinander verwachsen. Länge bis 304 µ.

Die Genuszugehörigkeit dieser Art ist nicht sicher zu entscheiden, aber die Angabe über die Krallen spricht vielleicht für einen jungen *Macrobiotus*. Arten mit ausgesprochener Größenzunahme der 3 Schlundkopfeinlagerungen von vorn nach hinten finden sich außer dieser nicht.

Bangka.

22. **M. virgatus** John Murr. 1910 *M. v.*, John Murray in: Brit. antarct. Exp., *v.* 1 p. 142, 173–174 t. 18 f. 28 t. 21 f. 55a–c | 1911 *M. v.*, John Murray in: J. Quekett Club, ser. 2 *v.* 11 p. 194 | 1911 *M. v.*, John Murray in: P. Irish Ac., *v.* 31 nr. 37 p. 8 | 1913 *M. v.*, John Murray, Not. nat. Hist. Bolivia Peru, p. 28, 29 | 1928 *M. v.*, G. Rahm in: Tierw. Mitteleur., *v.* 3 p. II 16 | 1928 *M. v.*, E. Marcus in: Tierw. Deutschl., pars 12 p. 135–136 f. 160 | 1928 *M. v.*, G. Thulin in: Hereditas, *v.* 11 p. 246 | 1929 *M. v.*, E. Marcus in: Bronn, Kl. Ordn., *v.* 5 Abt. 4 Buch 3 p. 427–428 f. 266.

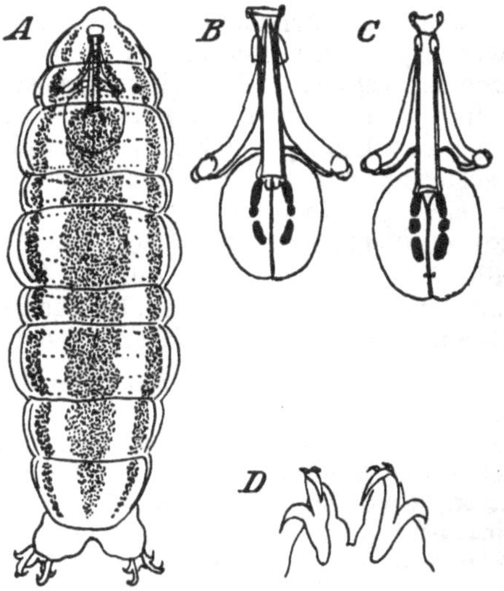

Fig. 182.
Macrobiotus virgatus John Murr. *A* dorsal, *B* Schlundkopf, typisch, *C* Schlundkopf, aberrant, *D* Krallen, typisch.

Groß, kräftig; Augenpigment vorhanden. Körper mit 3 braunen Pigmentlängsbändern, ähnlich wie bei *Hypsibius oberhaeuseri* (vgl. S. 278), aber nicht wie dort ins Purpurne spielend; ein Band median und jederseits eins lateral verlaufend. Die lateralen können in schmale Bänder aufgeteilt sein, außerdem sind zarte Querbänder vorhanden. Mundröhre sehr weit, 9—10 µ im Durchmesser, im Schlundkopf mit schwach ausgeprägter Flansche endigend. Stilette kräftig, etwa auf der Hälfte ihrer Länge in die Mundröhre eintretend. Schlundkopf kurz-oval, mit Apophysen, 2 Stäben und dazwischen einem Korn; die Stäbe etwa 4 mal so lang wie breit, das Korn variiert von etwas länger als breit zu 2 mal so lang wie breit. Krallen sehr dick; Haupt- und Nebenast an

Länge sehr verschieden, auf halber Länge des Hauptastes vereinigt; dieser letzte mit 2 dicken Nebenspitzen. Länge bis zu 750 μ.

Das Ei der Art ist unbekannt. Die von J. Murray seiner Diagnose angefügte Erörterung könnte auf glatte, in die gehäutete Cuticula abgelegte Eier schließen lassen, wenn das Material von Franz Josephsland (J. Murray, 1910, p. 174) tatsächlich zu *M. virgatus* gehört. Der Autor selbst bezeichnet die Identifizierungen seines arktischen und australischen Materials deshalb als unsicher, weil sie sich nur auf die Schlundkopfeinlagerungen gründen. Bei den australischen Stücken fehlt das Augenpigment; die Stilette verlaufen zu $^3/_4$ ihrer Länge gerade und dann ganz glötzlich nach außen gekrümmt, im Schlundkopf ist ein kleines Komma vorhanden (Fig. 182*C*). Dies alles sind Unterschiede gegenüber dem typischen *M. virgatus*, dessen Schlundkopfeinlagerungen jedoch bei keiner andern Species des Genus *Macrobiotus* wieder vorkommen, und dem man daher die australischen und arktischen Formen auf Grund der Übereinstimmung eben dieser Einlagerungen wohl zuzählen kann. G. Thulin (1928) hält den *M. virgatus* für nahe verwandt mit *M. richtersii*, bei dem freilich das mittlere Macroplacoid nicht so viel kleiner ist als das 1. und 3., und der viel schlankere Krallen hat.

Franz Joseph-Land; Irland; Australien, Neusüdwales, Blaue Berge; Britisch-Columbia: Victoria (Vancouver-Insel); Canada, Ottawa; Peru, 2300 m.

M. spec. 3 [Spec. inquir.] 1910 *M.* spec. ?, John Murray in: Brit. antarct. Exp., *v.* 1 p. 148—149, 156 t. 19 f. 43a—b | 1928 *M.* spec. 3, E. Marcus in: Tierw. Deutschl., pars 12 p. 136—137 f. 161 | 1929 *M.* spec. 3, E. Marcus in: Bronn, Kl. Ordn., *v.* 5 Abt. 4 Buch 3 p. 428—429 f. 267.

Mittelgroß. Augenpigment fehlt. Stumpf-braun pigmentiert, ähnlich wie *M. hufelandii*. Stilette kräftig, Mundröhre weit, Schlundkopf kurz-oval, 40 μ lang, 30 μ breit, mit Apophysen, 3 kurzen, dicken Stäben und einem großen Komma. Der mittlere Stab ist etwas kürzer als der 1. und der letzte. Krallen eines Beines gleich lang und gleich gebaut, mit langem Haupt- und kurzem Nebenast, die Äste also von sehr verschiedener Länge, nur basal vereinigt. Nebenspitzen am Hauptast nicht festgestellt. Länge beinahe 500 μ.

Das Ei der Art ist unbekannt.

Von den Arten, mit denen der Autor diese Species vergleicht, kommt als nahestehend nur der durch seine dicken Krallen und deren Bau unterschiedene *M. virgatus* (s. o.) in Frage.

Fidschiinseln, Viti-Levu; Sandwich-Inseln, Oahu.

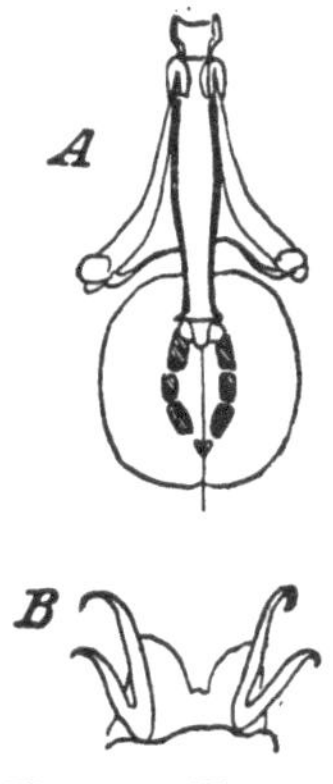

Fig. 183. **Macrobiotus spec. 3.** *A* Schlundkopf, *B* Krallen.

23. **M. hibernicus** John Murr. 1911 *M. h.*, John Murray in: P. Irish Ac., *v.* 31 nr. 37 p. 9 t. 3 f. 15a—c | 1928 *M. h.*, G. Rahm in: Tierw. Mitteleur., *v.* 3 p. II 16 | 1928 *Hypsibius h.*, E. Marcus in: Tierw. Deutschl., pars 12 p. 197 f. 243 | 1928 *Macrobiotus h.*, G. Thulin in: Hereditas, *v.* 11 p. 242, 243, 245 | 1929 *M. h.*, E. Marcus in: Bronn, Kl. Ordn., *v.* 5 Abt. 4 Buch 3 p. 429—430 f. 268 | 1932 *M. h.*, Cuénot in: Faune France, pars 24 p. 65 f. 55—56.

Klein; farblos. Augenpigment vorhanden und zwar in normaler, also hinterer Lage. Cuticula dorsal über dem Schlundkopf und von dort ausgehend an den beiden Körperseiten bis zum Caudalende durch ganz feine Körnchen punktiert. Mundöffnung mit Mundlamellen. Mundröhre nach G. Thulin mäßig weit, ihr äußerer Durchmesser beträgt 10—15 % der Schlundkopflänge. Cuénot gibt eine enge Mundröhre von 2 μ innerem Durchmesser an. Vor dem Eintritt in den Schlundkopf verläuft die Mundröhre gerade. Der rostral, also am Eingang etwas verbreiterte Schlundkopf zeigt 3 kurze

Stäbe und ein Komma, das auch fehlen kann. Das 1. Macroplacoid berührt die Apophyse, das 2. ist etwa ebenso groß wie das 1. und meist in Verbindung mit ihm, das 3. ist länger als das 1. Krallen klein, mit kleiner Lunula, vom *hufelandii*-Typus; bei beiden Krallen eines Beines der Hauptast deutlich länger als der Nebenast, außerdem der Hauptast der etwas größeren, hinteren Kralle noch etwas länger als der an der etwas kleineren, vorderen Kralle.

Länge des jungen, aus dem Ei gedrückten Tieres aus Irland 140 μ; erwachsene französische Stücke bis zu 318 μ.

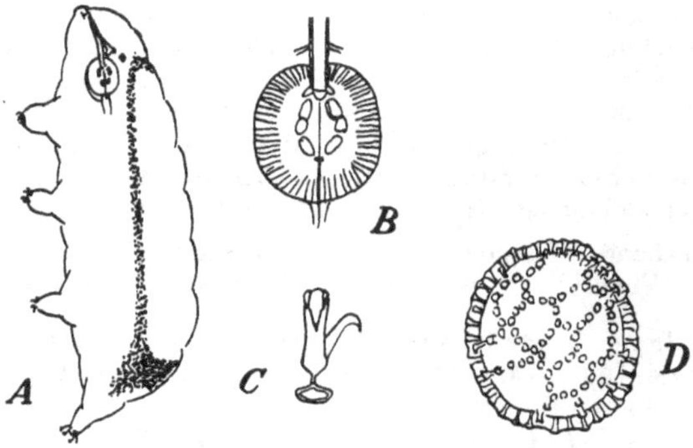

Fig. 184.
Macrobiotus hibernicus John Murr. *A* lateral, *B* Schlundkopf, *C* Kralle, *D* Ei.

Reife Weibchen enthalten 3 Eier von gleichem Ausbildungszustand, was auf gleichzeitige Ablage mehrerer Eier schließen läßt. Die Eier sind kugelig oder oval und kleben manchmal zu zweit aneinander. Ihr Durchmesser beträgt in irischem Material 60—70 μ, in französischem 52—61 μ. Die Ausschüsse sind etwa doppelt so lange wie breite, radial angeordnete Stäbchen, die manchmal eine etwas erweiterte bulböse Basis, eine kontrahierte Mitte und einen verbreiterten, nagelartigen oder 2teiligen Kopf besitzen. Die Stäbchen sind in eine hyaline, etwa 3 μ dicke Außenzone der Eischale so eingebettet, daß ihre an Größe variablen Nagelköpfe nicht frei über die Eioberfläche hervorragen. Die Stäbchen sind zu einem ungefähr netzartigen, mehr oder weniger regelmäßigen Muster angeordnet, die einzelnen Maschen dieses Netzes sind annähernd kreisrund, und jede Masche mißt etwa 15 μ im Durchmesser.

Die Einordnung der Art bei *Macrobiotus* stützt sich auf die Angaben Thulin's und Cuénot's, die beide die Art wiedergefunden haben. In dem Krallenbild der Originalbeschreibung ist der Längenunterschied zwischen dem Hauptast der hinteren und dem der vorderen Kralle erheblich. Freilich schließt die Anordnung der Haupt- und Nebenäste eine Zugehörigkeit der Art zur Gattung *Hypsibius* aus. Die Eier, die im Bau denen von *Macrobiotus hastatus* und *Hypsibius arcticus* ähnlich sind, besitzen nur bei *Macrobiotus hibernicus* eine annähernd netzförmige, durch die Anordnung der Stäbchen bedingte Zeichnung (Fig. 184 *D*). Hinzu kommt als wichtiges Artmerkmal der Bau der Krallen, deren Äste bei *M. hibernicus* bis zur halben Länge des Hauptastes vereinigt sind (*hufelandii*-Typus), während sie bei *M. hastatus* von gemeinsamer Basis divergieren (*echinogenitus*-Typus).

Irland, 300 m; Frankreich, Vendée, Vogesen, in Hypnaceen, Frullania, Cladonia und Sedum.

3. Macrobiotus hufelandii-Gruppe[1])

Schlundkopf von Apophysen und Komma (Microplacoid) abgesehen, mit 2 Einlagerungen (Macroplacoiden). Cuticula glatt (vgl. Anm. S. 146).

---

[1]) *Macrobiotus* spec. 7 (vgl. S. 208) und *M.* spec. 8 (vgl. S. 210) konnten nicht in die Bestimmungstabelle eingeordnet werden

Bestimmungstabelle der Arten:

1	Hauptast der Kralle ist länger als der basal in ungefähr rechtem Winkel von ihm abgehende Nebenast (*macronyx*-Typus) — **2**		
	Haupt- und Nebenast der Kralle nur mäßig oder sehr wenig an Länge verschieden; beide auf halber Länge des Hauptastes vereinigt (*hufelandii*-Typus) oder von der Basis aus divergierend (*echinogenitus*-Typus) — **7**		
2	Glatte, in die gehäutete Cuticula abgelegte Eier	24. **M. macronyx**	
	Mit Ausschüssen versehene, meist frei abgelegte Eier — **3**		
3	Eiausschüsse basal einander berührend — **4**		
	Zwischen den basal von einander entfernt stehenden Ausschüssen bleibt Eischale frei — **5**		
4	Krallen lang und schlank, der Hauptast dünn und nur schwach gebogen; Schlundkopfstäbe mäßig dünn	26. **M. ambiguus**	
	Krallen ziemlich kurz und grob, der Hauptast dick und stark gebogen; Schlundkopfstäbe sehr dünn	27. **M. ampullaceus**	
5	Eier kugelig, die Ausschüsse spitze Kegel, deren Distalende nicht ausgefranst ist — **6**		
	Eier elliptisch; die Ausschüsse gleichen umgekehrten Eierbechern, deren Distalränder teilweise ausgefranst sind	**M. spec. 12**	
6	Klein; Nebenast der 4. Kralle etwa um 1/3 kürzer als der Hauptast [Krallen wahrscheinlich vom *echinogenitus*-Typus]	30. **M. ferdinandi**	
	Groß; Nebenast der 4. Kralle etwa um 2/3 kürzer als der Hauptast	25. **M. dispar**	
7	1. Schlundkopfstab mit einer Einschnürung, wie gebrochen aussehend — **8**		
	1. Schlundkopfstab ungebrochen — **18**		
8	Krallenäste von der gemeinsamen Basis aus divergierend — **9**		
	Krallenäste auf halber Länge des Hauptastes vereinigt — **14**		
9	Schlundkopf ausgesprochen länglich-oval; Stilette gegen die Furca hin bauchig erweitert	28. **M. dubius**	
	Schlundkopf kurz-oval; Stilette ohne bauchige Erweiterung gegen die Furca hin — **10**		
10	Eiausschüsse mindestens zum Teil in eine hyaline Außenzone der Eischale eingebettet	34. **M. hastatus**	
	Eiausschüsse auf ganzer Länge aus der Eischale herausragend — **11**		
11	Eiausschüsse kegelförmig — **12**		
	Eiausschüsse wie umgekehrte Eierbecher gestaltet	31. **M. hufelandii**	[Jungtiere mit noch nicht bis zur halben Länge des Hauptastes verschmolzenen Krallenästen]
12	Eiausschüsse lange Kegel, bei mittleren Vergrößerungen basal mit strahlenförmigem Punktkranz	31 a. **M. hufelandii forma recens**	
	Eiausschüsse kurze Kegel, bei mittleren Vergrößerungen ohne basalen Punktkranz — **13**		
13	Krallen schlank; 1. Macroplacoid doppelt so lang wie das 2.; die Kegel der Eiausschüsse enden spitz	29. **M. pullari**	
	Krallen grob; 1. Macroplacoid etwa um 1/3 länger als das 2., die Kegel der Eiausschüsse enden stumpf gerundet	30. **M. ferdinandi**	

14	Mit Ausschüssen versehene, meist frei abgelegte Eier — **15**	
	Glatte, in die gehäutete Cuticula abgelegte Eier . .	32. **M. rubens**
15	Eischale areoliert, d. h. zwischen den Ausschüssen polygonal gefeldert	33. **M. spectabilis**
	Eischale nicht areoliert — **16**	
16	Mundröhre eng; Stilette dünn, schwach; Schlundkopf kugelig; Eiausschüsse basal ohne Punktkranz . .	14. **M. hufelandioides** [aberrante Form mit 2 Macroplacoiden]
	Mundröhre weit; Stilette dick, kräftig; Schlundkopf kurz-oval; Eiausschüsse basal mit Punktkranz — **17**	
17	Eiausschüsse spitz	31a. **M. hufelandii forma recens**
	Eiausschüsse wie umgekehrte Eierbecher gestaltet . .	31. **M. hufelandii**
18	1. Schlundkopfstab mit nach außen quer vorspringendem, gerundetem Fortsatz — **19**	
	1. Schlundkopfstab glatt, ohne Querfortsatz — **20**	
19	1. Schlundkopfstab mehr als doppelt so lang wie der 2.; Krallen vom *echinogenitus*-Typ	**M. spec. 4**
	1. Schlundkopfstab anderthalbmal so lang wie der 2.; Krallen vom *hufelandii*-Typ	33. **M. spectabilis**
20	Krallenäste von der gemeinsamen Basis aus divergierend — **21**	
	Krallenäste bis etwa zur halben Länge des Hauptastes vereinigt — **28**	
21	Schlundkopf kugelig	**M. spec. 5**
	Schlundkopf oval — **22**	
22	1. Macroplacoid länger als das 2. — **24**	
	Beide Macroplacoide von annähernd gleicher Länge — **23**	
23	Eiausschüsse mindestens zum Teil in eine hyaline Außenzone der Eischale eingebettet	34. **M. hastatus**
	Eiausschüsse auf ganzer Länge aus der Eischale herausragend	37. **M. echinogenitus**
24	1. Macroplacoid doppelt so lang wie das 2. — **26**	
	1. Macroplacoid um $^1/_3$ oder $^1/_4$ länger als das 2. — **25**	
25	Spitze, frei aus der Eischale hervorragende Eiausschüsse; Eischale areoliert	36. **M. grandis**
	Wappenlilien- oder stabartig gestaltete, mindestens z. T. in die hyaline Außenzone der Eischale eingebettete Eiausschüsse; Eischale nicht areoliert	34. **M. hastatus**
26	Macroplacoide dick, körnerartig — **27**	
	Macroplacoide schmale Stäbe	**M. spec. 6**
27	Ei elliptisch; Eischale ohne Areolation; Eiausschüsse wie umgekehrte Eierbecher, distal teilweise aufgelöst	**M. spec. 12**
	Ei kugelig; Eischale mit Areolation; Eiausschüsse polygonal, distal spitz endigend	35. **M. polyopus**
28	Beide Macroplacoide von annähernd gleicher Länge — **29**	
	Beide Macroplacoide von deutlich verschiedener Länge — **31**	
29	Äußere (hintere) und innere (vordere) Krallen eines Beines gleich lang — **30**	
	Außenkrallen länger und stärker als die Innenkrallen	**M. spec. 9**
30	Schlundkopf oval; Eiausschüsse zwiebelkuppelförmig oder halbkugelig gestaltet, groß und wenig zahlreich	37. **M. echinogenitus**
	Schlundkopf fast kugelig; Eiausschüsse als spitze, stachelige, biegsame Dornen ausgebildet, klein und zahlreich	38. **M. coronifer**

31	Apophysen besonders breit hervortretend	**M. spec. 10**
	Apophysen ohne Besonderheiten — **32**	
32	1. Schlundkopfstab gegen die Mundröhre hin verschmälert, nach dem Schlundkopflumen hin konvex gekrümmt	**M. spec. 11**
	1. Schlundkopfstab ohne auffällige rostrale Verschmälerung und Krümmung — **33**	
33	Eischale areoliert — **34**	
	Eischale nicht areoliert — **35**	
34	Vordere Augen; 1. Schlundkopfstab $1^{1}/_{2}$ mal so lang wie der 2.	33. **M. spectabilis**
	Hintere Augen; 1. Schlundkopfstab $1^{1}/_{3}$ mal so lang wie der 2.	36. **M. grandis**
35	Eiausschüsse distal verzweigt oder mit gabelzinken- oder fransenartigen Auflösungen des distalen Randes — **36**	
	Eiausschüsse distal nicht aufgelöst, entweder abgestutzt oder kegelförmig zugespitzt oder stachelförmig — **41**	
36	Eiausschüsse von der Form umgekehrter Eierbecher, deren distale Scheibe am Rand mit Zacken oder Fransen versehen ist — **37**	
	Eiausschüsse nicht von Eierbecherform, ohne distale Endscheibe, vielmehr distal in mehrere Äste aufgelöst — **38**	
37	Eier deutlich elliptisch	**M. spec. 12**
	Eier kugelig	31. **M. hufelandii**
38	Eiausschüsse basal breit, weiter distal verschmälert und vor der Distalverzweigung wieder verbreitert, also etwa sanduhrförmig gestaltet — **39**	
	Eiausschüsse einfach kegelförmige, distal mit Zinken versehene, zuweilen umgebogene Stacheln — **40**	
39	Mit Augenpigment; 1. Schlundkopfstab etwa doppelt so lang wie der 2.; Eiausschüsse 9—11 μ lang .	9. **M. furciger**
	Ohne Augenpigment; 1. Schlundkopfstab etwa um $^{1}/_{4}$ länger als der 2.; Eiausschüsse 18 μ lang	39. **M. anderssoni**
40	Basal die Kegel der Eiausschüsse mit strahlenförmigem Punktkranz	31a. **M. hufelandii forma recens**
	Keine basale Skulptur um die Eiausschüsse	4. **M. islandicus**
41	Eiausschüsse distal zu einer Spitze verjüngt — **42**	
	Eiausschüsse distal abgestutzt mit breitrandiger Scheibe	31. **M. hufelandii**
42	Eier elliptisch — **43**	
	Eier kugelig — **44**	
43	Eiausschüsse mit konischer Basalpartie und von ihr scharf abgesetzter borstenförmiger Distalpartie . .	3. **M. occidentalis**
	Eiausschüsse spitze einheitliche Dornen ohne Gliederung in basale und distale Partie	38. **M. coronifer**
44	Umkreis der Eiausschuß-Basis oder diese selbst skulpturiert — **45**	
	Eiausschüsse glatt oder einheitlich punktiert und papillös, aber ohne besondere Skulptur der Basis oder deren Umkreis — **46**	
45	Mundröhre eng (3 μ); Schlundkopf kugelig, ohne Komma; Eiausschüsse in der Basalpartie gerieft	40. **M. annae**
	Mundröhre weit (9 μ); Schlundkopf oval mit Komma; Eiausschüsse mit strahlenförmigem Punktkranz um die Basis	31a. **M. hufelandii forma recens**

46	Eiausschüsse in gewellte Borsten auslaufend	3. **M. occidentalis**
	Eiausschüsse kegel-, brustwarzen- oder zwiebelkuppelförmig, jedenfalls nicht mit gewellten Borsten — **47**	
47	Eiausschüsse zahlreiche kleine Stacheln von der Form schlanker Kegel	4. **M. islandicus**
	Eiausschüsse ziemlich wenige, große breite Kegel oder halbkugelige Buckel	37. **M. echinogenitus**

24. **M. macronyx** Duj. ? 1838 *un tardigrade*, Dujardin in: Ann. Sci. nat., ser. 2 *v.* 10 p. 191 t. 2 f. 6 | 1841 *un autre Macrobiote*, Dujardin, Zooph., p. 663 | 1842 *un nouveau Macrobiotus*, Doyère in: Ann. Sci. nat., ser. 2 *v.* 18 p. 34 | 1851 *M. macronyx*, Dujardin, ibid., ser. 3 *v.* 15 p. 163 t. 3 f. 7—8 | non 1866 *M. m.*, R. Greeff in: Arch. mikr. Anat., *v.* 2 p. 105, 111 | 1866 *M. m.*, R. Greeff, ibid., *v.* 2 p. 120 t. 6 f. 4 | 1888 *M. m.*, Plate in: Zool. Jahrb., Anat. *v.* 3 p. 536 | ? 1891 *M. m. ?*, Voeltzkow in: Zool.

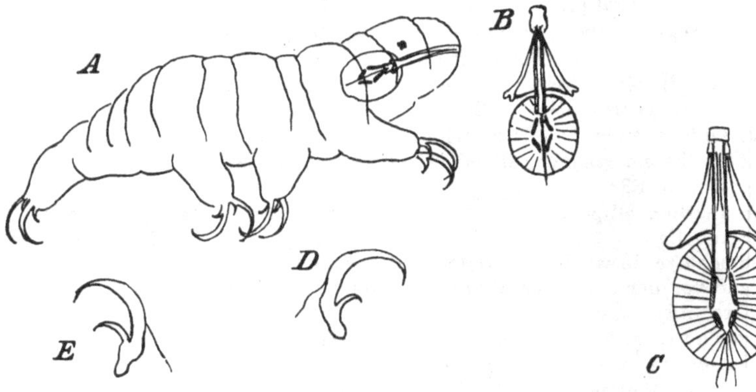

Fig. 185.
Macrobiotus macronyx Duj. *A* lateral, *B*, *C* Schlundkopf, *D* Kralle I; *E* Kralle IV.

Anz., *v.* 14 p. 224—225 | non 1892 *M. m.* + *maconyx*, Rywosch in: SB. Ges. Dorpat, *v.* 9 p. 90, 91 | non 1894 *M. Macronyx* + *Mocronyx*, R. Erlanger in: Biol. Centralbl., *v.* 14 p. 582, 584 | non 1895 *M. Macronyx*, R. Erlanger, ibid., *v.* 15 p. 772 | non 1895 *M. m.*, R. Erlanger in: Morphol. Jahrb., *v.* 22 p. 491 f. 1—2 t. 20, 21 | ? 1895 *M. m.*, Lameere, Man. Faune Belgique, *v.* 1 p. 379 | 1896 *M. m.*, Lance, Contr. Tardigrades, p. 204 t. 3 f. 15, 19 | non 1896 *M. m.*, Rywosch in: Biol. Centralbl., *v.* 16 p. 122 | non 1897 *M. m.*, Rywosch, ibid., *v.* 17 p. 753 | non 1897 *M. m.*, E. Vanhöffen in: Drygalski, Grönl.-Exp., *v.* 2 I p. 166, 175 | ? 1898 *M. m.*, J. Richard in: Mém. Soc. zool. France, *v.* 11 p. 328, 329, 330 | ? 1900 *M. m.*, F. Zschokke in: N. Denk. Schweiz. Ges., *v.* 37 p. 192 | non 1901 *M. m.*, Schaudinn in: Fauna arct., *v.* 2 p. 193—194 | non 1903 *M. m.*, F. Richters in: Verh. D. zool. Ges., p. 53 | non 1904 *M. m.*, F. Richters in: Ber. Senckenb. Ges., p. 63 t. 4 f. 4 | ? [part.] + non [part.] 1904 *M. m.*, F. Richters in: Zool. Anz., *v.* 28 p. 351 | non 1905 *M. m.*, F. Richters in: Prometheus, *v.* 16 p. 198 f. 175—176 | ? 1905 *M. m.*, Daday in: Zool., *v.* 44 p. 271 | 1905 *M. m.*, John Murray in: Tr. R. Soc. Edinb., *v.* 41 p. 693 t. 3 f. 16a—d | non 1905 *M. m.*, E. Reukauf in: Prometheus, *v.* 16 p. 409 f. 412—416 | ? 1906 *M. m.*, John Murray in: Ann. Scott. nat. Hist., nr. 60 p. 216 | non 1906 *M. m. var. ?*, John Murray, ibid., nr. 60 p. 216 t. 5 f. 2a—d | non 1906 *M. m.*, Lauterborn in: Verh. D. zool. Ges., p. 267—268 | ? 1907 *M. m. ?*, John Murray in: Tr. R. Soc. Edinb., *v.* 45 p. 659 | ? 1907 *M. m.*, John Murray in: J. R. micr. Soc., p. 271 | 1907 *M. m.*, John Murray in: Tr. R. Soc. Edinb., *v.* 45 p. 680 | ? 1907 *M. m.*, P. Steinmann in: Ann. Biol. lacustre, *v.* 2 p. 56 | 1907 *M. m.*, John Murray in: Tr. R. Soc. Edinb., *v.* 45 p. 850—851 | non 1908 *Makrobiotus m.*, F. Richters in: Mikrokosmos, *v.* 1 p. 53 t. 2 f. 2 | ? 1909 *Macrobiotus m.*, J. Ammann in: Mt. Ges. Bern, 1908 p. 10, 11 | 1909 *M. m.*, C. Carlzon in: Zool. Anz., *v.* 34 p. 141 | ? 1909 *Makrobiotus makronyx*,

F. Richters in: Ber. Senckenb. Ges., p. 28—30 t. 2 f. 4 | ? 1909 *Macrobiotus macronyx* [part.], Aug. Brauer in: Brauer, Süßw.-Fauna, nr. 12 p. 185 f. 278 [nec f. 279] | 1910 *M. m.*, F. Heinis in: Arch. Hydrobiol., *v.* 5 p. 117, 120 | 1911 *M. m.*, John Murray in: J. Quekett Club, ser. 2 *v.* 11 p. 194 | 1911 *M. m.* + *marconyx*, John Murray in: Ann. Scott. nat. Hist., nr. 78 p. 89, 94 | non 1911 *M. macronyx*, J. Henneke in: Z. wiss. Zool., *v.* 97 p. 721 f. 1, 3, 4, 11, 13, 14 | 1912 *M. m.*, F. Heinis in: Rev. Suisse Zool., *v.* 20 p. 776, 777 | non 1913 *Makrobiotus m.*, F. Richters in: Handw. Naturw., *v.* 9 p. 1019 | 1914 *Macrobiotus m.* [part.], Ulmer, Seen Bächen, p. 76 f. 52b [nec f. 52a] | 1914 *M. m.*, R. Menzel in: Arch. Naturg., *v.* 80 A 3 p. 17 | ? 1919 *M. m.*, P. Nederström in: Acta Soc. Fauna Fenn., *v.* 46 nr. 8 p. 14 | non 1921 *M. m.*, Lampert & Lauterborn, Leben Binnengew., ed. 3 p. 225 f. 111 | ? 1925 *M. m.*, O. Harnisch in: Zool. Jahrb., Syst. *v.* 51 p. 56 | 1925 *M. m.*, G. Rahm in: Verh. Int. Ver. Limnol., *v.* 3 p. 366 | 1927 *M. m.*, G. Rahm in: Biol. Tiere Deutschl., Lief. 26 pars 22 p. 40 | ? 1928 *M. m.*, A. Monard in: Bull. Soc. zool. France, *v.* 53 p. 224 | 1928 *M. m.*, G. Rahm in: Tierw. Mitteleur., *v.* 3 p. II 8 | non 1928 *M. m.*, G. Rahm, ibid., f. 23, 24 | 1928 *M. m.*, E. Marcus in: Tierw. Deutschl., pars 12 p. 139—140 f. 162 | 1928 *M. m.*, G. Thulin in: Hereditas, *v.* 11 p. 246 | 1929 *M. m.*, E. Marcus in: Bronn, Kl. Ordn., *v.* 5 Abt. 4 Buch 3 p. 431—432 f. 269 | ? 1930 *M. m.*, Seurat, Expl. Algérie, p. 369 | 1932 *M. m.*, G. Rahm in: Brohmer, Fauna Deutschl., ed. 4 p. 458 | non 1932 *M. m.*, Cuénot in: Faune France, pars 24 p. 69 f. 63—65 | 1933 *M. m.*, E. Marcus in: Arch. Hydrobiol., *v.* 26 p. 92—93 f. 2 | 1933 *M. m.*, E. Bartoš in: Příroda Ostrava, *v.* 26 nr. 7 p. 1 | 1934 *M. m.*, E. Bartoš in: Časopis České Spol. ent., *v.* 31 p. 55.

Wird sehr groß; hyalin. Augenpigment vorhanden oder fehlend. Stilette kräftig, säbelförmig gebogen. Mundröhre weit. Schlundkopf kurz-oval bis fast kugelig mit 2 etwa 2 μ dicken Macroplacoiden, die bald untereinander gleich lang sind (Fig. 185 *B*), bald ist der 1. wesentlich länger (20 μ) als der 2. (12 μ) (Fig. 185 *C*), bald umgekehrt, der 1. 12 μ, der 2. 36 μ. Komma (Microplacoid) fehlt. Krallen eines Beines gleichartig gebaut; beide mit sehr großem Hauptast, von dem nahe der Basis ein kurzer, gekrümmter Nebenast abgeht. Namentlich bei Beinpaar 1—3 divergiert der Nebenast im fast vollständig rechtem Winkel vom Hauptast. John Murray (1905) hat den Nebenast, der bei Beinpaar 1—3 besonders kurz ist, wegen seiner Lage und Kürze mit dem Nebenhaken („barb") einer Echiniscen-Innenkralle verglichen.

Länge etwa 500 μ und mehr, bis zu 1000 μ. Länge des Buccalapparates (bei einem 400 μ langen Tier, dessen Eigelege freilich nicht bekannt ist) 125 μ (312,5 ms); Länge der Mundröhre 60 μ (150 ms); innerer Durchmesser der Mundröhre 7 μ (9,7 cph); Maße des Schlundkopfes 72 × 50 μ, die Länge also 180 ms, die Breite 71 cph; Länge der Placoidenreihe 34 μ (48 cph); 1. Placoid 28, 2. 17 cph; Länge der Kralle I 21 μ (52 ms), Kralle IV 24 μ (60 ms).

Gelege in der alten Cuticula mit 15 (John Murray, 1911) bis 17 (C. Carlzon, 1909) glatten Eiern, die etwa 60 μ im größeren Durchmesser messen.

Das erste Zitat der obenstehenden Synonymieliste bezieht sich auf einen *Macrobiotus*, sicher nicht auf *Hypsibius dujardini* (Doy.), trotzdem es bei Gelegenheit der ersten Beschreibung dieser Art („le" tardigrade) erscheint. Da Dujardin aus eigener Sammeltätigkeit zunächst nur *M. macronyx* („dans les ruisseaux des environs de Rennes") und *H. dujardini* (Doy.) kannte (1841, p. 663), ist es wahrscheinlich, daß jener 1838 abgebildete *Macrobiotus* („un" tardigrade) die Species *macronyx* ist. Das meint auch Murray (1907, p. 850). Sieht man ab von den älteren, vielleicht zu *M. macronyx* gehörigen Literaturstellen (P. Della Valle in: Annuario Mus. Napoli, n. ser. suppl. fasc. 1 nr. 7 p. 7—8, 1915), deren Erörterung ich für ergebnislos halte und deshalb hier fortlasse, so ist die erste binäre Beschreibung des *M. macronyx* die von Dujardin (1851). Hier wird nichts über die Eier gesagt, und außerdem werden 3 Schlundkopfstäbe abgebildet, was außer bei Richters (1909, p. 30) nirgends als Charakter von *M. macronyx* genannt wird. Freilich kommt ein längerer 1. Schlundkopfstab, der gebrochen sein könnte, bei *M. macronyx* vor. Die hier vertretene Auffassung des *M. macronyx* als eines Süßwassertardigraden mit 2 Macroplacoiden, Krallen vom *macronyx*-Typ (vgl. S. 145) und glatten Eiern, die zu Gelegen vereinigt in die Cuticula abgelegt werden, kann kein eigenes Material mit Eiern vorweisen. Auch Thulin kennt die Art nicht aus eigener Anschauung; und weder Richters (1909) noch Heinis (1910, 1912), Nederström (1919) oder Rahm (1928) erwähnen ausdrücklich, daß sie glatte Eier in der Cuticula gesehen haben. Danach könnte man wohl mit Cuénot (1932) meinen, es gäbe keinen *M. macronyx* mit glatten Eiern, sondern zu Dujardins Art gehörten *dispar*-Eier, und *M. dispar* sei dem *M. macronyx* synonym. Wahrscheinlich ist diese Auffassung Cuénots richtig. Aber ich kann ihr vorläufig noch nicht folgen, denn einmal werden bei Heinis (1910), Rahm (1928), also modernen Specialisten, *M. dispar* und *M. macronyx* unterschieden, und außerdem werden von folgenden Untersuchern mit eigenem Material glatte Eier in Gelegen für ihre Süßwassermacrobioten mit *macronyx*-Krallen angegeben: Greeff (1866, p. 120); Lance (1896); Murray (1905, 1911); Carlzon (1909) und Bartoš (1933). Man könnte das Material dieser Untersucher vielleicht im Sinne Cuénots für gemischt aus Macrobioten und Hypsibien halten und damit die Gelege glatter Eier bei Macrobioten mit *macronyx*-Krallen erklären. Auch verdienen Greeff, der die Synonymie von *M. macronyx* ganz verkehrt auffaßt (1866, p. 105, 111, 120) und Lance, der kein erfahrener Systematiker war, vielleicht keine allzu große Beachtung; immerhin bildet Lance ein glattes Ei und *macronyx*-Krallen ab. Carlzons Bemerkungen über die Krallen seines Materials von Bohuslän sind unklar; daß er augenlose Tiere gefunden hat, würde zu Richters' *macronyx*- oder *dispar*-Material passen (? 1904, p. 351). Bezüglich der Stockholmer Stücke schließt sich Carlzon an Murray an, der selbst den Weg für die Auffassung Cuénots frei gemacht hat (1907, p. 851). Trotzdem ist es im Hinblick auf Murrays Angaben eines Macrobioten mit *macronyx*-Krallen und glatten Eiern (1905, 1907, p. 659; 1911) und auf Heinis' und Rahms Auffassung besser, *M. macronyx* und *M. dispar* getrennt zu belassen, als durch eine auch nur im geringsten übereilte Vereinigung die Synonymie zu verwirren. Die Diagnose, die E. Bartoš (1933) von *M. macronyx* gibt, paßt in allen Punkten genau zu der hier gegebenen. Er hat offenbar einen *Macrobiotus* mit *dispar*-Krallen („*macronyx*-Typ") und glatten Eiern vor sich gehabt. Durch seine Funde scheint die ganze Frage in dem hier vertretenen Sinne und gegen Cuénots Ansicht von der Identität des *M. dispar* mit *M. macronyx* sicher entschieden zu sein. Aber diese Sicherheit wird erheblich dadurch gemindert, daß E. Bartoš (1933, p. 3) bei der Erörterung des *Hypsibius dujardini* schreibt, die Krallen dieser Art seien ziemlich ähnlich denen des *M. macronyx*. Tatsächlich besteht keinerlei Ähnlichkeit zwischen *Macrobiotus*-Krallen vom *macronyx*-Typ und den Krallen eines *Hypsibius (H.)* mit einem so großen Unterschied zwischen Innen- und Außenkralle wie bei *H. (H.) dujardini*. Bei richtiger Determination von *M. macronyx* oder *M. dispar* und *H. (H.) dujardini* liegt ein Vergleich der Krallen keineswegs nahe; eine Ähnlichkeit ist vollends ausgeschlossen.

Ohne einen *Macrobiotus* mit *macronyx*-Krallen und glatten Eiern gesehen zu haben, meine ich übrigens, daß man bei den Macrobioten mit Krallen vom *macronyx*-Typ auch nach den Krallen Unterschiede feststellen kann. Danach hätten die Stücke von Algier, die mir vorliegen, und die ich für *M. macronyx* halte, dünne, gebogene Krallen; *M. dispar* und *M. ambiguus* haben längere, geradere Krallen und *M. ampullaceus* hat dickere Hauptäste. *M. ferdinandi* hat sehr wahrscheinlich Krallen vom *echinogenitus*-Typus; sollten es Krallen vom *macronyx*-Typ sein, so wäre ihr Nebenast im Verhältnis zum Hauptast länger und dicker als bei allen anderen Species dieser Gruppe.

Die bisher nicht erörterten in die Synonymieliste aufgenommenen, auf eigenes Untersuchungsmaterial der Autoren bezüglichen Stellen gliedern sich in folgende Gruppen: 1. in ihrer Zugehörigkeit zu *M. macronyx* oder *M. dispar* fraglich: Richters (? 1904, ? 1909); Murray (? 1906, ? 1907); Nederström (? 1919) und vielleicht, da keine Eier vorlagen, Marcus ([?] 1933). Richters gibt fehlendes Augenpigment an (? 1904) und 2 Macroplacoiden, deren zweites 3 mal so lang wie das erste ist (? 1904), wie auch 3 Macroplacoiden (? 1909). 2. Das Material gehört nicht zu *M. macronyx*, sondern zum Teil zu *Hypsibius (Isohypsibius) schaudinni*, zum Teil zu *H. (H.) dujardini* non

1901 F. Schaudinn. 3. Das Material gehört zu *M. dispar*: non 1906 J. Murray. 4. Das Material gehört zu *Hypsibius (Isohypsibius) augusti*: vgl. S. 259. 5. Das Material gehört zu *Hypsibius (Isohypsibius) stenostomus*: vgl. S. 260. 6. Das Material gehört zu *Hypsibius (H.) dujardini*: vgl. S. 263. 7. Das Material ist unbestimmbar, gehört aber nicht zu *M. macronyx*: non 1897 E. Vanhöffen, fide Richters (? 1909). 8. Das Material ist zweifelhaft, da der Untersucher keine nähere Angabe oder Zeichnungen beifügt: ? 1891 A. Voeltzkow; ? 1895 A. Lameere; ? 1898 J. Richard; ? 1900 F. Zschokke; ? 1905 Daday; ? 1907 P. Steinmann; ? 1909 J. Ammann; ? 1925 O. Harnisch; ? 1928 A. Monard; ? 1930 Seurat. Aus der letzten Gruppe von Untersuchern ist nur eine kleine Auswahl in die Liste aufgenommen worden, denn fast jede hydrobiologische Untersuchung, in der Tardigraden erwähnt werden, bezeichnet diese als *M. macronyx*.

?? Spitzbergen; Schweden, bei Stockholm; ? Moos am Trollhättan; ? Finnischer Meerbusen, 1,8 ‰ Salzgehalt; Schottland; ? Belgien; Rheinprovinz, Bach bei Godesberg; Eifelmaare; ? Frankfurt; ?? Sudeten, Riesengebirgsteiche und ? Seefelder bei Reinerz; Schwarzwald; Schweizer Jura; Alpen, Rhätikon, Lüner See, 1950 m; Naretsee (Kt. Tessin), 2240 m; ?? hochalpine Gewässer bis 2640 m Höhe, bis 100 m Tiefe; Wallis, Schwarzsee am Matterhorn, 2500 m; Tschechoslowakei, bei Dolny Kubin; Hohe Tatra, 2006 m; Frankreich; ? Himalaya; Algier; ? Madagaskar; ? Amerika, ohne nähere Angabe; ?? Paraguay.

25. **M. dispar** John Murr. ? 1904 *M. macronyx*, F. Richters in: Zool. Anz., *v.* 28 p. 351 | ? 1906 *M. m.*, John Murray in: Ann. Scott. nat. Hist., nr. 60 p. 216 | 1906 *M. m. var. ?*, John Murray, ibid., nr. 60 p. 216 t. 5 f. 2a—d | 1907 *M. dispar*, John Murray in: Zoologist, ser. 4 *v.* 11 p. 6 f. 1—5 | 1907 *M. d.*, John Murray in: J. Quekett Club, ser. 2 *v.* 10 p. 70 t. 7 f. 1, 1a, 7, 8 | ? 1907 *M. macronyx ?*, John Murray in: Tr. R. Soc. Edinb., *v.* 45 p. 659 | 1907 *M. dispar*, John Murray, ibid., *v.* 45 p. 643—647, 662 t. 2 f. 11a—g | ? 1907 *M. macronyx*, John Murray in: J. R. micr. Soc., p. 271 | 1907 *M. dispar*, John Murray in: Tr. R. Soc. Edinb., *v.* 45 p. 680 | 1907 *M. d.*, John Murray, ibid., *v.* 45 p. 838 ff. t. 1 f. 1—5, 9, 11a, t. 2 f. 12—14 | ? 1909 *Makrobiotus makronyx*, F. Richters in: Ber. Senckenb. Ges., p. 28—30 t. 2 f. 4 | 1909 *Macrobiotus dispar*, Aug. Brauer in: Brauer, Süßw.-Fauna, nr. 12 p. 186 | 1910 *M. d.*, John Murray in: Brit. antarct. Exp., *v.* 1 p. 117, 120, 140 | 1911 *M. d.*, John Murray in: J. Quekett Club, ser. 2 *v.* 11 p. 193 | 1911 *M. d.*, John Murray in: Ann. Scott. nat. Hist., nr. 78 p. 89 | 1912 *M. d.*, F. Heinis in: Rev. Suisse Zool., *v.* 20 p. 777—779 | 1914 *M. d.*, R. Menzel in: Arch. Naturg., *v.* 80 A 3 p. 17 | ? 1919 *M. macronyx*, P. Nederström in: Acta Soc. Fauna Fenn., *v.* 46 nr. 8 p. 14 | 1924 *M. dispar*, E. Reukauf in: Mikr. Naturfr., *v.* 2 p. 262 f. 1—13 | 1928 *M. d.*, E. Marcus in: Zool. Jahrb., Physiol. *v.* 44 p. 332 | 1928 *M. d.* + *macronyx*, G. Rahm in: Tierw. Mitteleur., *v.* 3 p. II 7 f. 18, 23, 24 | 1928 *M. d.*, E. Marcus in: Zool. Jahrb., Physiol. *v.* 45 p. 151 | 1928 *M. d.*, E. Marcus in: Tierw. Deutschl., pars 12 p. 142 f. 166 | 1928 *M. d.*, G. Thulin in: Hereditas, *v.* 11 p. 242, 246 | 1929 *M. d.*, E. Marcus in: Bronn, Kl. Ordn., *v.* 5 Abt. 4 Buch 3 p. 435 f. 22, 272 | 1932 *M. d.*, G. Rahm in: Brohmer, Fauna Deutschl., ed. 4 p. 458 | 1932 *M. macronyx*, Cuénot in: Faune France, pars 24 p. 69 f. 63—65 | non 1933 *M. m.*, E. Marcus in: Arch. Hydrobiol., *v.* 26 p. 92 f. 2 | 1934 *M. dispar*, E. Marcus in: Zool. Jahrb., Anat. *v.* 58 p. 519.

Wird sehr groß; größte Breite hinter der Körpermitte; langbeinig. Hyalin, gelblich, rauchgrau oder braun; Augenpigment vorhanden. Cuticula glatt oder nach Cuénot fein granuliert; gewöhnlich trägt sie 2 dorsale, in ihrer Größe variable, kegelförmige Fortsätze zwischen 3. und 4. Beinpaar, die auch fehlen können, Mundöffnung mit 8 Mundlamellen. Stilette säbelförmig, mit sehr breiter Furca. Mundröhre mäßig weit, im äußeren Durchmesser 5—6 μ (Cuénot) oder 10—15 % der Schlundkopflänge messend; vor dem Eintritt in den Schlundkopf gerade verlaufend. Schlundkopf groß, 80 μ lang, kurz-oval, mit Apophysen und 2 Macroplacoiden, von denen das 1. gebrochen und mehr als doppelt so lang wie das 2. ist. Nach Cuénot findet sich eine zarte Verbindung zwischen beiden Macroplacoiden (Fig. 186 *C*). Microplacoid fehlt. Krallen groß (30 μ), vom *macronyx*-Typ, mit mächtigem, gekrümmtem Hauptast, der 2 sehr lange, gerade Nebenspitzen trägt. Der Nebenast der ersten 3 Beinpaare ist sehr kurz und schwach (Fig. 186 *E*), der am 4. Beinpaar ist größer (Fig. 186 *F*), etwa $^1/_3$ so lang wie der Hauptast. Nach Cuénot sind die Lunulae beider Krallenpaare zu einem Bügel verwachsen (Fig. 186 *D*). Länge bis 600 μ und darüber, nach Cuénot bis 1000 μ.

Eier einzeln abgelegt, bis zu 19 auf einmal von einem ♀, kugelig, Durchmesser mit Ausschüssen 90 μ. Die Ausschüsse weit voneinander entfernt stehende kleine Kegel.

Die mit Ausschüssen versehenen Eier trennen den *Macrobiotus dispar* von *M. macronyx*. Dieser ist nach der hier vertretenen Auffassung ein Macrobiot mit Krallen vom *macronyx*-Typus und glatten in die alte Cuticula abgelegten Eiern. *M. ambiguus*

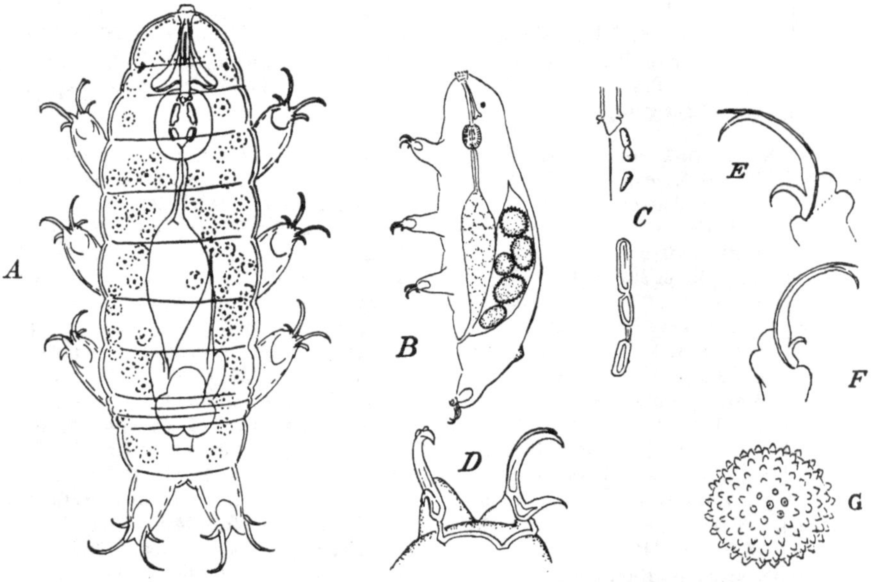

Fig. 186.
Macrobiotus dispar John Murr. *A* dorsal, *B* lateral, *C* Placoiden, *D* Krallenpaar, *E* Kralle I—III, *F* Kralle IV, *G* Ei.

ist mit Eiern sicher von *M. dispar* zu unterscheiden, ohne diese wäre nur ein gradueller Unterschied festzustellen: *M. dispar* hat stärkere Placoiden und geradere, längere Krallen als *M. ambiguus*. Was hier als *M. macronyx* bezeichnet wird, das Material von Algier (cf. non 1933 *M. m.*), hat dünnere und mehr gebogene Krallen als *M. dispar* und kleinere Krallen als *M. ambiguus* (auch andere Placoiden als dieser).

Das späte Häutungsstadium mit der scheinbar verlängerten Mundröhre (1906 *M. macronyx* var.?), das Rahm (1928) als Abbildung für *M. macronyx* gegeben hat, gehört zu *M. dispar* (John Murray, 1907, p. 662).

Ähnlich wie *Macrobiotus* spec. 16 und ebenso wie *Macrobiotus* spec. 17 haben auch die einander sehr nahe stehenden Arten *M. pullari* und *M. ferdinandi* Eier, die nicht von den Eiern des *M. dispar* zu unterscheiden sind. Von jenen unbenannten Species sind nur die Eier bekannt, die Arten bleiben daher unsicher. *M. pullari* und *M. ferdinandi* haben Krallen vom *echinogenitus*-Typus und sind danach von *M. dispar* zu unterscheiden. Die Möglichkeit, daß *M. ferdinandi* Krallen vom *macronyx*-Typ hat, deren Nebenast freilich von allen Arten mit solchen Krallen zu unterscheiden wäre, ist in der Erörterung des *M. macronyx* besprochen worden.

Cuénot meint (1932, p. 84), das Cystenmaterial Murrays (1907, p. 838 usw.) gehöre wahrscheinlich zu *Hypsibius (Isohypsibius) augusti* (John Murr.). Er nimmt offenbar an, nur diese Art könne sich encystieren, aber das ist unrichtig. Das genannte *M. dispar*-Material ist das typische für die Species *M. dispar*. Die hygrophile Art ist auch in feuchten Baummoosen und in Haastia gesammelt worden (Murray, 1910, p. 117).

Spitzbergen; Franz Joseph-Land; ? Schweden, Moos am Trollhättan; ? Finnischer Meerbusen, 1,8 ‰ Salzgehalt; Shetlandinseln; Schottland; England; bei Berlin und bei Potsdam; in Leipziger Aquarien, wahrscheinlich aus Bautzen eingeschleppt; Weimar; ? Frankfurt; Lüner See im Rhätikon, 1950 m; Wien; Ungarn; Asien, ohne nähere Angabe bei Murray, 1907, p. 680 [wird später, Murray, 1910, p. 120, nicht wiederholt]; ? Himalaya; Sydney; Neuseeland, Südinsel, bis 2000 m; Südamerika, ohne nähere Angabe.

26. **M. ambiguus** John Murr. 1907 *M. a.*, John Murray in: Tr. R. Soc. Edinb., *v.* 45 p. 643–646, 648, 662 t. 2 f. 9a—d | 1907 *M. a.*, John Murray, ibid., p. 671, 672, 676 | 1907 *M. a.*, John Murray, ibid., p. 851 t. 1 f. 10 | 1910 *M. a.*, F. Heinis in: Arch. Hydrobiol., *v.* 5 p. 121 | 1910 *M. a.*, F. Richters in: Zool. Anz., *v.* 36 p. 9 f. 2 |

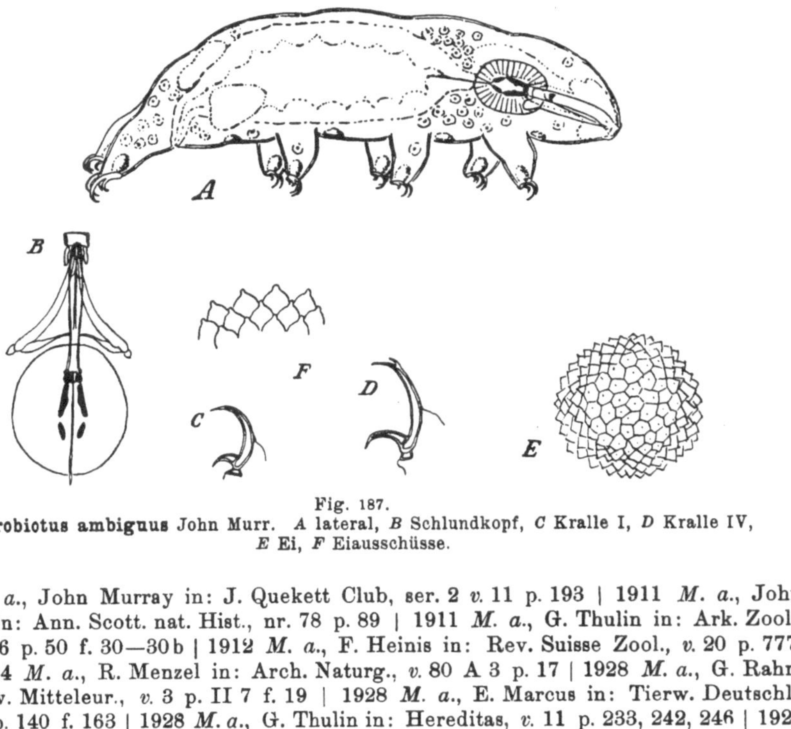

Fig. 187.
Macrobiotus ambiguus John Murr. *A* lateral, *B* Schlundkopf, *C* Kralle I, *D* Kralle IV, *E* Ei, *F* Eiausschüsse.

1911 *M. a.*, John Murray in: J. Quekett Club, ser. 2 *v.* 11 p. 193 | 1911 *M. a.*, John Murray in: Ann. Scott. nat. Hist., nr. 78 p. 89 | 1911 *M. a.*, G. Thulin in: Ark. Zool., *v.* 7 nr. 16 p. 50 f. 30—30b | 1912 *M. a.*, F. Heinis in: Rev. Suisse Zool., *v.* 20 p. 777, 779 | 1914 *M. a.*, R. Menzel in: Arch. Naturg., *v.* 80 A 3 p. 17 | 1928 *M. a.*, G. Rahm in: Tierw. Mitteleur., *v.* 3 p. II 7 f. 19 | 1928 *M. a.*, E. Marcus in: Tierw. Deutschl., pars 12 p. 140 f. 163 | 1928 *M. a.*, G. Thulin in: Hereditas, *v.* 11 p. 233, 242, 246 | 1929 *M. a.*, E. Marcus in: Bronn, Kl. Ordn., *v.* 5 Abt. 4 Buch 3 p. 433 f. 270 | 1931 *M. a.* + *ambigus*, G. Rahm in: Revista Chilena, *v.* 35 p. 122, 129, 137 | 1932 *M. ambiguus*, G. Rahm in: Zool. Anz., *v.* 98 p. 98, 119 | 1932 *M. a.*, Cuénot in: Faune France, pars 24 p. 70 | 1933 ? *M. a.*, E. Marcus in: Arch. Hydrobiol., *v.* 26 p. 93 f. 3.

Wird sehr groß; hyalin oder leicht gelblich, im Alter auch braungelb. Augenpigment vorhanden; hintere Augen. Mundöffnung von Mundlamellen kranzförmig umgeben. Mundröhre mäßig weit, 10—15 % der Schlundkopflänge im äußeren Durchmesser, beim Jungtier im Ei 5 μ weit, beim erwachsenen bis etwa 10 μ weit. Vor dem Eintritt in den Schlundkopf verläuft die Mundröhre gerade. Stilette gekrümmt, mit sehr großer Furca. Schlundkopf kurz-oval, groß, bei einem 500 μ langen Tier 90 μ lang, 66 μ breit, mit großen Apophysen und 2 Stäben, deren vorderer entweder 2 mal so lang ist wie der folgende oder um $^1/_3$ länger. Wie bei den meisten Species sind auch hier die Schlundkopfstäbe der Jungtiere kürzer und dicker. Komma fehlt. Scheidenhalter nicht so weit caudalwärts reichend wie bei *Macrobiotus hufelandii*. Die langen Krallen vom *macronyx*-Typus, der bei 560 μ langen Tieren bis 48 μ lange Hauptast an den Krallen des letzten Beinpaares wenig gebogen und etwas dünner als der ungefähr halb so lange Nebenast. An den 3 vorderen Beinpaaren ist der Hauptast stärker gebogen und der Nebenast noch schwächer ausgebildet. Bei dem hier abgebildeten algerischen Tier, dem 1. Totalbild der Art, sind die Krallen nicht so lang und nicht so gerade wie ursprünglich für *M. ambiguus* beschrieben. Vasa malpighii kurz und bohnenförmig.

Länge bis 863 μ, ausschließlich des 4. Beinpaares; ein frisch geschlüpftes Jungtier 293 μ. Rahm gibt als Längenmaß 845—950 μ an. Bei Jungtieren messen die Krallen 24 μ, bei einem ausgewachsenen von 792 μ die am 1.—3. Beinpaar 35 μ, am 4. Beinpear 46 μ. Maße eines 432 μ (einschließlich des 4. Beinpaares) messenden, also wahrscheinlich nicht voll erwachsenen Tieres des algerischen, mit Vorbehalt hierher gestellten Materials: Buccalapparat 108 μ (250 ms) lang; Länge der Mundröhre 54 μ (125 ms), äußerer Durchmesser der Mundröhre 8 μ (15 cph), der innere 6 μ (11 cph); Maße des Schlundkopfes 54 × 44 μ, die Länge also 125 ms, die Breite 81,5 cph; Länge der Placoidenreihe 26 μ (48,1 cph); 1. Placoid 15 μ (27,7 cph), 2. 8 μ (14,8 cph) lang; Länge der Krallen I—III 20 μ (46,3 ms), Kralle IV ist 28 μ (64,8 ms) lang.

Eier frei abgelegt, kugelig, 115—130 μ im Durchmesser, einschließlich der Ausschüsse; Rahm gibt als Maße 130 × 153 μ an. Die Ausschüsse sind ziemlich breite, niedrige Zipfel, die distal zugespitzt sind und einander mit ihren 5—7 eckigen, 9,5 μ breiten Basalteilen berühren; Murray zeichnet die Ausschüsse durchweg brustwarzenförmig (Fig. 187 *F*), Thulin meist als breite, spitz endigende Kegel (Fig. 187 *E*), Richters nennt sie zwiebelkuppelförmig.

Erwachsene Tiere dieser Art sind von *Macrobiotus dispar*-Stücken ohne Dorsalfortsätze (vgl. S. 187) nicht zu unterscheiden, die Eier beider Species sind jedoch ganz verschieden. Das Ei des *M. ambiguus* ähnelt am meisten dem von *M. harmsworthi* (vgl. S. 169), ist aber bedeutend größer. Die Tiere des *M. harmsworthi* können, da sie Krallen vom *hufelandii*-Typus haben, nicht mit *M. ambiguus* verwechselt werden.

Franz Joseph-Land; Spitzbergen; Lappland; Shetlandinseln; Schottland; Alpen, Genfer See, zwischen Thamnium lemani, etwa 65 m tief; Lüner See im Rhätikon, 1950 m; Karpathen, Bulea-See, 2300 m; Algier, schwach salzhaltiger See bei der Oase El Golea; Brasilien, in Bromeliacee zwischen Saõ Paulo und Santos.

27. **M. ampullaceus** Thulin 1911 *M. a.*, G. Thulin in: Ark. Zool., *v.* 7 nr. 16 p. 51 f. 31—31 e | 1928 *M. a.*, G. Rahm in: Tierw. Mitteleur., *v.* 3 p. II 16 | 1928 *M. a.*, E. Marcus in: Tierw. Deutschl., pars 12 p. 141 f. 164 | 1928 *M. a.*, G. Thulin in Hereditas, *v.* 11 p. 246 | 1929 *M. a.*, E. Marcus in: Bronn, Kl. Ordn., *v.* 5 Abt. 4 Buch 3 p. 434 f. 271 | 1932 *M. a.*, Cuénot in: Faune France, pars 24 p. 70.

Groß; Augenpigment vorhanden. Mundröhre mäßig weit, im äußeren Durchmesser 10—15 % der Schlundkopflänge messend, vor dem Eintritt in den Schlundkopf gerade verlaufend. Schlundkopf länglich-oval, mit 2 dünnen Stäben, ohne Komma. Krallen grob und ziemlich kurz, vom *macronyx*-Typus, bei den längsten gefundenen, 530 μ messenden Stücken am 1.—3. Beinpaar 15,4 μ, am 4. 18,4 μ lang. Hauptäste dick, stark gebogen, jeder mit 2 Nebenspitzen; Nebenäste an den 3 vorderen Beinpaaren sehr klein und schwach, am 4. bedeutend größer, wenn auch schmaler als der Hauptast.

Länge bis zu 530 μ; Jungtiere von 197 μ haben relativ größere Krallen; 12,8 μ am 4. Beinpaar.

Die frei abgelegten Eier mit großen Ausschüssen versehen, einschließlich dieser 91 μ, ohne sie 68 μ messend. Die Breite der Ausschüsse von 14—23 μ variierend. Die Ausschüsse haben eine meist sechseckige Basalfläche, stoßen eine Strecke weit mit ihren Seiten aneinander und enden mit einer konischen Spitze oder mit halbkugelförmig abgerundeter Fläche. Das Ei ist also von einem Mantel blasenähnlicher, prismatischer Räume umgeben.

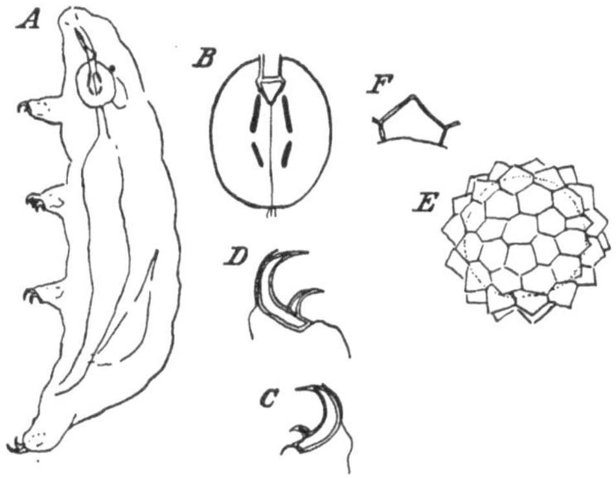

Fig. 188.
Macrobiotus ampullaceus Thulin. *A* lateral, *B* Schlundkopf, *C* Kralle I, *D* Kralle IV, *E* Ei, *F* Eiausschuß.

Die Art ist mit der vorigen zusammen in den gleichen nassen Marchantia-Polstern gefunden worden. Mit Recht nennt Cuénot sie eine Mutante des *M. ambiguus*. *M. ampullaceus* unterscheidet sich von *M. ambiguus* durch geringere Größe, dünnere Schlundkopfstäbe und bedeutend kürzere Krallen mit dickeren, stärker gebogenen Hauptästen. Typische Eier beider Arten sind deutlich zu unterscheiden, aber die Größe und die Anzahl der Ausschüsse ist bei *M. ampullaceus* sehr variabel; es sind Eier gefunden worden, deren Charaktere zwischen denen von *M. ampullaceus* und *M. ambiguus* stehen.

Lappland.

28. **M. dubius** John Murr. 1907 *M. d.*, John Murray in: Tr. R. Soc. Edinb., *v.* 45 p. 644—645, 647—648, 664 t. 3 f. 17a—c | 1911 *M. d.*, John Murray in: J. Quekett Club, ser. 2 *v.* 11 p. 194 | 1911 *M. d.*, John Murray in: Ann. Scott. nat. Hist., nr. 78 p. 89 | 1911 *Makrobiotus d.* ?, F. Richters in: Camp. arct. Orléans, 1907 p. 15 t. 2 f. 16 | 1928 *Macrobiotus d.*, G. Rahm in: Tierw. Mitteleur., *v.* 3 p. II 16 | 1928 *M. d.*, E. Marcus in: Tierw. Deutschl., pars 12 p. 143 f. 167 | 1928 *M. d.*, G. Thulin in: Hereditas, *v.* 11 p. 246 | 1929 *M. d.*, E. Marcus in: Bronn, Kl. Ordn., *v.* 5 Abt. 4 Buch 3 p. 436 f. 273.

Kaum mittelgroß; hyalin; Augenpigment vorhanden oder auch fehlend. Stilette gegen die Furca hin bauchig erweitert. Schlundkopf länglich-oval, ziemlich schmal, mit Apophysen und 2 Stäben, deren 1. gebrochen und wie aus 2 Stäben verschmolzen aussieht; der 2. ist halb so lang und einheitlich, Komma fehlt. Krallen vom *echinogenitus*-Typus, der Nebenast etwa $^2/_3$ so lang wie der Hauptast. Von der ganz kurzen, gemeinsamen Basis aus divergieren beide Äste in einem Winkel von etwa 30°. Länge 312 μ.

Das Augenpigment der grönländischen Stücke von Richters hindert die Vereinigung mit der Art nicht, obgleich sie in der Originaldiagnose als augenpigmentlos beschrieben worden ist. Aber das Auftreten oder Fehlen von Augenpigment variiert bei so vielen Species der Macrobiotidae, daß es für die Trennung oder Vereinigung von Arten unverwendbar ist. Da die Eier der Art nicht bekannt sind, ist ihre Abgrenzung schwierig; Placoiden und Krallen weisen sie in die Nähe von *M. pullari*.

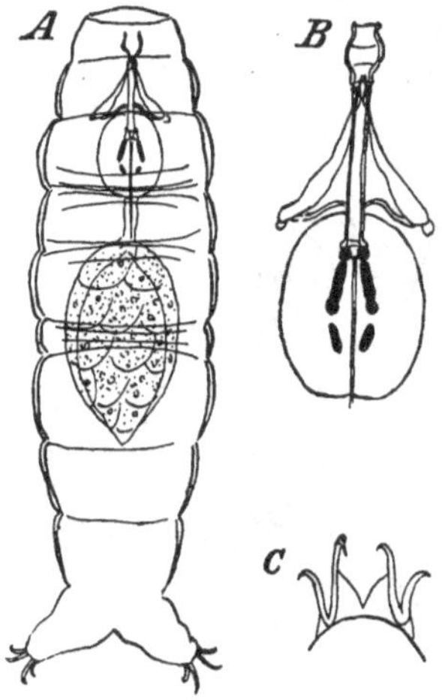

Fig. 189.
Macrobiotus dubius John Murr. *A* dorsal, *B* Schlundkopf, *C* Krallen.

Von dieser Art ist *M. dubius* namentlich durch den länglich ovalen Schlundkopf zu unterscheiden. Dazu kommen die proximal bauchig erweiterten Stilette des *M. dubius*. Freilich hat Murray auf der Tafel mit der Originalabbildung des *M. dubius* die Stilette des *M. hastatus* und des *M. echinogenitus* fast ebenso bauchig erweitert gezeichnet.

Grönland; Shetlandinseln; Schottland.

29. **M. pullari** John Murr. 1907 *M. p.*, John Murray in: Tr. R. Soc. Edinb., *v.* 45 p. 643, 646, 648, 663 t. 2 f. 8a—c | 1907 *M. p.*, John Murray, ibid., *v.* 45 p. 671, 677 | 1911 *M. p.*, John Murray in: J. Quekett Club, ser. 2 *v.* 11 p. 193 | 1911 *M. p.*, John Murray in: Ann. Scott. nat. Hist., nr. 78 p. 89 | 1914 *M. p.*, F. Heinis in: Mém. Soc. Neuchâtel, *v.* 5 p. 717 | 1919 *M. p.* + *pulari*, P. Nederström in: Acta Soc. Fauna Fenn., *v.* 46 nr. 8 p. 14, 22 f. 2 | 1928 *M. pullari*, E. Marcus in: Zool. Jahrb., Physiol. *v.* 44 p. 328 f. 1, 5 | 1928 *M. p.*, G. Rahm in: Tierw. Mitteleur., *v.* 3 p. II 15 | 1928 *M. p.*, E. Marcus in: Tierw. Deutschl., pars 12 p. 144 f. 168 | 1928 *M. P.*, G. Thulin in: Hereditas, *v.* 11 p. 244, 246 | 1929 *M. p.*, E. Marcus in: Bronn, Kl. Ordn., *v.* 5 Abt. 4 Buch 3 p. 437 f. 274 | 1930 *M. p.*, E. Marcus in: Zool. Jahrb., Syst. *v.* 59 p. 374 f. 4 | 1932 *M. p.*, G. Rahm in: Brohmer, Fauna Deutschl., ed. 4 p. 458 | 1932 *M. P.*, Cuénot in: Faune France, pars 24 p. 63 f. 52—53 | 1933 *M. p.*, E. Marcus in: Arch. Hydrobiol., *v.* 26 p. 94 f. 4 | 1933 *M. P.*, E. Bartoš in: Příroda Ostrava, *v.* 26 nr. 7 p. 2 | 1934 *M. p.*, E. Bartoš in: Časopis České Spol. ent., *v.* 31 p. 56 f. I, 2 | 1935 *M. P.*, E. Marcus in: Miss. sci. Omo, *v.* 2 p. 249.

Wird groß; hyalin-farblos oder mit feinen, grauen Körnchen in der Epidermis, bei alten Stücken braunes Pigment in Längs- und Querbändern angeordnet wie bei *Hypsibius oberhaeuseri*. Augenpigment in hinterer Lage vorhanden. Stilette gedrungen, gebogen, basal breit gegabelt. Die ziemlich enge bis mittelweite Mundröhre verläuft caudal von ihrer postoralen Biegung gerade und tritt auch so in den Schlundkopf ein. Schlundkopf kurz-oval, 48 µ lang, mit deutlichen Apophysen und 2 Macroplacoiden. Kein Microplacoid (Komma). Der 1. Stab ist in der Regel gebrochen und fast doppelt so lang wie der 2. Ausnahmsweise (bisher nur bei Jungtieren festgestellt, Fig. 190 *C*), ist das 1. Placoid ungebrochen; häufig ist die Einschnürung durchgängig, so daß der Schlundkopf 3 annähernd gleich lange Placoiden enthält. Krallen vom *echinogenitus*- oder V-Typus, also Haupt- und Nebenast von kurzer gemeinsamer Basis aus divergierend, kräftig gekrümmt. Nebenspitzen des Hauptastes deutlich. Die Basis jeder Kralle mit kleiner Lunula.

Länge bis zu 570 μ (John Murray), französische Stücke bis 358 μ (Cuénot). Die nachstehenden Maße beziehen sich auf nicht ausgewachsene,

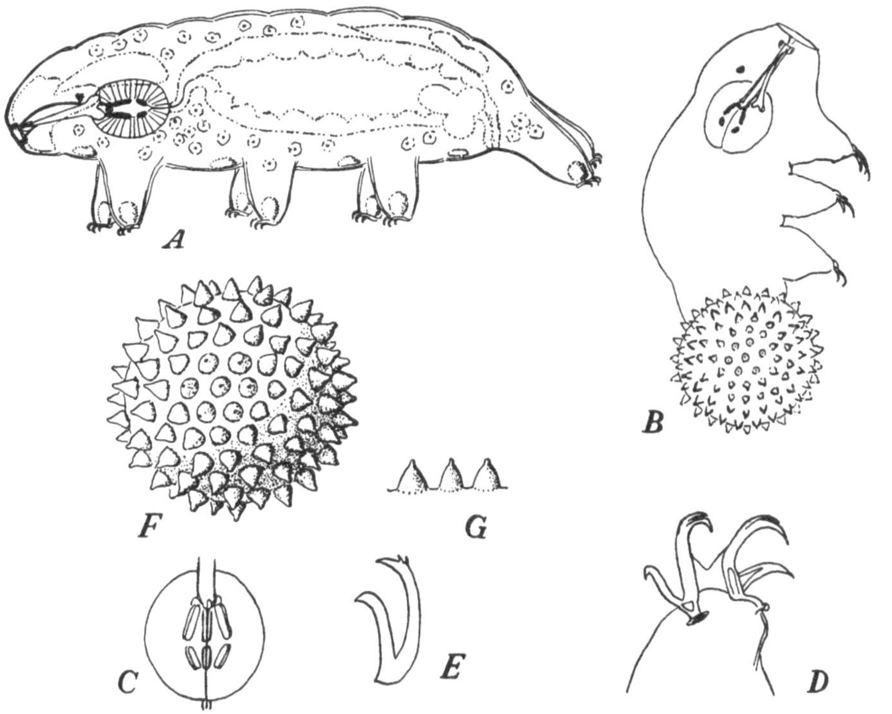

Fig. 190.
Macrobiotus pullari John Murr. *A* lateral, *B* Jungtier, aus dem Ei kriechend, *C* Schlundkopf des Jungtieres, *D* Krallen, adult, *E* Kralle, Jungtier, *F* Ei, *G* Eiausschüsse.

westafrikanische Tiere von 270 μ Länge, einschließlich des 4. Beinpaares. Länge des Buccalapparates 73,8 μ (273 ms), Länge der Mundröhre 37,8 μ (140 ms); innerer Durchmesser der Mundröhre 4 μ (11,1 cph); Maße des Schlundkopfes 36 × 30,6 μ, die Länge also 133,3 ms, die Breite 85 cph; Länge der Placoidenreihe 15 μ (42 cph); erstes Placoid 7,5 μ (20,8 cph), zweites 6 μ (16,6 cph); Länge der Kralle IV 14,4 μ (53,3 ms); Länge des Beines III ohne Krallen 36 μ (133,3 ms). Aus dem Ei gedrückte Jungtiere, deren Augenpigment deutlich ist, zeigen eine Mundröhre von mäßiger Weite (3 μ, etwa 11 cph), der Buccalapparat vom Mundring (einschließlich) bis zum Caudalrand des Schlundkopfes mißt 56 μ. Der Schlundkopf ist 27—29 μ lang, 24 μ breit; die kräftigen Krallen messen 8 μ.

Eier kugelig, aber auch nicht selten oval, die ersten 75 μ, die zweiten 90 μ im Durchmesser, einschließlich der Ausschüsse. Die kugeligen Walliser Eier maßen 90 μ im Durchmesser einschließlich der 5 μ hohen Ausschüsse. Die Eiausschüsse sind glatt, spitz-kegelig bis mammillär, sehr selten sind einzelne an der Spitze gegabelt; sie stehen zu 27—32 am Rande der Eischale in einer Ebene und lassen die glatte Eischale dazwischen erkennen. Mit Immersion zeigt sich im Walliser Material ein sehr zarter Perlenkranz dicht an der Basis der Ausschüsse. Die Eier werden frei und oft in Gruppen zu 2 und 3 und bis zu 8 abgelegt; gelegentlich findet sich auch ein solcher Eihaufen in der abgeworfenen Cuticula.

Die hygrophile Art kommt oft mit *M. dispar* zusammen vor und ist dann nicht an den Eiern, sondern nur an den Krallen von diesem zu unterscheiden. Größere Eier und spitzere Ausschüsse könnten den *M. pullari* von *M. ferdinandi* trennen. Die in der Tabelle genannten Unterschiede in den Maßen der Placoiden bei beiden Arten und vollends das auf die Krallen bezügliche Merkmal sind wahrscheinlich nur durch die Besonderheiten der Originalabbildung des *M. ferdinandi* bedingt und wenig geeignet zur tatsächlichen Trennung beider Arten. Die Abbildung der Krallen und die Beschreibung der Eier von Nederströms *M. pullari*-Material berechtigen nicht dazu, mit Cuénot seine Stücke bei *Hypsibius (Isohypsibius) augusti* einzuordnen. Die Fähigkeit zur Encystierung ist, wie bei *Macrobiotus dispar* bemerkt wurde (vgl. S. 189), keineswegs auf *H. augusti* beschränkt.

Spitzbergen; Schottland; Finnland; am Wannsee bei Berlin; Landsberg-Warthe; Schweiz, Wallis, bis 2700 m; Tschechoslowakei, 1600 m; östliches Frankreich; Corsica, 2000 m; Westafrika, Elfenbeinküste; Kenya-Kolonie, 4000 m; Südamerika: Colombia.

30. **M. ferdinandi** Reukauf 1912 *M. f.*, E. Reukauf in: Zool. Anz., *v.* 39 p. 352 f. 1—6 | 1928 *M. f.*, G. Rahm in: Tierw. Mitteleur., *v.* 3 p. II 7, 8 f. 25, 26 | 1928 *M. f.*, E. Marcus in: Tierw. Deutschl., pars 12 p. 142 f. 165 | 1929 *M. f.*, E. Marcus in: Bronn, Kl. Ordn., *v.* 5 Abt. 4 Buch 3 p. 438 f. 275 | 1932 *M. f.*, G. Rahm in: Brohmer, Fauna Deutschl., ed. 4 p. 458.

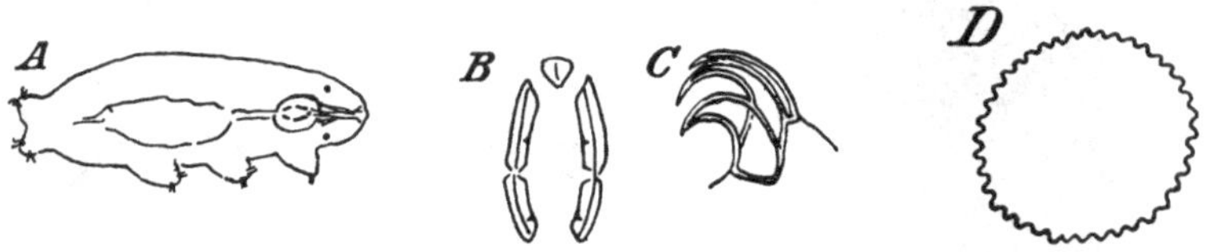

Fig. 191.
Macrobiotus ferdinandi Reukauf. *A* Habitus, *B* Placoiden, *C* Kralle IV, *D* Eiumriß.

Durchschnittlich kaum mittelgroß; Augenpigment vorhanden. Buccalapparat klein, bei einer Gesamtlänge von durchschnittlich 350 μ wurden bis zum Caudalrande des Schlundkopfes etwa 85 μ gemessen. Schlundkopf kurzoval mit 2 Macroplacoiden, deren 1. gebrochen und etwa um $^1/_3$ länger als das 2. ist. Krallen grob, vom *echinogenitus*- oder V-Typus, die Nebenspitzen der Hauptäste besonders kräftig. Länge durchschnittlich 350 μ.

Eier kugelig, 60—70 μ im Durchmesser, meist frei abgelegt, nur ausnahmsweise wurden mehrere in der alten Cuticula gefunden; die Ausschüsse sind kräftige, distal stumpf gerundete Kegel.

Der Bau der Krallen steht einer Vereinigung der Art mit *M. dispar* entgegen, die Cuénot vorgenommen hat (Faune France, pars 24 p. 69, 1932). Von *M. pullari* ist *M. ferdinandi* nur einigermaßen künstlich und unscharf zu trennen (vgl. S. 181 nr. 13). Um der endgültigen Übereinkunft der Specialisten nicht vorzugreifen, unterblieb hier die Einordnung des *M. ferdinandi* als Synonym von *M. pullari* (Thulin in: Hereditas, *v.* 11 p. 246, 1928), die ich für richtig halte.

Mitteldeutschland, Weimar.

31. **M. hufelandii** S. Schultze 1833 *Macrobioticus H.*, C. A. S. Schultze in: Otto in: Not. Nat.-Heilk., *v.* 38 p. 151 | 1834 *Macrobiotus H.*, C. A. S. Schultze, Macrobiotus

hufelandii, p. [5—7] t. [1] f. 1—4 | 1834 *M. H.*, C. A. S. Schultze in: Otto in: Isis, p. 708, 710 t. 12 f. 1—4 | 1835 *Arctiscon H.*, Perty in: Isis, 1834 p. 1245 | 1835 *A. H.* oder *tetradactylum*, Nitzsch in: Arch. Naturg., *v.* 1 p. 377 | 1840 *Macrobiotus Hufelandii*, Doyère in: Ann. Sci. nat., ser. 2 *v.* 14 p. 284 t. 14 f. 1, 10, t. 16 f. 1 | 1841 *M. Hufelandi*, Dujardin, Zooph., p. 663 t. 22 f. 7 | 1842 *M. Hufelandii*, Doyère in: Ann. Sci. nat., ser. 2 *v.* 18 p. 20, 33 | 1851 *M. H.*, Dujardin, ibid., ser. 3 *v.* 15 p. 164 t. 3 f. 6 | 1854 *M. H.*, Ehrenberg, Mikrogeol., p. 25 t. 35 *B* A III f. 5 [Bild fehlt auf der genannten und den anderen Tafeln] | ? non 1859 *M. eminens*, Ehrenberg in: Abh. Ak. Berlin, 1858 p. 452, 455 t. 2 f. 1 A—E | 1859 *M. Hufelandii*, Ehrenberg in: Monber. Ak. Berlin, p. 782 | 1862 *M. H.*, Ehrenberg, ibid., p. 1097 | 1866 *M. H.*, R. Greeff in: Arch. mikr. Anat., *v.* 2 p. 116 t. 6 f. 3, 6; t. 7 f. 11 | 1866 *M. Schultzei*, R. Greeff, ibid., *v.* 2 p. 117 t. 6 f. 1, 8, 9 | 1888 *M. hufelandii* [part.] + *M. schultzei*, Plate in: Zool. Jahrb., Anat. *v.* 3 p. 535—536 t. 20 f. 4 [nec t. 22 f. 28], p. 536 | 1888 *Doyeria simplex*, Plate, ibid., *v.* 3 p. 537 t. 20 f. 5 | 1892 *Macrobiotus Hufelandii*, Rywosch in: SB. Ges. Dorpat, *v.* 9 p. 90 | 1895 *M. Hufelandi*, Lameere, Man. Faune Belgique, *v.* 1 p. 379 | ? 1896 *M. H.*, Lance, Contr. Tardigrades, p. 203 [? t. 3 f. 17; nec t. 1 f. 4] | ? 1896 *M. Schultzei*, *Schulzei*, *Schultze*, Lance, ibid., p. 203, 205—208 | non 1897 *M. hufelandii*, Scourfield in: P. zool. Soc. London, p. 790 | ? 1901 *M. hufelandi* [? part.], Schaudinn in: Fauna arct., *v.* 2 p. 194 | 1902 *M. Hufelandii*, F. Richters in: Ber. Senckenb. Ges., p. 13 | 1903 *M. Hufelandi*, F. Richters in: Verh. D. zool. Ges., p. 53 | 1903 *M. H.*, F. Richters in: Zool. Anz., *v.* 27 p. 169 f. 2 | 1904 *M. h.*, F. Richters in: Fauna arct., *v.* 3 p. 501 t. 15 f. 6, t. 16 f. 14, 22, 23 | 1904 *M. schultzei*, F. Richters, ibid., *v.* 3 p. 507 Anm. 2 | 1904 *M. Hufelandi* + *H. simplex* + *Schultzei*, F. Richters in: Ber. Senckenb. Ges., p. 65, 66, 69 t. 5 f. 1, 2 | 1904 *M. H.*, F. Richters in: Verh. D. zool. Ges., p. 238 | 1904 *M. H.*, F. Richters in: Zool. Anz., *v.* 28 p. 350 | 1904 *M. H.*, F. Richters, ibid., p. 375 | 1905 *M. h.*, John Murray in: Tr. R. Soc. Edinb., *v.* 41 p. 690 t. 4 f. 18 | 1905 *M. h.*, John Murray in: Ann. Scott. nat. Hist., nr. 55 p. 162 | 1906 *M. h.*, S. Schultze, John Murray, ibid., nr. 57 p. 27 t. 3 f. 18 | 1906 *M. h.*, F. Richters (nec Plate), John Murray, ibid., nr. 57 p. 28 t. 3 f. 18 | 1906 *M.* spec., John Murray, ibid., nr. 57 p. 28 t. 3 f. 6, 7 | non 1906 *M. hufelandi* Plate, John Murray, ibid., nr. 57 p. 28 t. 3 f. 10, 11 | 1906 *M. h.*, F. Richters in: Zool. Anz., *v.* 30 p. 125, 126 | 1906 *M. h.*, John Murray in: Ann. Scott. nat. Hist., nr. 60 p. 215 | 1907 *M. h.*, John Murray in: Tr. R. Soc. Edinb., *v.* 45 p. 642, 644—647, 661 t. 3 f. 20 | 1907 *M. h.*, John Murray in: J. R. micr. Soc., p. 270 | 1907 *M. hufelandii*, John Murray in: Tr. R. Soc. Edinb., *v.* 45 p. 671, 672, 676 | 1907 *M. hufelandi*, F. Richters in: Zool. Anz., *v.* 31 p. 915, 916 | 1907 *M. hufelandii*, John Murray in: J. R. micr. Soc., p. 522 | 1907 *M. Hufelandi*, F. Richters in: D. Südp.-Exp., *v.* 9 p. 295 t. 20 f. 4 [nec t. 20 f. 5] | 1908 *Makrobiotus H.*, F. Richters in: Mikrokosmos, *v.* 1 p. 53, 55, 56 t. 1 f. 13 [? non t. 2 f. 10] | 1908 *Macrobiotus h.*, F. Richters in: Ergeb. Schwed. Südp.-Exp., *v.* 6 nr. 2 p. 5, 6 t. 1 f. 6 | 1908 *M. h.*, F. Richters in: Zool. Jahrb., Syst. *v.* 26 p. 205 t. 17 f. 4—8 | 1908 *M. H.* + var. *simplex*, F. Richters in: Fauna SW.-Austral., *v.* 2 fasc. 5 p. 84 f. 3 | 1908 *M. hufelandii*, F. Heinis in: Zool. Anz., *v.* 32 p. 636 | 1908 *M. hufelandi*, M. Sellnick, ibid., *v.* 33 p. 210 | 1908 *M. hufelandii*, F. Heinis, ibid., *v.* 33 p. 716 | 1909 *M. hufelandi*, M. Sellnick in: Schr. Ges. Königsb., *v.* 49 p. 326 | 1909 *M. h.* + *schultzei* + *hufelandii simplex* + *Schultzei*, J. Ammann in: Mt. Ges. Bern, 1908 p. 3—10 | 1909 *M. hufelandi*, C. Carlzon in: Zool. Anz., *v.* 34 p. 139 | 1909 *M. h.*, V. Brehm in: Int. Rev. Hydrobiol., *v.* 2 p. 280 | 1910 *M. hufelandii*, F. Heinis in: Arch. Hydrobiol., *v.* 5 p. 121 | 1910 *M. h.*, John Murray in: Brit. antarct. Exp., *v.* 1 p. 114, 137, 157, 166 | 1911 *M. h.*, John Murray in: J. Quekett Club, ser. 2 *v.* 11 p. 193 | 1911 *M. h.*, John Murray in: Ann. Scott. nat. Hist., nr. 78 p. 89, 90 | 1911 *M.* spec. + *crenulatus?*, John Murray, ibid., nr. 78 p. 94, 95 t. 1 f. 2a–c | 1911 *Makrobiotus Hufelandi*, F. Richters in: Camp. arct. Orléans, 1907 p. 10 t. 1 f. 3 | 1911 *Macrobiotus hufelandii*, John Murray in: P. Irish Ac., *v.* 31 nr. 37 p. 3 | 1911 *M. hufelandi*, F. Heinis in: Rev. Suisse Zool., *v.* 19 p. 263 | 1911 *Makrobiotus h. ?*, F. Richters in: Zool. Anz., *v.* 38 p. 274—276 | 1911 *Macrobiotus Hufelandii*, G. Thulin in: Ark. Zool., *v.* 7 nr. 16 p. 49 f. 29 | 1912 *M. hufelandi*, F. Heinis in: Rev. Suisse Zool., *v.* 20 p. 776—778 | 1913 *M. hufelandii*, John Murray in: J. R. micr. Soc., p. 138, 143 | 1913 *M. h.*, John Murray, Not. nat. Hist. Bolivia Peru, p. 28 | 1913 *Makrobiotus Hufelandi*, F. Richters in: Handw. Naturw., *v.* 9 p. 1018, 1019 f. 6 | 1914 *Macro-*

biotus h., R. Menzel in: Arch. Naturg., *v.* 80 A 3 p. 15, 17 | 1914 *M. h.*, F. Heinis in: Mém. Soc. Neuchâtel, *v.* 5 p. 715 | 1915 *M. interruptus* + *diodon*, P. Della Valle in: Annuario Mus. Napoli, n. ser. suppl. fasc. 1 nr. 7 p. 29 t. 11 f. 28—30 [nec f. 31], f. 32—35 [? f. 36] | 1916 *M. Hufelandi*, F. Heinis in: Tätigkeitsber. Ges. Baselland, 1911—1916 p. 83 | 1919 *M. h.*, P. Nederström in: Acta Soc. Fauna Fenn., *v.* 46 nr. 8 p. 10 | 1920 *M. Hufelandii*, Loman in: Tijdschr. Nederl. dierk. Ver., ser. 2 *v.* 18 p. XLV | 1921 *M. hufelandi*, F. Heinis in: Festschr. Zschokke, nr. 6 p. 6-8, 11, 12 | 1921 *M. Hufelandii*, H. Baumann in: Z. wiss. Zool., *v.* 118 p. 637 f. 3, 5, 8 | 1925 *M. Hufelandi*, G. Rahm in: Arch. Naturg., *v.* 90 A 7 p. 189 | 1925 *M. h.*, G. Rahm in: Brohmer, Fauna Deutschl., ed. 3 p. 434 f. 678 a, b | 1925 *M. h.*, C. Urbanowicz in: Bull. biol. France, *v.* 59 p. 132, 139 f. 1B 4 | 1926 *M. H.*, G. Rahm in: Biol. Centralbl., *v.* 46 p. 463 | 1928 *M. hufelandii*, E. Marcus in: Zool. Jahrb., Physiol. *v.* 44 p. 327, 335 | 1928 *M. h.*, E. Marcus, ibid., *v.* 45 f. 1, t. 8 f. 16, t. 9 f. 22 | 1928 *M. hufelandi*, G. Rahm in: Tierw. Mitteleur., *v.* 3 p. II 5 f. 5, 6, 13 | 1928 *M. h.*, F. Heinis in: Verh. Ges. Basel, *v.* 39 p. 60 | 1928 *M. h.*, F. Heinis in: Treubia, *v.* 10 p. 237, 239, 240 | 1928 *M. hueflandii*, E. Marcus in: Tierw. Deutschl., pars 12 p. 145 f. 1, 169 | 1928 *M. Hufelandi*, G. Thulin in: Hereditas, *v.* 11 p. 226, 233, 242, 243, 245 f. 19 | 1929 *M. H.*, G. Rahm in: Bull. Soc. Fribourg., *v.* 29 Proc.-verb. 19. V. 1927 p. 6, 8, 9 | 1929 *M. H.*, G. Rahm, ibid., 7. III. 1928 p. 3, 4 | 1929 *M. hufelandii*, E. Marcus in: Bronn, Kl. Ordn., *v.* 5 Abt. 4 Buch 3 p. 439 f. 1, 42, 276 t. 1 f. 4 | 1930 *M. h.*, H. Baumann

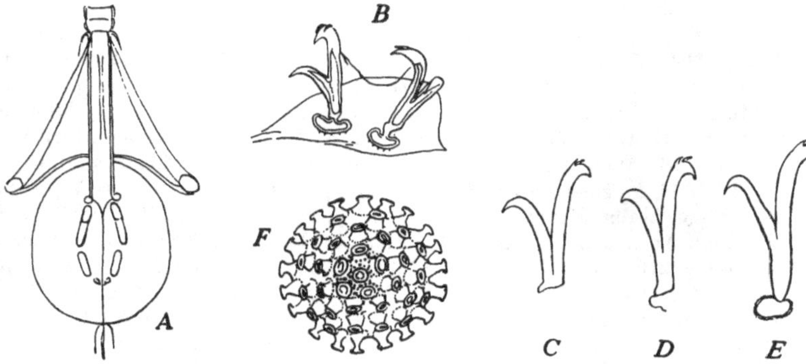

Fig. 192.
Macrobiotus hufelandii S. Schultze. *A* Schlundkopf, *B* Krallen IV, *C* Kralle des Jungtieres im Ei, *D* Kralle des halberwachsenen 250 μ langen Tieres, *E* Kralle des adulten, 450 μ langen Tieres, *F* Ei.

in: Zool. Anz., *v.* 88 p. 72—74 f. 1—3 | 1930 *M. h.*, E. Marcus in: Zool. Jahrb., Syst. *v.* 59 p. 375 f. 5 | 1931 *M. h.*, G. Rahm in: Revista Chilena, *v.* 35 p. 121—123, 129, 137 | 1932 *M. h.*, G. Rahm in: Zool. Anz., *v.* 98 p. 97—98, 119 | 1932 *M. hufelandi*, G. Rahm in: Brohmer, Fauna Deutschl., ed. 4 p. 458 f. 866 | 1932 *M. H.*, Cuénot in: Faune France, pars 24 p. 56 f. 5, 6, 41—43 | 1933 *M. hufelandii*, F. Heinis in: 9. Tätigkeitsber. Ges. Baselland, 1930—1932 p. 38, 40, 43 | 1933 *M. hufelandi*, E. Bartoš in: Příroda Ostrava, *v.* 26 nr. 6 p. 1 | 1933 *M. H.*, E. Bartoš, ibid., nr. 7 p. 1 | 1934 *M. h.*, E. Bartoš in: Časopis České Spol. ent., *v.* 31 p. 56 f. I, 3.

Wird sehr groß; farblos, im Alter in Querbändern stumpf-braun pigmentiert; manche ausgewachsenen Stücke einzelner Populationen besonders am Hinterende mit großen, schwarzen Flecken versehen, wie von Thulin für *M. occidentalis* (vgl. S. 148) angegeben. Eine mir vorliegende Population von Landeshut-Schlesien enthält ausschließlich gelbe Stücke. Augenpigment meist vorhanden; hintere Augen. Cuticula glatt. Gelegentlich sind zerstreute, kleine, runde oder längliche, stark lichtbrechende Granula in der Cuticula erkennbar. Die Granula sind unregelmäßig, vorwiegend in Querbinden angeordnet, einzelne finden sich auch auf den Extremitäten; ihre

Abstände untereinander sind immer wesentlich größer als die Granula selbst. Mundöffnung von 8 Mundlamellen umgeben. Mundröhre im allgemeinen (vgl. Erörterung, S. 198) weit, im äußeren Durchmesser 10—15 % der Schlundkopflänge messend (nach Cuénot 4 μ), vor Eintritt in den Schlundkopf meist gerade, manchmal aber auch mit schwacher, ventralwärts gerichteter Konvexität verlaufend. Stilette dick, kräftig gekrümmt. Schlundkopf groß, kurz-oval, mit Apophysen, 2 Stäben und einem Komma. Der 1. Stab ist bei erwachsenen Stücken bedeutend länger, meist doppelt so lang wie der 2., selten glatt und ungebrochen, vielmehr meist wie gebrochen aussehend, eingeschnürt bis zweigeteilt; im letzten Falle also 3 Macroplacoiden. Bei Jungtieren 1. und 2. Stab untereinander fast gleich lang und relativ kürzer und dicker als bei den Erwachsenen. Krallen derb, Haupt- und Nebenast bei erwachsenen Stücken auf fast halber Länge des Hauptastes vereinigt, bei Jungtieren weniger weit (Fig. 192 *C—E*). Hauptast mit 2 kräftigen Nebenspitzen. Am 4. Beinpaar der erwachsenen Tiere divergieren beide Krallenäste stärker als bei den vorderen Beinen. Bei erwachsenen Stücken sind leicht gezähnte Lunulae ausgebildet (Fig. 192 *B*).

Länge bis 1200 μ, Männchen nach Cuénot 375 μ, Weibchen 1059 μ; oft messen ganze Populationen nicht mehr als 300—400 μ.

Von den bis zu 15 im Ovar heranwachsenden Eiern reifen gleichzeitig meist 3—8. Sie werden einzeln abgelegt. Manchmal kleben 2—8 aneinander, offenbar durch Ovarialflüssigkeit, die im Wasser erhärtet. Manchmal werden die Eier in die alte Cuticula abgelegt. Die meist kugeligen Eier messen im Durchmesser ohne Ausschüsse 72—90 μ, nach Cuénot 52—99 μ; bei den ziemlich seltenen ovalen Eiern beträgt die Länge 66—92 μ. Die Ausschüsse sind 3—10 μ hoch und gleichen umgekehrten Eierbechern, haben also einen halbkugeligen oder kegelförmigen Basalteil, eine schmale mittlere Partie und distal eine konkave Endscheibe, deren Rand gewöhnlich glatt, manchmal aber auch kronenartig mit kleinen Knötchen oder Haken versehen ist und wie ausgefranst erscheint. Im Umkreis des Eies stehen in einer Ebene 19—27 Ausschüsse. Die Basis jedes Ausschusses ist von einem Perlenkranz umgeben; die Perlen sind eigentlich feine Leisten, von denen etwa 13 radiär die Basis umstellen. Dieser Perlenkranz kann vollständig fehlen. Im Vorarlberger Material fanden sich nur Eier, denen der äußere Teil der Ausschüsse fehlte, so daß halbkugelige Buckel mit deutlichen Perlenkränzen erschienen.

Von *M. hufelandioides* abgesehen (siehe unten, S. 198), ist *M. hufelandii* zwar nicht ohne Eier, aber mit diesen sicher, von allen anderen Arten zu unterscheiden. Deshalb bleibt die Artzugehörigkeit fraglich, wenn die Abbildung der Eier so unzureichend ist wie bei Lance (? 1896). Eier mit Auflösung der konvexen Endscheibe der Ausschüsse in basalwärts gerichtete Stacheln (F. Richters, 1907, D. Südp.-Exp. *v.* 9 p. 296 t. 20 f. 5) gehören nicht zu *M. hufelandii*. Vielleicht sind sie auf *M. vanhoeffeni* zu beziehen (vgl. S. 165), ich betrachte sie als *? Macrobiotus* spec. 26. Wie erwähnt, enthält Plates *M. hufelandii* (1888) auch den *M. harmsworthi* (vgl. S. 169). Scourfields Stücke (1897) mit sternförmigen Eiern gehören zu *M. harmsworthi* oder *M. echinogenitus*; die Bezugnahme auf Plate und Scourfield weckt Zweifel an der Einheitlichkeit des Materials von Schaudinn (1901). Über die Zuordnung des *M. schultzei* (1866) zu *M. hufelandii* ist bei *M. richtersii* gesprochen worden (vgl. S. 160); *Doyeria simplex* (1888) ist *M. hufelandii* im „Simplex"-Stadium, das heißt bei Häutung des Buccalapparates. *M.* spec. (1906) und *M.* spec. (1911) gehören nach den Eiausschüssen zu *M. hufelandii*. Für die sichere Einordnung der *M. interruptus* und *M. diodon* (1915) fehlen die Eier; im Einverständnis mit Thulin (1928) und Cuénot (1932) können die genannten Arten als Synonyma von *M. hufelandii* angesehen werden. Freilich stellt das eine Bild des *M. interruptus* (1915, Della Valle, t. 11 f. 31) keine Macrobioten-, sondern eine *Hypsibius*-Kralle dar, bleibt also bezüglich der Artzugehörigkeit ganz unsicher. Auch bei *M. diodon* paßt eins der Krallenbilder (1915, Della Valle, t. 11 f. 36) nicht zu *M. hufelandii*, denn so weit wie dort gezeichnet, sind auch bei

Jungtieren des *M. hufelandii* der Haupt- und Nebenast nicht getrennt. Bei *M. diodon* ist aus den Eiern, die im Körper des ♀ glatt, ohne Ausschüsse zu sein scheinen, kein Schluß auf die endgültige Form der Eier erlaubt. Nicht etwa auf *M. interruptus*, sondern auf Beobachtungen von Doyère (1840, p. 319, 359) und Richters (1908, Ergeb. Schwed. Südp.-Exp.; 1911, Camp. arct. Orléans) stützt sich die Angabe der hier gegebenen Diagnose, daß bei *M. hufelandii* 3 Macroplacoiden vorkommen. Shetländische Jungtiere mit atypisch enger Mundröhre, auffallend starken Apophysen und der für junge Stücke charakteristischen Übereinstimmung in der Länge der beiden Macroplacoiden entstammen typischen Eiern (John Murray, 1907, Tr. R. Soc. Edinb., *v.* 45 p. 661); obwohl kein Augenpigment erkennbar war, sehe ich diese Stücke nicht als „variety" an. Auch Rahm (1925, Arch. Naturg.) fand augenpigmentlose *M. hufelandii*. Im allgemeinen wird man bei Macrobiotenmaterial mit *hufelandii*-Eiern und -Krallen und ausgesprochen enger Mundröhre an *M. hufelandioides* denken müssen und dessen Placoiden vergleichen. Das ist die einzige Art, die mit *M. hufelandii* auf Grund typischer Eier verwechselt werden kann. Die in der Diagnose des *M. hufelandii* erwähnten Granula, die einzeln auch auf den Extremitäten vorkommen, dürften Basse einen Krallendrüsenporus vorgetäuscht haben (Z. wiss. Zool., *v.* 80 t. 15 f. 2a, 2b, 1905), der tatsächlich fehlt (E. Marcus, Zool. Jahrb., Physiol. *v.* 45 p. 116, 1928).

Die weite Verbreitung der an trockenen wie nassen Biotopen lebenden Art führt Heinis (1910, p. 152) auf die große Widerstandsfähigkeit gegen Austrocknung zurück, die er für *M. hufelandii* und *Hypsibius oberhaeuseri* erwiesen hat. Das Ei von *M. hufelandii* ist sogar in 10 cm Tiefe im Humus gefunden worden (Heinis, 1916); dorthin mag es durch Wasser gespült worden sein. Im allgemeinen ist *M. hufelandii* eine Moosform, aber er kommt auch im Ufergebiet von Seen und bis zu 100 m tief im Wasser vor (John Murray, 1905, p. 690).

Grönland; Franz Joseph-Land; Spitzbergen; Novaja Semlja; Island; Norwegen; Lappland; Schweden; Gotland; Bornholm; Finnland; Estland; Polen; Faröer; Shetland- und Orkneyinseln; Irland; Schottland, bis 1200 m; Niederlande; Belgien; Helgoland; Deutschland; Moskau; Schweiz, bis 4000 m; Österreich; Tschechoslowakei, bis 2058 m; Ungarn; Frankreich; Sardinien; Italien; Griechenland, Marathon; Himalaya, bis 2700 m; Malayischer Archipel, bis 3000 m; Kanaren; Ost- und Südafrika; Pazifische Inseln bis Oahu; Südwest-, Ost- und Südostaustralien; Neuseeland; Canada; Vereinigte Staaten; Mexiko; Südamerika von Colombia bis Navarino; Subantarktische Inseln des Indik.

31a. **M. hufelandii** S. Schultze forma **recens** Cuénot 1911 *Makrobiotus* spec., F. Richters in: Camp. arct. Orléans, 1907 p. 13 t. 2 f. 12 | 1932 *Macrobiotus recens*, Cuénot in: Faune France, pars 24 p. 58 f. 44, 45.

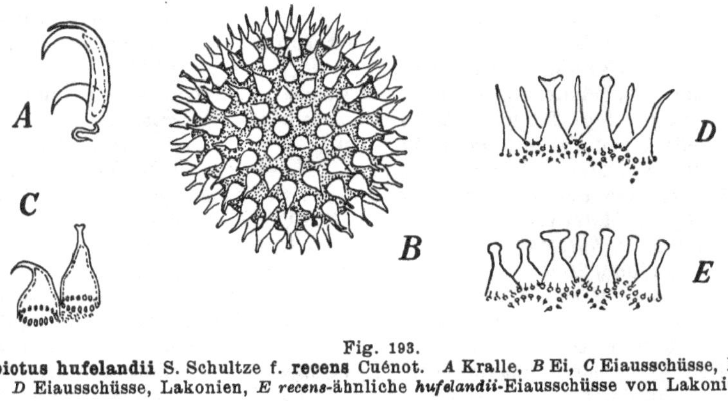

Fig. 193.
Macrobiotus hufelandii S. Schultze f. **recens** Cuénot. *A* Kralle, *B* Ei, *C* Eiausschüsse, Frankreich, *D* Eiausschüsse, Lakonien, *E recens*-ähnliche *hufelandii*-Eiausschüsse von Lakonien.

Wird groß; Augenpigment deutlich. In Habitus, Cuticula, Verdauungstraktus und Krallen dem vorigen sehr ähnlich, jedoch die Mundröhre weiter,

9 µ im Durchmesser, und die Nebenspitzen der Hauptäste stärker. Länge bis 624 µ.

Eier kugelig, von 78—85 µ Durchmesser, blaß graugelb; die Ausschüsse dicht stehende, lange, gerade Kegel von 8 µ Höhe. Das hohle Innere der Ausschüsse scheint oft durch Scheidewände abgeteilt zu sein. Die Spitze der Kegel ist manchmal kurz gegabelt, die Basis regelmäßig von einem Perlenkranz strahlenförmig umgeben. Zwischen den Eiausschüssen ist die Eischale punktiert.

Es ist Ansichtssache, wie weit man den Artbegriff des *M. hufelandii* ausdehnen will. Im Vorstehenden ist Vorarlberger Material mit Ausschüssen von der Form halbkugeliger Buckel und basalem Perlenkranz bei *M. hufelandii* belassen worden. Dagegen mögen der unsichere *M. eminens* (vgl. S. 214) und *M. vanhoeffeni* (vgl. S. 165) für sich bleiben, obgleich man ihre Einbeziehung in *M. hufelandii* vertreten könnte. *M. hufelandii* forma *recens* steht dem typischen *M. hufelandii* nicht ferner als das erwähnte Vorarlberger Material, von dessen Benennung ich absehe. Deshalb genügt es m. E., die besondere Form der *recens*-Ausschüsse durch Verwendung eines besonderen Namens für eine „forma" des *M. hufelandii* zu kennzeichnen. Das von Richters (1911) beschriebene und abgebildete Ei paßt gut zur forma *recens*. Das mir vorliegende griechische Material von *M. hufelandii* enthält neben typischen *hufelandii*-Stücken und Eiern (von Marathon) auch eine Population (von Leonidion, Lakonien), in der neben *recens*-ähnlichen *hufelandii*-Eiern (Fig. 193*E*) solche vorkommen, die als *recens* zu bezeichnen sind (Fig. 193*D*). Die forma *recens* ist also durch Übergänge mit *hufelandii* verbunden und nicht scharf abzugrenzen. Cuénot sieht in der von ihm beschriebenen Form eine neu aufgetretene Mutation mit beschränkter Verbreitung gegenüber dem alten *M. hufelandii* mit weiter Verbreitung.

Franz Joseph-Land; Frankreich, eine Fundstelle in der Vendée; Griechenland, Lakonien.

32. **M. rubens** John Murr. 1907 *M. r.*, John Murray in: J. R. micr. Soc., p. 270 t. 14 f. 5a—d | 1908 *M. r.*, F. Richters in: Ber. Senckenb. Ges., p. 17, 25 | 1910 *M. r.*, John Murray in: Brit. antarct. Exp., *v.* 1 p. 141 | 1911 *M. r.*, John Murray in: J. Quekett Club, ser. 2 *v.* 11 p. 194 | 1911 *M. r.*, F. Heinis in: Rev. Suisse Zool., *v.* 19 p. 264 | 1913 *M. r.*, John Murray, Not. nat. Hist. Bolivia Peru, p. 28 | 1914 *M. r.*, F. Heinis in: Mém. Soc. Neuchâtel, *v.* 5 p. 718 | 1928 *M. r.*, G. Rahm in: Tierw. Mitteleur., *v.* 3 p. II 16 | 1928 *M. r.*, F. Heinis in: Treubia, *v.* 10 p. 239 | 1928 *M. r.*, E. Marcus in: Tierw. Deutschl., pars 12 p. 147 f. 170 | 1928 *M. r.*, G. Thulin in: Hereditas, *v.* 11 p. 244 | 1929 *M. r.*, E. Marcus in: Bronn, Kl. Ordn., *v.* 5 Abt. 4 Buch 3 p. 442 f. 277.

Mittelgroß; mit rötlich-braunen Speicherzellen; Augenpigment vorhanden; Mundröhre ziemlich eng, bei 368—392 µ langen Tieren 2,5 µ weit. Schlundkopf mit Einlagerungen wie bei *M. hufelandii,* also mit Apophysen, einem gebrochenen Doppelstab und einem halb so großen zweiten. Komma vorhanden. Krallen gleichfalls wie bei *M. hufelandii,* also Haupt- und Nebenast auf halber Länge des Hauptastes vereinigt; dieser letzte mit 2 Nebenspitzen. Länge bis zu 430 µ.

Eier oval, glatt, in Gelegen bis zu 5 in der alten Cuticula abgelegt.

Die Farbe der Speicherzellen des *M. rubens* ist nicht geeignet, ihn von *M. hufelandii* zu trennen, denn wenn dieses Merkmal auch von weit auseinander liegenden Fundstellen des *M. rubens* gemeldet wird, könnte es doch anderen Populationen oder Jungtieren der Art fehlen oder bei *M. hufelandii* auftreten. Erst jetzt habe ich von *M. hufelandii*, der bisher als farblos oder nur durch Alterspigment stumpf-braun gefärbt bekannt war, eine gelbe Population gefunden. Das mahnt zur Vorsicht bei Verwendung der Farbmerkmale als Artcharaktere. Die enge Mundröhre, vielleicht auch manche der Krallen des hier nur stark verkleinert wiedergegebenen Original-Totalbildes und vor allem die Eier, die im Genus *Macrobiotus* nur bei *M. rubens*, dem recht zweifelhaften *M. macronyx* sowie bei *M.* spec. 13 als glatte Eier in die gehäutete Cuticula gelegt werden, lassen einen gewissen Zweifel daran aufkommen, daß *M. rubens* zu *Macrobiotus* gehört.

Freilich zerstreut Murray's Beschreibung der Krallen diesen Zweifel und mit Thulin belasse ich den *M. rubens* im Genus *Macrobiotus*.

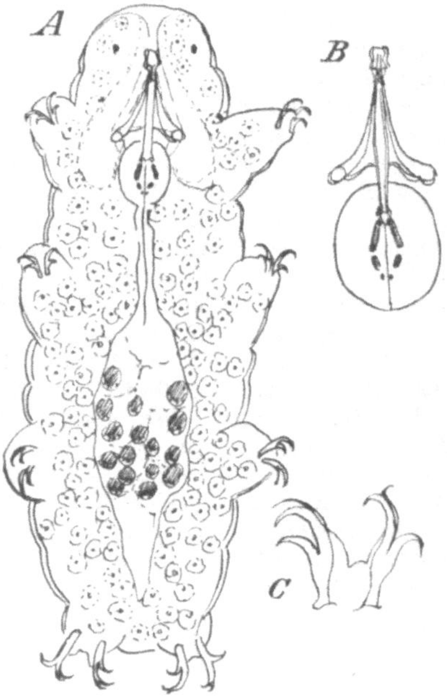

Fig. 194.
Macrobiotus rubens John Murr. *A* ventral, *B* Schlundkopf, *C* Krallen.

Himalaya, 2000 m; Sumatra; Ascension; Britisch-Ostafrika; Australien, Blaue Berge, zwischen 1000 und 1700 m; Südmexiko; Südamerika: Colombia; Bolivia 1000 bis 2300 m.

M. spec. 4 1910 *M.* spec., John Murray in: Brit. antarct. Exp., *v.* 1 p. 156 t. 19 f. 42a—b | 1928 *M.* spec. 4, E. Marcus in: Tierw. Deutschl., pars 12 p. 148 f. 171 | 1929 *M.* spec. 4, E. Marcus in: Bronn, Kl. Ordn., *v.* 5 Abt. 4 Buch 3 p. 443 f. 278.

Mittelgroß; hyalin; Augenpigment vorhanden. Im Vergleich zu *M. hufelandii* sind die Stilette schwächer und die Mundröhre ist enger. Die Mundröhre endigt im Schlundkopf krempenartig aufgewulstet. Apophysen waren nicht festzustellen. Schlundkopf kurz-oval mit 2 Stäben und einem sehr kleinen Komma. Der 1. Stab ist mehr als doppelt so lang wie der 2. und trägt einen nach außen quer vorspringenden, gerundeten Fortsatz nahe seinem rostralen Ende. Krallenhaupt- und Nebenast von verschiedener Länge, über der gemeinsamen Basis nur ein kurzes Stück weit vereinigt, also zum *echinogenitus*-Typus gehörig. Länge 350 μ.

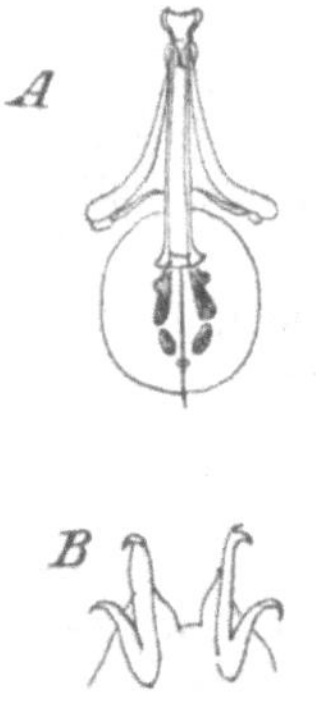

Fig. 195.
Macrobiotus spec. 4. *A* Schlundkopf, *B* Krallen.

Eier nicht bekannt.

Die Art ist wohl charakterisiert durch den 1. Schlundkopf und die Krallen, die nach der Originalabbildung im Gegensatz zur Originaldiagnose dem *echinogenitus*-Typus zuzurechnen sind. Ihre Benennung ist nicht zu empfehlen, solange die Eier unbekannt sind.

Sandwich-Inseln, Oahu.

33. **M. spectabilis** Thulin 1928 *M. s.*, G. Thulin in: Hereditas, *v.* 11 p. 242, 243, 245, 258–259 | 1929 *M. s.*, E. Marcus in: Bronn, Kl. Ordn., *v.* 5 Abt. 4 Buch 3 p. 430.

Wird sehr groß; Körperform der des *M. hufelandii* sehr ähnlich; Augenpigment vorhanden, und zwar vordere Augen. Mundöffnung mit 10 Mundlamellen, von denen dorsal und ventral je eine median sitzt. Mundröhre sehr weit, im äußeren Durchmesser etwa 18 % der Schlundkopflänge messend, vor dem Eintritt in den Schlundkopf mit ventralwärts gerichteter Konvexität, also S-förmig gekrümmt. Schlundkopf oval, mit großen Apophysen, 2 großen Stäben, von denen der 1. 1 $^1/_2$ mal so lang wie der 2. ist, und einem dicht anschließenden, ziemlich großen Komma; der 1. Stab mit einem Vorsprung. Krallen vom *hufelandii*-Typus, Lunulae glatt, ohne Falten oder Dornen.

Länge 870 μ. Schlundkopflänge 70 μ = 80 ms; Schlundkopfbreite 72 cph; Kralle IV 21,4 μ = 23,5 ms. Äußerer Durchmesser der Mundröhre 18,2 cph. Reihe der Schlundkopfstäbe 57 cph; 1. Placoid 31,8 cph, 2. 20,8 cph. Breite der Placoiden 4,2—6,1 cph. Microplacoid 11 × 2,8 cph, seine Entfernung vom 2. Macroplacoid 4,0 cph.

Die wahrscheinlich zu dieser Art gehörigen Eier sind areoliert und den typischen Eiern von *Hypsibius areolatus* mit geteilten Areolae (Fig. 269 *E*) ähnlich. Die glatten, spitz-konischen Ausschüsse sind nur etwas kürzer; die Areolae sind eckig und zweigeteilt. Innerer Durchmesser der Eischale 84 μ; Dicke der Eischale 6 μ; die Ausschüsse haben einen basalen Durchmesser von 20 μ und eine Höhe von 26 μ.

Die Zugehörigkeit der beschriebenen Eier zu *M. spectabilis* ist ziemlich sicher. Trotzdem wird durch das Fehlen von Abbildungen der Eier und des Tieres das Wiedererkennen der Art allen späteren Untersuchern so sehr erschwert, daß *M. spectabilis* bis zur Veröffentlichung ausführlicher Bilder eigentlich als Species inquirenda gelten muß. So hat die ohne Zeichnung kaum verständliche Angabe Thulin's über den Fortsatz am ersten Macroplacoid zur Einordnung des *M. spectabilis* an den verschiedensten Stellen der Bestimmungstabelle geführt. Über die nicht ganz sichere Unterscheidbarkeit des *M. spectabilis* von *M. grandis* wird bei Erörterung des letzten gesprochen (vgl. S. 205).

Sibirien, Altai, in der Nähe des Telezki-Sees.

M. spec. 5 1909 *Makrobiotus* spec. C, F. Richters in: Zool. Anz., *v.* 34 p. 606 f. 3 | 1928 *Macrobiotus* spec. 5, E. Marcus in: Tierw. Deutschl., pars 12 p. 148 f. 172 | 1929 *M.* spec. 5, E. Marcus in: Bronn, Kl. Ordn., *v.* 5 Abt. 4 Buch 3 p. 443 f. 279.

Fig. 196.
Macrobiotus spec. 5.

Kaum mittelgroß; gedrungen; Augenpigment fehlt; Mundröhre 27 μ lang und ziemlich eng (3 μ); Stilette nicht stark gekrümmt, 18 μ lang; Schlundkopf kugelig, 30 μ im Durchmesser, mit Apophysen und 2 kurzen Stäben, von denen der 1. 4 μ, der 2. 3 μ lang ist. Komma fehlt. Krallen mittelgroß, vom *echinogenitus*-Typus, die Äste also von der kurzen, gemeinsamen Basis aus divergierend. Länge 336 μ.

Eier unbekannt.

Beschreibung und Abbildung der Art sind weder für ihre Identifizierung mit einer schon benannten, noch für eine Neubenennung ausreichend.

Antarktis, Victorialand, Lat. 77° S.

34. **M. hastatus** John Murr. 1907 *M. h.*, John Murray in: Tr. R. Soc. Edinb., *v.* 45 p. 643, 647, 648, 663 t. 3 f. 18a—d | 1910 *M. h.*, F. Heinis in: Arch. Hydrobiol., *v.* 5 p. 121 | 1911 *M. h.*, John Murray in: J. Quekett Club, ser. 2 *v.* 11 p. 193 | 1911 *M. h.*, John Murray in: Ann. Scott. nat. Hist., nr. 78 p. 89 | 1911 *M. h.*, John Murray in: P. Irish Ac., *v.* 31 nr. 37 p. 3 | 1911 *Hypsibius h.*, G. Thulin in: Ark. Zool., *v.* 7 nr. 16 p. 27 | 1919 *Macrobiotus h.*, P. Nederström in: Acta Soc. Fauna Fenn., *v.* 46 nr. 8 p. 14 | 1928 *M. h.*, G. Rahm in: Tierw. Mitteleur., *v.* 3 p. II 7 | 1928 *Hypsibius h.*, E. Marcus in: Tierw. Deutschl., pars 12 p. 210 f. 257 | 1928 *H. h.*, G. Thulin in: Hereditas, *v.* 11 p. 241 | 1929 *H.* (s. str.) *h.*, E. Marcus in: Bronn, Kl. Ordn., *v.* 5 Abt. 4 Buch 3 p. 507 f. 344 | 1931 ? *Macrobiotus h.*, E. Marcus in: Arch. Hydrobiol., suppl. *v.* 8 p. 611 f. 2 | 1932 *M. h.*, Cuénot in: Faune France, pars 24 p. 64 f. 54.

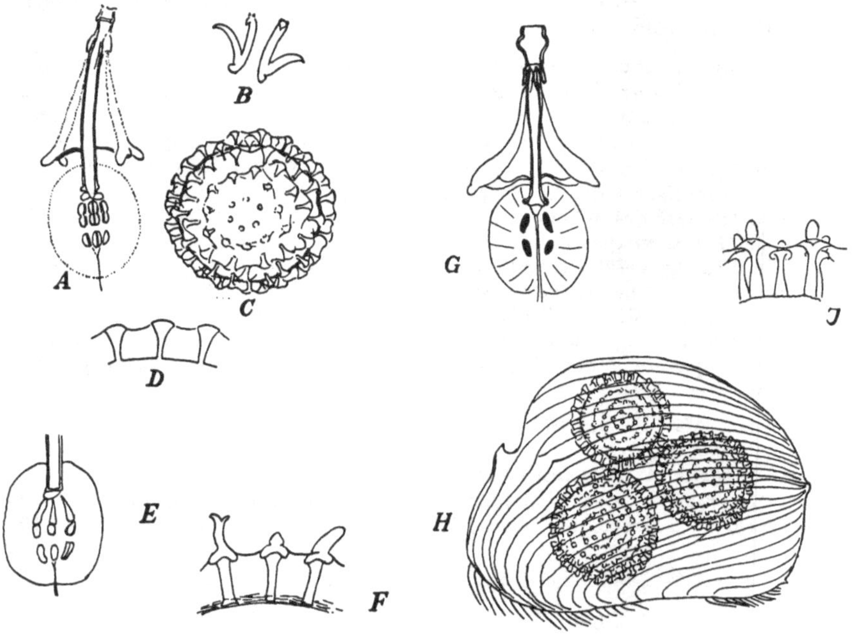

Fig. 197.
Macrobiotus hastatus John Murr. *A—D* von Sumatra, *E—F* von Frankreich, *G—J* von Schottland *A*, *E*, *G* Schlundkopf, *B* Krallen, *C* Ei, *H* Gelege, *D*, *F*, *J* Eiausschüsse.

Klein; Augenpigment vorhanden. Mundröhre von mittlerer Weite, im äußeren Durchmesser 4,5 μ messend, fast gerade verlaufend. Ein sehr kurzer Scheidenhalter ist vorhanden. Die Länge der Mundröhre vom Mundring bis zu den Apophysen beträgt einschließlich des Mundringes 33 μ, ohne ihn 28 μ. Schlundkopf kurz-oval bis oval, im letzten Falle (Sumatra-Material) ca. 30 μ lang, 24 μ breit. Schlundkopfeinlagerungen: Apophysen, 2 stabförmige Macroplacoiden, die beide annähernd gleich lang und etwa 2 mal so lang wie breit sind (schottisches, irisches und schweizerisches Material Murray's), kein Microplacoid. Bei Stücken von Sumatra fehlt das Microplacoid gleichfalls, ebenso in dem französischen Material. Aber bei beiden ist das 1. Macroplacoid wesentlich länger als das 2., und zwar mißt bei den

Stücken von Sumatra, deren Placoidenreihe 15 μ lang ist, der 1. Stab 8×2,5 μ, der 2. 6×2,5 μ. Der 1. Stab ist in der Mitte eingeschnürt. Bei den Tieren aus den Vogesen liegt die Einschnürung caudal von der Mitte und ist fast durchgängig, sodaß 3 Macroplacoiden, ein längstes, ein kürzestes und ein mittellanges aufeinander folgen. Die Krallen sind *Macrobiotus*-Krallen vom *echinogenitus*-Typus mit einem hinteren (äußeren) Krallenpaar, das ein wenig länger und stärker ist als das vordere (innere). Die Haupt- und Nebenäste sind an beiden Paaren annähernd gleich und zwar 9 μ (Sumatra-Stücke) lang; die Nebenäste sind ein wenig dünner als die Hauptäste, die je durch 2 Nebenspitzen als Hauptäste gekennzeichnet sind. An der Basis der Krallen findet sich eine kleine Lunula.

Länge 312 μ (Originalmaterial), 267 μ (französische Tiere).

Eier kugelig oder oval, die kugeligen messen im Durchmesser 75 μ mit den Ausschüssen, 65 μ ohne sie; für die mehr oder weniger ovalen werden folgende Maße angegeben: 62,9 μ×77,7 μ und 62,5×69,8 μ ohne Ausschüsse, 74×88,8 μ und 78,2×84 μ mit Ausschüssen. Die kelch- oder wappenlilienförmigen, 5 μ hohen Ausschüsse sind an ihrer Basis 1 μ, distal 3,5 μ breit und stehen in einer hyalinen Außenzone oder Hülle der Eischale, die zwischen den locker, in etwa 8 μ Abstand von einander angeordneten Ausschüssen eingezogen ist. 2—3 Eier werden auf einmal abgelegt, und zwar oft, nicht immer, positiv thigmotaktisch in Cladoceren- (z. B. *Alonella*) und Ostracoden (z. B. *Cypris*)-Schalen (Fig. 197 H), in Exuvien von Copepoden (Cyclopiden, Harpacticiden), in Milbenhäute und ähnliches.

Die Einordnung des *Macrobiotus hastatus* in das Genus *Hypsibius* (*H.*) hatte Thulin (1928) begründet mit der Ähnlichkeit der Eier des *M. hastatus* und der des *H.* (*H.*) *arcticus* (John Murr.). Auch John Murray selber hat beide Arten einander genähert (Tr. R. Soc. Edinb., *v.* 45 p. 677, 1907), aber er zeichnet fast gleichzeitig (2. und 11. I. 1907) die Krallen beider Arten so verschieden, daß auch ohne das Material aus Sumatra und den Vogesen die Einordnung beider Arten in derselben Gattung zweifelhaft erscheinen mußte. Die französischen Stücke haben meine früheren Zweifel an der sicheren Zugehörigkeit des Materials von Sumatra zu *Macrobiotus hastatus* beseitigt.

Die Einheitlichkeit der Fundnotizen läßt den hygrophilen *M. hastatus* als eine Form der Torfmoose erkennen.

Finnland; Schottland; Irland; Schwarzwald; Schweizer Jura, bis 1000 m; Schweiz, ohne nähere Angabe; Frankreich, Vogesen; Sumatra.

35. **M. polyopus** E. Marcus 1928 *M. p.*, E. Marcus in: Tierw. Deutschl., pars 12 p. 148 f. 172a | 1929 *M. p.*, E. Marcus in: Bronn, Kl. Ordn., *v.* 5 Abt. 4 Buch 3 p. 445 f. 280.

Klein; hyalin; ohne Pigment; Augenpigment vorhanden. Mundröhre 25 μ lang, mittelweit, 3 μ bei 300 μ langen Tieren. Stilette gekrümmt; Scheidenhalter kurz, nicht mehr als doppelt so lang wie die Stilettscheiden. Schlundkopf oval, 28 μ lang, 24 μ breit an der breitesten Stelle, die caudal von der Schlundkopfmitte liegt; der Schlundkopf ist annähernd birnförmig gestaltet. An Schlundkopfeinlagerungen sind Apophysen und 2 breite, körnerartige Macroplacoiden ausgebildet, das 1. ist doppelt so lang wie das 2. Krallen kurz, zart, beide Krallenpaare eines Beines gleich lang; der 8 μ lange Hauptast besitzt 2 haarförmig feine Nebenspitzen und ist nur wenig länger als der Nebenast. Haupt- und Nebenast von einer gemeinsamen Basis entspringend, nicht weit divergierend, sondern nur unter einem Winkel von etwa 30°, die gemeinsame Basis von Haupt- und Nebenast wesentlich kürzer als der Nebenast. Länge bis 300 μ.

Eier kugelig, 65 μ im Durchmesser, einschließlich der Ausschüsse, mit hexagonaler Felderung, also vom areolierten Typus, mit kantigen, breiten, distal spitz endigenden Ausschüssen, die alternierend mit Sechsecken die von Ausschüssen frei sind, angeordnet sind.

Innerhalb der *Macrobiotus hufelandii*-Gruppe hat nur die sehr große Art *M. grandis* (vgl. S. 205) areolierte Eier. Diese Species hat anscheinend, das heißt soweit die Abbildung das erkennen läßt, gerade Stilette, ferner dünne Stäbe als Macroplacoiden, ein Microplacoid, und der 1. Schlundkopfstab ist etwa eineinhalb mal so lang wie der 2. Die Körpermaße, die des Buccalapparates (Weite der Mundröhre) und der Krallen sind bei *M. grandis* auch relativ durchaus andere als bei *M. polyopus*. *Macrobiotus polaris* (vgl. S. 160), dessen Schlundkopfeinlagerungen der Form nach denen von *M. polyopus* sehr ähnlich sind, hat 3 Körner, sowie Krallenhauptäste, die viel länger als die Nebenäste sind; auch sind die Eiausschüsse bei *M. polaris* spitze,

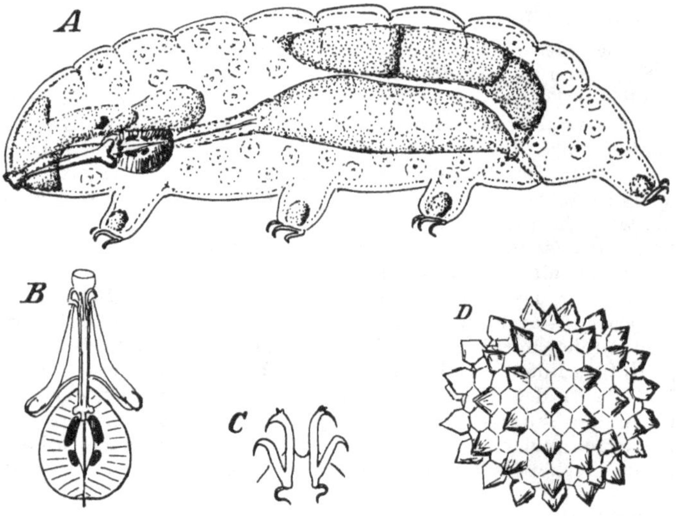

Fig. 198.
Macrobiotus polyopus E. Marcus. *A* lateral, *B* Schlundkopf, *C* Krallen IV, *D* Ei.

schlanke Kegel oder Buckel. *Macrobiotus richtersii* (vgl. S. 157) hat zwar auch areolierte Eier, aber ganz andere Ausschüsse mit Papillen, ferner 3 Schlundkopfstäbe und auf halber Länge des Hauptastes vereinigte Krallenäste. *Macrobiotus* spec. 12 (vgl. S. 212) hat ein vollständig anders gebautes, ovales Ei; *Macrobiotus* spec. 6 (siehe unten) hat schmale Leisten als Macroplacoiden, und die für diese Art angegebenen Maße passen weder hinsichtlich des Buccalapparates noch der Krallen zu *M. polyopus*. Der birnförmige Schlundkopf und die stark gekrümmten Stilette schließen auch eine Identität des *M. polyopus* mit *Macrobiotus* spec. 5 (vgl. S. 201) aus.

Ostsumatra.

M. spec. 6 1909 *Makrobiotus* spec. B, F. Richters in: Zool. Anz., *v.* 34 p. 605 f. 2 | 1928 *Macrobiotus* spec. 6, E. Marcus in: Tierw. Deutschl., pars 12 p. 150 f. 173 | 1929 *M.* spec. 6, E. Marcus in: Bronn, Kl. Ordn., *v.* 5 Abt. 4 Buch 3 p. 445 f. 281.

Das dieser Beschreibung zugrunde liegende Exemplar wurde nicht gestreckt, anscheinend ist es ziemlich groß, ohne sehr schlank zu sein. Augenpigment vorhanden. Mundröhre 48 μ lang, 6 μ weit. Schlundkopf kurzoval, 51 μ lang, 45 μ breit, mit 2 schmalen Stäben, von denen der 1. 15 μ, der 2. 7 μ lang ist. Komma fehlt. Krallenäste von ganz kurzer, gemeinsamer Basis divergierend, also vom *echinogenitus*-Typus; Haupt- und Nebenast von verschiedener Länge, Hauptast am 4. Beinpaar 18 μ lang.

Im Ovar wurde ein ovales, 112 μ langes, 80 μ breites, also sehr großes Ei beobachtet.

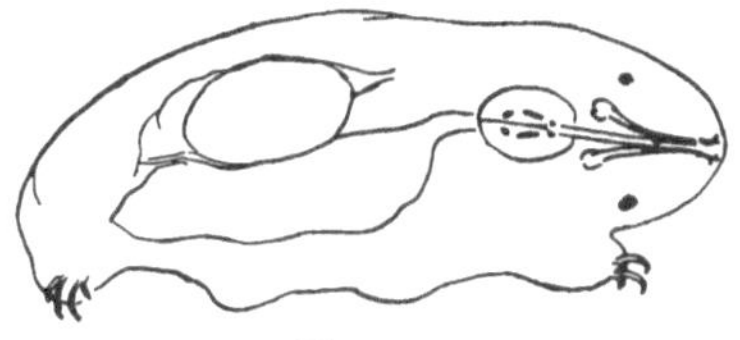

Fig. 199.
Macrobiotus spec. 6.

Von der Einordnung gilt das bei *Macrobiotus* spec. 5 (vgl. S. 201) gesagte.

Antarktis, Victorialand, Lat. 77° S.

36. **M. grandis** Richters 1911 *Makrobiotus g.*, F. Richters in: Camp. arct. Orléans, 1907 p. 13 t. 1 f. 9 | 1928 *Macrobiotus g.*, G. Rahm in: Tierw. Mitteleur., *v.* 3 p. II 16 | 1928 *M. g.*, E. Marcus in: Tierw. Deutschl., pars 12 p. 150 f. 174 | 1928 *M. g.*, G. Thulin in: Hereditas, *v.* 11 p. 245 | 1929 *M. g.*, E. Marcus in: Bronn, Kl. Ordn., *v.* 5 Abt. 4 Buch 3 p. 446 f. 282.

Wird sehr groß; große Augenpigmentflecken sind vorhanden, hintere Augen wie bei den meisten Species. Mundröhre sehr weit, 16 μ bei einem 960 μ langen Tier. Schlundkopf länglich-oval, 108 μ lang, 69 μ breit; Schlundkopfeinlagerungen relativ dünne Stäbe, von denen der 2. etwa $^2/_3$ der Länge des 1. mißt. Großes Komma vorhanden. Krallen ungefähr 30 μ lang, vom *echinogenitus*-Typus, also die Äste von kurzer, gemeinsamer Basis aus divergierend, V-förmig. Länge bis zu 960 μ.

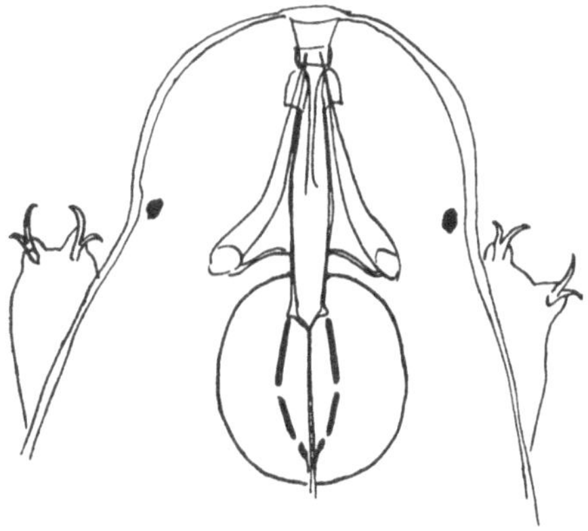

Fig. 200.
Macrobiotus grandis Richters.

Eier sternförmig, also wohl mit spitzen Ausschüssen, die Eischale mit Areolation, also polygonal gefeldert.

Neben dieser Art haben noch *Macrobiotus richtersii* und *M. polaris* eine gefelderte Eischale; beide Arten gehören zur *Macrobiotus intermedius*-Gruppe mit 3 Schlundkopfeinlagerungen. Außerdem hat *M. richtersii* Krallen vom *hufelandii*-Typus und *M. polaris* nicht Stäbe, sondern Körner als Macroplacoiden. *Macrobiotus polyopus*, eine Art mit areolierter Eischale aus der *M. hufelandii*-Gruppe, ist oben gegen *M. grandis* abgegrenzt worden. Von *M. spectabilis*, einer Art der *M. hufelandii*-Gruppe wahrscheinlich mit areolierter Eischale, ist *M. grandis* nur nach den in der Bestimmungstabelle genannten Merkmalen zu trennen (vgl. S. 183, Nr. 34). Nach der Beschreibung des *M. grandis* sind die Krallen V-förmig, gehören also zum *echinogenitus*-Typus; Richters vergleicht sie mit den Krallen des „*Makrobiotus*" *areolatus*, den ich nach den Krallen für einen *Hypsibius* halte. Auch wenn das falsch sein sollte, würden die *areolatus*-Krallen doch eher solche vom *echinogenitus*-Typus als vom *hufelandii*-Typus sein. Trotzdem mußte *M. grandis* in der Bestimmungstabelle auch unter den Arten geführt werden, deren Krallenäste etwa bis zur halben Länge des Hauptastes vereinigt sind (*hufelandii*-Typus), denn die hier abgezeichnete Mikrophotographie des *M. grandis* zeigt keineswegs deutlich V-förmige, zum *echinogenitus*-Typus gehörige Krallen. Demnach ist die unter den oben genannten Nummern durchgeführte Trennung von *M. spectabilis* und *M. grandis* einigermaßen unsicher.

Franz Joseph-Land.

37. **M. echinogenitus** Richters ? 1897 *M. hufelandii* [part.], Scourfield in: P. zool. Soc. London, p. 790 | ? 1901 *M. hufelandi* [? part.], Schaudinn in: Fauna arct., *v.* 2 p. 194 | non 1903 *M. echinogenitus*, F. Richters in: Zool. Anz., *v.* 27 p. 169—171 f. 1 | 1904 *M. e.* Form b, F. Richters in: Fauna arct., *v.* 3 p. 503—504 t. 16 f. 16, 24 | 1904 *M. crenulatus*, F. Richters, ibid., p. 505—506 t. 15 f. 11 | 1904 *M. echinogenitus* [part.], F. Richters in: Ber. Senckenb. Ges., p. 67—69 t. 5 f. 3, 4 | ?? 1904 *M. e.* [part.], F. Richters in: Zool. Anz., *v.* 28 p. 375 | 1905 *M. e.*, John Murray in: Tr. R. Soc. Edinb., *v.* 41 p. 690, 694 t. 4 f. 21 | ? 1906 *M. e.* [part.], John Murray in: Ann. Scott. nat. Hist., nr. 57 p. 27, 28 t. 3 f. 13—15 | non 1906 *M. e.*, John Murray in: Tr. R. Soc. Edinb., *v.* 45 p. 328 t. 4 f. 14a—b | 1907 *M. crenulatus*, John Murray, ibid., *v.* 45 p. 643—647, 660—661 | non 1907 *M. echinogenitus*, John Murray, ibid., *v.* 45 p. 662 t. 3 f. 14a—b | ? non 1907 *M. e.* + „Variety of egg", John Murray in: J. R. micr. Soc., p. 271 | ? non 1907 *M. e.*, John Murray in: Tr. R. Soc. Edinb., *v.* 45 p. 671—673, 676 | 1907 *M. crenulatus*, John Murray, ibid., *v.* 45 p. 671—672, 677 t. 1 f. 6a—c | 1907 *M. echinogenitus* [part.], F. Richters in: Zool. Anz., *v.* 31 p. 915, 916 | non 1907 *M. e.*, John Murray in: J. R. micr. Soc., p. 523 | 1907 *M. e.* [part.], F. Richters in: D. Südp.-Exp., *v.* 9 p. 295—296 | 1908 *Makrobiotus e.*, F. Richters in: Mikrokosmos, *v.* 1 t. 1 f. 12, t. 2 f. 11 | non 1908 *M. e.*, F. Richters in: Ber. Senckenb. Ges., p. 24 t. 2 f. 9 | 1908 *Macrobiotus e.* [part.: Stücke mit zwei Chitinstäben und Komma], F. Richters in: Ergeb. Schwed. Südp.-Exp., *v.* 6 nr. 2 p. 9 [nec t. 1 f. 9] | 1908 *M. e.*, F. Heinis in: Zool. Anz., *v.* 32 p. 637 | non 1908 *M. e.*, M. Sellnick, ibid., *v.* 33 p. 210—211 | 1908 *M. e.*, F. Heinis, ibid., *v.* 33 p. 716 | 1909 *M. e.* [part.], M. Sellnick in: Schr. Ges. Königsb., *v.* 49 p. 327 | 1909 *M. e.*, J. Ammann in: Mt. Ges. Bern, 1908 p. 10 | 1909 *M. e.*, C. Carlzon in: Zool. Anz., *v.* 34 p. 140 | 1909 *M. e.*, V. Brehm in: Int. Rev. Hydrobiol., *v.* 2 p. 280 | 1910 *M. e.*, F. Heinis in: Arch. Hydrobiol., *v.* 5 p. 121 | 1910 *M. e.*, John Murray in: Brit. antarct. Exp., *v.* 1 p. 89 Anm., p. 115, 120, 137, 167 t. 18 f. 30, t. 21 f. 58 | 1911 *M. e.* + *crenulatus*, John Murray in: J. Quekett Club, ser. 2 *v.* 11 p. 193 | non 1911 *M.* c.?, John Murray in: Ann. Scott. nat. Hist., nr. 78 p. 94—95 t. 1 f. 2a—c | 1911 *Makrobiotus echinogenitus*, F. Richters in: Al. Koenig, Avifauna Spitzberg., p. 286 | 1911 *M. e.*, F. Richters in: Camp. arct. Orléans, 1907 p. 11—12 t. 1 f. 4, 5 | 1911 *Macrobiotus e.* + *crenulatus*, John Murray in: P. Irish Ac., *v.* 31 nr. 37 p. 1, 3, 6 | 1912 *M. e.*, F. Heinis in: Rev. Suisse Zool., *v.* 20 p. 777, 778 | 1913 *M. e.*, John Murray in: J. R. micr. Soc., p. 143 | 1913 *Makrobiotus e.*, F. Richters in: Handw. Naturw., *v.* 9 p. 1018 | 1914 *Macrobiotus e.*, R. Menzel in: Arch. Naturg., *v.* 80 A 3 p. 16, 17, 18 | 1914 *M. e.*, F. Heinis in: Mém. Soc. Neuchâtel, *v.* 5 p. 715—716 | 1916 *M. e.*, F. Heinis in: Tätigkeitsber. Ges. Baselland, 1911—1916 p. 83 | 1917 *M. e.*, F. Heinis in: Zool. Anz., *v.* 49 p. 95 | non 1919 *M. e.*, P. Nederström in: Acta Soc. Fauna Fenn., *v.* 46 nr. 8 p. 10 | 1920 *M. e.*, Loman in: Tijdschr. Nederl. dierk. Ver., ser. 2 *v.* 18 p. XLV | 1921 *M. e.*, F. Heinis in: Festschr. Zschokke, nr. 6 p. 10, 11, 12 | 1925 *M. e.*, C. Urbanowicz in: Bull. biol. France, *v.* 59 p. 139 f. 1 B 3 | 1925 *M. e.* + *crenulatus*, G. Rahm in: Arch. Naturg., *v.* 90 A 7 p. 189, 190 | non 1925 *M. e.*, G. Rahm in: Brohmer, Fauna Deutschl., ed. 3 p. 434 f. 678c | 1928 *M. e.* + var. *major* + var. *minor* + var. *crenulatus*, G. Rahm in: Tierw. Mitteleur., *v.* 3 p. II 5 f. 12 | 1928 *M. e.*, F. Heinis in: Verh. Ges. Basel, *v.* 39 p. 60 | 1928 *M. e.* + *echiniogenitus*, F. Heinis in: Treubia, *v.* 10 p. 237, 239 | 1928 *M. echinogenitus*, E. Marcus in: Tierw. Deutschl., pars 12 p. 150—153 f. 175 A—G | 1928 *M. e.*, G. Thulin in: Hereditas, *v.* 11

p. 226, 242, 245 | 1929 *M. e.*, G. Rahm in: Bull. Soc. Fribourg., *v.* 29 Proc.-verb. 19. V. 1927 p. 6, 7, 9, 12 | 1929 *M. e.*, E. Marcus in: Bronn, Kl. Ordn., *v.* 5 Abt. 4 Buch 3 p. 446—449 f. 283 A—G | 1931 *M. e.*, G. Rahm in: Revista Chilena, *v.* 35 p. 121—123, 128, 137 | 1932 *M. e.*, G. Rahm in: Zool. Anz., *v.* 98 p. 97, 98, 118—119 | 1932 *M. e.*, G. Rahm in: Brohmer, Fauna Deutschl., ed. 4 p. 458 | non 1932 *M. e.*, Cuénot in: Faune France, pars 24 p. 61—63 f. 49—51 | 1933 *M. e.*, F. Heinis in: 9. Tätigkeitsber. Ges. Baselland, 1930—1932 p. 42 | 1934 *M. e.*, E. Bartoš in: Časopis České Spol. ent., *v.* 31 p. 56 f. 1, 4.

Wird sehr groß; hyalin oder braun pigmentiert. Augenpigment vorhanden; hintere Augen. Mundöffnung von Mundlamellen umgeben. Mundröhre mäßig weit, im äußeren Durchmesser 10—15 °/₀ der Schlundkopflänge messend; vor dem Eintritt in den Schlundkopf gerade verlaufend. Stilette derb, gekrümmt. Schlundkopf oval, bald mit sehr deutlichen, bald mit kaum erkennbaren Apophysen, 2 untereinander gleich langen Stäben und einem Komma (Fig. 201 *A*). Krallen vom jugendlichen bis zum erwachsenen Stadium die Stufen vom *echinogenitus*- bis zum *hufelandii*-Typus allmählich durchlaufend. Nebenspitzen des Hauptastes deutlich. Lunulae an der Krallenbasis glatt oder gerieft (Fig. 201 *C*). Länge bis zu 750 μ.

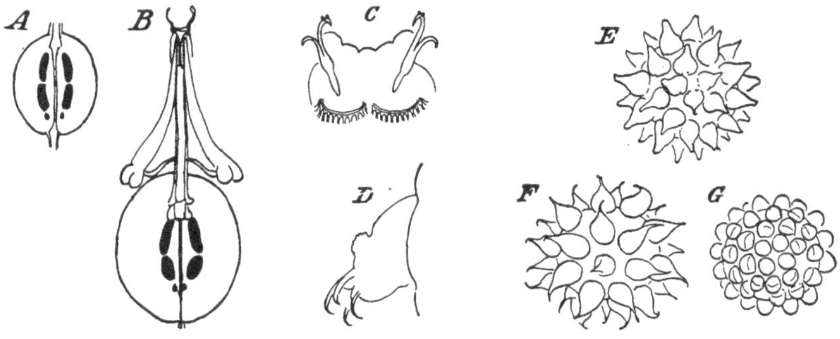

Fig. 201.

Macrobiotus echinogenitus Richters. *A* Schlundkopf, typisch, *B* Schlundkopf, aberrant, *C* Krallen mit geriefelter *(crenulatus)*-Lunula; *D* Bein mit papillentragendem Höcker, *E* Ei, typisch, *F* Ei mit umgebogenen Ausschüssen, *G* Ei mit halbkugeligen Eiausschüssen.

Eier kugelig, 65—90 μ im Durchmesser, mit zwiebelkuppelförmigen, auf ihrer Oberfläche punktierten oder mit feinen Papillen versehenen, an der Basis einander berührenden Ausschüssen (Fig. 201 *E*). Die Spitzen der Ausschüsse sind manchmal umgebogen (John Murray, 1905) (Fig. 201 *F*). Auch Eier, deren Ausschüsse distal gerundete Kegel sind (F. Richters, 1904, Ber. Senckenb. Ges., f. 4) mögen mit Vorbehalt dieser Art zugerechnet werden (Fig. 201 *G*).

In Richters' Beschreibung (1904, Fauna arct.) sind vereinigt: *Hypsibius areolatus* mit den für dieses Genus charakteristischen Krallen und gefelderter Eischale (vgl. S. 287), *Macrobiotus harmsworthi* mit 3 Macroplacoiden und *M. echinogenitus* mit 2 Macroplacoiden. Wie bei *M. harmsworthi* bemerkt (vgl. S. 171), bezieht sich die e r s t e Beschreibung des *M. echinogenitus* (non 1903 *M. echinogenitus*, F. Richters), wenn man dem Wortlaut „drei größere und eine kleinere Chitineinlagerung" folgt, nur auf *M. harmsworthi*. So nötig aber diese Klärung der Synonymie ist, so nötig ist es auch, sich von ihren rein formalen, nomenklatorischen Folgerungen freizumachen und eine Verwendung des Namens der Erstbeschreibung für *M. harmsworthi* zu unterlassen. Durch eine Neubenennung des *M. echinogenitus* würde eine heillose Verwirrung entstehen, die unbedingt vermieden werden muß. Nach den Eiern sind *M. echinogenitus* und *M. harmsworthi* kaum zu unterscheiden (John Murray, 1910, p. 115; F. Richters, Zool. Anz., *v.* 36 p. 8—9, 1910). Vielleicht ist der Durchmesser der *M. harmsworthi*-Eier im allgemeinen etwas größer (F. Richters in: Ber. Senckenb. Ges., p. 68, 1904), und die distalen Spitzen der Eiausschüsse sind etwas kürzer (F. Richters in: Camp. arct. Orléans, 1907 p. 12, 1911).

Früher wurde allgemein angenommen (John Murray in: Tr. R. Soc. Edinb., *v.* 45 p. 328, 1906), daß die Art der Vereinigung von Haupt- und Nebenast eine sichere Unterscheidung von *M. hufelandii* und *M. echinogenitus* ermögliche. Sie sind aber beim jungen *M. hufelandii* weiter getrennt als beim erwachsenen (vgl. Fig. 192 *C—E*, S. 196) und sind beim erwachsenen *M. echinogenitus* zur halben Länge des Hauptastes vereinigt, also vom *hufelandii*-Typus. Die beiden gleich langen Schlundkopfstäbe des *M. echinogenitus* sind wohl oft ein gutes Unterscheidungsmerkmal gegenüber dem *M. hufelandii* (John Murray, p. 169, 1910), aber es gibt auch *echinogenitus*-Stücke, deren erstes Macroplacoid wesentlich länger ist als das zweite (John Murray in: Tr. R. Soc. Edinb., *v.* 45 p. 660—661, 1907) (Fig. 201 *B*). Als sicheres Unterscheidungsmerkmal zwischen *M. hufelandii* und *M. echinogenitus* bleibt daher nur die Form der Eiausschüsse übrig.

Schottische Stücke mit papillentragenden Höckern auf jedem Bein (Fig. 201 *D*) und mit papillöser Cuticula des vierten Beinpaares sind als Ausnahmen zu erwähnen; gewöhnlich ist die Cuticula von *M. echinogenitus* glatt. Im gleichen Material fanden sich häufig abnorme überzählige Krallen (John Murray in: Tr. R. Soc. Edinb., *v.* 45 p. 661, 1907).

Mit Richters (1911) und Thulin (1928, p. 245) ordne ich den *M. crenulatus* uneingeschränkt als Synonym dem *M. echinogenitus* unter, da die Riefelung der Lunula, das Merkmal aus der Erstbeschreibung des *M. crenulatus*, im Alter verstärkt, aber inkonstant auftritt. Die Begründung der meisten in der Synonymieliste aufgeführten Stellen ist in der Erörterung des *M. harmsworthi* gegeben worden (vgl. S. 171). Schaudinns Stücke (1902) gehören vermutlich zu einer Art mit sternförmigen Eiern. Er nimmt nicht auf den *M. hufelandii* Doyère's Bezug, sondern nur auf C. A. S. Schultzes wenig sichere Bilder und auf Plates *hufelandii*-Material, das mindestens zum Teil, sowie auf Scourfield's, das überhaupt nicht zu *M. hufelandii* gehört. Allerdings ist die Erwähnung des Schaudinnschen *M. hufelandii* hier bei *M. echinogenitus* so unsicher, daß ich die Fundangaben vollständig übergehe.

Das Material aus dem Himalaya (? non 1907 *M. e.*) und die „variety" (ibid., f. 7) gehören zu *M. harmsworthi*. Für die abgebildete „variety" ist das aus den drei Macroplacoiden zu ersehen. Für den typischen „*echinogenitus*" der genannten Stelle sind gleichfalls drei Macroplacoiden anzunehmen, denn bei der anschließenden Unterscheidung der „var. *areolatus*" wird als Unterschied „from the type" das Fehlen des Kommas hervorgehoben. Eier mit verzweigten Ausschüssen (ibid. „variety of egg") rechne ich nicht zu *M. echinogenitus*, ihre Identifizierung ist unmöglich. Ebenso ist das große Ei von den Südorkneyinseln (John Murray, non 1906) nicht einzuordnen (vgl. *M.* spec. 20). Das mit einem Kranz von Perlpunkten um die Basis der abgestutzten Ausschüsse versehene Ei und das Jungtier (non 1911 *M. crenulatus*?, John Murray) gehört zu *M. hufelandii*.

Ostgrönland, Scoresbysund; Bäreninsel; Spitzbergen; Franz Joseph-Land; ?? Island; nördl. Norwegen, Tromsö; Schweden; Shetland- und Orkneyinseln; Schottland; Irland; ? England; Niederlande; Ostpreußen; Wannsee bei Berlin; Rheinprovinz; Schwarzwald; Liestal bei Basel; Schweizer Jura; Voralpen bei Freiburg-Schweiz; Alpen bis über 4000 m (Wallis); Alpenseen; Niederösterreich, bei Lunz; Grotteneingang von St. Canzian bei Triest; Karst; Tschechoslowakei; Krakatau; Kanaren; Südafrika; Australien, Blaue Berge; Neuseeland, Südinsel; Canada, Ottawa; Britisch Columbia; Südamerika: Colombia; Brasilien; Chile; südl. Südamerika.

M. spec. 7 [Spec. inquir.] 1908 *M.* spec., F. Heinis in: Zool. Anz., *v.* 33 p. 716 | 1928 *M.* spec. 7, E. Marcus in: Tierw. Deutschl., pars 12 p. 153 | 1929 *M.* spec. 7, E. Marcus in: Bronn, Kl. Ordn., *v.* 5 Abt. 4 Buch 3 p. 449.

Diese kleine Art von 220 μ Länge, mit ovalem Schlundkopf, der 2 ungefähr gleich große Einlagerungen in jeder Reihe enthält, mit Krallen vom *hufelandii*-Typus gehört in die Nähe von *M. echinogenitus*. Da jedoch die zugehörigen Eier unbekannt sind, ist eine genaue Identifizierung unmöglich.

Kanaren, Tenerifa.

38. **M. coronifer** Richters 1903 *M. c.*, F. Richters in: Zool. Anz., *v.* 27 p. 171 | 1904 *M. c.*, F. Richters in: Fauna arct., *v.* 3 p. 504 t. 15 f. 8, 9, t. 16 f. 16, 26 | 1904 *M. c.*, F. Richters in: Ber. Senckenb. Ges., p. 67 t. 5 f. 6 | non 1906 *M. c.*, John Murray in: Ann. Scott. nat. Hist., nr. 57 p. 28 t. 3 f. 16, 17 | 1907 *M. c.*, John Murray in: Tr. R. Soc. Edinb., *v.* 45 p. 644, 645, 660 t. 3 f. 22a—c | non 1907 *M.* spec. ?, John Murray, ibid., p. 664 t. 2 f. 12a—b | 1908 *Makrobiotus coronifer*, F. Richters in: Mikrokosmos, *v.* 1 p. 55 t. 1 f. 9 | 1909 *Macrobiotus c.*, C. Carlzon in: Zool. Anz., *v.* 34 p. 140 | ? 1910 *M. c.*, F. Heinis in: Arch. Hydrobiol., *v.* 5 p. 122, 132—135 f. 6 | 1911 *M. c.*, John Murray in: J. Quekett Club, ser. 2 *v.* 11 p. 193 | 1911 *M. c.*, John Murray in: Ann. Scott. nat. Hist., nr. 78 p. 89, 93 | 1913 *Makrobiotus c.*, F. Richters in: Handw. Naturw., *v.* 9 p. 1018, 1019 | 1914 *Macrobiotus c.*, F. Heinis in: Mém. Soc. Neuchâtel, *v.* 5 p. 717 | 1925 *H[ypsibius] c.*, G. Rahm in: Arch. Naturg., *v.* 90 A 7 p. 192 | 1928 *Macrobiotus c.*, G. Rahm in: Tierw. Mitteleur., *v.* 3 p. II 6 f. 14 | 1928 *M. c.*, E. Marcus in: Tierw. Deutschl., pars 12 p. 153 f. 176 | 1928 *M. c.*, G. Thulin in: Hereditas, *v.* 11 p. 242, 245 | 1929 *M. c.*, G. Rahm in: Bull. Soc. Fribourg., *v.* 29 Proc.-verb. 19. V. 1927 p. 9 | 1929 *M. c.*, G. Rahm, ibid., 15. XII. 1927 p. 20 | 1929 *M. c.*, G. Rahm, ibid., 7. III. 1928 p. 3 | 1929 *M. c.*, E. Marcus in: Bronn, Kl. Ordn., *v.* 5 Abt. 4 Buch 3 p. 449 f. 284 | 1932 *M. c.*, Cuénot in: Faune France, pars 24 p. 66 f. 59, 60 | 1934 *M. c.*, E. Bartoš in: Časopis České Spol. ent., *v.* 31 p. 57 f. I, 5.

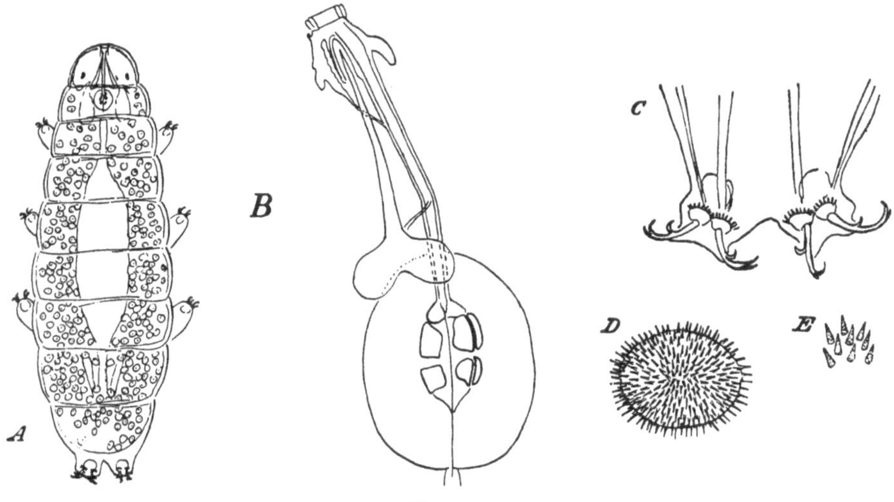

Fig. 202.
Macrobiotus coronifer Richters. *A* dorsal, *B* Buccalapparat, *C* Beine IV, *D* Ei, *E* Eiausschüsse.

Wird sehr groß; hyalin bis blaßgelb, mit goldgelben bis orangegelben Speicherzellen; große Augenpigmentflecke vorhanden. Mundöffnung von 8 Mundlamellen umgeben. Stilette säbelförmig. Mundröhre eng bis mäßig weit, mit hakenförmigen Muskelansatzvorsprüngen und einem kurzen Scheidenhalter; die Mundröhre verläuft vor Eintritt in den Schlundkopf gerade. Schlundkopf kurz-oval mit Apophysen und 2 kurzen, abgerundeten Macroplacoiden, von denen jedes etwa $1^1/_2$ mal so lang wie breit ist. Microplacoid fehlt. Krallen beim Jungtier 21 μ, beim Erwachsenen 27 μ lang, vom *hufelandii*-Typus, also Haupt- und Nebenast bis fast zur halben Länge des Hauptastes vereinigt; der Hauptast mit 2 Nebenspitzen und viel länger als der Nebenast. Große Lunulae an der Krallenbasis mit 10—14 (nach Cuénot 12—24) feinen Dornen. Die Lunulae haben am 4. Beinpaar mehr Dornen als an den vorderen Beinen. Länge über 1000 μ, bis 1072 μ.

Eier gelb und rundlich-oval, was bei frei abgelegten Macrobioteneiern sehr selten ist, und sehr groß. Mit 176 µ Länge sind es die größten bekannten Tardigradeneier. Die Ausschüsse bilden einen Pelz, nach Cuénot meridional angeordneter, weicher, spitz auslaufender Dornen, deren Oberfläche fein gekörnt ist. Bei schweizerischen Stücken wurden ausschließlich kugelige, im Durchmesser 78 µ messende Eier von der für *M. islandicus* angegebenen Form beobachtet (Heinis, 1910, p. 133). Nach Heinis Angabe findet sich die goldgelbe Farbe auch in den Cysten.

Die Heinisschen Stücke erscheinen in ihrer Artzugehörigkeit zweifelhaft. Seine Beschreibung (1910, p. 133) lehnt sich fast wörtlich an die von Richters gegebene an. Die Angabe über die Größe seiner Tiere und namentlich über die Eier, die er als 78 µ große, kugelige Eier mit denen von *M. islandicus* vergleicht, passen zu dieser Art. Auch bei *M. islandicus* sind gelbe Stücke häufig. Was C. Carlzon (1909) als *M. coronifer* bezeichnet, scheint diese Art zu sein. Dafür spricht seine Angabe über die Größe der Tiere wie auch der Umstand, daß ihm eigenes Material von *M. islandicus* gleichzeitig vorlag (1909, p. 141). Damit wird eine Verwechselung beider Arten bei ihm unwahrscheinlich, während Heinis den *M. islandicus* erst viel später kennen gelernt hat (Festschr. Zschokke, nr. 6 p. 6, 14, 1921) als den *M. coronifer* (1910). Allerdings erwähnt Carlzon (1909, p. 140), daß seine *coronifer*-Eier weniger oval sind als die von Richters abgebildeten, denen mein Vorarlberger Material genau entspricht. Nach alledem erscheint es denkbar, daß bei *M. coronifer*, der im allgemeinen ovale Eier legt, zuweilen runde vorkommen, wie ich das umgekehrt für *M. occidentalis* annehme.

Auffallenderweise vergleicht Richters die Ausschüsse des Eies von *Macrobiotus* spec. 23 (vgl. S. 218) mit denen von *M. islandicus*. Jenes Ei könnte nach seiner Größe und nach seinen unverzweigten Ausschüssen vielleicht eher zu *M. coronifer* gehören. Cuénot (1932, p. 68) weist darauf hin, daß 5 *Macrobiotus*-Arten mit stacheligen Eiern und durch Carotinoide gelben Speicherzellen bekannt sind. Die Lunulae, auf die schon Murray geachtet hat (Brit. antarct. Exp., *v.* 1 p. 170, 1910), ergeben bei diesen Arten keine durchgreifenden Unterschiede, sie sind glatt bei *M. islandicus* und *M. luteus*, in der Jugend glatt, im Alter gezähnt bei *M. occidentalis* und *M. furcatus* und grob gezähnt bei *M. coronifer*. Die Cuticula von *M. luteus* und *M. coronifer* ist glatt, bei den andern fein punktiert. Bei der hier vorliegenden Einteilung der glatten Macrobioten nach den Macroplacoiden wären *M. luteus* mit 3, *M. coronifer* mit 2 Macroplacoiden zu unterscheiden, während unter den Macrobioten mit skulpturierter Cuticula *M. furcatus* mit 3 Macroplacoiden den beiden andern gegenübersteht. Cuénot stellt nach den Placoiden zusammen den glatten *M. luteus* und den punktierten *M. furcatus* und nähert ebenso die beiden punktierten *M. islandicus* und *M. occidentalis* einander, während *M. coronifer* mit seiner kräftigen Lunula deutlich allein steht. Dabei läßt Cuénot die Eier völlig beiseite, die eine andere Gruppierung bedingen: *M. luteus* und *M. occidentalis* mit gebogenen, *M. furcatus* und *M. islandicus* mit geraden Eiausschüssen. Aus der Kombination der Merkmale in Skulptur, Placoiden und Eiern ergibt sich für alle genannten Arten eine sichere Determinationsmöglichkeit.

Doyères kräftig grünlich-gelbes Material (Ann. Sci. nat., ser. 2 *v.* 18 p. 34, 1842) von den Chausey-Inseln paßt zu keiner dieser Arten, denn von ihnen besitzt keine einen Schlundkopf, der mit *Hypsibius oberhaeuseri* übereinstimmt (vgl. S. 278) und ebensowenig eine grobe Granulation der Cuticula. Bei *M. islandicus*, dessen Schlundkopf noch am ehesten zu dem genannten *Hypsibius* paßt, ist die Skulpturierung sehr fein. Doyères Stücke, die Krallen vom *hufelandii*-Typus haben, sind nirgends einzuordnen.

Spitzbergen; nördliches Norwegen; Nordschweden; Shetlandinseln; Rheinprovinz, Eifel; Voralpen bei Freiburg-Schweiz; Schweizer Jura; Alpen, bis 3600 m; Vorarlberg, Vallüla; Tschechoslowakei; Frankreich; Südamerika: Colombia.

M. spec. 8 [Spec. dub. et inquir.] 1911 *Makrobiotus* spec., F. Richters in: Camp. arct. Orléans, 1907 p. 16 | 1928 *Macrobiotus* spec. 8, E. Marcus in: Tierw. Deutschl., pars 12 p. 154 | 1929 *M.* spec. 8, E. Marcus in: Bronn, Kl. Ordn., *v.* 5 Abt. 4 Buch 3 p. 451.

Mittelgroß; pigmentiert; mit enger Mundröhre (1,5 µ weit), 2 Schlundkopfstäben von je 3 µ Länge, anscheinend ohne Komma. Die Krallen ungefähr dem *hufelandii*-Typus entsprechend. Länge 400 µ.

Abbildung und ausführliche Beschreibung fehlen. Eier unbekannt. Die Art war in der Bestimmungstabelle nicht unterzubringen, man könnte sie von Nr. 17, 18, 20, 28 bis 29 mitführen, aber die weitere Kennzeichnung ist nicht möglich.

Spitzbergen.

M. spec. 9 [Spec. inquir.] 1906 *M.* spec., John Murray in: Tr. R. Soc. Edinb., *v.* 45 p. 329 t. 3 f. 10a, b | 1928 *M.* spec. 9, E. Marcus in: Tierw. Deutschl., pars 12 p. 154 f. 177 | 1929 *M.* spec. 9, E. Marcus in: Bronn, Kl. Ordn., *v.* 5 Abt. 4 Buch 3 p. 451 f. 285.

Ziemlich groß; hyalin und glatt. Stilette gekrümmt (Stiletträger nicht gesehen, deshalb in Fig. 203 punktiert gezeichnet). Schlundkopf ganz kurzoval, fast kugelig, mit 2 fast gleich langen Stäben, jeder etwa 3 mal so lang wie breit. Kein Komma. Krallen vom *hufelandii*-Typus, also Haupt-

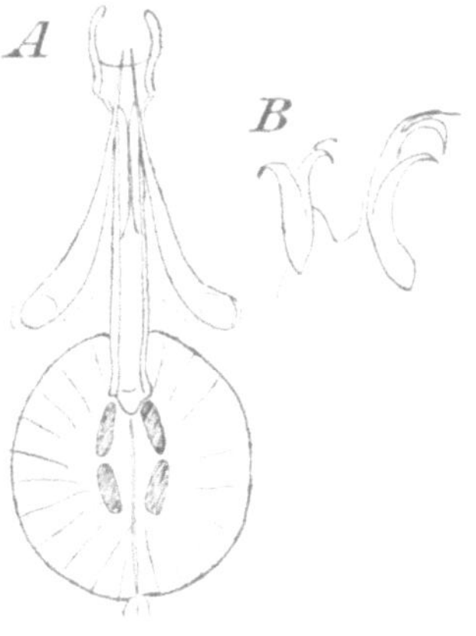

Fig. 203.
Macrobiotus spec. 9.
A Schlundkopf, *B* Krallen.

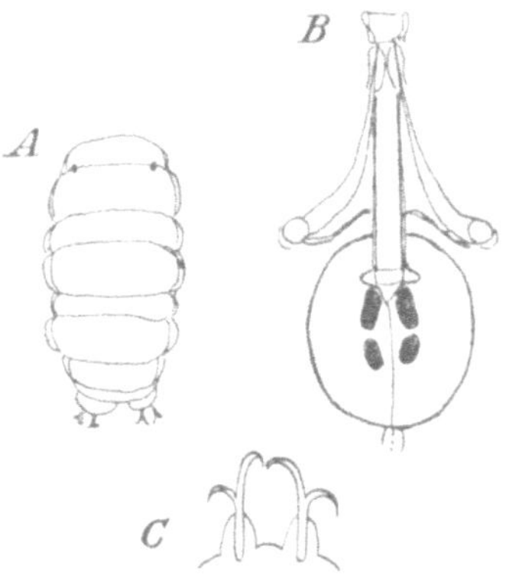

Fig. 204.
Macrobiotus spec. 10.
A dorsal, *B* Schlundkopf, *C* Krallen.

und Nebenast bis zur halben Länge des Hauptastes oder sogar noch weiter vereinigt. Hauptast mit sehr kräftigen Nebenspitzen; die äußere Kralle ist bedeutend länger und stärker als die am gleichen Bein befindliche innere, eine bei *Macrobiotus*-Krallen vom *hufelandii*-Typus seltene Ungleichheit. Länge bis 520 μ.

Die Art ist schwer zu beurteilen, denn einerseits nähert John Murray sie dem *M. furciger* (vgl. S. 162), andererseits erwähnt er nicht näher bestimmte, stachelige Eier, die vielleicht zu *M.* spec. 9 gehören könnten. Wenn bei *M. furciger* Verwachsungen der beiden 1. Macroplacoiden vorkommen (1908, F. Richters in: Ergeb. Schwed. Südp.-Exp., *v.* 6 nr. 2 p. 7), dann ergeben sich 1 längeres und 1 kürzeres Macroplacoid, sowie 1 Microplacoid. Außerdem unterscheiden sich bei *M. furciger* die beiden Krallen eines Beines nicht in ihrer Größe. Die erwähnten stacheligen Eier sind nicht abgebildet worden. Deshalb kann *M.* spec. 9, der wahrscheinlich selbständig ist, nicht benannt werden.

Südorkneyinseln.

M. spec. 10 [Spec. inquir.] 1910 *M.* spec., John Murray in: Brit. antarct. Exp., *v.* 1 p. 142 t. 18 f. 33a—c | 1928 *M.* spec. 10, E. Marcus in: Tierw. Deutschl., pars 12 p. 155 f. 178 | 1929 *M.* spec. 10, E. Marcus in: Bronn, Kl. Ordn., *v.* 5 Abt. 4 Buch 3 p. 452 f. 286.

Sehr klein; Augenpigment vorhanden; Stilette kräftig gekrümmt; Mundröhre sehr weit. Schlundkopf kurz-oval, mit deutlich hervortretenden Apophysen und 2 stabförmigen Macroplacoiden. Microplacoid fehlt. Der 1. Schlundkopfstab etwa 3 mal, der 2. etwa 2 mal so lang wie breit. Krallen zart, vom *hufelandii*-Typus, die beiden an Länge etwas verschiedenen Äste auf halber Länge des Hauptastes vereinigt. Länge 120 μ.

Eier unbekannt.

Die Beschreibung gründet sich auf ein Jungtier, das dem *M. hufelandii* nahe steht. Da aber der Wulst der Mundröhre und die Schlundkopfeinlagerungen nicht recht zu *M. hufelandii* passen, erscheint es unangebracht, den *M.* spec. 10 bei *M. hufelandii* einzuordnen.

Australien, Queensland.

M. spec. 11 [Spec. inquir.] 1906 *M.* spec., John Murray in: Tr. R. Soc. Edinb., *v.* 45 p. 329 t. 3 f. 9a, 9b | 1928 *M.* spec. 11, E. Marcus in: Tierw. Deutschl., pars 12 p. 155 f. 179 | 1929 *M.* spec. 11, E. Marcus in: Bronn, Kl. Ordn., *v.* 5 Abt. 4 Buch 3 p. 452 f. 287.

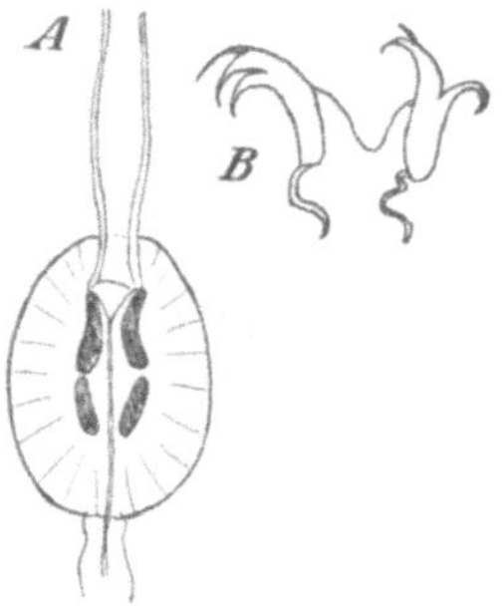

Fig. 205.
Macrobiotus spec. 11.
A Schlundkopf, *B* Krallen.

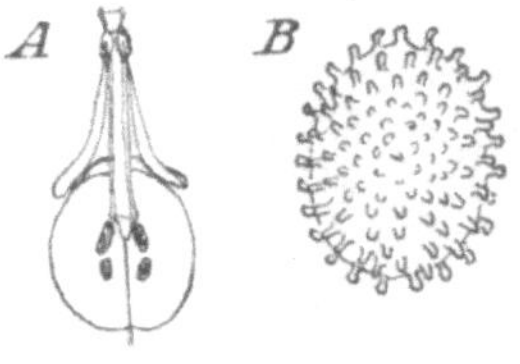

Fig. 206.
Macrobiotus spec. 12.
A Schlundkopf, *B* Ei.

Schlundkopf länglich-oval, mit 2 Stäben, ohne Komma; der 1. Stab ist länger als der 2., nach dem Schlundkopflumen zu konvex gekrümmt und gegen die Mundröhre hin, an die er fast anstößt, verschmälert. Krallen vom *hufelandii*-Typus mit weit vereinigtem Haupt- und Nebenast; Hauptast mit sehr kräftigen Nebenspitzen. Äußere, hintere Krallen eines Beines etwas länger und stärker als die inneren, vorderen (vgl. *M.* spec. 9, S. 211). Länge unbekannt.

Eier unbekannt.

Durch Schlundkopf- und Krallenmerkmale erscheint die Selbständigkeit der Art gesichert, wenn man von der Bemerkung in der Erörterung des *M. anderssoni* absieht (vgl. S. 213). Für eine Benennung ist von *M.* spec. 11 nicht genug bekannt.

Südorkneyinseln.

M. spec. 12 [Spec. inquir.] 1910 *M.* spec., John Murray in: Brit. antarct. Exp., *v.* 1 p. 156 t. 19 f. 41a, 41b | 1928 *M.* spec. 12, E. Marcus in: Tierw. Deutschl., pars 12 p. 155 f. 180 | 1929 *M.* spec. 12, E. Marcus in: Bronn, Kl. Ordn., *v.* 5 Abt. 4 Buch 3 p. 453 f. 288.

Stilette schlank, etwa in der Mitte auswärts gebogen; Mundröhre von mittlerer Weite; Schlundkopf kurz-oval, mit 2 Stäben, deren 1. doppelt so lang wie der 2. ist; Komma fehlt. Krallen konnten nicht untersucht werden. Länge nicht bekannt.

Eier frei abgelegt, oval, 90 μ lang, 65 μ breit, einschließlich der Ausschüsse; diese sind von der Form umgekehrter Eierbecher, wie bei *M. hufelandii*, ihre distale Endscheibe ist manchmal kronenartig verzweigt.

Die Beschreibung bezieht sich auf ein Jungtier, das aus dem Ei gedrückt wurde. Da von *M. hufelandii* ovale Eier bekannt sind, könnte man an eine Vereinigung des *M.* spec. 12 mit dieser Art denken. Auch die zackige Endscheibe der Eiausschüsse würde eine solche Vereinigung nicht hindern, da sie bei *M. hufelandii* gleichfalls vorkommt (F. Richters in: Zool. Jahrb., Syst. *v.* 26 p. 208, 1908). Vielleicht gehört das hier unter *M.* spec. 30 (vgl. S. 220) aufgeführte Ei zu *M.* spec. 12. Aber die abgebildeten Eiausschüsse von *M.* spec. 12 passen in ihrer länglichen dünnen Form doch wenig zu *M. hufelandii*, und auch die Schlundkopfeinlagerungen sind abweichend.

Sandwich-Inseln. Oahu.

39. **M. anderssoni** Richters 1907 *M. a.*, F. Richters in: Zool. Anz., *v.* 31 p. 916 | 1908 *M. a.*, F. Richters in: Ergeb. Schwed. Südp.-Exp., *v.* 6 nr. 2 p. 7 t. 1 f. 7 | 1911 *M. a.*, John Murray in: J. Quekett Club, ser. 2 *v.* 11 p. 193 | 1928 *M. a.*, G. Rahm in: Tierw. Mitteleur., *v.* 3 p. II 15 | 1928 *M. a.*, E. Marcus in: Tierw. Deutschl., pars 12 p. 156 f. 181 | 1928 *M. A.*, G. Thulin in: Hereditas, *v.* 11 p. 245 | 1929 *M. a.*, E. Marcus in: Bronn, Kl. Ordn., *v.* 5 Abt. 4 Buch 3 p. 453 f. 289.

Hyalin; Augenpigment fehlt. Stilette mäßig gekrümmt; Mundröhre 54 μ lang, 7 μ weit, also relativ weit. Schlundkopf oval, mit 2 Stäben und einem Komma; der 1. Stab 15 μ lang, gekrümmt und rostralwärts zugespitzt, der 2. 11 μ lang, das Komma 4 μ lang, also sehr große Einlagerungen. Krallen 13 μ lang, vom *hufelandii*-Typus, also mit weit vereinigtem Haupt- und Nebenast; der Hauptast mit ziemlich kräftigen Nebenspitzen.

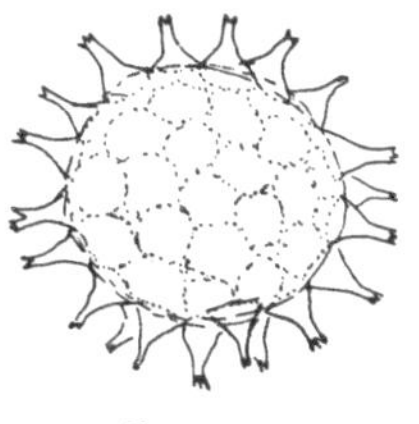

Fig. 207.
Macrobiotus anderssoni Richters. Ei.

Länge nicht angegeben, aber aus den übrigen angeführten Maßen als groß zu erkennen.

Eier kugelig, 81 μ im Durchmesser; die Ausschüsse 18 μ lang, zu etwa 15 in einer Ebene des Umkreises angeordnet. Die Basis eines jeden Ausschusses von einem Perlenkranz umgeben, wie bei *M. hufelandii*; distal sind die Ausschüsse wie bei *M. furciger* dichotomisch in 2 und 4 oder auch in 3 und mehr Spitzen aufgelöst.

Die Selbständigkeit des *M. anderssoni* gegenüber dem *M. furciger* erscheint fraglich. Auch bei *M. furciger* kommt Verschmelzung der beiden vorderen Macroplacoiden vor, und das Vorhandensein oder Fehlen von Augenpigment liefert kein artcharakteristisches Merkmal. Da der Schlundkopf von *M. anderssoni* nicht abgebildet ist, bleibt es unklar, in welcher Richtung das 1. Macroplacoid gekrümmt ist. Wenn es freilich nach dem Schlundkopflumen zu konvex gebogen wäre, wie bei *M.* spec. 11 (vgl. S. 212), so hätte Richters eine so auffallende Bildung wohl erwähnt.

Feuerland.

40. **M. annae** Richters 1908 *Makrobiotus a.*, F. Richters in: Ber. Senckenb. Ges., p. 25 t. 2 f. 10—11 | 1911 *Macrobiotus a.*, John Murray in: J. Quekett Club, ser. 2 *v.* 11 p. 193 | 1928 *M. a.*, G. Rahm in: Tierw. Mitteleur., *v.* 3 p. II 15 | 1928 *M. a.*, F. Heinis in: Treubia, *v.* 10 p. 239 | 1928 *M. a.*, E. Marcus in: Tierw. Deutschl., pars 12 p. 157 f. 183 | 1928 *M. A.*, G. Thulin in: Hereditas, *v.* 11 p. 244 | 1929 *M. a.*, E. Marcus in: Bronn, Kl. Ordn., *v.* 5 Abt. 4 Buch 3 p. 455 f. 291.

Höchstens mittelgroß; hyalin, glatt; Augenpigment vorhanden. Stilette wenig gekrümmt. Mundröhre ziemlich eng, 3 μ weit. Schlundkopf kurzoval, mit Apophysen und 2 Stäben, deren vorderer 4—5 μ mißt und etwas länger als der folgende ist. Komma fehlt. Krallen vom *hufelandii*-Typus, die Äste also auf weiter Strecke vereinigt. Länge bis zu 368 μ.

Eier kugelig, 108 μ im Durchmesser; die Ausschüsse sind feine, dichtstehende Dornen, die scharf abgesetzt auf konischen, geriefelten Sockeln stehen.

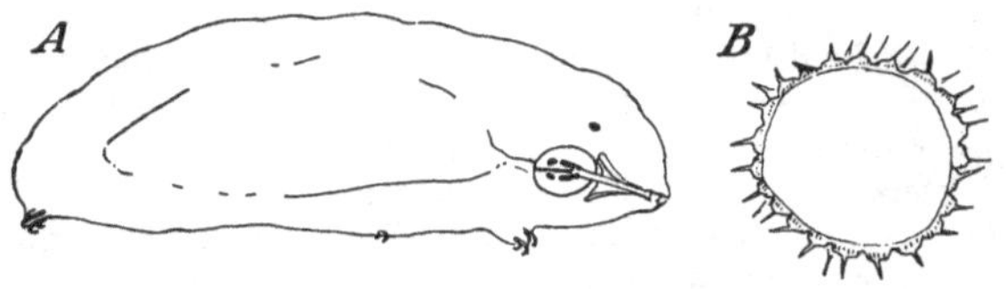

Fig. 208.
Macrobiotus annae Richters. *A* Habitus, *B* Ei.

In der Originalbeschreibung wird von 3 Einlagerungen im Schlundkopf gesprochen. Von diesen ist das „kleine Körnchen" auch nach der Abbildung zweifellos als Apophyse anzusehen. Deshalb ist die Art hier unter die glatten Macrobioten mit 2 Macroplacoiden eingeordnet worden. Trotzdem Diagnose und Abbildungen unzureichend sind, erscheint die Selbständigkeit des *M. annae* gesichert, denn das Ei ist mit keiner andern Art zu verwechseln.

Sumatra.

Macrobiotus spec. incertae sedis

41. **M. eminens** Ehrbg. [Spec. dub. et. inquir.] 1859 *M. e.*, Ehrenberg in: Abh. Ak. Berlin, 1858 p. 452, 455 t. 2 f. 1 A—E | 1911 *M. e.*, John Murray in: J. Quekett Club, ser. 2 *v.* 11 p. 193 | 1928 *M. e.*, G. Rahm in: Tierw. Mitteleur., *v.* 3 p. II 18 | 1928 *M. e.*, E. Marcus in: Tierw. Deutschl., pars 12 p. 158 f. 184 | 1929 *M. e.*, E. Marcus in: Bronn, Kl. Ordn., *v.* 5 Abt. 4 Buch 3 p. 455 f. 292.

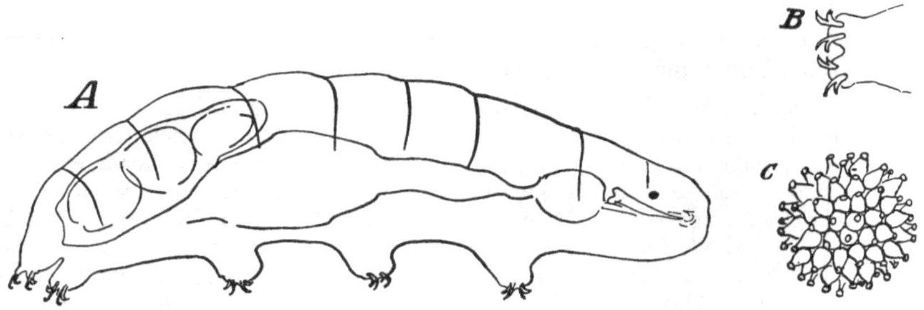

Fig. 209.
Macrobiotus eminens Ehrbg. *A* lateral, *B* Beine IV, *C* Ei.

Wird groß; Schlundkopf oval. Über Placoiden nichts bekannt. Krallen wahrscheinlich vom *hufelandii*-Typus, also Haupt- und Nebenast eine Strecke weit verwachsen; Ehrenbergs Figuren *C* und *D* (Ehrenberg 1859) zeigen das freilich deutlicher als Figur *B*. Länge 363—726 μ ($^1/_6$—$^1/_3$ lin.).

Eier kugelig, frei abgelegt; die Ausschüsse ähneln kurzhalsigen Kochflaschen.

Der Bau der Krallen stellt die Einordnung der Art bei der Gattung *Macrobiotus* ziemlich, freilich nicht vollständig sicher. Die Eier erinnern an die von *M. richtersii* (vgl. S. 157) und auch an die der aberranten Form von *M. hufelandioides*. G. Thulin (Hereditas, *v.* 11 p. 245, 1928) und Cuénot (Faune France, pars 24 p. 56, 1932) setzen *M. eminens* dem *M. hufelandii* synonym. Dafür spricht m. E. weder das Ei des *M. eminens*, noch die Tatsache, daß Ehrenberg den *M. hufelandii* kannte.

Ein Simplexstadium, wie ich früher angenommen habe (Marcus, 1928, 1929), kann der *M. eminens* nicht sein, denn die Stilette sind deutlich abgebildet.

Himalaya, 6600 m.

M. spec. 13 [Spec. inquir.] 1910 *M.* spec., John Murray in: Brit. antarct. Exp., *v.* 1 p. 173 | 1928 *M.* spec. 13, E. Marcus in: Tierw. Deutschl., pars 12 p. 158 | 1929 *M.* spec. 13, E. Marcus in: Bronn, Kl. Ordn., *v.* 5 Abt. 4 Buch 3 p. 456.

Krallen vom *echinogenitus*-Typus, also Haupt- und Nebenast nur basal vereinigt, von der Basis aus V-förmig divergierend. Beide Äste einer Kralle und beide Krallen eines Beines gleich groß. Länge, nach einer abgeworfenen Cuticula zu urteilen, etwa 200 μ.

4 glatte, in die Cuticula abgelegte ovale Eier, ungefähr 60 μ lang, 45 μ breit. Die Einordnung der Art bei der Gattung *Macrobiotus* wurde hier auf Grund der Beschreibung der Krallen vorgenommen; eine genauere Identifizierung der Species ist jedoch ohne Kenntnis der Schlundkopfeinlagerungen nicht möglich.

Canada.

Spec. incertae sedis ad ? Macrobiotus

Von den folgenden Species sind nur die Eier bekannt. Da bei *Macrobiotus* wie *Hypsibius* einzeln abgelegte Eier mit Ausschüssen vorkommen, ist die generische Einordnung dieser Species unsicher. Da aber solche Eier bei *Macrobiotus* die Regel, bei *Hypsibius* die Ausnahme sind, wurden alle Eier mit der obenstehenden Bezeichnungsweise aufgeführt[1]), aber es ist nicht möglich, sie in den Bestimmungstabellen für die *Macrobiotus*-Arten unterzubringen.

? M. spec. 14 1910 *M.* spec., John Murray in: Brit. antarct. Exp., *v.* 1 p. 175 t. 21 f. 57 | 1928 *? M.* spec. 14, E. Marcus in: Tierw. Deutschl., pars 12 p. 159 f. 185 | 1929 *? M.* spec. 14, E. Marcus in: Bronn, Kl. Ordn., *v.* 5 Abt. 4 Buch 3 p. 457 f. 293.

Fig. 210.
? Macrobiotus spec. 14. Ei.

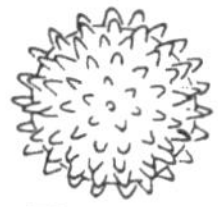

Fig. 211.
? Macrobiotus spec. 15. Ei.

Ein großes Ei von 105 μ Durchmesser einschließlich der Ausschüsse. Diese sind als niedrige, distal gerundete, ganz dicht nebeneinander stehende Kegel ausgebildet, die auf ihrer gesamten Oberfläche Papillen tragen.

Das Ei erinnert an das hier unter *? M.* spec. 28 aufgeführte. Freilich sind die Ausschüsse bei *? M.* spec. 14 stumpf, bei *? M.* spec. 28 spitz. Vielleicht gehören beide Eier, wie auch das von *? M.* spec. 24, zu *M. harmsworthi*.

Canada.

? M. spec. 15 1910 *M.* spec., John Murray in: Brit. antarct. Exp., *v.* 1 p. 175 t. 21 f. 56 | ? 1928 *M.* spec., F. Heinis in: Treubia, *v.* 10 p. 237 | 1928 *? M.* spec. 15, E. Marcus in: Tierw. Deutschl., pars 12 p. 159 f. 186 | 1929 *? M.* spec. 15, E. Marcus in: Bronn, Kl. Ordn., *v.* 5 Abt. 4 Buch 3 p. 457 f. 294.

---

[1]) In überflutetem Ufermoos gefundene, einzeln abgelegte Eier mit Ausschüssen dürfen nicht ohne weiteres als Tardigradeneier angesehen werden, da Gastrotricheneier denen mancher Tardigraden (z. B. *Macrobiotus* spec. 12, 30) ähnlich sind. In zweifelhaften Fällen versuche man, unter dem Deckglas den Embryo aus dem Ei zu drücken.

Ein großes Ei, im Durchmesser 100 μ einschließlich, 80 μ ohne Ausschüsse. Diese gleichen schmalen, konischen, distal gerundeten Pflöcken, deren Abstände voneinander ungefähr so groß sind wie der Durchmesser der Pflöcke an ihrer Basis. Am nächsten kommt das Ei dem unter *? M.* spec. 20 genannten. Freilich ist das Ei von *? M.* spec. 15 kleiner. Das von Heinis (1928) mit *? M.* spec. 15 verglichene Ei ist sogar noch kleiner, es mißt 80 μ, offenbar einschließlich der Ausschüsse. Eine entfernte Ähnlichkeit zu *? M.* spec. 15 haben auch die als fraglich zu *M. islandicus* gestellten Eier (vgl. S. 151, Fig. 163 *D*, *E*).

Canada; ? Krakatau.

? M. spec. 16 1910 *M.* spec., John Murray in: Brit. antarct. Exp., *v.* 1 p. 175 t. 21 f. 59 | 1928 *? M.* spec. 16, E. Marcus in: Tierw. Deutschl., pars 12 p. 159 f. 187 | 1929 *? M.* spec. 16, E. Marcus in: Bronn, Kl. Ordn., *v.* 5 Abt. 4 Buch 3 p. 457 f. 295.

Fig. 212.
? Macrobiotus spec. 16. Ei.

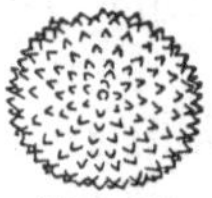

Fig. 213.
? Macrobiotus spec. 17. Ei.

Ein ziemlich kleines Ei, 80 μ im Durchmesser einschließlich, 68 μ ohne die Ausschüsse. Diese sind spitze, kleine Kegel, deren Abstand voneinander kleiner ist als der Durchmesser der Ausschüsse an ihrer Basis. Die Eioberfläche zwischen den Ausschüssen trägt regelmäßige, helleuchtende Punkte.

Ohne das zugehörige Tier ist das Ei nicht zu identifizieren. *M. dispar* besitzt ein solches, allerdings wesentlich größeres Ei, *M. pullari* ein gleiches, auch etwas größeres Ei. Das Ei von *M. ascensionis* ist erheblich kleiner, und seine Ausschüsse sind größer und stehen dichter beieinander.

Canada.

? M. spec. 17 1905 *M.* spec., John Murray in: Tr. R. Soc. Edinb., *v.* 41 p. 694 t. 4 f. 19 | 1928 *? M.* spec. 17, E. Marcus in: Tierw. Deutschl., pars 12 p. 160 f. 188 | 1929 *? M.* spec. 17, E. Marcus in: Bronn, Kl. Ordn., *v.* 5 Abt. 4 Buch 3 p. 458 f. 296.

Ein kugeliges Ei mit konischen, spitzen, untereinander mit Abständen angeordneten Ausschüssen, das zu *M. pullari* oder *M. dispar* gehören könnte.

Schottland.

? M. spec. 18 1905 *M.* spec., John Murray in: Tr. R. Soc. Edinb., *v.* 41 p. 694 t. 4 f. 20 | 1928 *? M.* spec. 18, E. Marcus in: Tierw. Deutschl., pars 12 p. 160 f. 189 | 1929 *? M.* spec. 18, E. Marcus in: Bronn, Kl. Ordn., *v.* 5 Abt. 4 Buch 3 p. 458 f. 297.

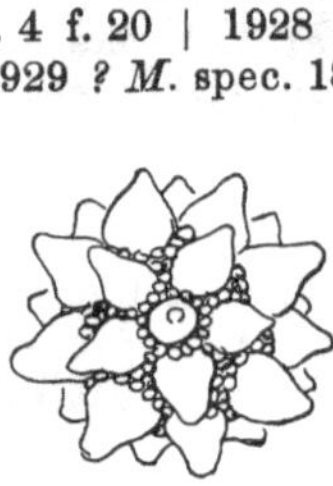

Fig. 214.
? Macrobiotus spec. 18. Ei.

Ein Ei mit stumpf kegelförmigen Ausschüssen. Die deutliche Areolation des Eies spricht für einen Vergleich mit dem Ei von *M. richtersii* (vgl. S. 157), während das Ei von *Hypsibius areolatus* (vgl. S. 287) wohl meist spitzere Ausschüsse hat.

John Murray vergleicht das Ei von *? M.* spec. 18 mit einem bei Dover gefundenen *echinogenitus*- [oder *harmsworthi*-] Ei mit stumpf kegelförmigen Ausschüssen (1904, F. Richters in: Fauna arct., *v.* 3 p. 504 Anm.; Ber. Senckenb. Ges., p. 69, 1904). Dieses Ei ist nie abgebildet worden, sondern nur ein Ei aus dem Taunus ohne Areolation, mit distal breit gerundeten Ausschüssen (vgl. S. 207 Fig. 201 *G*), zu dem *? M.* spec. 18 nicht paßt.

Schottland.

?M. spec. 19 1905 *M.* spec., John Murray in: Tr. R. Soc. Edinb., *v.* 41 p. 694 t. 4 f. 22 | 1928 *? M.* spec. 19, E. Marcus in: Tierw. Deutschl., pars 12 p. 160 f. 190 | 1929 *?M.* spec. 19, E. Marcus in: Bronn, Kl. Ordn., *v.* 5 Abt. 4 Buch 3 p. 458 f. 298

Ein eigentümliches Ei mit basal dicht beieinander stehenden, kegelförmigen Ausschüssen.

Schottland.

?M. spec. 20 1906 *M. echinogenitus*, John Murray in: Tr. R. Soc. Edinb., *v.* 45 p. 328 t. 4 f. 14a, 14b | 1928 *? M.* spec. 20, E. Marcus in: Tierw. Deutschl., pars 12 p. 160 f. 191 | 1929 *? M.* spec. 20, E. Marcus in: Bronn, Kl. Ordn., *v.* 5 Abt. 4 Buch 3 p. 459 f. 299.

Fig. 215.
? Macrobiotus spec. 19. Ei.

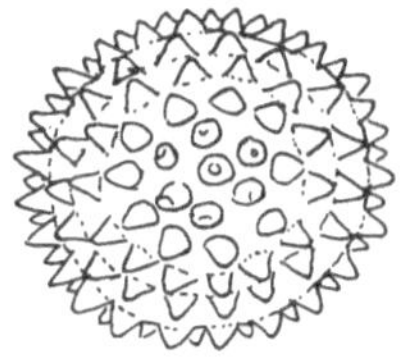

Fig. 216.
? Macrobiotus spec. 20. Ei.

Ein großes Ei, im Durchmesser 120 μ einschließlich, 102 μ ohne die Ausschüsse. Diese sind kegelförmig, distal gerundet und stehen in weiten Abständen voneinander.

Wie John Murray bereits annahm, gehört dieses Ei nicht zu *M. echinogenitus* (1910, F. Richters in: Zool. Anz., *v.* 36 p. 8). Auch das von John Murray zum Vergleich herangezogene Ei von *M. harmsworthi* (1888, Plate in: Zool. Jahrb., Anat. *v.* 3 t. 22 f. 28) finde ich nicht sehr ähnlich. Dagegen erinnert das Ei an das von *? M.* spec. 15 und namentlich auch an das Ei von *M. pullari* (vgl. S. 192).

Südorkneyinseln.

?M. spec. 21 1906 *M.* spec., John Murray in: Tr. R. Soc. Edinb., *v.* 45 p. 328 t. 4 f. 15a—c | 1928 *? M.* spec. 21, E. Marcus in: Tierw. Deutschl., pars 12 p. 160 f. 192 | 1929 *? M.* spec. 21, E. Marcus in: Bronn, Kl. Ordn., *v.* 5 Abt. 4 Buch 3 p. 459 f. 300.

Fig. 217.
? Macrobiotus spec. 21. *A* Ei, *B* Eiausschuß.

Die Eier messen im Durchmesser 95 μ einschließlich, 80 μ ohne die Ausschüsse. Diese sind basal halbkugelig und endigen mit zwei von gemeinsamer Ursprungsstelle aus divergierenden, ovalen, blätterartigen Fortsätzen. Ob diese Eier noch innerhalb der Variationsbreite des Eies von *M. granulatus* (vgl. S. 147) oder *M. furciger* (vgl. S. 162) liegen, ist nicht zu entscheiden.

Südorkneyinseln.

? M. spec. 22 1906 *M.* spec., John Murray in: Tr. R. Soc. Edinb., *v.* 45 p. 329 t. 4 f. 16 | 1928 *? M.* spec. 22, E. Marcus in: Tierw. Deutschl., pars 12 p. 160 f. 193 | 1929 *? M.* spec. 22, E. Marcus in: Bronn, Kl. Ordn., *v.* 5 Abt. 4 Buch 3 p. 459 f. 301.

Dieses Ei stellt höchstwahrscheinlich nur eine Form des vorigen dar; es unterscheidet sich von ihm nur dadurch, daß die blätterartigen Fortsätze der Ausschüsse

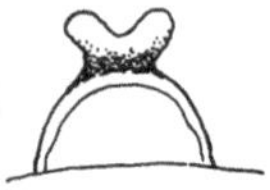

Fig. 218.
? Macrobiotus spec. 22. Eiausschuß.

an ihrer gemeinsamen Ursprungsstelle miteinander verschmolzen sind. Außerdem sind die Ausschüsse an ihrem freien Ende breit gerundet statt spitz, und die halbkugelige Basis der Ausschüsse ist im Verhältnis viel größer.

Südorkneyinseln.

? M. spec. 23 1908 *M.* spec., F. Richters in: Zool. Jahrb., Syst. *v.* 26 p. 208 t. 17 f. 11 | 1928 *? M.* spec. 23, E. Marcus in: Tierw. Deutschl., pars 12 p. 161 f. 194 | 1929 *? M.* spec. 23, E. Marcus in: Bronn, Kl. Ordn., *v.* 5 Abt. 4 Buch 3 p. 460 f. 302.

Ein sehr großes, kugeliges Ei von 129 μ Durchmesser. Die Ausschüsse sind ziemlich spitze, 12 μ lange Dornen. Sie sind an ihrer Oberfläche fein granuliert und stehen ziemlich locker auf der Eischale verteilt.

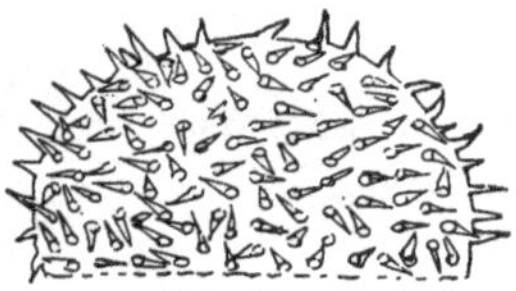

Fig. 219.
? Macrobiotus spec. 23. Eifragment.

Fig. 220.
? Macrobiotus spec. 24. Ei.

Wie in der Erörterung des *M. coronifer* erwähnt wurde (vgl. S. 210), passen die Eier von *? M.* spec. 23 besser zu *M. coronifer* als zu *M. islandicus* (vgl. S. 151), den Richters zum Vergleich heranzieht. Am besten passen wohl, wie Rahm bemerkt hat (Zool. Anz., *v.* 98 p. 116, 1932), die Eier des *? M.* spec. 23 zu denen von *M. porteri* (vgl. S. 176).

Bare-Insel, Lat. 39° 56′ S., östlich von Nordneuseeland.

? M. spec. 24 1908 *M.* spec., F. Richters in: Zool. Jahrb., Syst. *v.* 26 p. 208 t. 17 f. 9 | 1928 *? M.* spec. 24, E. Marcus in: Tierw. Deutschl., pars 12 p. 161 f. 195 | 1929 *? M.* spec. 24, E. Marcus in: Bronn, Kl. Ordn., *v.* 5 Abt. 4 Buch 3 p. 460 f. 303.

2 Eier, jedes von 75 μ Durchmesser. Ausschüsse kegelförmig, spitz endigend, mit netzförmiger Zeichnung auf ihrer Oberfläche.

Dieses Ei könnte wie das von *? M.* spec. 14 (vgl. S. 215) und das von *? M.* spec. 28 (vgl. S. 219) zu *M. harmsworthi* (vgl. S. 169) gehören.

Bare-Insel, Lat. 39° 56′ S., östlich von Nordneuseeland.

? M. spec. 25 1908 *M.* spec., F. Richters in: Ergeb. Schwed. Südp.-Exp., *v.* 6 nr. 2 p. 10 t. 1 f. 10 | 1928 *? M.* spec. 25, E. Marcus in: Tierw. Deutschl., pars 12 p. 161 f. 196 | 1929 *? M.* spec. 25, E. Marcus in: Bronn, Kl. Ordn., *v.* 5 Abt. 4 Buch 3 p. 460 f. 304.

Ein Ei von etwa 110 μ Durchmesser, mit 3—4 μ hohen, halbkugeligen Ausschüssen, die distal eine abgeflachte, leicht vertiefte Scheibe tragen. Die Ausschüsse, von denen etwa 20 in einer optischen Ebene stehen, berühren einander basal nicht, die Eioberfläche ist glatt. Dieses sehr eigenartige Ei gehört höchstwahrscheinlich einer noch unbekannten Species an. Da das Ei nicht areoliert ist, paßt es auch nicht zu *M. richtersii* (vgl. S. 157), dessen Eier ähnliche Ausschüsse haben. Ein anderes, in der gleichen Arbeit abgebildetes Ei (Richters, t. 1 f. 11, 1908) halte ich mit Richters (1908, p. 13) nicht für ein Tardigradenei.

Westantarktis, Grahamsland, Boeckellasee.

? **M. spec. 26** 1907 *M.* spec., F. Richters in: D. Südp.-Exp., *v.* 9 p. 296 t. 20 f. 5 | 1928 *? M.* spec. 26, E. Marcus in: Tierw. Deutschl., pars 12 p. 162 f. 197 | 1929 *? M.* spec. 26, E. Marcus in: Bronn, Kl. Ordn., *v.* 5 Abt. 4 Buch 3 p. 460 f. 305.

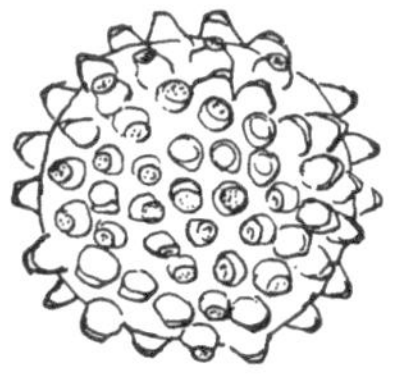

Fig. 221.
? **Macrobiotus spec. 25.** Ei.

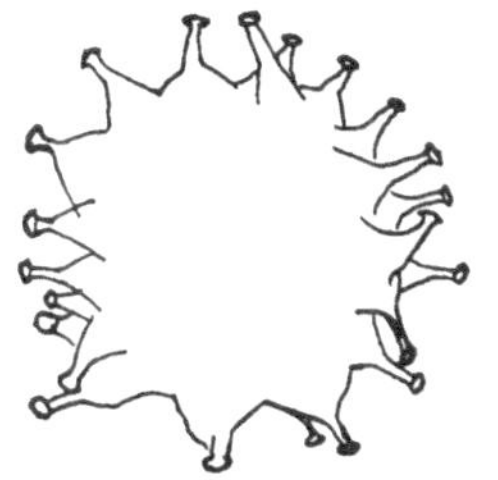

Fig. 222.
? **Macrobiotus spec. 26.** Ei.

Eier mit 30 μ langen Ausschüssen von *hufelandii*-artigem Typus. Die distal konvexe Platte der Ausschüsse anscheinend mit basalwärts gerichteten Randdornen versehen.

Wie bei der Erörterung des *M. hufelandii* (vgl. S. 197) und des *M. vanhoeffeni* (vgl. S. 165) bemerkt wurde, gehört das Ei vielleicht zu *M. vanhoeffeni*.

Kerguelen.

? **M. spec. 27** 1907 *M.* spec., F. Richters in: D. Südp.-Exp., *v.* 9 p. 296 t. 20 f. 6 | 1928 *? M.* spec. 27, E. Marcus in: Tierw. Deutschl., pars 12 p. 162 f. 197 | 1929 *? M.* spec. 27, E. Marcus in: Bronn, Kl. Ordn., *v.* 5 Abt. 4 Buch 3 p. 461 f. 306.

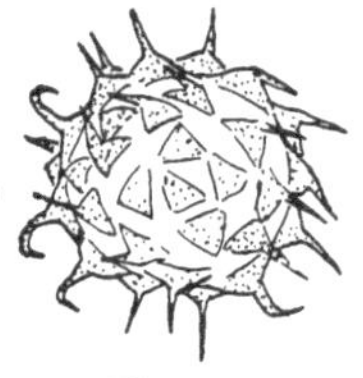

Fig. 223.
? **Macrobiotus spec. 27.** Ei.

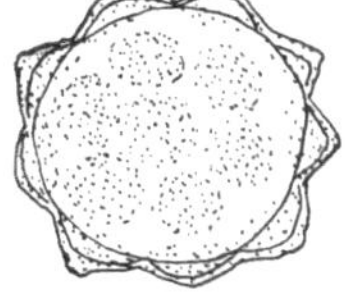

Fig. 224.
? **Macrobiotus spec. 28.** Ei.

Ein „sternförmiges“ Ei mit granulierten Ausschüssen, das dem Ei von *? M.* spec. 14 (vgl. S. 215) ähnelt. Vielleicht gehört es zu *M. harmsworthi*. Aber unfertige Eier von *M. richtersii* passen zu *? M.* spec. 27 besser als alle anderen (vgl. Fig. 166 *F* S. 158).

Kerguelen.

? **M. spec. 28** 1907 *M.* spec., F. Richters in: D. Südp.-Exp., *v.* 9 p. 296 t. 20 f. 7 | 1928 *? M.* spec. 28, E. Marcus in: Tierw. Deutschl., pars 12 p. 162 f. 199 | 1929 *? M.* spec. 28, E. Marcus in: Bronn, Kl. Ordn., *v.* 5 Abt. 4 Buch 3 p. 461 f. 307.

Ein Ei mit granulierten, spitzen Ausschüssen, das mit ? *M.* spec. 14 (vgl. S. 215) und ? *M.* spec. 24 recht wohl zu *M. harmsworthi* gehören könnte.

Kerguelen.

? M. spec. 29 1914 *M.* spec., F. Heinis in: Mém. Soc. Neuchâtel, *v.* 5 p. 718 f. 42 | 1928 ? *M.* spec. 29, E. Marcus in: Tierw. Deutschl., pars 12 p. 162 f. 200 | 1929 ? *M.* spec. 29, E. Marcus in: Bronn, Kl. Ordn., *v.* 5 Abt. 4 Buch 3 p. 461 f. 308.

Ein kleines Ei von 58 μ Durchmesser. Die Ausschüsse sind als kegelförmige spitze Dornen ausgebildet und stehen in weiten Abständen.

Die Eier von *M. dispar* und *M. pullari* sind ähnlich; auch an *M. ascensionis* wäre zu denken.

Südamerika: Colombia.

Fig. 225.
? Macrobiotus spec. 29. Ei.

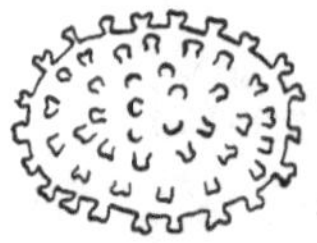

Fig. 226.
? Macrobiotus spec. 30. Ei.

? M. spec. 30 1911 *M.* spec., F. Heinis in: Rev. Suisse Zool., *v.* 19 p. 264 f. 3 | 1928 ? *M.* spec. 30, E. Marcus in: Tierw. Deutschl., pars 12 p. 162 f. 201 | 1929 ? *M.* spec. 30, E. Marcus in: Bronn, Kl. Ordn., *v.* 5 Abt. 4 Buch 3 p. 462 f. 309.

Ein elliptisches Ei von 106 μ Länge und 80 μ Breite. Die Ausschüsse erinnern an die von *M. hufelandii.*

Bei Erörterung des *M.* spec. 12 (vgl. S. 213) wurde bereits auf die Ähnlichkeit der Eier beider Arten hingewiesen: freilich ist das Ei von *M.* spec. 12 kleiner, und die Ausschüsse sind dünner.

Südmexiko.

2. Gen. **Hypsibius** (Ehrbg.) Thulin char. emend.

1840 *Macrobiotus* [part.], Doyère in: Ann. Sci. nat., ser. 2 *v.* 14 p. 284[1]) | 1848 *Hypsibius*, Ehrenberg in: Monber. Ak. Berlin, p. 381 | 1911 *H.*, G. Thulin in: Ark. Zool., *v.* 7 nr. 16 p. 24 | 1913 *H.*, John Murray in: J. R. micr. Soc., p. 136–137 | 1915 *H.*, P. Della Valle in: Annuario Mus. Napoli, n. ser. suppl. fasc. 1 nr. 7 p. 10 | 1925 *Hybsibius* + *Hypsibius*, G. Rahm in: Arch. Naturg., *v.* 90 A 7 p. 190, 212 | 1925 *Hypsibius*, G. Rahm in: Brohmer, Fauna Deutschl., ed. 3 p. 432–433 | 1926 *H.*, F. Richters in: Kükenthal & Krumbach, Handb. Zool., *v.* 3 p. 59, Anm. | 1927 *H.*, Loman in: Ann. Sci. nat., ser. 10 *v.* 10 p. 156 | 1928 *H.*, G. Rahm in: Tierw. Nord- und Ostsee, Lief. 11 Teil. 11b p. 22 | 1928 *H.*, E. Marcus in: Tierw. Deutschl., pars 12 p. 162 | 1928 *H.*-Gruppe *(Calohypsibius, Microhypsibius, Isohypsibius, Hypsibius, Diphascon)*, G. Thulin in: Hereditas, *v.* 11 p. 238–241 | 1929 *H.*, E. Marcus in: Bronn, Kl. Ordn., *v.* 5 Abt. 4 Buch 3 p. 462 | 1932 *H.*, G. Rahm in: Brohmer, Fauna Deutschl., ed. 4 p. 456, 458 | 1932 *H.*, Cuénot in: Faune France, pars 24 p. 71 | 1934 *H.*, E. Marcus in: Handw. Naturw., ed. 2 *v.* 9 p. 863.

Macrobiotiden mit 2 doppelhakigen, meist verschieden großen Krallen an jedem Bein, und zwar ist die äußere, caudale (hintere) Kralle meist größer als die innere, rostrale (vordere). Die rostro-caudale Reihenfolge

[1]) Es ist überflüssig, in der Synonymie von *Hypsibius* alle Stellen aus der Synonymie von *Macrobiotus* zu nennen, die dort mit *Macrobiotus* [part.] gekennzeichnet sind.

der Krallenäste: Hauptast der vorderen (inneren) Kralle, Nebenast der Innenkralle, Hauptast der Außenkralle, Nebenast der hinteren (äußeren) Kralle läßt erkennen, daß die beiden Hauptäste innen und rostralwärts von den zugehörigen, caudal und außenstehenden Nebenästen angeordnet sind. (Fig. 6 *D, E*; S. 6).

Der Körper ist schlank, aber das Verhältnis zwischen Länge und Breite variiert sehr. Extreme sind *H. (Calohypsibius) verrucosus* mit 3,2 : 1 und mehrere *H. (Diphascon)*-Arten mit 5,5 : 1. Glatte Cuticula ist im ganzen zwar häufiger, aber daneben kommen, namentlich in den Untergattungen *Calohypsibius* und *Isohypsibius* zahlreiche Species mit skulpturierter Cuticula vor. Augenpigment ist bei manchen Arten vorhanden, bei anderen nicht, manche variieren hinsichtlich dieses Charakters. Die Augen sind ihrer Lage nach „hintere" Augen (vgl. S. 143), soweit das aus den Abbildungen zu erkennen ist, die teilweise nach gequetschten Präparaten gezeichnet sind. Durch die mehr ventralwärts als terminorostralwärts gerichtete Mundöffnung kommt ein habitueller Unterschied der Hypsibien gegenüber den Macrobioten zustande: die Hypsibien haben eine mehr „gerade Stirn", ein „gewölbtes Profil" (Fig. 227), gegenüber den Macrobioten mit „fliehender Stirn" oder „Ferkelkopf". Es gibt freilich Hypsibien, die an Macrobioten erinnern, so *H. (Isohypsibius) prosostomus* (vgl. S. 247) und Macrobioten, die ähnlich wie Hypsibien aussehen, so *Macrobiotus intermedius* (vgl. S. 165). Mundlamellen, wie sie die Mundöffnung vieler *Macrobiotus*-Arten umstellen, sind für *Hypsibius*-Arten bisher nur selten beschrieben oder abgebildet worden, kommen indessen auch hier vor, wie die entsprechenden Abbildungen des *H. (Isohypsibius) augusti* (Fig. 252 *C*) und des *Hypsibius areolatus*[1]) (Fig. 269 *B*) zeigen. Die Mundhöhle ist meist ziemlich wenig geräumig, ihre Wand, die kurz Mundring genannt wird (Fig. 228, *mr*), besteht wie bei den Macrobioten aus mehreren, fernrohrartig ineinander geschobenen Ringen (vgl Fig. 245 *B* und 267 *D*). Die Mundröhre *(mr)* ist im allgemeinen eng oder mäßig weit, sie verläuft meist im rostralen Teil bis hinter die Ansatzstellen der Stilettträger gerade (Fig. 228, *st*). Die Stilettscheiden *(ss)* sitzen meist, aber nicht immer, genau lateral an der Mundröhre.

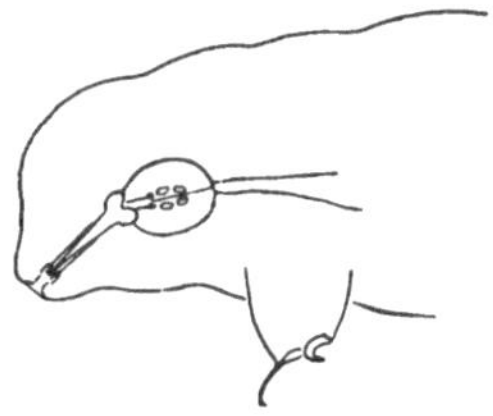

Fig. 227.
Kopf von **Hypsibius (H.) oberhaeuseri** (Doy.).

Auf Höhe der Stilettscheiden besitzt die Mundröhre dorsal und ventral paarige Vorsprünge, von denen die Stilettprotraktoren entspringen. Die Vorsprünge *(mv)* sind bald hakenförmig, so bei der Untergattung *Hypsibius (H.)*, bald „crista"-förmig, so bei einer Reihe von Arten des Subgenus *Isohypsibius* (vgl. Fig. 241 *D*, 248 *C*). Beim „Crista"-Typus ist der Anfangsteil der Mundröhre dorsal und ventral durch eine gebogene Leiste verstärkt. In der Ventral- oder Dorsalaufsicht können diese Vorsprünge der Mundröhre, besonders die leistenförmigen („Crista"-Typ) leicht einen Scheidenhalter vortäuschen. Nur die Lateralansicht des Buccalapparates zeigt, ob ein ventraler Scheidenhalter vorhanden ist oder leistenförmige, dorsale und ventrale Muskelansatzvorsprünge der Mundröhre anliegen. Wie die Fortsätze an der Mundröhre des *Macrobiotus coronifer* (vgl. Fig. 202 *B*, S. 209) und namentlich

[1]) Die generische Stellung dieser Art ist umstritten; weder Thulin noch ich haben sie gesehen. Was Cuénot (Faune France, pars 24 p. 60, 1932) als *Macrobiotus areolatus* bestimmt hat, halte ich für *Macrobiotus richtersii* (vgl. S. 160).

der Scheidenhalter des *Hypsibius (H.) evelinae* (vgl. Fig. 267 *D*) zeigen, liefern Muskelansatzvorsprünge (bei *Hypsibius*) und Scheidenhalter (bei *Macrobiotus*) kein durchgreifendes Unterscheidungsmerkmal für die beiden Genera der Macrobiotidae.

Sehr viele der früher beschriebenen Macrobiotidae-Arten sind bezüglich des Baues ihrer Mundröhre nicht untersucht. Trotzdem wird fortschreitende Tardigradensystematik dieses Merkmal beachten müssen. Vielleicht gelingt es damit, ein natürliches System der Gattung *Macrobiotus* aufzustellen und die Untergattungen von *Hypsibius* mit so wünschenswerter Eindeutigkeit zu unterscheiden, wie das nach Krallen *[Isohypsibius* und *Hypsibius (H.)]* und Mundröhre *[Hypsibius (H.)* und *Diphascon]* nicht möglich ist.

Die paarigen dorsalen und ventralen Muskelansatzvorsprünge bei *Hypsibius* bedingen eine Übereinstimmung der Dorsal- und Ventralwand des Mundröhrenanfangs. Der Vorderteil der Mundröhre ist demnach bei den meisten Hypsibien disymmetrisch, bei den Macrobioten bilateralsymmetrisch gebaut. Beim Eintritt in den Schlundkopf oder kurz davor, also jedenfalls im caudalen Teil ist die Mundröhre bei *Hypsibius* meist dorsalwärts convex, ventralwärts concav gebogen. Der Schlundkopf liegt also nicht in der Fortsetzung der Anfangsrichtung der Mundröhre, er liegt nicht schräg von rostral-ventral nach caudal-dorsal, sondern ist der rostro-caudalen oder Längsachse des Körpers parallel gelagert. Die Stilette (Fig. 228, *s*) sind gewöhnlich nur schwach gebogen und sitzen an Stiletträgern. Bei dem Subgenus *Diphascon* ist diejenige Partie der Mundröhre, die zwischen der Articulationsstelle der Stiletträger an der Mundröhre und dem Eintritt der Mundröhre in den Schlundkopf liegt, zu einer oft sehr langen, biegsamen, sogenannten Schlundröhre (Fig. 15, *sch*; S. 10) verlängert. Ansätze zu derartigen Schlundröhren finden sich auch in anderen Untergattungen des Genus *Hypsibius,* so bei *H. (Calohypsibius) ornatus f. caelata* (Fig. 233 *C*) und *H. (H.) conjungens* (Fig. 268 *B*). Für die Schlundkopfeinlagerungen gilt das bei der Erörterung der Familie Macrobiotidae (vgl. S. 141) und der Gattung *Macrobiotus* Gesagte (vgl. S. 144).

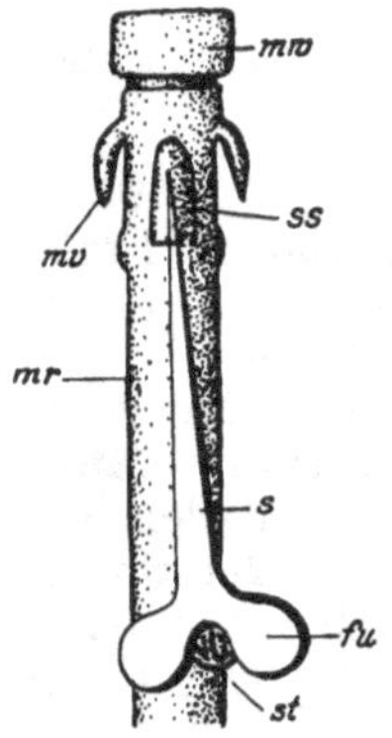

Fig. 228. Lateralansicht von Mundröhre und Stilett des **Hypsibius (H.) dujardini** (Doy.). *fu* Furca, *s* Stilett. Weitere Beschriftung vgl. Text.

Wie die oben beschriebene Anordnung der Krallen zeigt, alternieren von innen (vorn, rostral) anfangend Haupt- und Nebenäste, von außen (hinten, caudal) anfangend Neben- und Hauptäste. Haupt- und Nebenast sind in verschiedenen Ebenen gebogen. Verdickungen an der Krallenbasis die zapfenartig gestaltet sind, finden sich häufig (vgl. Fig. 251 *C, D*); dagegen nicht, soweit bisher bekannt, ringförmige Lunulae, wie sie bei vielen *Macrobiotus*-Arten vorkommen.

Die in der Erörterung der Familie erwähnte (vgl. S. 142) Trennung der Außenkralle in Basal- und Terminalkralle fehlt noch bei der Untergattung *Calohypsibius.* Hier ist der Hauptast ebenso dick wie der Basalabschnitt der Kralle und starr mit ihm verbunden, sodaß der Krallenstamm einen einheitlichen Haken bildet. Bei den andern Hypsibien ist die Verbindung zwischen Hauptast und Basalabschnitt biegsam und der Hauptast ist gestreckter und schlanker. Besonders weit geht diese Ausbildung bei Arten wie *Hypsibius (H.) oberhaeuseri.* Hier ist die Hinterkralle aufgeteilt in eine dicke, an der Ventralseite der Zehenpapille angeheftete Basalkralle. die aus dem

Basalabschnitt und dem Nebenast besteht, und eine dünne Terminalkralle, die etwa von der Spitze der Zehenpapille entspringt und den fast selbständig gewordenen Hauptast darstellt. Auch die Verschiedenheit der Vorder- und Hinterkralle ist bei diesen extrem heteronychen *Hypsibius- (H.)* Arten und dem Subgenus *Diphascon* am deutlichsten ausgebildet. Die Bedeutung des Krallenlängenindex für die Hypsibien ist am Schluß der Erörterung der Gattung *Macrobiotus* bereits erwähnt worden (vgl. S. 145).

Mit Thulin sind 3 Typen des Krallenbaues der Hypsibien zu unterscheiden. 1. Typus (Subgenus *Calohypsibius*): der aus Basalpartie plus Hauptast bestehende Stamm der Hinterkralle ist starr; der Proximalteil des Hauptastes ist ebenso dickwandig wie der distale, abgesehen von der dorsalen Verstärkung des distalen durch die Krallenrückenleiste (vgl. S. 141). Hinterkralle wenig (1,1—1,25 mal) länger als die Vorderkralle; die Hauptäste beider Krallen sind gleich dick (Fig. 6 *D*; S. 6). 2. und 3. Typus: Proximalteil des Hauptastes der Hinterkralle biegsam, und zwar bedingt eine Verdünnung der Ventralwand dieses Krallenteiles die Biegsamkeit. Vielleicht kommen auch Veränderungen, die noch nicht näher bekannt sind, proximal in der Dorsalwand des Hauptastes der Hinterkralle hinzu. Durch die Erweichung

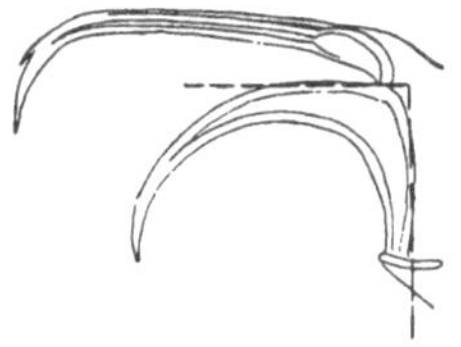

Fig. 229.
Hinterkralle des 4. Beines von **Hypsibius (Isohypsibius) stenostomus** (Richters), gepreßt.

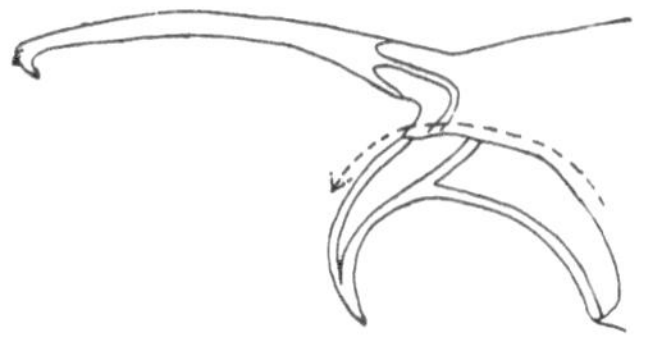

Fig 230.
Hinterkralle des 3. Beines von **Hypsibius (H.) oberhaeuseri** (Doy.).

des Proximalteiles des Hauptastes entsteht eine bewegliche Verbindung innerhalb der Hinterkralle, die in Basalkralle und Terminalkralle differenziert ist. Die Basalkralle wird gebildet aus Krallenbasis plus Nebenast, die Terminalkralle aus dem Distalteil, die bewegliche Verbindung aus dem Proximalteil des Hauptastes. Eine Trennung von Basal- und Terminalkralle wie bei *Milnesium* (vgl. S. 320) kommt bei *Hypsibius* nicht vor. Der Längenunterschied zwischen Vorder- und Hinterkralle ist deutlich, und zwar ist die Hinterkralle 1,25—2,7 mal so lang wie die Vorderkralle. Außerdem ist der Hauptast der hinteren Kralle dünner als der der vorderen. Um den kleinen Unterschied zwischen den bis hierher gemeinsam beschriebenen 2. und 3. Typus festzustellen, ist eine ganz bestimmte Lage der Hinterkralle unbedingt nötig. Man orientiert eine Hinterkralle so, daß der Nebenast genau im Profil erscheint; es gelingt das meist am besten an einer der 3 vorderen Extremitäten. Dann zeigt sich entweder als 2. Typus (Subgenus *Isohypsibius*): die Basalkralle ist winkelig gebogen, da der Nebenast ungefähr einen rechten Winkel mit der Basalpartie der Kralle bildet. Die Messung des Winkels erfolgt zwischen den Dorsalkanten von Basalpartie und Nebenast in der aus Fig. 229 ersichtlichen Weise. Oder es zeigt sich als 3. Typus (Subgenera *Hypsibius* und *Diphascon*): die Basalkralle verläuft in einem gleichmäßigen Bogen, da der Nebenast als unmittelbare Fortsetzung der Basalpartie erscheint. (Fig. 230).

Die Eier sind bei den meisten Hypsibien glatt und werden, zu Gelegen vereinigt, in die abgestreifte Cuticula gelegt. Die Größe der Gelege variiert wohl in weitem Abstande (1—60), im allgemeinen aber bestehen die Gelege aus einer größeren Zahl von Eiern als bei den Scutechiniscidae. Nur bei wenigen Arten werden freie Eier abgelegt, sie sind dann entweder glatt und vielleicht klebrig an der Oberfläche (z. B. *H. antarcticus*, vgl. S. 270) oder dickschalig mit in die Schale eingebetteten Stäbchen (*H. arcticus*, vgl. S. 271) oder mit Ausschüssen versehen (*H. oberhaeuseri*, vgl. S. 278).

Generotypus: *H. oberhaeuseri* (Doy.).

4 Untergattungen, 59 sichere Arten, von denen 5 im ganzen 6 benannte Formen aufweisen, 13 unsichere Arten.

Bestimmungstabelle der *Hypsibius*-Arten[1]):

1	Mundröhre zwischen Stilettträgern und Schlundkopf zur Schlundröhre (vgl. S. 222) verlängert, diese biegsam und mehr als halb so lang wie der Schlundkopf — **77**	
	Mundröhre ohne biegsame Verlängerung zwischen Stilettträgern und Schlundkopf; dieses Stück der Mundröhre weniger als halb so lang wie der Schlundkopf — **2**	
2	Cuticula des Körpers, nicht immer die der Extremitäten, glatt — **33**	
	Cuticula des Körpers mindestens zum Teil granuliert, warzig oder bestachelt oder auffällig gefaltet — **3**	
3	Cuticula ohne Dornen — **10**	
	Cuticula mit Dornen versehen — **4**	
4	Cuticula mit Warzen versehen, die zu polygonalen Feldern angeordnet sind	10. **H. (Isohypsibius) sattleri**
	Cuticula ohne polygonale, aus Warzen bestehende Felderung — **5**	
5	Dornen unmittelbar der Cuticula aufsitzend — **6**	
	Dornen mindestens zum Teil als ausgezogene Spitzen mammillärer Höcker von diesen entspringend — **9**	
6	Körper einheitlich mit unregelmäßig verteilten Dornen besetzt	4. **H. (? Calohypsibius) polychaetus**
	Dornen nicht einheitlich, unregelmäßig verteilt, sondern deutlich in etwa 8—14 Querreihen angeordnet — **7**	
7	Zwischen den Dornenreihen kreisrunde, knöpfchenartige Perlpunkte	1. **H. (Calohypsibius) ornatus**
	Zwischen den Dornenreihen grobe und feine Warzen — **8**	
8	Dornen zahlreich, bald kurze Stacheln, bald lange Fäden; die Warzen treten im Gesamtbild der Skulpturierung gegenüber den Dornen zurück . .	1a. **H. (Calohypsibius) ornatus forma spinosissima**
	Dornen vereinzelt; die Warzen überwiegen im Gesamtbild der Skulpturierung gegenüber den Dornen erheblich	1b. **H. (Calohypsibius) ornatus** f. **caelata**

[1]) Folgende Arten konnten nicht in die Tabelle eingeordnet werden: *H. hemprichii* (vgl. S. 290), *H.* spec. 2 (vgl. S. 311), *H.* spec. 13 (vgl. S. 293), *H.* spec. 14 (vgl. S. 293). Außerdem mußten folgende Macrobiotidae incertae sedis in der Tabelle fortbleiben: *??H. micronychius* (vgl. S. 318), *?H. americanus* (vgl. S. 318), *?H.* spec. 11 (vgl. S. 319) und *??H.* spec. 12 (vgl. S. 320).

9	Mammilläre Erhebungen klein, basal nicht aneinander stoßend, nicht die ganze Dorsalfläche bedeckend	11. **H. (Isohypsibius) papillifer**
	Mammilläre Erhebungen groß, basal aneinander stoßend, die ganze Dorsalfläche bedeckend . . .	11a. **H. (Isohypsibius) papillifer f. bulbosa**
10	Cuticula uneinheitlich skulpturiert, mit vielen Warzen versehen, die klein, aber in Form und Größe verschiedenartig sind und an mehreren Stellen des Körpers zu großen, faltigen Klumpen vereinigt sein können — **11**	
	Cuticula mit Papillen, Buckeln, Warzen oder mit Granulation versehen, aber in sich einheitlich skulpturiert, nicht mit kleinen Warzen versehen, die zu unregelmäßigen Klumpen zusammentreten — **12**	
11	Warzen auf die Caudalhälfte beschränkt	30. **H. (Hypsibius) scabropygus**
	Warzen auf der ganzen Länge vorhanden	2. **H. (Calohypsibius) verrucosus**
12	Cuticula mit mammillären, also halbkugeligen, distal in eine Spitze oder Warze verlängerten Höckern versehen — **13**	
	Cuticula mit gerundeten, also nicht mammillären Höckern versehen oder granuliert oder gefeldert oder gefaltet — **14**	
13	Mammilläre Erhebungen klein, basal nicht aneinanderstoßend, nicht die ganze Dorsalfläche bedeckend	11. **H. (Isohypsibius) papillifer**
	Mammilläre Erhebungen groß, basal aneinanderstoßend, die ganze Dorsalfläche bedeckend . . .	11a. **H. (Isohypsibius) papillifer f. bulbosa**
14	Skulpturierung der Cuticula nur auf der Caudalhälfte vorhanden oder etwas weiter rostralwärts, aber nicht auf ganzer Länge ausgedehnt — **15**	
	Skulpturierung der Cuticula auf der ganzen Länge ausgebildet — **16**	
15	3 Schlundkopfeinlagerungen, von Komma und Apophysen abgesehen	14. **H. (Isohypsibius) canadensis**
	2 Schlundkopfeinlagerungen, von Komma und Apophysen abgesehen	32. **H. (H.) oberhaeuseri**
16	Skulpturierung als einheitliche Granulation oder Felderung ausgebildet, keine besonders hervortretenden Buckel oder Warzen — **17**	
	Skulpturierung von Granulation und Felderung abgesehen, auch mit besonders hervortretenden Buckeln oder Warzen — **24**	
17	Cuticula mit zahlreichen dorsalen Querfalten versehen — **18**	
	Keine regelmäßigen dorsalen Querfalten — **19**	
18	2 Macroplacoiden	5. **H. (Isohypsibius) undulatus**
	3 Macroplacoiden	6. **H. (Isohypsibius) arcuatus**
19	Beinpaar 1—3 basal mit lateralem Höcker	**H. spec. 6**
	Beinpaar 1—3 ohne Lateralhöcker — **20**	

20	Skulpturierung einheitlich aus gleich großen Körnchen oder regelmäßiger sechseckiger Felderung bestehend — **21**	
	Skulpturierung uneinheitlich aus dorsal und lateral großen, ventral und an den Beinen kleinen Körnchen bestehend	18. **H. (Isohypsibius) granulifer**
21	Cuticula granuliert, das heißt mit sehr kleinen Erhebungen versehen — **22**	
	Cuticula sechseckig gefeldert, d. h. mit leichten Vertiefungen versehen, die von einem erhabenen Rand umgeben sind — **23**	
22	Epidermispigment vorhanden, Augenpigment fehlt .	32. **H. (H.) oberhaeuseri**
	Epidermis farblos, kleine Augenflecke vorhanden . .	31. **H. (H.) calcaratus**
23	Außer der Dorsalfläche auch Beine und Seiten skulpturiert	**H. spec. 7**
	Beine und Seiten unskulpturiert, glatt	17. **H. (Isohypsibius) asper**
24	Die vorhandenen Buckel sind von untereinander verschiedener Größe — **25**	
	Die vorhandenen Buckel oder Warzen sind von untereinander gleicher Größe — **26**	
25	Dorsalfläche überall mit Buckeln versehen; keine grobmaschige, netzartige Zeichnung zwischen den Buckeln	8a. **H. (Isohypsibius) tuberculatus** f. **gibba**
	Buckel in einzelnen Querreihen oder zerstreut stehend; zwischen den Buckeln bilden Warzen eine grobmaschige, netzartige Zeichnung	10. **H. (Isohypsibius) sattleri**
26	Buckel in regelmäßigen Querreihen angeordnet — **27**	
	Buckel unregelmäßig verstreut	17. **H. (Isohypsibius) asper**
27	Maximal 10 Querreihen von Buckeln oder Warzen — **28**	
	Zahlreiche, weit über 10, Querreihen von Buckeln oder Warzen — **30**	
28	Buckel in allen Querreihen in gerader Zahl, also die dorsale Mittellinie ohne Buckel	9. **H. (Isohypsibius) nodosus**
	Buckel in einzelnen Querreihen in ungerader Zahl, also die dorsale Mittellinie mit Buckeln — **29**	
29	Die 6 mittleren Querreihen sämtlich mit ungerader Buckel-Zahl	7. **H. (Isohypsibius) septentrionalis**
	Nur die erste und die letzte Querreihe mit ungerader Buckel-Zahl	8. **H. (Isohypsibius) tuberculatus**
30	Etwa 8 Warzen in jeder Querreihe	21. **H. (? Isohypsibius) indicus**
	Zahlreiche Warzen, viel mehr als 8, in jeder Querreihe — **31**	
31	3 Macroplacoiden	**H. wibbelti**
	2 Macroplacoiden — **32**	

32	Macroplacoiden 2 Stäbe; Beine lang; Hinterkralle mit deutlicher Sonderung in Basal- und Terminalkralle (Typus II, vgl. S. 223)	16. **H. (Isohypsibius) annulatus**
	Macroplacoiden 2 Körner; Beine kurz; Hinterkrallen ohne Sonderung in Basal- und Terminalkralle . .	1b. **H. (Calohypsibius) ornatus f. caelata**
33	Schlundkopf, von Komma und Apophysen abgesehen, mit 2 Einlagerungen — **34**	
	Schlundkopf, von Komma und Apophysen abgesehen, mit 3 Einlagerungen — **57**	
34	Beine dorsal mit je einem Buckel, der aus nagelartigen Höckern besteht	35. **H. (H.) evelinae**
	Beine glatt, ohne höckerige Buckel, nur manchmal *(oberhaeuseri-♂)* ein platter Zipfel am 4. Beinpaar — **35**	
35	Die Mundröhre bildet zwischen Stilettträgern und Schlundkopf eine biegsame Schlundröhre (vgl. S. 222) von halber Schlundkopflänge	36. **H. (H.) conjungens**
	Mundröhre zwischen Stilettträgern und Schlundkopf starr, dieses Stück kürzer als eine halbe Schlundkopflänge — **36**	
36	Eier mit Ausschüssen versehen, im allgemeinen, aber keineswegs immer, einzeln, frei abgelegt — **37**	
	Eier glatt, einzeln oder in die alte Cuticula abgelegt — **39**	
37	Beide Placoiden ungebrochen und ohne Einziehung — **38**	
	1. Placoid beiderseits eingezogen, bisquitförmig gestaltet	**H. spec. 9**
38	Hauptast der Hinterkralle gekrümmt; Eiausschüsse stäbchenförmig, in eine hyaline Außenzone der Eischale eingebettet, nicht über diese hinausragend	27. **H. (H.) arcticus**
	Hauptast der Hinterkralle gerade; Eiausschüsse halbkugelförmig oder spitz, immer aber frei hervorragend, der Eischale aufsitzend	32. **H. (H.) oberhaeuseri**
39	Hinterkralle mit deutlicher Sonderung in Basal- und Terminalkralle — **40**	
	Hinterkralle ohne Sonderung in Basal- und Terminalkralle (Typus I, vgl. S. 223)	1b. **H. (Calohypsibius) ornatus forma caelata**
40	Eier einzeln abgelegt — **41**	
	Eier zu Gelegen vereinigt in die alte Cuticula abgelegt — **42**	
41	Placoidenreihe caudalwärts nicht bis zur Schlundkopfmitte reichend	26. **H. (H.) antarcticus**
	Placoidenreihe caudalwärts über die Schlundkopfmitte hinausreichend	**H. spec. 9**
42	Placoidenreihe caudalwärts nicht bis zur Schlundkopfmitte reichend	26. **H. (H.) antarcticus**
	Placoidenreihe caudalwärts über die Schlundkopfmitte hinausreichend — **43**	
43	Beide Macroplacoiden an der dem Schlundkopflumen abgewandten Seite eingekerbt	25. **H. (H.) zetlandicus**
	Placoiden glatt oder das 1. eingeschnürt, aber nicht beide an der Außenseite gekerbt — **44**	
44	Vorder- und Hinterkralle eines Beines von annähernd gleicher Größe — **45**	
	Vorder- und Hinterkralle eines Beines von deutlich verschiedener Größe — **46**	

45	Krallen sehr groß	19. **H. (Isohypsibius) augusti**
	Krallen sehr klein	35. **H. (H.) evelinae**
46	Beide Macroplacoiden von gleicher Länge — **47**	
	1. Macroplacoid deutlich länger als das 2. — **50**	
47	Mit braunem, in Querbinden angeordnetem Epidermispigment	33. **H. (H.) novemcinctus**
	Von Magen- und Speicherzellenfärbung abgesehen, farblos — **48**	
48	Macroplacoiden schmale Stäbe	22. **H. (H.) dujardini**
	Macroplacoiden breite Stäbe oder rundliche Körner — **49**	
49	Macroplacoiden breite, kantige Stäbe; Hauptast der Hinterkralle (IV) an der Mitte der Basalkralle entspringend; große Augenpigmentflecke	29. **H. (H.) pallidus**
	Macroplacoiden rundliche Körner; Hauptast der Hinterkralle (IV) tief unten, zwischen proximalem und mittlerem Drittel der Basalkralle entspringend; Augenpigment in wenigen, zerstreut stehenden Flecken oder fehlend	28. **H. (H.) microps**
50	1. Macroplacoid eingeschnürt	**H. spec. 9**
	Beide Macroplacoiden ohne Einschnürung, ungebrochen — **51**	
51	Cuticula oder Speicherzellen, mindestens der erwachsenen Stücke, braun — **52**	
	Von der Magenfärbung abgesehen, farblos — **53**	
52	Cuticula mit 9 braunen Querbinden	33. **H. (H.) novemcinctus**
	Speicherzellen und Leibeshöhlenflüssigkeit rötlichbraun	34. **H. (H.) hypostomus**
53	1. Macroplacoid gekrümmt	40. **H. mertoni**
	Beide Macroplacoiden gerade — **54**	
54	1. Macroplacoid doppelt so lang wie das 2.	41. **H. paraguayensis**
	1. Macroplacoid weniger als doppelt so lang wie das 2. — **55**	
55	Macroplacoiden schmale Stäbe; Microplacoid vorhanden — **56**	
	Macroplacoiden breite, gerundete Stäbe	23. **H. (H.) convergens**
56	Augenpigment vorhanden; wird mittelgroß bis groß	22. **H. (H.) dujardini**
	Augenpigment fehlt; das eine bekannte Stück klein, mit entsprechend kleinen Krallen und kleinen Eiern	24. **H. (H.) samoanus**
57	Eier mit Ausschüssen versehen, im allgemeinen einzeln, frei abgelegt — **58**	
	Eier glatt — **61**	
58	Macroplacoiden von vorn nach hinten an Länge zunehmend	**H. spec. 8**
	Macroplacoiden nicht von vorn nach hinten an Länge zunehmend — **59**	
59	Macroplacoiden 3 Körner von gleicher Länge . . .	39. **H. tetronyx**
	Macroplacoiden 3 Stäbe von gleicher oder 3 Körner von verschiedener Länge — **60**	
60	Eier areoliert; Macroplacoiden schmal, untereinander gleich lang; Microplacoid fehlt	37. **H. areolatus**
	Eier nicht areoliert; Macroplacoiden fast quadratisch, breit, das letzte das kürzeste; Microplacoid vorhanden	38. **H. fuhrmanni**
61	Eier frei, einzeln abgelegt — **62**	
	Eier zu Gelegen vereinigt in die alte Cuticula abgelegt — **63**	

62	Macroplacoiden von vorn nach hinten an Länge zunehmend	H. spec. 8
	Macroplacoiden untereinander von gleicher Länge .	39. H. tetronyx
63	Von den 3 Macroplacoiden ist das 3. am längsten[1]) — 64	
	Von den 3 Macroplacoiden ist das 3. nicht am längsten — 70	
64	Hinterkralle ohne Sonderung in Basal- und Terminalkralle (Typus I, vgl. S. 223)	3. H. (Calohypsibius) truncatus
	Hinterkralle mit deutlicher Sonderung in Basal- und Terminalkralle — 65	
65	Vorder- und Hinterkralle eines Beines nur wenig an Länge verschieden	15. H. (Isohypsibius) tetradactyloides
	Vorder- und Hinterkralle eines Beines von deutlich verschiedener Länge — 66	
66	Die vordere oder Innenkralle mit gleich langem Haupt- und Nebenast	H. spec. 8
	Die vordere oder Innenkralle mit verschieden langem Haupt- und Nebenast — 67	
67	Macroplacoiden annähernd quadratisch, nur an den Ecken leicht gerundet	14. H. (Isohypsibius) canadensis
	Macroplacoiden ovale Körner — 68	
68	1. Macroplacoid ebenso lang wie breit, 3. $1^1/_2$ mal so lang wie breit; Microplacoid fehlt	H. spec. 8
	1. Macroplacoid $1^1/_2$ mal so lang wie breit, 3. mindestens 2 mal so lang wie breit; Microplacoid meist vorhanden — 69	
69	Mundöffnung subterminal gelegen, also in der bei Hypsibien üblichen Weise rostroventralwärts gerichtet	12. H. (Isohypsibius) schaudinni
	Mundöffnung terminal gelegen, also in der bei Macrobioten üblichen Weise termino-rostralwärts gerichtet	13. H. (Isohypsibius) prosostomus
70	Das mittlere Macroplacoid deutlich das kürzeste — 71	
	Das mittlere Macroplacoid nicht deutlich das kürzeste — 73	
71	Macroplacoiden schmal, das 1. 3 mal so lang wie breit — 72	
	Macroplacoiden breit, das 1. doppelt so lang wie breit	? H. spec. 10
72	Mundröhre sehr eng; Microplacoid vorhanden . . .	20. H. (Isohypsibius) stenostomus
	Mundröhre mittelweit bis weit; Microplacoid fehlt .	19. H. (Isohypsibius) augusti
73	Mittleres Macroplacoid gebrochen	20. H. (Isohypsibius) stenostomus
	Mittleres Macroplacoid ungebrochen — 74	
74	Macroplacoiden mehr als 2 mal so lang wie breit — 75	
	Macroplacoiden höchstens $1^1/_2$ mal so lang wie breit — 76	
75	Stilette weit rostral gebogen	H. (? Isohypsibius) spec. 5
	Stilette über der Furca gebogen	19. H. (Isohypsibius) augusti

[1]) Vgl. Anmerkung S. 155.

76	Hauptast der Hinterkralle viel schlanker als der Nebenast	39. **H. tetronyx**
	Hauptast der Hinterkralle ebenso dick wie der Nebenast	**H. wibbelti**
77	Cuticula mindestens zum Teil skulpturiert — **78**	
	Cuticula durchweg glatt — **82**	
78	Cuticula gekörnt, aber nicht mit Buckeln oder Dornen versehen — **80**	
	Cuticula, von Granulation abgesehen, mit hervortretenden Einzelbildungen, Buckeln, Dornen versehen — **79**	
79	Cuticula dorsal mit Querreihen von Dornen und Perlpunkten zwischen den Dornen	1. **H. (Calohypsibius) ornatus**
	Cuticula dorsal mit niedrigen, gerundeten Höckern	43. **H. (Diphascon) bullatus**
80	Cuticula des ganzen Rückens granuliert; 2 Macroplacoiden, 1 Microplacoid vorhanden	44. **H. (Diphascon) rugosus**
	Cuticula nur in der Caudalhälfte des Körpers granuliert — **81**	
81	Augenpigment fehlt; Schlundkopf doppelt so lang wie breit, 3 Macroplacoiden vorhanden	45. **H. (Diphascon) clavatus**
	Augenpigment vorhanden, Schlundkopf etwas länger als breit (4 : 3), 2 Macroplacoiden und Septula vorhanden	54. **H. (Diphascon) oculatus**
82	Schlundröhre weit — **83**	
	Schlundröhre eng — **85**	
83	Macroplacoiden 2 Stäbe, ein kürzerer rostraler und ein längerer caudaler — **84**	
	Macroplacoiden 3 kurze Stäbe	**H. (Diphascon) spec. 1**
84	Kopfpartie wie gewöhnlich, kurz abgestutzt; Schlundröhre caudal ohne Ringelung, ebenso lang oder etwas länger als der Schlundkopf; Microplacoid vorhanden	46. **H. (Diphascon) spitzbergensis**
	Kopfpartie schnauzenartig verjüngt und verlängert; Schlundröhre caudal geringelt, kürzer als der Schlundkopf; Microplacoid fehlt	47. **H. (Diphascon) angustatus**
85	Schlundkopf mit 2 Macroplacoiden — **86**	
	Schlundkopf mit 3 Macroplacoiden — **94**	
86	Schlundkopf mehr als doppelt so lang wie breit . .	48. **H. (Diphascon) belgicae**
	Schlundkopf weniger als doppelt so lang wie breit — **87**	
87	Schlundröhre kürzer als der Schlundkopf — **88**	
	Schlundröhre mindestens ebenso lang wie der Schlundkopf — **90**	
88	Hinterkralle ohne Sonderung in Basal- und Terminalkralle (Typus I, vgl. S. 223)	1b. **H. (Calohypsibius) ornatus f. caelata**
	Hinterkralle mit deutlicher Sonderung in Basal- und Terminalkralle — **89**	
89	Die Macroplacoiden sind kantige Stäbe, deren 1. deutlich länger als der 2. ist	**H. (Diphascon) spec. 15**
	Die Macroplacoiden sind rundliche Körner von gleicher Größe	36. **H. (H.) conjungens**

90	Macroplacoiden von gleicher Länge oder das vordere länger als das hintere — **91**	
	Hinteres Macroplacoid länger als das vordere . . .	**H. (Diphascon) spec. 3**
91	Schlundröhre ebenso lang wie der Schlundkopf . . .	49. **H. (Diphascon) brevipes**
	Schlundröhre deutlich länger als der Schlundkopf — **92**	
92	Schlundkopf kurz-oval; Schlundröhre sehr eng (1—1,5 μ); Macroplacoiden mittelbreite Stäbe oder Körner — **93**	
	Schlundkopf länglich-oval; Schlundröhre mäßig eng (1,8—2 μ); Macroplacoiden ganz dünne Stäbe . .	55. **H. (Diphascon) recamieri**
93	Augenpigment fehlt	54a. **H. (Diphascon) oculatus** f. **vancouverensis**
	Augenpigment vorhanden	54. **H. (Diphascon) oculatus**
94	Schlundkopf 3 mal so lang wie breit	**H. (Diphascon) spec. 16**
	Schlundkopf höchstens 2 mal so lang wie breit — **95**	
95	Macroplacoiden von untereinander gleicher Länge — **96**	
	Macroplacoiden von untereinander verschiedener Länge — **97**	
96	Schlundkopf kurz-oval	59. **H. (Diphascon) chilenensis**
	Schlundkopf „elliptisch", also wohl länglich-oval . .	**H. (Diphascon) spec. 4**
97	Schlundröhre ebenso lang wie der Schlundkopf — **98**	
	Schlundröhre deutlich länger als der Schlundkopf — **102**	
98	Septulum und Microplacoid vorhanden — **99**	
	Septulum und Microplacoid fehlen — **101**	
99	Schlundkopf ausgesprochen länglich-oval, die Breite des Schlundkopfes deutlich unter 70 cph — **100**	
	Schlundkopf oval, die Breite des Schlundkopfes über 70 cph	53. **H. (Diphascon) pinguis**
100	Augenpigment fehlt	50. **H. (Diphascon) scoticus**
	Augenpigment vorhanden	50a. **H. (Diphascon) scoticus** forma **ommatophora**
101	Mundöffnung terminal gelegen	51. **H. (Diphascon) prorsirostris**
	Mundöffnung subventral gelegen	52. **H. (Diphascon) arduifrons**
102	Microplacoid fehlt	57. **H. (Diphascon) tenuis**
	Microplacoid vorhanden — **103**	
103	Augenpigment fehlt; Schlundkopfbreite unter 70 cph	56. **H. (Diphascon) alpinus**
	Augenpigment vorhanden; Schlundkopfbreite über 70 cph	58. **H. (Diphascon) stappersi**

1. Subgen. **Calohypsibius** Thulin

1928 *C.* + *Microhypsibius*, G. Thulin in: Hereditas, *v.* 11 p. 238, 239 | 1929 *C.*, E. Marcus in: Bronn, Kl. Ordn., *v.* 5 Abt. 4 Buch 3 p. 467 | 1932 *C.*, G. Rahm in: Brohmer, Fauna Deutschl., ed. 4 p. 458 | 1934 *C.*, E. Marcus in: Handw. Naturw., ed. 2 *v.* 9 p. 863.

Hinterkralle ohne Sonderung in Basal- und Terminalkralle (Hypsibienkrallen-Typus I, vgl. S. 223).

Der Bau der podialen Terminalorgane ist von grundlegender Bedeutung für das System der Tardigraden. Dem entspricht seine Wichtigkeit für die Einzelheiten der generischen und subgenerischen Einteilung der Macrobiotidae. Dagegen liefern die Länge der Placoidenreihe, deren Zusammensetzung, die Weite der Mundröhre und die Art ihrer Biegung lediglich Speciescharaktere. Tritt doch bei den *Hypsibius (H.)* kurze und lange Placoidenreihe auf: *H. (H.) antarcticus* (vgl. S. 270) und *H. (H.) evelinae* (vgl. S. 283). Bei den Isohypsibien gibt es Arten mit 2 kurzen und mit 3 langen Macroplacoiden: *I. undulatus* und *I. augusti.* Bei *Diphascon* stehen Arten mit weiter neben solchen mit enger Mundröhre: *D. spitzbergensis* und *D. arduifrons.* Auch glatte Cuticula fehlt nicht einmal durchweg bei den skulpturierten Arten des artenarmen Subgen. *Calohypsibius*, wie die forma *caelata* des *C. ornatus* zeigt. Nach alledem erscheint die Einbeziehung des Subgen. *Microhypsibius* (bei Thulin eigenes Genus) in das Subgen. *Calohypsibius* berechtigt.

Typus der Untergattung: *C. ornatus* (Richters).

3 sichere Arten, von denen eine 2 benannte Formen aufweist; 1 unsichere Art.

1. **H. (C.) ornatus** (Richters) 1900 *Macrobiotus o.* var. *spinifer*, F. Richters in: Ber. Senckenb. Ges., p. 40—42 t 6 f. 1, 4 | 1901 *M. o.*, F. Richters, ibid., p. 102 | 1902 *M. o. spinifer*, F. Richters, ibid., p. 8 | non 1905 *M. o.*, John Murray in: Tr. R. Soc. Edinb., *v.* 41 p. 691 t. 3 f. 13a—13c | non 1906 *M. o.*, John Murray in: Ann. Scott. nat. Hist., nr. 57 p. 27 t. 3 f. 4, 5 | 1908 *M. o.*, F. Heinis in: Zool. Anz., *v.* 32 p. 637 | 1910 *M. o.*, John Murray in: Brit. antarct. Exp., *v.* 1 p. 118 | 1911 *M. o.*, John Murray in: J. Quekett Club, ser. 2 *v.* 11 p. 194 | non 1911 *M. o.*, John Murray in: Ann. Scott. nat. Hist., nr. 78 p. 89 | 1911 *Makrobiotus o.*, F. Richters in: Camp. arct. Orléans, 1907 p. 14 | 1911 *Macrobiotus o. spinifer*, John Murray in: P. Irish Ac., *v.* 31 nr. 37 p. 10 | 1911 *Hypsibius o.* var. *s.*, G. Thulin in: Ark. Zool., *v.* 7 nr. 16 p. 28 f. 13 | 1914 *Macrobiotus o.*, F. Heinis in: Mém. Soc. Neuchâtel, *v.* 5 p. 718 | 1919 *M. o.* var. *spinifer*, P. Nederström in: Acta Soc. Fauna Fenn., *v.* 46 nr. 8 p. 12 | 1921 *M. o.*, F. Heinis in: Festschr. Zschokke, nr. 6 p. 7 | 1928 *M. o.* var. *spiniger*, G. Rahm in: Tierw. Mitteleur., *v.* 3 p. II 9 | 1928 *M. o.* var. *spinifer*, G. Rahm, ibid., f. 28 | 1928 *Hypsibius o.*, E. Marcus in: Tierw. Deutschl., pars 12 p. 178 f. 217 | 1928 *Calohypsibius o.* var. *spiniger*, G. Thulin in: Hereditas, *v.* 11 p. 225, 228, 238—239 | 1929 *Hypsibius (C.) o.*, E. Marcus in: Bronn, Kl. Ordn., *v.* 5 Abt. 4 Buch 3 p. 467 f. 312 | 1932 *Calohypsibius o.*, G. Rahm in: Brohmer, Fauna Deutschl., ed. 4 p. 458 | 1932 *Hypsibius o.*, Cuénot in: Faune France, pars 24 p. 78 f. 81 | 1933 *H. o.*, E. Bartoš in: Příroda Ostrava, *v.* 26 nr. 7 p. 2 f. 1 | 1934 *H. o.*, E. Bartoš in: Časopis Česke Spol. ent., *v.* 31 p. 58.

Klein; ohne Augenpigment; an der Stelle, wo bei anderen Arten das Augenpigment zu sehen ist, 2 Papillen. Dorsal und weit lateral sich fortsetzend 8 Querreihen von je 8—12 Dornen oder Höckern; die 1. Querreihe auf Höhe des 1. Beinpaares, die letzte über dem 4. Beinpaar mit besonders langen Dornen. Kopfpartie mit dornenartigen Knöpfchen, ebensolche dorsal und dorsolateral zwischen den Dornenreihen, oder auch die Kopfpartie glatt und die Perlenknöpfchen des Rumpfes nur schwach ausgebildet, durch verbindende Linien zu Transversalreihen vereinigt, die wie Schnüre mit vielen Knoten aussehen. Mundröhre sehr eng, beim Eintritt in den Schlundkopf gebogen. Stilette schwach und fast völlig gerade. Schlundkopf kugelig und relativ groß, mit Apophysen und 2 runden Körnern, ohne Komma; die Placoidenreihe also kurz. Krallen klein, die Hauptäste mit je 2 Nebenspitzen, die Nebenäste relativ klein. Vordere und hintere Kralle jedes Beines von fast gleicher Größe und gleichem Aussehen. Länge durchschnittlich 160 μ, manchmal bis zu 175 μ; Krallenlängenindex (IV) 1,10 : 1.

Gelege mit 2 Eiern von 34 μ Durchmesser.

Die fast gleiche Größe der Krallen eines Beines bei *H. (Calohypsibius) ornatus* gehört zu den Ausnahmen innerhalb des Genus *Hypsibius; H. (Isohypsibius) sattleri* und *H. (I.) papillifer* zeigen Ähnliches (vgl. S. 245). Wo in der Literatur für *H. (C.) ornatus* und seine Formen die Schlundkopfeinlagerungen erwähnt werden, sind die Apophysen der Mundröhre mitgezählt worden. Da *H. (C.) ornatus* bei seiner ersten Beschreibung in 3 für sich benannte Formen, *ornatus* var. *spinifer*, *ornatus* var. *spinosissimus* und *ornatus* var. *verrucosus* aufgelöst worden ist, fehlt eine Nominatform des *H. (C.) ornatus*. Das ist mit der rein binären Nomenklatur der Tardigraden nicht vereinbar. Als Typus der Art *H. (C.) ornatus* gilt daher die zuerst beschriebene, als var. *spinifer* benannte Form, deren Varietäten-Name fortfällt.

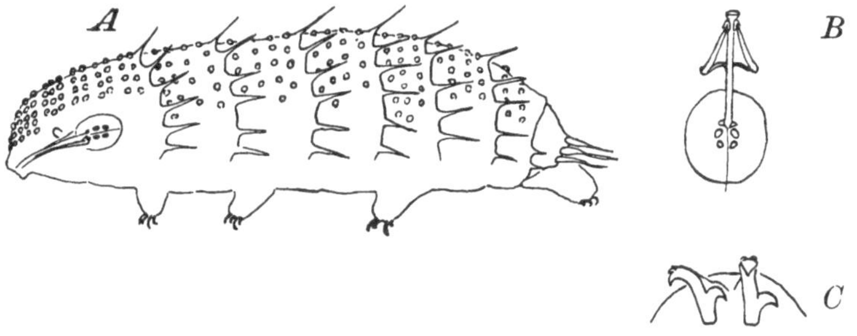

Fig. 231.
Hypsibius (Calohypsibius) ornatus (Richters). *A* lateral, *B* Schlundkopf, *C* Krallen IV.

„Schottland" ist für den typischen *H. (C.) ornatus* aus der Verbreitungsübersicht zu streichen, denn die Funde John Murrays beziehen sich auf die forma *spinosissima*, die forma *caelata* und auf *H. (C.) verrucosus*. Rahm schreibt (Bull. Soc. Fribourg., *v.* 29 Proc.-verb. 7. III. 1928), er habe (ibid., *v.* 29 Proc.-verb. 19. V. 1927) *M. o.* var. *spiniger* für die Voralpen bei Freiburg-Schweiz festgestellt. In der genannten Arbeit findet sich indessen nur *M. o.* forma *spinosissima*.

Grönland; Nordschweden; Lappland; Finnland; Irland; Mitteldeutschland, Taunus; Schweiz, St. Gotthard und bis 2802 m; Tschechoslowakei, bis 2058 m; Frankreich, Vogesen; Neuseeland, Südinsel; Südamerika: Colombia.

1a. **H. (C.) ornatus** (Richters) forma **spinosissima** Richters 1900 *Macrobiotus o.* var. *spinosissimus*, F. Richters in: Ber. Senckenb. Ges., p. 40—42 t. 6 f. 2, 5 | 1901 *M. o.* var. *s.*, F. Schaudinn in: Fauna arct., *v.* 2 p. 194 | 1902 *M. o.* var. *s.*, F. Richters in: Ber. Senckenb. Ges., p. 8 | 1903 *M. o.*, F. Richters in: Zool. Anz., *v.* 27 p. 169 | 1904 *M. o.* var. *spinosissima*, F. Richters in: Fauna arct., *v.* 3 p. 501 | 1905 *M. o. spinosissimus*, John Murray in: Tr. R. Soc. Edinb., *v.* 41 p. 691, 698 t. 3 f. 13a, 13c | 1906 *M. o.* [part.: „a variety"], John Murray in: Ann. Scott. nat. Hist., nr. 57 p. 27 t. 3 f. 4 | 1908 *M. o.* var. *spinosissimus*, F. Heinis in: Zool. Anz., *v.* 32 p. 638 | 1908 *M. o.* var. *s.*, M. Sellnick, ibid., *v.* 33 p. 211 | 1909 *M. o.* Varietät *spinossimus*, C. Carlzon, ibid., *v.* 34 p. 141 | 1910 *M. o.* var. *spinosissimus*, F. Heinis in: Arch. Hydrobiol., *v.* 5 p. 120 | 1911 *Makrobiotus o.* var. *s.*, F. Richters in: Al. Koenig, Avifauna Spitzberg., p. 286 | 1911 *Macrobiotus o. s.*, John Murray in: P. Irish Ac., *v.* 31 nr. 37 p. 10 | 1921 *M. o.* var. *s.*, F. Heinis in: Festschr. Zschokke, nr. 6 p. 10, 12 | 1928 *M. o.* var. *s.*, G. Rahm in: Tierw. Mitteleur., *v.* 3 p. II 9 | 1928 *Hypsibius o.* forma *s.*, E. Marcus in: Tierw. Deutschl., pars 12 p. 179 f. 218 | 1929 *Macrobiotus o. s.*, G. Rahm in: Bull. Soc. Fribourg., *v.* 29 Proc.-verb. 19. V. 1927 p. 8, 9 | 1929 *Hypsibius (Calohypsibius) o.* forma *s.*, E. Marcus in: Bronn, Kl. Ordn., *v.* 5 Abt. 4 Buch 3 p. 469 f. 313 | 1932 *Calohypsibius o.* forma *s.*, G. Rahm in: Brohmer, Fauna Deutschl., ed. 4 p. 458.

Diese forma unterscheidet sich vom Typus durch etwas größere Körperlänge und namentlich durch die Skulpturierung. Diese zeigt bald feine, bald grobe Warzen, nicht die kreisrunden Perlpunkte des Typus. Die Dornen sind bald länger und nicht mehr ganz so regelmäßig wie beim Typus angeordnet (Fig. 232 *A*), bald treten sie in deutlichen Transversalreihen auf, sind sehr zahlreich (14 und mehr in einer Querreihe) und besonders kurz (Fig. 232 *B*). Länge der Form mit langen Stacheln bis 230 μ, der Form mit zahlreichen kurzen Stacheln bis zu 300 μ.

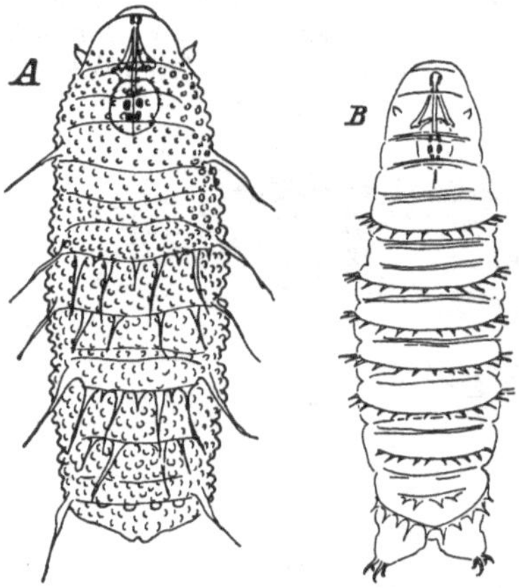

Fig. 232.
Hypsibius (Calohypsibius) ornatus (Richters) **f. spinosissima** Richters. *A* Form mit unregelmäßig angeordneten, längeren Dornen, *B* mit regelmäßig angeordneten, kleineren Dornen.

Gelege mit 2 Eiern von etwa 50 μ Durchmesser.

Spitzbergen; Bäreninsel; nördliches, mittleres und südliches Norwegen; Mittelschweden; Faröer; Schottland, bis 1200 m; Irland; Mitteldeutschland, Taunus; Süddeutschland, Schwarzwald; Schweizer Jura; Voralpen bei Freiburg-Schweiz; Schweizer Alpen, bis 3244 m; Frankreich, Vogesen.

1b. **H. (C.) ornatus** (Richters) forma **caelata** E. Marcus non 1905 *Macrobiotus o.* var. *verrucosus*, John Murray in: Tr. Soc. R. Edinb., *v.* 41 p. 691 t. 3 f. 13b | 1905 *M. o.*, smooth variety, John Murray, ibid., *v.* 41 p. 691 | 1906 *M. o.* [part: a glabrous variety], John Murray in: Ann. Scott. nat. Hist., nr. 57 p. 27 t. 3 f. 5 | 1911 *M. o.* var. *verrucosus*, John Murray in: P. Irish Ac., *v.* 31 nr. 37 p. 10 t. 2 f. 12a—12c | 1928 *Hypsibius o.* forma *caelatus*, E. Marcus in: Tierw. Deutschl., pars 12 p. 179 f. 219 | 1929 *H.* (*Calohypsibius*) *o.* forma *c.*, E. Marcus in: Bronn, Kl. Ordn., *v.* 5 Abt. 4 Buch 3 p. 470 p. 314.

Die Form unterscheidet sich vom Typus durch die Skulpturierung. Diese zeigt Reduktion der Dornen, die auch völlig fehlen können. Zwischen den groben Warzen, die in zahlreichen Transversalreihen angeordnet sind, finden sich Querlinien; sie deuten die beim Typus und bei der forma *spinosissima* vorhandenen bedornten Querrippen an. Dornen und Warzen können völlig rückgebildet sein; auch solche Stücke müssen zur forma *caelata* gerechnet werden, wenn man nicht noch eine weitere Benennung einführen will. Von einer solchen glatten Form kennt man eine „Diphascon"-artige Verlängerung der Schlundröhre (vgl. S. 222), die etwas kürzer als der Schlundkopf ist (Fig. 233 *C*). Auch bei *H. (C.) ornatus* ist das zwischen Stilettträgern und Schlundkopf gelegene Stück der Mundröhre ziemlich lang.

John Murray hat den Namen „var. *verrucosus*" zu Unrecht für seine Form mit den regelmäßigen Querreihen von Warzen wieder verwendet, denn so hatte Richters eine Form benannt (Ber. Senckenb. Ges., p. 42, 1900), deren „Warzen zu fast blumenkohlartigen Massen verschmelzen". Diese Richterssche var. *verrucosus* wird hier mit Thulin (Ark. Zool., *v.* 7 nr. 16 p. 29, 1911) als selbständige Species aufgefaßt (vgl. unten). Cuénot hält es für wahrscheinlich, daß auch die forma *caelata* als eigene Art zu gelten habe (Faune France, pars 24 p. 79, 1932). Um das zu entscheiden,

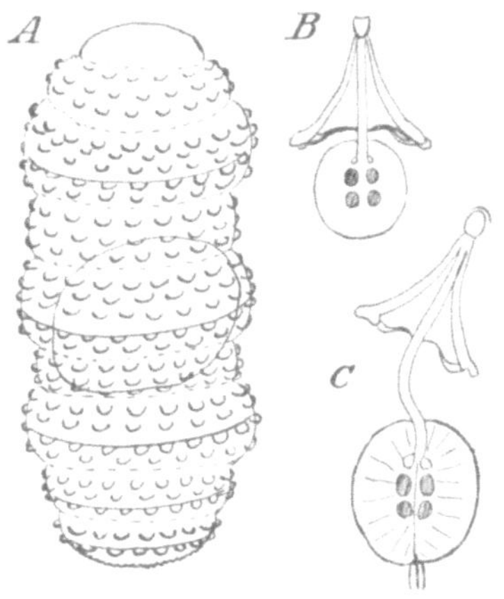

Fig. 233.
Hypsibius (Calohypsibius) ornatus (Richters) f. **caelata** E. Marcus.
A dorsal, *B* Buccalapparat, typisch, *C* Buccalapparat mit verlängerter Schlundröhre.

müßte Prüfung des Materials möglich sein. Wenn die glatte Form nicht durch Stücke mit vereinzelten Warzenreihen verbunden ist mit der hier abgebildeten forma *caelata*, wäre diese glatte Form tatsächlich als besondere Art aufzufassen.

Schottland, bis 1200 m, die glatte Form oft an den Ufern der „Lochs"; Irland.

2. **H. (C.) verrucosus** (Richters) 1900 *Macrobiotus ornatus* var. *v.*, F. Richters in: Ber. Senckenb. Ges., p. 40—42 t. 6 f. 3 | 1905 *M. o.* var. *v.*, John Murray in: Tr. R. Soc. Edinb., *v.* 41 p. 691, 698 t. 3 f. 13b, c | non 1906 *M. o.*, John Murray in: Ann. Scott. nat. Hist., nr. 57 p. 27 t. 3 f. 4, 5 | 1908 *M. o.* var. *verrucosus*, F. Heinis in: Zool. Anz., *v.* 32 p. 638 | 1910 *M. o.* var. *v.*, F. Heinis in: Arch. Hydrobiol., *v.* 5 p. 120 | non 1911 *M. o.* var. *v.*, John Murray in: P. Irish Ac.. *v.* 31 nr. 37 p. 10 t. 2 f. 12a—12c | 1911 *M. scabrosus*, John Murray, ibid., *v.* 31 nr. 37 p. 10 t. 2 f. 11a, b | 1911 *Hypsibius verrucosus*, G. Thulin in: Ark. Zool., *v.* 7 nr. 16 p. 29 f. 14, 14a | 1921 *Macrobiotus ornatus* var. *v.*, F. Heinis in: Festschr. Zschokke, nr. 6 p. 10 | 1928 *M. o.* var. *v.* + *scrabosus*, G. Rahm in: Tierw. Mitteleur., *v.* 3 p. II 9, II 16 | 1928 *Hypsibius v.*, E. Marcus in: Tierw. Deutschl., pars 12 p. 180 f. 220 | 1928 *Calohypsibius scabrosus* + *v.*, G. Thulin in: Hereditas, *v.* 11 p. 238, 239 | 1929 *Hypsibius (Calohypsibius) v.*, E. Marcus in: Bronn, Kl. Ordn., *v.* 5 Abt. 4 Buch 3 p. 471 f. 315 | 1932 *Calohypsibius ornatus v.*, G. Rahm in: Brohmer, Fauna Deutschl., ed. 4 p. 458 | 1932 *Hypsibius scabrosus* + *v.*, Cuénot in: Faune France, pars 24 p. 77, 78 f. 78—80.

Klein, aber größer und meist plumper als *H. (C.) ornatus.* Augenpigment vorhanden. Cuticula mit vielen, meist kleinen, aber ungleich großen, oft eckigen Warzen bedeckt, die an mehreren Stellen des Körpers zu größeren gefalteten Klumpen vereinigt sein können. Die Warzen finden sich auf dem ganzen Körper, einschließlich der von kleinen Höckern besetzten Beine, mit Ausnahme inkonstanter dorsaler Transversalzonen und der Schnauzenpartie. Eine gewisse bilaterale Symmetrie ist bei der Anordnung der Warzen zu erkennen. Von den plattenartigen Klumpen findet sich am regelmäßigsten die zwischen dem 3. und 4. Beinpaar. Mundröhre sehr eng, 1 μ im Durchmesser, beim Eintritt in den Schlundkopf gebogen; Stilette klein. Schlundkopf kugelig, mit Apophysen und 2 Körnern, die etwas länger als breit sind. Krallen größer, namentlich breiter als bei *H. (C.) ornatus* und mit bedeutend kräftigeren Nebenästen; die Nebenspitzen der Hauptäste deutlich. Länge bis zu etwa 250 μ.

Ein Ei in der gehäuteten Cuticula bekannt; sein größerer Durchmesser betrug 64 μ. Es ist nomenklatorisch unhaltbar, wenn John Murray zuerst einen *Macrobiotus ornatus* var. *verrucosus* beschreibt (1905) und dann für ihn den neuen Namen *M. scabrosus* einführt (1911), um den Namen *M. ornatus* var. *verrucosus* für eine Form beizubehalten, die von Richters' gleichnamiger Form ganz verschieden ist. Die

Fig. 234.
Hypsibius (Calohypsibius) verrucosus (Richters).
A von Schottland, *B* von Schweden, Krallen, *C* von Frankreich.

Murraysche Form, „var. *verrucosus*", ist oben als *Hypsibius (Calohypsibius) ornatus* forma *caelata* besprochen worden (vgl. S. 234), während John Murrays erste „var. *verrucosus*" mit *scabrosus* John Murr. zusammen gehört. Fraglich bleibt nur, ob die var. *verrucosus* (1905) mit der von Richters (1900) identisch ist oder nicht. Nur wenn man die etwas bedeutendere Körpergröße (bis 263 μ *verrucosus* John Murr., bis 147 μ *verrucosus* Richters) und das Vorhandensein („in der Regel" bei *verrucosus* John Murr., Thulin 1911) oder Fehlen (*verrucosus* Richters) von Augenpigment als Speciescharaktere gelten läßt, könnte man beide Formen trennen. Dann müßte der *verrucosus* John Murr. natürlich *scabrosus* heißen. In diesem Sinne führen Thulin (1928) und Cuénot (1932) beide Arten auf; Cuénot hat außer dem *H. (C.) scabrosus* (=*verrucosus* John Murr.) auch den *H. (C.) verrucosus* (=*ornatus* var. *verrucosus* Richters) in voller Übereinstimmung mit Richters' Originalabbildung wiedergefunden. Mir scheint das Augenpigment kein brauchbares Merkmal für die Artunterscheidung bei den Macrobiotidae zu sein (vgl. S. 151, 160, 198, 259, 273), vielleicht mit Ausnahme des Subgenus *Diphascon* (vgl. S. 295). Außerdem liegen von beiden „Arten", dem *scabrosus* John Murr. und dem *verrucosus* Richters' keine individuenreichen Populationen mit normalen Gelegen vor. Deshalb scheint mir, daß auch der Größenunterschied keine Trennung der Formen rechtfertigt. Wenn man auf Augenpigment und Größe jemals eine sichere Unterscheidung gründen könnte, sollte man schreiben: *H. (C.) verrucosus* (Richters) und *H. (C.) verrucosus* (Richters) forma *scabrosa* (John Murr.). Einstweilen vereinige ich im Anschluß an Thulins erste Auffassung (1911) den *verrucosus* John Murr. 1905, also den *scabrosus* John Murr. 1911 mit dem *verrucosus* Richters 1900.

Lappland; Schottland, sehr hygrophil; Irland; Wannsee bei Berlin; Mitteldeutschland, Taunus; Süddeutschland, Schwarzwald; Schweizer Alpen, bis 2650 m; Frankreich, Vogesen, Wald von Bersot (Loire).

3. **H. (C.) truncatus** (Thulin) 1928 *Microhypsibius t.*, G. Thulin in: Hereditas, *v.* 11 p. 239, 247—249 f. 20, 21 | 1929 *Hypsibius (Calohypsibius) t.*, E. Marcus in: Bronn, Kl. Ordn., *v.* 5 Abt. 4 Buch 3 p. 472 f. 316 | 1932 *H. t.*, Cuénot in: Faune France, pars 24 p. 88.

Sehr klein; Körpergestalt zylindrisch, caudal und rostralwärts verjüngt, Hinterende quer abgestutzt; Extremitäten kurz. Augenpigment fehlt. Cuticula glatt. Mundröhre nicht sehr eng, nur wenig gebogen, also annähernd gerade verlaufend; die Muskelansatzvorsprünge anscheinend leistenförmig. Schlundkopf oval, mit dünnen Apophysen; die Placoidenreihen, verglichen mit denen der anderen Calohypsibien, verhältnismäßig lang, jede aus 3 Körnern bestehend, das 3. gestreckter und größer als die vorderen. Komma fehlt. Krallen sehr klein, die Hinterkralle jedes Beines etwas größer als die vordere, aber im übrigen dieser ähnlich.

Länge 145 μ. Schlundkopflänge 13,8 μ = 95 ms (vgl. S. 145); Hinterkralle IV 4,0 μ = 27,5 ms; Krallenlängenindex (IV) 1,19 : 1. Äußerer Durchmesser der Mundröhre 10 cph; Schlundkopfbreite 78 cph. Placoidenreihe 35,5 cph. 1. Placoid (Korn) 7,5 × 5,3 cph, 2. 8,7 × 6,0 cph, 3. 11,8 × 6,5 cph.

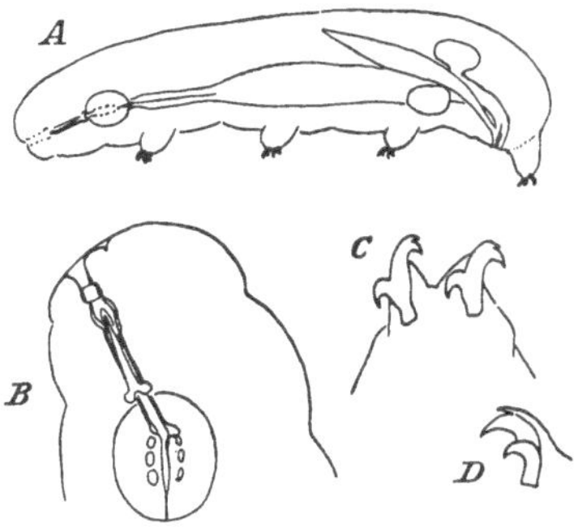

Fig. 235.
Hypsibius (Calohypsibius) truncatus (Thulin).
A lateral, *B* Kopf, *C* Krallen IV, *D* Vorderkralle im Profil.

Eier nicht bekannt, nur ein Stück, und zwar ein Weibchen mit links verlaufenden Oviduct gefunden.

Im Bau der Kralle erinnert die Art an *H.* (*C.*) *ornatus*, der indessen einen etwas niedrigeren Krallenlängenindex hat. Die Einbeziehung des Genus *Microhypsibius* in die Untergattung *Calohypsibius* ist in der Erörterung der Untergattung bereits begründet worden (vgl. S. 232).

Schottland, Killin, in trockenem Moos.

4. **H. (?C.) polychaetus** (Ammann) [Spec. dub. et inquir.] 1909 *Macrobiotus p.*, J. Ammann in: Mt. Ges. Bern, 1908 p. 5 f. 1, 2 | 1910 *M. p.*, F. Heinis in: Arch. Hydrobiol., *v.* 5 p. 118, 120 | 1911 *M. p.*, John Murray in: J. Quekett Club, ser. 2 *v.* 11

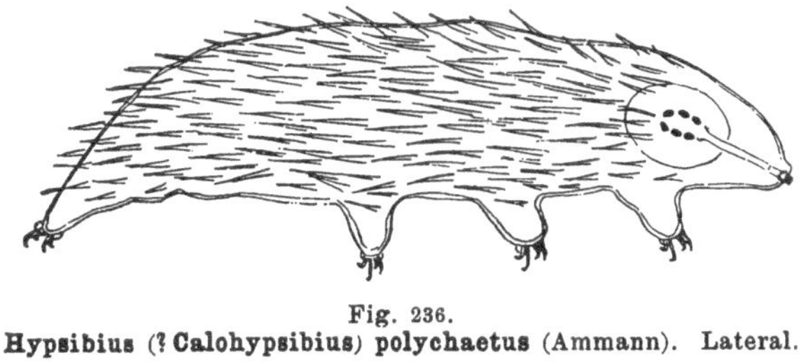

Fig. 236.
Hypsibius (**? Calohypsibius**) **polychaetus** (Ammann). Lateral.

p. 194 | 1911 *Hypsibius p.*, G. Thulin in: Ark. Zool., *v.* 7 nr. 16 p. 27 | 1928 *Macrobiotus p.*, G. Rahm in: Tierw. Mitteleur., *v.* 3 p. II 9 | 1928 *Hypsibius p.*, E. Marcus in: Tierw. Deutschl., pars 12 p. 177 f. 216 | 1929 *H. (Calohypsibius) p.*, E. Marcus in: Bronn, Kl. Ordn., *v.* 5 Abt. 4 Buch 3 p. 473 f. 317.

Körpergestalt ziemlich gedrungen; ohne Augenpigment. Cuticula dorsal und lateral dicht mit langen, unregelmäßig angeordneten Dornen besetzt; Kopf und Beine unbedornt. Stilette eher schwach als kräftig, leicht gebogen. Schlundkopf groß, nach der Originalbeschreibung mit 3 untereinander gleich großen Körnern (siehe Erörterung!); Microplacoid fehlt. Krallen denen des *Hypsibius (H.) oberhaeuseri* (vgl. S. 278) ähnlich, aber der Hauptast der Hinterkralle nicht so dünn und fadenartig wie bei *H. oberhaeuseri*.

Vermutlich handelt es sich bei den ersten der 3 Schlundkopfeinlagerungen um die Apophysen, die im Präparat von der Mundröhre abgedrückt sind. Die Krallen des *H. polychaetus* sind hier in der Abbildung der Beschreibung angenähert worden. Mit Thulin (1911; Hereditas, *v.* 11 p. 247, 1928) ist die Art als ein *Hypsibius* anzusehen; nach Heinis (1910) und Cuénot (Faune France, pars 24 p. 79, 1932) dürfte sie in die Nähe von *H. (Calohypsibius) ornatus* gehören. Vielleicht ist *H. polychaetus* nur ein schlecht beschriebener *H. (C.) ornatus* forma *spinosissima*.

Schweiz, Thurgau.

2. Subgen. **Isohypsibius** Thulin

1928 *I.*, G. Thulin in: Hereditas, *v.* 11 p. 239 | 1929 *I.*, E. Marcus in: Bronn, Kl. Ordn., *v.* 5 Abt. 4 Buch 3 p. 474 | 1932 *I.*, G. Rahm in: Brohmer, Fauna Deutschl., ed. 4 p. 458 | 1934 *I.*, E. Marcus in: Handw. Naturw., ed. 2 *v.* 9 p. 863.

Hinterkralle mit Sonderung in Basal- und Terminalkralle; die Basalkralle ist winkelig gebogen, da der Nebenast ungefähr einen rechten Winkel mit der Basalpartie der Kralle bildet (Hypsibienkrallen-Typus II).

Für 6 der 9 von Thulin untersuchten Arten dieser Untergattung sind crista- oder leistenförmige Muskelansatzvorsprünge am Rostralteil der Mundröhre sicher festgestellt worden; die übrigen Arten sind hinsichtlich dieses Merkmals noch nicht bekannt. Außerdem hat Thulin den Transversalmuskel, der caudal vom 4. Bauchganglion jederseits inseriert, bei den Isohypsibien einfach oder aus 2–3 dicht beieinander verlaufenden Strängen zusammengesetzt gefunden. Eine Ausnahme bildet *H. (Isohypsibius) septentrionalis*. Wie bei den übrigen Macrobiotidae ist bei ihm jener Muskel in 2 Stränge geteilt, die lateral voneinander entfernt entspringen.

Typus der Untergattung: *I. prosostomus* Thulin.

17 sichere Arten, von denen 2 im ganzen 2 benannte Formen aufweisen; 1 unsichere Art.

Hypsibius (Isohypsibius) tuberculatus-Artengruppe

Körper gedrungen, in der Mitte unmittelbar hinter dem 2. Beinpaar am breitesten. Äußere Form in der rostralen und caudalen Hälfte des Körperstammes annähernd übereinstimmend. Extremitäten kurz. Die dorsale Körperwand quergefaltet oder mit stumpfen Buckeln oder spitzen Papillen versehen. Cuticula oft netzförmig gezeichnet. Krallen mäßig groß.

5. **H. (I.) undulatus** (Thulin) 1928 *Isohypsibius u.*, G. Thulin in: Hereditas, *v.* 11 p. 239, 249 f. 22 | 1929 *Hypsibius (I.) u.*, E. Marcus in: Bronn, Kl. Ordn., *v.* 5 Abt. 4 Buch 3 p. 475 f. 318 | 1932 *H. u.*, Cuénot in: Faune France, pars 24 p. 81.

Klein; Körper von der für die *tuberculatus*-Gruppe charakteristischen Gestalt mit großem, vorn abgeflachtem Kopfe. Dorsale Körperwand quergefaltet oder eher gewellt, in jedem Halbsegment 3 „Wellen“ bildend. Cuticula netzförmig gezeichnet. Augenpigment vorhanden. Mundröhre mäßig weit, schwach gebogen, wahrscheinlich mit leistenförmigen Muskelansatzvorsprüngen. Schlundkopf kurz-oval. Apophysen deutlich; 2 kurze, stäbchenförmige Macroplacoiden in jeder Reihe, das vordere größer als das hintere. Komma fehlt. Krallen von mäßiger Größe, mit seitlich zusammengedrückten Ästen, die Nebenäste rechtwinkelig gebogen.

Länge bis 247 μ. Die folgenden Maße beziehen sich auf ein 190 μ langes Stück: Schlundkopflänge 17,6 μ = 93 ms. HinterkralleIV 9,2 μ = 48 ms,

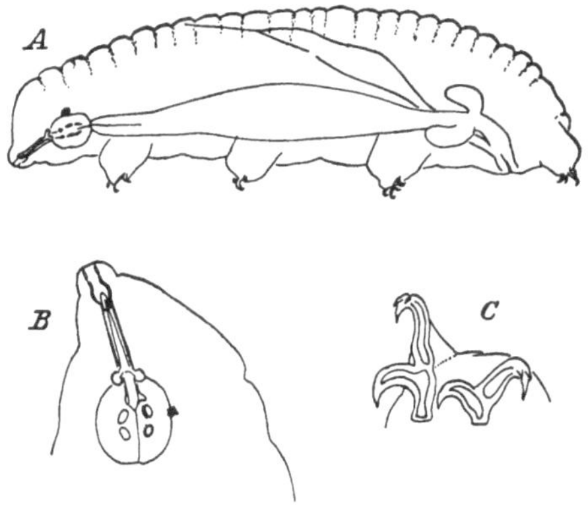

Fig. 237.
Hypsibius (Isohypsibius) undulatus (Thulin). *A* lateral, *B* Kopf, *C* Krallen IV.

Krallenlängenindex (IV) 1,36 : 1. Äußerer Durchmesser der Mundröhre 10,9 cph; Schlundkopfbreite 86 cph; Länge der Placoidenreihe 33 cph; 1. Placoid 16,4 × 7,7 cph; 2. Placoid 13,6 × 7,0 cph.

Ein Gelege mit drei glatten, ovalen Eiern (38 × 44 μ) in der Cuticula gefunden.

Südschweden, in Flechten und Moos.

6. **H. (I.) arcuatus** Bartoš 1934 *H. a.*, E. Bartoš in: Časopis České Spol. ent., *v.* 31 p. 99, 106 f. 2.

Klein; Cuticula glatt, bis auf den Rücken. Hier 20 auf einander folgende Wulste, abwechselnd breitere und schmalere. Leibeshöhlenflüssigkeit und

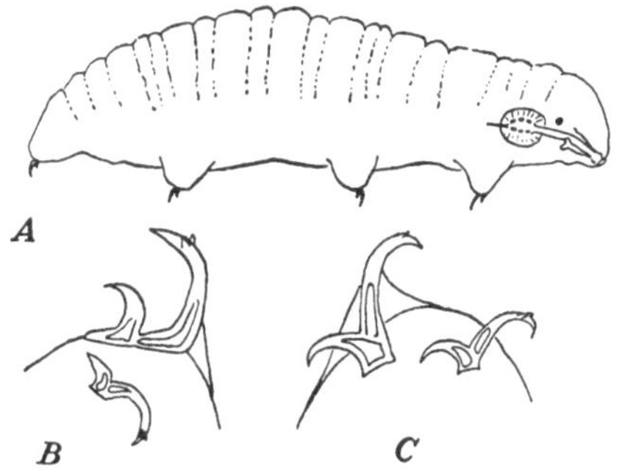

Fig. 238.
Hypsibius (Isohypsibius) arcuatus Bartoš. *A* lateral, *B* Krallen im Profil, *C* Krallen von vorn.

Speicherzellen rötlich-gelb. Augenpigment vorhanden. Mundröhre weit, leicht gebogen. Schlundkopf fast kugelig. Apophysen deutlich. 3 Macroplacoiden, die beiden 1. von gleicher Länge und dicht auf einander folgend, das 3.

größer und vom 2. weiter entfernt. Komma fehlt. Krallen ziemlich klein, mit seitlich zusammengedrückten Ästen, die Nebenäste rechtwinkelig gebogen.

Länge 178—276 μ. Die folgenden Maße beziehen sich auf ein 248 μ langes Stück. Schlundkopflänge 19 μ = 76,6 ms. Hinterkralle IV 8,1 μ = 32,6 ms. Innerer Durchmesser der Mundröhre 14,2 cph; Schlundkopfbreite 97,3 cph. Länge der beiden vorderen Placoiden je 2 μ = 10,5 cph; das 3. Placoid 2,7 μ = 14,2 cph lang.

Der wichtigste Unterschied dieser Art gegenüber dem *H. undulatus* liegt in den 3 Macroplacoiden des *arcuatus* im Gegensatz zu den 2 des *undulatus*.

Tschechoslowakei, Teplice (Trentschin) in Frullania.

7. **H. (I.) septentrionalis** (Thulin) 1928 *Isohypsibius s.*, G. Thulin in: Hereditas, *v.* 11 p. 239, 250 | 1929 *Hypsibius (I.) s.*, E. Marcus in: Bronn, Kl. Ordn., *v.* 5 Abt. 4 Buch 3 p. 476 | 1932 *H. s.*, Cuénot in: Faune France, pars 24 p. 79.

Sehr klein; Körperform, Buccalapparat und Krallen genau wie bei *H. (I.) undulatus*; auch Augenpigment vorhanden. Dorsale Körperwand mit 6 Querreihen von stumpfen Buckeln. Die 1., 3. und 5. Querreihe, die über dem 1., 2. und 3. Beinpaar sitzen, bestehen je aus 3, die 2., 4. und 6. Querreihe aus je 5 Buckeln. Vor der 1. und hinter der letzten Querreihe sitzt außerdem jederseits ein niedriger Buckel. Zwischen und z. T. auch auf den Buckeln ist die Cuticula mit ganz niedrigen, dicht aneinander stoßenden Wärzchen besetzt. Eine netzförmige Zeichnung der Cuticula war nicht zu erkennen. Länge 177 μ.

Eier nicht bekannt.

Die nicht abgebildete und daher nicht ganz sicher zu beurteilende Art steht dem *H.* (*Isohypsibius*) *tuberculatus* offenbar sehr nahe.

Lappland, 750 m, zwischen Moosen und Flechten.

8. **H. (I.) tuberculatus** (Plate) 1888 *Macrobiotus t.*, Plate in: Zool. Jahrb., Anat. *v.* 3 p. 536 t. 22 f. 26 | 1901 *M. t.*, Schaudinn in: Fauna arct., *v.* 2 p. 194 | 1907 *M. t.*, John Murray in: Tr. R. Soc. Edinb., *v.* 45 p. 643—647, 659 t. 4 f. 23a—c | 1908 *M. t.*, F. Heinis in: Zool. Anz., *v.* 32 p. 637 | 1908 *M. t.*, F. Heinis, ibid., *v.* 33 p. 716 | 1910 *M. t.*, F. Heinis in: Arch. Hydrobiol., *v.* 5 p. 120 | 1911 *M. t.*, John Murray in: J. Quekett Club, ser. 2 *v.* 11 p. 194 | 1911 *M. t.*, John Murray in: Ann. Scott. nat. Hist., nr. 78 p. 89 | 1911 *M. t.*, John Murray in: P. Irish Ac., *v.* 31 nr. 37 p. 3 | 1911 *Hypsibius t.*, G. Thulin in: Ark. Zool., *v.* 7 nr. 16 p. 30 f. 15—15b | 1913 *Macrobiotus t.*, John Murray in: J. R. micr. Soc., p. 138, 143 | 1913 *M. t.*, John Murray, Not. nat. Hist. Bolivia Peru, p. 28 | 1914 *M. t.*, R. Menzel in: Arch. Naturg., *v.* 80 A 3 p. 18 | 1915 *M. tubercolatus* [err. pro *tuberculatus*], P. Della Valle in: Annuario Mus. Napoli, n. ser. suppl. fasc. 1 nr. 7 p. 21 | 1919 *M. tuberculatus*, P. Nederström in: Acta Soc. Fauna Fenn., *v.* 46 nr. 8 p. 13 | 1921 *M. t.*, F. Heinis in: Festschr. Zschokke, nr. 6 p. 9 | 1925 *Hypsibius t.*, G. Rahm in: Brohmer, Fauna Deutschl., ed. 3 p. 431 | 1928 *Macrobiotus t.*, G. Rahm in: Tierw. Mitteleur., *v.* 3 p. II 9 f. 29 | 1928 *Hypsibius t.*, E. Marcus in: Tierw. Deutschl., pars 12 p. 187 f. 229 | 1928 *Isohypsibius t.*, G. Thulin in: Hereditas, *v.* 11 p. 240 | 1929 *Hypsibius (Isohypsibius) t.*, E. Marcus in: Bronn, Kl. Ordn., *v.* 5 Abt. 4 Buch 3 p. 476 f. 319 | 1932 *Isohypsibius t.*, G. Rahm in: Brohmer, Fauna Deutschl., ed. 4 p. 458 f. 868 | 1934 *Hypsibius t.*, E. Bartoš in: Časopis České Spol. ent., *v.* 31 p. 100, 106.

Klein bis mittelgroß; farblos; Augenpigment vorhanden. Dorsale Buckel in 10 Querreihen angeordnet, und zwar je 6 in der 3., 5. und 7. Querreihe, 5 in der 1. und 10. Reihe, 4 in der 2., 4., 6. und 8. Reihe, 2 in der 9. Reihe. Cuticula auf und zwischen den Buckeln mit dicht aneinander sitzenden Warzen bedeckt, die eine in der Aufsicht netzförmige Zeichnung bilden. Mundröhre im Rostralteil mit leistenförmigen Muskelansatzvorsprüngen. Schlundkopf oval, mit Apophysen und 2 Stäben, von denen der vordere, längere manchmal in 2 aneinander stoßende Körner geteilt ist; kein Komma. Krallen mit kurzer Basalpartie, von der Haupt- und Nebenast stark divergierend ausgehen; der Hauptast mindestens an der 4. Kralle mit 2 Nebenspitzen. Länge 245—302 µ.

Gelege von 3—5 und mehr, bis zu 21, ovalen Eiern.

Während Cuénot für eine Identität von *H. (I.) tuberculatus* und *H. (I.) sattleri* eintritt (Faune France, pars 24 p. 79, 1932), möchte ich die Art mit den regelmäßigen Querreihen von Buckeln und der feinmaschigen netzförmigen Zeichnung der Cuticula als *H. (I.) tuberculatus* bezeichnen, die Art mit unregelmäßigen Buckeln und grobmaschiger netzförmiger Zeichnung als *H. (I.) sattleri*. Außerdem treten nur bei *sattleri* spitzige Dornen auf. Auch John Murray (1907) und Thulin (1911; 1928) unterscheiden beide Arten.

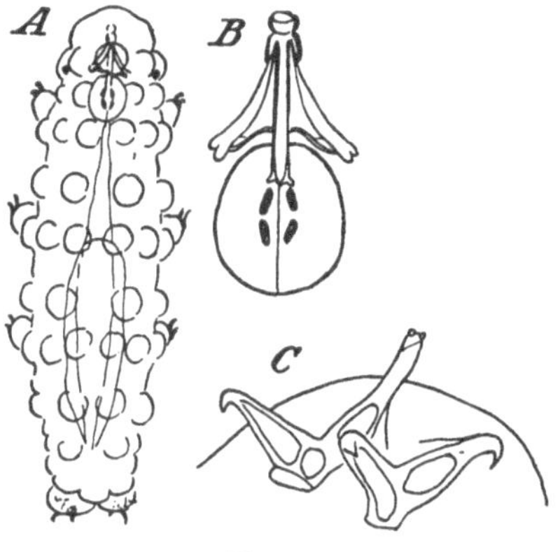

Fig. 289.
Hypsibius (Isohypsibius) tuberculatus (Plate). *A* dorsal, *B* Schlundkopf. *C* Krallen IV.

Die Farbe der Magenzellen ist bei *H. (I.) tuberculatus* gewiß oft gelb, wie Thulin (1911) beobachtet hat, aber das ist kein Artmerkmal. Auch für *H. (I.) sattleri* erwähnt Cuénot (1932, p. 80) gelbe Kugeln im Magen. Bei *H. (I.) tuberculatus* sind die Magenzellen oft auch braun, grün, blau oder farblos, wie bei vielen anderen Arten. Bartoš (1934) hat eine verlängerte Mundröhre einmal bei dieser Art gesehen.

Spitzbergen; Lappland; Schweden; Finnland; Shetlandinseln; Schottland; Irland; Deutschland, Wannsee bei Berlin; Landeshut-Schlesien: Marburg; Schweizer Jura und Alpen bis 2900 m; Tessin, am Ufer das Lago Tremorgio, 1828 m; Karst; Tschechoslowakei; Pyrenäen; Kanaren, Tenerifa; Britisch Ostafrika; Britisch Columbia, Victoria; Bolivia 4000 m.

8a. **H. (I.) tuberculatus** (Plate) **forma gibba** E. Marcus 1915 *Macrobiotus t.* var. *verrucosus*, P. Della Valle in: Annuario Mus. Napoli, n. ser. suppl. fasc. 1 nr. 7 p. 20 t. 9 f. 11—15 | 1928 *Hypsibius t.* forma *gibbus*, E. Marcus in: Tierw. Deutschl., pars 12 p. 187 f. 230 | 1929 *H. (Isohypsibius) t.* forma *g.*, E. Marcus in: Bronn, Kl. Ordn., *v.* 5 Abt. 4 Buch 3 p. 477 f. 320.

Diese Form unterscheidet sich vom Typus durch die zahlreichen und ziemlich wirr gehäuften Buckel, die basal vielfach zusammenstoßen. Als Schlundkopfeinlagerungen werden 3 Macroplacoiden, 2 rostrale kürzere und 1 caudaler längerer Stab angegeben und außerdem 1 Microplacoid.

Die früher von mir geäußerte Meinung (E. Marcus 1929, p. 478), das 1. kurze Macroplacoid als Apophyse anzusehen, möchte ich im Hinblick auf P. Della Valles sonstige Zeichnungen (1915, t. 8 f. 5; t. 11 f. 34) nicht aufrecht erhalten. Vielmehr scheint die auch beim Typus ausgebildete Durchteilung des 1. Macroplacoids in 2 kurze Stäbe bei der forma *gibba* regelmäßig vorzukommen. Daß P. Della Valle (1915, p. 21) keine Nebenspitzen an den Hauptästen gesehen hat, dürfte kaum als Charakter der forma *gibba* zu werten sein; die Nebenspitzen sind auch beim Typus schwer zu erkennen.

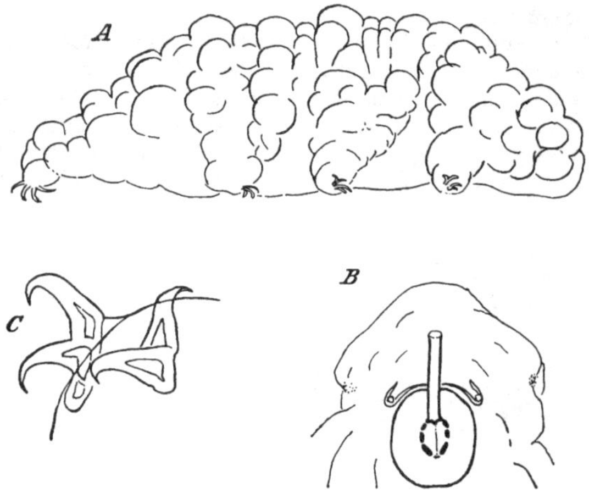

Fig. 240.
Hypsibius (Isohypsibius) tuberculatus (Plate) f. **gibba** E. Marcus.
A lateral, *B* Schlundkopf, *C* Krallen IV.

Mit *H. (I.) sattleri* kann diese Form trotz Cuénots Vorschlag (Faune France pars 24 p. 79, 1932) meines Erachtens nicht vereinigt werden, denn *sattleri* hat viel weniger Höcker. Da der Name *verrucosus* innerhalb des Genus *Hypsibius* bereits vergeben war (*H. (Calohypsibius) verrucosus*, vgl. S. 236), als P. Della Valle seine Varietät beschrieb, mußte der Name geändert werden.

Süditalien, Astroni.

9. **H. (I.) nodosus** John Murr. 1907 *Macrobiotus n.*, John Murray in: J. R. micr. Soc., p. 516, 523 t. 18 f. 6 | 1910 *M. n.*, John Murray in: Brit. antarct. Exp., *v.* 1 p. 118, 120, 148 | 1911 *M. n.*, John Murray in: J. Quekett Club, ser. 2 *v.* 11 p. 194 | 1911 *Hypsibius n.*, G. Thulin in: Ark. Zool., *v.* 7 nr. 16 p. 27 | 1913 *Macrobiotus n.* var., John Murray in: J. R. micr. Soc., p. 138, 140, 143 | 1913 *M. n.*, John Murray, Not. nat. Hist. Bolivia Peru, p. 28 | 1928 *M. n.*, G. Rahm in: Tierw. Mitteleur., *v.* 3 p. II 16 | 1928 *Hypsibius n.*, E. Marcus in: Tierw. Deutschl., pars 12 p. 188 f. 231 | 1929 *H. (Isohypsibius) n.*, E. Marcus in: Bronn, Kl. Ordn., *v.* 5 Abt. 4 Buch 3 p. 478 f. 321 t. 1, f. 12, 15 | 1932 *Isohypsibius n.*, G. Rahm in: Brohmer, Fauna Deutschl., ed. 4 p. 458 | 1932 *Hypsibius n.*, Cuénot in: Faune France, pars 24 p. 80 | 1934 *H. n.*, E. Bartoš in: Časopis České Spol. ent., *v.* 31 p. 100.

Groß; oft gelb. Augenpigment vorhanden. Die Cuticula mit papillentragenden, bald basal aneinander stoßenden, bald getrennten Höckern versehen, die in etwa 7 Querreihen angeordnet sind. In den Querreihen stehen die Buckel in gerader Anzahl, symmetrisch jederseits von der Mittellinie angeordnet. Die Mittellinie selbst ist frei von Buckeln. Die Zahl der Buckel in jeder Transversalreihe beträgt 6, die am weitesten caudalen Querreihen enthalten 4 Buckel. Die Cuticula zwischen den Höckern glatt oder feinwarzig. Muskelansatzvorsprünge im rostralen Teil der Mundröhre leistenförmig. Schlundkopf oval bis kurzoval, 50 µ lang, mit länglichen Apophysen und 2 Macroplacoiden, von denen das 1. doppelt so lang ist wie das 2.; kein Komma. Krallen klein, 30 μ lang bei den größten Stücken. Haupt- und Nebenast beider Krallen in einem Winkel von etwa 90° voneinander divergierend; auch der Nebenast gegen die Basalkralle rechtwinklig geknickt. Bei beiden Krallen sind Haupt- und Nebenast an Länge nur wenig verschieden. Hauptäste der Vorder- und Hinterkralle mit je 2 Nebenspitzen. An der Basis beider Krallen eine zapfenartige, transversale Verdickung. Länge 500 μ und mehr.

Im Gelege bis zu 9 weiße oder lachsfarbene bis rotbraune, elliptische Eier von 68 μ Länge.

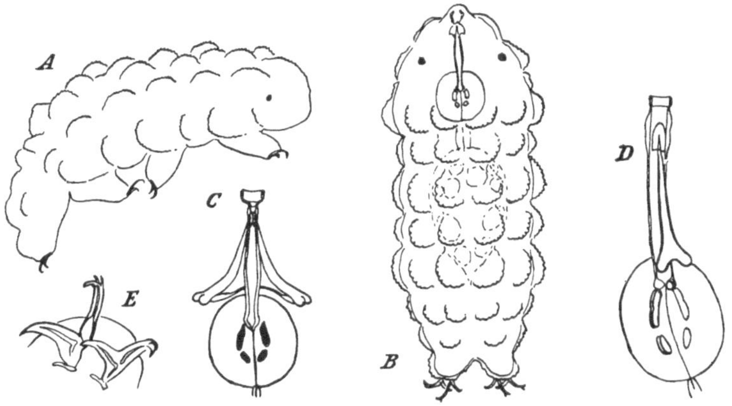

Fig. 241.
Hypsibius (Isohypsibius) nodosus John Murr.
A lateral, *B* dorsal, *C* Schlundkopf, ventral, *D* Schlundkopf, lateral, *E* Krallen.

Die zuerst gesammelten Stücke zeigten einen birnförmigen, sienafarbigen Magen, der freilich weder in Form noch Farbe einen Artcharakter liefert. Bei 160 μ langen, hyalinen, farblosen bis schwach gelblichen Jungtieren waren die Höcker noch nicht entwickelt, und die Papillen waren breit aber sehr undeutlich. Die Macroplacoiden waren, wie oft bei Jungtieren, kürzer als bei den Erwachsenen, und zwar nahezu quadratisch, ebenso breit wie lang. Die gehäutete Cuticula zeigt zwar die Höcker, aber keine Papillen; die Verteilung der Papillen ist durch eine regelmäßige, netzförmige Zeichnung angedeutet.

Deutschland, Harz; Wannsee bei Berlin; Tschechoslowakei; Ungarn; Java, Pangerango, 3000 m; Lombok, 1600 m; Britisch Ostafrika, Uganda; Südafrika, Pretoria; Kapland; Fidschiinseln, Viti-Levu; Macquarie-Inseln; Neuseeland, Nordinsel; Bolivia, 1000—2000 m.

10. **H. (I.) sattleri** (Richters) 1902 *Macrobiotus S.*, F. Richters in: Ber. Senckenb. Ges., p. 12 t. 2 f. 1 | 1903 *L.* [err. pro *M.*] *S.*, F. Richters in: Verh. D. zool. Ges., p. 53 | 1904 *M. S.*, F. Richters in: Ber. Senckenb. Ges., p. 65 t. 4 f. 8 | 1904 *M. S.*, F. Richters in: Verh. D. zool. Ges., p. 238 | 1907 *M. s.*, John Murray in: Tr. R. Soc. Edinb., *v.* 45 p. 643, 644, 646, 647, 660 t. 4 f. 26a–c | 1907 *M. s.*, John Murray in: J. R. micr. Soc., p. 272 | 1907 *M. s.*, F. Richters in: Zool. Anz., *v.* 31 p. 916 | 1907 *M. S.*, F. Richters in: D. Südp.-Exp., *v.* 9 p. 294, 299 | 1908 *M. s.*, F. Heinis in: Zool. Anz., *v.* 32 p. 638 | 1910 *M. s.*, F. Heinis in: Arch. Hydrobiol., *v.* 5 p. 120 | 1910 *M. s.*, John Murray in: Brit. antarct. Exp., *v.* 1 p. 118, 141, 173 | 1911 *M. s.*, John Murray in: J. Quekett Club, ser. 2 *v.* 11 p. 194 | 1911 *M. s.*, John Murray in: Ann. Scott. nat. Hist., nr. 78 p. 89 | 1911 *Makrobiotus S.*, F. Richters in: Camp. arct. Orléans, 1907 p. 14 t. 2 f. 14 | 1911 *Hypsibius S.*, G. Thulin in: Ark. Zool., *v.* 7 nr. 16 p. 28, 31 | 1921 *Macrobiotus S.*, F. Heinis in: Festschr. Zschokke, nr. 6 p. 6, 9, 10, 11 | 1928 *M. s.*, G. Rahm in: Tierw.

Mitteleur., *v.* 3 p. II 10 | 1928 *Hypsibius s.*, E. Marcus in: Tierw. Deutschl., pars 12 p. 182 f. 223 | 1928 *Isohypsibius S.*, G. Thulin in: Hereditas, *v.* 11 p. 239, 240 | 1929 *Macrobiotus S.*, G. Rahm in: Bull. Soc. Fribourg., *v.* 29 Proc.-verb. 19. V. 1927 p. 9 | 1929 *M. S.*, G. Rahm, ibid., 7. III. 1928 p. 6 | 1929 *Hypsibius (Isohypsibius) s.*, E. Marcus in: Bronn, Kl. Ordn., *v.* 5 Abt. 4 Buch 3 p. 479 f. 322 | 1930 *H. (I.) s.*, E. Marcus in: Zool. Jahrb., Syst. *v.* 59 p. 376 | 1932 *Isohypsibius s.*, G. Rahm in: Brohmer, Fauna Deutschl., ed. 4 p. 458 | 1932 *Hypsibius S.*, Cuénot in: Faune France, pars 24 p. 79 f. 82—84 | 1934 *H. s.*, E. Bartoš in: Časopis České Spol. ent., *v.* 31 p. 100, 106.

Sehr klein oder klein; massig. Körperumriß unregelmäßig, wie gelappt, der Kopf wie abgesetzt, rostral gerundet. Augenpigment vorhanden. Kopfpartie fein granuliert oder nahezu glatt. Die Cuticula im übrigen dorsal, lateral und teilweise auf den Beinen mit Warzen bedeckt, die lateral am kleinsten, in der Körpermitte am größten sind. Diese Warzen bedingen ein craquelé-Glas-artiges Aussehen der Cuticula, eine grobmaschige netzförmige Zeichnung mit den größten Polygonen in der Körpermitte. Auf der Dorsalfläche, namentlich in der caudalen Körperpartie, aber auch hinter den Augen

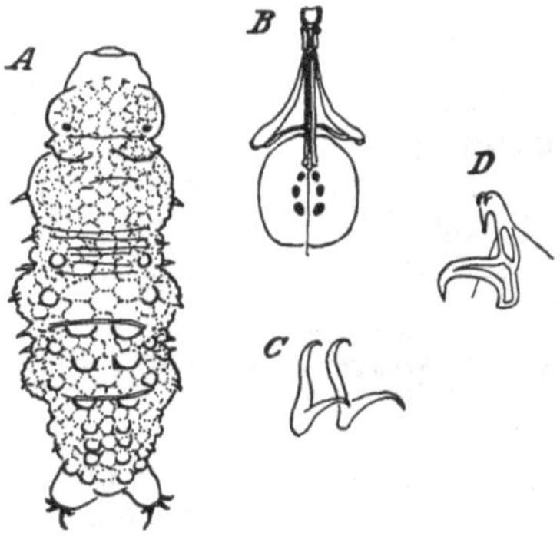

Fig. 242.
Hypsibius (Isohypsibius) sattleri (Richters).
A dorsal, *B* Schlundkopf, *C* Krallen, *D* Hinterkralle IV.

stehen mammilläre, gerundete oder abgeflachte Höcker, bald in 8—9 Querreihen, jede zu etwa 4 Höckern, bald mehr unregelmäßig verstreut und mit kleinen, scharfspitzigen Dornen namentlich lateralwärts untermischt. Die beiden Höcker des mittleren Paares sind rostralwärts schärfer begrenzt als caudalwärts, wo sie mehr oder weniger verschmelzen und als eine gewellte Leiste erscheinen. Mundröhre von mittlerer Weite, wahrscheinlich mit leistenförmigen Muskelansatzvorsprüngen. Schlundkopf kurz-oval, mit Apophysen, ohne Microplacoid. An Macroplacoiden sind beschrieben worden: 3 von vorn nach hinten an Größe zunehmende Körner (John Murray, 1907, p. 272); 2 Stäbe, der vordere etwa $2^1/_2$ mal so lang wie breit und in der Mitte eingeschnürt, der 2. etwa 2 mal so lang wie breit (John Murray, 1910, p. 141) oder ebenso lang wie breit (Cuénot, p. 80, 1932); 2 runde Körner und dahinter ein kurzer Stab (G. Thulin, 1911). Die beiden Krallen eines Beines im allgemeinen an Länge wenig verschieden, in kanadischem Material deutlicher unterschieden. Basalkralle mit den Untergattungscharakteren, der Hauptast mindestens der Hinterkralle mit 2 Nebenspitzen. Länge bis 242 μ.

Gelege von 2—4 elliptischen Eiern (33×45 μ oder 31×50 μ).

Die von Cuénot vorgeschlagene Vereinigung des *Macrobiotus rolléi* und des *H. (I.) tuberculatus* wie auch seiner forma *gibba* mit *H. (I.) sattleri* ist bei der Erörterung der genannten Arten abgelehnt worden.

Novaja Semlja; Lappland; Südschweden; Orkneyinseln; Schottland; in Moos am Wannsee bei Berlin; Mitteldeutschland, Taunus; Rheingau; Schweizer Jura; Voralpen bei Freiburg-Schweiz; Schweizer Alpen, bis 3289 m; Tschechoslowakei, 1168 m; Frankreich; Corsica, 1900 m; Himalaya, 700 m; Australien, Queensland; Neuseeland, Südinsel; Canada, Rocky Mountains; Kerguelen; Crozet-Inseln.

11. **H. (I.) papillifer** (John Murr.) 1905 *Macrobiotus p.*, John Murray in: Tr. R. Soc. Edinb., *v.* 41 p. 692 t. 3 f. 15a—c | 1907 *M. p.*, John Murray, ibid., *v.* 45 p. 643, 645, 646, 647, 660 | 1910 *M. p.*, John Murray in: Brit. antarct. Exp., *v.* 1 p. 118, 141 | 1911 *M. p.*, John Murray in: J. Quekett Club, ser. 2 *v.* 11 p. 194 | 1911 *M. p.*, John Murray in: Ann. Scott. nat. Hist., nr. 78 p. 89 | 1911 *Makrobiotus p.*, F. Richters in: Camp. arct. Orléans, 1907 p. 15 | 1911 *Hypsibius p.*, G. Thulin in: Ark. Zool., *v.* 7 nr. 16 p. 27 | 1921 *Macrobiotus p.*, F. Heinis in: Festschr. Zschokke, nr. 6 p. 11 | 1928 *M. p.*, G. Rahm in: Tierw. Mitteleur., *v.* 3 p. II 10 | 1928 *Hypsibius p.*, E. Marcus in: Tierw. Deutschl., pars 12 p. 181 f. 221 | 1928 *Isohypsibius p.*, G. Thulin in: Hereditas, *v.* 11 p. 240 | 1929 *Hypsibius (Isohypsibius) p.*, E. Marcus in: Bronn, Kl. Ordn., *v.* 5 Abt. 4 Buch 3 p. 480 f. 323 | 1932 *H. p.*, Cuénot in: Faune France, pars 24 p. 81 | 1933 *H. p.*, E. Bartoš in: Příroda Ostrava, *v.* 26 nr. 7 p. 3 | 1934 *H. p.*, E. Bartoš in: Časopis České Spol. ent., *v.* 31 p. 101, 106 f. I, 7.

Klein; hyalin; Augenpigment vorhanden. Dorsal und lateral sowie an der Basis jedes 4. Beines einzeln stehende mammilläre Fortsätze, d. h. Fortsätze mit breiter, oft halbkugelförmiger Basis, der eine dornartige oder wohl auch distal etwas gerundete Spitze aufsitzt. Stilette kräftig, gekrümmt; Schlundkopf etwas länger als breit mit 3 untereinander gleichartigen, kurzen Stäben, die etwa doppelt so lang wie breit sind. Äußere und innere Krallen eines Beines an Größe wenig verschieden. Länge bis zu 250 μ.

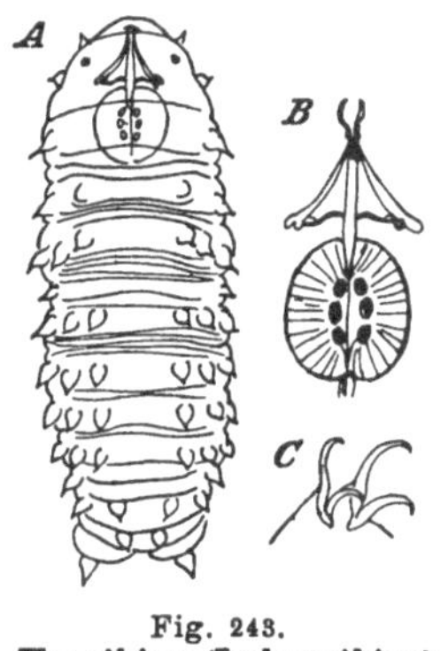

Fig. 243.
Hypsibius (Isohypsibius) papillifer (John Murr.). *A* dorsal, *B* Schlundkopf, *C* Krallen.

Gelege mit bis zu 6 Eiern.

Die mammillären Höcker, nach ihrer Form wie nach ihrer Anordnung, unterscheiden die Art von dem nahestehenden *H. (I.) sattleri.* Die Zahl und Form der Placoiden und die beschriebenen Skulpturverhältnisse trennen sie von *H. (I.) tuberculatus.* Für die Beurteilung des Baues der Krallen, namentlich der Basalkralle, hat G. Thulin die Kralle der hier als forma *bulbosa* aufgeführten Form herangezogen (vgl. Fig. 244 *C*). Die einzige vorhandene Abbildung der Krallen des typischen *H. (I.) papillifer,* die hier wiedergegeben ist (Fig. 243 *C*), ist wie andere ältere Krallenbilder von Isohypsibien nicht geeignet, um die Zugehörigkeit der Art zum Subgenus *Isohypsibius* zu erkennen. Aber die etwas neuere Darstellung der forma *bulbosa*-Krallen berechtigt dazu, auch die typische Form als *Isohypsibius* zu bezeichnen.

Grönland; Spitzbergen; Schottland; Schweizer Alpen, 1800 m; Tschechoslowakei, 2000 m; Australien, australische Alpen, 1700 m; Neuseeland, Südinsel.

11a. **H. (I.) papillifer** (John Murr.) forma **bulbosa** E. Marcus 1911 *Macrobiotus p.* var., John Murray in: P. Irish Ac., *v.* 31 nr. 37 p. 10 t. 2 f. 10A—C | 1928 *M. p.* var., G. Rahm in: Tierw. Mitteleur., *v.* 3 p. II 10 f. 30 | 1928 *Hypsibius p.* forma *bulbosus*, E. Marcus in: Tierw. Deutschl., pars 12 p. 181 f. 222 | 1929 *H. (Isohypsibius) p.* forma *b.*, E. Marcus in: Bronn, Kl. Ordn., *v.* 5 Abt. 4 Buch 3 p. 481 f. 324 | 1932 *H. p.* forma *b.*, Cuénot in: Faune France, pars 24 p. 81.

Die Form stimmt mit dem Typus der Art hinsichtlich des Augenpigmentes, der Form des Buccalapparates und der Schlundkopfeinlagerungen überein. Bei den mammillären Fortsätzen ist die Basalpartie eine große Halbkugel, der die brustwarzenartige Papille aufsitzt. In den vorderen und mittleren Partien der dorsalen Cuticula stehen je 6 derartige basal aneinander stoßende Fortsätze in einer Querreihe, im caudalen Teil, vor dem 4. Beinpaar nur 4. Auf der Basis des 4. Beinpaares eine große spitze Papille mit halbkugeliger Basis. Vorder- und Hinterkralle etwas verschieden; Basal- und Terminalkralle ungefähr in rechtem Winkel divergierend. Länge 200 μ.

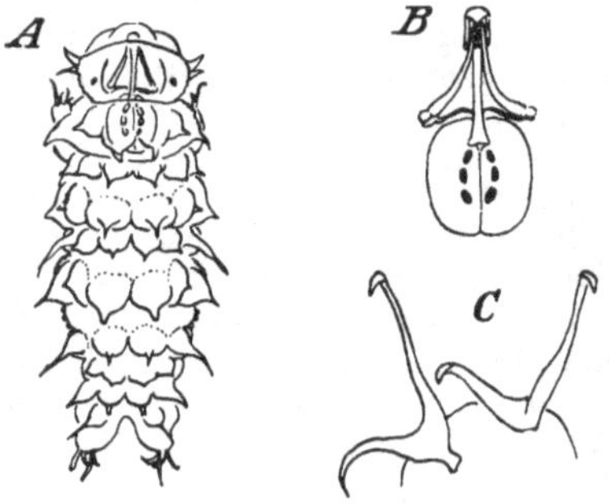

Fig. 244.
Hypsibius (Isohypsibius) papillifer (John Murr.) f. **bulbosa** E. Marcus.
A dorsal, *B* Schlundkopf, *C* Krallen.

Da Murray (1911) die Übereinstimmung im Bau der Krallen bei seiner „Varietät" und dem Typus erwähnt, ist dessen Einordnung im Subgenus *Isohypsibius* berechtigt. Die vom Typus erheblich abweichenden Skulpturverhältnisse der forma *bulbosa* rechtfertigen eine gesonderte Benennung; Murray hat erwogen, seine „Varietät" als eigene Art anzusehen.

Schottland, in Sphagnum-Moor; Irland, in Salzsumpf; in Moos am Wannsee bei Berlin.

Hypsibius (Isohypsibius) prosostomus-Artengruppe

Körper gestreckt, mit kurzen Extremitäten; Cuticula glatt; Krallen mäßig groß.

12. **H. (I.) schaudinni** (Richters) 1901 *Macrobiotus macronyx* [part.], Schaudinn in: Fauna arct., *v.* 2 p. 193 | 1909 *Makrobiotus Schaudinni*, F. Richters in: Ber. Senckenb. Ges., p. 32 t. 1 f. 3, 4 | 1911 *Macrobiotus s.*, John Murray in: J. Quekett Club, ser. 2 *v.* 11 p. 194 | 1911 *M. s.*, John Murray in: Ann. Scott. nat. Hist., nr. 78 p. 89, 93 t. 1 f. 3a—c | 1911 *M. s.*, John Murray in: P. Irish Ac., *v.* 31 nr. 37 p. 3, 11 t. 3 f. 16A, B | 1911 *Hypsibius S.*, G. Thulin in: Ark. Zool., *v.* 7 nr. 16 p. 28 | 1928 *Macrobiotus s.*, G. Rahm in: Tierw. Mitteleur., *v.* 3 p. II 7 f. 27 | 1928 *Hypsibius s.*, E. Marcus in: Tierw. Deutschl., pars 12 p. 192 f. 235 | 1928 *Isohypsibius S.*, G. Thulin in: Hereditas, *v.* 11 p. 240, 250 | 1929 *Hypsibius (Isohypsibius) s.*, E. Marcus in: Bronn, Kl. Ordn., *v.* 5 Abt. 4 Buch 3 p. 482 f. 325 | 1930 *H. (I.) s.*, E. Marcus in: Zool. Jahrb., Syst. *v.* 59 p. 376 | 1932 *Isohypsibius s.*, G. Rahm in: Brohmer, Fauna Deutschl., ed. 4 p. 458 | 1935 *Hypsibius (I.) S.*, E. Marcus in: Miss. sci. Omo, *v.* 2 p. 250.

Mittelgroß; Augenpigment vorhanden. Mundröhre 3 μ weit, mit leistenförmigen Muskelansatzvorsprüngen. Schlundkopf kurz-oval, von 45 μ Länge, mit deutlichen Apophysen, 3 von vorn nach hinten an Größe zunehmenden, abgerundeten Macroplacoiden und kleinem Microplacoid, das oft fehlt. Krallen eines Beines an Länge verschieden. Bei beiden Haupt- und Nebenast nur basal vereinigt; der Hauptast der größeren Kralle ziemlich dünn, am 4. Beinpaar etwa 20 μ lang. Der Nebenast der Hinterkralle geht in rechtem Winkel von der Basalpartie aus. Länge bis 368 μ.

Gelege von 3 glatten Eiern (72 μ Länge).

Thulin hat eine Reihe von Merkmalen genannt (1928), die den *H. schaudinni* von *H. prosostomus* unterscheiden. Von diesen Merkmalen ist zwar der Besitz eines Microplacoids keine Eigentümlichkeit nur des *H. prosostomus,* denn das Microplacoid kommt auch bei *H. schaudinni* vor, wie von Richters (1909), John Murray (1911, p. 11)

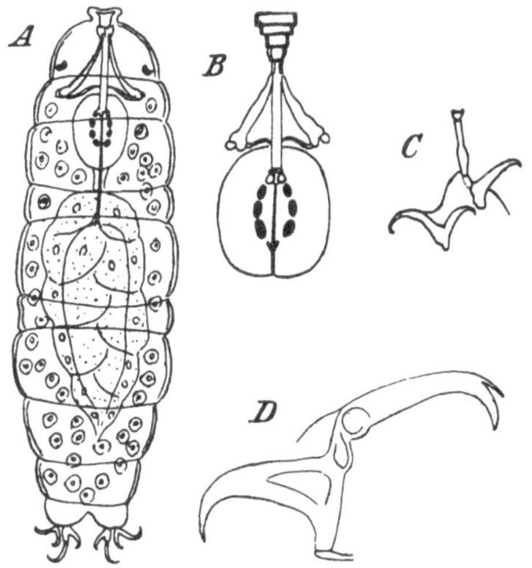

Fig. 245.
Hypsibius (Isohypsibius) schaudinni (Richters).
A dorsal, *B* Schlundkopf, *C* Krallen, *D* Hinterkralle II, gepreßt.

und mir angegeben worden ist (1930). Aber es bleiben doch mehrere Charaktere, die beide Species trennen. Unter diesen möchte ich die bei den Hypsibien ungewöhnliche, gerade nach vorn gerichtete Mundöffnung bei *H. prosostomus* besonders hervorheben und eine Vereinigung des *H. prosostomus* mit dem *H. schaudinni* unterlassen, die Cuénot (Faune France, pars 24 p. 86—87, 1932) vorgeschlagen hat. Der länglich-ovale Schlundkopf und die Abmessungen der Macroplacoiden in Cuénot's *prosostomus*-Material zeigen, daß seine Stücke richtig bestimmt sind. Zu *H. schaudinni* mit kurz-ovalem Schlundkopf und kürzeren Macroplacoiden, die von vorn nach hinten an Größe zunehmen, könnte man diese französischen Tiere nicht stellen.

Die hygrophile, euryhygre Art ist zwar vielfach an nassen, aber auch an trockenen, stark besonnten Biotopen gefunden worden.

Spitzbergen; Schottland; Irland; Westdeutschland, Eifel; Ostdeutschland, Schlesien, 600 m; Schweiz, Wallis, 2200 m; Britisch-Ostafrika.

13. **H. (I.) prosostomus** (Thulin) (non 1866 *Macrobiotus tetradactylus*, R. Greeff in: Arch. mikr. Anat., *v.* 2 p. 119 t. 6 f. 2, t. 7 f. 13) | 1911 *Hypsibius t.* [non R. Greeff], G. Thulin in: Ark. Zool., *v.* 7 nr. 16 p. 28, 32 f. 16—16b | 1915 *H. t.*, P. Della Valle in: Annuario Mus. Napoli, n. ser. suppl. fasc. 1 nr. 7 p. 31 | 1919 *Macrobiotus t.*, P. Nederström in: Acta Soc. Fauna Fenn., *v.* 46 nr. 8 p. 12 | ? 1920 *M. t.*, Loman in: Tijdschr. Nederl. dierk. Ver., ser. 2 *v.* 18 p. XLV | 1925 *Hypsibius t.*, G. Rahm in: Arch. Naturg., *v.* 90 A 7 p. 190 | 1925 *H. t.*, G. Rahm in: Brohmer, Fauna Deutschl., ed. 3 p. 433 | 1928 *Macrobiotus t.*, G. Rahm in: Tierw. Mitteleur., *v.* 3 p. II 8 f. 20 | 1928 *Hypsibius t.*, E. Marcus in: Tierw. Deutschl., pars 12 p. 192 f. 237 | 1928 *Isohypsibius prosostomus*, G. Thulin in: Hereditas, *v.* 11 p. 239, 240, 250 | 1929 *Macrobiotus tetradactylus*, G. Rahm

in: Bull. Soc. Fribourg., *v.* 29 Proc.-verb. 19. V. 1927 p. 8 | 1929 ***Hypsibius (Isohypsibius) prosostomus***, E. Marcus in: Bronn, Kl. Ordn., *v.* 5 Abt. 4 Buch 3 p. 483 f. 326 | 1930 ***H. (I.) p.***, E. Marcus in: Zool. Jahrb., Syst. *v.* 59 p. 377 | 1930 ***H. (I.) p.***, E. Marcus in: Arch. Hydrobiol., Suppl. *v.* 8 p. 71 | 1932 ***Isohypsibius p.***, G. Rahm in: Brohmer, Fauna Deutschl., ed. 4 p. 458 | 1932 ***Hypsibius p.***, Cuénot in: Faune France, pars 24 p. 86 f. 93 | ? 1933 ***(?) Macrobiotus tetradactylus***, E. Bartoš in: Příroda Ostrava, *v.* 26 nr. 6 p. 2 | 1933 ***Hypsibius prosostomus***, E. Bartoš, ibid., nr. 7 p. 2 | 1934 ***H. p.***, E. Bartoš in: Časopis České Spol. ent., *v.* 31 p. 101.

Mittelgroß bis groß; unpigmentiert, hyalin; Augenpigment vorhanden. Mundöffnung nach vorn gerichtet. Mundhöhle ziemlich groß. Mundröhre mittelweit (3 μ), mit leistenförmigen Muskelansatzvorsprüngen. Stilette kurz vor der Furca scharf gebogen. Schlundkopf oval mit Apophysen, 3 Stäben und einem Komma. Der 1. Stab berührt fast die Apophysen, der 2. ist ebenso lang oder nahezu ebenso lang wie der 1. und schließt unmittelbar an ihn an, der 3. folgt in einigem Abstand vom 2. und ist etwas kürzer als

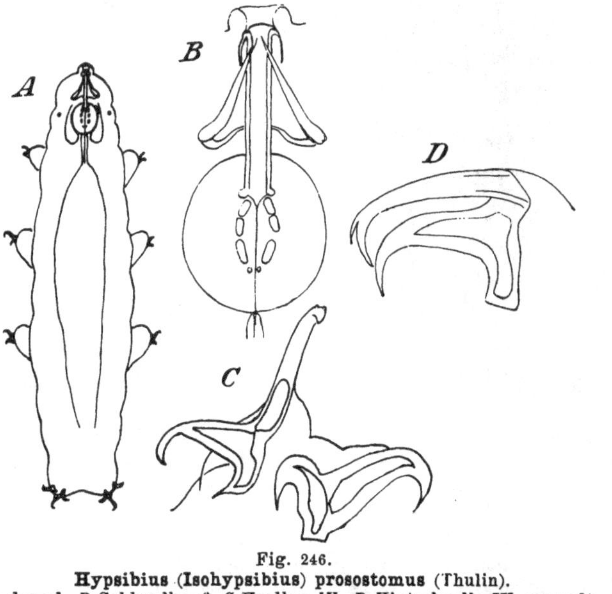

Fig. 246.
Hypsibius (Isohypsibius) prosostomus (Thulin).
A dorsal, *B* Schlundkopf, *C* Krallen IV, *D* Hinterkralle IV, gepreßt.

der 1. und 2. Stab zusammen. Die beiden Krallen eines Beines von sehr verschiedener Länge, die hintere, längere mißt 20,5 μ bei einem 445 μ langen Exemplar. Haupt- und Nebenäste divergieren bei beiden Krallen in annähernd rechtem Winkel. An der Vorderkralle sind die Äste weitgehend abgeplattet, so daß sie bei der gehobenen Kralle bedeutend dünner erscheinen als bei der ausgestreckten. Der Hauptast der Hinterkralle ist dünner als der Nebenast und hat wie bei allen Isohypsibien eine federnde Basis. Die Krallenhaut endet an der scharf markierten Grenze zwischen dem proximalen schwach lichtbrechenden und dem distalen stark lichtbrechenden Teil des Hauptastes; dieser trägt 2 ganz kleine Nebenspitzen. Für die 3 vorderen Beinpaare beschreibt Cuénot (1932) eine kleine cuticulare Spange, die ungefähr von der Basis der Innenkralle aus schräg distalwärts gerichtet ist.

Länge geschlechtsreifer Tiere 325—470 μ. Bei einem 350 μ langen Tier fanden sich folgende Maße: Buccalapparat 65 μ = 185,7 ms; Weite der

Mundröhre 5 μ = 15,1 cph; Schlundkopf 33 μ = 94,3 ms × 28 μ = 85 cph; Placoiden 3 μ, 3 μ, 5 μ = 9, 9, 15,1 cph; Kralle IV 19 μ = 54,3 ms.

Gelege von 3—13 glatten, ovalen (39×52 μ, 45×70 μ) oder kugeligen Eiern. Außer der macrobiotenartig nach vorn gerichteten Mundöffnung des *H. (I.) prosostomus* unterscheidet ihn von *H. (I.) schaudinni* (vgl. S. 247) die bei *prosostomus* geradere Mundröhre, der mehr längs-ovale Schlundkopf, die längere Macroplacoidenreihe (41 cph bei *prosostomus*, 34 cph bei *schaudinni*) und die als gestrecktere Stäbe ausgebildeten Macroplacoiden.

Es ist unmöglich, zu entscheiden, auf welche Species die zahlreichen vor 1911 publizierten Fundorte des *Macrobiotus tetradactylus* zu beziehen sind, denn Greeffs Art ist nicht zu identifizieren. Sie wird im Nachstehenden bei der Erörterung des *H. (H.) convergens* besprochen, denn es liegt nahe, sie auf diese Species zu beziehen. Die Literaturstellen, die *M. tetradactylus* nennen, mögen indessen nicht nur auf *H. (H.) convergens*, sondern z. T. auch auf *H. (H.) dujardini*, auf *H. (Isohypsibius) prosostomus* oder noch andere Arten zu beziehen sein. Das von Bartoš (? 1933) als *(?) Macrobiotus tetradactylus* bezeichnete Material gehört ziemlich sicher zu *H. (Isohypsibius) prosostomus*, denn Bartoš hat bald darauf (1933) den *M. tetradactylus* dem *H. (I.) prosostomus* untergeordnet.

Der euryoeke *H. (I.) prosostomus* ist auch zwischen Algen und in überfluteten Moosen gefunden worden.

Lappland; Finnland; Schweden; ?? Niederlande; Rheinprovinz; Berliner Umgebung, bei Werder, bei Stahnsdorf; Salzburg, 500 m; Voralpen bei Freiburg-Schweiz; Schweizer Alpen, bis 2329 m; Tschechoslowakei, bis 2178 m; Ostfrankreich; Ost-Java, Lamongan-See.

14. **H. (I.) canadensis** (John Murr.) 1910 *Macrobiotus c.*, John Murray in: Brit. antarct. Exp., *v.* 1 p. 171 t. 21 f. 61 a—d | 1911 *M. c.*, John Murray in: J. Quekett Club, ser. 2 *v.* 11 p. 194 | 1911 *Hypsibius c.*, G. Thulin in: Ark. Zool., *v.* 7 nr. 16 p. 27 | 1928 *Macrobiotus c.*, G. Rahm in: Tierw. Mitteleur., *v.* 3 p. II 15 | 1928 *Hypsibius c.*,

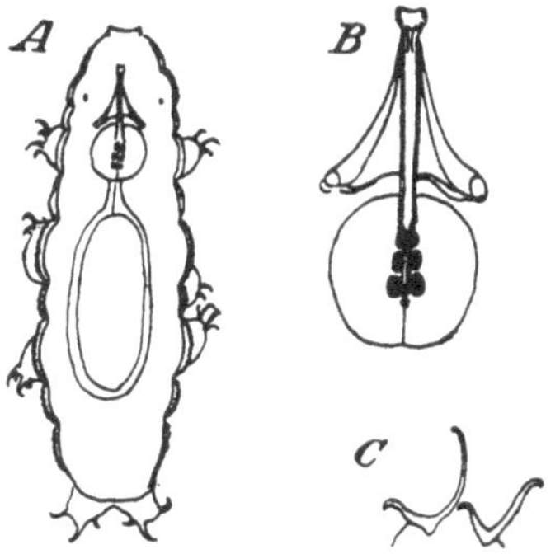

Fig. 247.
Hypsibius (Isohypsibius) canadensis (John Murr.). *A* dorsal, *B* Schlundkopf, *C* Krallen.

E. Marcus in: Tierw. Deutschl., pars 12 p. 191 f. 234 | 1928 *Isohypsibius c.*, G. Thulin in: Hereditas, *v.* 11 p. 240, 250, 251 | 1929 *Hypsibius (Isohypsibius) c.*, E. Marcus in: Bronn, Kl. Ordn., *v.* 5 Abt. 4 Buch 3 p. 484 f. 327 | 1932 *H. c.*, Cuénot in: Faune France, pars 24 p. 90.

Klein; hyalin; Augenpigment vorhanden. Meist unskulpturiert, glatt; manchmal aber auch in der hinteren Körperhälfte oder noch weiter rostralwärts, nie aber überall, mit feinen Papillen versehen. Mundröhre eng; Stilette von ihrer Spitze bis etwas über die Mitte hinaus gerade, dann plötzlich verbreitert und nach außen gekrümmt. Schlundkopf kurz-oval, etwas länger als breit, mit deutlichen Apophysen und 3 kurzen, von vorn nach hinten an Größe zunehmenden Macroplacoiden, die nur an den Ecken schwach gerundet, also im optischen Schnitt annähernd quadratisch sind. Das 1. Macroplacoid liegt längs des Schlundkopflumen, fast parallel mit dessen Längsachse, das 2. und 3. divergieren leicht lateralwärts. Ein Microplacoid fehlt oder ist sehr undeutlich. Krallen eines Beines in Bau und Länge verschieden. Bei der kleineren Innenkralle divergieren Haupt- und Nebenast unter einem Winkel, der weniger als 90° beträgt. Der Hauptast ist sehr viel länger als der Nebenast und basal nur kurz mit ihm vereinigt. Bei der größeren Außenkralle sind Haupt- und Nebenast auch nur basal vereinigt, sie divergieren unter einem mehr als 90° betragenden Winkel. Der Hauptast dieser äußeren Kralle ist besonders dünn, fast borstenähnlich, wie bei *Hypsibius (H.) oberhaeuseri* (vgl. S. 278). Der Bau der Basalkralle kennzeichnet die Art jedoch als einen *Isohypsibius*, der vermutlich in diese 2. Artengruppe des Subgenus gehört. Länge bis zu 225 μ; frischgeschlüpfte Junge 100 μ.

Gelege von länglichen, schmalen Eiern (maximal 70×36 μ).

Die enge Mundröhre und die eckige Form der Macroplacoiden unterscheiden den *H. (I.) canadensis* von den beiden vorstehenden Arten, außerdem ist sein Schlundkopf viel breiter als der von *H. (I.) prosostomus* und breiter als bei *H. (I.) schaudinni*. Die Lage der Macroplacoiden bei *H. (I.) canadensis* ist durchaus eigenartig. Auch der fast borstenähnliche Hauptast der Außenkralle sichert die Selbständigkeit der Art. Murrays Bemerkungen über die Winkel, unter denen Haupt- und Nebenast der Vorder- und Hinterkralle divergieren, sind hier wiedergegeben worden, aber sie sind ohne diagnostischen Wert, da diese Winkel variieren, je nach der Ansicht, in der man die Krallen betrachtet.

Britisch-Columbia: Victoria (Vancouverinsel); Kanada, Rocky Mountains.

15. **H. (I.) tetradactyloides** (Richters) 1907 *Macrobiotus t.*, F. Richters in: Zool. Anz., *v.* 31 p. 916 | 1907 *M. t.*, F. Richters in: D. Südp.-Exp., *v.* 9 p. 294 t. 19 f. 32, 33, t. 20 f. 1—2 | 1911 *M. t.*, John Murray in: J. Quekett Club, ser. 2 *v.* 11 p. 194 | 1911 *Hypsibius t.*, G. Thulin in: Ark. Zool., *v.* 7 nr. 16 p. 28 | 1925 *H. t.*, G. Rahm in: Arch. Naturg., *v.* 90 A 7 p. 191 | 1928 *Macrobiotus t.*, G. Rahm in: Tierw. Mitteleur., *v.* 3 p. II 9 | 1928 *Hypsibius t.*, E. Marcus in: Tierw. Deutschl., pars 12 p. 192 f. 236 | 1928 *Isohypsibius t.*, G. Thulin in: Hereditas, *v.* 11 p. 240 | 1929 *Hypsibius (Isohypsibius) t.*, E. Marcus in: Bronn, Kl. Ordn., *v.* 5 Abt. 4 Buch 3 p. 491 f. 332 | 1930 *H. (I.) t.*, E. Marcus in: Zool. Jahrb., Syst. *v.* 59 p. 378 | 1932 *Isohypsibius t.*, G. Rahm in: Brohmer, Fauna Deutschl., ed. 4 p. 458 | 1932 *Hypsibius t.*, Cuénot in: Faune France, pars 24 p. 81 | 1933 *H. (Isohypsibius) t.*, E. Marcus in: Arch. Hydrobiol., *v.* 26 p. 97 f. 7 | 1933 *H. t.*, E. Bartoš in: Příroda Ostrava, *v.* 26 nr. 7 p. 3 | 1934 *H. t.*, E. Bartoš in: Časopis České Spol. ent., *v.* 31 p. 101.

Wird groß; ist plump und kurzbeinig. Augenpigmentflecken deutlich, oft länglich. Buccalapparat kurz; Mundröhre eng, mit leistenförmigen Muskelansatzvorsprüngen. Schlundkopf oval; im Originalmaterial und bei Harzer Jungtieren (Fig. 248 *B*) mehr länglich-oval, bei Stücken von der Elfenbeinküste (Fig. 248 *A*) kurz-oval; mit Apophysen und 3 Macroplacoiden; ohne Microplacoid. Die Macroplacoiden sind bei Jungtieren von gleicher Länge (Fig. 248 *C*); bei den Stücken von der Elfenbeinküste sind die beiden ersten Macroplacoiden gleich lang, das 3. ist länger (Fig. 248 *A*). Beim Originalmaterial und bei Oldenburger Stücken nehmen die Macroplacoiden von vorn nach hinten an Länge zu. Krallen eines Beines an Länge nicht erheblich verschieden; der rechte Winkel zwischen Nebenast und Basalpartie der Hinterkralle kennzeichnen die Art als einen *Isohypsibius*.

Länge: nach Richters bis 500 μ; nach Rahm bis 450 μ; Material von der Elfenbeinküste maß maximal 400 μ einschließlich des 4. Beinpaares.

Länge des Buccalapparates bei einem 400 μ langen Tier 45 μ (112 ms); Länge der Mundröhre 15 μ (37,5 ms); innerer Durchmesser der Mundröhre 1 μ (3,3 cph); Maße des Schlundkopfes 30×25 μ, die Länge also 75 ms, die Breite 83,3 cph; Länge der Placoidenreihe 11 μ (36,6 cph); 1. und 2. Placoid je 3 μ (10 cph); 3. Placoid 3,5 μ (11,6 cph); Breite der Placoiden 2 μ (6,6 cph); Hinterkralle I 12 μ (30 ms); Hinterkralle IV 17 μ (40,25 ms); Vorderkralle IV 10 μ (25 ms); Krallenlängenindex IV 1,7 : 1.

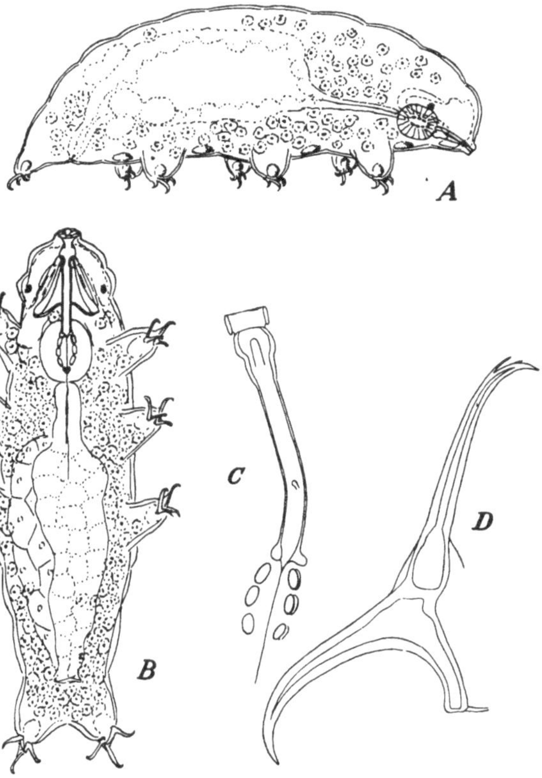

Fig. 248.
Hypsibius (Isohypsibius) tetradactyloides (Richters).
A lateral, *B* Jungtier, ventral. *C* Mundröhre und Placoiden eines Jungtieres im Ei, *D* Hinterkralle IV.

Gelege mit 2–8 glatten, ovalen, im größten Durchmesser etwa 90 μ messenden Eiern.

Ausgewachsene *H. (I.) tetradactyloides* sind kurzbeinig. Das zeigt die Originalabbildung und auch mein Material von der Elfenbeinküste (Fig. 248 A). Deshalb wird diese Art jetzt nicht mehr bei der *annulatus*-Gruppe aufgeführt, die ausgesprochen langbeinige Arten umfaßt.

Hypsibius spec. 5, den Thulin (1928) mit *tetradactyloides* vereinigen will, ist langbeinig, großkrallig und größer als *H. (I.) tetradactyloides*. Außerdem ist bei *Hypsibius* spec. 5 die Mundröhre weiter und die Stilette sind in ungewöhnlicher Weise im rostralen Drittel scharf geknickt. Diese Merkmale trennen beide Arten. Das bei *H. (I.) tetradactyloides* vorhandene, bei *H.* spec. 5 fehlende Augenpigment ist bedeutungslos; der Unterschied im Verhältnis zwischen der Länge des Nebenastes und der Länge des Hauptastes bei beiden Arten (vgl. Fig. 248 *D* und Fig. 254 *D*) ist gewiß nur durch verschiedene Ansicht bedingt.

Der in der Bestimmungstabelle zur Abtrennung des *H. (I.) tetradactyloides* verwendete Charakter des geringen Längenunterschiedes zwischen den Krallen eines Beines ist zwar nach den vorliegenden Beschreibungen bedeutsam, aber doch von geringem Wert, da für keine der übrigen Arten der *H. (I.) prosostomus*-Gruppe die Maße beider Krallen eines Beines vorliegen. Von *H. (I.) canadensis* kann abgesehen werden, denn seine Macroplacoiden-Anordnung und der fast borstenförmige Hauptast der Hinterkralle trennen ihn ausreichend ab. Bei den beiden Arten *H. (I.) prosostomus* und *H. (I.) schaudinni* ist die Außenkralle länger als bei *H. (I.) tetradactyloides* und beide haben eine weitere Mundröhre. Außerdem besitzt *H. (I.) prosostomus* Macroplacoiden von anderen Abmessungen und anderer Anordnung.

H. (I.) tetradactyloides kommt in Landmoos und in Süßwasser vor.

Deutschland, Oldenburg, Eifel, Harz; Schweiz, Wallis, 1700 m; Tschechoslowakei, bis 1680 m; Westafrika, Elfenbeinküste; Crozetinseln; Heardinsel.

Hypsibius (Isohypsibius) annulatus-Artengruppe

Körper gestreckt, mit langen Extremitäten. Cuticula glatt oder mit kleinen Warzen versehen. Krallen groß bis sehr groß. Unter den hierher gehörigen Arten ist eine Reihe ausgesprochen hygrophil.

16. **H. (I.) annulatus** (John Murr.) 1905 *Macrobiotus a.*, John Murray in: Tr. R. Soc. Edinb., *v.* 41 p. 691 f. 14a—c | 1907 *M. a.*, John Murray in: J. Quekett Club, ser. 2 *v.* 10 p. 70 t. 7 f. 2 | 1907 *M. a.*, John Murray in: Tr. R. Soc. Edinb., *v.* 45 p. 643,

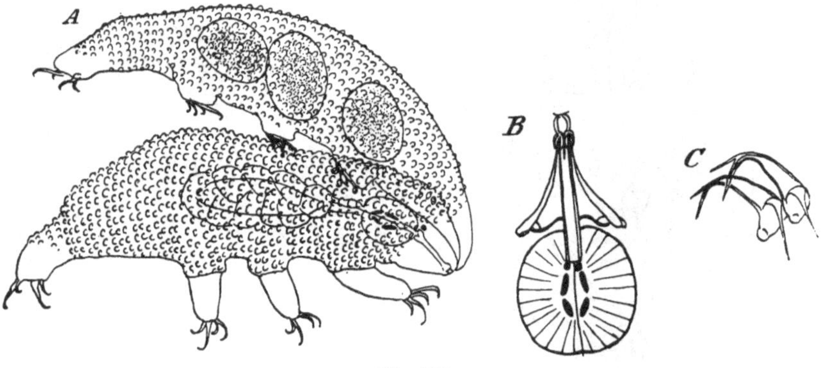

Fig. 249.
Hypsibius (Isohypsibius) annulatus (John Murr.).
A Tier mit Gelege, vgl. Text, *B* Schlundkopf, *C* Krallen.

646, 647, 660 | 1907 *M. a.*, John Murray, ibid., p. 672, 673, 675 | ? 1909 *M. a.?*, C. Carlzon in: Zool. Anz., *v.* 34 p. 142 | 1910 *M. a.*, John Murray in: Brit. antarct. Exp., *v.* 1 p. 118 | 1911 *M. a.*, John Murray in: J. Quekett Club, ser. 2 *v.* 11 p. 194 | 1911 *M. a.*, John Murray in: Ann. Scott. nat. Hist., nr. 78 p. 89 | 1911 *M. a.*, John Murray in: P. Irish Ac., *v.* 31 nr. 37 p. 3 | 1911 *Hypsibius a.*, G. Thulin in: Ark. Zool., *v.* 7 nr. 16 p. 27 | 1928 *Macrobiotus a.*, G. Rahm in: Tierw. Mitteleur., *v.* 3 p. II 16 | 1928 *Hypsibius a.*, E. Marcus in: Tierw. Deutschl., pars 12 p. 184 f. 227 | 1928 *Isohypsibius a.*, G. Thulin in: Hereditas, *v.* 11 p. 240, 252 | 1929 *Hypsibius (Isohypsibius) a.*, E. Marcus in: Bronn, Kl. Ordn., *v.* 5 Abt. 4 Buch 3 p. 485 f. 328 | 1932 *H. a.*, Cuénot in: Faune France, pars 24 p. 81.

Mittelgroß bis groß; blaßgelb[1]); Augenpigment vorhanden. Die gesamte Körperoberfläche mit Ausnahme der Kopfpartie und der distalen Teile

[1]) Die Angabe der Originaldiagnose, daß der Magen braun sei, bedeutet, wie bei *H. (I.) tuberculatus* (vgl. S. 241), *H. (I.) nodosus* (vgl. S. 243) und anderen angegeben, kein Artmerkmal.

der Beine mit Papillen bedeckt, die als ziemlich große, untereinander gleichartige Warzen ausgebildet sind. Die Warzen sind in regelmäßigen, den Körper rings umgreifenden Reihen angeordnet. Ventral, wo Warzen sich gleichfalls finden, verliert sich die Regelmäßigkeit der Reihen. 2—3 von diesen Reihen bilden dadurch einen gemeinsamen Ringel, daß die Warzen einander genähert sind und gegen den nächsten Ringel ein etwas größerer Abstand besteht. Dorsal in der Mitte des Vorderendes des Kopfes findet sich ein Haufen kleiner kugelförmiger Warzen, an dem nach der Häutung das Gelege in der alten Cuticula oft haften bleibt (Fig. 249 *A*). Stilette kräftig, gekrümmt; Schlundkopf beinahe ebenso breit wie lang, also kurzoval, durch eine caudale Einziehung etwas herzförmig gestaltet; mit deutlichen Apophysen und 2 untereinander gleich langen, schmalen Stäben, kein Komma. Die beiden Krallen eines Beines von wenig verschiedener Größe; die Hauptäste beider mit auffallend feinen Nebenspitzen.

Länge bis zu 417 μ und mehr; Jugendformen 142 μ, mit 24 μ langem Schlundkopf, Cuticula glatt, ohne Skulptur, Augenpigment und Nebenspitzen an den Hauptästen der Krallen fehlen.

Gelege von 3—4, selten 5 ovalen, etwa 67 μ langen Eiern, die oft mehrere Tage lang am Kopf des Muttertieres haften bleiben.

John Murray hat (1905) beobachtet, daß die Tiere mehrerer Generationen in Gefangenschaft ihre Gelege mit sich herumtragen, wie Fig. 249 A das darstellt. Er meint, die Tiere heben nach normaler Befreiung aus der alten Cuticula, bei der ja der Kopf zuerst frei wird, das Gelege aktiv auf und vermutet in den beschriebenen dorsalen Kopfwarzen eine Kittdrüse.

Eine solche Brutpflege wäre etwas durchaus vereinzeltes unter den Tardigraden. Das Mitschleppen eines oder zweier Gelege, das bei *H. (I.) augusti* und bei *H. (H.) dujardini* vorkommt (cf. E. Marcus, 1929, p. 161) oder das Verbleiben des Muttertieres in der alten Haut bei den Eiern (E. Marcus, 1929), das z. B. Richters bei *H. (H.) samoanus* als „Brutpflege" beschreibt (Zool. Jahrb., Syst. *v.* 26 p. 209, 1908) sind Ergebnisse unvollständiger Häutung. Bei jeder Eiablage in eine alte Haut ist das Auskriechen der Jungtiere erschwert, wenn die Auskriechöffnung der Mutter nicht normal weit offen steht. Deshalb bedeutet jedes Haften des Geleges an dem Muttertier eine Gefährdung der Jungen. Weder in den arktischen noch in den neuseeländischen Populationen „trugen" die Weibchen ihre Gelege. Wahrscheinlich kriechen die Tiere oft rückwärts aus ihrer alten Cuticula, wobei dann diese am Kopf kleben bleibt. Vielleicht hängt es auch mit der auch ventral warzigen Beschaffenheit der Cuticula zusammen, daß die Auskriechöffnung so hergestellt wird, daß die Hinterbeine zuerst die alte Haut verlassen.

Die Einordnung der Art in der Gattung *Hypsibius*, die Cuénot (1932) unsicher erscheint, halte ich für gesichert nach der Reihenfolge der Haupt- und Nebenäste beider Krallen eines Beines, wie sie die Originalabbildung zeigt. Auch für die Zugehörigkeit der Art zur Untergattung *Isohypsibius* sprechen das Krallenbild der Originaldiagnose (John Murray, 1905, f. 14c) und die namentlich am 4. Beinpaar langen, rechtwinklig voneinander divergierenden Krallenäste auf der späteren Abbildung John Murray's (1907, f. 2) eines Tieres in Dorsalansicht.

In Moos und Süßwasser.

Franz Joseph-Land; Bäreninsel; ? Mittelschweden, im Wasser zwischen Algen; Schottland; Irland; Niederösterreich, Hochmoor bei Lunz; Neuseeland, Südinsel.

17. **H. (I.) asper** (John Murr.) 1906 *Macrobiotus asperus*, John Murray in: Tr. R. Soc. Edinb., *v.* 45 p. 329 t. 2 f. 5a—e | 1907 *M. asper*, F. Richters in: Zool. Anz., *v.* 31 p. 916 | 1908 *M. a.*, F. Richters in: Ergeb. Schwed. Südp.-Exp., *v.* 6 nr. 2 p. 10 | 1911 *M. a.*, John Murray in: J. Quekett Club, ser. 2 *v.* 11 p. 194 | 1911 *Hypsibius a.*, G. Thulin in: Ark. Zool., *v.* 7 nr. 16 p. 27 | 1928 *Macrobiotus a.*, G. Rahm in: Tierw. Mitteleur., *v.* 3 p. II 16 | 1928 *Hypsibius a.*, E. Marcus in: Tierw. Deutschl., pars 12

p. 183 f. 244 | 1928 *Isohypsibius a.*, G. Thulin in: Hereditas, *v.* 11 p. 240, 252 | 1929 *Hypsibius (Isohypsibius) a.*, E. Marcus in: Bronn, Kl. Ordn., *v.* 5 Abt. 4 Buch 3 p. 487 f. 329.

Sehr groß; dunkelbraun, mit Augenpigment; Cuticula dorsal und lateral mit ziemlich großen, unregelmäßig verstreuten, halbkugeligen, anscheinend weichen Höckern; Ventralfläche und Beine glatt. Stilette gekrümmt; Schlundkopf oval, bei einem kleinen Exemplar 50 μ lang, mit 3 kurzen Macroplacoiden, die etwa 2 mal so lang wie breit sind. Das 1. Macroplacoid ist etwas kürzer als die beiden anderen. Microplacoid fehlt. Krallen 24—34 μ lang, die des 1. Beinpaares am kürzesten; die des 4. am längsten. Beide Krallen

Fig. 250.
Hypsibius (Isohypsibius) asper (John Murr.).
A lateral, *B* Schlundkopf, *C* Krallen, ventral, *D* Krallen, lateral.

eines Beines nur wenig an Größe verschieden, die Hauptäste der inneren wie der äußeren fast doppelt so lang wie die Nebenäste und mit je einer, vermutlich mit 2, feinen Nebenspitzen; am 4. Beinpaar die äußere oder hintere Kralle mit beträchtlich stärkerem Hauptast als die vordere oder innere. Länge bis zu 600 μ.

Glatte Eier in Gelegen.

Die Einordnung der Art in das Subgenus *Isohypsibius* hat G. Thulin namentlich auf Grund der langen, rechtwinklig voneinander abstehenden Krallenäste vorgenommen; die rechtwinkelige Krümmung der Basalkralle selber ist in den verfügbaren Abbildungen nicht mit wünschenswerter Deutlichkeit zu erkennen. Quellungs- oder auch Schrumpfungserscheinungen lassen die Höcker bis auf eine polygonale Felderung verschwinden.

Südorkneyinseln; Südgeorgien.

18. **H. (I.) granulifer** (Thulin) 1928 *Isohypsibius g.*, G. Thulin in: Hereditas, *v.* 11 p. 240, 251 f. 23 | 1929 *Hypsibius (Isohypsibius) g.*, E. Marcus in: Bronn, Kl. Ordn., *v.* 5 Abt. 4 Buch 3 p. 488 f. 330 | 1932 *H. g.*, Cuénot in: Faune France, pars 24 p. 86 f. 92 | 1933 *H. (Isohypsibius) g.*, E. Marcus in: Arch. Hydrobiol., *v.* 26 p. 95 f. 5.

Mittelgroß; Körper gestreckt, hinter der Mitte seinen größten Durchmesser erreichend. Vorderkopf über der Mundöffnung relativ steil aufsteigend. Cuticula mit kleinen, nicht in Reihen angeordneten Erhebungen versehen, die dorsal und lateral am größten, ventral und an den Extremitäten ganz winzig sind. Extremitäten lang und kräftig. Augenpigment vorhanden. Mundröhre mäßig weit (2 μ), mit leistenförmigen Muskelansatzvorsprüngen versehen und beim Eintritt in den Schlundkopf wenig gebogen. Schlundkopf kurz-oval. Jede Placoidenreihe aus 3 kurzen Stäben bestehend, die miteinander und mit dem Mundrohrende durch cuticulare Ligamente verbunden sind. Die beiden ersten Macroplacoiden sind gleich groß, das 3. ist länger als jedes der beiden vorhergehenden; oder 1 und 3 sind gleich lang und das mittlere Macroplacoid ist kürzer; oder die Macroplacoiden nehmen von vorn nach hinten an Größe zu, die beiden ersten sind einander genähert. Microplacoid fehlt. Laterale Vasa malpighii vom kurzen, 3lappigen Typus. Krallen groß, mit dünner Basalpartie und langen, von breiter Basis allmählich sich verjüngenden Ästen. Der Hauptast der Hinterkrallen gerade, nach rechtwinkeliger Biegung mit einer fast geraden Spitze endend; die Nebenäste ebenfalls winkelig gebogen. Nebenspitzen der Hauptäste bald kräftig, bald sehr schlank, und nicht an der Krallenspitze sondern im 1. Drittel der Krallenlänge endigend (Fig. 251 *D*).

Länge bis 405 μ. Maße von zwei 400 μ langen Exemplaren (I von Schweden, II von Westafrika): Länge des Buccalapparates II 105 μ (262,5 ms); Länge der Mundröhre II 41 μ (102,5 ms); äußerer Durchmesser der Mundröhre I 11,3 cph; innerer Durchmesser II 7 μ (10,9 cph); Schlundkopflänge I 94 ms, II 64 μ (160 ms); Schlundkopfbreite I 82 cph, II 50 μ (78 cph); Länge der Placoidenreihe I 35 cph, II 26 μ (40,6 cph); 1. Placoid I 7,4×4,5 cph, II 8 μ (12,5 cph); 2. 9,4×5,3 cph, II 6,5 μ (10,1 cph); 3. 13,2×5,6 cph, II 8 μ (12,5 cph); Breite der Placoiden II 1,2 μ (1,87 cph); Hinterkralle IV I 56 ms, II 30 μ (75 ms); Vorderkralle IV II 22 μ (55 ms); Krallenlängenindex IV I 1,30 : 1, II 1,36 : 1.

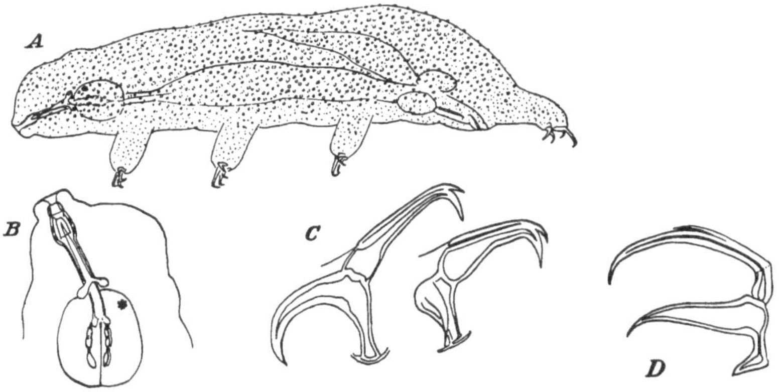

Fig. 251.
Hypsibius (Isohypsibius) granulifer (Thulin).
A lateral, *B* Kopf, *C* Krallen IV, gepreßt, *D* Vorderkralle III.

Eier glatt, oval, 41×52 bis 55×69 μ; zu 6—18 vereinigt in die abgestreifte Cuticula abgelegt.

Die Verbindung der Placoiden untereinander und mit der Mundröhre ist kein besonderes Merkmal dieser Art, sondern alle cuticularen Teile des Buccalapparates hängen bei allen Tardigraden untereinander zusammen. Allerdings sind, nach Thulins schwedischem und nach westafrikanischem Material zu urteilen, bei *H. (I.) granulifer* die interplacoiden Teile der Cuticula verstärkt. Man könnte hierin eine Berechtigung sehen, die Placoiden der Eutardigraden auf die kontinuierlichen Schlundkopfleisten der Heterotardigraden zurückzuführen, wie das in der Erörterung der Familie Macrobiotidae angedeutet worden ist (vgl. S. 142).

Von den beiden anderen Arten der *H. (Isohypsibius) annulatus*-Gruppe mit skulpturierter Cuticula (*asper* und *annulatus*) steht *H. (I.) granulifer* dem *H. (I.) asper* am nächsten, da bei beiden Arten die Papillen verstreut sitzen. Auch finden sich bei *H. (I.) asper* gleichfalls 3 Placoiden, aber die Höcker des *H. (I.) asper* sind viel größer als die kleinen Papillen des *H. (I.) granulifer*, dessen Cuticula Cuénot guillochiert oder gekörnt nennt. *H. (I.) annulatus* ist durch 2 Placoiden und in Reihen angeordnete Warzen deutlich von *H. (I.) granulifer* unterschieden.

Bisher nur aus dem Süßwasser bekannt.

Südschweden, Lund, zwischen Moos in einem Teich; Ostfrankreich; Westafrika, Elfenbeinküste.

19. **H. (I.) augusti** (John Murr.) 1851 *Macrobiotus Dujardin*, J. Kaufmann in: Z. wiss. Zool., *v.* 3 p. 221ff. t. 6 f. 1—20 | ? 1866 *M. macronyx*, R. Greeff in: Arch. mikr. Anat., *v.* 2 p. 105, 111 | non 1866 *M. m.*, R. Greeff, ibid., *v.* 2 p. 120 t. 6 f. 4 | 1892 *M. m.*, Rywosch in: SB. Ges. Dorpat, *v.* 9 p. 90, 91 | 1894 *M. M.*, R. Erlanger in: Biol. Centralbl., *v.* 14 p. 582 | 1895 *M. M.*, R. Erlanger, ibid., *v.* 15 p. 772 | 1895 *M. m.*, R. Erlanger in: Morphol. Jahrb., *v.* 22 p. 491 f. 1—2, t. 20, 21 | 1896 *M. m.*, Rywosch in: Biol. Centralbl., *v.* 16 p. 122 | 1897 *M. m.*, Rywosch, ibid., *v.* 17 p. 753 | 1905 *M. m.*, E. Reukauf in: Prometheus, *v.* 16 p. 409 f. 412—416 | 1906 *M. m.*, Lauterborn in: Verh. D. zool. Ges., p. 267—268 | 1907 *M. angusti*, John Murray in: Tr. R. Soc. Edinb., *v.* 45 p. 646, 647, 660 t. 4 f. 25a—d | 1907 *M. augusti?*, John Murray, ibid., *v.* 45 p. 672, 675 t. 2 f. 13a—b | 1909 *M. a.*, F. Richters in: Ber. Senckenb. Ges., p. 31 Anm. 1 | 1909 *M. angusti*, Aug. Brauer in: Brauer, Süßw.-Fauna, nr. 12 p. 186 | 1910 *M. augusti*, John Murray in: Brit. antarct. Exp., *v.* 1 p. 141 | 1911 *M. a.*, John Murray in: J. Quekett Club, ser. 2 *v.* 11 p. 194 | 1911 *M. angusti*, John Murray in: Ann. Scott. nat. Hist., nr. 78 p. 89 | 1911 *M. macronyx*, J. Henneke in: Z. wiss. Zool., *v.* 97 p. 721 f. 1, 3, 4, 11, 13, 14 | 1911 *M. augusti*, John Murray in: P. Irish Ac., *v.* 31 nr. 37 p. 3, 11 | 1911 *Hypsibius A.*, G. Thulin in: Ark. Zool., *v.* 7 nr. 16 p. 27 | 1913 *Makrobiotus macronyx*, F. Richters in: Handw. Naturw., *v.* 9 p. 1019 | 1914 *Macrobiotus lacustris*, W. Wenck n: Zool. Jahrb., Anat. *v.* 37 p. 469ff. f. K, L, t. 37 | 1919 *M. augusti*, P. Nederström in: Acta Soc. Fauna Fenn., *v.* 46 nr. 8 p. 13 | 1921 *M. macronyx*, Lampert & Lauterborn, Leben Binnengew., ed. 3 p. 225 f. 111 | 1928 *M. angusti*, G. Rahm in: Tierw. Mitteleur., *v.* 3 p. II 15 | 1928 *Hypsibius augusti + dujardini* [part.], E. Marcus in: Tierw. Deutschl., pars 12 p. 194 f. 239, p. 202 f. 249 | 1928 *Isohypsibius megalonyx + Augusti*, G. Thulin in: Hereditas, *v.* 11 p. 240, 252 | 1929 *Hypsibius (Isohypsibius) m. + a.*, E. Marcus in: Bronn, Kl. Ordn., *v.* 5 Abt. 4 Buch 3 p. 489 f. 331; p. 492 f. 333 t. 1 f. 10 | 1930 *H. (I.) m.*, E. Marcus in: Zool. Jahrb., Syst. *v.* 59 p. 377 f. 6 | 1931 *H. (I.) augusti*, E. Marcus in: Arch. Hydrobiol., suppl. *v.* 8 p. 613 | 1932 *Isohypsibius megalonyx + a.*, G. Rahm in: Brohmer, Fauna Deutschl., ed. 4 p. 458 | 1932 *Hypsibius m. + A.*, Cuénot in: Faune France, pars 24 p. 82 f. 9, 85—89, p. 85 f. 90, 91 | 1933 *H. (Isohypsibius) m.*, E. Marcus in: Arch. Hydrobiol., *v.* 26 p. 96 f. 6 | 1933 *H. Augusti*, E. Bartoš in: Příroda Ostrava, *v.* 26 nr. 7 p. 4 | 1934 *H. (Isohypsibius) megalonyx*, E. Marcus in: Zool. Jahrb., Anat. *v.* 58 p. 519 | 1934 *H. augusti + m.*, E. Bartoš in: Časopis České Spol. ent., *v.* 31 p. 101, 102, 106 | 1935 *H. (Isohypsibius) A.*, E. Marcus in: Miss. sci. Omo, *v.* 2 p. 251 f. 1.

Wird sehr groß. Extremitäten lang. Hyalin, mit braunen oder grünen, blaugrünen bis violetten Magenzellen. Augenpigment vorhanden *(megalonyx)* oder fehlend *(augusti)*. Cuticula glatt; bei einigen Stücken des vorliegenden Wiener Materials je ein stumpfer Cuticulazapfen auf den Beinpaaren 1—3 in beiden Geschlechtern (Fig. 252 *G*). Mundöffnung von Lamellen umgeben (Fig. 252 *C*). Mundröhre mit leistenförmigen Muskelansatzvorsprüngen. Weite der Mundröhre sehr variabel von eng bis weit (7,7—14,3 cph). Stilette wenig gebogen. Schlundkopf oval, mit Apophysen. Entweder 2 gleichlange, sehr schmale Macroplacoiden (Fig. 252 *B*), die beide glatt sind; oder die beiden Macroplacoiden von verschiedener Länge und dann beide glatt (Fig. 252 *A*) oder das längere gebrochen (Fig. 252 *E*). Das längere kann das 1. oder das 2. sein. Die Brechung des längeren (1. oder 2.) Macroplacoids kann bis zur Durchschnürung gehen. Es gibt also auch 3 Macroplacoiden, von denen meist das 1. und 3. gleich lang sind. Das 2. ist entweder länger oder kürzer als die beiden anderen (Fig. 252 *C*). Namentlich bei Jungtieren

(Fig. 252 *D*), aber auch bei Erwachsenen kommen etwas breitere Placoiden vor. Microplacoid fehlt. Laterale Vasa malpighii kleeblattförmig. Krallen sehr groß und schlank, Vorder- und Hinterkrallen an Größe wenig verschieden; der Hauptast nur wenig länger als der Nebenast; die Nebenspitzen sehr zart. Beim Männchen ist der Nebenast der Vorderkralle des 1. Beinpaares zu einem breiten, scharf gekrümmten Haken umgebildet (Fig. 252 *G*).

Für Körperlänge und sonstige Maße vergl. die Tabelle S. 258. Weibchen der Art werden bis 900 μ lang, Männchen nur etwa halb so groß.

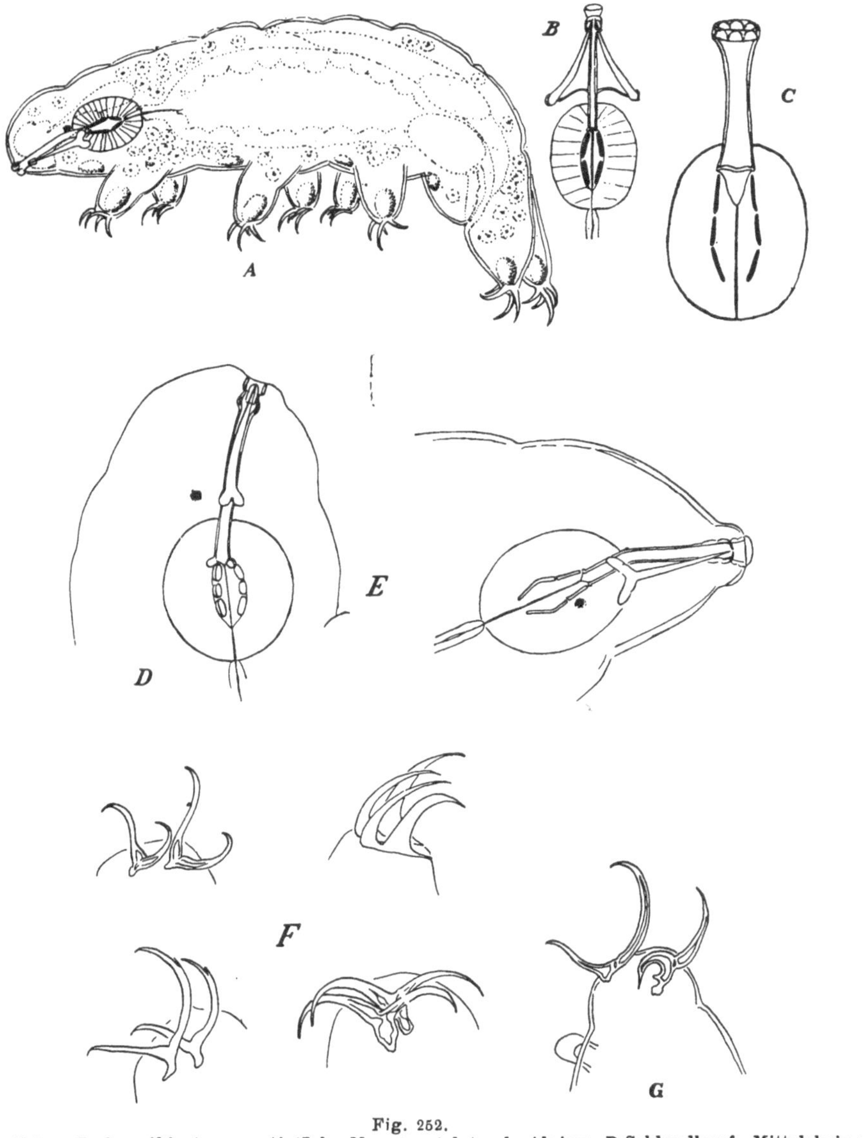

Fig. 252.
Hypsibius (Isohypsibius) augusti (John Murr.). *A* lateral, Algier; *B* Schlundkopf, Mittelrhein; *C* Schlundkopf, Franz Joseph-Land; *D* Kopf, Jungtier, Wannsee; *E* Kopf, adult, Wien; *F* Krallen IV in verschiedener Lage; *G* Bein I, ♂.

Maß-Tabelle für *Hypsibius (Isohypsibius) augusti* (John Murr.) von verschiedenen Fundorten

Material	*augusti* Original-Diagnose	*augusti* Cuénot	*megalonyx* Cuénot ♀	*megalonyx* Gorner-grat[1])	*megalonyx* Algier[2])	*megalonyx* Wien ♀	*megalonyx* Wien ♂	*megalonyx* Wien Jungtier 1	*megalonyx* Wien Jungtier 2	*megalonyx* Wien Jungtier 3	*megalonyx* Wien Jungtier 4	*augusti* Brit. Ost.-Afrika
Augenpigment	fehlt	fehlt	vor-handen	vor-handen	vor-handen	vor-handen	vor-handen	vor-handen	vor-handen	vor-handen	vor-handen	fehlt
Länge des Körpers	757 μ	500 μ	900 μ	200 μ	360 μ	850 μ	350 μ	210 μ	280 μ	340 μ	170 μ	600 μ
Länge des Buccalapparates	150 μ	—	—	—	105 μ	115 μ	82 μ	46 μ	—	—	—	95 μ
Äußerer Durchmesser der Mundröhre	7,5 μ	mittelweit	2 μ	2 μ	4,5 μ	9 μ	4 μ	2,3 μ	2,3 μ	4 μ	2 μ	6,2 μ
Länge des Schlundkopfes	75 μ	—	—	26 μ	57 μ	63 μ	40 μ	23 μ	30 μ	30 μ	22 μ	53 μ
Breite des Schlundkopfes	57 μ	—	—	18 μ	53 μ	50 μ	—	19 μ	—	—	—	44 μ
Länge der Placoidenreihe	46 μ	—	—	9 μ	30 μ	32 μ	—	10 μ	9,2 μ	11,5 μ	7 μ	28 μ
Länge von Placoid 1, 2, 3; bzw. 1, 2	15,3 μ 12,5 μ 15,3 μ	—	—	4 μ 3,5 μ	17 μ 12 μ	8 μ 23 μ	6,5 μ 10 μ	2,5 μ 3 μ 2,5 μ	3 μ 2,5 μ 3 μ	6,5 μ 4,5 μ	2,3 μ 2 μ 2,3 μ	12,5 μ 5 μ 8 μ
cph der Placoiden	20,4; 16,6; 20,4	—	—	15,4; 13,5	29,8; 21,0	12,7; 36,5	16,25; 25,0	13,2; 10,9; 13,2	10; 8,3; 10	21,6; 15,0	10,5; 9,9; 10,5	23,6; 9,4; 15,1
Breite der Placoiden	1,5 μ	—	—	—	1,5 μ	1,5 μ	1,5 μ	—	1,5 μ	—	1,5 μ	—
Länge der Krallen .	22 μ[3])	—	14 μ	26 μ	32 μ	40 μ	35 μ	16 μ	—	—	—	25 μ
Krallenlängenindex IV	—	—	—	—	1,6 : 1	1,33 : 1	—	—	—	—	—	—
cph der Mundröhren-Weite	10,0	—	—	7,7	7,9	14,3	10,0	10,0	7,7	13,3	9,0	11,7

[1]) E. Marcus, 1930, p. 377. — [2]) E. Marcus, 1933, p. 96.

[3]) Legt man für die Größe des in der Originaldiagnose abgebildeten Tieres (1907, t. 4 f. 25a) 757 μ, die Angabe Murray's zugrunde, so kommt man auf eine Krallenlänge von 42 μ. Das ist wahrscheinlich das richtige Maß, und die hier in die Tabelle eingesetzte Angabe Murray's dürfte auf einem Druckfehler beruhen.

Glattschalige Eier in die alte Cuticula abgelegt; die Zahlen sind je nach Ernährungszustand, Jahreszeit und Population sehr verschieden: von 2—9, 10—35 und bis über 60; dieses letzte Gelege in Wiener Material.

Nach gründlichem Studium der gesamten Literatur über die Arten, deren Namen in der Synonymieliste genannt sind und der mir vorliegenden Materialien schlage ich vor, den *H. (I.) megalonyx* mit *H. (I.) augusti* zu vereinigen. Cuénot sagt mit vollem Recht (1932, p. 82) von den Krallen des *H. megalonyx*: „ihr Aussehen ist sehr verschieden, je nach der Lage, die sie unter dem Mikroskop einnehmen“. Das gilt auch durchaus von einer großen Population aus dem Lusthauswasser im Wiener Prater. Die Verschiedenheiten im Habitus der Krallen zeigt Figur 252 F. Nach den Placoiden sind die beiden Arten nicht zu unterscheiden. Schon John Murray (1907, f. 25c und p. 675) hat für Jungtiere und Erwachsene des *H. augusti* gelegentlich 2 statt der normalen 3 Macroplacoiden festgestellt. Die dem *Hypsibius megalonyx* Thulin zugrundeliegenden *Macrobiotus macronyx* (J. Henneke, 1911) und *M. lacustris* (W. Wenck, 1914) besitzen 2 Macroplacoiden; Cuénot hat beim Jungtier 3 deutlich getrennte, beim Erwachsenen zum Teil verschmolzene Macroplacoiden gefunden. Im Wiener Material kommen 3 oder 2 Placoiden vor; das 2. Placoid kann gebrochen sein. Über die Variabilität der Mundröhrenweite gibt die beistehende Tabelle Auskunft, in der auch die übrigen für die Artunterscheidung wichtigen Abmessungen berücksichtigt sind. Beide Extreme, 7,7 und 14,3 cph, finden sich demnach bei Tieren mit Augenpigment, also der Species „*H. megalonyx*“. Es gibt gewiß typische „*megalonyx*“-Populationen mit Augen, enger Mundröhre und 2 schlanken, stabförmigen Macroplacoiden. Als Beispiel hierfür kann Material von Algier dienen. Andererseits sind Stücke wie die aus Britisch Ostafrika typische *H. augusti*: ohne Augenpigment, mit weiter Mundröhre und 3 Placoiden. Es gibt aber Material mit Augen und mit mäßig weiter Mundröhre und 3 kurzen Stäben als Macroplacoiden, wie z. B. das vom Wannsee bei Berlin (Fig. 252 *D*). Gewiß könnte man 2 glatte Isohypsibien des Süßwassers innerhalb der *annulatus*-Gruppe unterscheiden und bei beiden bezüglich der Macroplacoiden eine sehr gleichartige Variationsbreite annehmen. Außerdem müßte man in die Beschreibungen aufnehmen: *augusti*, Weite der Mundröhre 10—11,7 cph; *megalonyx*, Weite der Mundröhre 7,7 –14,3 cph. Zur Trennung der Arten bliebe lediglich das Vorhandensein oder Fehlen von Augenpigment übrig. Wie wiederholt betont wurde (vgl. S. 151, 160, 198, 273), ist jedoch das Vorhandensein oder Fehlen von Augenpigment kein sicher trennendes Speciesmerkmal bei den Macrobiotidae, vielleicht mit Ausnahme des Subgenus *Diphascon*. Anders als *H. (Isohypsibius) augusti* (John Murr.) forma *megalonyx* dürfte man m. E. die glatten Süßwasser-Isohypsibien der *annulatus*-Gruppe mit Augenpigment nicht bezeichnen.

Die Encystierung dieser hygrophilen, stenohygren Species haben W. Wenck (1914, p. 496-502, t. 37 f. 34, 35, t. 38) und Cuénot (1932, p. 83) geschildert. Sie ist aber nicht die einzige Art, die sich encystieren kann; auch von *Macrobiotus dispar M. pullari*, *M. echinogenitus*, *M. coronifer*, *Hypsibius (Isohypsibius) nodosus*, *H. (I.) prosostomus*, *H. (H.) dujardini*, *H. (H.) convergens*, *H. (H.) oberhaeuseri* und von Angehörigen des Subgenus *Diphascon*, z. B. *H. (D.) angustatum* sind Cysten bekannt. Die Angaben über Cysten von Echiniscen (John Murray, Tr. R. Soc. Edinb., *v.* 45 p. 842, 1907) bedürfen noch der Bestätigung (E. Marcus 1929, p. 216—217).

Vorkommen a) ohne Augenpigment: Franz Joseph-Land; Finnland; Schottland; Irland; Mitteldeutschland, Weimar; Tschechoslowakei, 1600 m; Ostfrankreich; Sumatra; Britisch Ostafrika, 3000 m; Australien, Sydney.

b) mit Augenpigment: Estland, bei Dorpat; ?Rheinprovinz bei Bonn; Norddeutschland, bei Berlin und Potsdam; Mitteldeutschland, Weimar; Süddeutschland, Mittelrhein bei Mannheim-Ludwigshafen und bei Breisach; Schweiz, bei Zürich; Wallis, 2700 m; Oesterreich, bei Wien; Ungarn; Belgien; Frankreich; Algier, Oase Tiout bei Aïn Sefra. Von Java, wie ich irrtümlich angegeben habe (Marcus, 1933), liegt die Art bisher nicht vor.

20. **H. (I.) stenostomus** (Richters) 1904 *Macrobiotus macronyx*, F. Richters in: Zool. Anz., *v.* 28 p. 351 | 1908 *M. stenostomus* + *appelloefi*, F. Richters, ibid., *v.* 33

p. 84, 85 f. 4 | 1909 *Makrobiotus s.* + *Appellöfi*, F. Richters in: Naturw. Wochenschr., *v.* 24 p. 332 | 1909 *M. A.* + *s.*, F. Richters in: Ber. Senckenb. Ges., p. 35—37 t. 1 f. 6—8 | 1909 *M. s.* + *appelloefi*, V. Brehm in: Int. Rev. Hydrobiol., *v.* 2 p. 279 | 1911 *Macrobiotus appellofi*, John Murray in: J. Quekett Club, ser. 2 *v.* 11 p. 194 | 1911 *Hypsibius Appellöfi*, G. Thulin in: Ark. Zool., *v.* 7 nr. 16 p. 27 | 1926 *Macrobiotus a.* + *stenostomus*, F. Richters in: Kükenthal & Krumbach, Handb. Zool., *v.* 3 p. 42 | 1927 *M. appelloefi* + *s.*, E. Marcus in: Zool. Jahrb., Syst. *v.* 53 p. 488, 489 | 1928 *M. s.*, G. Rahm in: Tierw. Nord- und Ostsee, Lief. 11 Teil 11 b p. 3—5, 8, 12, 13 f. 8 | 1928 *M. appelöfi* + *s.*, G. Rahm in: Tierw. Mitteleur., *v.* 3 p. II 18 | 1928 *Hypsibius s.*, E. Marcus in: Tierw. Deutschl., pars 12 p. 194 f. 238 | 1928 *Isohypsibius Appellöfi*, G. Thulin in: Hereditas, *v.* 11 p. 240 | 1929 *Hypsibius (Isohypsibius) stenostomus*, E. Marcus in: Bronn, Kl. Ordn., *v.* 5 Abt. 4 Buch 3 p. 494 f. 334 | 1932 *H. s.*, Cuénot in: Faune France, pars 24 p. 87.

Mittelgroß, gedrungen, der größte Durchmesser liegt hinter der Mitte. Stirn gewölbt hervortretend. Cuticula glatt, bei alten Stücken leicht granuliert. Extremitäten kurz. Augenpigment vorhanden. Mundröhre ganz eng (1,5 μ),

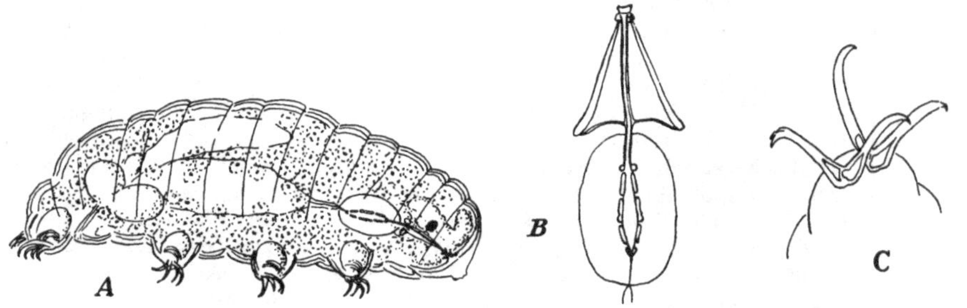

Fig. 253.
Hypsibius (Isohypsibius) stenostomus (Richters). *A* lateral, *B* Schlundkopf, *C* Krallen IV.

schwach gekrümmt. Schlundkopf länglich-oval. Die Placoidenreihe besteht aus 3 Stäben; der vordere und der hintere sind etwa gleich lang, der mittlere ist länger und gebrochen, sein caudaler kleinerer Teil ist fast kugelig. Microplacoid vorhanden. Krallen groß, Haupt- und Nebenäste wenig an Länge verschieden; die Nebenspitzen der Krallenhauptäste können an einzelnen Krallen fehlen.

Länge bis 410 μ; nach Richters 550 μ. Schlundkopflänge bei einem 410 μ langen Tier 55 μ (132 ms); Schlundkopfbreite 36 μ (65 cph); Mundröhrendurchmesser 1,5 μ (3 cph); Placoidenreihe 29 μ (52,7 cph); 1. Placoid 8 μ (14,7 cph), 2. 10 μ (18,2 cph), 3. 8 μ (14,7 cph); nach Richters 9, 6, 8 μ; Hinterkralle IV 32 μ (78 ms); nach Richters 35 μ; Krallenlängenindex IV 1,19 : 1.

Gelege mit 7 Eiern.

Thulin hat diese Species selbst gesehen und nennt sie nicht unter den Arten, deren Muskelansatzvorsprünge an der Mundröhre noch nicht genau bekannt sind (1928, p. 239). Demnach hält er die Muskelansatzvorsprünge für leistenförmig. Nach dem mir vorliegenden Material von Schleimünde und vom Fehmarn-Belt meine ich, daß die Muskelansatzvorsprünge hakenförmig sind. Aber dieses Merkmal ist im vorliegenden Material nicht mit aller wünschenswerten Deutlichkeit zu erkennen, so daß die Frage noch offen bleiben muß.

H. stenostomus ist bisher der einzige rein marine Eutardigrade.

Westliche Ostsee: Schleimünde; Kieler Föhrde, auch im Grundwasser des Strandes; Fehmarn-Belt; auf Rotalgen, Fucus u. a., bis 25,5 m Tiefe; Nordsee, bei Helgoland und bei Bergen.

Hypsibius-Arten, deren Zugehörigkeit zu Isohypsibius wahrscheinlich, aber nicht sicher ist

H. (? I.) spec. 5 1906 *Macrobiotus* spec., John Murray in: Tr. R. Soc. Edinb., *v.* 45 p. 330 t. 3 f. 7a—d | ? 1912 *M.* spec., F. Heinis in: Rev. Suisse Zool., *v.* 20 p. 778 | 1928 *Hypsibius* spec. 5, E. Marcus in: Tierw. Deutschl., pars 12 p. 183—184 f. 225 | 1929 *H. (Isohypsibius)* spec. 5, E. Marcus in: Bronn, Kl. Ordn., *v.* 5 Abt. 4 Buch 3 p. 495 f. 335.

Wird groß; Augenpigment fehlt. Mundröhre von mittlerer Weite Stilette weit rostral scharf geknickt, caudalwärts breit auseinander weichend, Schlundkopf oval, mit 3 kurzen Macroplacoiden, die etwa 2mal so lang wie breit sind. Das 1. Macroplacoid ist etwas kürzer als die beiden anderen.

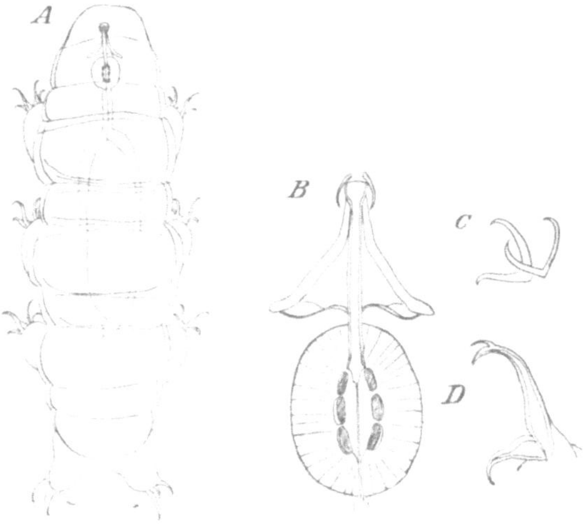

Fig. 254.
Hypsibius (? Isohypsibius) spec. 5. *A* dorsal, *B* Schlundkopf, *C*, *D* Krallen.

Microplacoid fehlt. Außenkrallen nur wenig länger als die Innenkrallen; die Hauptäste der inneren wie der äußeren deutlich länger als die Nebenäste. Statt der einen abgebildeten Nebenspitze dürfte der Hauptast wie gewöhnlich bei den Eutardigraden 2 besitzen. Länge bis 570 µ.

Gelege mit 4 glatten Eiern in der gehäuteten Cuticula.

Die Zuordnung der Art zur Untergattung *Isohypsibius* erscheint kaum weniger sicher als die des *H. (I.) asper*, denn diesem ist die Art nach J. Murray in Krallen- und Schlundkopfmerkmalen sehr ähnlich. Skulptur und Stilette unterscheiden beide Arten sicher; auch bei einem Vergleich des *H. (I.)* spec. 5 mit *H. (I.) tetradactyloides* lassen sich wichtige, wie auch belanglose Unterschiede finden (vgl. S. 251), und deshalb möchte ich nicht wie Thulin (Hereditas, *v.* 11 p. 240, 1928) beide Arten vereinigen. Auch von *H. (I.) augusti* ist *H. (I.)* spec. 5 zu trennen und zwar nach der eigentümlichen Knickung der Stilette und den Maßen der Macroplacoiden. Die geringen *(augusti)* und erheblichen (spec. 5) Längenunterschiede zwischen Haupt- und Nebenast jeder Kralle sind zur Unterscheidung nicht gut verwendbar, denn die Biegungen der Krallenäste machen eine leidlich genaue Messung beider Äste einer Kralle in dem gleichen Präparat fast unmöglich. Die Angaben über das Längenverhältnis von Haupt- und Nebenast lassen sich nur gewissermaßen als habituelles Merkmal beurteilen. Der messende Vergleich zwischen Vorder- und Hinterkralle ist durchführbar, aber in dieser Hinsicht wie auch habituell stimmen *H. (I.) augusti* und *H. (I.)* spec. 5 überein.

Das eine 250 μ lange Exemplar aus dem Rhätikon (Heinis, 1912) ist in seiner Zugehörigkeit zu *H. (I.)* spec. 5 durchaus fraglich.

Südorkneyinseln; ? Alpen, Rhätikon, Lüner See, 1950 m.

21. **H. (I.) indicus** (John Murr.) 1907 *Macrobiotus i.*, John Murray in: J. R. micr. Soc., p. 271 t. 14 f. 6a—c | 1911 *M. i.*, John Murray in: J. Quekett Club, ser. 2 *v.* 11 p. 194 | 1911 *Hypsibius i.*, G. Thulin in: Ark. Zool., *v.* 7 nr. 16 p. 27 | 1913 *Macrobiotus i.*, John Murray in: J. R. micr. Soc., p. 138, 140, 143 | 1928 *M. i.*, G. Rahm in: Tierw. Mitteleur., *v.* 3 p. II 16 | 1928 *Hypsibius i.*, E. Marcus in: Tierw. Deutschl., pars 12 p. 184 f. 226 | 1929 *H. (Isohypsibius) i.*, E. Marcus in: Bronn, Kl. Ordn., *v.* 5 Abt. 4 Buch 3 p. 496 f. 336.

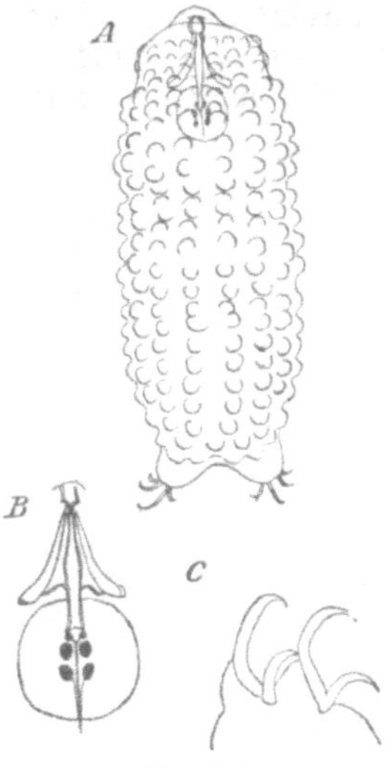

Fig. 255.
Hypsibius (? Isohypsibius) indicus (John Murr.). *A* dorsal, *B* Schlundkopf, *C* Krallen.

Sehr klein. Cuticula mit Warzen versehen, die in vielen, etwa 24 Querreihen angeordnet sind; jede Querreihe mit mehreren, etwa 8, Warzen. Schlundkopf ganz kurz-oval, 18 μ lang, mit deutlichen Apophysen und 2 runden Körnern; kein Microplacoid. Die beiden etwa 7 μ langen Krallen eines Beines an Größe wenig verschieden, Haupt- und Nebenast einen spitzen Winkel bildend. Länge ungefähr 150 μ.

Gelege mit einem ovalen Ei, 42×30 μ.

Die kleineren und zahlreicheren Warzen und die viel größere Zahl von Querreihen unterscheiden die Art von *H. (Isohypsibius) tuberculatus* (vgl. S. 239). Dagegen sind bei *H. (I.) annulatus* die Querreihen noch viel dichter und die Warzen wesentlich kleiner als bei *H. (I.) indicus*. *Hypsibius wibbelti* (vgl. S. 317) hat 3 Placoiden und kleinere Warzen als *H. (I.) indicus*. Bei *H. (Calohypsibius) ornatus* f. *caelata* finden sich zwischen den Warzen-Querreihen die als Reste der Stachelrippen aufgefaßten Linien.

Die Zugehörigkeit der Art zum Genus *Hypsibius* ist sicher, aber die subgenerische Einordnung kann in Ermangelung eines genauen Krallenbildes nicht mit Sicherheit erfolgen. Im allgemeinen zeichnet J. Murray *Isohypsibius*-Krallen in derselben Weise (vgl. Fig. 242, 243), wie er die für *H. indicus* abbildet. G. Thulin meint, die Art könnte auch zu *Calohypsibius* gehören (Hereditas, *v.* 11 p. 246, 1928) und macht dafür die fast kugelige Form des Schlundkopfes und die beiden körnerartigen Macroplacoiden geltend. Mir scheinen die Krallen nach Größe, Schlankheit und kurzer Vereinigung von Haupt- und Nebenast nicht für *Calohypsibius* zu sprechen, und dazu kommt Murrays Bemerkung (1913, p. 140), die Krallen näherten sich dem *Diphascon*-Typ mehr als die Abbildung zeigt. Vielleicht handelt es sich um nicht voll ausgewachsene Stücke, deren zugehörige alte Exemplare 2 kurze, stäbchenförmige Macroplacoiden besitzen wie *H. (I.) undulatus* und *septentrionalis*. Auch die Größe der gefundenen Stücke und das eineiige Gelege lassen vermuten, daß es sich nicht um vollerwachsene Exemplare handelt.

Himalaya; Britisch Ostafrika.

3. Subgen. **Hypsibius (H.)** Thulin

1928 *H.*, G. Thulin in: Hereditas, *v.* 11 p. 240 | 1929 *H.* (s. str.), E. Marcus in: Bronn, Kl. Ordn., *v.* 5 Abt. 4 Buch 3 p. 497 | 1932 *H.* (s. str.), G. Rahm in: Brohmer, Fauna Deutschl., ed. 4 p. 458 | 1934 *H.* s. str., E. Marcus in: Handw. Naturw., ed. 2 *v.* 9 p. 863.

Hinterkralle mit Sonderung in Basal- und Terminalkralle; die Basalkralle verläuft in einem gleichmäßigen Bogen, da der Nebenast als eine unmittelbare Fortsetzung der Basalpartie erscheint. Mundröhre zwischen Stiletträgern und Schlundkopf ohne eine Verlängerung, die länger als der halbe Schlundkopf ist.

Für 6 von Thulin untersuchte Arten dieses Subgenus sind hakenförmige Muskelansatzvorsprünge am Rostralteil der Mundröhre festgestellt worden. Daß dieses Merkmal nicht für alle *Hypsibius (H.)* zutrifft, beweist der nach dem Bau der Krallen hierher gehörige *H. evelinae* (vgl. S. 283). Wie bemerkt, scheint auch der zum Subgenus *Isohypsibius* gehörige *H. stenostomus* (vgl. S. 260) hakenförmige Muskelansatzvorsprünge zu besitzen. Die Untergattungen *Isohypsibius* und *Hypsibius (H.)* sind nur nach den Krallen zu unterscheiden, wozu genaue Profilansicht des Nebenastes der Hinterkralle nötig ist (vgl. S. 223). Die Krallenverschiedenheiten sind gewiß vorhanden, aber der Unterschied ist ein gradueller und reicht keinesfalls aus, um die *Isohypsibius*- und die *Hypsibius (H.)*-Gruppe als Genera gegeneinander abzugrenzen. Es wäre ein unnatürliches System, wenn man diesen graduellen Unterschied ebenso bewerten wollte wie den zwischen *Macrobiotus* und *Hypsibius*, der im Grundplan der Krallen klar hervortritt. Da die Arten der Untergattung *Diphascon* denselben Krallenbau besitzen wie *Hypsibius (H.)*, muß auch die Schlundröhre zur Unterscheidung der beiden Untergattungen in der Diagnose von *Hypsibius (H.)* genannt werden, und zwar mit genauer Längenangabe, da bei *H. (H.) conjungens* eine kurze Schlundröhre auftritt.

Die bisher bekannten *Hypsibius (H.)* haben alle nur 2 Macroplacoiden, während in den anderen Untergattungen 2 und 3 vorkommen. Außerdem ist *Hypsibius (H.)* die einzige Hypsibien-Untergattung, bei der frei abgelegte glatte und auch mit Ausschüssen versehene Eier vorkommen.

Typus der Untergattung: *H. (H.) oberhaeuseri* (Doy.).

21 sichere Arten; 6 unsichere Arten.

22. **H. (H.) dujardini** (Doy.) 1838 *Le Tardigrade*, Dujardin in: Ann. Sci. nat., ser. 2 *v.* 10 p. 183—185, 191 t. 2 f. 4, 5, 7 [nec f. 6] | 1840 *Macrobiotus Dujardin* + ? *Ursellus*, Doyère, ibid., ser. 2 *v.* 14 p. 287, 288 | 1841 *Le Tardigrade proprement dit*, Dujardin, Zooph., p. 663 t. 22 f. 6 A—C | 1851 *Macrobiotus lacustris* + *palustris*, Dujardin in: Ann. Sci. nat., ser. 3 *v.* 15 p. 163, 165 | non 1851 *M. Dujardin*, J. Kaufmann in: Z. wiss. Zool., *v.* 3 p. 221 ff. t. 6 f. 1—20 | ? 1889 *Tardigrade*, Certes in: Miss. Cap Horn, *v.* 6 App. p. L. 47 | ? 1896 *Macrobiotus tetradactylus*, Lance, Contr. Tardigrades, p. 204 | 1901 *M. macronyx* [part.], Schaudinn in: Fauna arct., *v.* 2 p. 193 | 1903 *M. m.*, F. Richters in: Verh. D. zool. Ges., p. 53 | ? 1903 *M. tetradactylus*, F. Richters in: Zool. Anz., *v.* 27 p. 169 | ? 1904 *M. t.*, F. Richters in: Verh. D. zool. Ges., p. 238 | 1904 *M. macronyx* + ? *t.*, F. Richters in: Ber. Senckenb. Ges., p. 63 t. 4 f. 4, p. 64 t. 4 f. 5 | ? 1904 *M. t.*, F. Richters in: Fauna arct., *v.* 3 p. 501 | 1905 *M. macronyx*, F. Richters in: Prometheus, *v.* 16 p. 198 f. 175—176 | 1905 *M. islandicus*, John Murray in: Tr. R. Soc. Edinb., *v.* 41 p. 690 t. 3 f. 12a—c | 1907 *M.* spec., John Murray, ibid., *v.* 45 p. 659 | 1907 *M.* spec., John Murray, ibid., *v.* 45 p. 675 | 1907 *M. murrayi*, F. Richters in: Zool. Anz., *v.* 31 p. 916 | 1907 *M. M.*, F. Richters in: D. Südp.-Exp., *v.* 9 p. 295 t. 19 f. 36, 37, t. 20 f. 3 | 1908 *Makrobiotus macronyx*, F. Richters in: Mikrokosmos, *v.* 1 p. 53 t. 2 f. 2 | ? 1909 *Macrobiotus tredactylus*, M. Sellnick in: Schr. Ges. Königsb., *v.* 49 p. 327 | 1909 *M. lacustris*, F. Richters in: Ber. Senckenb. Ges., p. 30 t. 1 f. 1, 2 | 1909 *M. macronyx* [part.], Aug. Brauer in: Brauer, Süßw.-Fauna, nr. 12 p. 185 f. 279 [nec f. 278] | 1909 *M. lacustris*, Aug. Brauer, ibid., nr. 12 p. 185 f. 280 | ? 1909 *M. islandicus*, V. Brehm in: Int. Rev. Hydrobiol., *v.* 2 p. 280 | 1910 *M. lacustris*, F. Heinis in: Arch. Hydrobiol., *v.* 5 p. 120, 132 | 1910 *M. breckneri*, F. Richters in: Zool. Anz., *v.* 36 p. 9 f. 3 | 1911 *M. lacustris* + *murrayi* + *breckneri*, John Murray in: J. Quekett Club, ser. 2 *v.* 11 p. 194 | 1911 *M. l.*, John Murray in: Ann. Scott. nat. Hist., nr. 78 p. 89, 93 | ? 1911 *M. tetradactylus*, F. Richters in: Al. Koenig, Avifauna Spitzberg., p. 286 | 1911 *Makrobiotus Murrayi*, F. Richters in: Camp. arct. Orléans, 1907 p. 14 | 1911 *Macrobiotus lacustris*, John Murray in: P. Irish Ac., *v.* 31 nr. 37 p. 3 | 1911 *Hypsibius Dujardin*, G. Thulin in: Ark. Zool., *v.* 7 nr. 16 p. 33 f. 17—17b | 1912 *Macrobiotus lacustris*, E. Reukauf in: Centralbl. Bakter., *v.* 63 Abt. I p. 390 f. 1 | 1912

M. l., F. Heinis in: Rev. Suisse Zool., *v.* 20 p. 776, 777 | [1914] *M. macronyx* [part.], Ulmer, Seen Bächen, p. 76 f. 52a [nec 52b] | 1914 *M. lacustris + breckneri*, R. Menzel in: Arch. Naturg., *v.* 80 A 3 p. 17, 18 | non 1914 *M. l.*, W. Wenck in: Zool. Jahrb., Anat. *v.* 37 p. 469ff. f. K—L t. 37 | 1915 *M. ursellus*, P. Della Valle in: Annuario Mus. Napoli, n. ser. suppl. fasc. 1 nr. 7 p. 12 t. 8 f. 1—8 | 1915 *Macrobiobus Dujardin*, P. Della Valle, ibid., p. 6 Anm. 4 | 1916 *Macrobiotus Breckneri*, F. Heinis in: Tätigkeitsber. Ges. Baselland, 1911—1916 p. 83, 92, 98 t. 1 f. 3 | 1917 *M. b.*, F. Heinis in: Zool. Anz., *v.* 49 p. 95 | 1919 *M. lacustris*, P. Nederström in: Acta Soc. Fauna Fenn., *v.* 46 nr. 8 p. 13 | 1920 *M. Dujardin*, Loman in: Tijdschr. Nederl. dierk. Ver., ser. 2 *v.* 18 p. XLV | non 1924 *M. lacustris*, E. Reukauf in: Mikr. Naturfr., *v.* 2 p. 269 | 1925 *Hypsibius dujardin*, G. Rahm in: Brohmer, Fauna Deutschl., ed. 3 p. 433 | 1925 *Macrobiotus ursellus*, G. Teodoro in: Boll. Pesca, *v.* 2 p. 1—3 [Sep.] | ? 1925 *M. lacustris*,

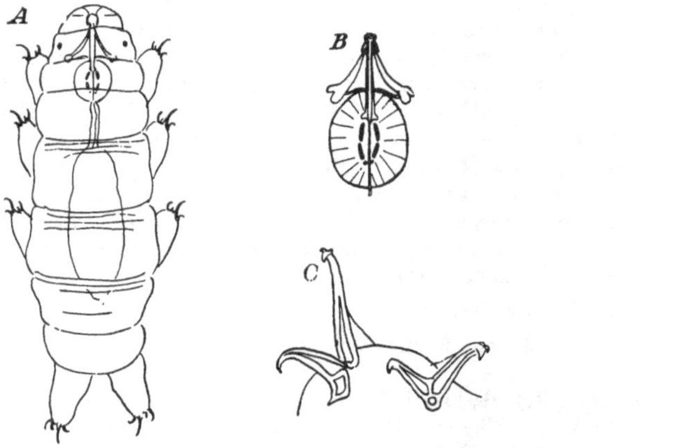

Fig. 256.
Hypsibius (H.) dujardini (Doy.). *A* dorsal, *B* Schlundkopf, *C* Krallen IV.

O. Harnisch in: Zool. Jahrb., Syst. *v.* 51 p. 56 | ? 1925 *M. tetradactylus*, C. Urbanowicz in: Bull. biol. France, *v.* 59 p. 137, 138 f. 1A 2 | 1925 *M. murrayi + brecneri*, C. Urbanowicz, ibid., p. 137, 139 f. 1A 4 | 1928 *M. dujardini + murrayi + spitzbergensis*, G. Rahm in: Tierw. Mitteleur., *v.* 3 p. II 8, II 16 und Anm. 2 f. 21, 22 | non 1928 *M. vanhoeffi*, G. Rahm, ibid., *v.* 3 p. II 8 | 1928 *Hypsibius dujardini* [part.] + *H. murrayi*, E. Marcus in: Tierw. Deutschl., pars 12 p. 202 f. 249; p. 204 f. 251 | 1928 *H. D.*, G. Thulin in: Hereditas, *v.* 11 p. 236, 240 f. 17 | 1929 *Macrobiotus Breckneri*, G. Rahm in: Bull. Soc. Fribourg., *v.* 29 Proc.-verb. 7. III. 1928 p. 5 | 1929 *Hypsibius* (s. str.) *dujardini + murrayi*, E. Marcus in: Bronn, Kl. Ordn., *v.* 5 Abt. 4 Buch 3 p. 497 f. 337 t. 1 f. 18; p. 500 f. 338 | 1930 *H.* (s. str.) *d.*, E. Marcus in: Zool. Jahrb., Syst. *v.* 59 p. 379 | 1931 *H. d.*, G. Rahm in: Revista Chilena, *v.* 35 p. 121, 129, 137 | 1932 *H. d.*, G. Rahm in: Zool. Anz., *v.* 98 p. 97, 120 | 1932 *H. d.*, G. Rahm in: Brohmer, Fauna Deutschl., ed. 4 p. 458 | 1932 *H. D.*, Cuénot in: Faune France, pars 24 p. 73 f. 71—72 | 1933 *H. D.*, E. Bartoš in: Příroda Ostrava, *v.* 26 nr. 7 p. 3 | 1934 *H. d.*, E. Bartoš in: Časopis České Spol. ent., *v.* 31 p. 102.

Mittelgroß bis groß; hyalin; meist mit Augenpigment. Mundöffnung ventralwärts gerichtet; Mundröhre eng (etwa 2 μ), kurz; mit hakenförmigen Muskelansatzvorsprüngen. Stilette nur schwach gebogen, mit besonders kräftiger, gespreizter Furca. Schlundkopf oval, mit Apophysen und 2 Stäben. Diese sind annähernd gleich lang, oder der 1. steht zum 2. etwa im Verhältnis 3 : 2. Das 1. Macroplacoid manchmal mit einer schwachen Einschnürung in der Mitte. Microplacoid vorhanden. Laterale Vasa malpighii kleeblattförmig. Krallen eines Beines von sehr verschiedener Länge, der

Hauptast der größeren bis zu 17 μ lang; beide Krallen nur am Grunde verwachsen, also mit kurzer Basalpartie und langen Ästen. Bei beiden der Hauptast mit 2 Nebenspitzen versehen.

Länge bis zu 500 μ (Dujardin, 1838), die größten in neuerer Zeit gemessenen Stücke sind die chilenischen von Rahm (1932, p. 129-130) mit 493 μ.

Gelege von 2—12 Eiern (Richters, 1908, *M. macronyx;* Thulin, 1911); Richters (1909) hat Gelege von 10—19 Eiern gefunden. Die Eier sind glatt und oval; die Angaben über die Maße variieren: Richters (1910) gibt 45⨯51 μ an (für den hierher gehörigen kleinen *Macrobiotus breckneri);* 1909 nennt er für *lacustris* 65—75 μ als größten Durchmesser. Nederström (1919) gibt folgende Maße: 52,8⨯57,2 μ; 52,8⨯64,8 μ; 55,2⨯67,2 μ; Rahm (1932) gibt 62—73 μ an. Wenig zu der Kleinheit der Tiere (maximal 360 μ) passend erscheinen die Maße der von Della Valle (1915, p. 16) gemessenen Eier 72⨯88 μ.

Die ältere Synonymie der Art hat Della Valle (1915) bearbeitet, aber mit Cuénot (1932, p. 74) lehne ich es ab, die erste binäre Benennung eines Tardigraden, *Acarus ursellus* (O. F. Müller, 1785), wieder aufzunehmen und den Speciesnamen *ursellus* für *Hypsibius (H.) dujardini* zu gebrauchen oder *Trionychicum* (Ehrenberg, 1834, p. 711) an die Stelle von *Hypsibius* zu setzen. Diese historisch wichtigen Namen sind von mir aufgeführt worden (vgl. S. 1), aber zur Bezeichnung bestimmter Genera oder Species sind sie ungeeignet.

Hinsichtlich der neueren Synonymie schließe ich mich Thulin (1911, 1928) größtenteils an. Bezüglich der Identität des *Macrobiotus lacustris* und *M. breckneri* mit dem *Hypsibius (H.) dujardini* bestehen keine Bedenken. Dagegen sehe ich in Thulins Auffassung des *Macrobiotus tetradactylus* (Lance, Richters, Sellnick, Urbanowicz) als „Landform" des *H. dujardini* (Thulin, 1928, p. 247) nur eine der zahlreichen Möglichkeiten, die genannten Funde zu deuten. Thulins Auffassung ist hier als fraglich in die Synonymie übernommen worden. Die einzigen Abbildungen dieser *tetradactylus*-Stücke stammen von C. Urbanowicz (1925) und Richters (1904), der ein Gelege zeichnet, an dem nichts zu erkennen ist. C. Urbanowicz bildet einen länglich-ovalen Schlundkopf ab mit Apophysen und 2 körnerartigen Macroplacoiden von gleicher Größe, ohne Microplacoid, also den Schlundkopf der Originalabbildung des *tetradactylus* (Greeff, Arch. mikr. Anat., *v.* 2 t. 7 f. 13, 1866). Einen solchen Schlundkopf gibt es bei keiner der mit *H. (H.) dujardini* verwandten Species: *dujardini* hat schmale Stäbe und ein Microplacoid, *convergens* breite Stäbe von verschiedener Länge und *pallidus* wie *microps* haben kurz-ovale bis kugelige Schlundköpfe. Bei der Erörterung des *H. (H.) convergens*, den ich im Gegensatz zu Thulin (1928, p. 240) gesondert aufführe, werde ich auf diese Frage zurückkommen.

Den *Macrobiotus murrayi* Richters (1907) hatte ich bisher als selbständige Art aufgefaßt (E. Marcus, 1928; 1929), trotzdem Murray (1911, Ann. Scott. nat. Hist., nr. 78 p. 94) die Unterscheidung des *murrayi* und *lacustris* (= *dujardini)* für kaum durchführbar hält. Da die Angaben über die Länge der Äste der Innenkralle in der Originalbeschreibung und Abbildung nicht übereinstimmen (cfr. E. Marcus, 1929, p. 501), vernachlässige ich jetzt dieses Merkmal. Es bleibt als Besonderheit des *murrayi* die größere Länge, 600 μ gegenüber 500 μ des *H. (H.) dujardini*, und das Fehlen des Microplacoids. Da aber bei *H. (H.) convergens*, wo das Microplacoid im allgemeinen fehlt, zuweilen ein solches vorkommt (vgl. S. 267), könnte auch bei dem nahe verwandten *H. (H.) dujardini* gelegentlich das normalerweise auftretende Microplacoid fehlen. Über die zu *H. (H.) dujardini* gehörigen *Macrobiotus islandicus*-Stücke (Murray, 1905; Brehm, 1909) und die *Macrobiotus* spec. (Murray, 1907, p. 659, 675) ist bei *M. islandicus* gesprochen worden (vgl. S. 152). Der Speciesname *spitzbergensis* (Rahm, 1928) ist überflüssig (Thulin, 1928, p. 247), da Goës (Öfv. Ak. Förh., *v.* 19 p. 18, 1863) nur angibt, er habe dem *H. (H.) dujardini* nahestehendes Material von Spitzbergen gehabt.

Wo von Süßwasser-Macrobiotiden mit 3 Macroplacoiden gesprochen wird, wie bei Heinis (1910, p. 132), liegt der Verdacht nahe, daß es sich um *H. (Isohypsibius) augusti* handelt, denn *M. macronyx* und *M. dispar* haben wie *H. (H.) dujardini* 2 Macroplacoiden. Allerdings sagt Richters (1909, p. 32 Anm.), daß namentlich bei Jungtieren des *H. (H.) dujardini* gelegentlich 3 Macroplacoiden vorkommen. Nachdem Cuénot (1932, f. 72) manchmal eine angedeutete Einschnürung des vorderen Macroplacoids beobachtet hat und Richters bei einem Exemplar des *M. murrayi* ein gebrochenes 1. Macroplacoid erwähnt (1907), erscheint es möglich, daß Heinis und Richters Angaben von 3 Macroplacoiden bei *H. (H.) dujardini* sich tatsächlich auf diese Art beziehen. Aber es dürfte verfrüht sein, die Diagnose des *H. (H.) dujardini* in diesem Sinne zu erweitern.

Die hygrophile euryhygre Art ist nicht rein aquatil, sondern kommt auch in Landmoosen vor. Die für *M. tetradactylus* angegebenen Fundorte sind nicht hier, sondern bei *H. (H.) convergens* aufgeführt worden, obgleich einige auf *tetradactylus* bezügliche Literaturstellen auch in der Synonymie des *H. (H.) dujardini* erwähnt worden sind.

Spitzbergen; Franz Joseph-Land; Novaja Semlja; Lappland, Kiruna; Südschweden, Lund; Finnland; Schottland; Irland; Niederlande; Deutschland, Harz; Weimar; Taunus; ? Sudeten, Seefelder bei Reinerz; Schwarzwald; Schweizer Jura; Alpen, Oberalpsee, 2028 m; Rhätikon, Lüner See, 1950 m; Wallis, bis 3000 m; ? Niederösterreich, Lunz; Tschechoslowakei, bis 1400 m; Karpathen, Buleasee; Frankreich, bei Paris; bei Fontainebleau; Vogesen; Lothringen; Jura; Italien, Genua; Grotte von St. Canzian bei Triest; Teich bei Padua; See von Astroni; Chile, Santiago; ? Feuerland; Crozet-Insel.

23. **H. (H.) convergens** (Urbanowicz) ? 1866 *Macrobiotus tetradactylus*, R. Greeff in: Arch. mikr. Anat., *v.* 2 p. 119 t. 6 f. 2, t. 7 f. 13 | ? 1888 *M. t.*, Plate in: Zool. Jahrb., Anat. *v.* 3 p. 536 | ? non 1896 *M. T.*, Lance, Contr. Tardigrades, p. 204, 205, 207, 208, 209 | ? 1902 *M. t.*, F. Richters in: Ber. Senckenb. Ges., p. 13 t. 2 f. 2 [im Text steht irrtümlich f. 3] | ? 1903 *M. t.*, F. Richters in: Zool. Anz., *v.* 27 p. 169 | ? 1904 *M. t.*, F. Richters in: Verh. D. zool. Ges., p. 238 | ? 1904 *M. t.*, F. Richters in: Fauna arct., *v.* 3 p. 501 | ? 1907 *M. t.*, John Murray in: Tr. R. Soc. Edinb., *v.* 45 p. 675, 680 | ? 1908 *M. t.*, F. Heinis in: Zool. Anz., *v.* 32 p. 637 | ? 1909 *M. tredactylus*, M. Sellnick in: Schr. Ges. Königsb., *v.* 49 p. 327 | ? 1909 *M. tetradactylus*, J. Ammann in: Mt. Ges. Bern, 1908 p. 10 | ? 1909 *M. t.*, C. Carlzon in: Zool. Anz., *v.* 34 p. 140 | ? 1909 *M. t.*, V. Brehm in: Int. Rev. Hydrobiol., *v.* 2 p. 279, 280 | ? 1910 *M. t.*, F. Heinis in: Arch. Hydrobiol., *v.* 5 p. 120 | ? 1911 *M. t.*, John Murray in: J. Quekett Club, ser. 2 *v.* 11 p. 194 | ? 1911 *M. t.*, John Murray in: Ann. Scott. nat. Hist., nr. 78 p. 89 | ? 1911 *M. t.*, F. Richters in: Al. Koenig, Avifauna Spitzberg., p. 286 | non 1911 *Hypsibius t.*, G. Thulin in: Ark. Zool., *v.* 7 nr. 16 p. 32 f. 16 | ? 1912 *Macrobiotus t.*, F. Heinis in: Rev. Suisse Zool., *v.* 20 p. 777, 778 | ? 1914 *M. t.*, R. Menzel in: Arch. Naturg., *v.* 80 A 3 p. 17, 18 | non 1915 *Hypsibius t.*, P. Della Valle in: Annuario Mus. Napoli, n. ser. suppl. fasc. 1 nr. 7 p. 31 | ? 1916 *Macrobiotus t.*, F. Heinis in: Tätigkeitsber. Ges. Baselland, 1911—1916 p. 95 | non 1919 *M. t.*, P. Nederström in: Acta Soc. Fauna Fenn., *v.* 46 nr. 8 p. 12 | ? 1920 *M. t.*, Loman in: Tijdschr. Nederl. dierk. Ver., ser. 2 *v.* 18 p. XLV | ? 1921 *M. t.*, F. Heinis in: Festschr. Zschokke, nr. 6 p. 11 | non 1925 *Hypsibius t.*, G. Rahm in: Arch. Naturg., *v.* 90 A 7 p. 190 | non 1925 *H. t.*, G. Rahm in: Brohmer, Fauna Deutschl., ed. 3 p. 433 | ? 1925 *Macrobiotus t.*, C. Urbanowicz in: Bull. biol. France, *v.* 59 p. 137, 138 f. 1 A 2 | 1925 *M. convergens*, C. Urbanowicz, ibid., *v.* 59 p. 136—139 f. 1 A 3 t. 5 f. [2], f. 4—7; t. 6 f. 9, 11 | 1928 *Hypsibius c.*, E. Marcus in: Zool. Jahrb., Physiol. *v.* 44 p. 332, 335 ff. | non 1928 *Macrobiotus tetradactylus*, G. Rahm in: Tierw. Mitteleur., *v.* 3 p. II 8 f. 20 | 1928 *M. convergens*, G. Rahm, ibid., p. II 16 | non 1928 *Hypsibius tetradactylus*, E. Marcus in: Tierw. Deutschl., pars 12 p. 192 f. 237 | 1928 *H. convergens*, E. Marcus, ibid., pars 12 p. 205 f. 252 | ? 1928 *Macrobiotus tetradactylus* [Greeff], G. Thulin in: Hereditas, *v.* 11 p. 247 | non 1928 *Hypsibius t.* [Thulin, nec Greeff], G. Thulin, ibid., p. 250 | 1929 *H.* (s. str.) *convergens* + ? *H. tetradactylus*, E. Marcus in: Bronn, Kl. Ordn., *v.* 5 Abt. 4 Buch 3 p. 501, 541 f. 339, 379 t. 1 f. 5 | 1930 *H.* (s. str.) *c.*, E. Marcus in: Zool. Jahrb., Syst. *v.* 59 p. 380 | 1932 *H.* (s. str.) *c.* + ? *Isohypsibius tetradactylus*, G. Rahm in: Brohmer, Fauna Deutschl., ed. 4 p. 458 | 1932 *H. pallidus* [non Thulin],

Cuénot in: Faune France, pars 24 p. 72 f. 70 | non 1933 (?) *Macrobiotus tetradactylus*, E. Bartoš in: Příroda Ostrava, *v.* 26 nr. 6 p. 2 | ? 1933 *Hypsibius pallidus*, E. Bartoš, ibid., nr. 7 p. 3.

Wird mittelgroß; hyalin; Augenpigment bald in kleiner, bald in ziemlich großer Ausdehnung vorhanden. Mundröhre ziemlich eng (26 µ lang, 1,5—1,7 µ weit), leicht ventralwärts gebogen, mit hakenförmigen Muskelansatzvorsprüngen. Schlundkopf länglich-oval, 24 µ lang, 18 µ breit, mit Apophysen und 2 Macroplacoiden, die als breite Stäbe ausgebildet sind. Das 1. und 2. Macroplacoid stehen im Längenverhältnis von 3 : 2 zueinander. Das 1. Macroplacoid ist etwa 2 mal so lang wie breit und manchmal infolge einer Einschnürung in der Mitte in Andeutung 2 lappig gestaltet. Das 2. Macroplacoid kann von der Stabform einigermaßen entfernt wie ein eiförmiges Korn aussehen. Microplacoid fehlt im allgemeinen, aber in Cuénots Material (1932) ist oft ein sehr kleines Microplacoid vorhanden. Krallen eines Beines sehr verschieden lang; Nebenast der größeren Kralle länger als die Basis; der Hauptast 10 µ lang, mit 2 Nebenspitzen. Nebenast der kleineren, vorderen Kralle ebenso lang wie die Basis. Länge 400 µ.

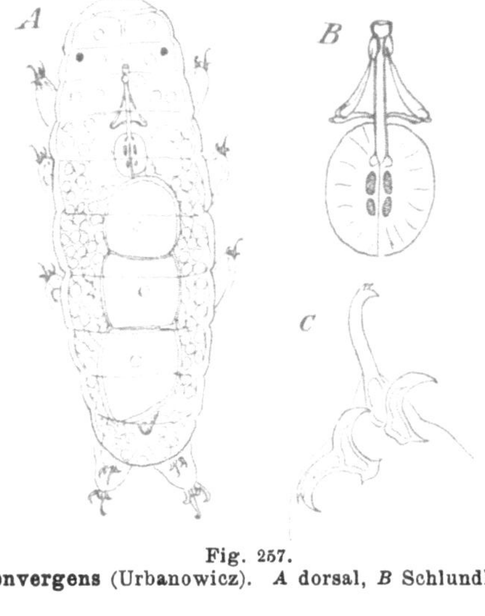

Fig. 257.
Hypsibius (H.) convergens (Urbanowicz). *A* dorsal, *B* Schlundkopf, *C* Krallen IV.

Gelege von 1—7 glatten Eiern, die bald mehr oval, bald kugelig sind und 45 bis 54 µ im Durchmesser messen.

In der Diagnose sind außer den Merkmalen des Originalmaterials und der mir vorliegenden Stücke, die von den verschiedensten Fundorten stammen, auch die des *Hypsibius pallidus* Cuénot (1932) verwendet worden. Den *H. pallidus* Thulin kenne ich aus eigener Anschauung. Das ist eine Art mit ganz kurz-ovalem, fast kugeligem Schlundkopf und Macroplacoiden von untereinander gleicher Länge; die Macroplacoiden des *H. (H.) pallidus* sind auch breiter als die von *H. (H.) convergens*. Auch *H. (H.) microps*, der schwer von *H. (H.) pallidus* zu unterscheiden ist, hat im Verhältnis zur Länge breitere Placoiden als *H. convergens;* es sind bei *H. microps* nicht kurze Stäbe sondern Körner, und der Schlundkopf ist durchaus kugelig. Mit beiden Arten ist Cuénots *pallidus* nicht zu verwechseln, sondern erweist sich nach Schlundkopf-Form und Placoiden als *convergens*. Die literarischen Hilfsmittel von E. Bartoš (1933) sind bei seiner ersten hier zitierten Arbeit für seine Benennung des *H. (I.) prosostomus* als *Macrobiotus tetradactylus* ausschlaggebend gewesen. Bei seiner zweiten hier aufgeführten Arbeit konnte er Cuénots Darstellung benutzen. Sie war für ihn offensichtlich maßgebend bei der Bestimmung seines *Hypsibius* (*H.*) *convergens*-Materials, das er dementsprechend als *H. pallidus* bezeichnet hat. Später hat Bartoš offensichtlich *H. pallidus* vor sich gehabt (vgl. S. 274).

H. (H.) convergens ist von allen *Hypsibius (H.)* leicht zu unterscheiden, mit Ausnahme von *H. (H.) dujardini* und *samoanus*. *H. oberhaeuseri* und *H. novemcinctus* haben, von der Pigmentierung abgesehen, einen fast borstenförmigen Hauptast an der Außenkralle, der dünner und weniger gekrümmt ist, als bei *H. convergens*. Dasselbe gilt von *H. scabropygus*, der überdies derb skulpturiert ist und einen fast kugeligen Schlundkopf hat. Bei *H. zetlandicus* sind beide Macroplacoiden von außen her eingekerbt. *H. antarcticus* legt im allgemeinen einzelne Eier ab und hat eine ganz auffallend kurze Macroplacoidenreihe, sofern man sich auf die Originalbeschreibung verlassen kann. *H. arcticus* legt freie, mit Ausschüssen versehene Eier. *H. conjungens* besitzt eine verlängerte Schlundröhre und *H. evelinae* ist durch Buckel an den Beinen und Scheidenhalter gekennzeichnet. Unter den Hypsibien, die keiner Untergattung zugezählt werden können, und von denen nur die Nichtzugehörigkeit zum Subgenus *Diphascon* bekannt ist, sind *H. areolatus*, *fuhrmanni* und *hemprichii* Species mit frei abgelegten Eiern; *H. tetronyx* und *H.* spec. 8 haben 3 Macroplacoiden, *H. mertoni* einen kugeligen Schlundkopf und an der Innenkralle gleich lange Krallenäste. Bei dem nicht abgebildeten *H. paraguayensis* ist die Mundröhre sehr weit (6 μ); *H.* spec. 6 und *H.* spec. 7 sind durch Skulpturmerkmale, *H.* spec. 9 durch die Macroplacoiden gekennzeichnet. Über *H.* spec. 13 und *H.* spec. 14 ist nichts zu sagen.

H. (H.) samoanus, der auf ein Exemplar gegründet ist, steht nach dem deutlichen Microplacoid und dem sehr skizzenhaften Krallenbild zu urteilen, dem *H. dujardini* ganz nahe; die ziemlich künstliche Trennung kommt in der Bestimmungstabelle zum Ausdruck (vgl. S. 228 Nr. 56). Auch für die Unterscheidung des *H. convergens* von *H. dujardini* ist in erster Linie die Bestimmungstabelle maßgebend (vgl. S. 228 Nr. 55). Der früher von mir betonte Unterschied (E. Marcus, 1929, p. 502) zwischen *dujardini* und *convergens*, der sich auf das Längenverhältnis zwischen Basalpartie und Nebenast der Innenkralle beziehen sollte, ist nicht durchgreifend. Trotzdem möchte ich die „landmoosbewohnende Form des *H. dujardini*" (Thulin, 1928, p. 247) als eigene Art beibehalten. Dabei leitet mich nicht die Verschiedenheit des Biotops, denn auch *H. dujardini* ist in Landmoosen gefunden worden, sondern die gedrungenere, kürzere Körpergestalt, das Zurücktreten des Microplacoids und die breiteren, kürzeren Macroplacoiden bei *H. convergens*.

Alle auf *Macrobiotus tetradactylus* bezüglichen Fundangaben sind in der nachstehenden Verbreitungsübersicht durch ein ? gekennzeichnet. Ob das Material Greeffs einheitlich ist (1866), bleibt fraglich; nimmt man es als einheitlich an und sieht nach dem Krallen-Einzelbild (1866, t. 6 f. 2) seinen *tetradactylus* als *Hypsibius* an (Marcus, 1929, p. 542), so liegt es nahe, ihn mit dem weitverbreiteten *convergens* zu identifizieren. Der ovale Schlundkopf und die Krallen des Einzelbildes passen zu *convergens;* Krallen vom *oberhaeuseri*-Typus, wie sie auch *H. pallidus* hat, zeichnet Greeff anders (1866, t. 6 f. 5). Die beiden Schlundkopfeinlagerungen des *tetradactylus* sind zu gleichartig für *convergens*, aber sie sind nur für Embryonen im Ei abgebildet, wo sie kürzer als beim Erwachsenen zu sein pflegen. Wo bei Greeff drei Schlundkopfeinlagerungen gezeichnet sind, dürften die Apophysen gemeint sein. Die Angaben über Vorkommen und Größe des *tetradactylus* würden zu *convergens* passen. Die sehr nahe Verwandtschaft des *H. convergens* mit *H. dujardini* macht es verständlich, daß Lance den *tetradactylus* Greeff in einer Wasserform wiederzufinden meint. Lance kennt *H. dujardini* nicht, sondern als aquatile Species nur *tetradactylus* [bei ihm wohl = *dujardini*] und *Macrobiotus macronyx*. Den von Lance zu *tetradactylus* gestellten *americanus* nehme ich weder in die Synonymie des *dujardini* noch des *convergens* auf, er ist in Moos gefunden worden, das im Wasser wuchs, könnte also wohl *dujardini*, aber auch alles andere sein (vgl. S. 319). Nicht so unwahrscheinlich wie die Zugehörigkeit des *tetradactylus* Lance zu *H. convergens* ist die der übrigen in der Synonymieliste angeführten *tetradactylus*-Materialien, sofern sie nicht als „non *tetradactylus*" zu *H. (Isohypsibius) prosostomus* (vgl. S. 249) gehören. Über die Abbildungen der vielleicht zu *convergens*, vielleicht zu *dujardini*, vielleicht auch zu anderen Arten gehörigen „*tetradactylus*" der älteren Literatur ist bei der Erörterung des *H. dujardini* gesprochen worden; der dort nicht erwähnte „pebrinekranke *Macrobiotus tetradactylus*“ von Richters (1902) hat einen Schlundkopf mit Apophysen und 2 kugeligen Körnchen und Krallen, die unkenntlich sind. Später macht Richters über die Schlundkopfeinlagerungen von *tetradactylus* Angaben (Fauna arct., *v.* 3 p. 501, 1904; D. Südp.-Exp., *v.* 9 p. 295, 1907), die zu *H. convergens* passen, nachdem Cuénot (1932) bei diesem ein sehr kleines Microplacoid beobachtet hat.

Der Name *tetradactylus* darf weder den des *H. (Isohypsibius) prosostomus* noch den des *H. (H.) convergens* ersetzen; es wird immer unsicher bleiben, welche dieser beiden Arten oder welche anderen ursprünglich und auch später mit diesem Namen bezeichnet worden sind.

? Spitzbergen; ? Norwegen; Lappland; Polen, Wilna; ? Schottland; ? Niederlande; Helgoland; Hiddensoe; ? Ostpreußen; Mecklenburg; ? Rheinprovinz, bei Bonn; Harz; Berlin und Umgegend; Schlesien, Landeshut; Saaletal; ? Süddeutschland; Schwarzwald; ? Schweizer Jura; Schweizer Alpen, bis 2700 m; ? Rhätikon, Lüner See, 1950 m; Wallis, bis 3000 m; Vorarlberg, 2800 m; ? Karst; ? Tschechoslowakei, bis 2175 m; Ungarn; Frankreich; ? Amerika, ohne nähere Angabe; an den Niagarafällen; ? Kerguelen; Possession-Insel; Heard-Insel.

24. **H. (H.) samoanus** (Richters) 1908 *Macrobiotus s.*, F. Richters in: Zool. Jahrb., Syst. *v.* 26 p. 209 t. 17 f. 12—12b | 1911 *M. s.*, John Murray in: J. Quekett Club, ser. 2 *v.* 11 p. 194 | 1911 *Hypsibius s.*, G. Thulin in: Ark. Zool., *v.* 7 nr. 16 p. 27 | 1925 *Macrobiotus s.*, C. Urbanowicz in: Bull. biol. France, *v.* 59 p. 137, 139 f. 1 A 5 | 1928 *M. s.*, G. Rahm in: Tierw. Mitteleur., *v.* 3 p. II 15 | 1928 *Hypsibius s.*, E. Marcus in: Tierw. Deutschl., pars 12 p. 206 f. 253 | 1928 *H. s.*, G. Thulin in: Hereditas, *v.* 11 p. 241 | 1929 *H.* (s. str.) *s.*, E. Marcus in: Bronn, Kl. Ordn., *v.* 5 Abt. 4 Buch 3 p. 503 f. 341.

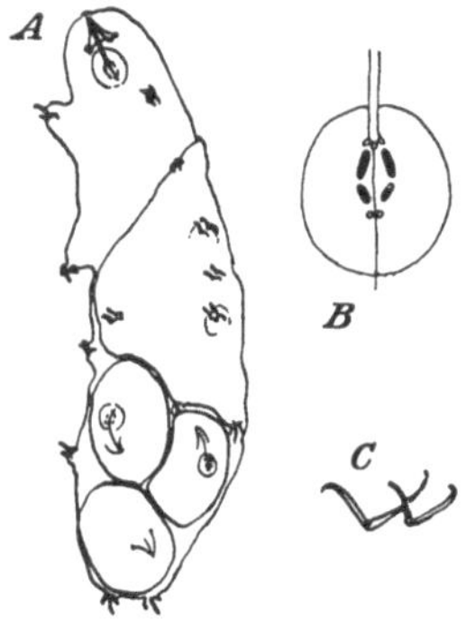

Fig. 258.
Hypsibius (H.) samoanus (Richters). *A* Tier mit Gelege, *B* Schlundkopf, *C* Krallen.

Klein; hyalin. Ohne Augenpigment. Stilette kräftig, 15 μ lang, mit starker Furca. Schlundkopf oval, mit Apophysen und 2 stabförmigen Macroplacoiden, von denen das 1. $1^1/_2$ mal so lang wie das 2. ist. Microplacoid vorhanden. Vorder- und Hinterkralle eines Beines von deutlich verschiedener Länge, bei beiden Haupt- und Nebenast nur an der Basis vereinigt und unmittelbar von dort aus weit divergierend. Hauptast der Außenkralle 8 μ, der der Innenkralle 6 μ lang. Länge etwa 260 μ.

Ein Gelege von 3 glatten Eiern in der gehäuteten Cuticula bekannt; die Eier messen im größeren Durchmesser 48 μ.

Das eine bekannte Exemplar ist ein Weibchen, das bei der Eiablage seine alte Cuticula nicht vollständig abgestreift hat. Deshalb haftet das Gelege am Hinterkörper des Tieres, aber das ist keine „Brutpflege“, wie Richters meint, sondern eher eine „Brutgefährdung“ (vgl. S. 253). Die Art ist nur ziemlich künstlich von *H. dujardini* zu trennen (vgl. S. 228 Nr. 56).

Samoa.

25. **H. (H.) zetlandicus** (John Murr.) 1907 *Macrobiotus z.*, John Murray in: Tr. R. Soc. Edinb., *v.* 45 p. 644—647, 659 t. 4 f. 24a—d | 1907 *M. z.*, John Murray, ibid., *v.* 45 p. 671, 675, 680 | 1911 *M. z.*, John Murray in: J. Quekett Club, ser. 2 *v.* 11 p. 194 | 1911 *M. z.*, John Murray in: Ann. Scott. nat. Hist., nr. 78 p. 89 | 1911 *Hypsibius z.*, G. Thulin in: Ark. Zool., *v.* 7 nr. 16 p. 28 | 1919 *Macrobiotus z.*, P. Nederström in: Acta Soc. Fauna Fenn., *v.* 46 nr. 8 p. 14 | 1928 *M. z.*, G. Rahm in: Tierw. Mitteleur., *v.* 3 p. II 15 | 1928 *Hypsibius z.*, E. Marcus in: Tierw. Deutschl., pars 12 p. 200 f. 246 | 1928 *H. z.*, G. Thulin in: Hereditas, *v.* 11 p. 241 | 1929 *H.* (s. str.) *z.*, E. Marcus in: Bronn, Kl. Ordn., *v.* 5 Abt. 4 Buch 3 p. 502 f. 340 | 1932 *H. z.*, Cuénot in: Faune France, pars 24 p. 88.

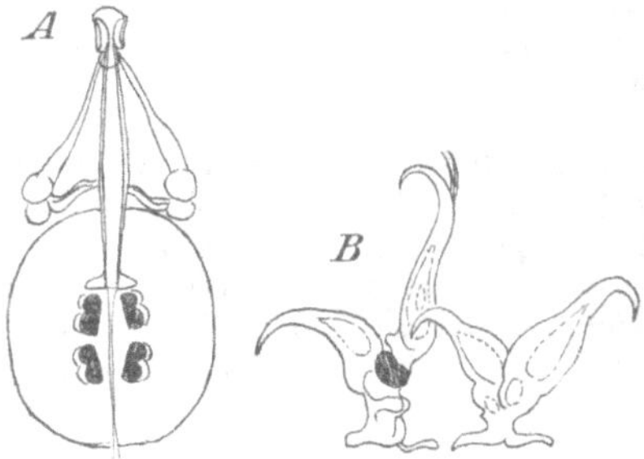

Fig. 259.
Hypsibius (H.) zetlandicus (John Murr.). *A* Schlundkopf, *B* Krallen.

Groß; braun; Augenpigment vorhanden. Stilette gerade, sehr gedrungen, mit breiter, kräftiger Furca. Schlundkopf kurz-oval, mit Apophysen und 2 kurzen, breiten Macroplacoiden, die in der Mitte der dem Schlundkopf abgekehrten Seite, also von außen her, tief eingekerbt sind. Microplacoid fehlt. Krallen eines Beines verschieden lang, aber beide groß und kräftig, Haupt- und Nebenast mit ziemlich langer gemeinsamer Basis; der Hauptast der größeren Kralle 30 μ lang, mit 2 Nebenspitzen. Länge bis zu 580 μ.

Glatte, elliptische, in die Cuticula abgelegte Eier (94 × 75 μ).

Die Einordnung dieser Art in das Subgenus *Hypsibius* hat G. Thulin auf Grund der Abbildung der Krallen (Fig. 259*B*) vorgenommen. Bei dieser Art hat John Murray (1907, p. 659) lebende Junge im Körper des Muttertieres angetroffen; dieser bisher erst dieses eine Mal beobachtete Fall ist, wie auch John Murray sagt, wahrscheinlich durch eine anomale Behinderung der Eiablage zustande gekommen.

Spitzbergen; Finnland; Shetlandinseln; Schottland.

26. **H. (H.) antarcticus** (Richters) 1904 *Macrobiotus a.*, F. Richters in: Ber. Senckenb. Ges., p. 59 Anm. 1 | 1904 *M. a.*, F. Richters in: Verh. D. zool. Ges., p. 238, 239 | 1907 *M. a.*, F. Richters in: Zool. Anz., *v.* 31 p. 916 | 1907 *M. a.*, F. Richters in: D. Südp.-Exp., *v.* 9 p. 296 t. 19 f. 30, 31, t. 20 f. 9—11 | 1908 *Makrobiotus a.*, F. Richters in: Mikrokosmos, *v.* 1 p. 55 | 1909 *Macrobiotus a.*, C. Carlzon in: Zool. Anz., *v.* 34 p. 141 | 1911 *M. a.*, John Murray in: J. Quekett Club, ser. 2 *v.* 11 p. 194 | 1911 *Hypsibius a.*, G. Thulin in: Ark. Zool., *v.* 7 nr. 16 p. 27 | 1913 *Makrobiotus a.*, F. Richters in: Handw. Naturw., *v.* 9 p. 1019 | 1925 *Macrobiotus a.*, C. Urbanowicz in: Bull. biol. France, *v.* 59 p. 139 f. 1 B 2 | 1926 *M. a.*, F. Richters in: Kükenthal & Krumbach, Handb. Zool., *v.* 3 p. 31 f. 44, 52 | 1928 *M. a.*, G. Rahm in: Tierw. Mitteleur., *v.* 3 p. II 15 | 1928 *Hypsibius a.*, E. Marcus in: Tierw. Deutschl., pars 12 p. 207 f. 254 | 1928 *H. a.*, G. Thulin in: Hereditas, *v.* 11 p. 241 | 1929 *H.* (s. str.) *a.*, E. Marcus

in: Bronn, Kl. Ordn., *v.* 5 Abt. 4 Buch 3 p. 504 f. 342 | 1932 *H. a.*, Cuénot in: Faune France, pars 24 p. 88.

Mittelgroß; hyalin, Augenpigment vorhanden. Stilette säbelförmig. Schlundkopf länglich-oval, mit 2 leicht gekrümmten, zarten, stabförmigen Macroplacoiden.

Das 1. Macroplacoid ist etwas länger als das 2., und zusammen reichen sie noch nicht bis zur Mitte des Schlundkopfes. Microplacoid fehlt. Krallen eines Beines verschieden gebaut: Haupt- und Nebenast der kleineren, vorderen Kralle ein kurzes Stück weit vereinigt und beide etwa gleich lang. Haupt- und Nebenast der größeren, hinteren Kralle basal nur am Grunde vereinigt, von da aus sofort weit divergierend und beide verschieden lang; der Hauptast ca. 15 μ lang und wie bei vielen Arten proximal auf weiter Strecke gerade, nur distal an der Spitze kurz gekrümmt. Länge 336 μ.

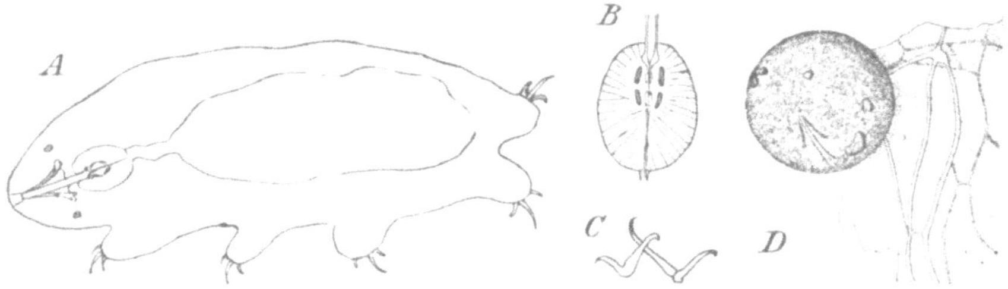

Fig. 260.
Hypsibius (H.) antarcticus (Richters).
A Habitus, *B* Schlundkopf, *C* Krallen, *D* Ei, an einem Moosblatt klebend.

Die glatten, kugeligen Eier messen 80 μ im Durchmesser und werden meist einzeln, frei abgelegt; einmal ist ein Gelege von 4 Eiern in der Cuticula beobachtet worden. Die Eischale soll von feinen Poren durchsetzt sein, und die klebrige Eioberfläche soll das Anhaften der Eier an Moosblättchen (Fig. 260 *D*) und anderen Substraten bedingen. Die Klebrigkeit der Eier haben Richters und Carlzon, die einzigen, denen die Art vorgelegen hat, beobachtet.

Die Mikrophotographie eines Tieres, dessen Kopf mit einem zerdrückten Ei zusammenklebte (Richters, 1907, t. 20 f. 10), ist nach Material angefertigt worden, das bei der Untersuchung bereits abgestorben war. Richters folgert zu Unrecht aus seinem Befund, daß die Tardigraden rückwärts kriechend die Eischale verlassen (cfr. E. Marcus, Zool. Jahrb., Anat. *v.* 50 p. 370, 1929). Die genannte Photographie zeigt Hinterkrallen vom *oberhaeuseri*-Typus und war für Thulin (1928) maßgebend für die Einordnung der Art bei *Hypsibius (H.)*. Wie für den *Macrobiotus murrayi*, der hier dem *Hypsibius (H.) dujardini* synonym gesetzt worden ist, gibt Richters auch für den *H. (H.) antarcticus* an (1907, p. 295, 296), die Äste der Hinterkralle seien basal getrennt. Diese Angabe ist hier in der Diagnose geändert worden, da mindestens eine ganz zarte cuticulare Versteifung die Äste auch der Außenkralle bei allen Macrobiotidae verbindet.

Mittelschweden; Antarktis, Gaußberg, Lat. 66° 50′ 5″ S.

27. **H. (H.) arcticus** (John Murr.) 1907 *Macrobiotus oberhäuseri ?*, John Murray in: Tr. R. Soc. Edinb., *v.* 45 p. 658 t. 4 f. 27a—d | 1907 *M. arcticus*, John Murray, ibid., *v.* 45 p. 671, 672, 677, 680 t. 1 f. 5a—f | 1907 *M. a. ?*, John Murray in: J. R. micr. Soc., p. 523 t. 18 f. 8 | 1910 *M. a.*, John Murray in: Brit. antarct. Exp., *v.* 1 p. 18 t. 3 f. 9, 10, 12; p. 96, 118, 140, 171 t. 14 f. 2a—f | 1911 *M. a.*, John Murray in: J. Quekett Club, ser. 2 *v.* 11 p. 193 | 1911 *M. a.*, John Murray in: Ann. Scott. nat. Hist., nr. 78 p. 89, 93 | 1911 *Makrobiotus a.* + *Heinisi*, F. Richters in: Camp. arct. Orléans, 1907 p. 13 t. 2 f. 10, 11; p. 15 t. 2 f. 15 | 1911 *Macrobiotus a.*, John Murray

in: P. Irish Ac., *v.* 31 nr. 37 p. 3 | 1911 *Hypsibius a.*, G. Thulin in: Ark. Zool., *v.* 7 nr. 16 p. 27 | 1913 *Macrobiotus a.*, John Murray in: J. R. micr. Soc., p. 138, 140, 141, 143 | 1913 *M. a.*, John Murray, Not. nat. Hist. Bolivia Peru, p. 28, 30 | 1914 *M. a.*, F. Heinis in: Mém. Soc. Neuchâtel, *v.* 5 p. 716 | 1925 *M. heinisi*, C. Urbanowicz in: Bull. biol. France, *v.* 59 p. 136, 138 f. 1 A 1 | 1928 *M. arcticus* + *h.*, G. Rahm in: Tierw. Mitteleur., *v.* 3 p. II 15; II 16 | 1928 *Hypsibius h.* + *a.*, E. Marcus in: Tierw. Deutschl., pars 12 p. 202 f. 248; p. 211 f. 258 | 1928 *H. a.* + *Heinisi*, G. Thulin in: Hereditas, *v.* 11 p. 238, 241 | 1929 *H.* (s. str.) *a.* + *H.* (s. str.) *heinisi*, E. Marcus in: Bronn, Kl. Ordn., *v.* 5 Abt. 4 Buch 3 p. 505, 516 f. 343, 351 | 1930 *H.* (s. str.) *a.*, E. Marcus in: Zool. Jahrb., Syst. *v.* 59 p. 380 | 1932 *H. a.*, Cuénot in: Faune France, pars 24 p. 75.

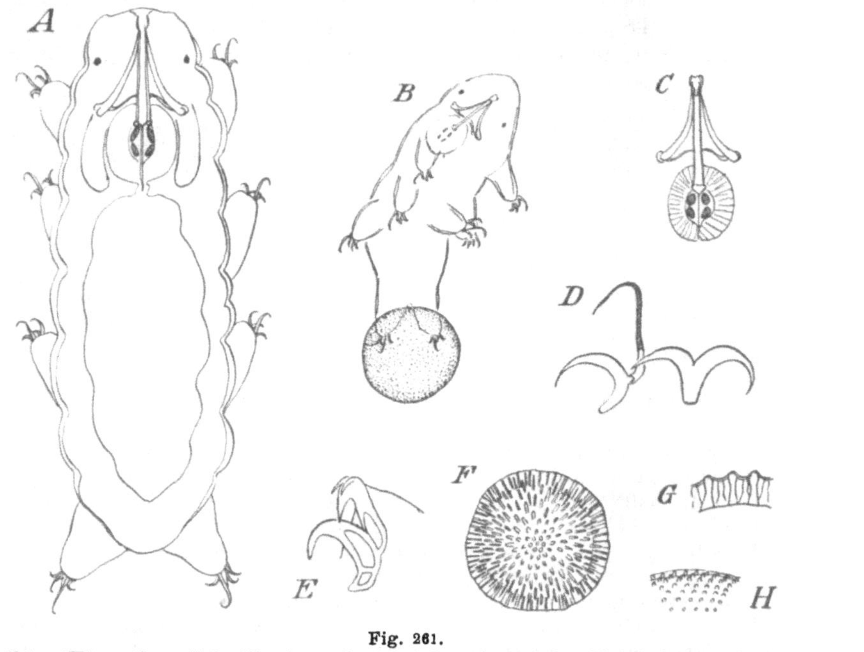

Fig. 261.
Hypsibius (H.) arcticus (John Murr.). *A* dorsal, *B* Jungtier aus dem Ei kriechend, *C* Schlundkopf, Jungtier, *D* Krallen, *E* Hinterkralle IV, *F* Ei, *G*, *H* Eiausschüsse.

Wird groß, Jungtiere hyalin, alte braun pigmentiert. Augenpigment vorhanden. Stilette kräftig gekrümmt. Mundröhre eng (1,5 μ weit bei einem 350 μ langen Exemplar). Nach dem Schlundkopf zu ist die Mundröhre erweitert und besitzt rostral hakenförmige Muskelansatzvorsprünge. Der Schlundkopf ist kurz-oval (27 × 24 μ bei dem oben erwähnten Stück) und enthält kurze Apophysen und 2 längliche, stabförmige Macroplacoiden (Fig. 261 *A*). Bei jungen und halb erwachsenen Tieren sind die Macroplacoiden breit, rund oder fast quadratisch (Fig. 261 *C*) oder als kurze, körnerartige Stäbe ausgebildet. Der 1. Stab adulter Stücke ist etwa $3^1/_2$mal so lang wie breit, der 2. ist etwas kürzer und maximal 3mal so lang wie breit. Microplacoid fehlt. Beide Krallen eines Beines groß, aber im Bau sehr verschieden. Die Innenkralle hat eine Basalpartie von beträchtlicher Länge und Äste, die keine erhebliche Größenverschiedenheit zeigen. Die Basalpartie der Außenkralle ist kürzer als der kräftige, stark gekrümmte Nebenast, und der Hauptast ist sehr lang, dünn und im distalen Drittel stark gekrümmt (Fig. 261 *D*).

Bei Jungtieren ist der Hauptast der Hinterkralle borstenähnlich, bei erwachsenen Tieren ist er dicker (Fig. 261 *E*). Länge 500 μ und mehr.

Eier kurz-oval oder kugelig, von 75—96 μ Durchmesser mit kurzen, rundköpfigen Stiften versehen, die in eine hyaline Außenzone der Eischale eingebettet sind (Fig. 261 *G*, *H*). Die Stifte ragen über die Eioberfläche nicht hinaus und erscheinen in der Aufsicht als stärker lichtbrechende Punkte. Sie sind gleichmäßig verteilt. Die Eier werden bald frei, bald in Gelegen von 2—3 in die gehäutete Cuticula abgelegt. Die Eier in Gelegen sind nur als dünnschalige (Fig. 261 *H*) bekannt (3 μ dicke Eischale); bei den frei abgelegten kommen dünnschalige und dickschalige (5—6 μ) (Fig. 261 *F*, *G*) vor.

Es besteht keine Beziehung zwischen der Lebensweise (in Wasser oder Landmoos) des *H. arcticus* und der Ablage freier oder in Gelegen vereinigter Eier. Dagegen sind die dickschaligen Eier bisher nur im Wasser gefunden worden. Grüne und tiefblaue Mitteldarmzellen, die John Murray (1910, p. 97) bei dieser Art gefunden hat, bedeuten keinen Speciescharakter.

Die Zugehörigkeit der Art zum Subgenus *Hypsibius (H.)* ergibt sich aus dem von Thulin gezeichneten Profilbild der Hinterkralle (Fig. 261 *E*). Dieses Bild zeigt den Nebenast als bogenförmige Fortsetzung der Basalpartie. Über das Längenverhältnis von Haupt- und Nebenast zueinander geben derartige Profilbilder keinen Aufschluß. Trotz der Ähnlichkeit der Eier des *H. (H.) arcticus* und des *Macrobiotus hastatus* sind beide Species generisch zu trennen (vgl. S. 203). Dagegen ist die Identität des *H. heinisi* mit dem *H. (H.) arcticus* erwiesen, seit in einer einheitlichen *arcticus*-Population Gelege und freie Eier von gleichem Bau gefunden worden sind (E. Marcus, 1930). In dem ostafrikanischen Material Murrays (1907, p. 523) fanden sich kleinere Eier mit weniger zahlreichen, dickeren Eiausschüssen.

Grönland; Spitzbergen; Franz Joseph-Land; Schottland; Irland; Schweiz, Wallis, 2700 m; Britisch-Ostafrika; Südafrika, Pretoria, Kapland; Australien, Blaue Berge; Neuseeland, Südinsel; Britisch-Columbia; Canada; Südamerika: Colombia; Bolivia, 4000 m; Antarktis, Victorialand, zwischen Lat. 77° 30′ S. und 78° S., in Moos und in Seen, zum Teil unter 5 m dickem Eis.

28. **H. (H.) microps** Thulin 1928 *H. m.*, G. Thulin in: Hereditas, *v.* 11 p. 241, 253 f. 24a—c | 1929 *H.* (s. str.) *m.*, E. Marcus in: Bronn, Kl. Ordn., *v.* 5 Abt. 4 Buch 3 p. 508 f. 345 | 1934 *H. m.*, E. Bartoš in: Časopis České Spol. ent., *v.* 31 p. 102.

Klein; Körper gestreckt, mit dem größten Durchmesser zwischen 2. und 3. Beinpaar. Vorderkopf klein, von der Mundöffnung aus steil dorsalwärts aufsteigend. Cuticula glatt, unpigmentiert. Augenpigment in wenig zahlreichen, zerstreut stehenden kleinen Flecken vorhanden. Ungarische Stücke ohne Augenpigment. Die Mundröhre ist eng und besitzt hakenförmige Muskelansatzvorsprünge, sie steigt von der Mundöffnung schräg dorsalwärts zum Schlundkopf empor und biegt beim Eintritt in den Schlundkopf caudalwärts. Schlundkopf kugelig mit großen Apophysen und 2 Macroplacoiden. Diese sind untereinander gleich groß; in schwedischem Material ebenso lang wie breit, in ungarischem $2^1/_2$mal so lang wie breit und leicht gekrümmt. Microplacoid fehlt. Krallen relativ groß; die Äste der Vorderkralle und der Nebenast der Hinterkralle sind in ihrer Krümmungsebene breit. Der lange Hauptast der Hinterkralle ist von den Seiten her stark zusammengedrückt; dieser Ast setzt tief unten an der Basalkralle an und zwar zwischen dem proximalen und mittleren Drittel der Basalkralle. Am 4. Beinpaar, nicht an den 3 ersten, liegt der Ansatz des Hauptastes der Hinterkralle bisweilen auch etwas höher.

Länge bis 295 μ. Maße von einem 260 μ langen Stück: Schlundkopflänge 20,6 μ (79 ms); äußerer Durchmesser der Mundröhre 7,4 cph; Schlundkopfbreite 93 cph; Placoidenreihe 23,5 cph; 1. Placoid $10{,}5 \times 8{,}5$ cph;

2. 10,5×7,4 cph; Hinterkralle IV 13,7 μ (53 ms); Krallenlängenindex (IV) 1,70 : 1.

Eier glattschalig, oval und in Gelegen von bis zu 4 Stück in die alte Cuticula abgelegt.

Von dem sehr ähnlichen *H. pallidus* unterscheidet sich *H. microps* durch den mehr kugeligen Schlundkopf, durch kürzere körnerartig gerundete Macroplacoiden,

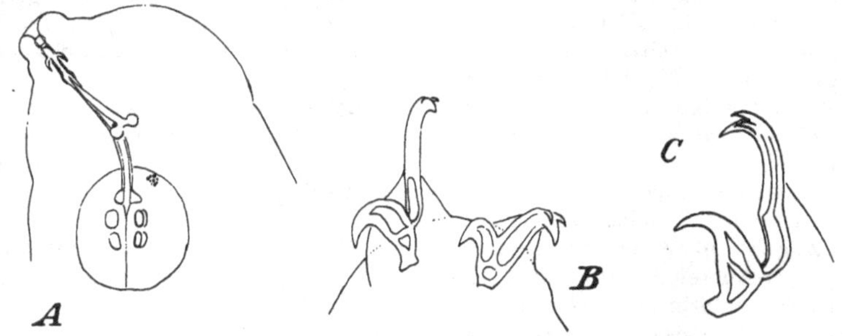

Fig. 262.
Hypsibius (H.) microps Thulin. *A* Kopf, *B* Krallen IV, *C* Hinterkralle III.

durch tieferen Ansatz des Hauptastes an der Basalkralle und kleinere Augenpigmentflecke. Den ökologischen Unterschied, den Thulin (1928) angibt, halte ich bei dem heutigen Stand der Tardigradensystematik für bedeutungslos. Thulin hat *microps* vorzugsweise in Flechten, *pallidus* in Moos gefunden. Mir liegen Moostardigraden aus Ungarn vor, die ich zu *H. microps* stelle, obwohl das Augenpigment ganz fehlt und die beiden Macroplacoiden etwa $2^1/_2$mal so lang wie breit sind. Die Form des Schlundkopfes und der Bau der Kralle rechtfertigen die Einordnung der Art bei *H. microps*, dessen Diagnose hier entsprechend erweitert worden ist.

Südschweden, in den Provinzen Skåne, Småland und Bohuslän; Tschechoslowakei, 1613 m; Ungarn; Sibirien, Altai beim Teletzkisee.

29. **H. (H.) pallidus** Thulin 1904 *Macrobiotus Oberhäuseri* [part.], F. Richters in: Zool. Anz., *v.* 28 p. 350 | 1909 *M. o.*, C. Carlzon, ibid., *v.* 34 p. 140 | 1911 *Hypsibius pallidus*, G. Thulin in: Ark. Zool., *v.* 7 nr. 16 p. 36 f. 19—19b | 1919 *H. (Macrobiotus) p.*, P. Nederström in: Acta Soc. Fauna Fenn., *v.* 46 nr. 8 p. 11 | 1925 *H. p.*, G. Rahm in: Brohmer, Fauna Deutschl., ed. 3 p. 433 | 1928 *Macrobiotus p.*, G. Rahm in: Tierw. Mitteleur., *v.* 3 p. II 16 | 1928 *Hypsibius p.*, E. Marcus in: Tierw. Deutschl., pars 12 p. 201 f. 247 | 1928 *H. p.*, G. Thulin in: Hereditas, *v.* 11 p. 241, 254, 255 | 1929 *H.* (s. str.) *p.*, E. Marcus in: Bronn, Kl. Ordn., *v.* 5 Abt. 4 Buch 3 p. 510 f. 346 | non 1932 *H. p.*, Cuénot in: Faune France, pars 24 p. 72—73 f. 70 | ? non 1933 *H. p.*, E. Bartoš in: Příroda Ostrava, *v.* 26 nr. 7 p. 3 | 1934 *H. p.*, E. Bartoš in: Časopis České Spol. ent., *v.* 31 p. 102, 106 f. I, 8.

Mittelgroß; unpigmentiert, die Magenzellen oft gelb; im allgemeinen mit Augenpigment. Mundröhre rostral mit hakenförmigen Muskelansatzvorsprüngen. Schlundkopf ganz kurz oval, nahezu kugelig, mit Apophysen und 2 untereinander gleich großen, ziemlich breiten, gerade abgestutzten Stäben. Microplacoid fehlt. Krallen ähnlich denen des *H. oberhaeuseri* (vgl. S. 280) aber die größere, hintere mit bedeutend kürzerer Basalpartie. Die Krallenhaut folgt dem Hauptast an der Kralle des 4. Beines eine Strecke weit, an den Beinen 1—3 ungefähr halbwegs bis zur Krallenspitze. An der Stelle, wo die Krallenhaut endet, geht die federnde Basalpartie des Hauptastes in die starre Endpartie über.

Länge bis zu 318 μ; ausschließlich des 4. Beinpaares; frisch aus dem Ei geschlüpfte Jungtiere 153 μ.

Gelege von 2—5 glatten, im Durchmesser 53—60 μ messenden Eiern.

Die Angaben über die Krallenhaut in der obenstehenden Diagnose liefern kein Artmerkmal, denn bei allen *Hypsibius (H.)*-Arten reicht die Krallenhaut bis zur Grenze zwischen dem federnden unteren Teil und dem starken Endabschnitt des Hauptastes der Hinterkralle. Da meist diese Arten an der Außenkralle des 4. Beinpaares einen längeren Endabschnitt des Hauptastes aufweisen als an den Beinen 1—3, reicht die Krallenhaut am 4. Bein im Verhältnis zur Gesamtlänge des Hauptastes nicht so weit hinauf wie an den vorderen Beinen.

Unpigmentierte geschlechtsreife „*oberhaeuseri*" mit Augenpigment und mit Gelegen in der gehäuteten Cuticula, wie sie Richters und namentlich C. Carlzon (1909)

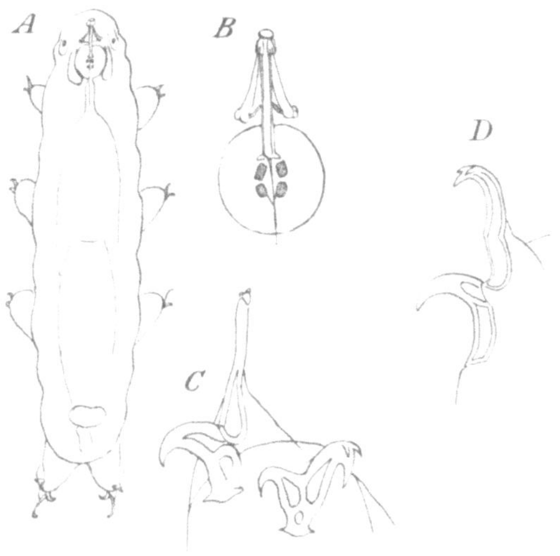

Fig. 263.
Hypsibius (H.) pallidus Thulin. *A* dorsal, *B* Schlundkopf, *C* Krallen IV, *D* Hinterkralle I.

beschrieben haben, stelle ich mit Thulin (1911, p. 55) zu *H. (H.) pallidus*. Um künftig Verwechselungen zwischen unpigmentierten Jungtieren des *H. oberhaeuseri* und *H. pallidus* zu verhindern, sei auf die bedeutend kürzere Basalpartie der Außenkralle bei *H. pallidus* noch einmal hingewiesen.

Bei *H. novemcinctus* (vgl. S. 281), bei dem die Jungtiere möglicherweise hyalin, unpigmentiert sind, ist ein Unterschied in der Länge der Basalpartie der Außenkralle gegenüber *H. pallidus* kaum vorhanden. Hier müßten hyaline Jungtiere nach der ovalen Form des Schlundkopfes und den gracileren, im Verhältnis zur Länge schmaleren Krallen unterschieden werden. Gegen *H. convergens*, zu dem Cuénots „*pallidus*" gehört, ist *H. pallidus* oben abgegrenzt worden (vgl. S. 267). Bartoš's Material von 1933 ist in seiner Zugehörigkeit zu *H. pallidus* fraglich, wie bei Erörterung des *H. convergens* begründet worden ist. Sein letztes Bild (1934) zeigt gleich lange Macroplacoiden und dürfte tatsächlich *H. pallidus* darstellen. *H. microps* und *H. pallidus* sind einander sehr ähnlich, aber es lassen sich doch Unterschiede feststellen (vgl. S. 274).

Grönland, Scoresbysund; Lappland; Finnland; nördliches, mittleres und südliches Schweden; Bornholm; Tschechoslowakei; Ungarn.

30. **H. (H.) scabropygus** Cuénot 1904 *Macrobiotus Oberhäuseri* [? part.], F. Richters in: Ber. Senckenb. Ges., p. 64 t. 4 f. 6 | 1929 *Hypsibius scabropygus*, Cuénot in: Arch. Anat. micr., *v.* 25 p. 122 f. 1—4 | 1930 *H.* (s. str.) *callimerus*, E. Marcus in: Zool. Jahrb., Syst. *v.* 59 p. 380 f. 7 | 1932 *H. scabropygus*, Cuénot in: Faune France, pars 24 p. 76 f. 74—77.

Klein bis mittelgroß, breit und plump. Vorderkopf deutlich hervortretend, von der fast ventral gelegenen Mundöffnung aus steil dorsalwärts aufsteigend. Rosa gefärbt, die Farbe namentlich in den Speicherzellen und denen des Mitteldarms lokalisiert. Hintere Augen vorhanden, aus ziemlich großen, einheitlichen Pigmentflecken bestehend. Cuticula des Vorderkörpers und bis hinter die Körpermitte glatt. Auf Höhe des 3. Beinpaares beginnt die caudalwärts verstärkte Skulpturierung. Diese besteht in einer grobklumpigen, unregelmäßigen Granulation, die unmittelbar nach der Häutung

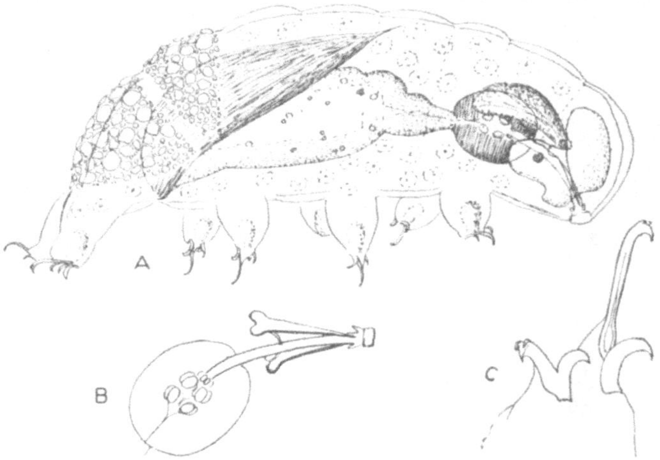

Fig. 264.
Hypsibius (H.) scabropygus Cuénot. *A* lateral, *B* Schlundkopf, *C* Krallen IV.

weniger deutlich zu erkennen ist als später, wo sie oft leicht gelblich aussieht. Nicht immer findet sich zwischen der Skulptur ein glatter Querstreifen, durch den eine weiter rostrale Granulationszone von einer etwas breiteren caudalen getrennt wird. Mundröhre eng, im inneren Durchmesser kaum 1 μ weit, mit hakenförmigen Muskelansatzvorsprüngen; von der Mundöffnung schräg dorsalwärts emporsteigend und beim Eintritt in den Schlundkopf caudalwärts biegend. Stilette weit divergierend, im rostralen Verlauf fast gerade, kurz vor der Furca plötzlich gebogen. Schlundkopf sehr groß, kurzoval, 21 μ lang, 18 μ breit, mit Apophysen und 2 fast kugeligen, körnerartigen Placoiden, beide 2,5 μ lang und 2 μ breit. Microplacoid fehlt. Krallen relativ groß; die 6 μ lange Vorder- oder Innenkralle kräftig, mit kurzer, gemeinsamer Basis von Haupt- und Nebenast. Die 9 μ lange Hinter- oder Außenkralle am Beinpaar 1—3 ist dünner als die Vorderkralle. Der gleiche Unterschied ist am 4. Beinpaar besonders deutlich ausgeprägt. Hier ist die Vorderkralle 6 μ lang, die Hinterkralle 13 μ, mit häkelnadelartig verlängertem Hauptast, der proximal etwa in der Mitte der Basalkralle ansetzt und distal 2 kräftige Nebenspitzen trägt. Die Krallenhaut folgt dem Hauptast bei Beinpaar 1—3 bis zur Mitte, beim 4. Beinpaar nicht so weit. Die gemeinsame Basis von Haupt- und Nebenast ist bei den Außenkrallen aller Beine länger als bei den Innenkrallen, aber nirgends größer als der Nebenast (wie bei *H. (H.) oberhaeuseri*), sondern etwa ebenso lang (wie bei *H. (H.) pallidus*). Laterale Vasa malpighii vom kurzen Typus. Keine Besonderheiten im Krallenbau bei geschlechtsreifen Männchen.

Körperlänge bis 319 μ. Maße für ein 160 μ langes Exemplar: Länge des Buccalapparates vom Mundring (einschließlich) bis zum Caudalrand des Schlundkopfes 37 μ; Schlundkopflänge 131 ms; äußerer Durchmesser der Mundröhre 7 cph; Schlundkopfbreite 88 cph; Länge der Placoidenreihe 31 cph; 1. und 2. Placoid je 12 × 9 cph; Hinterkralle IV 81 ms; Krallenlängenindex (I—III) 1,5 : 1; (IV) 2,2 : 1.

Gelege von 1—6 glatten, rosa, mehr oder minder ovalen Eiern von 46—52 μ Durchmesser in der Cuticula.

Bezüglich der Länge der Krallenhaut, die in der vorstehenden Diagnose beschrieben ist, gilt das bei *H. (H.) pallidus* gesagte (vgl. S. 274).

Richters meint (Ergeb. Schwed. Südp.-Exp., *v.* 6 nr. 2 p. 8, 1908), sein Gelege, das er 1904 (Ber. Senckenb. Ges.) abgebildet hat, gehöre zu einer Art des Subgenus *Diphascon*. Zu dieser Annahme ist Richters wohl durch die Krallen gekommen, die bei *H. (H.) oberhaeuseri* und den *Diphascon*-Arten nach dem 3. *Hypsibius*-Typus (vgl. S. 223) gebaut sind. Innerhalb dieses Typus gibt es freilich zahlreiche Besonderheiten hinsichtlich der Länge und Dicke der beiden Krallen eines Beines, ihrer Äste, der Basalpartie, des Ansatzes des Hauptastes, der Krümmung und so fort. Deshalb ist Richters' Hinweis auf eine *Diphascon*-Art heute bedeutungslos. Die Skulpturverhältnisse des genannten Geleges passen gar nicht zu *H. (Diphascon) bullatus*, der einzigen bisher bekannten *H. (Diphascon)*-Species mit grob skulpturierter Cuticula. Vielmehr gehört das Gelege offensichtlich zu *H. (H.) scabropygus*, das übrige im Text erwähnte Material vielleicht teilweise zu einem anderen unpigmentierten, aber glatten *Hypsibius (H.)* mit glatten Eiern in der Cuticula, etwa *H. (H.) convergens* oder *H. pallidus*.

Pigmentierung, Eier mit Ausschüssen, längere Basalpartie an Außen- und Innenkralle und etwas andere Maße der Macroplacoiden unterscheiden den *H. (H.) oberhaeuseri* von *H. (H.) scabropygus*. Dieser nähert sich im Bau der Augen und in der Ansatzweise des Hauptastes der Außenkralle an der zugehörigen Basalpartie dem *H. (H.) pallidus*, in der Form der Macroplacoiden dem *H. (H.) microps*. Von diesen beiden glatten Arten ist *H. (H.) scabropygus* freilich an der skulpturierten Caudalpartie leicht zu unterscheiden.

Mitteldeutschland, ?Taunus; Rhön; Schweiz, Wallis, bei Zermatt, 2700 m; Tirol, bis 2800 m; östl. Frankreich, meist in Frullanien, manchmal in Flechten; Norditalien, Bellagio; Südafrika, Otjiwarongo, 1600 m.

31. **H. (H.) calcaratus** Bartoš 1935 *H. c.*, E. Bartoš in: Zool. Anz., *v.* 110 p. 258 f. 2.

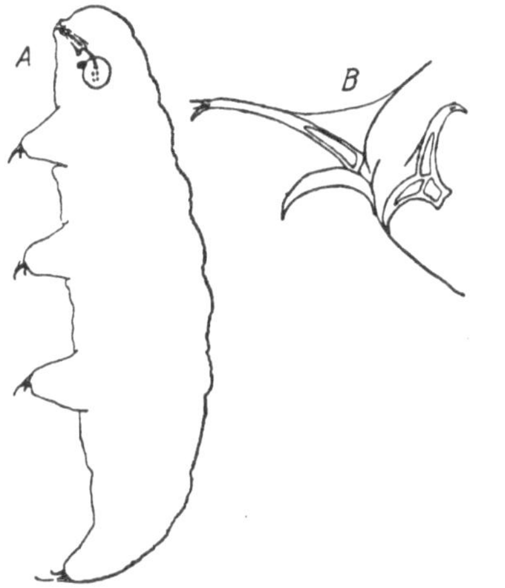

Fig. 264 a.
Hypsibius (H.) calcaratus Bartoš. *A* lateral, *B* Krallen IV.

Sehr klein; zwischen 2. und 3. Beinpaar am breitesten. Farblos, mit gelblichen Magenzellen. Cuticula des ganzen Körpers mit feinen, halbkugeligen Wärzchen bedeckt. Auf dem Rücken der größeren Stücke sind schwärzliche Flecke in 2 längsverlaufenden Streifen angeordnet, wie solche auch für *Macrobiotus occidentalis* (vgl. S. 148) von Thulin und für *M. hufelandii* (vgl. S. 196) beschrieben worden sind. Augenflecke klein; sie bestehen aus 4—10 kleinen Flecken oder fehlen ganz. Mundöffnung ventral. Mundröhre sehr kurz (13,5 µ) und eng (weniger als 1 µ im äußeren Durchmesser). Stilette kurz und sehr fein. Schlundkopf fast kugelig (13,5 µ × 12,5 µ), mit Apophysen und 2 Macroplacoiden, von denen das erste größer ist; kein Microplacoid. Krallen verschieden groß, besonders am 4. Beinpaar; Hauptäste sehr groß und dünn mit auffallend langen und weit abstehenden Nebenspitzen. Länge 135—189 µ.

Gelege von einem Ei in der alten Cuticula.

Die Art steht in der Nähe von *H. (H.) oberhaeuseri* (s. unten) und *H. (H.) scabropygus* (vgl. S. 275). Von *H. oberhaeuseri* ist sie durch ihre Eigelege sicher getrennt; von dem rosafarbigen *H. scabropygus* durch ihre gleichmäßige, den ganzen Rücken bedeckende Skulptur und ihre Farblosigkeit.

Rozsutec, Slowakei, 1608 m; in Moos auf kalkiger Unterlage.

32. **H. (H.) oberhaeuseri** (Doy.) 1840 *Macrobiotus Oberhaeuser*, Doyère in: Ann. Sci. nat., ser. 2 *v.* 14 p. 286 t. 14 f. 11—15 | 1842 *M. O.*, Doyère, ibid., ser. 2 *v.* 18 p. 34 | 1848 *Hypsibius Oberhäuseri*, Ehrenberg in: Monber. Ak. Berlin, p. 381 | 1851 *Macrobiotus Oberhaeuser*, Dujardin in: Ann. Sci. nat., ser. 3 *v.* 15 p. 162 | 1866 *M. Oberhäuseri*, R. Greeff in: Arch. mikr. Anat., *v.* 2 p. 117 t. 6 f. 5, 7 [nec t. 7 f. 12] | 1888 *M. o.*, Plate in: Zool. Jahrb., Anat. *v.* 3 p. 535 t. 20 f. 3, 12, t. 22 f. 24 | 1892 *M. O.*, Rywosch in: SB. Ges. Dorpat, *v.* 9 p. 90 | 1896 *M. Oberhauseri*, Lance, Contr. Tardigrades, p. 202 t. 1 f. 1, t. 2 f. 8, t. 3 f. 16 | 1896 *M. Oberhäuseri*, Rywosch in: Biol. Centralbl., *v.* 16 p. 122 | 1897 *M. O.*, Rywosch, ibid., *v.* 17 p. 753 | non 1903 *M. O.*, F. Richters in: Verh. D. zool. Ges., p. 53 | 1903 *M. O.*, F. Richters in: Zool. Anz., *v.* 27 p. 169 | 1904 *M. o.*, F. Richters in: Fauna arct., *v.* 3 p. 500 | non 1904 *M. O.*, F. Richters in: Ber. Senckenb. Ges., p. 64 t. 4 f. 6 | ? non 1904 *M. O.*, F. Richters in: Verh. D. zool. Ges., p. 238 | 1904 *M. O.* [part.], F. Richters in: Zool. Anz., *v.* 28 p. 350 | non 1905 *M. o.*, John Murray in: Tr. R. Soc. Edinb., *v.* 41 p. 692 | non 1907 *M. o. ?*, John Murray, ibid., *v.* 45 p. 658 t. 4 f. 27a—d | ? 1907 *M. o. ?*, John Murray in: J. R. micr. Soc., p. 271 | non 1907 *M. o. ?*, John Murray in: Tr. R. Soc. Edinb., *v.* 45 p. 674 | ? non 1907 *M. o.*, F. Richters in: Zool. Anz., *v.* 31 p. 915, 916 | non 1907 *M. o. ?*, John Murray in: Tr. R. Soc. Edinb., *v.* 45 p. 842 t. 2 f. 15a—c, f. 17a—c | ? non 1907 *M. O.*, F. Richters in: D. Südp.-Exp., *v.* 9 p. 295 | 1908 *M. o.* + var. *granulatus*, F. Richters in: Ergeb. Schwed. Südp.-Exp., *v.* 6 nr. 2 p. 7 t. 1 f. 8 | 1908 *M. obernhäuseri*, F. Heinis in: Zool. Anz., *v.* 32 p. 637 | 1908 *M. oberhäuseri*, M. Sellnick, ibid., *v.* 33 p. 210 | 1909 *M. o.*, M. Sellnick in: Schr. Ges. Königsb., *v.* 49 p. 327 | 1909 *M. o.*, J. Ammann in: Mt. Ges. Bern, 1908 p. 10 | non 1909 *M. o.*, C. Carlzon in: Zool. Anz., *v.* 34 p. 140 | 1909 *M. Obernhäuseri* + *Oberhäuseri*, V. Brehm in: Int. Rev. Hydrobiol., *v.* 2 p. 280 | 1910 *Hypisibius oberhäuseri* + *Macrobiotus o.*, F. Heinis in: Arch. Hydrobiol., *v.* 5 p. 117, 121, 152 | 1910 *M. o.*, John Murray in: Brit. antarct. Exp., *v.* 1 t. 3 f. 11; p. 99, 155, 171 | 1911 *M. o.*, John Murray in: J. Quekett Club, ser. 2 *v.* 11 p. 193 | 1911 *M. o.*, John Murray in: Ann. Scott. nat. Hist., nr. 78 p. 89, 93 | 1911 *Makrobiotus O.*, F. Richters in: Camp. arct. Orléans, 1907 p. 14 t. 2 f. 13 | 1911 *Hypsibius Oberhäuser*, G. Thulin in: Ark. Zool., *v.* 7 nr. 16 p. 27, 34 f. 18—18c | 1911 *Makrobiotus Oberhäuseri* + *M. o.* var. *granulatus*, F. Richters in: Al. Koenig, Avifauna Spitzberg., p. 286 | 1912 *Macrobiotus o.*, F. Heinis in: Rev. Suisse Zool., *v.* 20 p. 778 | 1913 *M. o.*, John Murray in: J. R. micr. Soc., p. 138, 140, 141, 143 | 1913 *M. oberhaeuseri*, John Murray, Not. nat. Hist. Bolivia Peru, p. 28 | 1913 *Makrobiotus Oberhäuseri*, F. Richters in: Handw. Naturw., *v.* 9 p. 1019 | 1914 *Macrobiotus o.*, R. Menzel in: Arch. Naturg., *v.* 80 A 3 p. 16, 17 | 1914 *M. o.* + var. *granulatus*, F. Heinis in: Mém. Soc. Neuchâtel, *v.* 5 p. 716 f. 41 | 1915 *M. Spallanzanii*, P. Della Valle

in: Annuario Mus. Napoli, n. ser. suppl. fasc. 1 nr. 7 p. 7, 17 t. 8 f. 9—10 | 1916 *M. oberhäuseri*, F. Heinis in: Tätigkeitsber. Ges. Baselland, 1911—1916 p. 95 | 1919 *M. o.*, P. Nederström in: Acta Soc. Fauna Fenn., *v.* 46 nr. 8 p. 11 | 1920 *M. Oberhäuser*, Loman in: Tijdschr. Nederl. dierk. Ver., ser. 2 *v.* 18 p. XLV | 1920 *Hypsibius oberhäuseri*, H. Baumann in: Zool. Anz., *v.* 52 p. 57 | 1921 *Macrobiotus o.*, F. Heinis in: Festschr. Zschokke, nr. 6 p. 5, 6, 8, 11 | 1921 *M. o.*, H. Baumann in: Z. wiss. Zool., *v.* 118 p. 638 | 1922 *M. Oberhäuser* [part.], Loman in: Bijdr. Dierk., *v.* 22 p. 43—44 f. A (nec f. B) | non 1925 *Hybsibius Oberhäuseri*, G. Rahm in: Arch. Naturg., *v.* 90 A 7 p. 190 | 1925 *Hypsibius o.*, G. Rahm in: Brohmer, Fauna Deutschl., ed. 3 p. 433 f. 676 | 1925 *Macrobiotus oberhaeuseri*, C. Urbanowicz in: Bull. biol. France, *v.* 59 p. 124ff., f. 1 B 1, t. 5 f. 1, 3, t. 6 f. 8, 10, 12 | 1926 *M. Oberhäuseri*, G. Rahm in: Biol. Centralbl., *v.* 46 p. 463 | 1928 *Hypsibius oberhaeuseri*, E. Marcus in: Zool. Jahrb., Physiol. *v.* 44 p. 339 | 1928 *Macrobiotus oberhäuseri* [part.] + *o.* var. *granulatus*, G. Rahm in: Tierw. Mitteleur., *v.* 3 p. II 6, 8, 16 f. 15—17 | 1928 *Hypsibius oberhaeuseri*, E. Marcus in: Tierw. Deutschl.,

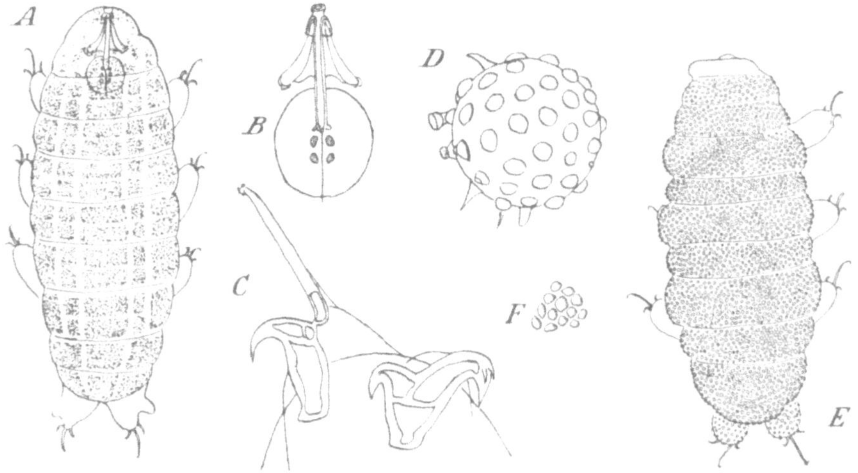

Fig. 265.
Hypsibius (H.) oberhaeuseri (Doy.). *A* ♂, dorsal, *B* Schlundkopf, *C* Krallen IV, *D* Ei, *E* gehäutete Cuticula der f. **granulata**, *F* Skulptur der Cuticula.

pars 12 p. 208 f. 255—256 | 1928 *H. Oberhäuseri*, G. Thulin in: Hereditas, *v.* 11 p. 227—229, 241 f. 9 | 1929 *Macrobiotus O.*, G. Rahm in: Bull. Soc. Fribourg., *v.* 29 Proc.-verb. 19. V. 1927 p. 6, 9, 10 | 1929 *M. O.*, G. Rahm, ibid., *v.* 29 Proc.-verb. 7. III. 1928 p. 3 | 1929 *Hypsibius* (s. str.) *oberhaeuseri*, E. Marcus in: Bronn, Kl. Ordn., *v.* 5 Abt. 4 Buch 3 p. 510 f. 347, 348 t. 1 f. 2, 7 | 1930 *H. oberhäuseri*, H. Baumann in: Zool. Anz., *v.* 88 p. 74 | 1930 *H.* (s. str.) *oberhaeuseri*, E. Marcus in: Zool. Jahrb., Syst. *v.* 59 p. 383 | ? 1931 *H. oberhäuseri*, G. Rahm in: Revista Chilena, *v.* 35 p. 121, 122, 130, 137 | ? 1932 *H. o.*, G. Rahm in: Zool. Anz., *v.* 98 p. 97, 98, 120 | 1932 *H.* (s. str.) *o.*, G. Rahm in: Brohmer, Fauna Deutschl., ed. 4 p. 458 f. 867 | 1932 *H. O.*, Cuénot in: Faune France, pars 24 p. 71 f. 66—69 | 1933 *H. O.*, F. Heinis in: 9. Tätigkeitsber. Ges. Baselland, 1930—1932 p. 42 | 1933 *Macrobiotus o.*, E. Bartoš in: Příroda Ostrava, *v.* 26 nr. 6 p. 1 | 1933 *Hypsibius O.*, E. Bartoš, ibid., nr. 7 p. 2 | 1934 *H. o.*, E. Bartoš in: Časopis České Spol. ent., *v.* 31 p. 103 f. I, 9.

Mittelgroß; Jungtiere hyalin, ohne Pigment. Erwachsene Stücke mit etwa 9 Quer- und 5 Längsbinden von stumpf grau-braunem, rotbraunem, selten bis violettem Pigment. Die violetten und purpurfarbigen Töne treten namentlich als Auflösungserscheinung bei sehr alten oder fixierten Tieren auf. Durch 4 pigmentfreie Längsstreifen erscheinen die pigmentierten Stücke wie kariert. Augenpigment fehlt. Die Cuticula ist meist gekörnt, mit knötchenartigen Verdickungen versehen, namentlich in der Caudalhälfte des Körpers. Es gibt auch vollständig granulierte Exemplare und nahezu glatte, bei denen kaum irgendeine Körnelung zu sehen ist. Mundröhre sehr eng (1 μ im inneren Durchmesser), mit hakenförmigen Muskelansatzvorsprüngen. Schlundkopf kurz-oval, mit Apophysen und 2 Macroplacoiden, von denen das vordere größer und oval, das hintere kürzer und fast kugelrund ist. Microplacoid fehlt. Die beiden Krallen eines Beines sehr verschieden gebaut; die vordere, kürzere grob mit kurzen, dicken Ästen, der Hauptast mit 2 kräftigen Nebenspitzen. Die hintere, längere Kralle hat eine den Nebenast an Länge übertreffende Basalpartie, der Nebenast ist stark gebogen, der Hauptast lang, dünn, borstenähnlich, mit 2 Nebenspitzen versehen. Beim Männchen findet sich an der Außenseite des 4. Beinpaares ein abgeflachter Zipfel (Fig. 265 *A*), der beim Weibchen nur in schwacher Ausbildung vorkommt oder fehlt. Länge nicht über 500 μ, meist bis 450 μ.

Eier klein, kugelig, im Durchmesser ohne Ausschüsse 50—57 μ messend; an der Oberfläche mit Ausschüssen in wechselnder Zahl, Größe und Form versehen. Meist sind diese Ausschüsse halbkugelförmig, wodurch das Ei himbeerähnlich aussieht; einzelne Ausschüsse können zu kurzen Kegeln ausgezogen sein oder unregelmäßig abgestumpft oder sanduhrförmig. Die Eier werden einzeln oder auch in kleinen Gruppen von 2—6 frei abgelegt. Ausnahmsweise finden sich, ebenso wie bei andern freie Eier ablegenden Eutardigraden auch bis zu 5 typische, mit Ausschüssen versehene Eier als Gelege in der gehäuteten Cuticula.

H. (H.) oberhaeuseri gilt allgemein als eine Species, die man auf den ersten Blick erkennen kann, wie Cuénot (1932) sagt. Trotzdem ist ihre Synonymie überaus schwierig. Die mehr oder weniger deutliche Granulation braucht nicht besonders benannt zu werden, die var. *granulata* (Richters, 1908) ist einzuziehen. Das gesamte mir vorliegende *oberhaeuseri*-Material aus Lappland, Nord-, West-, Ost- und Süddeutschland, der Schweiz, aus Österreich, Ungarn und Sardinien zeigt granulierte Cuticula (Fig. 265 E, F). John Murray (1910, p. 100, 171) hat glatte Exemplare gesehen.

Wo die Untersucher in ihren pigmentierten, augenlosen „*oberhaeuseri*“-Populationen glatte, also ausschußfreie Eier in der gehäuteten Cuticula gefunden haben, da handelt es sich nicht um *H. (H.) oberhaeuseri*. Verschiedenheiten in der Schalendicke bei einer Tardigradenart kommen vor (vgl. *H. (H.) arcticus*, S. 273); auch Verschiedenheiten in der Form der Ausschüsse (vgl. *Macrobiotus richtersii*, S. 159; *M. hufelandii*, S. 197; *M. echinogenitus*, S. 207). Dagegen sind von einer Species sowohl Eier mit Ausschüssen wie auch glatte Eier bisher nicht bekannt. Gewiß gibt es eine *Hypsibius (H.)*-Art mit pigmentierten Querbinden, ohne Augenpigment und mit glatten Eiern in der Cuticula, aber ohne pigmentfreie Längsstreifen, das ist *H. (H.) novemcinctus* n. spec. (vgl. S. 281). Zu dieser Art gehören die Beschreibungen und Fundortangaben bei John Murray (non 1905) und Rahm (non 1925, non 1928). Lomans Vermutung (1922), die Eier mit Ausschüssen seien Sommereier, die glatten Wintereier, ist nicht begründet (vgl. E. Marcus, 1928, p. 339). Loman beruft sich auf Thulin (1911), der ein Gelege in der alten Cuticula beschrieben hat. Das waren aber gewiß mit Ausschüssen versehene Eier, sonst hätte Thulin sie nicht als *oberhaeuseri*-Eier bezeichnet. Außerdem erwähnt Loman die von Richters (non 1904) beschriebenen Gelege. Aber diese hat Richters selbst als nicht zu *oberhaeuseri* gehörig erkannt (1908); hier werden sie bei *H. (H.) scabropygus* besprochen.

Unpigmentierte, geschlechtsreife „*oberhaeuseri*“ mit Augenpigment und glatten Eiern gehören zu *H. (H.) pallidus* (vgl. S. 274), also teilweise die Bornholmer Stücke Richters' (1904 [part.]) und die gesamte Ausbeute Carlzons (non 1909). Das für 1907 an erster Stelle genannte Murraysche Material hat Murray selber (1911, p. 93) mit Recht zu *H. (H.) arcticus* gestellt.

Nicht zu identifizieren ist das von R. Greeff (1866, t. 7 f. 12) abgebildete Ei, das schon Richters (1908) nicht auf *H. (H.) oberhaeuseri* beziehen konnte. Unklar bleiben ferner die Gelege von Richters (non 1903), vielleicht handelt es sich wie in seiner ausführlichen Veröffentlichung (non 1904) um *H. (H.) scabropygus*. Ganz unsicher ist auch das „Gauß"-Material (Richters: ?non 1904; ?non 1907; ?non 1907). An der ersten Stelle sind als Fundorte „St. Paul" und „Kerguelen" genannt, an der letzten wird nur ein Exemplar von den Kerguelen erwähnt. Dieses Exemplar hat Augen; nach Cuénot (1932, p. 72) läßt diese Angabe für „*oberhaeuseri*" immer auf Verwechselung mit einer andern Species schließen. Ich kenne auch keine echten *oberhaeuseri*-Stücke, weder Erwachsene noch Jungtiere, mit Augenpigment. Rahm dagegen beschreibt ausdrücklich Augenpigment bei jungen und erwachsenen *oberhaeuseri*-Exemplaren (1931, p. 130). Deshalb muß die Artzugehörigkeit seines Materials als fraglich erscheinen, und seine Fundorte aus Chile und Brasilien sind nicht sicher auf *H. (H.) oberhaeuseri* zu beziehen. Auch Plate (1888) hat bei einem Tier aus Chile Augenpigment gefunden. Die oben erwähnten Fundorte „Kerguelen" und „St. Paul" lasse ich in der nachstehenden Verbreitungsübersicht fort, ohne freilich das betreffende Material anderweitig einordnen zu können, da Angaben über Pigmentierung und Eier fehlen.

Das an zweiter Stelle für 1907 genannte Material Murrays (?1907) ist zwar wahrscheinlich, aber nicht sicher zu *H. (H.) oberhaeuseri* gehörig, da Murray damals über das maulbeerartige Ei dieser Art noch im Unklaren war. An der dritten für 1907 genannten Stelle werden unpigmentierte Stücke erwähnt, die nicht zu *H. (H.) oberhaeuseri* gehören; ob es sich um *H. (H.) pallidus*, *microps* oder gar *convergens* handelt, ist nicht zu sagen. An der vierten für 1907 genannten Stelle sind 2 Cysten beschrieben, die beide nicht von *H. (H.) oberhaeuseri* stammen können. Offenbar sind beide pigmentlos. Die eine (non 1907, f. 15) besitzt Augen und Krallen, die zwar zu *Hypsibius (H.)*, aber nicht zu *H. oberhaeuseri* passen. Sie könnte zu *H. (H.) microps* gehören. Die andere (1907, f. 17) hat ein Microplacoid und *Isohypsibius*-Krallen; sie paßt zu keinem der bisher bekannten Isohypsibien.

Die Wiederverwendung des alten Namens „*spallanzanii*" (P. Della Valle 1915), empfiehlt sich nicht, da die zugehörige Beschreibung (1835, M. Perty in: Isis, 1834, p. 1244, 1245) nicht zu deuten ist (vgl. S. 1).

Die weite Verbreitung der Art führt Heinis (1910, p. 152) nach eigenen Experimenten auf ihre große Widerstandsfähigkeit gegen Austrocknung zurück.

Franz Joseph-Land; Spitzbergen; Bäreninsel; Norwegen; Lappland; Finnland; Schweden; ?Bornholm; Estland; Polen, Wilno; Faröer; Schottland; Niederlande; Helgoland; Mecklenburg; ?Rügen; Hiddensoe; Pommern, Greifswald; Mark Brandenburg; Ostpreußen; Harz; Rheinprovinz; Marburg; Schlesien; Schwarzwald; Oberbayern bis Salzburg, bis 2100 m; Schweizer Jura; Schweizer Alpen, bis 4300 m; Vorarlberg, 2800 m; Niederösterreich, Lunz; Tschechoslowakei, bis 1680 m; Ungarn; Frankreich; Sardinien; Süditalien, Astroni; ?Himalaya; Britisch-Ostafrika, Uganda; Südafrika, Pretoria; Sandwichinseln, Oahu; Britisch-Columbia; Südamerika: Colombia; Bolivia, 4000 m; ?Chile; ?Brasilien; ?Chiloe; Feuerland; Antarktis, Victorialand, zwischen Lat. 77° 30′ und 78° S.

33. **H. (H.) novemcinctus** spec. nov. 1905 *Macrobiotus oberhäuseri*, John Murray in: Tr. R. Soc. Edinb., *v.* 41 p. 692 | 1922 *M. Oberhäuser* [part.], Loman in: Bijdr. Dierk., *v.* 22 p. 43—44 f. B (nec A) | 1925 *Hybsibius Oberhäuseri*, G. Rahm in: Arch. Naturg., *v.* 90 A 7 p. 190 | 1928 *Macrobiotus o.*, G. Rahm in: Tierw. Mitteleur., *v.* 3 p. II 8.

Klein; Jungtiere nicht bekannt; Erwachsene mit 9 braunen Querbinden. Augenpigment fehlt. Cuticula unskulpturiert, glatt. Mundröhre sehr eng (1 μ im inneren Durchmesser) mit hakenförmigen Muskelansatzvorsprüngen. Stilette sehr wenig divergierend. Schlundkopf kurz-oval, mit deutlichen Apophysen und 2 Macroplacoiden. Beide sind rundliche, körnerartige Stäbchen von gleicher Breite (1,2 μ); das 1. Macroplacoid ist $2^1/_2$ mal, das 2. 2 mal so lang wie breit; das 1. kann auch 3 mal so lang wie breit und kann eingeschnürt sein. Microplacoid fehlt. Die Krallen sind denen des *H. (H.) oberhaeuseri* sehr ähnlich, nur daß der Nebenast der Hinterkralle länger ist als die Basalpartie. Die Verbindung zwischen dem Hauptast der Hinterkralle und der Basalpartie ist äußerst zart, wie bei *H. (H.) oberhaeuseri*, wo auch Terminal- und Basalkralle fast getrennt sind. Die Nebenspitzen am Hauptast der Hinterkralle sind sehr klein, der Hauptast selber ist sehr lang und dünn, häkelhakenförmig; er sitzt der Mitte der Basalkralle an, ähnlich wie bei *H. (H.) pallidus*.

Länge 240 μ. Länge des Buccalapparates vom Mundring (einschließlich) bis zum Caudalrand des Schlundkopfes 45 μ (180 ms); Schlundkopflänge 24 μ (100 ms); äußerer Durchmesser der Mundröhre 1,6 μ (6,6 cph); Schlundkopfbreite 19 μ (79 cph); 1. Macroplacoid 3—4 μ lang (12,5—16,6 cph);

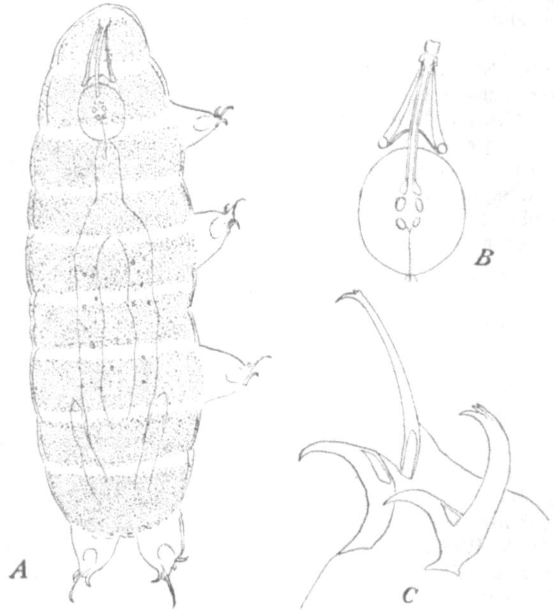

Fig. 266.
Hypsibius (H.) novemcinctus E. Marcus. *A* dorsal, *B* Schlundkopf, *C* Krallen.

2. Macroplacoid 2,4 μ lang (10 cph); Breite der Macroplacoiden 1,2 μ (5 cph). Vorderkralle I—IV 8 μ lang (33 ms); Hinterkralle I—III 12 μ lang (50 ms); Hinterkralle IV 19 μ lang (79 ms); Krallenlängenindex (I—III) 1,5 : 1; (IV) 2,4 : 1.

Ein Gelege von 2 glatten Eiern in der alten Cuticula.

Die Art, von der ich 15 Exemplare gesehen habe, gehört eng zu *H. (H.) oberhaeuseri*, aber sie unterscheidet sich von ihr durch die glatten Eier, von denen mir nur ein kleines Gelege vorliegt. Indessen beweisen die in der Erörterung von *H. oberhaeuseri* besprochenen und hier in die Synonymie aufgenommenen Literaturstellen, daß glatte Eier in der alten Cuticula bei „*oberhaeuseri*“ mehrfach beobachtet worden sind. Das Fehlen der pigmentfreien Längsstreifen, die das karierte Aussehen von *H. oberhaeuseri* bedingen, unterscheidet den *H. novemcinctus* habituell sehr deutlich von *oberhaeuseri*. Trotzdem hätte ich auf dieses Merkmal hin kaum eine Form benannt. Die glatten Eier dagegen zwingen zur artlichen Abtrennung des *H. (H.) novemcinctus*. Die Zugehörigkeit der vorliegenden, glatten Eier zu der gebänderten Species, die als einzige in der betreffenden Moosprobe gefunden wurde, halte ich nach den unverkennbaren, extrem heteronychen „*oberhaeuseri*“-Krallen für unzweifelhaft. Wenn ich auch für die Diagnose des *H. novemcinctus* nur das mir vorliegende Material verwendet habe, möchte ich doch die Verbreitung der Art durch die Fundangaben der in der Synonymieliste genannten Autoren ergänzen. Wie der weit verbreitete *H. (H.) convergens* oder nach Thulin (Hereditas, *v.* 11 p. 247, 1928) die Landform des *H. (H.) dujardini* wahrscheinlich das Rätsel des immer wieder in der Literatur genannten „*Macrobiotus tetradactylus*" löst, so scheint mir der *H. (H.) novemcinctus* die Erklärung dafür zu bieten, daß ältere und neuere Untersucher unsicher sind in der Frage, was für Eier zu *H. (H.) oberhaeuseri* gehören.

Schottland; Niederlande; Rheinprovinz; Ungarn, Garam Szöllös.

34. **H. (H.) hypostomus** Bartoš 1935 *H. h.*, E. Bartoš in: Zool. Anz., *v.* 110 p. 257 f. 1.

Klein und plump. Cuticula glatt. Die Leibeshöhlenflüssigkeit und die Speicherzellen sind besonders bei den größeren Stücken rötlichbraun; Augenpigment vorhanden. Mundöffnung ventral, Stirn gewölbt. Die Mund-

Fig. 266 a.
Hypsibius (H.) hypostomus Bartoš.

röhre ist eng (2 μ im äußeren Durchmesser) und vor dem Eintritt in den Schlundkopf stark gebogen. Schlundkopf fast kugelig (21 × 19 μ). Apophysen kräftig; 2 kugelige Macroplacoiden, von denen das vordere etwas größer ist; kein Microplacoid. Krallen eines Beines ungleich groß; die Nebenäste kurz und stark gekrümmt, die Hauptäste dünn, lang und schwach gekrümmt, mit 2 Nebenspitzen. Länge bis 270 μ.

Gelege von einem glatten, großen, braunpigmentierten Ei in der alten Cuticula.

Die Art steht dem *H. (H.) novemcinctus* (vgl. S. 281) sehr nahe, ist aber durch das Vorhandensein des Augenpigments und vor allem durch die Farbe der Speicherzellen und der Eier von *H. novemcinctus* sicher zu unterscheiden.

Hohe Tatra, bis 2503 m, in Moos.

35. **H. (H.) evelinae** E. Marcus 1928 *H. e.*, E. Marcus in: Tierw. Deutschl., pars 12 p. 212 f. 259 | 1929 *H.* (s. str.) *e.*, E. Marcus in: Bronn, Kl. Ordn., *v.* 5 Abt. 4 Buch 3 p. 514 f. 350 t. 1 f. 1, 9, 14 | 1932 *H.* (s. str.) *e.*, G. Rahm in: Brohmer, Fauna Deutschl., ed. 4 p. 458 | 1932 *H. E.*, Cuénot in: Faune France, pars 24 p. 76.

Mittelgroß bis groß. Augenpigment vorhanden; Cuticula farblos, aber oft gelber bis roter Farbstoff in den Speicherzellen; Magenzellen zuweilen grünblau bis indigoblau. Cuticula des Körpers glatt, ohne Skulptur, dagegen über den Krallen auf der Dorsalseite der Extremitäten ausgewachsener Individuen, besonders deutlich auf dem 4. Beinpaar, aber auch am Beinpaar 1—3 ausgebildet, ein Buckel, der in der Regel aus mehreren nagelartigen Höckern zusammengesetzt ist (Fig. 267 *C*). Maximal an jedem Buckel etwa 12 Einzelhöcker vorhanden, die aber auch bis auf wenige (2—3) reduziert sein oder ganz fehlen können. Im letzten Fall resultiert ein glatter Buckel. Mundröhre ziemlich weit (ca. 5 μ). Leisten- wie hakenförmige Muskelansatzvorsprünge fehlen. Die Mundröhre ist wie bei den Macrobioten gleich hinter der Mundhöhle dorsalwärts gebogen und ein kurzer ventraler Scheidenhalter bildet die Sehne dieses Bogens. Die Stilettscheiden sitzen nicht rein lateral an der Mundröhre, sondern sind ventralwärts verlagert. Stilette in ihrem gesamten Verlauf schwach gebogen, fast gerade mit kräftig entwickelter, breiter Furca. Schlundkopf oval, etwa 37 µ lang, 25 µ breit, mit Apophysen und 2 stabförmigen Macroplacoiden, ohne Microplacoid. Das 1. Macroplacoid ist fast doppelt so lang wie das 2. und meist unvollständig gebrochen; das 1. ist nicht ganz 4 mal so lang wie breit, das 2. etwas mehr als 2 mal so lang wie breit. Krallen relativ klein, grazil; die beiden Krallen eines Beines von wenig verschiedener Länge, der Haupttast der äußeren 15 µ, der der inneren 11 µ, von der Basis bis zur Spitze gemessen. Die gemeinsame Basis von Haupt- und Nebenast bei beiden Krallen kurz, aber basal hakenartig verlängert, die Nebenäste bei beiden Krallen etwa 8 µ lang; die Hauptäste beider Krallen mit je 2 Nebenspitzen. Länge bis zu 500 µ.

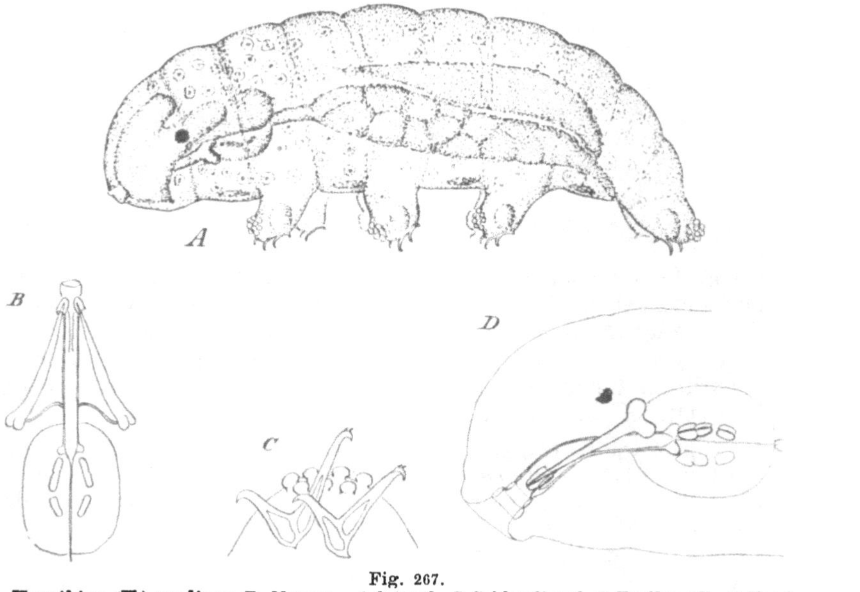

Fig. 267.
Hypsibius (H.) evelinae E. Marcus. *A* lateral, *B* Schlundkopf, *C* Krallen IV, *D* Kopf.

Gelege mit bis zu 16 glatten, im größten Durchmesser 60—70 µ langen Eiern in der alten Cuticula.

Innerhalb der *Hypsibius (H.)*-Gruppe, zu der diese Art nach ihren Krallenmerkmalen gestellt werden muß, ist ihr im Bau der Krallen *H. dujardini* noch am ähnlichsten, aber der Größenunterschied beider Krallen des *dujardini* ist beträchtlicher und die Krallen selbst sind wesentlich größer als bei dem ausgesprochen kleinkralligen *evelinae*. Bezüglich der Schlundkopfeinlagerungen und der nicht im Profil betrachteten Krallen (Fig. 267 *C*) erinnert die Art an *H. (Isohypsibius) tuberculatus* (vgl. S. 241). Aber im Profilbild erweist sich der Unterschied zwischen der *Isohypsibius*-Kralle des *tuberculatus* und der *Hypsibius (H.)*-Kralle des *evelinae*, ein Unterschied, der übrigens gerade bei *H. evelinae* sehr schwer festzustellen war. Der eigentümliche, *Macrobiotus*-artige Buccalapparat und die Buckel über den Krallen unterscheiden den *H. (H.) evelinae* sicher von jeder anderen *Hypsibius*-Art. Höcker über den Krallen sind außer von *H. evelinae* auch von *H. (H.) oberhaeuseri* und *H.* spec. 6 bekannt. Bei *H. oberhaeuseri* besitzen die Männchen einen platten Zipfel lateral am

4. Beinpaar (vgl. S. 280); bei den Weibchen ist dieser Zipfel wenig oder nicht entwickelt. *Hypsibius* spec. 6 ist granuliert, seine Mundröhre ist eng, und die Stilette sind vor der Furca scharf geknickt. Als Konvergenzerscheinung zu *H. evelinae* sei auf papillentragende Beinhöcker bei schottischen *Macrobiotus echinogenitus* (vgl. Fig. 201 *D*, S. 207) hingewiesen. Über die Bedeutung des Vorkommens eines Scheidenhalters bei dieser *Hypsibius*-Art ist im Rahmen der Genusdiagnose bereits gesprochen worden (vgl. S. 222—223).

Berlin-Schlachtensee, in Moos; in Moos und Algen am Wannsee bei Berlin.

36. **H. (H.) conjungens** Thulin 1911 *H. c.,* G. Thulin in: Ark. Zool., *v.* 7 nr. 16 p. 37 f. 20—20b | 1928 *Macrobiotus c.*, G. Rahm in: Tierw. Mitteleur., *v.* 3 p. II 16 | 1928 *Hypsibius c.*, E. Marcus in: Tierw. Deutschl., pars 12 p. 171 f. 208 | 1928 *H. c.*, G. Thulin in: Hereditas, *v.* 11 p. 241, 242 | 1929 *H.* (s. str.) *c.*, E. Marcus in: Bronn, Kl. Ordn., *v.* 5 Abt. 4 Buch 3 p. 513 f. 349 | 1932 *H. c.*, Cuénot in: Faune France, pars 24 p. 75 f. 73.

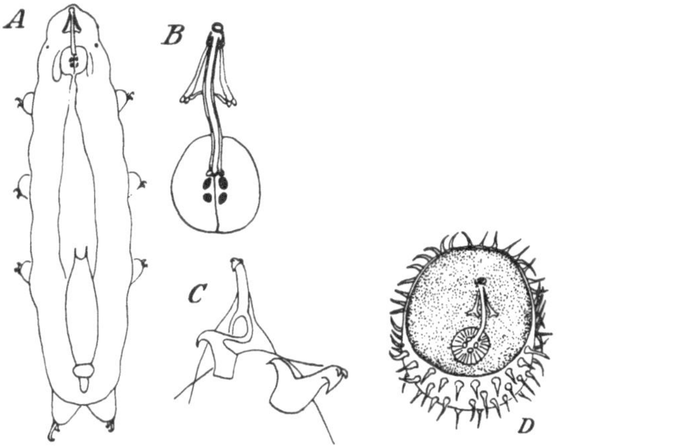

Fig. 268.
Hypsibius (H.) conjungens Thulin. *A* dorsal, *B* Schlundkopf, *C* Krallen IV, *D* Ei.

Klein oder kaum mittelgroß. In der Jugend unpigmentiert, im Alter mit graubraunen Querbändern oder weißlich-grauen Körnchen in der Epidermis; Augenpigment vorhanden. Körperform durch die kleinen Beine und die Verlängerung der vor dem 1. Beinpaar gelegenen Partie einigermaßen schmächtig. Mundröhre eng, mit hakenförmigen Muskelansatzvorsprüngen; hinter den Stiletträgern zu einer kurzen, biegsamen Schlundröhre verlängert (Fig. 268 *B*). Schlundkopf kurz-oval mit 2 Macroplacoiden, die kaum länger als breit sind. Microplacoid fehlt. Krallen kurz und dick, die vordere, innere mit abgerundeter Basis und 2 groben Nebenspitzen am Hauptast. Der Hauptast der größeren, also der äußeren oder hinteren Kralle besteht aus einer dicken, federnden Proximalpartie, die plötzlich in eine nur halb so dicke, steife Endpartie übergeht. Die Krallenhaut endet zwischen dieser Übergangsstelle und der Krallenspitze. Länge bis zu 262 μ.

Eier frei abgelegt, gelegentlich auch ein Ei in der alten Cuticula. Die Eier grau, oval, 57 μ lang, 26—30 μ breit und mit Ausschüssen versehen. Diese stehen nicht sehr dicht und sind kegelförmige Stacheln mit wenig starren, vielfach umgebogenen Spitzen.

Im Hinblick auf die kurzen, dicken Krallen des *H. (H.) conjungens*, die geringe Größe und die Schlundkopfeinlagerungen ist es nicht ganz ausgeschlossen, daß Murrays einzelnes Exemplar eines glatten *Hypsibius (Calohypsibius) ornatus* mit verlängerter

Mundröhre (Ann. Scott. nat. Hist., nr. 57 p. 27 t. 3 f. 5, 1906) zu *H. (H.) conjungens* gehört. Allerdings fehlt dem *H. (C.) ornatus* durchweg das Augenpigment, und eine leichte Verlängerung der Mundröhre ist auch von dem normal skulpturierten *H. (C.) ornatus* bekannt (vgl. Fig. 231 *B*). Deshalb ist es doch wohl besser, jenes Exemplar Murrays bei *H. (C.) ornatus* forma *caelata* zu führen, wie das im Vorstehenden geschehen ist (vgl. S. 235, Fig. 233 *C*). Der Unterschied in der Ausbildung der Mundröhre zwischen der Untergattung *Diphascon* und den übrigen Untergattungen des Genus *Hypsibius* scheint demnach nicht nur innerhalb des Subgenus *Hypsibius (H.)* überbrückt zu sein. Allerdings zeigt diese letzte Untergattung auch in der Ausbildung ihrer Krallen den Übergang zu *Diphascon* am deutlichsten.

Grönland, Scoresbysund; Lappland; Nordschweden; Frankreich, Vogesen.

Die nachstehenden Species gehören zur Gattung *Hypsibius*, können aber nicht bei einem der 3 Subgenera *Calohypsibius, Isohypsibius* oder *Hypsibius* eingereiht werden. Zur Untergattung *Diphascon* gehören die hier zusammengestellten Arten, vielleicht mit Ausnahme von *Hypsibius* spec. 12, sicher nicht.

37. **H. areolatus** (John Murr.) ?1903 *Macrobiotus echinogenitus* [part.], F. Richters in: Zool. Anz., *v.* 27 p. 169—171 f. 1 | 1904 *M. e.* Form *a* [part.], F. Richters in: Fauna arct., *v.* 3 p. 503—504 t. 15 f. 7 [nec t. 16 f. 15, 17, 25] | non 1904 *M. e.*, F. Richters in: Ber. Senckenb. Ges., p. 67—69 t. 5 f. 3, 4 | non 1904 *M. e.*, F. Richters in: Zool. Anz., *v.* 28 p. 375 | 1907 *M. e.* var. *areolatus*, John Murray in: Tr. R. Soc. Edinb., *v.* 45 p. 645, 646, 662 | 1907 *M. e.* var. *a.*, John Murray in: J. R. micr. Soc., p. 271 | 1907 *M. e.* var. *a.*, John Murray in: Tr. R. Soc. Edinb., *v.* 45 p. 671, 672, 676 t. 2 f. 14a—d | 1908 *Makrobiotus e.* var. *a.*, F. Richters in: Ber. Senckenb. Ges., p. 15—17, 18 [?] t. 1 f. 2, 3 | 1910 *Macrobiotus e.* var. *a.*, F. Heinis in: Arch. Hydrobiol., *v.* 5 p. 121 | 1910 *M. areolatus* + ? *M. a.?*, John Murray in: Brit. antarct. Exp., *v.* 1 p. 115, 137, 148, 167, t. 19 f. 40, t. 21 f. 53a—e | 1911 *M. a.*, John Murray in: J. Quekett Club, ser. 2 *v.* 11 p. 193 | 1911 *M. a.*, John Murray in: Ann. Scott. nat. Hist., nr. 78 p. 89, 93 | 1911 *Makrobiotus a.*, F. Richters in: Camp. arct. Orléans, 1907 p. 4, 6, 13, t. 1 f. 8 | 1911 *Macrobiotus a.*, John Murray in: P. Irish Ac., *v.* 31 nr. 37 p. 7 | 1911 *Hypsibius a.*, G. Thulin in: Ark. Zool., *v.* 7 nr. 16 p. 27 | 1911 *Makrobiotus* aff. *areolatus*, F. Richters in: Zool. Anz., *v.* 38 p. 274, 275 | 1913 *Macrobiotus a.*, John Murray, Not. nat. Hist. Bolivia Peru, p. 28 | 1914 *M. a.*, R. Menzel in: Arch. Naturg., *v.* 80 A 3 p. 16, 17 | ? 1914 *M.* spec., F. Heinis in: Mém. Soc. Neuchâtel, *v.* 5 p. 718 f. 43 | 1919 *M. echinogenitus* var. *areolatus*, P. Nederström in: Acta Soc. Fauna Fenn., *v.* 46 nr. 8 p. 11 | 1921 *M. areolatus*, F. Heinis in: Festschr. Zschokke, nr. 6 p. 8 | 1925 *Hybsibius a.*, G. Rahm in: Arch. Naturg., *v.* 90 A 7 p. 190 | 1928 *Macrobiotus a.*, G. Rahm in: Tierw. Mitteleur., *v.* 3 p. II 6 | 1928 *Hypsibius a.*, E. Marcus in: Tierw. Deutschl., pars 12 p. 196 f. 242 | 1928 *Macrobiotus a.*, G. Thulin in: Hereditas, *v.* 11 p. 244, 245 | 1929 *Hypsibius a.*, E. Marcus in: Bronn, Kl. Ordn., *v.* 5 Abt. 4 Buch 3 p. 517 f. 352 | 1932 *H. a.*, G. Rahm in: Brohmer, Fauna Deutschl., ed. 4 p. 458 | non 1932 *Macrobiotus a.*, Cuénot in: Faune France, pars 24 p. 60 f. 47, 48 | ?non 1934 *M. a.*, E. Bartoš in: Časopis České Spol. ent., *v.* 31 p. 58, 106.

Wird sehr groß; Jungtiere hyalin, farblos; alte dunkelbraun; das Pigment in undeutlichen Bändern angeordnet. Augenpigment vorhanden. Stilette kräftig; nahe der Furca gekrümmt. Mundröhre gegen den Mund hin etwas verengt, gegen den Schlundkopf hin erweitert. Schlundkopf oval, mit Apophysen und 3 schmalen, stabförmigen Macroplacoiden, die untereinander nahezu gleich lang und leicht gekrümmt sind. Bei Jungtieren sind die Macroplacoiden kürzer und breiter. Microplacoid fehlt. Die beiden Krallen eines Beines von ziemlich gleicher Länge, bei den größten Exemplaren 40 μ lang. Haupt- und Nebenast beider Krallen basal nur auf kurzer Strecke vereinigt, dann weit divergierend, der Hauptast bei beiden mit Nebenspitzen und bedeutend länger als der Nebenast. Länge bis zu 800 μ.

Große kugelige Eier, die einzeln frei abgelegt werden. Die Eier messen bis zu 200 μ mit den rauhen Ausschüssen, bis 100 μ ohne diese; freilich variiert die Länge der Ausschüsse erheblich. Zwischen den Ausschüssen, die basal voneinander getrennt sind, zeigt die Eischale unregelmäßige Polygone, die zusammen ein einheitliches Muster bilden. Diese Polygone werden offenbar zuerst als regelmäßige Sechsecke angelegt, von denen immer eines um das andere einen Ausschuß trägt. Die ausschußfreien Sechsecke sind dann je durch ein queres Septum in 2 Fünfecke geteilt. Durch die Querteilung und die Dicke der Ausschüsse werden die freien Felder unregelmäßig (Fig. 269 D, E). Die Felderung (Areolation) variiert beträchtlich. Die Sechsecke können ungeteilt bleiben und ebenso groß sein wie die Basalpartien der Ausschüsse (Fig. 269 F), oder die Areolae sind gerundet, kreisförmig oder elliptisch.

Wie bei Besprechung des *Macrobiotus harmsworthi* betont wurde (vgl. S. 171), könnte in dem zuerst veröffentlichten *M. echinogenitus* (? 1903, Richters) auch *Hypsibius areolatus* mit enthalten sein, obgleich die Beschreibung nur auf *M. harmsworthi* paßt. F. Richters (1908, p. 16) behauptet zwar bei seinem größten *areolatus*-Exemplar sei ein Komma vorhanden, es erscheint deshalb zweifelhaft, ob dieses Stück ein *Hypsibius areolatus* gewesen ist. Vollends unsicher ist das Material von Pemba (1908, p. 18), ohne Augenpigment und ohne Eier. Das ovale Ei von Colombia (F.

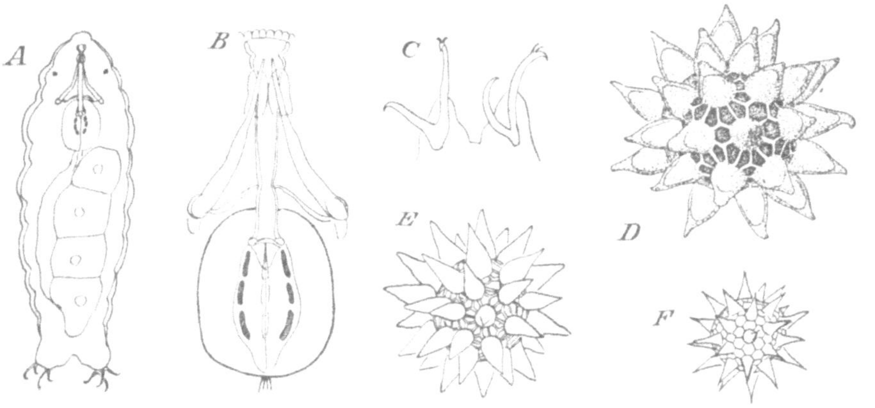

Fig. 269.
Hypsibius areolatus (John Murr.). *A* dorsal, *B* Schlundkopf, *C* Krallen, *D*, *E* typische Eier mit geteilten Areolae, von der Arktis *(D)* und Kanada *(E)*, *F* aberrantes Ei mit ungeteilten Areolae.

Heinis? 1914) könnte wohl zu *H. areolatus* gehören. Schwierig zu beurteilen sind die hier provisorisch bei *H. areolatus* aufgeführten Eier von den Fidschi-Inseln (? 1910) und das schottische, von Richters (1908, p. 15) zu *H. areolatus* gestellte Ei. Dieses letzte ist hier als *? Macrobiotus* spec. 18 gesondert behandelt worden; es dürfte eher zu *Macrobiotus richtersii* gehören als zu *Hypsibius areolatus* (vgl. S. 216). Allerdings kommen auch bei *M. richtersii* spitze Eiausschüsse vor (vgl. Fig. 166 *G*), und die erste Abbildung des Eies von *H. areolatus* (John Murray 1907, f. 14 a) beweist, daß *M. richtersii* und *H. areolatus* nach der Form der Eier kaum zu unterscheiden sind. Die *areolatus*-Eier scheinen stets größer zu sein, namentlich die Ausschüsse sind länger. Als Murray schrieb (1910, p. 137), *H. areolatus* könne nach dem Ei allein erkannt werden, war *M. richtersii* noch nicht beschrieben. Bei der ein Jahr darauf erfolgten Beschreibung des *M. richtersii* erwähnt Murray (P. Irish Ac., *v.* 31 nr. 37 p. 7, 1911) den „*M.*" *areolatus* als nahe verwandte Art und weist auf den Unterschied im Bau der Krallen hin. Heute, wo die podialen Terminalorgane als Grundlage des Systems der Eutardigraden anerkannt sind, müssen beide Arten unbedingt generisch getrennt werden; alle Krallenbilder des *areolatus* (F. Richters, 1904, t. 15 f. 7; John Murray, 1907, f. 14 d; John Murray, 1910, f. 53 a, c) erweisen einwandfrei seine Zugehörigkeit zur Gattung *Hypsibius*, vielleicht zur Untergattung *Isohypsibius*. Es wäre dann die erste Isohypsibien-Art mit frei abgelegten, mit Ausschüssen versehenen Eiern. Cuénot's

Einordnung der Art bei Macrobiotus, wie seine Beschreibung der undeutlich gezähnten Lunula, die bei *Hypsibius* nicht vorkommt, beweisen die Zugehörigkeit seines Materials zu *M. richtersii*, und ebenso sind wohl auch Bartoš's *areolatus* (1934) und *schultzei* (1934, p. 58, 106) zu beurteilen.

Grönland; Spitzbergen; Franz Joseph-Land; Finnland; Shetland-Inseln; Schottland; Irland, 300 m; Rheinprovinz; Alpen, Lago Tremorgio, 1828 m und bis 2802 m; Himalaya, 2700 m; ? Pemba [Det. valde dub.]; tropisches und südliches Afrika; Ascension; ? Fidschi-Inseln, Viti Levu [nur wenig typische Eier, keine Tiere]; Australien, Blaue Berge; Neuseeland; Britisch-Columbia, Rocky Montains; Canada, Ottawa; Südamerika: Colombia, 3500 m [Det. dub.]; Bolivia, 4000 m; Paraguay.

38. **H. fuhrmanni** (Heinis) 1914 *Macrobiotus F.*, F. Heinis in: Mém. Soc. Neuchâtel, *v.* 5 p. 717 f. 38—40 | 1928 *M. f.*, G. Rahm in: Tierw. Mitteleur., *v.* 3 p. II 16 | 1928 *Hypsibius f.*, E. Marcus in: Tierw. Deutschl., pars 12 p. 196 f. 241 | 1928 *Macrobiotus F.*, G. Thulin in: Hereditas, *v.* 11 p. 246 | 1929 *Hypsibius f.*, E. Marcus in: Bronn Kl. Ordn., *v.* 5 Abt. 4 Buch 3 p. 519 f. 353.

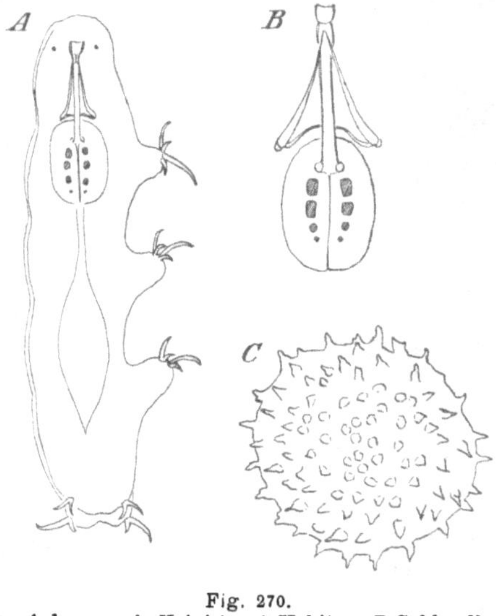

Fig. 270.
Hypsibius fuhrmanni (Heinis). *A* Habitus, *B* Schlundkopf, *C* Ei.

Klein; hyalin; Augenpigment vorhanden. Stilette nur wenig gekrümmt, Stiletträger leicht gebogen. Schlundkopf mit Apophysen, 3 annähernd quadratischen Macroplacoiden, deren letztes das kürzeste ist, und mit Microplacoid. Krallen eines Beines verschieden lang, und bei beiden der Hauptast bedeutend länger als der Nebenast. Länge 175—250 μ.

Das frei abgelegte Ei mißt im Durchmesser 72 μ und ist mit unregelmäßigen Fortsätzen, oft von zwiebelförmiger Basis und verjüngter Spitze, versehen.

Die Einordnung der Art in das Genus *Hypsibius* ist auf Grund der verschiedenen Länge von Vorder- und Hinterkralle vorgenommen worden. Der *Hypsibius*-Typ der Krallen ist in der Originalabbildung nicht ganz so deutlich wie in der beistehenden Figur gezeichnet.

Südamerika: Colombia.

39. **H. tetronyx** (Daday) [Spec. inquir.] 1910 *Macrobiotus t.*, Daday in: Zool., *v.* 59 p. 236 t. 17 f. 1—5 | 1928 *M. t.*, G. Rahm in: Tierw. Mitteleur., *v.* 3 p. II 16 | 1928 *Hypsibius t.*, E. Marcus in: Tierw. Deutschl., pars 12 p. 198 f. 244 | 1928 *Macro-*

biotus t., G. Thulin in: Hereditas, *v.* 11 p. 247 | 1929 *Hypsibius t.*, E. Marcus in: Bronn, Kl. Ordn., *v.* 5 Abt. 4 Buch 3 p. 519 f. 354.

Mittelgroß; Cuticula dünn, glatt. Mundröhre 5 μ weit. Schlundkopf kurz-oval mit Apophysen und 3 fast runden, körnerartigen Macroplacoiden. Microplacoid fehlt. Krallen eines Beines untereinander gleich lang am 1. und 2. Beinpaar. Hier die Haupt- und Nebenäste V-förmig divergierend; die Äste sichelförmig gekrümmt, basal leicht verdickt. Krallen eines Beines untereinander verschieden lang am 3. und 4. Beinpaar. Hier die Nebenäste stark gekrümmt mit breiter Basis und verjüngter Spitze, Hauptäste besonders an der Spitze gekrümmt, mit kleinen, borstenartigen Nebenspitzen. Länge 360 μ.

Eier unbekannt.

Ein Originalpräparat Daday's, das mir zur Nachuntersuchung vorgelegen hat, enthielt ein Exemplar, das infolge von Microsporidieninfektion und Lage zur Erweiterung der Diagnose nicht viel beitragen konnte. An allen Extremitäten, an

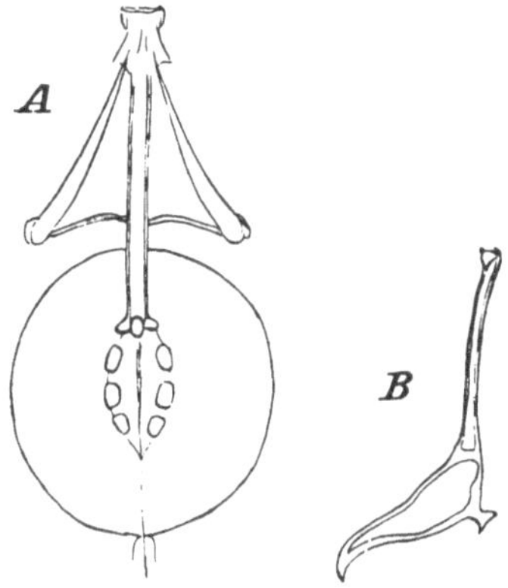

Fig. 271.
Hypsibius tetronyx (Daday). *A* Schlundkopf, *B* Kralle IV.

denen die Krallen sichtbar sind, fanden sich Krallenmißbildungen, und zwar ziemlich unregelmäßige Vermehrungen, wie sie gelegentlich auch bei anderen Macrobiotiden vorkommen. Mit Sicherheit waren nur die Apophysen, die 3 Macroplacoiden und eine Kralle am 4. Beinpaar zu erkennen. Diese Kralle, wahrscheinlich eine Hinterkralle, erweist die Zugehörigkeit der Art zur Gattung *Hypsibius*. Ob am Beinpaar 1 und 2 die Krallen anders als am Beinpaar 3 und 4 gebaut sind, war nach dem Präparat nicht zu beurteilen. Es ist sehr unwahrscheinlich. Da die Originalabbildungen der Krallen für die Identifizierung der Species unbrauchbar sind, bleiben sie hier fort. Der Hinweis des Autors auf den *Hypsibius* spec. 13 erleichtert das Verständnis nicht, denn bei jener Art besteht kein besonderer Unterschied hinsichtlich des Krallentypus der verschiedenen Beine des Tieres. Vielleicht lagen dem Untersucher individuelle Variationen vor, wie sie gerade bezüglich der Krallengröße so überaus häufig sind. Ob es sich bei *H. tetronyx* um eine neue Art handelt oder um eine schon bekannte, vielleicht um *H. (Isohypsibius) schaudinni*, ist ohne Eier und ohne sachgemäße Beschreibung nicht zu entscheiden. In der Originaldiagnose wird auf die habituelle Ähnlichkeit des *H. tetronyx* mit *H. (Calohypsibius) ornatus* hingewiesen. Aber nach dem Bau der Hinterkralle und der Zahl der Placoiden ist es nicht möglich, den *H. tetronyx* etwa mit der glatten, hygrophilen Form des *H. (C.) o.* f. *caelata* zu vereinigen.

Ostafrika, Nyassasee und Umgebung, im Wasser.

40. **H. mertoni** (Richters) [Spec. dub. et inquir.] 1911 *Macrobiotus M.*, F. Richters in: Abh. Senckenb. Ges., *v.* 33 p. 379 f. 4 | 1928 *M. m.*, G. Rahm in: Tierw. Mitteleur., *v.* 3 p. II 16 | 1928 *Hypsibius m.*, E. Marcus in: Tierw. Deutschl., pars 12 p. 204 f. 250 | 1928 *Macrobiotus M.*, G. Thulin in: Hereditas, *v.* 11 p. 246 | 1929 *Hypsibius m.*, E. Marcus in: Bronn, Kl. Ordn., *v.* 5 Abt. 4 Buch 3 p. 520 f. 355.

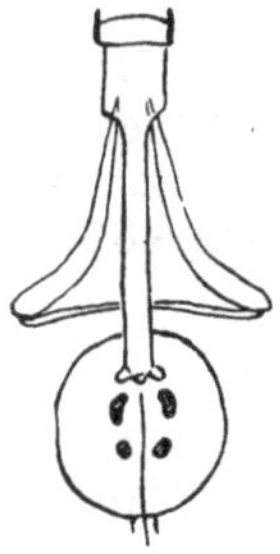

Fig. 272. **Hypsibius mertoni** (Richters). Schlundkopf.

Mittelgroß; glashell, Augenpigment meist vorhanden. Mundröhre 3 μ weit; Stilette säbelförmig, stark gekrümmt; Stilettträger fast vollständig gerade. Schlundkopf kurz-oval, 24 μ lang, mit 2 Macroplacoiden, ohne Microplacoid. Das 1. Macroplacoid ist ein gekrümmter Stab, das 2. ein Korn. Beide Krallen eines Beines auffallend dünn, im übrigen aber verschieden gebaut; die kleinere, vordere Kralle mit gleich langem Haupt- und Nebenast. Bei der größeren, hinteren ist der Hauptast länger (12 μ) als der Nebenast. Über die Art der basalen Vereinigung von Haupt- und Nebenast ist nichts bekannt. Länge 176—400 μ.

Gelege von 6 glatten, im größten Durchmesser etwa 80 μ langen Eiern in der Cuticula.

Die Angaben über die Krallen rechtfertigen die Unterbringung der Art bei dem Genus *Hypsibius*; hierzu paßt auch der Modus der Eiablage.

Kei-Inseln, Kei-Dulah.

41. **H. paraguayensis** (Richters) [Spec. dub.] 1909 *Macrobiotus p.*, F. Richters in: Ber. Senckenb. Ges., p. 32 | 1911 *M. p.*, John Murray in: J. Quekett Club, ser. 2 *v.* 11 p. 194 | 1911 *Hypsibius p.*, G. Thulin in: Ark. Zool., *v.* 7 nr. 16 p. 27 | 1928 *Macrobiotus paraguyensis*, G. Rahm in: Tierw. Mitteleur., *v.* 3 p. II 16 | 1928 *Hypsibius paraguayensis*, E. Marcus in: Tierw. Deutschl., pars 12 p. 205 | 1928 *Macrobiotus p.*, G. Thulin in: Hereditas, *v.* 11 p. 247 | 1929 *Hypsibius p.*, E. Marcus in: Bronn, Kl. Ordn., *v.* 5 Abt. 4 Buch 3 p. 521.

Mittelgroß; glatt; sehr durchsichtig, ohne Augenpigment. Mundröhre sehr weit (6 μ). Schlundkopf länglich-oval, 42 μ lang, 33 μ breit. Macroplacoiden, soweit zu erkennen, 2 Stäbe, von denen der 1. doppelt so lang wie der 2. ist. Microplacoid scheint zu fehlen. Krallen eines Beines verschieden gebaut. Bei der kleineren, vorderen sind Haupt- und Nebenast gleich lang und von der gemeinsamen Basis ab gekrümmt. Bei der größeren, hinteren ist der am 4. Beinpaar bis 15 μ lange Hauptast viel länger als der Nebenast, basal gerade und erst an der Spitze gekrümmt. Länge etwa 432 μ.

Gelege von 3—5 glatten Eiern, die im größten Durchmesser 80 μ messen.

Die Art kann mangels Abbildung nicht als sicher umgrenzt gelten; die Genuszugehörigkeit erhellt aus der Beschreibung der Krallen.

Südamerika, Paraguay.

42. **H. hemprichii** Ehrbg. [Spec. dub.] 1848 *H. H.*, Ehrenberg in: Monber. Ak. Berlin, p. 381 | 1911 *H. H.*, G. Thulin in: Ark. Zool., *v.* 7 nr. 16 p. 27 | 1928 *Macrobiotus h.*, G. Rahm in: Tierw. Mitteleur., *v.* 3 p. II 18 | 1928 *Hypsibius h.*, E. Marcus in: Tierw. Deutschl., pars 12 p. 216 | 1928 *H. Hemprichi*, G. Thulin in: Hereditas, *v.* 11 p. 241 | 1929 *H. hemprichii*, E. Marcus in: Bronn, Kl. Ordn., *v.* 5 Abt. 4 Buch 3 p. 521.

Rötlich; Augenpigment fehlt. Cuticula glatt, weder granuliert noch gefeldert. Stilette zart. Bei den Krallen tritt der Hauptast der größeren Kralle deutlich hervor. Länge 121 μ.

Eier mit Ausschüssen versehen.

Die Diagnose dieser Art enthält keinen einzigen der zur Kennzeichnung des heutigen Genus *Hypsibius* verwendeten Charaktere. Sie bleibt eine Species dubia, ist daher als Genotypus ungeeignet und durch den an zweiter Stelle von Ehrenberg aufgeführten *Hypsibius oberhaeuseri* zu ersetzen. Die Wiederverwendung des Ehrenbergschen Genusnamens durch Thulin ist von verschiedenen Seiten beanstandet worden, weil Thulin zur Kennzeichnung seines Genus *Hypsibius* vollständig neue Charaktere verwendet hat. Die Beibehaltung des Ehrenbergschen Namens war jedoch nomenklatorisch nicht nur erlaubt, sondern unbedingt erforderlich, weil der von Ehrenberg in sein Genus *Hypsibius* gestellte *oberhaeuseri* in die von Thulin neu gekennzeichnete Gattung gehört.

In Moos von den Cedern des Libanon.

H. spec. 6 [Spec. inquir.] 1910 *Macrobiotus* spec.?, John Murray in: Brit. antarct. Exp., *v.* 1 p. 142 t. 18 f. 32a—c | 1928 *Hypsibius* spec. 6, E. Marcus in: Tierw. Deutschl., pars 12 p. 189 f. 232 | 1929 *H.* spec. 6, E. Marcus in: Bronn, Kl. Ordn., *v.* 5 Abt. 4 Buch 3 p. 522 f. 356.

Groß; Cuticula fein granuliert. Mundröhre eng; Stilette schwach, vor ihrer Basis scharf eingeknickt. Schlundkopf kurz-oval, mit 2 stabförmigen Macroplacoiden, von denen das 1. doppelt so lang wie das 2. und ungefähr

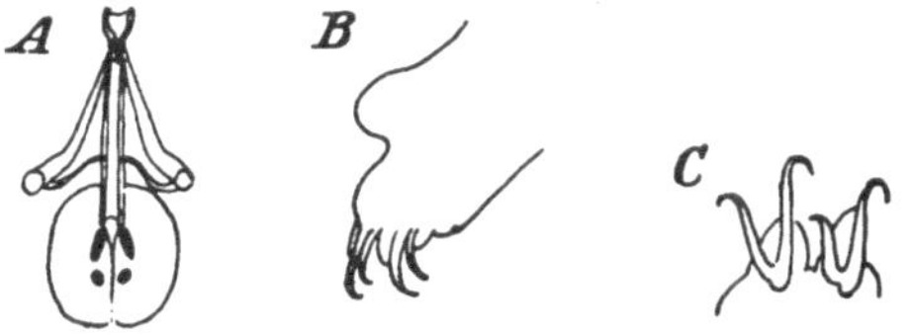

Fig. 273.
Hypsibius spec. 6. *A* Schlundkopf, *B* Bein, *C* Krallen.

4 mal so lang wie breit ist. Microplacoid fehlt. Krallen U-förmig, Haupt- und Nebenast basal nur ein kurzes Stück weit vereinigt; Hauptast der größeren Kralle mit 2 dünnen Nebenspitzen. Jedes Bein an seiner Ansatzstelle mit hervortretendem Lateralhöcker (Fig. 273 *B*). Länge 450 μ.

Eier nicht bekannt.

Ein Höcker am Bein, allerdings nur am letzten, kommt auch bei *H. (H.) oberhaeuseri* vor (vgl. S. 280) und ist dort ein sekundärer männlicher Sexualcharakter. Bei dem glatten *H. (H.) evelinae* (vgl. S. 283) finden sich höckerige Buckel an jedem Bein. Bei dem gleichfalls glatten *H. (Isohypsibius) augusti* treten gelegentlich in beiden Geschlechtern Höcker auf den Beinen 1—3 auf. Auffällig ist die Ähnlichkeit des Beinhöckers von *H.* spec. 6 mit dem freilich papillentragenden Höcker mancher schottischer Stücke von *Macrobiotus echinogenitus* (vgl. Fig. 201 *D*). *Hypsibius* spec. 6 stellt offenbar eine selbständige Art dar, die nur in Ermangelung ausreichenden Materials nicht benannt werden konnte. Zur Gattung *Hypsibius* gehört die Art nach dem Bau ihrer Krallen sicher.

Australien, Blaue Berge.

H. spec. 7 [Spec. inquir.] 1905 *Macrobiotus* spec.?, John Murray in: Tr. R. Soc. Edinb., *v.* 41 p. 693 t. 3 f. 17a—c | 1928 *Hypsibius* spec. 7, E. Marcus in: Tierw. Deutschl., pars 12 p. 189 f. 233 | 1929 *H.* spec. 7, E. Marcus in: Bronn, Kl. Ordn., *v.* 5 Abt. 4 Buch 3 p. 522 f. 357.

Mittelgroß; die ganze Cuticula sehr einheitlich und regelmäßig von einer sechseckigen Felderung bedeckt. Jedes Sechseck besteht aus einer seichten Vertiefung, die von einem erhabenen Rand umgeben ist. Die beiden kräftigen Krallen eines Beines sind nahezu gleich lang, der Haupt- und der

Nebenast bei beiden in spitzem Winkel divergierend; Nebenspitzen fehlen. Am 4. Bein findet sich ein Höcker, wie bei *Hypsibius* spec. 6 und bei *H. (H.) oberhaeuseri*-Männchen. Länge nicht bekannt.

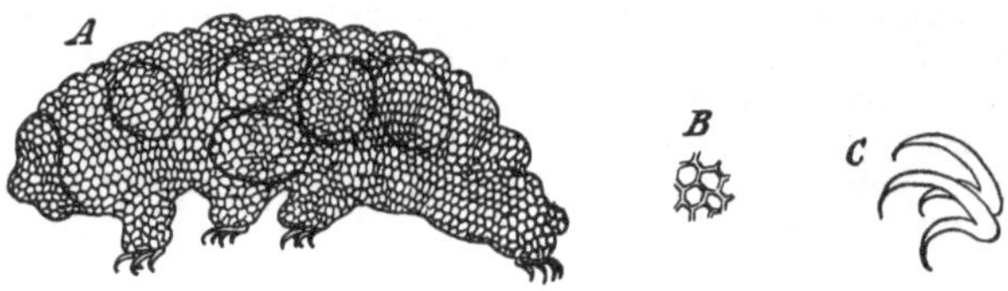

Fig. 274.
Hypsibius spec. 7. *A* Gelege, *B* Skulptur der Cuticula, *C* Krallen.

5 sehr kleine, glatte Eier zum Gelege vereinigt in der gehäuteten Cuticula. Von dieser Art, deren Cuticula durchaus eigenartig ist, sind nur Gelege, keine Tiere bekannt. Die Einordnung der Art bei der Gattung stützt sich mit auf die glatten Eier in der alten Cuticula, denn dieser Modus der Eiablage ist bei *Hypsibius* die Regel, bei *Macrobiotus* die Ausnahme. Das Spezialbild der Krallen des *H.* spec. 7 paßt besser zu *Macrobiotus* als zu *Hypsibius*; an dem Gelege passen die Krallen des 1. und 4. Beinpaares besser zu *Hypsibius* als zu *Macrobiotus*. Eine Art mit ähnlicher Skulpturierung ist *Hypsibius* spec. 12 (vgl. S. 320). Da aber von *H.* spec. 7 die Placoiden, von *H.* spec. 12 die Eier unbekannt sind, und von *H.* spec. 12 keine Abbildung vorliegt, erscheint es zwecklos, beide Arten zu vereinigen.

Schottland.

H. spec. 8 [Spec. dub. et inquir.] 1911 *Macrobiotus* spec., F. Richters in: Abh. Senckenb. Ges., *v.* 33 p. 379 f. 2, 3 | 1928 *Hypsibius* spec. 8, E. Marcus in: Tierw. Deutschl., pars 12 p. 195 f. 240 | 1929 *H.* spec. 8, E. Marcus in: Bronn, Kl. Ordn., *v.* 5 Abt. 4 Buch 3 p. 523 f. 358.

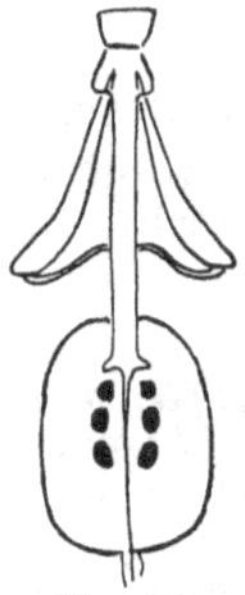

Fig. 275. **Hypsibius spec. 8.** Schlundkopf.

Sehr klein. Nur Cysten bekannt, die tiefbraun sind und keine Beine, sondern nur stellenweise Fetzen von Cuticula mit Krallen erkennen lassen. In den Cysten ein hyaliner, zierlicher *Hypsibius* mit 2 μ weiter Mundröhre säbelförmigen Stiletten mit kräftiger Furca und stark gebogenen Stiletträgern. Schlundkopf oval, 30 μ lang, mit Apophysen und 3 Macroplacoiden. Diese sind Körner, deren Größe von vorn nach hinten zunimmt. Microplacoid fehlt. Die beiden Krallen eines Beines untereinander verschieden, bei der kleineren Haupt- und Nebenast gleich lang und gekrümmt, bei der größeren der Hauptast länger (8 μ) und proximal gerade. Länge der Cysten 128—160 μ.

Wahrscheinlich gehören einzeln abgelegte, glatte Eier zu *H.* spec. 8. Die Eier sollen ähnlich wie die von *H. (H.) antarcticus* (vgl. S. 271) an Moosblättchen und dergleichen festkleben.

Aus der Beschreibung der Krallen ergibt sich die Zugehörigkeit der Art zur Gattung *Hypsibius*.

Kei-Inseln.

H. spec. 9 [Spec. inquir.] 1910 *Macrobiotus* spec.?, John Murray in: Brit. antarct. Exp., *v.* 1 p. 174 t. 21 f. 60 | 1928 *Hypsibius* spec. 9, E. Marcus in: Tierw. Deutschl., pars 12 p. 200 f. 245 | 1929 *H.* spec. 9, E. Marcus in: Bronn, Kl. Ordn., *v.* 5 Abt. 4 Buch 3 p. 524 f. 359.

Kaum mittelgroß; grau; Augenpigment fehlt. Mundröhre mittelweit. Stilette kräftig gekrümmt, mit großer Furca. Schlundkopf kurz-oval, mit

Apophysen und 2 stabförmigen Macroplacoiden, ohne Microplacoid. Der 1. Stab 3 mal so lang wie breit, in der Mitte von beiden Seiten her transversal eingezogen, also biskuitförmig. Der 2. Stab nicht ganz doppelt so lang wie breit, ohne Einschnürung. Krallen denen von *Hypsibius (Isohypsibius) canadensis* (vgl. S. 249) sehr ähnlich. Die beiden Krallen eines Beines untereinander sehr verschieden lang, Haupt- und Nebenäste beider weit divergierend, nur basal vereinigt. Die Hauptäste bei beiden Krallen länger als die Nebenäste; der Hauptast der größeren, hinteren Kralle sehr dünn, beinahe borstenartig. Länge 300 μ.

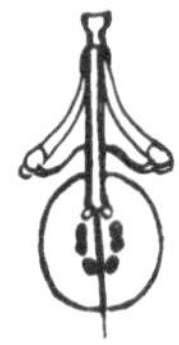

Fig. 276. **Hypsibius spec. 9.** Schlundkopf.

Eier unbekannt.

Von dieser Art ist bisher nur ein Exemplar gefunden worden. Nach dem Modus der Einschnürung des 1. Macroplacoids erscheint die Species als selbständig. Ihre Zugehörigkeit zur Gattung *Hypsibius* ist aus der Beschreibung der Krallen zu erkennen.

Britisch Nordamerika, Rocky Mountains.

H. spec. 13 [Spec. inquir.] 1906 *Macrobiotus* spec.?, John Murray in: Tr. R. Soc. Edinb., *v.* 45 p. 330 t. 3 f. 8a—b | 1928 *Hypsibius* spec. 13, E. Marcus in: Tierw. Deutschl., pars 12 p. 215 f. 262 | 1929 *H.* spec. 13, E. Marcus in: Bronn, Kl. Ordn., *v.* 5 Abt. 4 Buch 3 p. 524 f. 360.

Klein. Die Krallen eines Beines verschieden gebaut. Die kleinere, vordere Kralle mit ungefähr gleich langem Haupt- und Nebenast, bei der

Fig. 277.
Hypsibius spec. 13 *A* Gelege, *B* Krallen IV.

größeren Kralle der mit dünnen Nebenspitzen versehene Hauptast viel länger als der Nebenast. Länge nicht bekannt.

Glatte, elliptische Eier in der Cuticula.

Von dieser Art sind nur Gelege, keine Tiere bekannt. Murray hält es für möglich, daß die Art in die Untergattung *Diphascon* zu stellen wäre, doch findet sich beim Subgenus *Hypsibius (H.)* der gleiche Krallenbau. Mehr als die Zugehörigkeit des *H.* spec. 13 zu Gattung *Hypsibius* ist aus Beschreibung und Abbildung nicht zu ersehen.

Südorkney-Inseln.

H. spec. 14 [Spec. inquir.] 1910 *Macrobiotus* spec?, John Murray in: Brit. antarct. Exp., *v.* 1 p. 118 t. 15 f. 12 | 1928 *Hypsibius* spec. 14, E. Marcus in: Tierw. Deutschl., pars 12 p. 215 f. 263 | 1929 *H.* spec. 14, E. Marcus in: Bronn, Kl. Ordn., *v.* 5 Abt. 4 Buch 3 p. 525 f. 361.

Groß. Bei beiden Krallen eines Beines Haupt- und Nebenast an der Basis ein Stück weit vereinigt. Bei beiden Krallen der Nebenast viel kürzer als der Hauptast, der bei der größeren Kralle 2 Nebenspitzen trägt. Nebenast und Basalpartie der vorderen, kleineren Kralle annähernd gleich lang, bei der hinteren, größeren Kralle ist der Nebenast erheblich länger als die Basalpartie. Länge 550 μ.

Fig. 278.
Hypsibius spec. 14. Krallen.

Eier nicht bekannt.

Von dieser kräftig bekrallten Species lag nur das Simplexstadium vor. Die Lage des Schlundkopfes ließ erkennen, daß die Art nicht zur Untergattung *Diphascon* gehört. *H.* spec. 14 ist sicher ein *Hypsibius*, wahrscheinlich ein *Hypsibius (H.)*.

Macquarie-Inseln.

4. Subgen. **Diphascon** Plate 1888, Thulin 1928 char. emend.

1888 *D.*, Plate in: Zool. Jahrb., Anat. *v.* 3 p. 529, 537 | 1907 *D.*, John Murray in: J. Quekett Club, ser. 2 *v.* 10 p. 64 | 1909 *D.*, Shipley in: Cambridge nat. Hist., *v.* 4 p. 485, 487 | 1910 *D.*, John Murray in: Brit. antarct. Exp., *v.* 1 p. 90 | 1911 *D.*, John Murray in: J. Quekett Club, ser. 2 *v.* 11 p. 195 | 1911 *D.*, F. Richters in: Camp. arct. Orléans, 1907 p. 16 | 1911 *Hypsibius* [part.], G. Thulin in: Ark. Zool., *v.* 7 nr. 16 p. 24 | 1913 *Diphascon*, F. Richters in: Handw. Naturw., *v.* 9 p. 1017 | 1925 *Hypsibius* [part.], G. Rahm in: Brohmer, Fauna Deutschl., ed. 3 p. 432, 433 | 1926 *Diphascon*, F. Richters in: Kükenthal & Krumbach, Handb. Zool., *v.* 3 p. 60 | 1928 *D.*, G. Rahm in: Tierw. Mitteleur., *v.* 3 p. II 10 | 1928 *Hypsibius-Diphascon*-Gruppe, E. Marcus in: Tierw. Deutschl., pars 12 p. 165 | 1928 *Diphascon*, G. Thulin in: Hereditas, *v.* 11 p. 241 | 1929 *D.*, E. Marcus in: Bronn, Kl. Ordn., *v.* 5 Abt. 4 Buch 3 p. 525 | 1932 *D.*, Cuénot in: Faune France, pars 24 p. 88 | 1934 *D.*, E. Marcus in: Handw. Naturw., ed. 2 *v.* 9 p. 863.

Zwischen der Stelle, wo die Stiletträger an der Mundröhre articulieren und der Eintrittsstelle der Mundröhre in den Schlundkopf ist die Mundröhre zu einer biegsamen Schlundröhre verlängert. Die Länge der Schlundröhre ist bei den verschiedenen Species sehr verschieden, aber nirgends geringer als die halbe Schlundkopflänge. Hinterkralle mit Sonderung in Basal- und Terminalkralle; die Basalkralle verläuft in einem gleichmäßigen Bogen, da der Nebenast als eine unmittelbare Fortsetzung der Basalpartie erscheint.

Wie in der Diagnose der Gattung *Hypsibius* (vgl. S. 222) und bei der Erörterung des *H. (H.) conjungens* erwähnt wurde, kommt auch bei Hypsibien, die nicht der Untergattung *Diphascon* angehören, eine verlängerte Schlundröhre vor. Freilich erreicht die Schlundröhre nur bei *Diphascon* die oben angegebene Länge. Dieses Maß der Schlundröhrenlänge als trennendes Merkmal zwischen den *Diphascon*-Arten und den übrigen Hypsibien ist willkürlich festgesetzt. Außerdem stimmt der Bau der Krallen bei *Hypsibius (H.)* und *Diphascon* überein. Im Hinblick auf die Wichtigkeit der podialen Terminalorgane für das natürliche System der Tardigraden zeigt jene Übereinstimmung ebenso wie die Übergänge in der Schlundröhren-Ausbildung, daß die Abgrenzung von *Diphascon* unscharf und künstlich ist. Da von den übrigen Untergattungen Ähnliches zu sagen ist [vgl. Erörterung von *Hypsibius (H.)*], halte ich es nicht für richtig, in *Calohypsibius, Isohypsibius, Hypsibius (H.)* und *Diphascon* selbständige Genera zu sehen, wie Thulin (1928) will. Die praktische Forderung, aus der Fülle der *Hypsibius*-Arten einige morphologisch leidlich umgrenzte Einzelgruppen zu bilden, und die theoretische Forderung, natürliche Zusammenhänge zu erhalten, sind nur dann in der Systematik der Hypsibien zu erfüllen, wenn man Thulin's und

Plate's Gattungen als Subgenera ansieht. Cuénot (1932) übergeht alle Gruppierungen der Hypsibien, die Thulin vorgenommen hat, und stellt gleichwertig *Milnesium*, *Macrobiotus*, *Hypsibius* und *Diphascon* nebeneinander. Diesem älteren Prinzip der Koordination gegenüber halte ich das hier durchgeführte neuere Prinzip der Subordination für einen Fortschritt.

Wie bei *Hypsibius (H.)* treten bei *Diphascon* skulpturierte Species fast völlig zurück gegenüber den glatten, während namentlich *Calohypsibius*, aber auch *Isohypsibius* viele Arten mit skulpturierter Cuticula aufweisen. Die Konstanz im Auftreten oder Fehlen von Augenpigment bei den *Diphascon*-Arten scheint entgegen älteren Angaben (John Murray, 1910, p. 176; E. Marcus, 1929, p. 535) kaum größer zu sein als bei den anderen *Hypsibius*-Arten. Septula als Schlundkopfeinlagerungen (vgl. S. 142, Fig. 154) sind unter allen Macrobiotidae nur bei mehreren Angehörigen des Subgenus *Diphascon* beschrieben worden. Bei vielen *Diphascon*-Species ist der Abstand zwischen der Furca der Stilette und dem rostralen Schlundkopfrand so groß, daß die Retraktoren der Stilette nicht wie bei den übrigen Macrobiotiden am Schlundkopf entspringen. Bei *Hypsibius (Diphascon) spitzbergensis* mit relativ kurzer Schlundröhre kommt ein Ursprung der Stilettretraktoren am Schlundkopf vor. Bei Arten mit längerer Schlundröhre entspringen diese Muskeln an der Schlundröhre. Diese Stelle ist bei *H. (D.) pinguis* und *H. (D.) oculatus* durch einen dorsalen Muskelansatzvorsprung gekennzeichnet (Fig. 291 C). Bei anderen wie z. B. *H. (D.) scoticus* fehlt diese cuticulare Verdickung. Für eine Reihe von Arten ist dieses Merkmal noch nicht untersucht. Die Biegsamkeit der Schlundröhre beginnt erst caudal von der Ursprungsstelle der Stilettretraktoren, weiter rostral ist sie starr. John Murray (Ann. Scott. nat. Hist., nr. 57 t. 3 f. 2, 1906) hat als erster die betreffende Stelle markiert; auch Cuénot hat sie gefunden (Faune France, pars 24 f. 94, 96, 98 III, 1932), aber er beschreibt (p. 90) für *H. (D.) alpinus* ein schräg zur Cuticula verlaufendes Band und bildet eine Andeutung dieses Bandes auch für *H. (D.) scoticus* ab. Bei den oben genannten Arten, an denen ich den Ursprung der Stilettretraktoren untersucht habe, entspringen lediglich diese symmetrisch angeordneten Muskeln an der Verdickung der Schlundröhre.

Typus der Untergattung: *Diphascon chilenense* Plate.

17 sichere Arten, von denen 2 im ganzen 2 benannte Formen aufweisen; 6 unsichere Arten.

43. **H. (D.) bullatus** (John Murr.) 1905 *Diphascon bullatum*, John Murray in: Ann. Scott. nat. Hist., nr. 55 p. 164 f. 2a—f | 1907 *D. b.*, John Murray in: Tr. R. Soc. Edinb., *v.* 45 p. 643, 647, 648, 665 t. 3 f. 21 | 1911 *D. b.*, John Murray in: J. Quekett Club, ser. 2 *v.* 11 p. 195 | 1911 *D. b.*, John Murray in: Ann. Scott. nat. Hist., nr. 78 p. 89 | 1911 *Hypsibius bullatus*, G. Thulin in: Ark. Zool., *v.* 7 nr. 16 p. 27 | 1928 *Diphascon bullatum*, G. Rahm in: Tierw. Mitteleur., *v.* 3 p. II 16 | 1928 *Hypsibius bullatus*, E. Marcus in: Tierw. Deutschl., pars 12 p. 166 f. 202 | 1928 *Diphascon bullatum*, G. Thulin in: Hereditas, *v.* 11 p. 241 | 1929 *Hypsibius (Diphascon) bullatus*, E. Marcus in: Bronn, Kl. Ordn., *v.* 5 Abt. 4 Buch 3 p. 525 f. 362 | 1932 *H. b.*, G. Rahm in: Brohmer, Fauna Deutschl., ed. 4 p. 458 | 1932 *Diphacon bullatum*, Cuénot in: Faune France, pars 24 p. 90.

Mittelgroß; dick; größte Breite auf Höhe des 3. Beinpaares, also hinter der Mitte. Extremitäten kurz, kleinkrallig. Augenpigment fehlt bei den schottischen Stücken der Originalbeschreibung; Material vom Wannsee bei Berlin zeigt deutliche Augenflecke. Cuticula leicht granuliert, besonders in der Caudalpartie des Körpers; etwa auf Höhe des 1. Beinpaares beginnt die Körnelung. Die Granula sind feine Knötchen oder Punkte von mäßigem Lichtbrechungsvermögen; die Abstände der Punkte voneinander sind nicht merklich größer als die Punkte selber. Am Rand erscheinen die Punkte als Rauhigkeit. Außer dieser Punktierung oder Granulation findet sich auf den 9 Cuticularwülsten (vgl. S. 3) dorsal jederseits ein großer gerundeter Buckel (Fig. 279 *A*, *B*). Die Buckel können mit Ausnahme der beiden letzten

Paare reduziert sein (Fig. 279 *C*) und können in der vorderen Körperhälfte einander berühren; hinten sind sie stets weit getrennt. Stilette gekrümmt, caudal weit divergierend. Mundröhre eng, etwa 2 μ im äußeren Durchmesser. Die Schlundröhre ist etwas länger als der Schlundkopf. Schlundkopf oval, 39 μ lang, 21 μ breit, mit Apophysen, 2 stabförmigen Macroplacoiden und Septula (vgl. S. 142). Die Macroplacoiden sind beide gleich groß und einheitlich, ungebrochen (schottische Stücke Fig. 279 *D*) oder im Material vom Wannsee von verschiedener Länge und etwas hinter ihrer Mitte gebrochen (Fig. 279 *E*). Bei den Stücken vom Wannsee ist das vordere Macroplacoid 8 μ lang, das hintere 6 μ; beide sind gleich breit. Krallen klein; Vorder- und Hinterkralle eines Beines an Länge nur wenig verschieden; am 4. Bein-

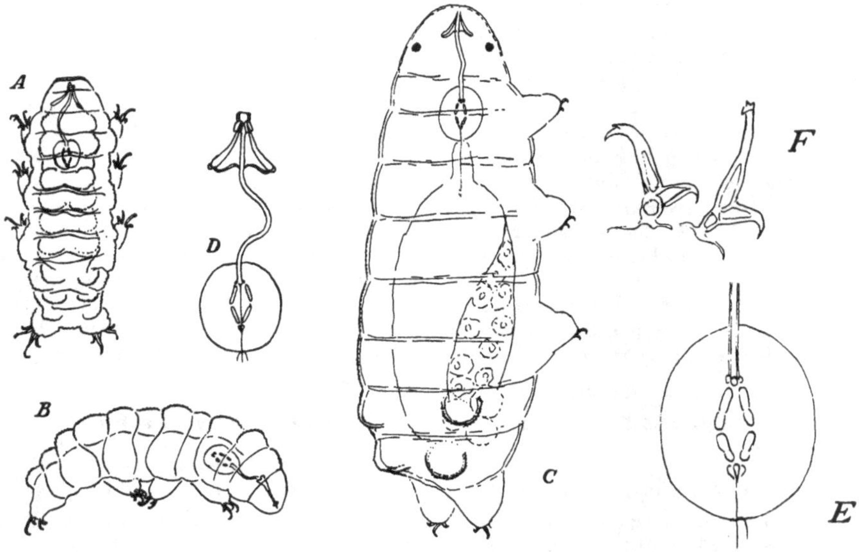

Fig. 279.
Hypsibius (Diphascon) bullatus (John Murr.). *A*, *B* dorsal und lateral, Schottland, *C* mit reduzierten Buckeln, Wannsee, *D* Schlundkopf, Schottland, *E* Schlundkopf, Wannsee, *F* Krallen.

paar ist die Vorderkralle 13 μ, die Hinterkralle 17 μ lang, also der Krallenlängenindex IV 1,3 : 1. Länge bis zu 400 μ.

Gelege von glatten Eiern in der gehäuteten Cuticula. In einem Ovar wurden 14 unreife Eier beobachtet.

Die Stücke vom Wannsee mögen auf Grund ihrer skulpturierten Cuticula zu *H. (D.) bullatus* gestellt werden, der einzigen bisher bekannten skulpturierten *Diphascon*-Art. Die kurzen Beine und kleinen Krallen des Materials vom Wannsee bedingen einen habituellen Unterschied gegenüber den schottischen Stücken. Aber dieses Merkmal und das Auftreten von Augenpigment wie auch die häufige Reduktion der Buckelzahl und die verschieden großen, gebrochenen Placoiden rechtfertigen meines Erachtens nicht die Abtrennung der Stücke vom Wannsee. Die Aufstellung einer besonderen forma wäre zu erwägen. Da aber *H. (D.) bullatus* bisher nur in einer älteren Arbeit beschrieben worden ist, kann die Variationsbreite der Species noch nicht beurteilt werden. Nach Murray (1905) divergieren die beiden 4. Beine dieser Species sehr weit voneinander; bei den Stücken vom Wannsee fiel das nicht besonders auf. In der Dorsalansicht schottischen Materials ist die Schlundröhre viel länger gezeichnet als in der Lateralansicht, zu der die Stücke vom Wannsee passen. Murrays Einzelbilder des Schlundkopfes (1905, f. 2c; 1907, f. 21) zeigen lange Schlundröhren.

Die für *H. (Diphascon) bullatus* beschriebene Granulation ist charakteristisch für alle *Hypsibius*-Arten, von denen feine Granulation bekannt ist, z. B. *H. (Isohypsibius) tuberculatus*, *H. (I.) canadensis*, *H. (H.) oberhaeuseri*. Diese Körnelung unterscheidet sich deutlich von den stark lichtbrechenden, weit verstreuten Granula, die bei *Macrobiotus* vorkommen, z. B. *M. islandicus*, *M. furcatus*, *M. hufelandii*. Vielleicht sind die Beine des *M. granulatus*, von dem nur eine ältere Abbildung vorliegt, hypsibienartig granuliert.

Schottland; in Moos am Wannsee bei Berlin.

44. **H. (D.) rugosus** Bartoš 1935 *H. (D.) r.*, E. Bartoš in: Zool. Anz., *v.* 110 p. 258 f. 3.

Klein bis mittelgroß; zwischen dem 2. und 3. Beinpaar am breitesten. Cuticula hyalin, mit sehr feinen und regelmäßig gestellten Körnchen, die

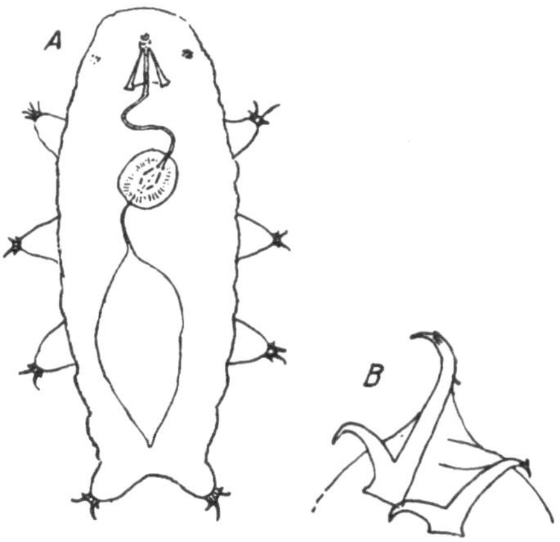

Fig. 279 a.
Hypsibius (Diphascon) rugosus Bartoš. *A* dorsal, *B* Krallen IV.

hinter dem 3. Beinpaar etwas größer und deutlicher werden. Die Augenflecken bestehen aus 6—8 kleinen Pigmentkörnern oder fehlen. Mundröhre sehr eng, 1 μ im inneren Durchmesser; Schlundröhre etwas länger als der Schlundkopf und biegsam, Mund- und Schlundröhre 43 μ lang. Schlundkopf etwas länger als breit (25,2 $\times$ 21,6 μ), mit kräftigen Apophysen und 2 dünnen Macroplacoiden, deren 1. doppelt so lang ist wie das zweite. Microplacoid gut entwickelt. Krallen groß; die langen Hauptäste mit 2 kleinen Nebenspitzen, die Nebenäste viel kürzer und schwach gekrümmt. Länge 157—311 μ.

Gelege von 2—5 elliptischen Eiern.

Die Art steht nahe bei *H. (D.) bullatus* (vgl. S. 295); sie ist ebenso skulpturiert, trägt aber keine Rückenbuckel. Am ehesten vergleichbar ist sie dem *H. (D.) bullatus*-Material vom Wannsee, bei dem Augenpigment vorhanden und die Buckel reduziert sind. Dieses *bullatus*-Material bildet den Übergang zu *H. (D.) rugosus*. Die Maße des Buccalapparates von *rugosus* weisen auch auf *H. (D.) brevipes*, dessen Cuticula aber glatt ist.

Nördliche Slowakei, Karlik-Tal bei Mošovce, in Moos.

45. **H. (D.) clavatus** Bartoš 1935 *H. (D.) c.*, E. Bartoš in: Zool. Anz., *v.* 110 p. 259 f. 4.

Klein, mit kurzen Beinen. Cuticula des Vorderkörpers glatt, vor dem Ende des Rückens und an der Außenseite des 4. Beinpaares mit dicken, mehreckigen, regelmäßig angeordneten Körnern bedeckt. Mundöffnung terminal, Stirn „fliehend". Augenpigment fehlt. Mundröhre eng (1,4 μ im

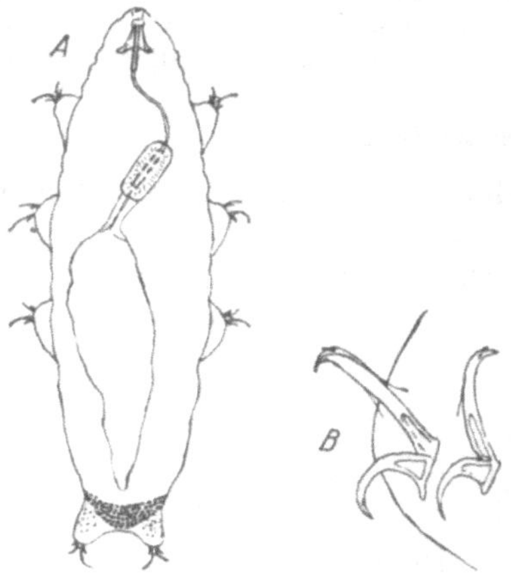

Fig. 279b.
Hypsibius (Diphascon) clavatus Bartoš. *A* dorsal, *B* Krallen IV.

äußeren Durchmesser); Schlundröhre biegsam, etwas kürzer als der Schlundkopf, der doppelt so lang wie breit ist. Kräftige Apophysen und 3 Macroplacoiden von 4, 4 und 6 μ Länge, das 3. am Ende keulenförmig erweitert, kein Microplacoid. Krallen groß, die Vorderkrallen viel kürzer als die Hinterkrallen. Haupt- und Nebenäste stark gekrümmt. Hauptäste mit deutlichen Nebenspitzen. Länge 203—211 μ.

Gelege unbekannt.

Die kurzbeinige Art unterscheidet sich durch ihre Skulptur von *H. (D.) prorsirostris* (vgl. S. 306), dem sie nach Habitus und Buccalapparat nahe steht. Der Buccalapparat ist deutlich verschieden von dem des *H. (D.) oculatus* (vgl. S. 309), dessen Hinterende überdies nur leicht granuliert ist. Habitus und Buccalapparat kennzeichnen den *H. (D.) clavatus* sicher gegenüber dem vollständig granulierten *H. (D.) rugosus*, in dessen Nähe der Autor ihn stellt.

Nördliche Slowakei, Čierny vrch bei Istebné, 880 m, in Moos.

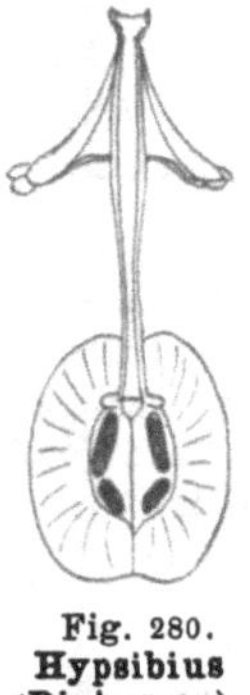

Fig. 280.
Hypsibius (Diphascon) spec. 15.
Schlundkopf.

H. (D.) spec. 15 1910 *Diphascon (?)* spec., John Murray in: Brit. antarct. Exp., *v.* 1 p. 100 t. 14 f. 4.

Mittelgroß; hyalin, ohne Augenpigment; Cuticula glatt. Stilette klein, gegen die Furca hin kräftig auswärts gekrümmt. Mundröhre mittelweit; die Schlundröhre ist $^3/_4$ so lang wie der Schlundkopf und endet in diesem mit breiter, wulstartiger Erweiterung. Schlundkopf oval, mit Apophysen und 2 stabförmigen Macroplacoiden, von denen das 1. etwa 3 mal, das 2. etwa 2 mal so lang wie breit ist. Microplacoid fehlt. Hauptast der Hinterkralle ohne besonders stark hervortretende Verlängerung; bei der kleineren Vorderkralle ist der Hauptast beträchtlich länger als der Nebenast. Länge 300 μ.

Eier unbekannt.

Von dieser Form ist nur ein Exemplar gefunden worden. Wie Murray hervorhebt, stimmt der Buccalapparat weitgehend mit dem von *H. (H.) arcticus* überein, der mit *H. (Diphascon)* spec. 15 in der gleichen Probe getroffen wurde. Die Beschreibung des Hauptastes der Hinterkralle von *H. (Diphascon)* spec. 15 paßt indessen nicht zu *H. (H.) arcticus*. Nach dem Maß der Schlundröhrenlänge, das hier zur Kennzeichnung der Untergattung *Diphascon* festgesetzt wurde (vgl. S. 294), wie auch nach der Beschreibung der Krallen, gehört das Stück in die Untergattung *Diphascon*. Ob die Schlundröhre starr, unbiegsam ist, wie es Murray schien, oder nicht, ist für die systematische Einordnung bedeutungslos.

Antarktis, Victorialand, zwischen Lat. 77° 30′ S. und 78° S.

46. **H. (D.) spitzbergensis** (Richters) 1903 *Diphascon spitzbergense*, F. Richters in: Zool. Anz., *v.* 27 p. 169, 172 | 1904 *D. s.*, F. Richters in: Fauna arct., *v.* 3 p. 506, 507 t. 15 f. 12, 13, t. 16 f. 21 | 1904 *D. s.*, F. Richters in: Ber. Senckenb. Ges., p. 63 | 1905 *D. s.*, John Murray in: Ann. Scott. nat. Hist., nr. 55 p. 162 | 1905 *D. s.*,

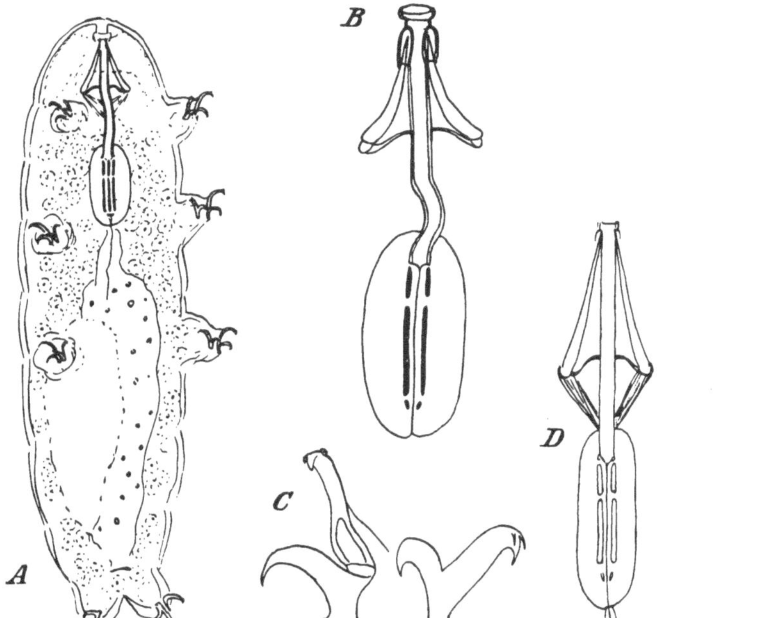

Fig. 281.
Hypsibius (Diphascon) spitzbergensis (Richters). *A* ventral, *B* Schlundkopf. *C* Krallen IV, *D* Schlundkopf mit Stilettretraktoren am Schlundkopf, vgl. Text (S. 295).

John Murray in: Tr. R. Soc. Edinb., *v.* 41 p. 695 t. 4 f. 24a—b | 1906 *D. s.*, John Murray in: Ann. Scott. nat. Hist., nr. 60 p. 217 | 1907 *D. s.*, John Murray in: Tr. R. Soc. Edinb., *v.* 45 p. 643, 647, 648 | 1908 *D. s.*, F. Richters in: Mikrokosmos, *v.* 1 t. 2 f. 3 | 1910 *D. s.*, F. Heinis in: Arch. Hydrobiol., *v.* 5 p. 136 | 1911 *D. s.*, John Murray in: J. Quekett Club, ser. 2 *v.* 11 p. 195 | 1911 *D. s. (?)*, John Murray in: Ann. Scott. nat. Hist., nr. 78 p. 89 | 1911 *D. spitsbergense*, F. Richters in: Camp. arct. Orléans, 1907 p. 18, 20 | 1911 *Hypsibius spitzbergensis*, G. Thulin in: Ark. Zool., *v.* 7 nr. 16 p. 28, 48 f. 24—24b | 1919 *Diphascon spitzbergense*, P. Nederström in: Acta Soc. Fauna Fenn., *v.* 46 nr. 8 p. 15 | 1928 *D. s.*, G. Rahm in: Tierw. Mitteleur., *v.* 3 p. II 10 | non 1928 *Macrobiotus spitzbergensis*, G. Rahm, ibid., p. II 16, Anm. 2 | 1928 *Hypsibius s.*, E. Marcus in: Tierw. Deutschl., pars 12 p. 167 f. 203 | 1928 *Diphascon spitzbergense*, G. Thulin in: Hereditas, *v.* 11 p. 241 | 1929 *Hypsibius (Diphascon) spitzbergensis*, E. Marcus in: Bronn, Kl. Ordn., *v.* 5 Abt. 4 Buch 3 p. 526 f. 363 | 1932 *H. s.*, G. Rahm in: Brohmer, Fauna Deutschl., ed. 4 p. 458 | 1932 *Diphascon spitsbergense*, Cuénot in: Faune France, pars 24 p. 89.

Mittelgroß; hyalin. Körper im ganzen sehr langgestreckt, aber ohne besondere Verlängerung der Schnauzenpartie. Augenpigment fehlt. Lumen der Mundröhre weit, die biegsame Schlundröhre ebenso lang oder etwas länger oder etwas kürzer als der Schlundkopf. Der Schlundkopf doppelt so lang wie breit, cylindrisch mit 2 dünnen, stabförmigen Macroplacoiden und mit Microplacoid. Der hintere Stab ist bedeutend länger als der vordere. Krallen ziemlich kräftig. An den Hinterkrallen der 3 vorderen Beinpaare reicht die Krallenhaut kaum weiter als bis an die Mitte des Hauptastes empor, an der äußeren Kralle des 4. Beinpaares nicht bis zur Mitte. Länge 400 µ.

Gelege von 2 Eiern (78 × 60 µ) in der Cuticula.

Die Irrtümer der Originalabbildung hat Thulin (1911) berichtigt und damit wird jeder Vergleich des *H. (D.) spitzbergensis* mit *H. (D.) scoticus* (Heinis, 1910) hinfällig. Beide Arten stimmen nur im Bau der Krallen überein. John Murray hat zunächst (Ann. Scott. nat. Hist., nr. 55 p. 162, 1905) richtig 3 Placoiden (2 Macroplacoiden, 1 Microplacoid) für die Art angegeben, später (1906) hat er irrtümliche Angaben gemacht und wohl deshalb sein eigenes Material (1905, Tr. R. Soc. Edinb., *v.* 41 p. 695; 1907) für unsicher in der Determination gehalten (1911, Ann. Scott. nat. Hist., nr. 78 p. 89). Die schottischen Stücke gehören indessen nach Beschreibung und Abbildungen sicher zu *H. (D.) spitzbergensis*. Der *Macrobiotus spitzbergensis* Rahm's (1928) ist bei Erörterung des *H. (H.) dujardini* eingezogen worden (vgl. S. 265).

Franz Joseph-Land; Spitzbergen; Lappland; mittleres und südliches Schweden; Finnland; Schottland; Harz; Mark Brandenburg, bei Rheinsberg; Niederschlesien, Landeshut, 700 m.

47. **H. (D.) angustatus** (John Murr.) 1905 *Diphascon angustatum*, John Murray in: Ann. Scott. nat. Hist., nr. 55 p. 162 | 1905 *D. a.*, John Murray in: Tr. R. Soc. Edinb., *v.* 41 p. 695 t. 4 f. 25a—c | 1906 *D. a.*, John Murray in: Ann. Scott. nat. Hist., nr. 60 p. 216 | 1907 *D. a.*, John Murray in: Tr. R. Soc. Edinb., *v.* 45 p. 643, 644, 647, 648, 665 | 1907 *D. a.*, John Murray, ibid., *v.* 45 p. 671, 672, 678 t. 2 f. 11 | 1911 *D. a.*, John Murray in: J. Quekett Club, ser. 2 *v.* 11 p. 195 | 1911 *D. a.*, John Murray in: Ann. Scott. nat. Hist., nr. 78 p. 89 | 1911 *D. augustatum*, F. Richters in: Camp. arct. Orléans, 1907 p. 18 | 1911 *D. angustatum*, John Murray in: P. Irish Ac., *v.* 31 nr. 37 p. 3 | 1911 *Hypsibius angustatus*, G. Thulin in: Ark. Zool., *v.* 7 nr. 16 p. 27 | 1912 *Diphascon angustatum*, F. Heinis in: Rev. Suisse Zool., *v.* 20 p. 777 | 1914 *D. a.*, R. Menzel in: Arch. Naturg., *v.* 80 A 3 p. 17 | 1928 *D. a.*, G. Rahm in: Tierw. Mitteleur., *v.* 3 p. II 11 | 1928 *Hypsibius angustatus*, E. Marcus in: Tierw. Deutschl., pars 12 p. 167 f. 204 | 1928 *Diphascon angustatum*, G. Thulin in: Hereditas, *v.* 11 p. 241 | 1929 *D. a.*, G. Rahm in: Bull. Soc. Fribourg., *v.* 29 Proc.-verb. 7. III. 1928 p. 5, 6 | 1929 *Hypsibius (Diphascon) angustatus*, E. Marcus in: Bronn, Kl. Ordn., *v.* 5 Abt. 4 Buch 3 p. 527 f. 364 | 1932 *Diphascon angustatum*, Cuénot in: Faune France, pars 24 p. 89.

Mittelgroß; hyalin, ohne Augenpigment. Über dem 3. Beinpaar am breitesten, von dort aus rostral verjüngt, bis zu der schnauzenartig verlängerten schmalen Kopfpartie hin. Mundöffnung und Mundhöhle weit; Stilette gerade, caudalwärts nur wenig divergierend, mit kleinen, biegsamen Stiletträgern. Schlundröhre sehr weit und deutlich kürzer als der Schlundkopf, sehr wenig biegsam, fast starr, mit ringelartigen Strukturen am Schlundkopfeingang. Der Schlundkopf cylindrisch, eng, doppelt so lang wie breit, mit 2 stabförmigen Macroplacoiden, ohne Microplacoid. Der vordere Stab ist meist kurz, der hintere doppelt so lang wie der vordere. Der vordere

Stab kann auch länger sein, so daß der Unterschied gegenüber dem hinteren weniger deutlich wird, und beide Stäbe können schmaler sein als hier abgebildet. Länge bis 380 μ.

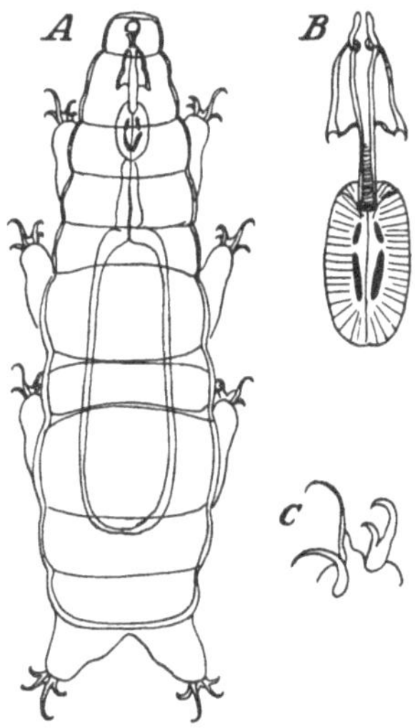

Fig. 282.
Hypsibius (Diphascon) angustatus (John Murr.). *A* dorsal, *B* Schlundkopf, *C* Krallen.

Eier nicht bekannt.

Genauere Angaben über die Länge der Schlundröhre dieser Art sind nicht zu geben, da Murray (1906) bei einem Simplexstadium eine längere Schlundröhre als im typischen Material beobachtet hat. Der Fundort „Deutschland" (1905, p. 695) bleibt ungewiß; er ist von Richters nicht veröffentlicht worden.

Franz Joseph-Land; Spitzbergen; Shetlandinseln; Schottland; Irland; Alpen, Rhätikon, Lüner See, 1950 m.

H. (D.) spec. 1 1907 *Diphascon* spec., John Murray in: Tr. R. Soc. Edinb., *v.* 45 p. 678 | 1928 *Hypsibius* spec. 1, E. Marcus in: Tierw. Deutschl., pars 12 p. 168 | 1929 *H. (Diphascon)* spec. 1, E. Marcus in: Bronn, Kl. Ordn., *v.* 5 Abt. 4 Buch 3 p. 528.

Schlundröhre weit, relativ kurz. Schlundkopf mit Apophysen, 3 kurzen, stabförmigen Macroplacoiden, Microplacoid und Septulum. Krallen mit den Charakteren des Subgenus *Diphascon*.

Über Länge und Eier nichts bekannt.

Die Schlundkopfeinlagerungen der Art stimmen mit denen von *H. (D.) chilenensis* überein, aber dieser hat eine sehr lange, sehr enge Schlundröhre.

Arktis, ohne nähere Angabe.

48. **H. (D.) belgicae** (Richters) 1911 *Diphascon b.*, F. Richters in: Camp. arct. Orléans, 1907 p. 17 t. 2 f. 20 | 1911 *D. b.*, F. Richters in: Al. Koenig, Avifauna Spitzberg., p. 284, 286 | 1928 *D. b.*, G. Rahm in: Tierw. Mitteleur., *v.* 3 p. II 17 | 1928 *Hypsibius b.*, E. Marcus in: Tierw. Deutschl., pars 12 p. 168 f. 205 | 1928 *Diphascon B.*, G. Thulin in: Hereditas, *v.* 11 p. 241 | 1929 *Hypsibius (Diphascon) b.*, E. Marcus in: Bronn, Kl. Ordn., *v.* 5 Abt. 4 Buch 3 p. 528 f. 365 | 1932 *H. b.*, G. Rahm in: Brohmer, Fauna Deutschl., ed. 4 p. 458 | 1932 *Diphascon B.*, Cuénot in: Faune France, pars 24 p. 89.

Groß. Augenpigment fehlt. Stilette gekrümmt. Schlundröhre sehr lang, eng; die in der Originalbeschreibung angegebene Weite von 2,5 μ scheint sich auf den äußeren Durchmesser zu beziehen. Schlundkopf langgestreckt, cylindrisch, 51 μ lang, 21 μ breit. Die beiden Macroplacoiden sind dünne, 1 μ breite Stäbe, von denen der hintere doppelt so lang ist wie der vordere. Microplacoid vorhanden. Krallen mit den Merkmalen der Untergattung *Diphascon*. Da Richters die größere, also die Hinterkralle vergleicht mit der Kralle einer nicht beschriebenen *H. (D.)* Species (Murray, Tr. R. Soc. Edinb., *v.* 45 t. 4 f. 17, 1906), dürfte bei *H. (D.) belgicae*

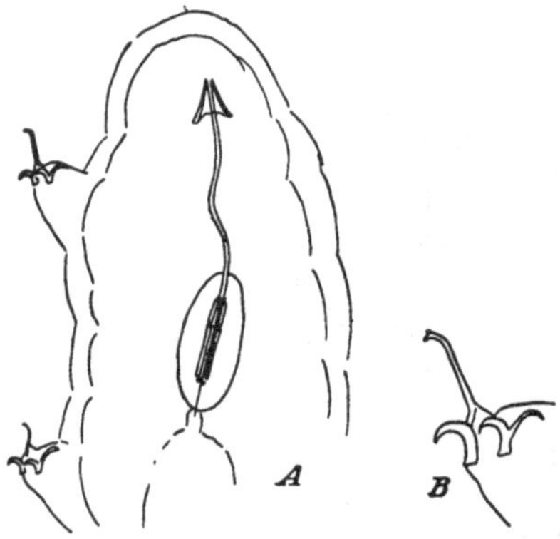

Fig. 283.
Hypsibius (Diphascon) belgicae (Richters). *A* Habitus, rostral, *B* Krallen.

der borstenartig verlängerte, ziemlich gerade Hauptast der Hinterkralle der Basalkralle auf deren halber Höhe ansitzen, etwa wie bei *H. (H.) pallidus*. Das läßt sich aus Richters' Mikrophotographie auch erkennen. Länge 496 μ.

Eier nicht bekannt.

Richters gibt ausdrücklich an, daß die Art kein Augenpigment besitzt. Deshalb möchte ich jetzt nicht mehr die nach ihrer Lage dem Augenpigment entsprechenden Flecken seiner Mikrophotographie als Augenpigment ansehen, wie ich das früher getan habe (E. Marcus, 1928, f. 205; 1929, f. 365). Das zu *H. (D.) belgicae* gestellte Exemplar vom Wannsee habe ich nach dem Schlundkopf erst bestimmt, als es bereits mikrotomiert worden war; es ist für die Beurteilung von Augenpigment und Krallenbau nicht geeignet.

Spitzbergen; Bäreninsel; in Moos am Wannsee bei Berlin.

49. **H. (D.) brevipes** spec. nov.

Mittelgroß, mit kurzen Beinen; größte Breite über dem 3. Beinpaar; Cuticula glatt. Farblos, mit Augenpigment und grünem Darminhalt. Mundröhre eng, 2 μ im äußeren Durchmesser; Schlundröhre ebenso lang wie der Schlundkopf. Schlundkopf oval, etwa $1^1/_2$ mal so lang wie breit. An Einlagerungen sind vorhanden: Apophysen und 2 Macroplacoiden, deren vorderes länger als das hintere ist, und Septula. Krallen relativ klein; in Bau und Größe die beiden Krallenpaare eines Beines recht ähnlich.

Länge 350 μ. Buccalapparat vom Mundring einschließlich bis zum Caudalrand des Schlundkopfes 84 μ; Mundröhre 6,9 cph weit; Schlundkopflänge 29 μ (83 ms); Breite 24 μ (82,8 cph). Placoidenreihe 15 μ (51,7 cph); 1. Macroplacoid 6,5 μ (22,5 cph), 2. 4,5 μ (15,5 cph); Breite der Placoiden

1,5 μ (5,2 cph). Hinterkralle IV 10 μ (28,6 ms); Krallenlängenindex (IV) 1,2 : 1.

Gelege nicht bekannt.

In einem der 5 vorliegenden Exemplare war die Cuticula abgehoben und der Raum zwischen Cuticula und Epidermis mit unregelmäßig gestalteten Körnern erfüllt, ähnlich den regelmäßigen Täfelchen, die von *Macrobiotus occidentalis* (vgl. S. 150) beschrieben worden sind.

Bei einem Exemplar des *H. (D.) brevipes* war das hintere Placoid in einer der 3 Reihen geteilt, so daß 3 Placoiden zustande kamen, deren hinterstes am kleinsten war.

Die Art steht nach Habitus und Buccalapparat dem *H. (D.) bullatus* sehr nahe, aber das vollständige Fehlen jeder Cuticularskulptur unterscheidet sie sicher. Auch *H. (D.) bullatus*-Stücke, deren Dorsalbuckel bis auf 4 reduziert sind, besitzen immer noch deutliche, feine Granulierung. Auch sind die Krallen von *H. (D.) brevipes* noch etwas kompakter als die von *H. (D.) bullatus*.

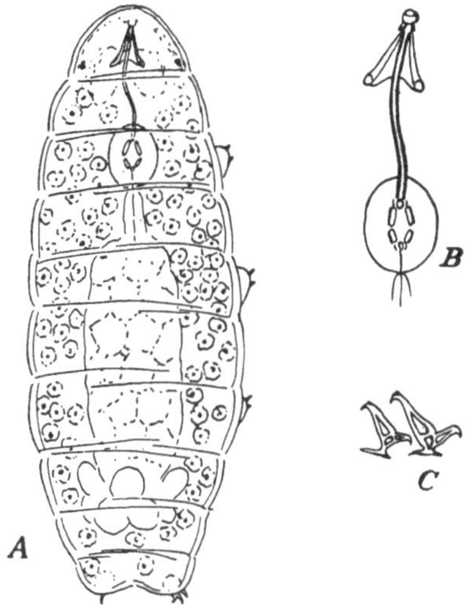

Fig. 284.
Hypsibius (Diphascon) brevipes E. Marcus. *A* dorsal, *B* Schlundkopf, *C* Krallen.

Von den unskulpturierten, glatten *H. (Diphascon)*-Arten ähnelt *H. (D.) brevipes* hinsichtlich der Macroplacoiden am meisten dem *H. (D.) recamieri*. Aber diese Art hat einen schmaleren Schlundkopf, längere Schlundröhre und viel größere Krallen. Schlundröhre und Krallen trennen den *H. (D.) brevipes* von *H. (D.) oculatus* und seiner forma *vancouverensis*. Die Arten mit weiter Schlundröhre, *H. (D.) spitzbergensis*, *angustatus* und spec. 1, können beiseite bleiben. *H. (D.)* spec. 2 besitzt eine sehr lange Schlundröhre, bei *H. (D.)* spec. 3 und *H. (D.) belgicae* ist das 1. Macroplacoid deutlich kürzer als das 2. Auch die Form des Schlundkopfes ist bei beiden Arten anders als bei der neuen Art, und *H. (D.) belgicae* hat überdies einen stark verlängerten Hauptast der Hinterkralle und erhebliche Divergenz in Bau und Größe der beiden Krallen eines Beines.

Ungarn.

50. **H. (D.) scoticus** (John Murr.) 1905 *Diphascon scoticum*, John Murray in: Ann. Scott. nat. Hist., nr. 55 p. 162 f. 1a—c | 1906 *D. s.*, John Murray, ibid., nr. 57 p. 29 | 1906 *D. s.*, John Murray, ibid., nr. 60 p. 217 | 1907 *D. s.*, John Murray in: Tr. R. Soc. Edinb., *v.* 45 p. 643, 647, 648, 665 t. 3 f. 19 | 1907 *D. s.*, John Murray, ibid., p. 671, 672, 678 | 1907 *D. s. ?*, F. Richters in: Zool. Anz., *v.* 31 p. 916 | 1907 *D. crozetense*,

F. Richters in: D. Südp.-Exp., v. 9 p. 297 t. 19 f. 38 t. 20 f. 12 | 1908 *D. scoticum ?*, F. Richters in: Ergeb. Schwed. Südp.-Exp., v. 6 nr. 2 p. 11, 12, 16 | 1908 *D. s.*, M. Sellnick in: Zool. Anz., v. 33 p. 211 | 1909 *D. s.*, C. Carlzon, ibid., v. 34 p. 142 | 1910 *D. s.*, F. Heinis in: Arch. Hydrobiol., v. 5 p. 122, 135, 163 | 1910 *D. s.*, John Murray in: Brit. antarct. Exp., v. 1 p. 119, 143, 151, 157, 176, 180 | 1911 *D. s.*, John Murray in: J. Quekett Club, ser. 2 v. 11 p. 195 | 1911 *D. s.*, John Murray in: Ann. Scott. nat. Hist., nr. 78 p. 89 | 1911 *D. s.*, F. Richters in: Camp. arct. Orléans, 1907 p. 18, 20 | 1911 *D. s.*, John Murray in: P. Irish Ac., v. 31 nr. 37 p. 3 | 1911 *Hypsibius scoticus*, G. Thulin in: Ark. Zool., v. 7 nr. 16 p. 28, 41 f. 22—22b | 1913 *Diphascon scoticum*, John Murray in: J. R. micr. Soc., p. 141, 143 | 1913 *D. s.*, John Murray, Not. nat. Hist. Bolivia

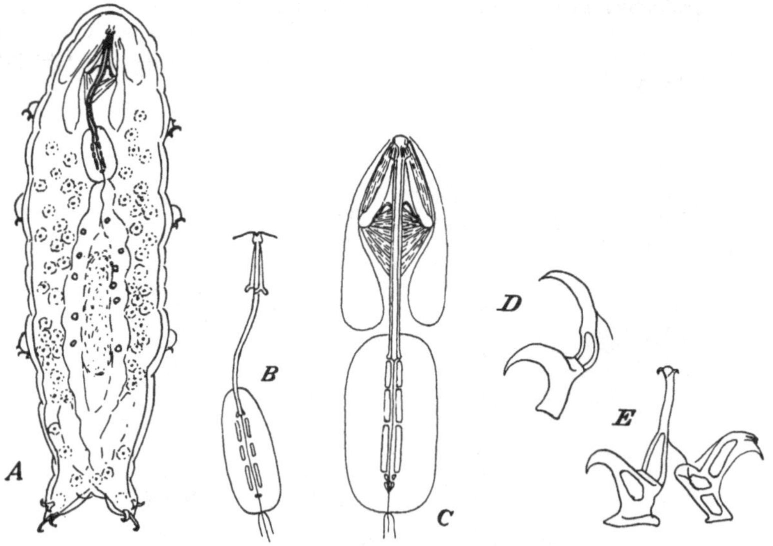

Fig. 285.
Hypsibius (Diphascon) scoticus (John Murr.). *A* dorsal, *B* Schlundkopf, typisch, Frankreich, *C* aberranter Schlundkopf, Harz, *D* Hinterkralle II, *E* Krallen IV.

Peru, p. 28 | 1914 *D. s.*, F. Heinis in: Mém. Soc. Neuchâtel, v. 5 p. 719 | 1919 *D. s.*, P. Nederström in: Acta Soc. Fauna Fenn., v. 46 nr. 8 p. 15 | 1928 *D. s.*, G. Rahm in: Tierw. Mitteleur., v. 3 p. II 10 f. 33, 34 | 1928 *Hypsibius scoticus*, E. Marcus in: Tierw. Deutschl., pars 12 p. 169 f. 206 | 1928 *Diphascon scoticum*, G. Thulin in: Hereditas, v. 11 p. 241 | 1929 *D. S.*, G. Rahm in: Bull. Soc. Fribourg., v. 29 Proc.-verb. 15. XII. 1927 p. 20 | 1929 *D. S.*, G. Rahm, ibid., v. 29 Proc.-verb. 7. III. 1928 p. 4 | 1929 *Hypsibius (Diphascon) scoticus*, E. Marcus in: Bronn, Kl. Ordn., v. 5 Abt. 4 Buch 3 p. 529 f. 366 | 1932 *H. s.*, G. Rahm in: Brohmer, Fauna Deutschl., ed. 4 p. 458 | 1932 *Diphascon scoticum*, Cuénot in: Faune France, pars 24 p. 91 f. 97, 98 | 1933 *D. s.*, E. Bartoš in: Příroda Ostrava, v. 26 nr. 7 p. 4 | 1934 *D. s.*, E. Bartoš in: Časopis České Spol. ent., v. 31 p. 103.

Klein bis mittelgroß, selten groß. Hyalin; ohne Augenpigment. Körper schlank, sehr langgestreckt. Stilette caudalwärts deutlich divergierend. Mundröhre eng (1,5 μ im inneren Durchmesser). Die Schlundröhre so lang wie der Schlundkopf. Der Schlundkopf ausgesprochen längs-oval, doppelt so lang wie breit, oft vorn etwas schmaler als hinten. Apophysen schwach ausgebildet, 3 stabförmige Macroplacoiden, Microplacoid und Septulum vorhanden. Typisch ist für die Länge der Macroplacoiden, daß der 3. Stab stets der längste ist. Der mittlere pflegt der kürzeste zu sein (Fig. 285 *B*). Aber es kommt auch vor, daß die Placoiden von vorn nach hinten an Länge zunehmen (Fig. 285 *C*), oder daß das 1. und 2. gleich lang und kürzer als das 3. sind. Krallen ziemlich kräftig; an den Hinterkrallen der 3 vorderen Beinpaare reicht die Krallenhaut kaum weiter als bis an die Mitte des Hauptastes empor, an der Hinterkralle des 4. Beinpaares nicht bis zur Mitte. Alle Krallenäste sind deutlich gekrümmt; der Hauptast der Vorderkralle ist auffallend derb.

Länge bis zu 462 μ, meist erheblich kleiner, 217—370 μ.

Gelege von 3—4 glatten Eiern in der alten Cuticula.

Mit Cuénot (1932) habe ich große Bedenken an der Selbständigkeit des *H. (D.) prorsirostris* und *H. (D.) arduifrons* (vgl. S. 306, 307). Bei beiden fehlt das Microplacoid und das Septulum. Nach Richters (1908, p. 11) kommt bei seinem zu *H. (D.) scoticus* gehörigen *crozetense* einseitig ein Komma vor; die Stücke von Sellnick (1908) sind durchweg ohne Komma, die von P. Nederström (1919) häufiger ohne als mit Komma. Die Synonymie und die Fundorte des *H. (D.) scoticus* unter diesem Gesichtspunkt zum Teil aufzulösen und bei den genannten neuen Arten einzuordnen, erscheint mir unrichtig, denn *prorsirostris* und *arduifrons* zeigen neben dem zweifelhaften Merkmal — Fehlen von Microplacoid und Septulum — noch positive Charaktere, die bei dem Material früherer Untersucher nicht mehr nachzuprüfen sind. Solche Besonderheiten sind die Kürze der Placoidenreihen und die in den Diagnosen genannten habituellen Merkmale. Was Cuénot an *H. (D.) scoticus*-Schlundköpfen ohne Microplacoid und Septulum abbildet (1932, f. 98 II, III), zeigt Macroplacoidenreihen von 62,9 cph und 57,1 cph. Beides bleibt unter dem Maß für *H. (D.) scoticus*: Fig. 285 C zeigt eine Macroplacoidenreihe von 64 cph, und Thulin (1928, p. 257) gibt 68 cph für *H. (D.) scoticus* an. Indessen besitzt der mit Microplacoid versehene Schlundkopf von *H. (D.) scoticus* bei Cuénot (1932, f. 98 I) nur 58 cph. Aus alledem ergibt sich, daß der Unterschied zwischen den genannten Thulin'schen Arten und *H. (D.) scoticus* weniger bedeutend ist, als Thulin angegeben hatte, sowohl hinsichtlich des Microplacoid und Septulum wie hinsichtlich der Kürze der Placoidenreihe. Da aber, nach den Abbildungen zu urteilen, keiner der bisherigen Untersucher in seinem zu *scoticus* gestellten Material Stücke ohne Microplacoid und mit einer Macroplacoidenreihe von 51—52 und 55 cph vor sich gehabt hat, ist die Beibehaltung der Thulinschen Species berechtigt, und aus der vorstehenden Synonymie gehört keine Angabe nachweislich zu jenen Arten. Das gilt auch von Cuénot's reinen Populationen, die zu der Beschreibung von *prorsirostris* passen sollen (1932, p. 92), denn so kurze Macroplacoidenreihen hat Cuénot nicht abgebildet.

Franz Joseph-Land; Spitzbergen; Schweden; Lappland; Finnland; Faröer; Schottland, bis 1200 m; Irland; Moos am Wannsee bei Berlin; Brocken; Schwarzwald; Voralpen bei Freiburg-Schweiz; bei Zermatt, 2000 m; Tschechoslowakei, bis 2175 m; Frankreich, Vogesen; Savoyen, 2300 m; Kapland; Hawaii, Oahu; Australien, Blaue Berge, 700—1000 m; Südneuseeland, Stewart-Insel; Britisch Columbia, Vancouver-Insel; Rocky Mountains; Südamerika: Colombia; Peru, 4300 m; Südshetland-Inseln; Crozet-Gruppe, Possessions-Insel.

50a. **H. (D.) scoticus** (John Murr.) forma **ommatophora** Thulin 1911 *H. s.* var. *ommatophorus*, G. Thulin in: Ark. Zool., *v.* 7 nr. 16 p. 41 f. 23—23c | 1928 *Diphascon scoticum* var. *o.*, G. Rahm in: Tierw. Mitteleur., *v.* 3 p. II 16 | 1928 *Hypsibius scoticus* forma *o.*, E. Marcus in: Tierw. Deutschl., pars 12 p. 170 f. 207 | 1928 *Diphascon scoticum* var. *ommatophorum*, G. Thulin in: Hereditas, *v.* 11 p. 241 | 1929 *Hypsibius (Diphascon) scoticus* forma *ommatophorus*, E. Marcus in: Bronn, Kl. Ordn., *v.* 5 Abt. 4 Buch 3 p. 531 f. 367.

Mittelgroß. Körper erheblich in die Länge gestreckt. Augenpigment vorhanden. Buccalapparat sehr ähnlich wie bei *H. (D.) scoticus.* Die beiden Krallen eines Beines sehr verschieden ausgebildet; der Hauptast der hinteren oder äußeren Kralle noch mehr verlängert als bei *H. (D.) scoticus.* Das Verhältnis von Basalstück samt Hauptast zu Basalstück samt Nebenast, beide Abstände geradlinig von der Krallenbasis bis zur distalen Spitze des betreffenden Astes gemessen, beträgt bei *scoticus* für Beinpaar 1—3 etwa 2:1, bei *f. ommatophora* 2,7 : 1; für Beinpaar 4 bei *scoticus* 1,85 : 1, bei f. *ommatophora* 2,5 : 1. Außerdem reicht bei f. *ommatophora* die Krallenhaut am Beinpaar 1—3 fast bis an die Spitze des Hauptastes der äußeren Kralle sowie am 4. Beinpaar weit über die Mitte hinaus. Länge bis zu 318 μ.

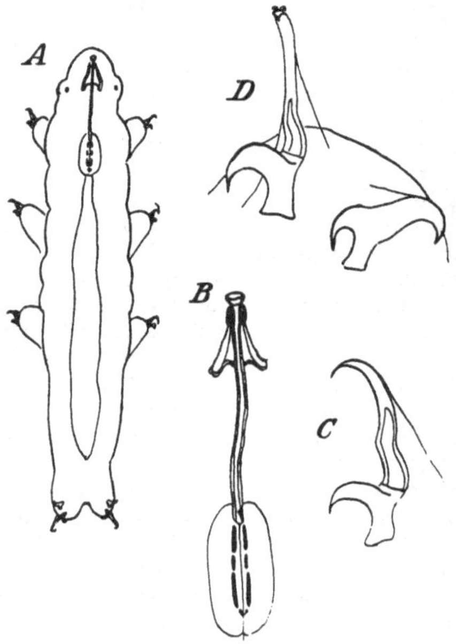

Fig. 286.
Hypsibius (Diphascon) scoticus (John Murr.) f. **ommatophora** Thulin.
A dorsal, *B* Schlundkopf, *C* Hinterkralle II, *D* Krallen IV.

Zwischen *H. (D.) scoticus* und der f. *ommatophora* kommen Übergänge vor, nämlich Tiere mit Augenpigment, mit Krallenproportionen wie bei *H. (D.) scoticus* und mit einer Ausdehnung der Krallenhaut wie bei der forma *ommatophora*.

Nordschweden; Lappland.

51. **H. (D.) prorsirostris** (Thulin) 1928 *Diphascon prorsirostre*, G. Thulin in: Hereditas, *v.* 11 p. 241, 256 f. 27 | 1929 *Hypsibius (Diphascon) prorsirostris*, E. Marcus in: Bronn, Kl. Ordn., *v.* 5 Abt. 4 Buch 3 p. 532 f. 368 | 1932 *H. prosirostris*, G. Rahm in: Brohmer, Fauna Deutschl., ed. 4 p. 458.

Mittelgroß; Körper schlank. Vorderkopf dorsal vom Munde fliehend; Mundöffnung terminal gelegen. Extremitäten verhältnismäßig kräftig, das 4. Paar caudalwärts herausragend. Augenpigment fehlt. Mundröhre ziemlich dünn; ihr mittlerer Teil, also die Schlundröhre, etwa ebenso lang wie der Schlundkopf, der eine gestreckte, eiförmige Gestalt hat. Placoidenreihen von etwa der halben Länge des Schlundkopfes, aus 3 dünnen Stäbchen zusammengesetzt, die vom 1.—3. an Länge zunehmen. Apophysen vorhanden, kein Microplacoid. Krallen von mittlerer Länge, denen von *H. (D.) scoticus* ähnlich.

Länge 247 μ (ein Exemplar aus Mecklenburg) bzw. 321 μ (1 Exemplar aus Schottland). Schlundkopflänge 105 bzw. 91 ms; äußerer Durchmesser der Mundröhre 7,1 bzw. 7,4 cph; Mundring plus vorderer Abschnitt der Mundröhre bis zur Ansatzstelle der Stilettträger 64 bzw. 61 cph; mittlerer Abschnitt der Mundröhre, d. h. Schlundröhre 90 bzw. 105 cph; Schlundkopfbreite 58 bzw. 62 cph; Placoidenreihe 51 bzw. 52 cph; Länge der Placoiden 11,9, 14,8 und 20,8 cph bzw. 11,6, 15,8 und 21,5 cph. Breite der Placoiden 4,2 cph; Hinterkralle IV 43 bzw. 38 ms; Krallenlängenindex (IV) 1,63 : 1 bzw. 1,56 : 1.

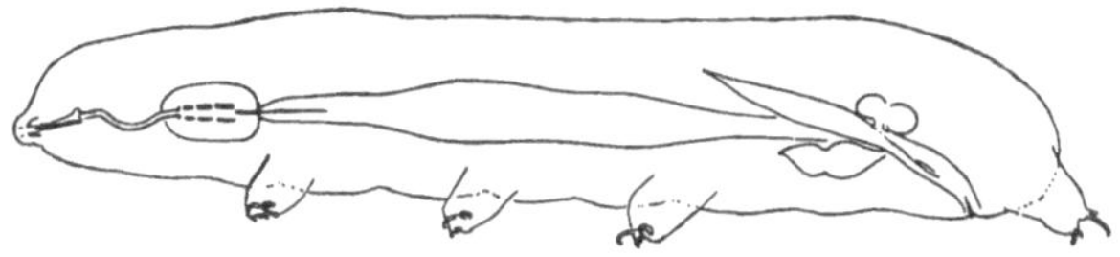

Fig. 287.
Hypsibius (**Diphascon**) **prorsirostris** (Thulin). Lateral.

Die terminale Mundöffnung, das Profil des Kopfes, die Kürze der Placoidenreihe sowie das Fehlen von Microplacoid und Septulum unterscheiden die Art von *H. (D.) scoticus*, doch ist die Trennung einigermaßen künstlich (vgl. S. 305).

Südschweden; Schottland; Norddeutschland, Mecklenburg; überall in Moos.

52. **H. (D.) arduifrons** (Thulin) 1928 *Diphascon a.*, G. Thulin in: Hereditas, *v.* 11 p. 241, 257 f. 28 | 1929 *Hypsibius (Diphascon) a.*, E. Marcus in: Bronn, Kl. Ordn., *v.* 5 Abt. 4 Buch 3 p. 532 f. 369.

Ziemlich klein; Körper hinten dick, vor dem 2. Beinpaar rostralwärts erheblich verjüngt. Vorderkopf dorsalwärts von der schief nach unten gerichteten, also subventral gelegenen Mundöffnung vorgewölbt. Augenpigment fehlt. Mundröhre sehr dünn. Schlundröhre ebenso lang wie der große, gestreckt eiförmige Schlundkopf. Placoidenreihen länger als die halbe

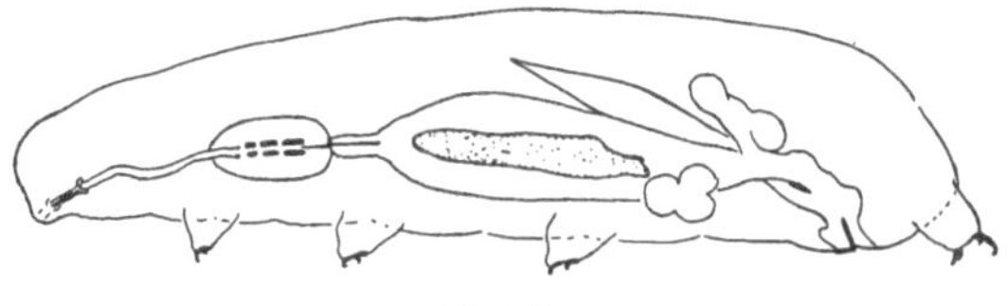

Fig. 288.
Hypsibius (**Diphascon**) **arduifrons** (Thulin). Lateral.

Schlundkopflänge, jede Reihe 3 dünne Stäbchen enthaltend, von denen das kleinste vorn, das größte hinten gelegen ist. Apophysen vorhanden; Microplacoid fehlt. Krallen wie bei der vorigen Art.

Länge 284 μ. Schlundkopflänge 35,9 μ = 126 ms; äußerer Durchmesser der Mundröhre 4,7 cph; Mundring plus vorderer Abschnitt der Mundröhre [vgl. *H. (D.) prorsirostris*] 45 cph; Schlundröhre 99 cph; Schlundkopfbreite 55 cph; Placoidenreihe 55 cph; Länge der Placoiden 13,7, 14,8 und 22,5 cph. Breite der Placoiden 2,7 cph; Hinterkralle IV 12,8 μ = 45 ms; Krallenlängenindex 1,5 : 1.

Die Art ist von der vorigen an dem sehr abweichenden Habitus, namentlich dem Bau des Vorderkopfes und dem längeren Buccalapparat, zu unterscheiden. *H. (D.) arduifrons* steht dem *H. (D.) scoticus* noch näher als die vorige Art, denn *H. (D.) arduifrons* hat das typische *Hypsibius*-Profil, nicht die macrobiotenartig „fliehende Stirn“ des *H. (D.) prorsirostris*, und eine längere Macroplacoidenreihe als jener. Mit 55 cph bleibt die Länge dieser Reihe gewiß weit hinter den für *scoticus* angegebenen 68 cph (vgl. S. 305), aber es gibt bei *scoticus* auch Macroplacoidenreihen von 57,1 cph.

Nordschweden, in Lappland, etwa 1200 m; Sibirien, Altai, in der Nähe des Telezki-Sees; an beiden Stellen in Moos.

53. **H. (D.) pinguis** spec. nov.

Klein, breit, gedrungen gebaut, mit kurzen Extremitäten. Cuticula glatt. Farblos, ohne Augenpigment. Mundöffnung schräg nach vorn gerichtet. Mundröhre eng, im äußeren Durchmesser 1,8 μ weit. Schlundröhre etwa ebenso lang wie der Schlundkopf. Die gekrümmten Stilette liegen der Mundröhre sehr eng an; die Stiletträger sind weit zurückgebogen. Schlundkopf oval, mit Apophysen, 3 stabförmigen Macroplacoiden, Microplacoid und Septulum. Die Macroplacoiden sind von annähernd gleicher Breite und

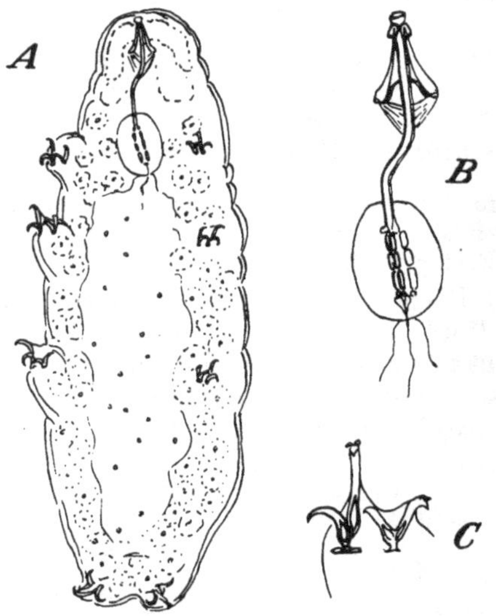

Fig. 289.
Hypsibius (Diphascon) pinguis E. Marcus. *A* dorsal, *B* Schlundkopf, *C* Krallen IV.

nehmen von vorn nach hinten an Länge zu. Krallen eines Beines von verschiedener Länge; in der Dicke stimmen sowohl Haupt- und Nebenast, wie auch Vorder- und Hinterkralle überein. Die Krallenhaut reicht sehr weit am Hauptast herauf, am 4. Beinpaar bis zum oberen Drittel des Hauptastes. Nebenspitzen an beiden Hauptästen deutlich.

Länge 240 μ. Breite 70 μ, Beinlänge 18 μ. Länge des Buccalapparates 74 μ (308,2 ms); Schlundkopflänge 27 μ (112,5 ms); Schlundkopfbreite 22 μ (81,4 cph); Placoidenreihe 13 μ (48,9 cph); Länge der Placoiden: 1. 2,8 μ (10,3 cph); 2. 3,0 μ (11,1 cph); 3. 3,6 μ (13,3 cph); Breite der Placoiden 1,5 μ (5,5 cph); Länge der Hinterkralle IV 13 μ.

Gelege nicht bekannt.

Von 2 weit getrennten Fundorten vorliegendes, untereinander übereinstimmendes Material zwingt zu der Beschreibung und Benennung dieser neben *H. (D.) prorsirostris* und *H. (D.) arduifrons* dem *H. (D.) scoticus* nahestehenden Art. Mit den beiden hat *H. (D.) pinguis* die Kürze der Macroplacoidenreihe gemeinsam, mit *H. (D.) prorsirostris* außerdem noch die mehr terminalwärts als ventralwärts gerichtete Mundöffnung. Von beiden Arten unterscheidet sich *H. (D.) pinguis* durch Microplacoid, Septulum und vor allem die Breite des Schlundkopfes. Dieses letzte Merkmal schließt auch die Vereinigung der neuen Art mit *H. (D.) scoticus* aus. Habituell steht der dicke, gedrungene, kleinkrallige *H. (D.) pinguis* außerhalb des Kreises der genannten Species. Die anderen *Hypsibius (Diphascon)*-Arten mit 3 Macroplacoiden haben bis auf *H. (Diphascon)* spec. 16 mit excessiv länglich-ovalem Schlundkopf sämtlich eine Schlundröhre, die deutlich länger ist als der Schlundkopf. Sie kommen also für einen näheren Vergleich mit *H. (D.) pinguis* nicht in Frage.

Harz; Schweiz, Wallis, bei Zermatt, 2000 m.

H. (D.) spec. 16 (spec. nov.)

Klein; mit langen Extremitäten und großen Krallen. Cuticula glatt. Farblos, ohne Augenpigment. Mundröhre eng, ca. 2 μ im äußeren Durchmesser. Schlundröhre annähernd ebenso lang wie der Schlundkopf. Der Schlundkopf 3mal so lang wie breit. Die Macroplacoiden sind 3 von vorn nach hinten an Länge zunehmende schmale Stäbe. Außerdem findet sich ein Microplacoid oder ein Septulum, an dem einen gefundenen Exemplar war das nicht zu entscheiden. Der Hauptast der Hinterkralle ist gerade, gestreckt und sehr viel länger als der Nebenast.

Länge 240 μ; äußerer Durchmesser der Mundröhre 5,1 cph; Schlundkopf 39 μ (162,25 ms) $\times$ 13 μ (33 cph); Placoidenreihe 28 μ (71,8 cph); 1. Placoid 6 μ (15,3 cph); 2. 7,5 μ (19,2 cph); 3. 10,5 μ (27 cph); Breite der Placoiden 2 μ (5,1 cph); Vorderkralle IV 7,5 μ (31,25 ms); Hinterkralle IV 13 μ (54,1 ms); Krallenlängenindex (IV) 1,73 : 1.

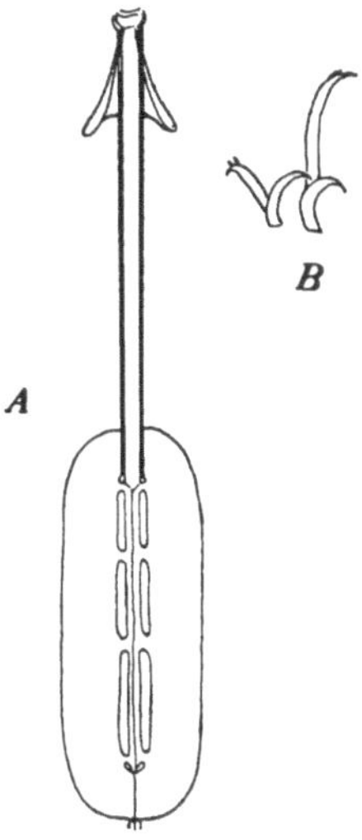

Fig. 260.
Hypsibius (Diphascon) spec. 16.
A Schlundkopf, *B* Krallen.

Gelege nicht bekannt.

Unter den bisher bekannten *Hypsibius (Diphascon)*-Arten galt *H. (D.) belgicae* als die Art mit dem schmalsten, am meisten langgestreckten Schlundkopf, dessen Breite 41,2 cph beträgt. *H. (D.) belgicae* hat 2 Macroplacoiden. Unter den Arten mit 3 Macroplacoiden besitzt *H. (D.) scoticus* den schmalsten Schlundkopf, freilich beträgt seine Breite etwa 50 cph, ist also viel größer als bei *H. (Diphascon)* spec. 16. Diese Art ist demnach von allen übrigen Angehörigen des Subgenus *Diphascon* sicher zu unterscheiden. Da nur ein Exemplar von *H. (D.)* spec. 16 gefunden werden konnte, soll die Art nicht benannt werden.

Niederschlesien, Landeshut.

54. **H. (D.) oculatus** (John Murr.) 1906 *Diphascon oculatum*, John Murray in: Ann. Scott. nat. Hist., nr. 60 p. 216 t. 5 f. 1a—c | 1907 *D. o.*, John Murray in: J. Quekett Club, ser. 2 *v.* 10 p. 70 t. 7 f. 4 | 1907 *D. o.*, John Murray in: Tr. R. Soc. Edinb., *v.* 45 p. 643, 647, 648, 665 t. 3 f. 16 | 1911 *D. o.*, John Murray in: J. Quekett Club, ser. 2 *v.* 11 p. 195 | 1911 *D. o.*, John Murray in: Ann. Scott. nat. Hist., nr. 78 p. 89 | 1911 *Hypsibius oculatus*, G. Thulin in: Ark. Zool., *v.* 7 nr. 16 p. 38 f. 21—21b | 1919 *Diphascon oculatum*, P. Nederström in: Acta Soc. Fauna Fenn., *v.* 46 nr. 8 p. 14, 16 | 1928 *D. o.*, G. Rahm in: Tierw. Mitteleur., *v.* 3 p. II 16 | 1928 *Hypsibius oculatus*, E. Marcus in: Tierw. Deutschl., pars 12 p. 172 f. 210 | 1928 *Diphascon oculatum*, G. Thulin in: Hereditas, *v.* 11 p. 241 | 1929 *Hypsibius (Diphascon) oculatus*, E. Marcus in: Bronn, Kl. Ordn., *v.* 5 Abt. 4 Buch 3 p. 534 f. 371 | 1932 *Diphascon oculatum*, Cuénot in: Faune France, pars 24 p. 89 f. 94 | 1934 *D. o.*, E. Bartoš in: Časopis České Spol. ent., *v.* 31 p. 104.

Mittelgroß. Farblos; Augenpigment vorhanden. Stilette breit gespreizt, vor der Furca kräftig gebogen. Mundröhre sehr eng, im äußeren Durchmesser 1,5 μ weit. Schlundröhre etwa 2 mal so lang wie der Schlundkopf. Im rostralen Teil, bis zum caudalen Muskelansatzvorsprung, ist die Schlundröhre starr, im caudalen Teil ist sie biegsam und verläuft im Bogen oder einer Schlinge. Schlundkopf kurz-oval, caudal breiter als rostral, 27—33 μ lang, 21—26 μ breit. An Einlagerungen sind vorhanden: Apophysen, 2 Macroplacoiden und Septula. Microplacoid (Komma) fehlt. Von den Macroplacoiden ist bald das vordere kaum länger als das hintere und nahezu ebenso lang wie breit (Fig. 291 *D*), bald ist bei gleicher Breite beider Placoiden (2 μ) das vordere 4 μ lang, das hintere 3 μ, oder das vordere ist doppelt so lang wie das hintere. Das vordere Macroplacoid kann in der Mitte eingeschnürt sein (Fig. 291 *C*). Krallen kräftig. Die beiden Krallen eines Beines sehr verschieden gebaut, auch die Äste jeder Kralle untereinander

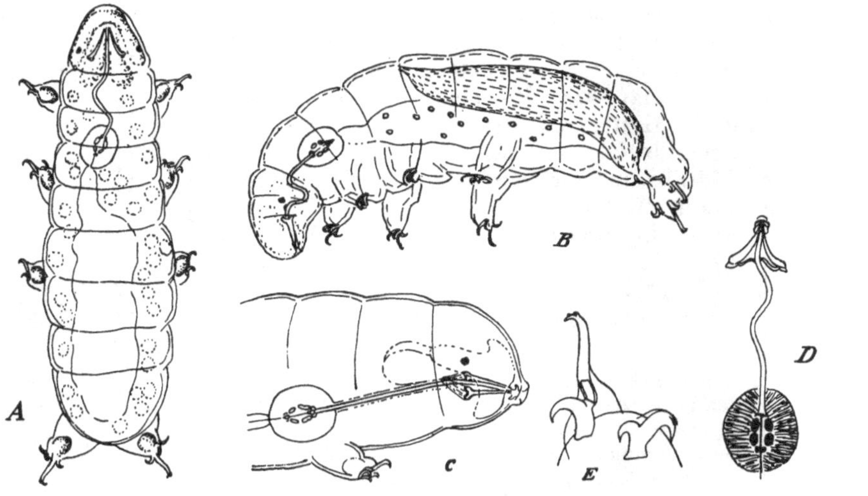

Fig. 291.
Hypsibius (Diphascon) oculatus (John Murr.). *A* dorsal, Lappland, *B* lateral, Harz, *C* Vorderkörper, lateral, *D* Schlundkopf, Schottland, *E* Krallen IV.

verschieden; bei der Hinterkralle ist der Hauptast sehr lang und gerade. Die schwach cuticularisierte Basis des Hauptastes sitzt einem derben Ausschuß der Basalkralle an. Die Nebenspitzen sind am Hauptast der Vorder- und Hinterkralle deutlich. Länge bis zu 354 μ.

Gelege von 2 bis 5 Eiern (51×63 μ) in der gehäuteten Cuticula.

Bei stärkster Vergrößerung zeigen einige der mir vorliegenden lappländischen Stücke eine feine, dichte Granulation der Cuticula der Caudalhälfte. Das bisher der Art zugeschriebene Microplacoid liegt mit den Placoiden alternierend (Fig. 291 *C*), entspricht also in der Lage den Apophysen und ist als Septulum anzusehen (vgl. S. 142). Die zartere Vorderkralle, der kugelige Schlundkopf, das Fehlen des Augenpigmentes rechtfertigen eine besondere Benennung des *H. (D.) vancouverensis*, der freilich nur als forma des *H. (D.) oculatus* gelten kann. Cuénot (1932) tritt dafür ein, den *H. (D.) vancouverensis* als Synonym des *H. (D.) oculatus* anzusehen, da auch bei *oculatus* manche Stücke nur Andeutung von Augenpigment zeigen. Es bleiben aber immer noch die zartere Innenkralle und der kugelige Schlundkopf als Kennzeichen der forma *vancouverensis*. Dagegen reicht der länglich-ovale Schlundkopf mit den dünnen Macroplacoiden bei *H. (D.) recamieri* wohl aus, um diese große Form als besondere Species zu führen. Der derbe Ausschuß der Basalkralle, der als Ansatz des Hauptastes für *H. (D.) oculatus* beschrieben worden ist, kommt auch bei anderen Arten dieser Untergattung vor, z. B. bei *H. (D.) spitzbergensis* und *scoticus*.

Nordschweden; Lappland; Finnland; Schottland; Harz, Brocken; Tschechoslowakei; Frankreich und Corsica, in Höhen über 900 m.

54a. **H. (D.) oculatus** (John Murr.) forma **vancouverensis** Thulin 1910 *Diphascon canadense*, John Murray in: Brit. antarct. Exp., *v.* 1 p. 176 t. 21 f. 62a–c | 1911 *D. c.*, John Murray in: J. Quekett Club, ser. 2 *v.* 11 p. 195 | 1911 *Hypsibius vancouverensis*, G. Thulin in: Ark. Zool., *v.* 7 nr. 16 p. 28 | 1928 *Diphascon canadense*, G. Rahm in: Tierw. Mitteleur., *v.* 3 p. II 16 | 1928 *Hypsibius vancouverensis*, E. Marcus in: Tierw. Deutschl., pars 12 p. 171 f. 209 | 1928 *Diphascon canadense*, G. Thulin in: Hereditas, *v.* 11 p. 241 | 1929 *Hypsibius (Diphascon) vancouverensis*, E. Marcus in: Bronn, Kl. Ordn., *v.* 5 Abt. 4 Buch 3 p. 533 f. 370.

Klein. Hyalin; ohne Augenpigment. Körperform schmal, länglich gestreckt. Mund- und Schlundröhre lang (50–60 μ) und sehr eng, im äußeren Durchmesser etwas über 1 μ weit. Schlundkopf kugelig, so lang wie breit, 25 μ

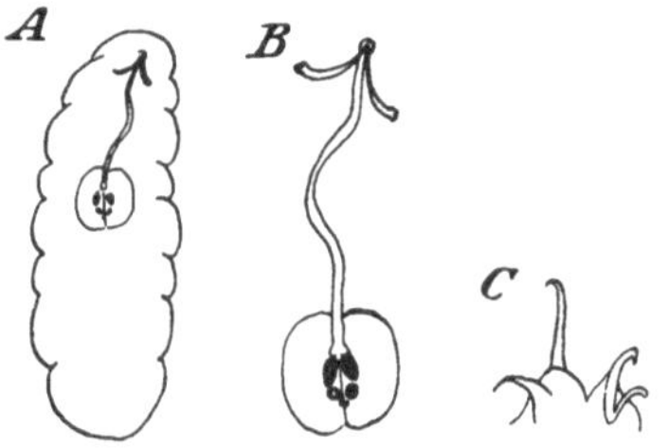

Fig. 292.
Hypsibius (Diphascon) oculatus (John Murr.) f. **vancouverensis** Thulin.
A dorsal, *B* Schlundkopf, *C* Krallen.

im Durchmesser, also im Verhältnis breiter als bei *H. (D.) oculatus*. Apophysen, 2 Macroplacoiden und ein als Komma (Microplacoid) bezeichnetes Körnchen (?Septulum) vorhanden. Das vordere Macroplacoid ist etwa doppelt so lang wie breit, das hintere ebenso lang wie breit. Die größere Kralle ist 12—15 μ lang, ihr Hauptast sehr schlank, der Nebenast ziemlich dick. Die Innenkralle ist dünner als die Außenkralle, während bei *H. (D.) oculatus* die Dicke von Außen- und Innenkralle übereinstimmt. Haupt- und Nebenast der Innenkralle von verschiedener Länge, wie bei *oculatus*, aber anders als dort, nur an der Basis vereinigt. Länge bis zu 250 μ.

Eier nicht bekannt.

Da „*Macrobiotus*“ *canadensis* heute zur Gattung *Hypsibius* gerechnet wird, empfiehlt es sich aus Gründen der Homonymie den Namen *vancouverensis* Thulin für diese forma zu verwenden.

Britisch-Columbia: Victoria (Vancouver-Insel).

H. (D.) spec. 2 [Spec. dub. et inquir.] 1907 *Diphascon* spec. (?), John Murray in: J. R. micr. Soc., p. 272 | 1928 *Hypsibius* spec. 2, E. Marcus in: Tierw. Deutschl., pars 12 p. 173 | 1929 *Hypsibius (Diphascon)* spec. 2, E. Marcus in: Bronn, Kl. Ordn., *v.* 5 Abt. 4 Buch 3 p. 535.

Eine sehr kleine Form im Simplexstadium mit sehr langer, enger Schlundröhre und kurz-ovalem Schlundkopf. 2 kurze, stabförmige Macroplacoiden und 1 Microplacoid.

Diese zweifelhafte Art kann nur in der Nähe derjenigen Arten eingeordnet werden, die ähnliche Schlundkopfform und Einlagerungen besitzen.

Himalaya.

55. **H. (D.) recamieri** (Richters) 1911 *Diphascon R.*, F. Richters in: Camp. arct. Orléans, 1907 p. 17 t. 2 f. 19 | 1928 *D. r.*, G. Rahm in: Tierw. Mitteleur., *v.* 3 p. II 17 | 1928 *Hypsibius r.*, E. Marcus in: Tierw. Deutschl., pars 12 p. 173 f. 211 | 1928 *Diphascon R.*, G. Thulin in: Hereditas, *v.* 11 p. 241 | 1929 *Hypsibius (Diphascon) r.*, E. Marcus in: Bronn, Kl. Ordn., *v.* 5 Abt. 4 Buch 3 p. 535 f. 372 | 1930 *H. (D.) r.*, E. Marcus in: Zool. Jahrb., Syst. *v.* 59 p. 383 f. 8 | 1932 *Diphascon R.*, Cuénot in: Faune France, pars 24 p. 89 | 1934 *D. r.*, E. Bartoš in: Časopis České Spol. ent., *v.* 31 p. 104.

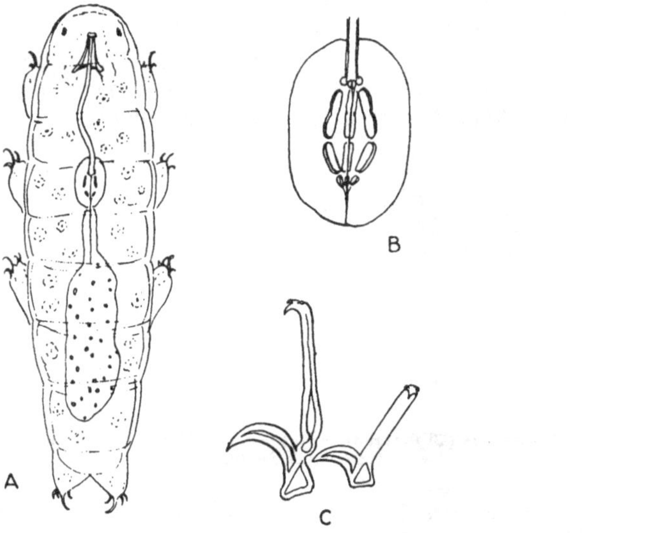

Fig. 293.
Hypsibius (Diphascon) recamieri (Richters). *A* dorsal, *B* Schlundkopf, *C* Krallen.

Wird groß; ist schmal und schlank. Farblos; hintere Augen vorhanden. Cuticula glatt. Stilette fast gerade. Mundröhre ziemlich eng, ihr innerer Durchmesser 1,8 μ. Schlundröhre sehr lang, fast doppelt so lang wie der Schlundkopf. Dieser ist länglich-oval und enthält Apophysen und 2 Macroplacoiden, deren 1. einheitlich oder gebrochen ist und dann fast aus 2 Stäben besteht. Der 1. Stab ist etwa $1^1/_2$ mal so lang wie der 2. Microplacoid (Komma) vorhanden. Die beiden Krallen eines Beines von sehr verschiedener Länge, aber insofern von ähnlichem Bau, als auch bei der Innenkralle der Hauptast sehr viel länger ist als der Nebenast und 2 kräftige Nebenspitzen trägt. Basalpartie bei beiden Krallen kurz, der Hauptast der äußeren oder hinteren Kralle sitzt der Basalkralle in deren proximalem Drittel, also unterhalb von der Mitte an.

Länge bis zu 416 μ. Bei einem so großen Exemplar ist die Schlundröhre 2 μ weit, der Schlundkopf 39 μ lang, 24 μ breit, die Schlundkopflänge also 93,75 ms, die Breite 61,5 cph. Ein 190 μ langes Exemplar zeigte folgende Maße: Körperbreite 42 μ, Höhe 37 μ; Länge des Buccalapparates vom Mundring (einschließlich) bis zum Caudalrand des Schlundkopfes 72 μ, davon der vordere Abschnitt, die Mundröhre vom Mundring bis zur Einlenkungsstelle der Stilettträger 9 μ = 39,1 cph (also sehr kurz), die Schlundröhre 40 μ = 173,9 cph (also sehr lang). Äußerer Durchmesser der Mundröhre 9,6 cph; Schlundkopflänge 23 μ = 121 ms; Schlundkopfbreite 16 μ = 69,6 cph. Placoidenreihe 10 μ = 43,5 cph; Placoiden 5 μ und $3^1/_2$ μ lang, beide 2 μ breit, also 1. Placoid 21,7 × 8,7 cph, 2. 15,2 × 8,7 cph. Hinterkralle I—III 10 μ = 52,6 ms; Hinterkralle IV 11 μ = 57,9 ms; Vorderkralle I—III 7 μ = 36,8 ms, Vorderkralle IV 8 μ = 42,2 ms. Krallenlängenindex (I—III) 1,43 : 1; (IV) 1,38 : 1.

Die unvollständige erste Beschreibung des *H. (D.) recamieri* ist hier durch die Merkmale eines sehr viel kleineren Exemplares ergänzt worden, das zu keiner anderen Art des Subgenus *Diphascon* paßt. Die Proportionen des Schlundkopfes, wie sie aus den Angaben der Originaldiagnose hier errechnet worden sind, stimmen einigermaßen zu denen des schweizerischen Stückes, denn der Schlundkopf junger Macrobiotidae ist in der Regel breiter und im Verhältnis zur Gesamtlänge des Tieres länger als bei den erwachsenen Stücken derselben Art. Wie bei *H. (D.) oculatus* das 1. Macroplacoid gebrochen sein kann, so scheint es auch bei *H. (D.) recamieri* zu sein. Der längliche Schlundkopf und der Bau der Innenkralle unterscheiden *H. (D.) recamieri* in der hier vertretenen Auffassung sicher von *H. (D.) oculatus*. Die kurzen, dreilappigen Vasa malpighii, die für *H. (D.) recamieri* beschrieben worden sind (E. Marcus, 1930) finden sich bei den Arten der Untergattung *Diphascon* allgemein.

Grönland; Spitzbergen; Schweiz, Wallis 2700 m; Tschechoslowakei.

H. (D.) spec. 3 [Spec. inquir.] 1907 *Diphascon* spec., John Murray in: Tr. R. Soc. Edinb., *v.* 45 p. 678 t. 2 f. 10 | 1928 *Hypsibius* spec. 3, E. Marcus in: Tierw. Deutschl., pars 12 p. 173 f. 212 | 1929 *H. (Diphascon)* spec. 3, E. Marcus in: Bronn, Kl. Ordn., *v.* 5 Abt. 4 Buch 3 p. 536 f. 373.

Schlundröhre dünn. Schlundkopf länglich-oval, caudal breiter als rostral. Kleine Apophysen und 2 dünne, stabförmige Macroplacoiden, von denen das 2. nicht ganz doppelt so lang ist wie das 1. Microplacoid fehlt.

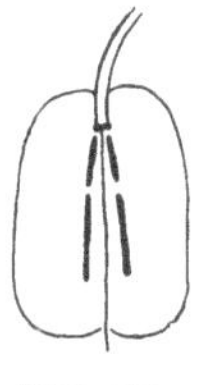

Fig. 294. **Hypsibius (Diphascon) spec. 3.** Schlundkopf.

Die Art gehört zu den *H. (Diphascon)*-Arten mit enger Schlundröhre, braucht also jetzt nicht mehr, wie in der Originalbeschreibung mit *H. (D.) angustatus* oder einer anderen Art mit weiter Schlundröhre verglichen zu werden. Am nächsten scheint ihr *H. (D.) belgicae* zu stehen, aber diese Species hat ein Microplacoid und einen gestreckteren Schlundkopf.

Arktis, ohne nähere Angabe.

56. **H. (D.) alpinus** (John Murr.) 1906 *Diphascon alpinum*, John Murray in: Ann. Scott. nat. Hist., nr. 57 p. 29 t. 3 f. 1—3 | 1906 *D. a.*, John Murray in: Tr. R. Soc. Edinb., *v.* 45 p. 332 t. 4 f. 11a—e | 1907 *D. a.*, John Murray, ibid., p. 643, 645, 647, 648, 665 t. 3 f. 15 | 1907 *D. a.*, John Murray, ibid., p. 678 | 1907 *D. a.*, F. Richters in: Zool. Anz., *v.* 31 p. 916 | 1908 *D. a.*, F. Richters in: Ergeb. Schwed. Südp.-Exp., *v.* 6 nr. 2 p. 10 | 1910 *D. a.*, John Murray in: Brit. antarct. Exp., *v.* 1 p. 100, 119, 175 t. 14 f. 3 | 1911 *D. a.*, John Murray in: J. Quekett Club, ser. 2 *v.* 11 p. 195 | 1911 *D. a.*, John Murray in: Ann. Scott. nat. Hist., nr. 78 p. 89 | 1911 *Hypsibius alpinus*, G. Thulin in: Ark. Zool., *v.* 7 nr. 16 p. 27 | 1913 *Diphascon alpinum*, John Murray in: J. R. micr. Soc., p. 138, 143 | 1919 *D. a.*, P. Nederström in: Acta Soc. Fauna Fenn., *v.* 46 nr. 8 p. 15 | 1928 *D. a.*, G. Rahm in: Tierw. Mitteleur., *v.* 3 p. II 16 | 1928 *Hypsibius alpinus*, E. Marcus in: Tierw. Deutschl., pars 12 p. 173 f. 213 | 1928 *Diphascon alpinum*, G. Thulin in: Hereditas, *v.* 11 p. 241 | 1929 *D. A.*, G. Rahm in: Bull. Soc. Fribourg., *v.* 29 Proc.-verb. 15. XII. 1927 p. 20 | 1929 *D. A.*, G. Rahm, ibid., *v.* 29 Proc.-verb. 7. III. 1928 p. 6 | 1929 *Hypsibius (Diphascon) alpinus*, E. Marcus in: Bronn, Kl. Ordn., *v.* 5 Abt. 4 Buch 3 p. 536 f. 374 | 1931 *H. a.*, G. Rahm in: Revista Chilena, *v.* 35 p. 122, 130, 137 | 1932 *H. a.*, G. Rahm in: Zool. Anz., *v.* 98 p. 98, 120 | 1932

Diphascon alpinum, Cuénot in: Faune France, pars 24 p. 90 f. 95, 96 | 1933 *D. a.*, E. Bartoš in: Příroda Ostrava, *v.* 26 nr. 7 p. 4 | 1934 *D. a.*, E. Bartoš in: Časopis České Spol. ent., *v.* 31 p. 104.

Wird ziemlich groß; langgestreckt und schmal. Weißlich oder hyalin; ohne Augenpigment. Stilette kurz, gekrümmt. Mund- und Schlundröhre sehr lang, eng, 1 μ im inneren Durchmesser. Rostralteil der Schlundröhre starr und unbeweglich bis zu dem cuticularen Vorsprung, an dem die Stilettmuskeln entspringen. Caudal von der Ursprungsstelle der Stilettmuskeln ist die Schlundröhre biegsam und verläuft im Bogen oder einer Schlinge. Schlundkopf oval mit deutlichen Apophysen, 3 Macroplacoiden und 1 Micro-

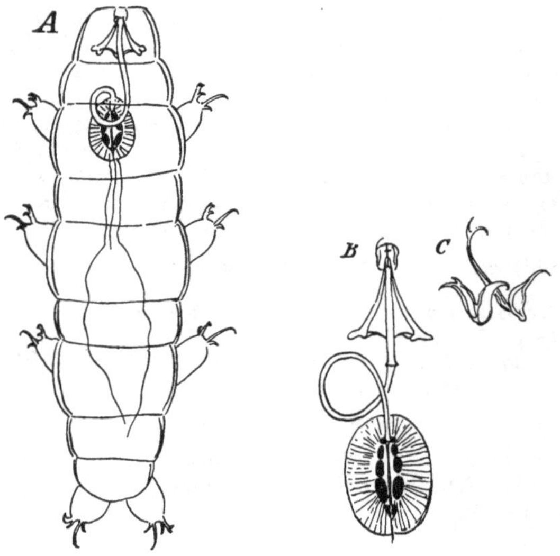

Fig. 295.
Hypsibius (Diphascon) alpinus (John Murr.). *A* dorsal, *B* Schlundkopf, *C* Krallen.

placoid, das auch fehlen kann. Die Macroplacoiden sind kurze, gerundete Stäbchen, die von vorn nach hinten an Länge und Dicke zunehmen. Das 3. Macroplacoid ist etwa 3 mal so lang wie breit. Krallen ziemlich klein. Die Innenkralle ist kurz und sehr dick, mit starken Nebenspitzen am Hauptast. Die Außenkralle hat einen sehr langen Hauptast mit feinen Nebenspitzen. Länge bis zu 400 μ.

Gelege von 2—8 Eiern von 39—52 μ Durchmesser in der gehäuteten Cuticula.

Als eine Art mit 3 Macroplacoiden und einer Schlundröhre, die deutlich länger ist als der Schlundkopf, muß *H. (D.) alpinus* gegen die 3 hier anschließenden Species abgegrenzt werden. Von diesen steht *H. (D.) tenuis*, eine gleichfalls kleinkrallige Art, dem *H. (D.) alpinus* am nächsten. Bei *H. (D.) tenuis* sind alle Placoiden gleich dünn, Apophysen und Microplacoid fehlen, und die Placoidenreihe ist kürzer als die halbe Schlundkopflänge. *H. (D.) stappersi* hat Augenpigment und einen kurz-ovalen Schlundkopf. Bei dem relativ breiten, kurzen *H. (D.) chilenensis* ist der Schlundkopf ganz kurz-oval und die Macroplacoiden sind untereinander gleich lang.

Spitzbergen; Finnland; Schottland; Schlesien, Landeshut; Voralpen, bei Freiburg-Schweiz; Vorarlberg, Vallüla 2800 m; Zillertaler Alpen; Tirol, Kitzbühel; Tschechoslowakei, bis 2175 m; Frankreich; Britisch-Ostafrika, Uganda; Neuseeland, Südinsel; Canada, Rocky Mountains; Südamerika, Brasilien; Südorkney-Inseln; Südshetland-Inseln; Ludwig-Philipps-Land; Antarktis, Victoria-Land, zwischen Lat. 77° 30′ S. und 78° S.

57. **H. (D.) tenuis** (Thulin) 1928 *Diphascon tenue*, G. Thulin in: Hereditas, *v.* 11 p. 241, 255 f. 26 | 1929 *Hypsibius (Diphascon) tenuis*, E. Marcus in: Bronn, Kl. Ordn., *v.* 5 Abt. 4 Buch 3 p. 537 f. 375 | 1932 *Diphascon tenue*, Cuénot in: Faune France, pars 24 p. 90.

Klein; Körper schlank, rostralwärts wenig dünner werdend. Mundöffnung subventral. Extremitäten klein, das letzte Paar kaum über das Körperende hinausragend. Augenpigment fehlt. Mundröhre sehr eng; die Schlundröhre um $^2/_3$ länger als der ovale Schlundkopf. Die Placoidenreihen erreichen nicht die halbe Schlundkopflänge, jede Reihe besteht aus 3 dünnen Stäbchen, von denen das 1. wenig kürzer ist als das 2., das 3. ist um $^1/_3$ länger. Apophysen und Komma fehlen. Krallen klein, mit kurzer Basalpartie und schlanken Ästen.

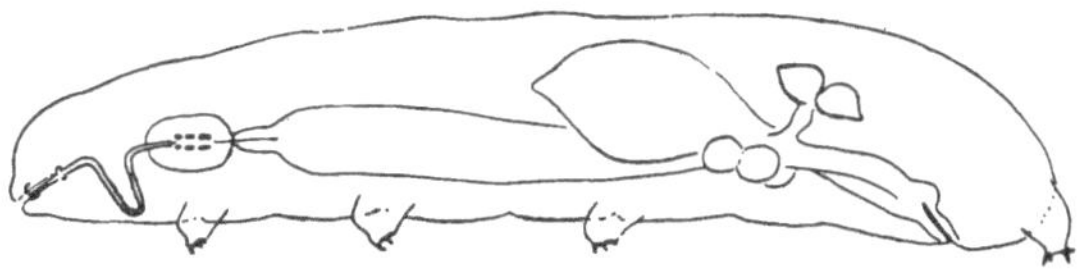

Fig. 296.
Hypsibius (Diphascon) tenuis (Thulin). Lateral.

Länge 231 μ. Schlundkopflänge 21,6 μ = 94 ms; äußerer Durchmesser der Mundröhre 5,2 cph; Mundring plus vorderer Abschnitt der Mundröhre bis zur Ansatzstelle der Stilettträger 57 cph; Schlundröhre 170 cph; Schlundkopfbreite 70 cph; Placoidenreihe 45 cph; Länge der Placoiden 11,1, 12,5 und 16,8 cph; Breite der Placoiden 4,0 cph; Hinterkralle IV 6,7 μ = 28 ms; Krallenlängenindex (IV) 1,33 : 1.

Die Abgrenzung der Art von *H. (D.) alpinus*, dem sie sehr nahe steht, ist bei dessen Erörterung (vgl. S. 313) vorgenommen worden.

Faröer, 250 m, in Moos.

58. **H. (D.) stappersi** (Richters) 1911 *Diphascon S.*, F. Richters in: Camp. arct. Orléans, 1907 p. 17 t. 2 f. 18 | 1911 *D. S.*, F. Richters in: Al. Koenig, Avifauna Spitzberg., p. 286 | 1928 *D. s.*, G. Rahm in: Tierw. Mitteleur., *v.* 3 p. II 17 | 1928 *Hypsibius s.*, E. Marcus in: Tierw. Deutschl., pars 12 p. 174 f. 214 | 1928 *Diphascon S.*, G. Thulin in: Hereditas, *v.* 11 p. 241 | 1929 *Hypsibius (Diphascon) s.*, E. Marcus in: Bronn, Kl. Ordn., *v.* 5 Abt. 4 Buch 3 p. 538 f. 376.

Klein. Augenpigment vorhanden, Mund- und Schlundröhre eng, 1 μ im Durchmesser. Schlundkopf oval, 24 μ lang, 18 μ breit; die Breite beträgt also 75 cph, und das kann als kurz-oval gelten. Apophysen deutlich, 3 von vorn nach hinten an Länge zunehmende, stabförmige Macroplacoiden und 1 Microplacoid. Länge 224 μ.

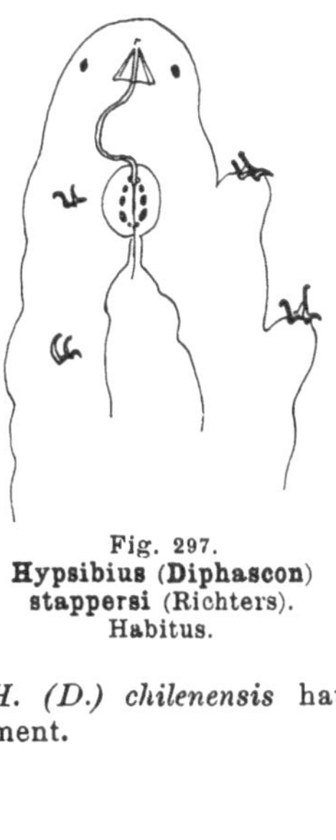

Fig. 297.
Hypsibius (Diphascon) stappersi (Richters). Habitus.

2 Gelege mit je 1 Ei in der alten Cuticula bekannt.

Die keineswegs ausreichend gekennzeichnete Art steht dem *H. (D.) alpinus* offenbar nahe, hat aber einen kürzeren Schlundkopf und Augenpigment. Die gleichen Merkmale, wie auch die Apophysen und das Microplacoid unterscheiden sie von *H. (D.) tenuis*. Der kurze, breite *H. (D.) chilenensis* hat Macroplacoiden von gleicher Größe und zeigt kein Augenpigment.

Spitzbergen; Bäreninsel.

59. **H. (D.) chilenensis** (Plate) 1888 *Diphascon chilenense*, Plate in: Zool. Jahrb., Anat. *v.* 3 p. 537 t. 22 f. 25 | 1903 *D. c.*, F. Richters in: Zool. Anz., *v.* 27 p. 169 | 1904 *D. c.*, F. Richters in: Fauna arct., *v.* 3 p. 506 | 1904 *D. c.*, F. Richters in: Ber. Senckenb. Ges., p. 62 t. 4 f. 3 | 1905 *D. chilense*, John Murray in: Ann. Scott. nat. Hist., nr. 55 p. 162 | 1905 *D. c.*, John Murray in: Tr. R. Soc. Edinb., *v.* 41 p. 695 t. 4 f. 23a–b | 1906 *D. c.*, John Murray in: Ann. Scott. nat. Hist., nr. 57 p. 26, 29, 30 | 1906 *D. chilenense*, John Murray in: Tr. R. Soc. Edinb., *v.* 45 p. 331 t. 4 f. 12a–c | 1906 *D. c.*, John Murray in: Ann. Scott. nat. Hist., nr. 60 p. 217 | 1907 *D. c.*, John Murray in: J. Quekett Club, ser. 2 *v.* 10 p. 70 t. 7 f. 6 | 1907 *D. c.*, F. Richters in: Zool. Anz., *v.* 31 p. 916 | 1907 *D. c.*, John Murray in: Tr. R. Soc. Edinb., *v.* 45 p. 643, 644, 645, 647, 648 | 1907 *D. c.*, John Murray, ibid., *v.* 45 p. 671, 678 | 1907 *D. c.*, John Murray in: J. R. micr. Soc., p. 272 | 1908 *D. c*, F. Richters in: Ergeb. Schwed. Südp.-Exp., *v.* 6 nr. 2 p. 10 | 1908 *D. c.*, F. Heinis in: Zool. Anz., *v.* 32 p. 638 | 1909 *D. c.*, M. Sellnick in: Schr. Ges. Königsb., *v.* 49 p. 327 | 1910 *D. c.*, F. Heinis in: Arch.

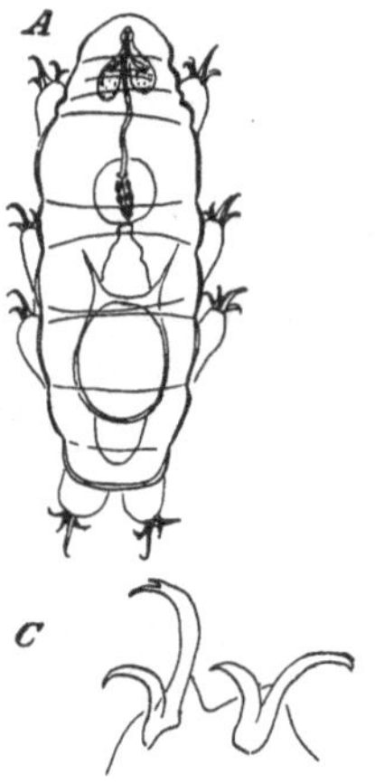

Fig. 298.
Hypsibius (Diphascon) chilenensis (Plate). *A* dorsal, *B* Schlundkopf, *C* Krallen.

Hydrobiol., *v.* 5 p. 122 | 1910 *D. c.*, John Murray in: Brit. antarct. Exp., *v.* 1 p. 119, 143, 175 t. 15 f. 11a–b | 1911 *D. c.*, John Murray in: J. Quekett Club, ser. 2 *v.* 11 p. 195 | 1911 *D. c.*, John Murray in: Ann. Scott. nat. Hist., nr. 78 p. 89 | 1911 *D. c.*, F. Richters in: Camp. arct. Orléans, 1907 p. 16 | 1911 *D. c.*, John Murray in: P. Irish Ac., *v.* 31 nr. 37 p. 3 | 1911 *D. c.*, F. Richters in: Zool. Anz., *v.* 38 p. 276 | 1911 *Hypsibius chilenensis*, G. Thulin in: Ark. Zool., *v.* 7 nr. 16 p. 40 | 1911 *Diphascon chilenense*, F. Richters in: Al. Koenig, Avifauna Spitzberg., p. 286 | 1913 *D. [c.]*, F. Richters in: Handw. Naturw., *v.* 9 p. 1016 f. 7 | 1914 *D. c.*, F. Heinis in: Mém. Soc. Neuchâtel, *v.* 5 p. 718 | 1916 *D. c.*, F. Heinis in: Tätigkeitsber. Ges. Baselland, 1911—1916 p. 95, 96 | 1919 *D. c.*, P. Nederström in: Acta Soc. Fauna Fenn., *v.* 46 nr. 8 p. 15 | 1920 *D. c.*, Loman in: Tijdschr. Nederl. dierk. Ver., ser. 2 *v.* 18 p. XLV | 1921 *D. c.*, F. Heinis in: Festschr. Zschokke, nr. 6 p. 8 | 1928 *D. c.*, G. Rahm in: Tierw. Mitteleur., *v.* 3 p. II 10 | 1928 *Hypsibius chilenensis*, E. Marcus in: Tierw. Deutschl., pars 12 p. 174 f. 215 1928 *Diphascon chilenense*, G. Thulin in: Hereditas, *v.* 11 p. 241 f. 16 | 1929 *D. C.*, G. Rahm in: Bull. Soc. Fribourg., *v.* 29 Proc.-verb. 7. III. 1928 p. 3 | 1929 *Hypsibius (Diphascon) chilenensis*, E. Marcus in: Bronn, Kl. Ordn., *v.* 5 Abt. 4 Buch 3 p. 538 f. 377 | 1932 *Hypsibius (Diphascon) c.*, G. Rahm in: Zool. Anz., *v.* 98 p. 101 | 1932 *H. c.*, G. Rahm in: Brohmer, Fauna Deutschl., ed. 4 p. 458 | 1932 *Diphascon chilenense*, Cuénot in: Faune France, pars 24 p. 91.

Klein; kurz und breit. Augenpigment fehlt. Stilette klein und gleichmäßig gebogen. Mundöffnung und Mund- und Schlundröhre eng. Schlundröhre etwa $1^1/_2$ mal so lang wie der Schlundkopf. Dieser klein und annähernd kugelig oder $1^1/_4$—$1^1/_2$ mal so lang wie breit. Apophysen kräftig ausgebildet; Richters (1908) fand sie klein. 3 Macroplacoiden, die als kurze, gerundete Stäbchen von untereinander gleicher Größe ausgebildet sind, ferner Microplacoid und Septula. Krallen schmal und relativ kurz. Da der Hauptast der Hinterkralle nicht sehr stark verlängert ist, besteht zwischen Vorder- und Hinterkralle kein besonders auffälliger Größenunterschied. Länge bis zu 272 μ.

Gelege von 2—3 Eiern, oft aber auch die Weibchen nur mit einem großen Ei im Ovar, so bei einem Tier von 208 μ Länge 1 Ei von 50 μ Durchmesser.

Neben *H. (D.) bullatus* erscheint *H. (D.) chilenensis* als die breiteste Art der Untergattung, wenn nicht durch Schrumpfung wie etwa bei den Tieren von den Südorkney-Inseln (Murray 1906, p. 331) die Breite verringert ist. Die Macroplacoiden stoßen manchmal aneinander und verschmelzen fast. Die kurze, rundliche Gestalt der Macroplacoiden und die bei allen 3 nahezu gleiche Größe sind für *H. (D.) chilenensis* charakteristisch.

Spitzbergen; nördliches Norwegen, Tromsö; Schweden; Finnland; Orkney-Inseln; Schottland, bis 1200 m; Irland; Niederlande; Ostpreußen; Taunus; Schweiz, Basler Jura, am Bölchen; Schweizer Alpen, bis 2802 m; Frankreich; Himalaya, 2700 m; Australien, Australische Alpen, 1700—2000 m; Neuseeland, Südinsel und Stewart-Insel; Canada, Rocky Mountains; Südamerika: Colombia, bis 3000 m; Chile; Südorkney-Inseln; Westantarktis, Ludwig-Philipps-Land.

H. (D.) spec. 4 [Spec. dub. et inquir.] 1907 *Diphascon* spec., F. Richters in: D. Südp.-Exp., *v.* 9 p. 297 | 1928 *Hypsibius* spec. 4, E. Marcus in: Tierw. Deutschl., pars 12 p. 175 | 1929 *H. (Diphascon)* spec. 4, E. Marcus in: Bronn, Kl. Ordn., *v.* 5 Abt. 4 Buch 3 p. 540.

Klein. Ohne Augenpigment. Schlundröhre lang, da der Schlundkopf caudal vom 1. Beinpaar liegt. Schlundkopf „elliptisch", also wohl länglich-oval. An Einlagerungen sind 3 gleich große, körnerartige Macroplacoiden und ein ganz kleines Microplacoid beschrieben worden. Länge 210 μ, nach Richters (1907) wahrscheinlich ein Jungtier.

Die Art ist nur in einem Exemplar gefunden worden. Eine Abbildung liegt nicht vor, und die Beschreibung ist unzureichend. Die Art konnte daher nur in der Nähe derjenigen Arten eingeordnet werden, denen sie nach den Merkmalen ihres Buccalapparates am nächsten zu stehen scheint.

St. Helena.

Macrobiotidae incertae sedis

Die Genuszugehörigkeit der nachstehenden 6 Species ist nicht sicher festzustellen. Die Gattungsbezeichnungen, die hier für die betreffenden Arten gewählt worden sind, gelten nur mit mehr oder minder großer Wahrscheinlichkeit.

Hypsibius wibbelti Rahm [Spec. dub. et. inquir.] 1925 *Hybsibius* [err. pro *Hypsibius*] *W.*, G. Rahm in: Arch. Naturg., *v.* 90 A 7 p. 191 f. 24—26 | 1928 *Macrobiotus w.*, G. Rahm in: Tierw. Mitteleur., *v.* 3 p. II 10 f. 31, 32 | 1928 *Hypsibius w.*, E. Marcus in: Tierw. Deutschl., pars 12 p. 186 f. 228 | 1928 *H. W.*, G. Thulin in: Hereditas, *v.* 11 p. 247 | 1929 *H. w.*, E. Marcus in: Bronn, Kl. Ordn., *v.* 5 Abt. 4 Buch 3 p. 540 f. 378 | 1932 *Isohypsibius [?] W.*, G. Rahm in: Brohmer, Fauna Deutschl., ed. 4 p. 458 | 1932 *Hypsibius W.*, Cuénot in: Faune France, pars 24 p. 80.

Klein bis mittelgroß. Hell- bis dunkelbraun, meist mit Augenpigment. Cuticula, von dem glatten Kopf abgesehen, mit Höckern, die in longitudinalen und nach der Abbildung zu urteilen, auch transversalen Reihen angeordnet sind. Außerdem sind 6, eine äußere Segmentierung bildende Querfalten vorhanden. Frisch gehäutete Tiere mit glatter Cuticula. Schlundkopf kurz-oval; von den 3 sehr kleinen, körnerartigen Macroplacoiden ist das mittlere am größten; Microplacoid fehlt. Krallen 6—7 μ lang, im einzelnen nach der Abbildung schwer zu beurteilen. Haupt- und Nebenast am Beinpaar I—III sind auffallend dick gezeichnet, sie divergieren weit. Die Ecke der Krallenbasis ist dornartig ausgezogen. Die Beschreibung einer cuticularen Leiste vor den Krallen läßt an die Verdickung der Basis der Hinterkralle denken, wie sie z. B. bei *H. (D.) scoticus* abgebildet ist (vgl. Fig. 285 *E*, S. 304). Länge 180—300 μ.

Gelege von 3 ovalen Eiern 60×41 μ bis 57×48 μ.

Die in der Diagnose erwähnte Leiste scheint nicht die bei den Arten der Gattung *Macrobiotus* ausgebildete Lunula zu sein. Die Bezeichnung der Krallen bei

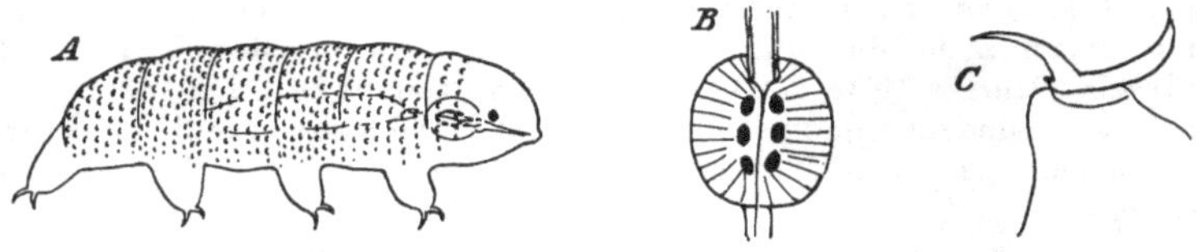

Fig. 299.
Hypsibius wibbelti Rahm. *A* lateral, *B* Schlundkopf, *C* Kralle.

Rahm (1925) und seine generische Einordnung von *Macrobiotus coronifer*, *Hypsibius (Isohypsibius) tuberculatus* und *H. (I.) sattleri* habe ich früher (1929) erörtert, ohne dadurch zur Erkenntnis der Gattungszugehörigkeit des *H. wibbelti* gekommen zu sein. Die Einordnung bei *Hypsibius* ist höchstwahrscheinlich richtig. Dafür spricht die wohl auf den langen Hauptast der Hinterkralle bezügliche Bemerkung „die äußere Kralle an den Hinterfüßen ist länger als die innere", ferner die Gelege und auch die Abbildung der Hinterkrallen an den beiden 4. Beinen des Tieres, das allerdings die Vorderkrallen an diesen Beinen vermissen läßt. Auch das weite Divergieren der Krallenäste von der Basis aus bei allen abgebildeten Krallen spricht deutlich für *Hypsibius*.

Rheinprovinz, am Niederrhein.

?Hypsibius micronychius (Joseph) 1882 *Macrobiotus m.*, G. Joseph in: Berlin. ent. Z., *v.* 26 p. 17 | 1909 *M. m.*, V. Brehm in: Int. Rev. Hydrobiol., *v.* 2 p. 280 | 1911 *M. m.*, John Murray in: J. Quekett Club, ser. 2 *v.* 11 p. 194 | 1911 *M. m.*, G. Thulin in: Ark. Zool., *v.* 7 nr. 16 p. 28 | 1928 *M. m.*, G. Rahm in: Tierw. Mitteleur., *v.* 3 p. II 16 | 1928 *? Hypsibius m.*, E. Marcus in: Tierw. Deutschl., pars 12 p. 213 | 1928 *Macrobiotus m.*, G. Thulin in: Hereditas, *v.* 11 p. 246 | 1929 *? Hypsibius m.*, E. Marcus in: Bronn, Kl. Ordn., *v.* 5 Abt. 4 Buch 3 p. 543.

Groß; hyalin bis grauweißlich; ohne Augenpigment. Krallen ungleich, kurz. Länge 700 μ.

Gelege von 6 relativ großen [glatten] Eiern in der Cuticula.

Die Art soll ähnlich sein dem *Macrobiotus schultzei*, der hier dem *M. hufelandii* synonym gesetzt wird. Das gibt keinen Hinweis auf die Genuszugehörigkeit von Josephs Material, da die Ähnlichkeit nur in der Größe und dem fehlenden Augenpigment liegt. Die Gelege in der Cuticula und die Angabe über die Krallen lassen vermuten, daß es sich um einen Hypsibius handelt. Die hier fortgelassenen sonstigen Angaben der Originalbeschreibung ergeben keine bessere Kennzeichnung der Art. Vielleicht klären spätere Funde an der nachstehend genannten Lokalität die vorläufig ganz unsichere Art.

Krain, Tropfsteingrotten.

?Hypsibius americanus (Pack.) [Spec. dub.] 1873 *Macrobiotus A.*, A. S. Packard in: Amer. Natural., *v.* 7 p. 741 f. 181 a—c | 1896 *M. A.* + *a.*, Lance, Contr. Tardigrades, p. 204, 207, 208 | 1911 *M. a.*, G. Thulin in: Ark. Zool., *v.* 7 nr. 16 p. 28 | 1928 *? Hypsibius a.*, E. Marcus in: Tierw. Deutschl., pars 12 p. 216 | 1928 *Macrobiotus a.*, G. Thulin in: Hereditas, *v.* 11 p. 246 | 1929 *? Hypsibius a.*, E. Marcus in: Bronn, Kl. Ordn., *v.* 5 Abt. 4 Buch 3 p. 544.

Diese Art gehört vielleicht zur Gattung *Hypsibius*, denn der Autor sagt, daß sie dem *Hypsibius oberhaeuseri* nahesteht und sich von diesem durch kürzere und mehr gekrümmte Krallen unterscheidet. Alle anderen Angaben der Beschreibung wie auch die Abbildungen des Gesamthabitus, der Augen, des Mundes und der Krallen sind unverwertbar für die Identifizierung der Species.

Ob sie vielleicht zu *H. (H.) dujardini* oder *H. (H.) convergens* gehört, ist nicht zu unterscheiden (vgl. S. 268).

Nordamerika, U. S. A., Maine.

?Hypsibius spec. 10 [Spec. dub.] 1907 *Macrobiotus* spec., John Murray in: Tr. R. Soc. Edinb., *v.* 45 p. 675 t. 2 f. 9a, b | 1911 *Makrobiotus* spec., F. Richters in: Camp. arct. Orléans, 1907 p. 16 t. 2 f. 17 | 1911 *M.* spec., F. Richters in: Al. Koenig, Avifauna Spitzberg., p. 286 | 1928 *? Hypsibius* spec. 10, E. Marcus in: Tierw. Deutschl., pars 12 p. 214 f. 260 | 1929 *? H.* spec. 10, E. Marcus in: Bronn, Kl. Ordn., *v.* 5 Abt. 4 Buch 3 p. 544 f. 380.

Bei diesem von einem parasitischen Phycomyceten infizierten Stück handelt es sich nicht um ein Gelege mit glatten Eiern, wie der Autor meinte, sondern um ein Tier, daß durch die Algenpilzinfektion getötet worden ist. Das zeigt der Schlundkopf, der in der Haut noch vorhanden ist. Der Schlundkopf enthält 3 Macroplacoiden,

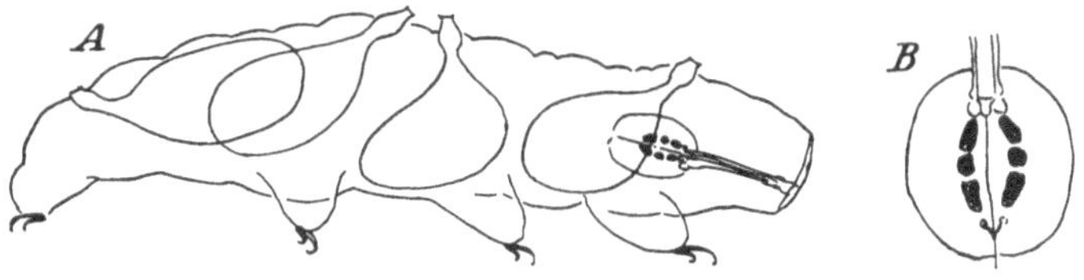

Fig. 300.
? Hypsibius spec. 10. *A* von Phycomyceten infiziertes Tier, *B* Schlundkopf.

deren mittelstes kürzer ist und 1 Microplacoid. Dieser Charakter findet sich bei *Hypsibius (Isohypsibius) augusti* (vgl. S. 259), bei *Macrobiotus virgatus* und einigen anderen Macrobioten, wie *M. richtersii* (vgl. S. 160), *M.* spec. 3 (vgl. S. 179) und gelegentlich auch bei *M. harmsworthi* (vgl. S. 169). Da von den Krallen der infizierten Form nur eine im Profil abgebildet ist, bleibt die generische Einordnung ungewiß. Die Länge der Mundröhre spricht etwas für *Hypsibius*. Richters Material ist, wie ich früher ausgeführt habe (1929), nicht sicher auf die Murray'sche Species zu beziehen, da aus dem Citat der Seitenzahl bei Murray nicht sicher hervorgeht, zu welcher der beiden dort beschriebenen *Macrobiotus* spec. Richters sein Material stellt. Richters' Abbildung, die Mikrophotographie einer Cyste, läßt die Krallen nicht erkennen. Die Enge der Mundröhre der Cyste spricht für *Hypsibius*, denn bei *Macrobiotus intermedius* (vgl. S. 166), der auch eine enge Mundröhre hat, finden sich andere Placoiden.

Franz Joseph-Land; Bäreninsel.

?Hypsibius spec. 11 [Spec. dub.] 1911 *Macrobiotus* spec., F. Richters in: Zool. Anz., *v.* 38 p. 274 f. 1 | 1928 *?Hypsibius* spec. 11, E. Marcus in: Tierw. Deutschl., pars 12 p. 215 f. 261 | 1929 *? H.* spec. 11, E. Marcus in: Bronn, Kl. Ordn., *v.* 5 Abt. 4 Buch 3 p. 545 f. 381.

Sehr gedrungen (z. T. wohl Formolwirkung). Mundröhre 3,5 μ weit; Schlundkopf oval, 30 μ lang, 24 μ breit, mit Apophysen (auf dem Bild abgerissen) und 3 Macroplacoiden, ohne Microplacoid. Die beiden ersten Macroplacoiden sind körnerartig, das 3. stabartig. Krallenäste V-förmig, d. h. von der Basis aus divergierend. Länge 245 μ.

Gelege aus glatten, in die Cuticula abgelegten Eiern bestehend; größter Durchmesser der Eier 78 μ.

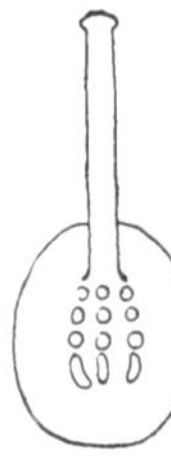

Fig. 301.
? Hypsibius spec. 11. Schlundkopf.

Die Art ist nur sehr unzureichend beschrieben und abgebildet worden. Trotzdem kann man sie mit einiger Wahrscheinlichkeit in die

Gattung *Hypsibius* stellen, denn Macrobioten mit 3 Macroplacoiden und glatten, in die Cuticula abgelegten Eiern sind bisher nicht bekannt geworden.

Paraguay.

?**Hypsibius spec. 12** [Spec. dub.] 1911 *Macrobiotus* spec., F. Richters in: Zool. Anz., *v.* 38 p. 275 | 1928 ?*Hypsibius* spec. 12, E. Marcus in: Tierw. Deutschl., pars 12 p. 215 | 1929 ?*H.* spec. 12, E. Marcus in: Bronn, Kl. Ordn., *v.* 5 Abt. 4 Buch 3 p. 546.

Groß. Augenpigment vorhanden. Skulpturierung der Cuticula an Craqueléglas erinnernd. Schlundkopf relativ klein, kugelig, mit 2 kräftigen, körnerartigen Macroplacoiden, deren 1. etwas größer ist als das 2. Krallen kurz, kräftig; Krallenäste V-förmig, d. h. von der Basis aus divergierend.

Eier unbekannt.

Eine einigermaßen sichere generische Einordnung der Art ist nicht möglich, da Richters' Hinweis auf *Hypsibius* spec. 7 (vgl. S. 292) sich nur auf die Struktur der Cuticula bezieht.

Paraguay.

2. Fam. **Arctiscidae**

1928 *A.*, G. Thulin in: Hereditas, *v.* 11 p. 228 | 1929 *A.*, E. Marcus in: Bronn, Kl. In., *v.* 5 Abt. 4 Buch 3 p. 546 | 1934 *A.*, E. Marcus in: Handw. Naturw., ed. 2 *v.* 9 p. 864.

An Kopfsinnesanhängen sind 6 den Mund umgebende Rostralpapillen und 2 etwas weiter caudalwärts stehende, lateral bis ventrolateral ansitzende Papillen, die Lateralpapillen, vorhanden. Mundöffnung durch Klappen verschließbar. Schlundkopf ohne cuticulare Einlagerungen. Stilette schwach, klein, lateralwärts konvex gebogen, mit Stilettträgern. Beide Krallen jedes Beines vollständig in Basal- und Terminalkralle aufgelöst.

Die 6 Rostralpapillen werden von 6 Rostralganglien versorgt, die mit dem Zentralnervensystem in Verbindung stehen. Die beiden Lateralpapillen werden von je einem kleinen Ganglion innerviert, das mit dem Ventralrand des Lobus externus des Oberschlundganglions verbunden ist. Da die Papilla cephalica der Echiniscoidea unmittelbar vom Oberschlundganglion aus innerviert wird, kann sie nicht als homolog der lateroventralen Papille der Arctiscidae gelten. Die Mundöffnung ist mit einem Verschlußapparat versehen, der aus 6 mit den Rostralpapillen alternierend angeordneten Klappen besteht. Am Eingang des Schlundkopfes finden sich 3 den Apophysen der übrigen Eutardigraden homologe Falten. Der gestreckt-birnförmige Schlundkopf besitzt mehr Zellen als bei allen übrigen Tardigraden. Diese Vermehrung betrifft lediglich die Muskelzellen. Dagegen ist die Zahl der Epithelzellen, die hier nur die Cuticula des Schlundkopfes, keine Placoiden und sonstigen Versteifungen secernieren, geringer als bei den anderen Tardigraden. Die podialen Terminalorgane von *Milnesium* sind der Terminalkralle (Hauptast) und Basalkralle (Nebenast plus Basalpartie von Haupt- und Nebenast) der Hypsibien des *oberhaeuseri*-Typus homolog. Das erhellt namentlich aus ihrem Bau an dem 1. Beinpaar des Männchens (Fig. 302 *E*). Hier haben die Basalkrallen die Form grober, einfacher Haken, allerdings mit einem kleinen, sekundären Haken an den einander zugewandten Seiten. Die Terminalkrallen, die sich auch durch ihre Nebenspitzen als Hauptäste erweisen, sind von den Basalkrallen (Steighaken) bei beiden Geschlechtern an sämtlichen Extremitäten vollständig getrennt. Vielleicht sind 2 kleine, cuticulare Versteifungen an beiden Seiten der Zehenpapillen (Fig. 302 *C*) als Reste der früheren Verbindung zwischen Basal- und Terminalkralle anzusehen.

1 Gattung, 1 sichere Art, diese mit 1 benannten Form; 1 unsichere Art.

1. Gen. **Milnesium** Doy.

1840 *M.*, Doyère in: Ann. Sci. nat., ser. 2 *v.* 14 p. 282 | 1841 *M.*, Dujardin, Zooph., p. 662, 664 | 1859 *Acrophanes*, Ehrenberg in: Abh. Ak. Berlin, 1858 p. 451 | 1861 *Arctiscus*, C. A. S. Schultze, Echiniscus Creplini, p. 4 Anm. 6 | 1888 *Milnesium*, Plate in: Zool. Jahrb., Anat. *v.* 3 p. 529, 538 | 1896 *M.*, Lance, Contr. Tardigrades, p. 209 | 1896 *Arctiscus*, Haeckel, Syst. Phyl., *v.* 2 p. 634, 642 | 1907 *Milnesium*, John Murray in: J. Quekett Club, ser. 2 *v.* 10 p. 64—65 | 1909 *M.*, Shipley in: Cambridge nat. Hist., *v.* 4 p. 485, 487 | 1910 *M.*, John Murray in: Brit. antarct. Exp., *v.* 1 p. 87 | 1911 *M.*, John Murray in: J. Quekett Club, ser. 2 *v.* 11 p. 193 | 1911 *Arctiscon* [? non Schrank], G. Thulin in: Ark. Zool., *v.* 7 nr. 16 p. 2 | 1913 *A.*, John Murray in: J. R. micr. Soc., p. 136 | 1913 *Milnesium*, F. Richters in: Handw. Naturw., *v.* 9 p. 1016 | 1925 *Artiscon*, G. Rahm in: Brohmer, Fauna Deutschl., ed. 3 p. 432 | 1926 *Milnesium*, F. Richters in: Kükenthal & Krumbach, Handb. Zool., *v.* 3 p. 60 | 1928 *M.*, G. Rahm in: Tierw. Mitteleur., *v.* 3 p. II 4, II 15 | 1928 *M.*, E. Marcus in: Tierw. Deutschl., pars 12 p. 216 | 1928 *Arctiscon*, G. Thulin in: Hereditas, *v.* 11 p. 224f. | 1929 *Milnesium*, E. Marcus in: Bronn, Kl. Ordn., *v.* 5 Abt. 4 Buch 3 p. 547 | 1932 *M.*, Cuénot in: Faune France, pars 24 p. 54 | 1934 *M.*, E. Marcus in: Handw. Naturw., ed. 2 *v.* 9 p. 864.

Cuticula weich, ohne dorsale Panzerung; im übrigen mit den Charakteren der Familie.

1. **M. tardigradum** Doy. ? 1812 *Le tardigrade*, Dutrochet in: Ann. Mus. Paris, *v.* 19 p. 382, 387 t. 18 f. 17 | ? 1837 *Tardigrade*, Dutrochet, Mém. Hist. anat. physiol., *v.* 2 p. 484, Atlas p. 15 t. 29 f. 17 | 1840 *Milnesium tardigradum* + *tardigradium*, Doyère in: Ann. Sci. nat., ser. 2 *v.* 14 p. 283, 286 t. 13 f. 1—5, t. 15 f. 1, t. 16 f. 2–4, t. 17–19 | 1842 *M. tardigradum*, Doyère, ibid., ser. 2 *v.* 18 p. 33 | 1853 *M. Edwardsii* + *alpigenum*, Ehrenberg in: Monber. Ak. Berlin, p. 530 | 1854 *M.*: *a.* [part.], Ehrenberg, Mikrogeol., p. 25 t. 35 B A III f. 1′ [non f. *s*] | 1859 *M. a.*, Ehrenberg in: Abh. Ak. Berlin, 1858 p. 451 | 1859 *Acrophanes*, *Milnesium*, *Schlagintweitii* + *Acrophanes Schlagintweitii*, Ehrenberg, ibid., p. 451, 454, Fig. Erkl. t. 1 f. 1 A—F | 1861 *Arctiscus Milnei*, C. A. S. Schultze, Echiniscus Creplini, p. 6 | 1865 *Arctiscon m.*, R. Greeff in: Arch. mikr. Anat., *v.* 1 p. 104 Anm. 1 | 1866 *Arctiscus m.*, R. Greeff, ibid., *v.* 2 p. 107 | 1885 *Arctiscon tardigradum* + *Milnesium t.*, Doyère, Du Plessis in: Mém. Soc. Helvét., *v.* 29 p. 48 | 1888 *Milnesium t.* + *alpigenum*, Plate in: Zool. Jahrb., Anat. *v.* 3 p. 538 | 1895 *M. t.*, Lameere, Man. Faune Belgique, *v.* 1 p. 380 | 1900 *M. alpigenum*, F. Richters in: Ber. Senckenb. Ges., p. 40 | 1901 *M. [tardigradum]*, F. Richters, ibid., p. 102 | 1901 *Arctiscon tardigradum*, F. A. Forel, Le Léman, *v.* 3 p. 90 | 1902 *Milnesium t.*, F. Richters in: Ber. Senckenb. Ges., p. 23 | 1903 *M. t.*, F. Richters in: Verh. D. zool. Ges., p. 53 | 1903 *M. t.*, F. Richters in: Zool. Anz., *v.* 27 p. 169 | 1903 *M. t.*, Botezat in: Verh. Ges. D. Naturf., *v.* 74 pars 2 p. 166 | 1904 *M. t.*, F. Richters in: Fauna arct., *v.* 3 p. 500 | 1904 *M. t.*, F. Richters in: Ber. Senckenb. Ges., p. 61 t. 4 f. 2 | 1904 *M. t.*, F. Richters in: Zool. Anz., *v.* 28 p. 352 | 1905 *M. t.*, John Murray in: Tr. R. Soc. Edinb., *v.* 41 p. 696 t. 4 f. 26a—c | 1905 *M. t.*, John Murray in: Ann. Scott. nat. Hist., nr. 55 p. 162 | 1906 *M. t.*, F. Richters in: Zool. Anz., *v.* 30 p. 125, 126 | 1906 *M. t.*, John Murray in: Ann. Scott. nat. Hist., nr. 60 p. 217 | 1907 *M. t.*, John Murray in: J. Quekett Club, ser. 2 *v.* 10 p. 70 t. 7 f. 14, 15 | 1907 *M. t.*, John Murray in: Tr. R. Soc. Edinb., *v.* 45 p. 642, 644—647, 666 | 1907 *M. t.*. John Murray in: J. R. micr. Soc., p. 272 | 1907 *M. t.*, F. Richters in: Zool. Anz., *v.* 31 p. 915, 916 | 1907 *M. t.*, John Murray in: J. R. micr. Soc., p. 516, 522 | 1907 *M. t.*, F. Richters in: D. Südp.-Exp., *v.* 9 p. 293, 302 t. 19 f. 39, 40 | 1908 *M. t.*, F. Richters in: Mikrokosmos, *v.* 1 p. 55, 56 t. 1 f. 4 | 1908 *M. t.*, F. Richters in: Ergeb. Schwed. Südp.-Exp., *v.* 6 nr. 2 p. 4, 12, 13, 16 | 1908 *M. t.*, F. Richters in: Zool. Jahrb., Syst. *v.* 26 p. 205 | 1908 *M. t.*, F. Heinis in: Zool. Anz., *v.* 32 p. 638 | 1908 *M. t.*, M. Sellnick, ibid., *v.* 33 p. 211 | 1908 *M. t.*, F. Heinis, ibid., *v.* 33 p. 716 | 1909 *M. t.*, M. Sellnick in: Schr. Ges. Königsb., *v.* 49 p. 328 | 1909 *M. t.*, C. Carlzon in: Zool. Anz., *v.* 34 p. 142 | 1909 *M. t.* + *alpigenum*, Shipley in: Cambridge nat. Hist., *v.* 4 p. 487 | 1910 *M. t.*, F. Heinis in: Arch. Hydrobiol., *v.* 5 p. 122, 135, 240 | 1910 *M. t.*, John Murray in: Brit. antarct. Exp., *v.* 1 p. 114, 120, 137, 154, 166 | 1911

M. t., John Murray in: J. Quekett Club, ser. 2 *v.* 11 p. 193 | 1911 *M. t.*, John Murray in: Ann. Scott. nat. Hist., nr. 78 p. 89 | 1911 *M. t.*, F. Richters in: Camp. arct. Orléans, 1907 p. 18 | 1911 *M. t.*, F. Richters in: Al. Koenig, Avifauna Spitzberg., p. 286 | 1911 *M. t.*, John Murray in: P. Irish Ac., *v.* 31 nr. 37 p. 3, 6 | 1911 *M. t.*, F. Richters in: Zool. Anz., *v.* 38 p. 275, 276 | 1911 *Arctiscon t.*, G. Thulin in: Ark. Zool., *v.* 7 nr. 16 p. 2 | 1912 *Milnesium t.*, F. Heinis in: Rev. Suisse Zool., *v.* 20 p. 775, 777, 778 | 1913 *M. t.*, John Murray, Not. nat. Hist. Bolivia Peru, p. 28 | 1913 *Arctiscon t.*, John Murray in: J. R. micr. Soc., p. 138, 143 | 1913 *Milnesium t.*, F. Richters in: Handw. Naturw., *v.* 9 p. 1017, 1019 f. 8 | 1914 *M. t.*, R. Menzel in: Arch. Naturg., *v.* 80 A 3 p. 16, 17 | 1914 *M. t.*, F. Heinis in: Mém. Soc. Neuchâtel, *v.* 5 p. 719 | 1916 *M. t.*, F. Heinis in: Tätigkeitsber. Ges. Baselland, 1911—1916 p. 83, 93 | 1919 *M. t.* + *quadrifidum*, P. Nederström in: Acta Soc. Fauna Fenn., *v.* 46 nr. 8 p. 9 f. 1 | 1920 *Arctiscon t.*, Loman in: Tijdschr. Nederl. dierk. Ver., ser. 2 *v.* 18 p. XLV | 1921 *Milnesium t.*, F. Heinis in: Festschr. Zschokke, nr. 6 p. 10 | 1921 *M. tardigradium* + *tardigradum*, G. Rahm in: Z. allg. Physiol., *v.* 20 p. 3, 34 t. 1 f. 1, 3 | 1925 *Artiscon tardigradum* + *Milnesium t.*, G. Rahm in: Arch. Naturg., *v.* 90 A 7 p. 155, 200, 208, 192 | 1925 *Artiscon t.* + *Arctiscon t.*, G. Rahm in: Brohmer, Fauna Deutschl., ed. 3 p. 432; f. 672a, b | 1926 *Milnesium t.*, G. Rahm in: Biol. Centralbl., *v.* 46 p. 463 | 1927 *M. t.*, G. Rahm in: Mikrokosmos, *v.* 20

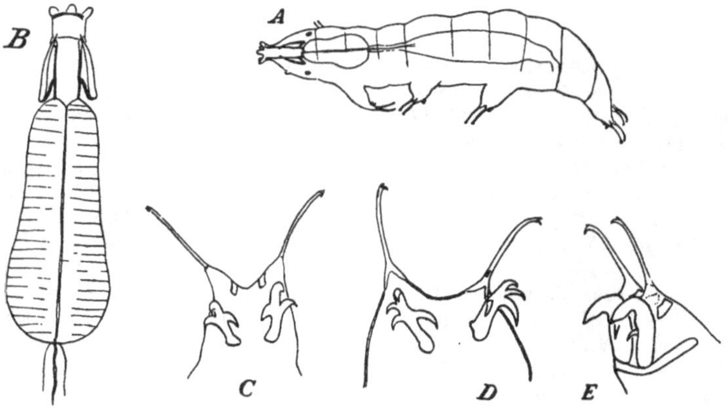

Fig. 302.
Milnesium tardigradum Doy. *A* Habitus, *B* Buccalapparat, *C* Krallen IV (Steighaken 3/3), *D* Krallen (Steighaken 4/4), *E* Krallen I (♂).

p. 79 f. 2, 3 | 1928 *M. t.*, E. Marcus in: Zool. Jahrb., Physiol. *v.* 44 p. 343 etc., f. 1, *1*, f. 7 | 1928 *M. t.*, E. Marcus, ibid., *v.* 45 p. 102, 130 etc., f. 2, 4F, 12, 13F, t. 8 f. 10—12 | 1928 *M. t.* + *alpigenum* + *quadrifidum*, G. Rahm in: Tierw. Mitteleur., *v.* 3 p. II 15, II 18 f. 3 | 1928 *M. t.*, F. Heinis in: Treubia, *v.* 10 p. 239 | 1928 *M. t.*, E. Marcus in: Tierw. Deutschl., pars 12 p. 271 f. 264, 265 | 1928 *Arctiscon [t.]*, G. Thulin in: Hereditas, *v.* 11 p. 224 etc., f. 14, 15 | 1929 *Milnesium t.*, G. Rahm in: Bull. Soc. Fribourg., *v.* 29 Proc.-verb. 19. V. 1927 p. 5, 8 | 1929 *M. t.* + *alpigenum*, G. Rahm, ibid., *v.* 29 Proc.-verb. 7. III. 1928 p. 2, 4 | 1929 *M. t.*, E. Marcus in: Zool. Jahrb., Anat. *v.* 50 p. 337, 371 f. 17, 31 | 1929 *M. t.*, E. Marcus in: Bronn, Kl. Ordn., *v.* 5 Abt. 4 Buch 3 p. 547 f. 382, 383 t. 1 f. 3, 13 | 1929 *M. t.*, H. Baumann in: Zool. Anz., *v.* 86 p. 44 | 1930 *M. t.*, H. Baumann, ibid., *v.* 88 p. 74 | 1930 *M. t.*, E. Marcus in: Zool. Jahrb., Syst. *v.* 59 p. 385 | 1931 *M. t.*, G. Rahm in: Revista Chilena, *v.* 35 p. 121—124, 130, 137, 138 f. 4, 20 | 1932 *M. t.*, G. Rahm in: Zool. Anz., *v.* 98 p. 97, 98, 121, f. 13, Mikrophoto V | 1932 *M. t.*, G. Rahm in: Brohmer, Fauna Deutschl., ed. 4 p. 456 f. 863 | 1932 *M. t.*, Cuénot in: Faune France, pars 24 p. 54 f. 39, 40 | 1933 *M. t.*, F. Heinis in: 9. Tätigkeitsber. Ges. Baselland, 1930—1932 p. 42 | 1933 *M. t.*, E. Bartoš in: Příroda Ostrava, *v.* 26 nr. 6 p. 3 | 1933 *M. t.*, E. Bartoš, ibid., nr. 7 p. 4 | 1934 *M. t.*, E. Bartoš in: Časopis České Spol. ent., *v.* 31 p. 104, 107 f. 3.

Körper gestreckt, annähernd fischförmig; rostral und caudal verjüngt. Cuticula unskulpturiert, mehrere ringelförmige Falten bildend. Färbung des Plasma rosa, außerdem gelbe bis braune Pigmentgranula in den Zellen der Epidermis alter Stücke. Jugendstadien rosa oder farblos, ohne Pigmentgranula in den Epidermiszellen. Augenpigment vorhanden. Mundöffnung terminal; die Mundhöhle weit vorstreckbar; der Mund von 6 kurzen Zipfeln, den Rostralpapillen, umgeben, die symmetrisch angeordnet und ungleich groß sind. Die dorsalen Zipfel sind größer und untereinander etwa gleich lang; von den kleineren ventralen ist der in der Medianebene gelegene der kleinste. Alternierend mit den Rostralpapillen stehen Verschlußklappen der Mundöffnung. Etwas weiter caudal und lateroventral von den Mundzipfeln sitzt jederseits, den Mundzipfeln ähnlich gestaltet, ein papillenartiger Anhang. Mundröhre sehr weit und kurz, durch 3 Querfalten vom Schlundkopf abgegrenzt. Die Stilette sind kurz und schwach, mit weich-biegsamen, zarten Stiletttträgern. Der Schlundkopf ist birnförmig, lang, eng und schmal, caudalwärts etwas verbreitert, ohne irgendwelche Aussteifungsleisten. Die 3 vorderen Beinpaare sind untereinander gleich lang, das 4. ist ganz kurz und liegt infolge der caudalen Verjüngung und Verlängerung des Körpers in sehr weitem Abstand vom 3. Beinpaar. Jedes Bein trägt 2 Krallen, jede mit einem langen, schmalen, geraden, nur distal gekrümmten Hauptast, der mit 2 feinen Nebenspitzen versehen ist. Die Basis des Hauptastes sitzt der stumpf-konisch gestalteten Zehenpapille an. Basal und ventral vom Hauptast befinden sich die sogenannten Steighaken, die nur dem Hauptast benachbart, nicht mit ihm verwachsen sind. Die Steighaken sind 2—4 hakige, kurze, breite Krallen. Gewöhnlich sind es 3 Haken (Fig. 302 *C*), und von diesen sind 2 ziemlich gleich groß, ein kleinerer sitzt weiter basal. Bei den seltenen Männchen (1 Männchen auf 25 Weibchen) sind die Krallen des 1. Beinpaares deutlicher als bei den anderen Beinen vorwärts gerichtet. Die Steighaken sind als grobe einfache Haken ausgebildet und besitzen noch eine kleine Spitze an den einander zugewandten Seiten (Fig. 302 *E*). Dem Material von E. Bartoš (1934) fehlt diese Spitze.

Länge erwachsener Weibchen im allgemeinen 500—600 μ, maximal 1205 μ. Die 1205 μ langen Exemplare sind zusammen mit 1200 μ langen kanadischen *Macrobiotus hufelandii* die größten Tardigraden. Die Männchen überschreiten 500 μ nicht. Jugendstadien unterscheiden sich im Bau der Krallen nicht von den alten.

Gelege von bis zu 18 glatten, hellbräunlichen oder rosa ovalen bis kugeligen Eiern, die 70—88,8 μ breit und bis 133,2 μ lang sind, in der alten Cuticula.

Arctiscon tardigradum Schrank (vgl. S. 1) ist eine zweifelhafte Species. Sie kann hier ebenso wenig wie bei Doyère (1840, p. 289—290) einer sicher bekannten Art oder auch nur einem deutlich umgrenzten Genus zugeordnet werden. Deshalb war die Wiederverwendung des von Schrank gewählten Speciesnamens durch Doyère nomenklatorisch unzulässig. Die Art mußte eigentlich als *Milnesium edwardsii* Ehrbg. bezeichnet werden. Unter Berufung auf die von C. Apstein herausgegebene Liste der Nomina conservanda (SB. Ges. Fr. Berlin, 1915 p. 147), behalte ich die Bezeichnung *Milnesium tardigradum* bei.

Zahl und Anordnung der Verzweigungen der Steighaken sind nicht konstant, sowohl innerhalb der Species als auch bei demselben Individuum, das an der einen Kralle 2, an der anderen 3 Haken besitzen kann (Schreibweise $^2/_3$ oder $^3/_3$ Haken). Die Aufstellung einer besonderen Species, wie des *Milnesium alpigenum* mit $^3/_3$ Haken gegenüber den $^2/_3$ Haken der zuerst beschriebenen Stücke ist demnach nicht berechtigt. Die ursprünglich dieser Art zugeschriebenen stacheligen Eier (Ehrenberg, 1854) sind später von Ehrenberg selber zu *Macrobiotus furcatus* gestellt worden (1859, Abh. Ak.

Berlin, 1858 p. 455). Das konstante Auftreten bestimmter Hakenzahlen wie bei irischen Stücken ($^3/_3$) läßt vielleicht die Ausbildung geographischer Rassen erkennen. Richters (1908 p. 4) fand ein antarktisches Stück mit $^2/_2$ Steighaken. Auch Stücke mit 4 kralligen Steighaken (Fig. 302 *D*), auf die Nederström (1919) die Art *Milnesium quadrifidum* gegründet hat, fallen in die Variationsbreite des *M. tardigradum*. Sie können nicht einmal als forma *quadrifida* bezeichnet werden und als geographische Rasse gelten, denn Rahm (1928) hat in den Alpen und in Brasilien Tiere mit $^4/_4$ Steighaken gefunden. Bei Milnesien mit $^2/_3$ Haken trägt die Außenkralle 2, die Innenkralle 3 Haken.

Acrophanes schlagintweitii (Ehrenberg 1859) ist ein geschrumpftes, wohl in Häutung begriffenes *M. tardigradum*, wie John Murray (1910 p. 87) richtig erkannt hat. Die vielen von mir untersuchten *Milnesium*-Eier waren sämtlich glatt, während Rahm (1931, p. 133) von unscheinbaren aber deutlichen Ausschüssen berichtet, die bald klebrig sind und kleine Fremdkörper enthalten, bald selbständige unregelmäßige Fortsätze der Eischale darstellen sollen. Auf der von ihm beigefügten Mikrophotographie sind diese Ausschüsse nicht zu sehen, man möchte die dort erkennbaren, stärker lichtbrechenden Höcker wohl eher für Dottergranula halten, denn sie liegen sämtlich innerhalb der glatten Eischale.

Die Art kommt in Moosen und Flechten, aber auch gelegentlich im Süßwasser vor; sie ist neben *Macrobiotus hufelandii* die am häufigsten gefundene Tardigradenart.

Grönland; Spitzbergen; Novaja Semlja; nördliches Norwegen; Lappland; Finnland; Schweden; Gotland; Bornholm; Lettland; Faröer; Shetlandinseln; Orkneyinseln; Schottland; Irland; Niederlande; Belgien; Holstein; Mecklenburg; Rügen; Mark Brandenburg; Rheinprovinz; Harz; Schlesien; Mitteldeutschland, Taunus; Süddeutschland, Schwarzwald; Voralpen; Schweizer Jura; Schweizer Alpen, bis 4000 m; Genfersee, 150 m tief; Rhätikon, Lüner See, 1950 m; Vorarlberg 2800 m; Tschechoslowakei, bis 1613 m; Frankreich; Corsica; Sardinien; Gibraltar; Comer See, Bellagio; Bukowina; Himalaya, 6600 m; Sumatra, über 1000 m; Java; Ostlombok, 1600 m; Kanaren, Tenerifa; Südwestafrika, Otjiwarongo; Kapland; Sandwichinseln, Oahu; Australien, Queensland und Neusüdwales; Neuseeland, Nord- und Südinsel, bis 1700 m; Britisch Columbia, Vancouver; Canada, Ontario; Südamerika: Columbia; Peru, 4300 m; Paraguay; Brasilien; Chile; Chiloe; Feuerland; Falklandinseln; Südgeorgien; Kerguelen; Neuamsterdam; Ludwig-Philipps-Land.

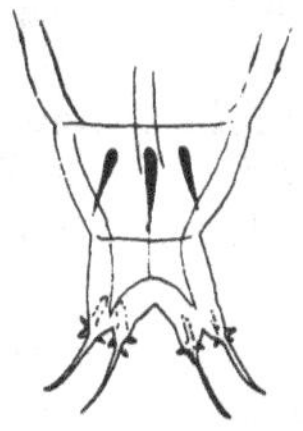

Fig 303.
Milnesium tardigradum Doy. f. **trispinosa** Rahm. Caudalende, dorsal.

1a. **M. tardigradum** Doy. forma **trispinosa** Rahm 1931 *M. t.* var. *trispinosum*, G. Rahm in: Revista Chilena, *v.* 35 p. 134, 138 | 1932 *M. t.* var. *t.*, G. Rahm in: Zool. Anz., *v.* 98 p. 123 f. 12.

In allen Merkmalen mit *Milnesium tardigradum* übereinstimmend, aber mit 3 deutlich ausgebildeten Dornen etwas vor dem Ansatz des 4. Beinpaares. Etwa 4 Stücke unter 233 gewöhnlichen *M. tardigradum* zeigten die Dornen.

Brasilien, São Paulo; Chile, bei Santiago, 1400 m.

Milnesium spec. incertae sedis

? **M. stygium** (Joseph) [Spec. dub. et inquir.] 1882 *Arctiscon s.*, G. Joseph in: Berlin. ent. Z., *v.* 26 p. 17 | 1909 *A. s.*, V. Brehm in: Int. Rev. Hydrobiol., *v.* 2 p. 280 | 1917 *A. s.*, F. Heinis in: Zool. Anz., *v.* 49 p. 94 | 1928 ***Milnesium s.***, E. Marcus in: Tierw. Deutschl., pars 12 p. 219 | 1929 *M. s.*, E. Marcus in: Bronn, Kl. Ordn., *v.* 5 Abt. 4 Buch 3 p. 549.

Größe und Färbung wie bei *Milnesium tardigradum.* Augenpigment nicht festgestellt. Die Beine mit 4 Krallen, deren Spitzen einfach sind; an der Basis mit einer kleinen Haftscheibe [!].

Diese Beschreibung ist so mangelhaft, daß die Einordnung der Art in das Genus ganz unsicher ist, zumal keine Abbildung vorliegt. Es könnte sich sehr wohl auch um einen großen *Macrobiotus* (vier Krallen) mit deutlicher Lunula (die „Haftscheibe") handeln.

Krain, Tropfsteingrotten.

Nachtrag

1. Zur Unterordnung Arthrotardigrada, Familie Onychopodidae (S. 22) als 4. Genus, der Gattung *Halechiniscus* Richters am nächsten stehend:

Actinarctus Erich Schulz

1935 *A.*, Erich Schulz in: Zool. Anz., *v.* 111 p. 288.

Ohne medianen Kopfcirrus; mit langen Cirri mediales interni, die durch eine Membran verbunden sind. Der sehr lange Cirrus lateralis steht mit einem breiten Sockel neben der kleinen, keulenförmigen Clava. 4 Zehen an jedem Bein, die je eine stark gekrümmte Kralle tragen. Die Cuticula der dorsalen Körperfläche ist mit zahlreichen, nach dem Rande hin länger werdenden Röhrchen besetzt, die vermutlich durch ein Sekret miteinander verbunden sind.

1 sichere Art.

1. **A. doryphorus** Erich Schulz

1935 *A. d.*, Erich Schulz in: Zool. Anz., *v.* 111 p. 285—288 f. 1—5.

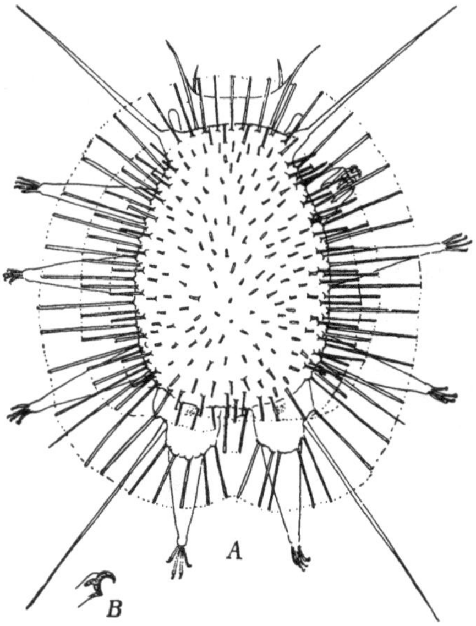

Fig. 304.
Actinarctus doryphorus Erich Schulz. *A* dorsal, *B* Kralle.

Körper kurz und breit, mit sehr langen Extremitäten. Farblos, ohne Augenpigment, mit Fetttropfen an der Stelle der Augen. Cuticula der Dorsalfläche des Körpers besetzt mit zahlreichen stabförmigen Röhrchen;

die am Rande stehenden sind sehr lang, nach innen zu folgen etwas kürzere; die Mitte ist mit gleichmäßig kurzen Röhrchen bedeckt. Die Röhrchen sind untereinander verbunden, vermutlich durch ein Sekret, und nicht streng symmetrisch angeordnet. Von den langen am Körperrand stehen 9—10 am Kopf, lateral je 12 und caudal 2—3. Oberhalb des 4. Beinpaares findet sich jederseits ein breiter Auswuchs, „Anallappen", in dessen proximalem Teil plasmatische Körnelung erkennbar ist. Diese Lappen tragen je 5—6 lange Röhrchen. Mundöffnung weit ventral gelegen. Schlundkopf breit-oval, mit Randleisten; Stiletträger vorhanden. Die Kopfanhänge sind lange Cirri mediales externi und noch längere Cirri mediales interni, die in ihrem unteren Drittel durch eine Membran verbunden sind. Die Cirri mediales interni der Art sind die längsten, die überhaupt für Tardigraden beschrieben worden sind. Der Cirrus lateralis ist sehr lang und gerade und steht auf einem breiten Sockel. Die Clava ist klein und keulenförmig. Dornen auf den Beinpaaren 1—4 wurden nicht beobachtet, aber hinter dem 3. Beinpaar steht jederseits eine Borste und über dem 4., unter den Anallappen, je ein langer, gerader Cirrus, der an Länge dem Cirrus lateralis gleichkommt. Die Beine sind lang und schmal und im Proximalteil sehr weit teleskopartig einfaltbar. Die 4 Zehen sind etwas verschieden lang und tragen eine stark gebogene, einspitzige Kralle. Länge etwa 170 μ.

Über die Eiablage ist nichts bekannt.

Marin; an *Echinocyamus pusillus* (O. F. Müll.) (vielleicht fakultativ parasitisch und im Schell).

Helgoland.

2. Zu *Echiniscus (E.) wendti* Richters (S. 56).

11a. **E. (E.) wendti** Richters forma **dearmata** Bartoš

1935 *E. dearmatus*, E. Bartoš in: Zool. Anz., *v.* 111 p. 139 f. 1.

Während *E. (E.) wendti* keine Dornen an den Außenkrallen trägt, besitzt die forma *dearmata* solche, und ihre Dornfalte besteht aus 15 langen, scharfen Dornen. Die Außenkrallendornen verknüpfen die neue Form mit der *trisetosus-canadensis*-Reihe (vgl. S. 125), mit deren Vertretern sie auch gemeinsam gefunden worden ist. Trotzdem muß sie als eine Form des *E. (E.) wendti* gelten, da sie mit diesem in allen übrigen Merkmalen übereinstimmt.

Tschechoslowakei, 1345 m.

3. Zu *Echiniscus (E.) granulatus* (Doy.) (S. 111).

Zu den Synonymen ist zu stellen 1935 *E. fortis*, E. Bartoš in: Zool. Anz., *v.* 111 p. 140 f. 2.

Bei den Fundorten nachzutragen Tschechoslowakei und Karpathen, bis 2022 m.

4. Zur *Echiniscus (E.) trisetosus*-Gruppe S. 116.

E. (E.) marinellae Bartoš 1935 *E. m*, E. Bartoš in: Zool. Anz., *v.* 111 p. 141 f. 3.

Mittelgroß; rötlichbraun mit schwarzem Augenpigment. Skulptur aus groben, polygonalen Körnern bestehend. 1. Schaltplatte klein, 2. Schaltplatte groß und fünfeckig, 3. Schaltplatte fehlt. 1. Rumpfplatte am Hinterrand in 2 dorsolaterale Spitzen ausgezogen. Endplatte facettiert, der caudale, mediane Teil der Facette in 2 Winkeln geknickt, also dreiteilig. Kopfanhänge ohne Besonderheiten; die Papilla cephalica endet spitz. Laterale Anhänge Haare bei *c* (60 μ) und *d* (70 μ). Bei *e* 2—3 kurze Spiculae in den Kleeblattkerben. Bei *c* und *d* kurze, breite dorsomediane und feinere dorsolaterale Dornen. Auf dem 1. Beinpaar ein kleiner Dorn, auf dem 4. eine kleine Papille. Krallen an allen Beinpaaren 16—20 μ lang. An den Innenkrallen stehen nahe der Mitte große Nebenhaken. Die Dornfalte besteht aus 4 großen, getrennt stehenden Zähnen, die von außen nach innen etwa 8, 9,5, 8 und 5 μ lang sind. Länge 216 μ.

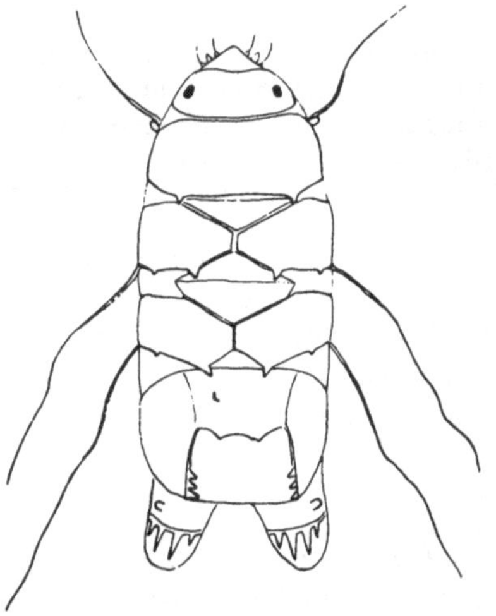

Fig. 305.
Echiniscus marinellae Bartoš.

Gelege mit rötlichbraunen Eiern. 2-krallige Jungtiere von **162** μ mit Haaren bei *a*, Spiculae bei *e* und den dorsolateralen Dornen bei *d* und solche von 190 μ mit Lateralhaaren bei *d* und kurzen Lateraldornen bei *c*.

Nach den dorsolateralen Anhängen gehört die Art, deren auffallendste Merkmale die schwarzen Augenflecken und die eigenartige Facettierung der Endplatte sind, in die Nähe von *E. (E.) spinuloides* (vgl. S. 97). Von diesem unterscheidet sie sich nur durch das Fehlen des Haares bei *b* und die schwächere Ausbildung der Dorsalanhänge. Von *E. (E.) loxophthalmus* (vgl. S. 122), mit dem der Autor sie vergleicht, ist die Art durch die dorsalen und dorsolateralen Anhänge, die Facettierung und die Dornfalte, sowie durch die Skulpturierung getrennt.

Tschechoslowakei, in der Kleinen Fatra (1550 m).

5. Zur Gattung *Pseudechiniscus* Thulin S. 127.

P. tridentifer Bartoš 1935 *P. t.*, E. Bartoš in: Příroda Ostrava, *v.* 28 nr. 4 p. 1 f. [1].

Sehr groß; schlank, mit Augenpigment. Platten ziemlich gleichmäßig granuliert; die Cuticula zwischen den Platten anscheinend auch fein gekörnt. 1. und 2. Schaltplatte untergeteilt, die Pseudosegmentplatte in der Medianlinie geteilt. Cirri mediales interni und externi an den Enden in 3 Spitzen aufgefasert. Papilla cephalica und Clava ohne Besonderheiten. Cirrus lateralis sehr lang. Lateralanhänge bei *b*, *c*, *d* kurze, spitze Dornen, bei *e* lange Haare mit sehr breiter Basis. Dorsal bei *c* und *d* kräftige Dornen;

die bei *c* überschneiden sich scherenartig. An der Pseudosegmentplatte 2 kleine dorsale Zacken. Bei *c* jederseits ein kleiner, dorsolateraler Dorn und an den Außenrändern der Pseudosegmentplatte mehrere kleine Stacheln. Auf dem 4. Beinpaar eine Papille. Die Dornfalte besteht aus einer einzigen großen, breit dreieckigen Zacke. Die Krallen des 4. Beinpaares sind sehr lang und haben keine Nebenhaken an den inneren Krallen, die übrigen Krallen sind nicht abgebildet. Länge 425 μ.

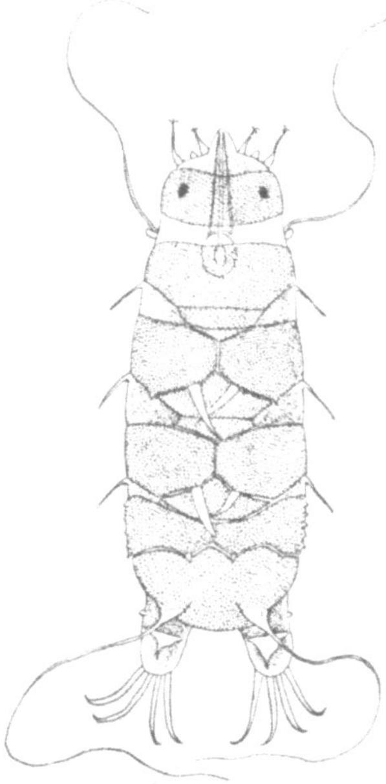

Fig. 306.
Pseudechiniscus tridentifer Bartoš.

Die Art steht habituell dem *P. islandicus* (Richters) am nächsten. In der Bedornung entspricht sie dem *P. victor* (Ehrenberg). Aber durch die 3-spitzigen Cirri mediales, die 1-zackige Dornfalte und die sehr langen Krallen ist sie sicher gegen beide Arten abgegrenzt.

Tschechoslowakei, 1250 m, in Fontinalis.

6. Zur Gattung *Macrobiotus* S. Schultze

M. submergus Bartoš 1935 *M. s.*, E. Bartoš in: Příroda Ostrava, *v.* 28 nr. 4 p. 2.

Die nicht abgebildete und bisher nicht in einer Kongreßsprache beschriebene Art ist nicht zu beurteilen.

Tschechoslowakei: Hohe Tatra, Rysy 2503 m.

Alphabetisches Register

Nomenclator generum et subgenerum

von W. F. Reinig

Acarus Linné 1758, Syst. Nat., ed. 10 p. 615. Spec.: *A. elephantinus, aegyptius, Reduvius, americanus, sanguisugus, Ricinus, Cancroides, Scorpioides, crassipes, passerinus, motatorius, Aphidioides, coleoptratus, telarius, Siro, exulcerans, geniculatus, aquaticus, holosericeus, baccarum, Muscarum, Batatas, gymnopterorum, coleoptratorum, rupestris, longicornis, littoralis, Fungorum, scaber, Salicinus, croceus.*

Acrophanes Ehrenberg 1859 in: Abh. Ak. Berlin, p. 451, 454. Spec: *A. [A., Milnesium] Schlaginweitii [Schlagintweitii].*

Actinarctus Erich Schulz 1935 in: Zool. Anz., *v.* 111 p. 285, 288. Spec.: *A. doryphorus.*

Arctiscon Schrank 1803, Fauna Boica, *v.* 31 p. 178, 195. Spec.: *A. tardigradum.*

Arctiscus [pro *Arctiscon* Schrank 1803] C. A. S. Schultze, 1861, Echiniscus creplini, p. 6.

Artiscon [pro *Arctiscon* Schrank 1803] G. Rahm 1925 in: Brohmer, Fauna Deutschl., ed. 3 p. 432.

Bathyechiniscus G. Steiner 1926 in: D. Südp.-Exp., *v.* 18 p. 479. Spec.: *B. tetronyx.*

Batillipes F. Richters 1909 in: Ber. Senckenb. Ges., p. 37. Spec.: *B. mirus.*

Bryochoerus subgen. E. Marcus 1936 in: Tierreich, *v.* 66 p. 41. Spec.: *Echiniscus (B.) intermedius.*

Bryodelphax G. Thulin 1928 in: Hereditas, *v.* 11 p. 220. Spec.: *B. parvulus.*

Calohypsibius G. Thulin 1928 in: Hereditas, *v.* 11 p. 238. Spec.: *C. ornatus, verrucosus, scabrosus.*

Diphacon [pro *Diphascon* Plate 1888] Cuenot 1932 in: Faune France, pars 24 p. 90.

Diphascon Plate 1888 in: Zool. Jahrb., Anat. *v.* 3 p. 529, 537. Spec.: *D. chilenense.*

Doyeria Plate 1888 in: Zool. Jahrb., Anat. *v.* 3 p. 529, 537. Spec.: *D. simplex.*

Echeniscus [pro *Echiniscus* C. A. S. Schultze] G. Rahm 1931 in: Revista Chilena, *v.* 35 p. 125.

Echiniscoides subgen. Plate 1888 in: Zool. Jahrb., Anat. *v.* 3 p. 529, 533. Spec.: *Echiniscus (E.) sigismundi.*

Echiniscus C. A. S. Schultze, 1840, Echiniscus Bellermanni, p. 5. Spec.: *E. Bellermanni.*

Emydium Doyère 1840 in: Ann. Sci. nat., ser. 2 *v.* 14 p. 276, 279. Spec.: *E. testudo, spinulosum, granulatum.*

Eurydium [pro *Emydium* Doyère 1840] Shipley 1909 in: Cambridge nat. Hist., *v.* 4 p. 485.

Halechiniscus F. Richters 1908 in: Zool. Anz., *v.* 33 p. 81. Spec.: *H. guiteli.*

Hybsibius [pro *Hypsibius* Ehrenberg 1848] G. Rahm 1925 in: Arch. Naturg., *v.* 90 A 7 p. 190.

Hypechiniscus G. Thulin 1928 in: Hereditas, *v.* 11 p. 221. Spec.: *H. gladiator.*

Hypisibius [pro *Hypsibius* Ehrenberg 1848] F. Heinis 1910 in: Arch. Hydrobiol., *v.* 5 p. 117.

Hypsibius Ehrenberg 1848 in: Monber. Ak. Berlin, p. 373, 381. Spec.: *H. Hemprichii.*

Hypsibius (emend. *Hypsibius* Ehrenberg 1848) G. Thulin 1928 in: Hereditas, *v.* 11 p. 240. Spec.: *H. Dujardini, zetlandicus, samoanus, antarcticus, arcticus, hastatus, microps, pallidus, Oberhäuseri, conjungens, ? Hemprichi, ? Heinisi.*

Isohypsibius G. Thulin 1928 in: Hereditas, *v.* 11 p. 239. Spec.: *I. prosostomus, undulatus, septentrionalis, Rolléi, papillifer, Sattleri, tuberculatus, nodosus, Schaudinni, canadensis, annulatus, asper, granulifer, megalonyx, tetradactyloides, Augusti, Appellöfi.*

Lydella Robineau-Desvoidy 1830 in: Mém. prés. Ac. France, *v.* 2 p. 112. Dipt. Calypt.

Lydella Dujardin 1851 in: Ann. Sci. nat., ser. 3 *v.* 15 p. 164.

Macrobiobus [pro *Macrobiotus* C. A. S. Schultze 1834] P. Della Valle 1915 in: Annuario Mus. Napoli, n. ser. suppl. fasc. 1 nr. 7 p. 6 Anm. 4.

Macrobioticus C. A. S. Schultze 1833 in: Otto in: Not. Nat.-Heilk., *v.* 38 p. 151. Spec.: *M. Hufelandi.*

Macrobiotus pro *Macrobioticus* C. A. S. Schultze 1833 C. A. S. Schultze 1834, Macrobiotus hufelandii, p. 5.

Macrobiotus (emend. *Macrobiotus* C. A. S. Schultze 1834) G. Thulin 1928 in: Hereditas, *v.* 11 p. 244. Spec.: *M. intermedius, Allani, crassidens, aculeatus, luteus, Ascensionis, Annae, hufelandioides, rubens, occidentalis, islandicus, coronifer, furcatus, granulatus, echinogenitus, Harmsworthi, hibernicus, Hufelandi, orcadensis, Anderssoni, furciger, meridionalis, polaris, montanus, areolatus, Richtersi, spectabilis, grandis, Pullari, macronyx, dispar, ambiguus, ampullaceus, astronensis, diodon, dubius, interruptus, Schultzei, tetrodon, Vanhöffeni, virgatus, ? americanus, ? Fuhrmanni, ? indicus, ? micronychius, ? Mertoni, ? paraguayensis, ? polychaetus, ? spitzbergensis, ? tetradactylus, ? tetronyx, ? Wibbelti.*

Makrobiotus [pro *Macrobiotus* C. A. S. Schultze 1834] F. Richters 1913 in: Handw. Naturw., *v.* 9 p. 1016—1019.

Microhypsibius G. Thulin 1928 in: Hereditas, *v.* 11 p. 239. Spec.: *M. truncatus.*

Microlyda pro *Lydella* Dujardin 1851 W. P. Hay 1906 in: P. biol. Soc. Washington, *v.* 19 p. 47. Spec.: *M. dujardini.*

Milnesium Doyère 1840 in: Ann. Sci. nat., ser. 2 *v.* 14 p. 282. Spec.: *M. tardigradum.*

Oreella John Murray 1910 in: Brit. antarct. Exp., *v.* 1 p. 135. Spec.: *O. mollis.*

Orella [pro *Oreella* John Murray 1910] G. Rahm 1925 in: Arch. Naturg., *v.* 90 A 7 p. 189.

Parechiniscus Cuénot 1926 in: CR. Ac. Sci., *v.* 182 p. 745. Spec.: *P. chitonides.*

Pseudechiniscus G. Th[illegible] 1911 in: Ark. Zool., *v.* 7 II nr. 16 p. 1[illegible] Spec.: *P. bispinosus, borealis, conif*[illegible]*rnutus, imberbis, islandicus, No*[illegible]*zeelandiae, pulcher, suillus, victor.*

Tetrakentron Cuénot 1892 in: Rev. biol. Nord France, *v.* 5 p. 16. Spec.: *T. synaptae.*

Trionychichum [pro *Trionychicum* Ehrenberg 1834] Della Valle 1915 in: Annuario Mus. Napoli, n. ser. suppl. fasc. 1 nr. 7 p. 3.

Trionychicum Ehrenberg 1834 in: Isis, p. 711. Spec.: *T. ursinum.*

Trionychium [pro *Trionychicum* Ehrenberg 1834] Doyère 1840 in: Ann. Sci. nat., ser. 2 *v.* 14 p. 274, 288.

FSC
www.fsc.org
MIX
Papier | Fördert gute Waldnutzung
FSC® C083411

Kolibri 360 GmbH
Ferdinand-Jühlke-Straße 7
99095 Erfurt, Deutschland
produktsicherheit@kolibri360.de